现代兽医基础研究经典著作
世界兽医经典著作译丛

国家出版基金项目
NATIONAL PUBLICATION FOUNDATION

# 禽 病 毒 学

## ——当前研究状况及未来发展趋势

[美] 辛巴·K.塞姆奥 (Siba K. Samal) 主编

王永强　李晓齐　主译

郑世军　审校

中国农业出版社

北　京

## 图书在版编目（CIP）数据

禽病毒学：当前研究状况及未来发展趋势／（美）
辛巴·K.塞姆奥（Siba K. Samal）主编；王永强，李晓
齐主译.—北京：中国农业出版社，2021.6
（现代兽医基础研究经典著作）
国家出版基金项目
ISBN 978-7-109-28154-7

Ⅰ.①禽…　Ⅱ.①辛…　②王…　Ⅲ.①禽病-病毒学
Ⅳ.①S858.3

中国版本图书馆CIP数据核字（2021）第070447号

Avian Virology：Current Research and Future Trends
By Siba K. Samal
ISBN 978-1-912530-10-6
© Caister Academic Press, UK

All Rights Reserved. This translation is published by arrangement with Caister
Academic Press. No part of this book may be reproduced in any form without the
written permission of the original copyrights holder.

本书简体中文版由Caister Academic Press公司授权中国农业出版社独家出版发行。
本书内容的任何部分，事先未经出版者书面许可，不得以任何方式或手段复制或刊载。

合同登记号：图字01-2020-3225号

禽病毒学——当前研究状况及未来发展趋势
QIN BINGDUXUE——DANGQIAN YANJIU ZHUANGKUANG JI WEILAI FAZHAN QUSHI

中国农业出版社出版
地址：北京市朝阳区麦子店街18号楼
邮编：100125
责任编辑：周锦玉　　　文字编辑：赵　硕
版式设计：王　晨　　责任校对：刘丽香　　责任印制：王　宏
印刷：北京通州皇家印刷厂
版次：2021年6月第1版
印次：2021年6月北京第1次印刷
发行：新华书店北京发行所
开本：880mm×1230mm　1/16
印张：23.5
字数：720千字
定价：198.00元

# 翻译人员

主　译　王永强　李晓齐

译　者　（按姓氏笔画排序）

马子月　王永强　王红暖　刘　阳　李　翔

李佳昕　李晓齐　阿热阿依·海依拉提

周林宜　赵明亮　赵殿郑　段雪岩　高　丽

游广炬

审　校　郑世军

# 原 著 序

　　家禽业对于全球食品安全至关重要。禽肉是被广泛接受的蛋白质来源，预计在不久的将来会成为全世界消费量最大的肉类。在过去十年中，世界不同地区的家禽生产都有显著增长，特别是亚洲、非洲和南美洲。影响家禽生产的主要制约因素之一是病原感染。几乎所有的病毒都能感染家禽。在临床上，这些病毒广泛感染家禽，感染后有的不引起明显的症状，有的引起严重的疾病，有的造成经济损失。一些病毒很早就在家禽上发现，而很多病毒是最近才发现的。其中一些病毒，如禽流感病毒、西尼罗病毒和日本脑炎病毒，是人兽共患病病原。了解病毒的分子生物学、免疫学和发病机制对于疫苗设计和诊断是十分必要的，有助于更好地防控疾病。

　　从历史上看，禽病毒对病毒学和分子生物学领域的发展都有重要的贡献。最重要的三个贡献是：①1911年，Peyton Rous从普利茅斯石母鸡的肉瘤中分离出一种"滤过性病原体"，后来被称为劳斯氏肉瘤病毒（RSV）。这一发现奠定了肿瘤病毒学的基础。②1957年，Alick Isaacs和Jean Lindenmann在鸡中发现干扰素反应，这是宿主天然免疫对抗病毒感染的最重要机制之一。③1970年，Howard Temin和David Baltimore各自独立工作，分别报道发现RSV中有一种酶，可以由RNA合成DNA。这种酶被称为逆转录酶，对于分子生物学和生物技术的发展意义重大。

　　在过去的20年里，由于分子遗传技术的爆炸式发展，人们对禽病毒的基因组学、分子生物学和发病机制有了更加深入的认识。因此，现在可以在相对较短的时间内对最大病毒的基因组进行测序，并且可以对所有已知的病毒家族通过DNA克隆来生产具有传染性的病毒。这些技术使人们能够探索特定病毒基因、蛋白质结构域甚至单个氨基酸对病毒复制、毒力和发病机制的影响。这些方法还为设计疫苗和使用重组病毒作为禽病原载体的疫苗提供了一种强有力的方法。然而，尽管在禽病毒分子生物学方面取得了这些进展，但在开发有效的禽病疫苗方面仍然存在许多挑战。因此，编撰人们了解到的重要禽病毒最新知识是十分重要的。

　　这本书的编写目的是为人们提供对家禽健康有重大影响的最全面和最新的信息。该书的最后一部分内容是关于禽对病毒感染免疫应答的最新知识。这一部分内容的设置是因为宿主免疫系统在病毒感染中起着重要作用，因此更好地了解禽类对病毒感染的免疫应答将有助于设计新型疫苗，被邀请参与编写本书的各章作者，都是在病毒遗传学、分子生物学和宿主-病原体相互作用研究领域有突出成就的专家，而不是专注疾病本身。本书中的各部分内容不仅涵盖病毒的分子特征，还包括病毒的发病机制和防控措施，可为学生，病毒学、分子生物学、免疫学研究人员，兽医，禽病研究人员以及其他领域的相关人员提供及时宝贵的信息来源。

如果没有世界上许多领先科学家的贡献，没有他们在禽病毒学研究领域做出的根本性和开创性贡献，那么这本书能够囊括病毒范围如此广泛是不可能的。

我对所有参与撰写的作者表示最诚挚的感谢。特别感谢Anandan Paldurai博士，他为该书编辑提供了极大的帮助。

辛巴·K.塞姆奥

弗吉尼亚-马里兰兽医学院

马里兰大学帕克分校

马里兰州

美国

2020年11月

# 中文版序一

当得知《禽病毒学——当前研究状况及未来发展趋势》将出中文版时，我感到非常高兴。本书（英文版）于2019年出版，主要面向使用英语的学生和研究人员，但这对世界范围内不以英语为母语的禽病研究人员的阅读带来了一定困难。

本书是第一部关于禽病毒的教材，包含主要禽病毒的最新知识。本书各章节内容由全球范围内各研究领域的顶尖科学家根据最新公开信息和资料撰写完成。本书可为日常工作需要详细了解病毒学、病毒致病机制、宿主免疫应答以及禽病防控的人员提供非常有益的帮助。

本书中文版的出版令我感到非常欣慰，首先因为中国不仅是世界上第二大家禽生产国，而且中国的家禽产业规模仍在不断高速增长。然而在此期间，禽病对养禽业的威胁成为制约家禽产业发展的重要因素。因此，本书阐述的最新信息和研究进展，将有助于研发改进疫苗，防控目前中国流行的禽病。其次，将一本书翻译成其他语言是令人兴奋的事情，这主要与我本人的经历有关：我是印度裔，英语是我的第二语言，所以我也非常了解那些不以英语为母语的人阅读英语时遇到的难处。最后，我为将有很多中国人读到这本书而感到非常荣幸。我的很多朋友是中国人，我不仅通过同事的经历接触到了中国文化，而且有幸在2003年到访过中国，亲身感受到了中国的技术创新与科技发展。

在此，我对本书中的所有作者表示感谢，是他们的贡献使本书能够顺利出版。我非常希望本书在中国能被广泛阅读，成为学生，病毒学、分子生物学、免疫学研究人员，兽医和禽病研究人员手中具有价值的参考资料。

辛巴·K. 塞姆奥

2021年3月

# 中文版序二

很荣幸在受邀参编 *Avian Virology——Current Research and Future Trends* 一书之后，又受邀为本书中文版《禽病毒学——当前研究状况及未来发展趋势》撰写序言。本书是一部禽病毒学综合性专著，涵盖病毒来源、基因组结构、蛋白以及遗传、流行病学、发病机制、免疫、诊断、防控、目前面临挑战以及未来发展趋势等内容，具有内容新、知识全、信息量大、实用性强等特点，系统地反映了禽病毒研究领域的最新成果以及未来发展趋势，对家禽疫病防控及病毒致病机制研究具有重要指导意义。

随着全球人口不断增长，人们对动物产品的需求量不断增加。我国是人口大国，不仅对动物源性食品的需求量较大，对食品安全和品质的要求也越来越高。近年来，我国养禽业发展迅速，在农业农村部现代农业产业体系（蛋鸡、肉鸡、水禽体系）推动下取得了举世瞩目的成绩，家禽养殖量位居世界第一，涌现出一批先进的大规模养禽企业，可喜可贺。然而，家禽养殖总体水平与发达国家相比还有一定差距，各种传染性疾病时常发生，给安全养殖带来巨大挑战，成为影响养殖业发展的障碍。因此，提高疫病防控水平是当前养殖业发展的急需。本书英文版是由著名禽病专家美国马里兰大学 Siba K. Samal 教授邀请国际知名禽病专家共同撰写完成的。受邀专家都是被国际同行认可的在各自禽病研究领域取得突出原创性成果的专家，包括禽流感病毒专家美国马里兰大学 D.R. Perez 教授、新城疫病毒专家美国马里兰大学 S.K. Samal 教授、禽副黏病毒专家美国马里兰大学 A. Paldurai 教授、禽偏肺病毒专家英国利物浦大学 P.A. Brown 教授、传染性支气管炎病毒专家新加坡南洋理工大学 D.X. Liu 教授、禽呼肠孤病毒专家美国华盛顿州立大学 F. Kibenge 教授、传染性法氏囊病病毒专家中国农业大学 S.J. Zheng 教授（本人）、禽白血病病毒专家英国 Pirbright 研究所 V. Nair 教授、鸡传染性贫血病毒专家美国康奈尔大学 K.A. Schat 教授、禽腺病毒专家加拿大圭尔夫大学 E. Nagy 教授、传染性喉气管炎病毒专家澳大利亚墨尔本大学 J.M. Devlin 教授、马立克病病毒专家美国得克萨斯农工大学 S.M. Reddy 教授、禽痘病毒专家美国伊利诺伊大学 D.N. Tripathy 教授、禽抗感染免疫专家英国剑桥大学 J. Kaufman 教授等。受邀专家负责撰写各自研究领域的内容。本人很荣幸受邀独立撰写传染性法氏囊病病毒章节，说明我国禽病研究受到国际同行的高度关注和认可，在传染性法氏囊病病毒研究领域处于国际前沿。

我国禽病研究在过去很长时间处于向国外学习的"跟跑"阶段。在禽病专家前辈（胡祥壁研究员、匡荣禄教授、王树信教授、蔡宝祥教授、郭玉璞教授、甘孟侯教授、刘秀梵院士、毕英佐教授、崔治中教授、王泽霖教授、陈伯伦教授、周蛟研究员等，由于篇幅有限，对没有提到名字的前辈表示道歉和敬意！）带领下，我国禽病研究取得了长足进步，在传染性法氏囊病、禽流感、马立克病、新城疫、禽白血病等研究领域取得了突出研究成果，与国外同行处于"并跑"阶段，然而总体水平还有一定差距。衷心希望我们国内同行兢兢业业务实工作、奋发图强，在不远的将来使我国疫病研究和防控整体水平处于国际先进，争取进入"领跑"阶段，为我国养禽业高质量发展提供保障，为食品安全贡献力量。

本书中文版翻译工作是在中国农业大学动物医学院王永强副教授和李晓齐老师精心组织下完成的。翻译著作不是一件容易的事，需要付出大量精力。为了使我国养禽业相关人员能更好地学习禽病研究与防控最新知识，两位老师以高度责任感组织完成翻译工作。本人作为原著作者之一，对所有译者表示衷心感谢！

最后，也是最重要的，衷心感谢中国农业出版社的大力支持！无疑，本书中文版将对我国禽病研究和防控起到积极的促进作用。

郑世军

中国农业大学动物医学院

2021年3月22日

# 目　录

原著序

中文版序一

中文版序二

# 1 禽流感病毒

Daniel R. Perez*, Silvia Carnaccini, Stivalis Cardenas-Garcia, Lucas M. Ferreri, Jefferson Santos and Daniela S. Rajao
美国, 佐治亚州, 佐治亚大学, 兽医学院, 家禽诊断与研究中心, 动物群体健康系
Department of Population Health, Poultry Diagnostic and Research Center, College of Veterinary Medicine, University of Georgia, Athens, GA, USA.
*通讯: dperez1@icloud.com, daniela.rajao@uga.edu
https://doi.org/10.21775/9781912530106.01

## 1.1 摘要

流感是最具破坏力的呼吸系统疾病之一。禽流感（AI）是由甲型流感病毒（IAV）引起的病毒性疾病，主要影响家禽和野生水禽等多种禽类的呼吸、消化和神经系统。世界动物卫生组织（OIE）已将高致病性禽流感（HPAI）列为A类法定报告疾病。在过去的几十年中，禽流感暴发的次数急剧增加，病毒的感染和蔓延不仅给禽类相关行业带来了严重的经济损失，还使贸易受到限制并产生了强烈的舆论反响。同时，禽流感也对公共卫生构成了严重威胁。例如，在东南亚出现的人兽共患毒株，可以导致人类感染和死亡，因而引起了极大的社会关注。在过去的二十年中，随着流感病毒反向遗传操作系统的发展，人们对禽流感病毒的发病和传播机制有了更深入的认识。通过全球性禽流感监测工作，人们可以及时发现新发的野生禽类流感疫情，还发现了果蝠携带的新型甲型流感病毒，这有助于加深人们对病毒进化及环境生态的理解。人们利用新一代测序技术将可以进行禽舍现场诊断，并对不同传染源和动物种类携带的流感病毒进行快速遗传进化鉴定。目前，疫苗相关技术和疫苗接种方案经过不断改进，已经能相对有效地防控禽流感疫情，但仍然存在诸多挑战。本章主要概述目前人们对禽流感的认知，以及禽流感病毒对人和动物健康的影响。

## 1.2 引言

流感是最具破坏力的呼吸系统疾病之一。禽流感（AI）是由甲型流感病毒（IAV）引起的病毒性疾病，主要对家禽和野生水禽等多种禽类的呼吸、消化和神经系统造成影响。根据甲型流感病毒的两种主要表面糖蛋白——血凝素（HA）和神经氨酸酶（NA）的抗原差异，可将甲型流感病毒分为不同亚型。截至目前，人们已从世界各地的禽类中鉴别出16种HA亚型（H1至H16）和9种NA亚型（N1至N9）的不同毒

株（Alexander，2000年）。在过去的几十年中，禽流感暴发的次数急剧增加，病毒的感染和蔓延不仅给禽类相关行业带来了严重的经济损失，还导致贸易受到限制并产生了强烈的舆论反响。同时，禽流感也对公共卫生构成了严重威胁，例如在东南亚出现的人兽共患毒株，可导致人类感染和死亡，因而引起了极大的社会关注。

世界动物卫生组织（OIE）已将高致病性禽流感（HPAI）列为A类法定报告疾病（OIE，2015）。在疾病管控和报告方面，OIE将禽流感定义为由高致病性甲型流感病毒（IAV）或任何由H5和H7亚型甲型流感病毒引起的家禽、野生禽类或其他禽类的感染。高致病性禽流感的特征是病禽的静脉内致病性指数（IVPI）大于1.2（死亡率约75%）。H1至H4、H6、H8至H16亚型毒株引起的感染未达到静脉内致病性指数标准，简称为甲型流感（N. Zhang等，2014）。2017年，世界动物卫生组织在OIE疾病列表中使用新命名法，将禽类以外其他物种和野生禽类中发生的高致病性禽流感感染称为"非家禽"感染（OIE，2017）。在本章中，"低致病性禽流感病毒"指代所有亚型的低致病性甲型流感病毒，而"高致病性禽流感病毒"则指代高致病性的甲型流感病毒。本章对禽流感及其病原体——甲型流感病毒的历史背景进行综述，并对病毒的分子特征及其对宿主细胞的作用进行深入探究，还探讨了天然禽类宿主和非天然禽类宿主的疾病症状，最后概述当前的诊断和防控手段，突出强调该病毒对经济、动物以及公共卫生方面的重要影响。虽然本章可能难以涵盖所有的研究成果，但已尽量囊括更多内容，并引用最新的相关文献。在此，笔者向未被引用的科研工作者们表示歉意，并鼓励读者继续探索本章中未提及的内容。

## 1.3 简介与历史

1878年，禽流感首次在意大利北部出现，最初被命名为"禽瘟"，是一种可引起鸡群高死亡率的疾病（Perroncito，1878）。在随后的1894年和1901年，意大利暴发高致病性禽流感，并迅速蔓延至奥地利、德国、比利时和法国。1901年，布伦瑞克家禽博览会的召开导致高致病性禽流感病毒传播到德国各地（Perez等，2005；Perez和de Wit，2016）。在20世纪20年代，北非、亚洲、中东和美洲时有高致病性禽流感发生的报道，而且疫情在欧洲大部分地区也曾持续大范围流行，直到20世纪30年代中叶该病才逐渐消失。美国在1924—1925年首次暴发高致病性禽流感，疫情始于纽约的活禽市场，随后扩散到新泽西州和宾夕法尼亚州的其他活禽市场。1925年，该病毒已扩散至康涅狄格州、西弗吉尼亚州、印第安纳州、伊利诺伊州、密歇根州和密苏里州的市场和农场。1929年，高致病性禽流感在新泽西州重新出现，感染了少量鸡群。20世纪30年代病毒曾经消失，1959年疫情再度发生（Lupiani和Reddy，2009）。

1981年，第一届国际禽流感专题研讨会上正式采用"高致病性禽流感"（HPAI）一词来描述感染禽类的高毒力流感，取代了近1个世纪以来使用的"禽瘟"一词（Bankowski，1981）。尽管在1901年，人们就已经确定该病的致病因素是可控的，但直到1955年科学家才将这种病毒划归为甲型流感病毒（Schäfer，1955），此时距人们鉴定出人和猪甲型流感病毒已有20年之久（Shope，1931；Smith等，1933）。根据最近2个世纪的数据记录，高致病性禽流感（HPAI）在各大洲不断暴发。自1959年以来，全球已有70余次禽流感暴发的记录，其中，在过去的20年内共暴发50余次，导致2013年至今约1.2亿只禽类死亡（OIE，2017）。近年来，受影响最大的是欧洲和东南亚地区（OIE，2017）。高致病性禽流感暴发次数在近20年内明显增加，但这可能是多种因素综合作用带来的结果，比如现在人们对禽流感疫情的监测比过去更加严格，疫情的报告更为及时透明。其次，在全球家禽总量持续增长的背景下，人们却未能有效隔离野生禽类和禽流感天然宿主，这可能也是导致疫情暴发次数增多的重要原因之一。1959年至今暴发和影响较大的高致病性禽流感疫情总结见表1.1。

表1.1 1959年至今高致病性禽流感暴发历史和影响

| 年份 | 地区 | 亚型 | 物种 | 影响 |
|---|---|---|---|---|
| 1959 | 苏格兰 | H5N1 | 鸡 | 1个小型农场 |
| 1961 | 南非 | H5N3 | 普通燕鸥 | 扑杀鸟类1 300只 |
| 1963 | 英格兰 | H7N3 | 火鸡 | 扑杀火鸡29 000只 |
| 1966 | 加拿大 | H5N9 | 火鸡 | 扑杀火鸡8 000只 |
| 1976 | 澳大利亚 | H7N7 | 鸡、鸭 | 扑杀禽类58 000只 |
| 1979 | 英格兰 | H7N7 | 火鸡 | 扑杀火鸡9 000只 |
| 1979 | 德国 | H7N7 | 鸡、鹅 | 扑杀鸡600 000只、鹅80只 |
| 1983 | 爱尔兰 | H5N8 | 鸡、火鸡、鸭 | 扑杀鸡、火鸡、鸭共307 000只 |
| 1983—1984 | 美国 | H5N2 | 鸡、火鸡 | 扑杀鸡、火鸡、珍珠鸡共1 700万只；直接和间接花费超过3亿美元 |
| 1985 | 澳大利亚 | H7N7 | 鸡 | 扑杀鸡240 000只 |
| 1991 | 英格兰 | H5N1 | 火鸡 | 扑杀火鸡8 000只 |
| 1992 | 澳大利亚 | H7N3 | 鸡、鸭 | 扑杀肉鸡、种鸡、鸭共18 000只 |
| 1994 | 澳大利亚 | H7N3 | 鸡 | 扑杀鸡22 000只 |
| 1994—1995 | 墨西哥 | H5N2 | 鸡 | 扑杀禽类数百万只 |
| 1995 | 巴基斯坦 | H7N3 | 鸡 | 扑杀禽类超过600万只 |
| 1997 | 澳大利亚 | H7N4 | 鸡 | 扑杀鸡、鸸鹋31万只 |
| 1997 | 中国香港 | H5N1 | 鸡、鸭 | 扑杀鸡和其他禽类150万只 |
| 1997 | 意大利 | H5N2 | 鸡、火鸡、珍珠鸡、鸭、鹌鹑、鸽子、鹅、野鸡 | 扑杀禽类超过8 000只 |
| 1999—2000 | 意大利 | H7N1 | 鸡、火鸡、珍珠鸡、鸭、鹌鹑、鸽子、野鸡、鸵鸟 | 扑杀禽类1 400万只；花费6.2亿美元 |
| 2002 | 智利 | H7N3 | 鸡、火鸡 | 扑杀禽类70万只；花费3 100万美元 |
| 2003 | 荷兰 | H7N7 | 鸡 | 扑杀鸡超过2 800万只；花费7.5亿欧元 |
| 2003年至今 | 亚洲、欧洲、非洲 | H5N1 | 鸡、鸭 | 扑杀禽类数亿只；花费超过50亿美元 |
| 2004 | 加拿大 | H7N3 | 鸡 | 扑杀鸡1 700万只；花费3.8亿美元 |
| 2004 | 巴基斯坦 | H7N3 | 鸡 | 扑杀禽类300万只；花费860万美元 |
| 2004 | 美国 | H5N2 | 鸡 | 扑杀禽类6 600只 |

（续）

| 年份 | 地区 | 亚型 | 物种 | 影响 |
|------|------|------|------|------|
| 2004—2006 | 南非 | H5N2 | 鸵鸟 | 扑杀禽类30 000只 |
| 2005 | 朝鲜 | H7N7 | 鸡 | 扑杀、病死禽类219 000只 |
| 2007 | 加拿大 | H7N3 | 鸡 | 扑杀禽类49 000只 |
| 2008 | 英国 | H7N7 | 蛋鸡、野鸡 | 扑杀禽类15 000只 |
| 2009 | 西班牙 | H7N7 | 蛋鸡 | 扑杀蛋鸡278 000只 |
| 2012 | 澳大利亚 | H7N7 | 鸡 | 共损失鸡45 000只 |
| 2011—2014 | 南非 | H5N2（LPAIV/HPAIV），H7N1/N7（LPAIV） | 鸵鸟 | 扑杀禽类5万只 |
| 2012年至今 | 墨西哥 | H7N3（HPAIV） | 鸡、鹌鹑 | 扑杀禽类超过1 100万只 |
| 2013 | 意大利 | H7N7 | 鸡 | 共946 000只禽类死亡 |
| 2013—2014 | 澳大利亚 | H7N2 | 鸡 | 共471 000只禽类死亡 |
| 2013年至今 | 中国 | H7N9（LPAIV/HPAIV） | 鸡、鸭、野禽 | 共830 000只禽类死亡，有人类感染 |
| 2014—2015 | 加拿大 | H5N2 | 鸡、火鸡 | 共305 000只禽类死亡 |
| 2014年至今 | 中国 | H5N1/N2/N3/N6/N8 | 鸡、鸭 | 扑杀禽类数百万只 |
| 2014—2017 | 美国 | H5N2/N8 | 蛋鸡、火鸡、野禽 | 扑杀禽类1 600万只；共5 000万只禽类死亡；花费33亿美元 |
| 2014年至今 | 亚洲 | H5N6 | 鸡、鸭、野禽 | 扑杀禽类2 900万只 |
| 2014年至今 | 亚洲、欧洲 | H5N8 | 鸡、火鸡、鸭、野禽 | 扑杀禽类超过300万只；数千只禽类死亡 |
| 2015—2016 | 欧洲 | H7N7 | 鸡 | 扑杀鸡22万只 |
| 2015—2017 | 法国 | H5N1/N2/N8/N9 | 鸡、鸭、珍珠鸡、野禽 | 扑杀禽类超过130万只 |
| 2016 | 美国 | H7N8（HPAIV/LPAIV） | 火鸡 | 扑杀火鸡和鸡超过40万只 |
| 2016年至今 | 非洲 | H5N8 | 鸡、鸭、野禽 | 扑杀禽类超过150万只 |
| 2016—2018 | 欧洲 | H5N5 | 野禽 | 数百只禽类死亡 |
| 2017 | 阿尔及利亚 | H7N1 | 野禽 | 扑杀禽类1 000只 |
| 2017 | 美国 | H7N9，H5N2（LPAIV） | 鸡、野禽 | 扑杀禽类超过10万只 |
| 2017—2018 | 俄罗斯 | H5N2 | 陆栖家禽 | 扑杀禽类66万只 |
| 2017年至今 | 欧洲 | H5N6 | 鸭、野禽 | 数百只野禽死亡；扑杀鸭15 000只 |

## 1.4　病原学

### 1.4.1　病毒的分类、形态、基因组结构及组成

　　甲型流感病毒属于正黏病毒科，甲型流感病毒属。该科病毒还包含6个其他属：乙型流感病毒属（B型）、丙型流感病毒属（C型）、丁型流感病毒属（D型）、鲑传贫病毒属（*Isavirus*）、托高土病毒属（*Thogotovirus*）和夸兰菲尔流感病毒属（*Quaranjavirus*）（Mc Cauley，2014）。正黏病毒都具有来源于宿主细胞膜的脂质双层膜和分节段的负链RNA基因组，该基因组需要病毒编码的RNA依赖性RNA聚合酶才能进行复制（图1.1）。甲型流感病毒在宿主细胞核内进行转录和复制，这一点与大多数RNA病毒不同（Martin和Helenius，1991a；Holsinger等，1994）。甲型流感病毒的基因组包含8个RNA节段（McGeoch等，1976；Palese，1977），共有约1.4万个碱基，在不同毒株中编码12～16种病毒蛋白（表1.2和图1.1）（Lamb，1989；Bouvier和Palese，2008）。病毒基因组中一半数量的基因编码病毒的3种聚合酶蛋白（Palese等，1977）。在正黏病毒科中，只有甲型流感病毒被分为不同亚型。世界卫生组织在1980年确立了甲型流感病毒的命名方法，病毒名称包含宿主的类型（非人类宿主使用小写字母）、起源地区域、分离株或实验室编号，以及分离的年份，并用正斜杠分隔，在括号中用字母和数字H1至H16、N1至N9代表HA与NA亚型组合。例如科学家在2017年从巴基斯坦的一只病鸡中分离得到的H7N3亚型的第五株甲型流感病毒，按此规则可以将其命名为A/chicken/Pakistan/5/2017（H7N3）。值得关注的是，最近人们在危地马拉和秘鲁的果蝠中发现了新的甲型流感病毒（Tong等，2012，2013），它同样具有血凝素样（HL）和神经氨酸酶样（NL）表面蛋白，目前被分别划分为HL17NL10和HL18NL11亚型。

表1.2　甲型流感病毒基因组节段和编码的蛋白质

| 基因节段 | 核苷酸（个） | 蛋白质（氨基酸序号[*]） |
|---|---|---|
| 1－碱性聚合酶2（PB2） | 2 341 | PB2（759）<br>PB2-S1 |
| 2－碱性聚合酶1（PB1） | 2 341 | PB1（757）<br>N40<br>PB1-F2（87～90） |
| 3－酸性聚合酶（PA） | 2 233 | PA（716）<br>PA-X（252）<br>PA-N155<br>PA-N182 |
| 4－血凝素（HA） | 约1 700 | HA（～550） |
| 5－核蛋白（NP） | 1 565 | NP（498） |
| 6－神经氨酸酶（NA） | 约1 400 | NA（～450） |
| 7－基质蛋白（M） | 1 023 | M1（252）<br>M2（97）<br>M42 |
| 8－非结构蛋白（NS） | 890 | NS1（230）<br>NS2/NEP（121） |

[*] 仅显示在所有禽类毒株中表达一致的蛋白氨基酸序号。

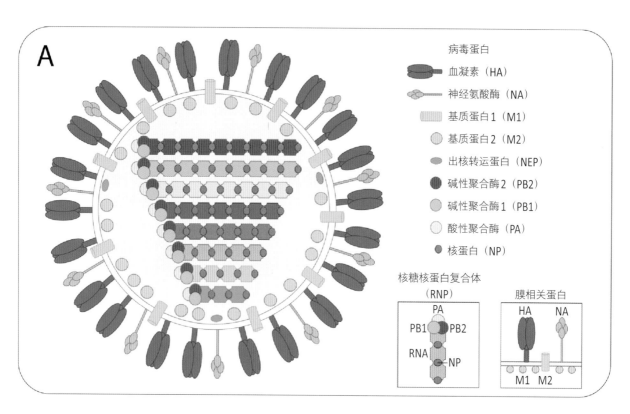

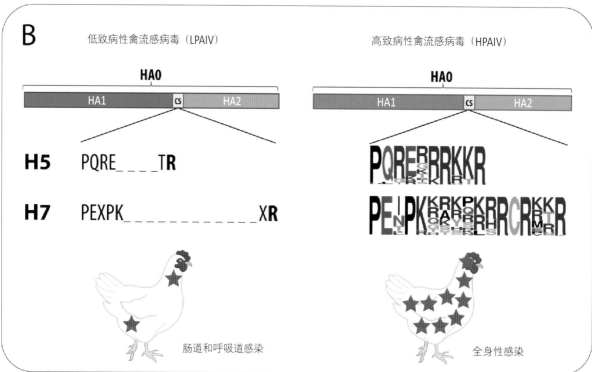

图 1.1　甲型流感病毒结构

A.甲型流感病毒及其蛋白质示意图；B.影响禽流感病毒在家禽中致病性的氨基酸。

甲型流感病毒的病毒粒子与正黏病毒科中的其他成员类似，均为直径80～120 nm的多形态病毒粒子。甲型流感病毒粒子呈球形或丝状，其中丝状病毒粒子具有更强的感染能力和更高的RNA含量（Kilbourne和Murphy，1960；Roberts等，1998）。病毒的形态受细胞成分和病毒蛋白的共同影响（Höglund和Ciampor，1975；Roberts和Compans，1998；Roberts等，1998；Zhang等，2000；Liu等，2002；Bourmakina和García-Sastre，2003；Burleigh等，2005；McCown和Pekosz，2005；Peiris等，2009；Noda，2011；Bialas等，2012，2014；Roberts等，2013；Campbell等，2014；Chlanda等，2015；Frensing等，2016）。在临床样品中丝状病毒粒子占比最多（Sieczkarski和Whittaker，2005），而体外培养系统中球形的病毒粒子更为常见（Kilbourne和Murphy，1960；Mitnaul等，1996；Liu等，2002；Burleigh等，2005；Sieczkarski和Whittaker，2005；Bruce等，2012；Badham和Rossman，2016）。高温、极端pH变化，以及非等渗条件和干燥都会使甲型流感病毒失活（Perez等，2005）。甲型流感病毒糖蛋白HA和NA在病毒粒子的表面形成糖蛋白纤突（Lamb，1989）（图1.1）。HA和NA分别以同源三聚体和同源四聚体形式存在。甲型流感病毒的囊膜上嵌有许多跨膜蛋白M2。基质蛋白1（M1）位于脂质双层膜内侧，可以保护病毒基因组。所有甲型流感病毒RNA（vRNA）节段的3′和5′末端均分别具有12个和13个高度保守的核苷酸。

禽流感病毒RNA以病毒核糖核蛋白（vRNP）颗粒的形式存在（图1.1）。病毒基因末端通过部分碱基反向互补配对，将病毒RNA片段推挤形成柄状，并采用螺旋状双链结构作为病毒转录和复制的启动子（Hsu等，1987；Parvin等，1989；Azzeh等，2001；Brownlee和Sharps，2002；Crow等，2004；Tomescu等，2014）。由碱性聚合酶1（PB1）、碱性聚合酶2（PB2）和酸性聚合酶（PA）亚基组成的异源三聚体聚合酶复合物也与此双链末端区域有关（Flick和Hobom，1999）。每个病毒粒子都由8个聚合酶亚基包装而成（图1.1）。禽流感病毒RNA围绕在核蛋白（NP）周围，大约每24个RNA核苷酸包裹1个NP蛋白。禽流感病毒RNP构成了病毒转录和复制的基本单位（Huang等，1990）。柄状结构域是病毒RNA的5′和3′端非编码区（UTR）的一部分，其长度和序列在不同基因节段上有一定差异（Tchatalbachev等，2001；Hutchinson等，2010）。UTR与含有开放阅读框（ORF）的5′和3′序列一起形成每个基因节段的包装信号。多项研究表明，病毒内部的层级结构和节段间的相互作用导致病毒的8个RNA节段以"7＋1"的模式构型（7个病毒RNP包围中央的1个病毒RNP）（Fujii等，2005；Marsh等，2007，2008；Hutchinson等，2009；Ozawa等，2009；Noda和Kawaoka，2010，2012；Wise等，2011；Chou等，2012；Gao等，2012，2013；Brooke等，2014；Nakatsu等，2016；Noda等，2018）。

虽然流感病毒的基因组很小，但其通过翻译共线性或经剪接的mRNA、转换翻译起始位点和移码等多种机制，可产生多种基因产物（表1.2），而且每种蛋白质产物在功能上可能具有多效性，最终促进病毒复制或抵御宿主的抗病毒反应。

## 1.4.2 病毒基因和蛋白质及其功能

### 节段1：PB2和PB2-S1

甲型流感病毒RNA节段1编码聚合酶亚基PB2，该亚基可以通过第318～483位氨基酸区域识别并结合位于宿主细胞核的前体mRNA的5′端甲基化帽子结构（5′7-甲基鸟苷三磷酸）（Plotch和Krug，1977；Plotch等，1981；Braam等，1983；Perales等，1996；Perales和Ortín，1997）。PB2是病毒转录和复制过程所必需的病毒蛋白，它通过N端约250个氨基酸和C端约180个氨基酸的重叠区域与PB1和NP直接相互作用（González等，1996；Poole等，2004）。在感染哺乳动物而非禽类的甲型流感病毒毒株中，PB2通过第1～35位氨基酸区域与PB1相互作用。PB1结合PB2的位点与其结合线粒体抗病毒信号蛋白（MAVS）的位点重叠（Carr等，2006）。PB2包含一个双向核定位信号区（NLS），包含第736～739位（NLS-1）和第752～755位（NLS-2）氨基酸区域，帮助其通过宿主的核转移途径入核（Resa-Infante等，2008）。PB2与视黄酸诱导基因蛋白 I（RIG- I）也可以发生相互作用（Li等，2014a）。通常PB2、PB1和PA可以以非RNA依赖性的方式（以单独的亚基或复合物的形式）与人、猪、小鼠和鸭等多种宿主的RIG- I结合，而NP与RIG- I的结合是RNA依赖性的（Li等，2014a）。但RNP与RIG- I的相互作用对甲型流感病毒复制和致病性有何生物学意义还有待进一步阐明（Li等，2014a）。据报道，PB2等多种病毒蛋白对干扰素敏感性发生突变，表明该病毒已有多种抵御宿主抗病毒反应的方法（Du等，2018）。目前发现，PB2通过第627和701位氨基酸发生的突变发挥限制宿主的作用（Gorman等，1990；Subbarao等，1993；Resa-Infante等，2008；Le等，2009；ResaInfante等，2011；Gabriel等，2013）。PB2第627位的谷氨酸突变为赖氨酸（E627K），会增强病毒感染哺乳动物的呼吸道嗜性和毒　力（Subbarao等，1993；Crescenzo-Chaigne等，2002；Aggarwal等，2011；Bogs等，2011；Ng等，2012；Tian等，2012；Wang等，2012；de Jong等，2013；Cheng等，2014；Danzy等，2014；Jonges等，2014；Paterson等，2014；H. Zhang等，2014；Weber等，2015）。第627位谷氨酸在禽源甲型流感病毒中高度保守，但在大多数可以感染人类的甲型流感病毒中都出现了第627位谷氨酸突变为赖氨酸的现象。最近有研究表明，位于NP结合区域的第627位氨基酸和NP氨基酸的改变可以共同调节两种蛋白质之间的相互作用，这会对病毒在哺乳动物中的复制能力和致病性产生影响。第627位氨基酸还可以使NLS-1位点附近的第701位天冬氨酸突变为天冬酰胺（D701N），这有利于其与人的α-1核转运蛋白结合，但会降低与禽的核转运蛋白结合（Gabriel等，2008）。而在其他一些毒株中，特定的氨基酸突变也会影响病毒感染的宿主范围（Gabriel等，2005，2013；Herfst等，2010；Yamada等，2010；Mok等，2011，2014）。

最近，有研究者在节段2中发现了通过mRNA剪接作用产生的第二个基因产物PB2-S1，其对应PB2 mRNA核苷酸第1513～1894位区域发生了基因缺失（Yamayoshi等，2016）。在感染病毒的犬源细胞（非禽类细胞）中，PB2-S1定位于线粒体，抑制RIG- I干扰素信号转导途径，并通过与PB1结合影响病毒聚合酶活性。然而PB2-S1对于病毒在体外复制并不是必需的，其在体内发挥的作用也有待进一步研究（Yamayoshi等，2016）。

节段2：PB1、PB1-N40和PB1-F2

甲型流感病毒RNA节段2编码聚合酶亚基PB1、N端PB1-N40截短体和PB1-F2蛋白。PB1包含具有结合病毒RNA、PA和PB2的结构域，它们互有重叠，且具有保守的RNA依赖性RNA聚合酶的基序特征（Kobayashi等，1996a；Toyoda等，1996）。PB1通过位于N端前83个氨基酸和C端第483位氨基酸下游区域的结构域与病毒RNA柄状结构域结合（González和Ortín，1999；Kolpashchikov等，2004；Jung和Brownlee，2006；Binh等，2014）。N端区域和第267～493位的氨基酸区域均可以与复制中间产物——正向互补RNA（cRNA）结合。PB1缺乏校对活性，导致其每个基因组在复制期间都会发生约一次突变，这个特点使病毒可以快速进化。PB1通过N端前11个氨基酸与PA直接互作（Pérez和Donis，1995，2001；González等，1996），或通过C端第685～757位氨基酸结构域与PB2互作（González等，1996；Poole等，2007；Sugiyama等，2009）。PB1的第187～190位和第207～211位氨基酸之间具有可被宿主α核转运蛋白RanBP5识别的双向核定位信号区（Akkina等，1987；Hutchinson等，2011）。

PB1-N40是PB1的截短体，缺乏聚合酶活性。PB1-N40的翻译起始位点位于PB1标准起始位点下游第115位核苷酸处（Wise等，2009）。PB1-N40缺少PA结合结构域，但具有PB2结合结构域。PB1-N40的表达对于病毒复制并不是必需的，其发挥的功能与作用目前尚未完全探明。PB1、PB1-N40和PB1-F2的表达

相互平衡且互相影响：在体外培养的细胞中，如果PB1-F2基因完整存在，而PB1-N40表达缺失，会导致病毒复制能力缺陷（Wise等，2009）。

PB1-F2由PB1基因另一个开放阅读框编码（Chen等，2001；Gibbs等，2003b）。PB1-F2通常以90或57个氨基酸两种长度的形式存在，少数会以52、63、79、81、87和101个氨基酸长度的形式存在（Krumbholz等，2011；Košík等，2013）。甲型流感病毒感染宿主细胞后，PB1-F2通过在线粒体内膜定位（Chanturiya等，2004），促进细胞炎症反应和病毒引起的细胞死亡，而含有第58～87位氨基酸的PB1-F2 C端对发挥这些作用十分重要（Chanturiya等，2004；Yamada等，2004；Zamarin等，2005；Conenello和Palese，2007；Conenello等，2007；Kamal等，2017）。PB1-F2还可以与线粒体内膜的腺嘌呤核苷酸转运蛋白3（ANT3）和线粒体外膜电压依赖性阴离子通道蛋白1（VDAC1）相互作用，二者均参与了细胞凋亡过程中对线粒体通透性变化的调节（Zamarin等，2005）。位于PB1-F2的N端第1～50位氨基酸区域可以与PB1相互作用，并导致聚合酶活性增强（Mazur等，2008；Košík等，2011）。值得注意的是，2009年流行的H1N1亚型毒株PB1-F2开放阅读框仅包含11个氨基酸。研究表明，其对病毒复制影响的差异可能取决于毒株和宿主细胞种类（Pena等，2012b）。PB1-F2还可以通过与线粒体抗病毒信号蛋白（MAVS）结合来降低宿主细胞线粒体膜电位，最终抑制干扰素的产生（Varga等，2011，2012）。PB1-F2在禽源甲型流感病毒中高度保守（Schmolke等，2011）。经典型H5N1亚型高致病性禽流感病毒中PB1-F2开放阅读框的缺失，会导致病毒感染绿头野鸭的临床体征表现和全身性扩散程度有所减弱（Schmolke等，2011）。PB1-F2中第66位天冬酰胺突变为丝氨酸可以改变病毒的毒力并诱发继发性细菌感染，但这种现象具有毒株和宿主特异性（McAuley等，2007，2010，2013；Pena等，2012a；Schmolke等，2011）。另有研究发现，在H5N1亚型高致病性禽流感病毒感染绿头野鸭时，PB1-F2的其他氨基酸位点发生的突变也会导致其功能发生改变（Marjuki等，2010）。因此，PB1-F2氨基酸的序列变异和长度改变都会影响其活性及生物学意义。

### 节段3：PA、PA-X和PA的N端截短体

甲型流感病毒RNA节段3主要编码PA和PA-X两种产物。PA是聚合酶复合物的三种成分之一，对病毒基因的转录和复制过程至关重要。PA包含两个主要结构域：N端的197个氨基酸为核酸内切酶结构域（Yuan等，2009），C端的460个氨基酸含有PB1结合位点（Zürcher等，1996；Guu等，2008）。PA的核酸内切酶活性可能不是复制过程所必需的，但它参与了病毒mRNA转录的加帽过程。PA的核酸内切酶结构域的结构和活性位点排列与核酸酶PD-（D/E）XK家族的成员相似。以往的研究表明，PA可以被酪蛋白激酶Ⅱ（CKⅡ）样酶磷酸化（Sanz-Ezquerro等，1998）。此外，某些毒株的PA具有蛋白水解活性（Sanz-Ezquerro等，1996），但这与聚合酶活性的关系尚不清楚（Perales等，2000；Naffakh等，2001）。PA的N末端结构域与新发现的PA-X蛋白有重叠区域，而且N末端结构域决定了PA的蛋白水解活性（Jagger等，2012），因此在病毒感染时，PA在蛋白水解过程中发挥的作用还需进一步研究。HAX1是一种阻止PA核转移的抗凋亡细胞质蛋白，它可以识别PA第124～139位和第186～247位氨基酸之间包含的两个潜在NLS区域（Hsu等，2013）。PA的入核依赖PB1等其他病毒蛋白的共同表达（Nieto等，1992，1994）。新合成的聚合酶亚基组装成聚合酶复合物的过程一般分为三步：首先PA与细胞质中的PB1结合，然后通过核转运蛋白途径将其转移至细胞核，最后与PB2结合组成异源三聚体（Hutchinson和Fodor，2012；Hutchinson等，2014）。PA还可以与其他宿主因子结合，例如通过第493～512位和第557～574位氨基酸区域结合人CLE（hCLE，可能包括鸡的同源物CLE7）。PA和hCLE相互作用不仅会影响宿主的RNA聚合酶Ⅱ活性，还可以正向调控病毒聚合酶活性，促进病毒产生（Huarte等，2001；Pérez-González等，2006，2014；Rodriguez等，2011）。PA还可以与微小染色体维持蛋白（MCM）复合物相互作用，目前认为该复合物

可以作为新生成的RNA链和病毒聚合酶之间的支架（Kawaguchi和Nagata，2007）。在禽流感病毒感染天然和非天然禽类宿主时，以上蛋白之间的相互作用对病毒在宿主中复制有何生物学意义值得进一步关注。

PA-X是节段3中第二个开放阅读框通过核糖体移码产生的蛋白产物（Firth等，2012；Jagger等，2012）。PA-X的N端191个氨基酸序列与PA相同，PA-X的C端61个氨基酸序列则通过共线性的mRNA移码获得。PA-X在甲型流感病毒中高度保守，但一些猪源和犬源甲型流感病毒（包括在2009年流行的猪源H1N1病毒）毒株的C端氨基酸序列长度变异为41个氨基端（Shi等，2012）。PA-X具有与PA相同的核酸内切酶结构域，但缺少结合PB1的结构域。PA-X可以在细胞核内定位，降解新生成的宿主mRNA，最终抑制宿主细胞基因的表达（Khaperskyy等，2016）。最近的研究表明，PA-X的上述功能活性与其C端前15个氨基酸中的碱性氨基酸有关（Oishi等，2015；Hayashi等，2016）。PA-X对病毒复制和致病性的影响可能取决于毒株和宿主种类，这一点与PB1-F2相似（Jagger等，2012；Gao等，2015a，b；Feng等，2016）。

PA的mRNA高度保守，新发现的PA-N155和PA-N182蛋白表达的起始位点位于PA的mRNA中（Muramoto等，2013），二者是PA的N端截短体，分别从第11和第13组AUG密码子起始翻译而来。用感染不同物种的甲型流感病毒分离株感染细胞，均可检测到PA-N155和PA-N182蛋白的存在。这表明PA正在以多种形式普遍表达，但当PA-N155和PA-N182与PB1和PB2共同表达时均不会表现出聚合酶活性。缺失PA N端的突变病毒在细胞中复制的速度较野生型病毒缓慢，且在小鼠中呈现较低的致病性（Muramoto等，2013）。

节段4：血凝素（HA）

甲型流感病毒RNA节段4编码血凝素糖蛋白，具有凝集红细胞（RBC）的能力（Skehel和Wiley，2000；Gamblin和Skehel，2010；Xiong等，2014；Byrd-Leotis等，2017）。按照抗原差异性可将HA分为16个亚型（H1-H16），按系统发育可进一步划分为2组：第1组包括H1、H2、H5、H6、H8、H9、H11、H12、H13和H16；第2组包括H3、H4、H7、H10、H14和H15。最近在蝙蝠中鉴定出的两种独特的甲型流感病毒毒株的HA亚型特征与以往发现的均有所不同，所以被暂时命名为HL17和HL18（Sun等，2013；Zhu等，2013）。HA可以与细胞表面的受体结合，在病毒进入过程中促进病毒囊膜和细胞内体膜融合。HA在决定甲型流感病毒感染宿主种类方面起着重要作用，在病毒感染期间该蛋白也是中和抗体的最主要靶标。HA是一种单次I型跨膜糖蛋白，在病毒表面以同源三聚体的形式存在，从膜表面向外延伸约13nm。HA在经典的N-X-S/T共有序列中的天冬酰胺残基处发生N-连接糖基化。N-连接糖基化对于蛋白质结构的完整性和抗原位点的隐蔽十分重要。在不同来源和亚型的病毒中，已经发现了3～9个潜在的N-连接糖基化位点。每个HA单体均包含两个亚基，由非活性前体HA0裂解产生。两个亚基之间通过二硫键保持单体的完整性。每个单体带有一个跨膜锚和一个细胞质尾区。三个单体绑定盘绕构成螺旋结构的三聚体。低致病性禽流感病毒中前体HA0的裂解发生在禽类、哺乳动物的肠道、呼吸道管腔中的胰蛋白酶样蛋白酶的单个精氨酸残基上。H5和H7亚型高致病性禽流感病毒的HA0包含一系列碱性氨基酸，可以被高尔基体中的弗林蛋白酶和其他枯草杆菌蛋白酶样蛋白酶识别（图1.1）。H5和H7亚型的HA在细胞内的早期成熟有利于促进高致病性禽流感病毒在细胞间传播和全身感染，这一点在鸡形目的感染中表现得更为明显。

HA1亚基呈球形，含有受体结合位点（RBS）。该位点位于囊膜外部，末端呈浅袋状结构。受体结合位点可与末端含有唾液酸（SA，N-乙酰神经氨酸）的多聚糖结构结合。能够与唾液酸结合的受体结合位点包含四个结构特征：位于第130位氨基酸的环状结构、位于第190位氨基酸的α螺旋、位于第220位氨基

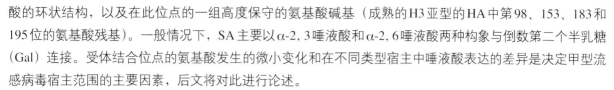

酸的环状结构，以及在此位点的一组高度保守的氨基酸碱基（成熟的H3亚型的HA中第98、153、183和195位的氨基酸残基）。一般情况下，SA主要以α-2,3唾液酸和α-2,6唾液酸两种构象与倒数第二个半乳糖（Gal）连接。受体结合位点的氨基酸发生的微小变化和在不同类型宿主中唾液酸表达的差异是决定甲型流感病毒宿主范围的主要因素，后文将对此进行论述。

茎状结构的HA2从病毒囊膜表面向外延伸约7.6nm，在三聚体中形成三链螺旋形的α螺旋。HA2亚基N端的第20～24位氨基酸为"融合肽"区域，对病毒膜和内体膜的脂质双分子层之间发生的膜融合过程十分重要。X射线晶体学研究揭示了膜融合过程中HA的构象变化（Cross等，2009）。HA三聚体位于病毒表面，为亚稳定结构，融合肽位于HA2亚基带电荷的口袋状结构中。低pH可以使其活化，然后融合肽向融合靶膜的方向延伸，形成新的三聚卷曲螺旋结构的N末端，并且C端膜锚定点会重新定位在杆状分子同一端的融合肽附近（Tamm，2003）。膜融合过程通常发生于pH 5.0～6.0时，但有些毒株的膜融合过程在此pH范围之外（Cross等，2009）。多项研究表明，融合肽区域可作为病毒毒力标志（DuBois等，2011）。在亚洲起源的典型H5N1亚型高致病性禽流感病毒毒株中，膜融合过程在pH≤5.4时，被激活的毒株更易感染哺乳动物（Zaraket等，2013）。跨膜结构域位于C端第26～27位氨基酸，其后的胞质尾区中含有10～11个氨基酸。HA亚型的胞质尾区被棕榈酰化修饰且高度保守，可以调节病毒粒子的装配（Veit和Schmidt，1993；Jin等，1994；Ponimaskin和Schmidt，1998；Chen等，2005）。

节段5：核蛋白（NP）

NP是一种磷酸化蛋白质，富含精氨酸，带有正电荷（pH 6.5时为＋14）（Winter和Fields，1981）。其C端主要由酸性氨基酸构成，其余大部分为碱性氨基酸（Portela和Digard，2002）。NP是病毒RNP中丰度最高的结构蛋白。NP的主要功能是包裹病毒RNA，通过NP残基的正电荷与病毒RNA上带负电荷的磷酸骨架之间的相互作用实现（Shaw和Palese，2013b）。但目前尚未发现NP中有特殊的基因序列与这种相互作用有关，这可能意味着大多数蛋白质都能够与病毒RNA发生相互作用。电子显微镜重构图像显示，NP为具有大小不同弧度的细长结构（Martín-Benito等，2001；Ortega等，2000），被大约24nt的RNA缠绕着。但NP并不能保护病毒RNA被核糖核酸酶RNase降解。NP具有NP-1和NP-2两个可以发生相互作用的结构域，可以使其发生低聚化。根据结合力分析实验检测，NP-NP分子间相互作用的解离常数（Kd）大约为200nm，它们的结合对于维持病毒RNP的结构至关重要（Elton等，1999）。NP也可以与正链ssRNA（在基因组复制过程中产生的cRNA）结合。该蛋白的另一个重要作用是通过其核定位信号区（NLS）促进病毒RNP的入核。尽管PB2、PB1和PA都具有NLS，但似乎只有NP的NLS可以驱动复合物易位。NP的NLS位于第327～345位氨基酸（Davey等，1985）。常见的NLS富含精氨酸或赖氨酸，但NP上的NLS是非常规的NLS肽（非精氨酸或赖氨酸）（Wang等，1997）。研究发现，甲型流感病毒的NP还包含一些肽，参与细胞内的运输（Neumann等，1997）。而且NP的第1～38位氨基酸基序可以诱导生成第1～38位氨基酸缺失和（或）第327～345位NLS位置缺失的突变NP，以此发挥对NP的入核、出核以及细胞质积累的调节作用。此研究还显示，缺失第1～38位和第327～345位片段的突变体仍可以转移到细胞核中，说明NP上可能还存在其他与运输有关的区域（Neumann等，1997）。核转运过程是通过核转运蛋白α直接与NP上的NLS结合，然后招募核转运蛋白β实现的（O'Neill等，1995；O'Neill和Palese，1995；Wang等，1997）。一些研究表明，NP与不同亚型核转运蛋白α的相互作用可能是决定宿主范围的因素之一（Gabriel等，2008，2011）。前文提及的病毒RNP是由聚合酶复合物（PB2-PB1-PA）与包裹于衣壳中的病毒RNA相互作用形成的。研究表明，在人类和禽类宿主中，NP都可以与PB2和PB1发生直接相互作用（Biswas等，1998；Naffakh等，2000；Martín-Benito等，2001）。在病毒RNP出核过程中，NP与病毒蛋白M1发生相互作用，形成vRNP-M1复合物，这是病毒粒子组装的步骤之一（Martin和Helenius，1991a；Noton等，

2007）。此外，NP 还能与其他宿主细胞蛋白 [例如 F- 肌动蛋白（F-actin）和 Crm1] 发生相互作用。NP 与 F-actin 的相互作用发生在感染晚期，其目的可能是促进病毒 RNP 在细胞质中的积累，为病毒粒子的组装做准备（Portela 和 Digard，2002）。Crm1（也称为 exportin-1）与病毒 RNP 的出核有关。研究表明，NP 和 Crm1 在体外可以互作（Elton 等，2001）。

节段 6：神经氨酸酶（NA）

甲型流感病毒 RNA 节段 6 只有一个开放阅读框（ORF），编码蘑菇形状的神经氨酸酶（NA）。NA 是甲型流感病毒的第二个主要糖蛋白，长度约为 470 个氨基酸（不同亚型有所区别），属 II 型整合膜蛋白，负责去除病毒粒子、宿主细胞表面和周围环境中的末端唾液酸残基（Hirst，1942；Shaw 和 Palese，2013a）。目前人们已经在自然界中发现了 NA 的 9 种亚型（N1 至 N9），根据序列差异将其分为 2 组：第 1 组包括 N1、N4、N5 和 N8；第 2 组包括 N3、N6、N7 和 N9（Russell 等，2006；Shaw 和 Palese，2013a）。此外，人们还在蝙蝠体内发现 2 株独特的甲型流感病毒，其 NA 缺乏典型的 NA 活性，所以暂时将它们命名为 NL10 和 NL11（Li 等，2012；Zhu 等，2012）。NA 的神经氨酸酶活性十分重要，不仅可以去除干扰流感病毒感染的唾液酸，还可以通过去除唾液酸帮助被感染细胞中新形成的病毒粒子释放（Palese 等，1974）。因此 NA 对病毒的传播十分重要（Matrosovich 等，2004；Huang 等，2008）。目前，已经商业化的抗流感病毒治疗手段几乎都聚焦于神经氨酸酶抑制剂，例如扎那米韦和奥司他韦，都可以直接干扰 NA 的酶活性（Moscona，2005），这也从侧面反映了 NA 在病毒复制周期中的重要性。病毒从野生禽类到家禽的种间传播以及后期病毒在家禽中的适应过程，通常都发生了 NA 氨基酸茎部区域不同长度的缺失现象。尽管导致这些缺失的机制尚不明确，但相关研究发现这与感染家禽的甲型流感病毒的呼吸系统嗜性及毒力密切相关（Els 等，1985；Castrucci 和 Kawaoka，1993；Keawcharoen 等，2005；Munier 等，2010；Sorrell 等，2010；Li 等，2011，2014b；Chockalingam 等，2012；Soltanialvar 等，2012；Stech 等，2015）。

虽然在疫苗研发中通常忽视抗 NA 抗体，但研究表明，抗 NA 抗体可限制病毒复制并抑制病情发展（Eichelberger 和 Wan，2015；Krammer 等，2018）。近年来，NA 已重新引起人们的关注，并成为研制广谱抗流感病毒疫苗的候选抗原（Chen 等，2018；Krammer 等，2018）。

节段 7：基质蛋白 1（M1），离子通道 M2 和 M42

甲型流感病毒 RNA 节段 7 长度约为 1 027 个核苷酸，编码至少 2 种蛋白质：位于囊膜内侧的基质蛋白 M1（由第 26 ～ 784 位核苷酸编码）和具有离子通道活性的基质蛋白 M2（由第 26 ～ 51 和第 740 ～ 1007 位核苷酸编码）。M1 蛋白由一个连续的开放阅读框合成共线性 mRNA 编码。M1 是甲型流感病毒粒子中含量最高的蛋白质，由 252 个氨基酸残基组成，负责维持病毒的形态和稳定性。结构分析表明，M1 由两个球形螺旋结构域组成，二者通过第 164 位氨基酸残基的蛋白酶敏感区连接（Arzt 等，2001）。X 射线衍射分析显示，它含有 N 端（N）、连接区（L）、中间区（M）和 C 端（C）4 个结构域（Sha 和 Luo，1997；Harris 等，2001；Arzt 等，2004）。通过负染电镜观察，M1 单体长约 6nm，呈棒状（Ruigrok 等，2000）。M1 单体在脂质膜内发生寡聚并形成特定结构，可以与病毒粒子核外的表面糖蛋白（HA 和 NA）的胞质尾区、M2 蛋白以及核内部的病毒 RNP 相互作用（Harris 等，2001；Nayak 等，2004；Noton 等，2007；Calder 等，2010）。每个单体在相反的两侧分别带有正电荷和负电荷（Arzt 等，2001）。这种寡聚结构的排列方式为寡聚分子正负电荷分别位于两侧，有助于两侧的相应结构通过电荷相互作用（Sha 和 Luo，1997；Shaw 和 Palese，2013b）。M1 的第 148 ～ 162 位氨基酸残基为半胱氨酸 – 半胱氨酸 – 组氨酸 – 组氨酸类型的锌结合基序，在甲、乙型流感病毒中保守（Nasser 等，1996；Shaw 和 Palese，2013b），其功能尚不明确，有研究认为其可能参与了蛋白质之间的相互作用（Shaw 和 Palese，2013b）。有关锌结合基序的功能尚有争论。最初，有人提出 M1 的锌结合基序和 M1 的 RNA 结合活性与转录酶抑制作用有关（Ye 等，1989），而 M1 的锌结合基序的转录酶抑制作用也得到了其他研究团队的支持（Nasser等，1996）。但几年后研究发现，锌结合基序与这两种功能并不相关（Elster等，1994）。有人提出假设，M1可能具有将病毒分组招募到质膜位置，帮助病毒粒子组装以及促进病毒出芽的作用（Gómez-Puertas等，2000；Latham和Galarza，2001）。但该过程的机制尚不清楚，人们提出了几个假说：①在HA、NA和M2通过外泌途径转移至组装位点的过程中，M1携带vRNP-NS2/NEP复合物在顶端质膜组装位点与HA、NA和M2的胞质结构域发生相互作用（Shaw和Palese，2013b）；②与病毒RNP结合的M1通过细胞转运机制转移至装配位点（Shaw和Palese，2013b）。M1除了在病毒组装和出芽过程中发挥作用外，还在病毒RNP的核转运中发挥重要作用。病毒RNP与M1结合会影响病毒RNP入核（Martin和Helenius，1991a）。当病毒内化并将遗传物质释放到细胞质中后，病毒RNP与M1解离，然后被转运进入细胞核。目前已发现金刚烷胺（amantadine）可以通过阻止RNP与M1的解离来阻止病毒RNP进入细胞核（Martin和Helenius，1991a）。另外，有研究通过重组M1蛋白发现，病毒RNP与M1的解离依赖于pH，当pH改变时，解离失败，同时也导致病毒RNP的入核受到影响（Bui等，1996）。M1通过其核定位区（NLS）进入宿主细胞核，并通过结合NP蛋白与新生成的病毒RNP发生相互作用，形成vRNP-M1复合物（Martin和Helenius，1991a；Noton等，2007）。然后，NS2/NEP通过NLS与M1结合，最终与vRNP-M1发生相互作用（Martin和Helenius，1991a；Bui等，2000；Akarsu等，2003；Shaw和Palese，2013b）。此过程需要位于第78位的色氨酸参与，其周围被NEP的谷氨酸残基簇和M1的NLS所包围（Akarsu等，2003）。NS2/NEP与M1的NLS结合的潜在功能可能是防止vRNP-M1-NS2/NEP复合物重新转移进入细胞核中，而后NS2/NEP与Crm1等其他宿主细胞蛋白结合，完成出核。有关NS蛋白的功能和相互作用请参见后文。

甲型流感病毒RNA节段7还编码M2蛋白，它是由一段重叠区的开放阅读框转录的mRNA经剪接后翻译产生的（Inglis和Brown，1981；Lamb和Choppin，1981；Lamb和Lai，1981，1982）。甲型流感病毒的M2蛋白为Ⅲ型跨膜蛋白，长度约为97个氨基酸。它有一个短的胞外结构域（长度为24个氨基酸残基），一个跨膜域（长度为19个氨基酸），以及具有棕榈酸酯和磷酸盐修饰的胞质结构域（长度为54个氨基酸）（Lamb等，1985；Zebedee等，1985）。M2位于病毒囊膜内和被感染的细胞中，结构为同源四聚体，由两个二硫键二聚体通过非共价键连接在一起（Lamb等，1985）。每个M2单体都有一个与两亲性跨膜α-螺旋结构域形成的蛋白跨膜转运通道，可以与金刚烷胺（一种抗甲型流感药物）结合（Sugrue和Hay，1991）。M2形成的质子通道主要负责在内体pH降低时，使质子流入病毒粒子（Pinto等，1992；Schroeder等，1994；Shimbo等，1996），从而触发病毒RNA与基质蛋白的解离、内体膜与病毒膜的融合，将病毒RNA释放到细胞质，最终转移进入细胞核（Cady等，2009）。此外，有证据表明，在M2贯穿于高尔基体网膜过程中，M2的离子通道活性在HA翻译后修饰经过高尔基体过程中起稳定作用，通过调节囊泡的pH以确保蛋白质正确折叠，防止具有多个碱性裂解位点的HA蛋白被提前裂解，例如H5、H7等HA蛋白（Sugrue和Hay，1991）。

在病毒进入细胞的过程中，M2可以保证病毒膜内外两侧的pH保持平衡；在病毒组装过程中，M2可以维持宿主细胞反面高尔基体膜内外的pH保持平衡（Pielak和Chou，2011）。在pH ≥ 7.5的条件下，M2质子通道关闭不起作用；当pH ≤ 6.5时，M2质子通道打开并处于激活状态。M2的打开和关闭能力取决于第41位色氨酸（W41）的跨膜区残基，它在所有甲型流感病毒中均高度保守（Manzoor等，2017）。M2对病毒复制至关重要，是抗流感药物金刚烷胺和金刚乙胺的靶标（McCown和Pekosz，2005）。金刚烷胺和金刚乙胺均可以结合并关闭M2内部的孔结构。在目前的家禽养殖中往往存在药物滥用的问题，会导致具有耐药性的新毒株出现，这必须引起人们足够的重视。发生这种现象的原因通常是因为M2孔结构内部的第31位丝氨酸突变为天冬酰胺（S31N），阻止了药物与M2发生相互作用，最终使其质子泵活性不受药物影响。

甲型流感病毒RNA节段7的mRNA通过另一种剪接方式可以产生M42,是另一种M蛋白(Wise等,2012)。M蛋白的合成涉及4个mRNA模板:M1和M2的模板分别为mRNA1和mRNA2;感染初期抑制蛋白质合成的mRNA3;以及M42的模板mRNA4(Inglis和Brown,1981;Lamb和Choppin,1981;Lamb等,1981;Shih等,1998)。M42是另一种M2蛋白,其胞外结构域具有不同的抗原性。在M2表达缺失的突变体中,mRNA4上调并合成了M42,而且在体内和体外试验中均表现出相似的离子通道活性。M42主要定位在高尔基网状结构中,它似乎并不会影响或替代M2功能(Wise等,2012)。

节段8:非结构蛋白1(NS1)与出核转运蛋白/非结构蛋白2(NEP/NS2)

NS1和NEP是甲型流感病毒中研究最多也是研究最深入的病毒内部蛋白,有大量的相关文献(Fernandez-Sesma,2007;Lin等,2007;Hale,2008b,2014;Paterson和Fodor,2012;Marc,2014;Krug,2015)。下面仅讨论其最突出的特征。NS1是甲型流感病毒RNA节段8编码的多功能蛋白质(Inglis等,1979;Lamb和Choppin,1979),以同源二聚体的形式存在,并在病毒感染前期大量表达。NS1一直被视为非结构蛋白,但最近的研究发现,在纯化的病毒粒子内部也有大量的NS1存在(Hutchinson等,2014)。在病毒的包装过程中,NS1是主动还是被动包装进入病毒粒子的,目前尚不清楚。NS1的主要功能是抑制病毒引起的宿主Ⅰ型干扰素(IFN-α/β)应答(García-Sastre等,1998)。NS1作为一种多功能蛋白,参与病毒复制周期中的多个过程,例如调节病毒RNA合成时间、控制病毒mRNA的剪接、抑制宿主mRNA翻译、促进病毒mRNA翻译、调节病毒粒子的形态,或者影响不同毒株的发病机制。NS1的上述功能是通过参与多个蛋白质之间的互作或蛋白质与RNA的互作来实现的(Hale等,2008b)。

NEP/NS2由121个氨基酸构成,通过病毒节段8基因转录剪接产生的mRNA翻译而来(Inglis等,1979;Lamb和Choppin,1979)。剪接后的NEP/NS2的mRNA长度大约为剪接前NS1的mRNA的10%(Lamb等,1980)。在病毒复制周期中,NEP/NS2与M1和病毒RNP相互作用,通过核转运机制帮助新合成的病毒RNP复合物出核(Martin和Helenius,1991a;Yasuda等,1993;O'Neill等,1998;Shaw和Palese,2013a)。NEP/NS2不但可以与Crm1、核孔蛋白等出核转运机制相关因子发生相互作用(O'Neill等,1998;Neumann等,2000),还可以促进病毒的出芽(Gorai等,2012),调节病毒转录与复制的周期(Robb等,2009)。

## 1.4.3 病毒的生活史

甲型流感病毒接近靶细胞后,NA会去除细胞外区的黏多糖,从而使HA能够发现并结合细胞表面糖脂和糖蛋白末端的SA受体(图1.2)(Lamb,1989)。甲型流感病毒通过网格蛋白依赖型胞吞途径和网格蛋白及小窝蛋白非依赖型胞吞途径进入细胞(Rust等,2004)。随着晚期内体的酸化,HA发生构象变化,通过装配弹簧机制牵拉暴露出HA2亚基的N端融合肽,使内体膜和病毒膜融合(图1.3)(Carr和Kim,1993;Carr等,1997;Gruenke等,2002)。同时,内体的酸化也会激活M2质子通道(Pinto等,1992)。在晚期内体中,质子和钾离子(K$^+$)流入病毒粒子促使M1与病毒RNP解离(Stauffer等,2014)。内体中HA和M2的协同作用可以使融合孔变宽,从而帮助病毒RNP转移到细胞质中。随后,病毒RNP通过α/β核转运途径以及核孔复合体转运到细胞核中(Martin和Helenius,1991b;Gabriel等,2008,2011;Boulo等,2011;Hudjetz和Gabriel,2012)。病毒RNP进入细胞核后,病毒基因开始进行复制和转录(图1.2)(Krug等,1989)。以病毒RNA为模板可以合成两种不同的正向RNA:信使RNA(mRNA)和互补RNA(cRNA)。病毒mRNA被加帽并被聚腺苷酸化(Plotch等,1981;Ulmanen等,1983;Beaton和Krug,1986;Krug等,1989)。流感病毒的mRNA加帽是其特有现象:PB2与宿主mRNA前体的5′帽子结构结合,随后在5′端下游的第10~13位核苷酸处,被具有核酸内切酶活性的PA切割。这些5′帽子的寡核苷酸可作为PB1转录的

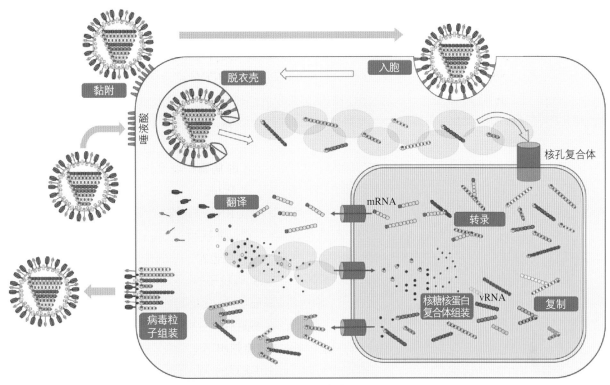

图 1.2 流感病毒生活史

　血凝素（HA）与宿主细胞表面的唾液酸受体结合启动病毒复制。入侵细胞后，病毒囊膜与宿主内体膜发生膜融合，病毒脱衣壳，释放出病毒RNA进入细胞质。病毒的RNA复制和mRNA转录均在细胞核内进行，随后在细胞质中翻译生成病毒蛋白，最后在细胞膜附近区域组装成新的病毒粒子，通过出芽的方式释放到细胞外。

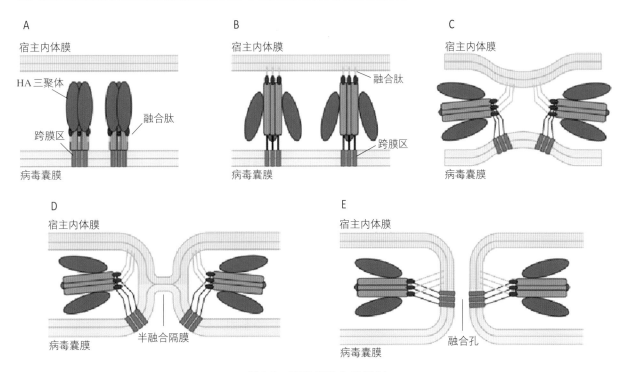

图 1.3 病毒膜融合的机制

　A.融合前构象；B.HA的质子结合诱导构象变化，暴露融合肽与内体膜结合，将两个膜桥连在一起；C.中间区域塌陷，将两个膜牵拉到一起；D.形成半融合隔膜；E.形成融合孔，融合过程结束。

引物（Braam等，1983）。随着转录的进行，病毒的mRNA通过"stuttering"机制（连续重复拷贝模板中某种核苷酸现象）聚集腺苷，该机制与位于病毒RNA的5′端前17～22个核苷酸处的短模板多聚尿苷上的病毒RNP复合物有关（Hay等，1977；Robertson等，1981）。流感病毒mRNA在结构上与宿主细胞mRNA相同，所以病毒必须劫持宿主细胞的翻译机制。NS1和PA-X可以通过抢帽等多种机制有效劫持宿主细胞的蛋白质合成（Khaperskyy和McCormick，2015）。病毒还可以通过与宿主翻译起始因子（如eIF4A，eIF4E和eIF4G）相互作用、病毒聚合酶与DNA依赖性RNA聚合酶Ⅱ大亚基的C末端结构域相互作用来抑制宿主细胞的蛋白翻译（Hutchinson和Fodor，2012）。

目前人们普遍认为，新合成的NP在细胞核内积累，使含有病毒RNA全序列信息的cRNA的产生方式发生改变：从依赖引物的转录转变为不依赖引物的转录（Shapiro和Krug，1988；Krug等，1989；Newcomb等，2009）。cRNA是合成子代病毒RNA的真正模板，未被加帽或聚腺苷化（McGeoch等，1976）。NEP的积累对病毒RNA有调节作用，但这种调节作用与核转运区无关（Robb等，2009）。此外，人们发现除了调节性小RNA以外，还有一种由甲型流感病毒转录的病毒小RNA（svRNA），它们的长度为22～27nt。病毒小RNA与每个病毒RNA节段的5′端相对应，其表达依赖聚合酶复合物以及NP和NEP的存在。病毒小RNA与聚合酶复合物的结合对于启动病毒RNA合成十分重要（Perez等，2010）。新合成的聚合酶亚基和NP转移进入细胞核，以cRNA为模板生产子代病毒RNA（Bullido等，2000）。随着感染的进行，HA、NA和M1蛋白的表达量也在不断增加。NEP与子代病毒RNP、M1结合，通过Crm1途径转运出核。随后，病毒RNP与Rab11相互作用，使病毒RNP可以通过囊泡运输系统转运，并借助微管网络在细胞质中移动（Chou等，2013）。HA、NA和M2以及脂筏共同促使vRNPs-M1组装成病毒粒子，最终它们在细胞质膜上完成出芽（Martin和Helenius，1991a、b；Helenius，1992；Simpson-Holley等，2002；Ohkura等，2014）。

### 1.4.4 对宿主细胞的影响：细胞信号转导途径、先天性免疫应答和凋亡

禽类针对甲型流感病毒的先天性免疫应答是由不同的效应细胞和分子驱动的，目的是限制病毒感染和启动适应性免疫应答。受流感病毒影响的主要宿主细胞信号转导途径，包括Toll样受体（TLR）和视黄酸诱导基因Ⅰ（RIG-Ⅰ）信号转导途径、NF-κB信号转导途径、PI3K/Akt信号转导途径、MAPK信号转导途径和PKC/PKR信号转导途径（Pahl和Baeuerle，1995；Flory等，2000；Root等，2000；Pleschka等，2001；Hale等，2006；Ehrhardt和Ludwig，2009；Gack等，2009；Gaur等，2011；Shim等，2017）。这些信号转导途径对于病毒的入侵、复制、增殖以及宿主细胞凋亡十分重要，并且参与拮抗宿主的抗病毒反应。有趣的是，在研究鸡形目和雁形目物种时，人们发现鸡形目动物体内不存在RIG-Ⅰ，但雁形目动物却可以表达RIG-Ⅰ。急性期蛋白（APP）是先天性免疫应答中最早发挥作用的成分之一，包括表面活性蛋白A（SP-A）和鸡肺凝集素（cLL），这两种鸡凝集素与中和或清除甲型流感病毒有关。目前认为SP-A和cLL可以直接结合HA和NA的特定基序，这与它们的哺乳动物同源物功能相同（Hogenkamp等，2006）。以前的研究表明，cLL可以降低甲型流感病毒的血凝活性（Hogenkamp等，2008），并减少病毒在宿主细胞的附着。宿主气管和支气管上皮中的非上皮细胞可以产生SP-A和cLL，在甲型流感病毒感染后，二者在气管中的丰度升高，在肺中的丰度下降（Hogenkamp等，2006）。

巨噬细胞、异嗜性细胞和树突状细胞通过病原识别受体（PRR）识别甲型流感病毒的病原相关分子模式（PAMP）。PRR包括toll样受体（TLR）、视黄酸诱导基因Ⅰ（RIG-Ⅰ）样受体（RLR）和核苷酸结合寡聚化结构域（NOD）样受体（NLR）。研究发现，宿主细胞内的病原识别受体TLR3和TLR7可以

识别甲型流感病毒的RNA（Philbin等，2005；MacDonald等，2008；Downing等，2010；Jiao等，2012；Chen等，2013）。TLR7可以识别甲型流感病毒的ssRNA并与TRIF/MYD88接头分子相互作用，而TLR3可以识别dsRNA并与TRIF相互作用。以上任一通路均会激活干扰素调节因子7（IRF7）或核因子-κB（NF-κB），随后这些因子转移进入细胞核，启动转录Ⅰ型干扰素和促炎性细胞因子，如IL-1β等（Chen等，2013；Iwasaki和Pillai，2014；Mishra等，2017）。鸭体内的RIG-I和鸡体内的黑色素瘤分化相关基因5（MAD5）也可以激活IRF7和NF-κB。RIG-I和MAD5不仅可以识别甲型流感病毒RNA的5′端三磷酸，还可以与线粒体抗病毒信号蛋白（MAVS）相互作用，导致IRF7和NF-κB磷酸化，引起下游基因表达（Barber等，2010；Cheng等，2015；Xu等，2015）。目前人们对鸡NLR功能的认识仍然有限。据报道，感染H5N1亚型高致病性禽流感引起鸡NLRC5上调，可能会引起NF-κB及其下游促炎性细胞因子的活化（Ranaware等，2016）。研究表明，NLRC5与其哺乳动物同源物，在激活核转录因子NF-κB及其下游Ⅰ型干扰素和促炎性细胞因子表达方面，具有相同的作用（Lian等，2012；Chang等，2015）。

促炎性细胞因子和趋化因子会招募白细胞至感染部位，引起炎症反应。干扰素的表达和释放导致Jak/STAT通路的激活，进而促进干扰素刺激基因因子3（ISGF3）生成。随后，ISGF3进入细胞核，启动干扰素刺激基因（ISG）的转录。这些转录产物可以发挥不同功能，例如干扰素诱导的跨膜蛋白（IFITM）可以阻止病毒囊膜与宿主细胞膜融合；OAS可以降解病毒RNA；具有四肽重复序列的干扰素诱导蛋白（IFIT）可以特异性结合病毒核酸阻断其复制；PKR可以通过抑制细胞和病毒蛋白质合成最终抑制病毒复制（Balachandran等，2000；Silverman，2007；Brass等，2009；Schulz等，2010；Pichlmair等，2011；Smith等，2015）。宿主信号级联反应激活后，被感染的细胞进入抗病毒状态，细胞因子、趋化因子和表面分子连续表达。巨噬细胞、树突状细胞（DC）、异嗜性细胞和自然杀伤（NK）细胞被招募到感染部位，限制甲型流感病毒的进一步传播和扩散。巨噬细胞和树突状细胞是最早识别甲型流感病毒并启动应答反应的细胞。研究表明，一些甲型流感病毒毒株可以在禽类和哺乳动物的巨噬细胞中高效复制（Van Campen等，1989；Lyon和Hinshaw，1991；Powe和Castleman，2009；Kasloff和Weingartl，2016）。然而，并非所有毒株都能够在这种类型的细胞中复制。巨噬细胞、异嗜性细胞和树突状细胞抵达感染部位后，就会吞噬入侵的病原体以及凋亡/坏死的细胞。巨噬细胞将病原体吞噬后，其表面表达可以被NK细胞识别的NK活化配体。配体和受体结合后，巨噬细胞释放IL-12，通过Jak/STAT途径刺激NK细胞生成并释放干扰素γ。干扰素γ可以激活巨噬细胞清除被吞噬的抗原，同时NK细胞也可以清除感染的宿主细胞。另外，病毒感染会使宿主MHC Ⅰ的表达下调，抑制细胞自身抗原的表达。这样就可以使NK细胞上活化的受体与靶细胞的配体结合，然后释放可以破坏细胞质膜的穿孔素和颗粒酶，促进细胞凋亡。该机制通过清除被病毒感染的细胞来控制病毒的进一步传播。人们对低致病性禽流感和高致病性禽流感感染鸡时NK细胞所发挥的作用进行了研究，结果发现低致病性禽流感感染会导致宿主NK细胞活化增强，而高致病性禽流感感染会导致NK细胞活化减弱，这表明此现象与病毒的致病性有关（Jansen等，2013）。另一方面，巨噬细胞和树突状细胞将吞噬的病原体加工成小肽，小肽进入内质网后与MHC Ⅰ或MHC Ⅱ结合，随后被运输至抗原递呈细胞表面表达，等待与T细胞的结合进而激活适应性免疫应答（Abbas等，2012b；Juul-Madsen等，2014；Kaspers和Kaiser，2014）。

流感病毒感染激活多种宿主细胞基因表达并产生干扰素，其中最重要的是双链RNA依赖的蛋白质激酶R（PKR）。PKR被激活后可以诱导真核翻译起始因子2（eIF2α）的α亚基磷酸化，进而导致翻译停滞并促使凋亡信号通路转导（Takizawa等，1996；Gale和Katze，1998）。流感病毒可以通过NS1蛋白直接作用于PKR，或通过促进PKR与p58IPK的结合间接抑制PKR活性（Melville等，1997）。PKR通路中的蛋白激酶C（PKC）是RAF激酶上游的一个庞大的丝氨酸/苏氨酸激酶家族，参与RAF/MEK/ERK通路激活（Gaur等，2011）。流感病毒HA蛋白与细胞表面的唾液酸结合后可激活PKC，这是病毒侵入的必要步骤。宿主细胞内HA的过表达可以通过MAPK/ERK通路引发ERK信号转导，此过程对细胞核内的RNP的转运出核十分重要（Arora和Gasse，1998；Root等，2000；Gaur等，2011）。

病毒的一些关键蛋白，例如HA、NP和M1的过表达可以诱导NF-κB双相激活，其早期激活与病毒感染有关，而晚期激活与病毒的复制有关（Pahl和Baeuerle，1995；Julkunen等，2001；Ludwig等，2003；Nimmerjahn等，2004；Gaur等，2011）。最终，宿主的免疫应答引起干扰素的产生，但流感病毒的非结构蛋白NS1对干扰素具有拮抗作用（Mibayashi等，2007）。病毒蛋白NS1还可以激活PI3K/Akt途径，从而有助于病毒进行有效复制（Neri等，2002；Ehrhardt等，2006；Hale等，2006，2008a；Mibayashi等，2007；Zhirnov和Klenk，2007）。PI3K是一类酶家族，在调节细胞生存、增殖和分化等基础功能中起关键作用。像许多其他病毒一样，流感病毒还可以通过抑制Bcl-2相关死亡促进因子（BAD）和caspase-9等促凋亡因子改变信号转导途径抑制细胞凋亡。在激活PI3K抑制细胞死亡后，病毒NS1蛋白在病毒复制后期与p85亚基SH2结构域相结合（Neri等，2002；Vanhaesebroeck等，2005；Zhirnov和Klenk，2007）。

有丝分裂原激活蛋白激酶（MAPK或MAP激酶）是真核细胞蛋白，参与细胞对多种刺激应答的信号转导，这些刺激包括有丝分裂原、渗透压、热休克和促炎性细胞因子等。它们还参与调节细胞的增殖、基因表达、分化、有丝分裂、细胞生存和凋亡（Gaur等，2011）。有趣的是，流感病毒感染可以激活MAPK家族的4个主要亚群：胞外信号调节激酶（ERK）、ERK5/Big MAP激酶1（BMK1）、p38 MAPK和c-Jun氨基末端激酶［又被称为应激活化蛋白激酶（JNK/SAPK）］（Kujime等，2000；Ludwig等，2003），最终促进病毒RNP（核糖核蛋白复合物）转运，进而合成更多的病毒蛋白、基因组和病毒粒子。NP与宿主抗凋亡蛋白簇集蛋白（CLU）相互作用，可以激活人呼吸道上皮细胞的内源性凋亡途径。这种由CLU蛋白β链介导的相互作用高度保守，与其他甲型流感病毒促凋亡蛋白无关。CLU通过与Bax结合来抑制其向线粒体的转移，从而阻止内源性凋亡途径的激活。而病毒蛋白NP的表达减少了哺乳动物细胞中CLU与Bax的结合，从而促进了细胞凋亡（Tripathi等，2013）。

## 1.5　天然宿主和宿主范围

通常认为甲型流感病毒的天然宿主和主要携带者是以鸭为代表的雁形目、鸻鹬类及海鸥为代表的鸻形目所包含的野生水禽（图1.4）（Alexander，2000）。这些禽类宿主携带有最多的甲型流感病毒亚型，包括所有HA亚型（H1至H16）和所有NA亚型（N1至N9）（Alexander，2000）。目前，人们已经从自然界中分离出多种HA和NA组合的甲型流感病毒亚型毒株。理论上应存在144种不同的HA与NA组合的亚型毒株，但实际上人们并未从自然界中分离出所有亚型的毒株。所以人们猜测，HA与NA活性之间可能存在某种平衡，抑或是一些病毒和宿主的特异性因素造成了病毒亚型种类的倾向性。表1.3中列举了不同禽类宿主和从中分离出的病毒亚型组合，数据来自流感研究数据库（www.fludb.org）保存的甲型流感病毒测序结果。需要注意的是，世界上还有许多国家没有足够的资源和监管机构来调查和报告甲型流感病毒在天然和非天然宿主中的存在和流行情况，因此报告可能并不全面，且由于政府对H5和H7亚型的重视，许多报告可能具有一定倾向性。

甲型流感病毒主要在野生水禽和水鸟的肠道中复制，有时也可在呼吸道中复制（Easterday等，1968；Slemons和Easterday，1977，1978；Webster等，1977）。

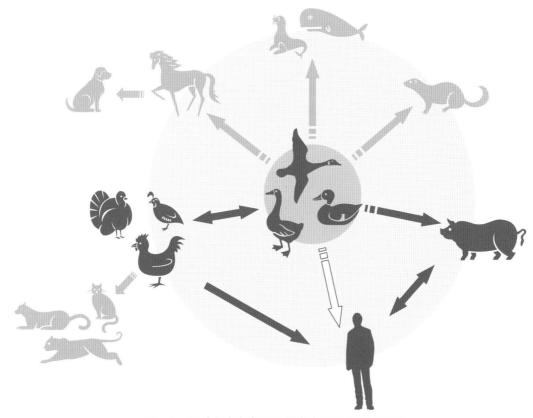

图1.4　甲型流感病毒的天然宿主和种间传播途径

表1.3　流感研究数据库报告的甲型流感病毒毒株数（按鸟类分类学）（$n=23\,431$ 个毒株）

| 目 | 科 | 毒株数 |
|---|---|---|
| 雁形目 | 鸭科（鸭、鹅、其他水禽） | 12 372 |
| 鸻形目 | 海雀科（海雀、海鸠、海鹦）<br>石鸻科（石鸻）<br>鸻科（鸻、凤头麦鸡）<br>蛎鹬科（蛎鹬）<br>鸥科（海鸥、燕鸥、剪嘴鸥）<br>反嘴鹬科（长脚鹬和反嘴鹬）<br>丘鹬科（矶鹬） | 1 862 |
| 鸡形目 | 珠鸡科（珠鸡）<br>雉科（雉、松鸡等） | 8 221 |
| 雀形目 | 雀鹩科（雀鹩）<br>鸦科（乌鸦、松鸦和喜鹊）<br>梅花雀科（梅花雀等）<br>雀科（雀、歌雀等）<br>燕科（燕）<br>拟黄鹂科（拟黄鹂等）<br>和平鸟科（和平鸟） | 130 |

（续）

| 目 | 科 | 毒株数 |
|---|---|---|
| 雀形目 | 伯劳科（伯劳鸟）<br>噪鹛科（噪鹛属等）<br>鹟科（旧大陆鹟亚科）<br>雀科（旧大陆麻雀）<br>鹦鹛科（新大陆和非洲鹦鹛）<br>鸭科（鸭）<br>椋鸟科（椋鸟）<br>鸫科（鸫等）<br>绣眼鸟科（绣眼、凤鹛等） | 130 |
| 其他目 | 鹰科（鹰隼、鹰和鸢）<br>雨燕科（雨燕）<br>鹤鸵科（食火鸡和鸸鹋）<br>鹳科（鹳）<br>鸠鸽科（鸠和鸽）<br>佛法僧科（佛法僧属）<br>隼科（隼和凤头卡拉鹰）<br>鹤科（鹤）<br>秧鸡科（秧鸡、黑水鸡和黑鸭）<br>鸨科（鸨）<br>鹭科（苍鹭、白鹭和麻鸭）<br>鹈鹕科（鹈鹕）<br>鹮科（鹮和琵鹭）<br>拟啄木鸟科（亚洲拟啄木鸟）<br>鸊鹈科（鸊鹈）<br>䴙䴘科（䴙䴘和圆尾䴙䴘）<br>凤头鹦鹉科（凤头鹦鹉）<br>鹦鹉科（新大陆和非洲鹦鹉）<br>鹦鹉科（旧大陆鹦鹉）<br>沙鸡科（沙鸡）<br>美洲鸵鸟科（美洲鸵）<br>企鹅科（企鹅）<br>鸥鹨科（鹨）<br>鸵鸟科（鸵鸟）<br>鸬鹚科（鸬鹚和欧洲鸬鹚）<br>鸨科（鸨） | 473 |
| 未知 | | 373 |

甲型流感病毒主要通过野生水禽和水鸟经粪口传播、携带转移、最终在自然界中长期存在和扩散（Easterday 和 Tumova，1972；Slemons 和 Easterday，1977，1978）。隶属其他目的鸟类也可能被此病毒感染，但它们并不是天然宿主（Webster 等，1992）。一些来源于野生水禽的甲型流感病毒可以在鸡形目如鹑鸡类或其他家禽和少数哺乳动物中稳定传播（图1.4）（Scholtissek，1994，1995，1997；Webster，1997）。甲型流感病毒可以在鹑鸡类家禽的肠道和呼吸道中形成感染。目前人们已从25个目、53个科的200多种禽类中分离出甲型流感病毒（表1.3）。目前普遍认为是野生水禽携带的甲型流感病毒感染了家禽。频繁的农业和商业活动也增加了流感病毒天然宿主和非天然宿主接触的机会，从而直接导致禽流感病毒的种间传播和进一步蔓延（Alexander，1982）。人们生活中常见的活禽市场和散养的家禽都增加了病毒传播机会（Bulaga 等，2003；Liu 等，2003a；Mullaney，2003）。甲型流感病毒从天然宿主向家禽传播的宿主屏障可能弱于甲型流感病毒向其他动物物种传播的屏障，但病毒在禽类中长期传播和存在可能会使病毒的适应性发生改变，从而对毒力、传播能力和宿主范围产生影响。另一方面，目前普遍认为野生水禽所携带的流感毒株可以传播给家禽、猪、马等其他物种，使它们成为病毒的中间宿主，最终这些流感毒株可能感染人类并导致病毒大流行。

## 1.6 低致病性禽流感病毒和高致病性禽流感病毒感染家禽的临床特征和发病机制

在野生禽类中，甲型流感病毒通常造成无症状感染，高致病性禽流感病毒泄露引起几起疫情暴发是例外（Laudert 等，1993；Chen 等，2004；Hulse-Post 等，2007；Kim 等，2009；Marjuki 等，2010；Reed 等，2010；Song 等，2011）。家禽感染了低致病性禽流感后，通常表现为上呼吸道和消化系统症状，较少见于泌尿和生殖系统（Swayne 和 Spackman，2013）。相对而言，高致病性禽流感病毒感染可以导致急性死亡，不同的毒株和组织嗜性引起的临床表现也有差别（Pantin-Jackwood 和 Swayne，2009）。潜伏期的时间取决于病毒感染剂量、感染途径、宿主类别、宿主年龄、宿主的免疫状况等因素。人们将不同毒株按照致病性由低到高进行对比，发现潜伏期从几小时（静脉注射感染禽类个体）到3d（自然感染的禽类个体）不等，而感染扩散至整个禽群需14d（Swayne 等，2013；Swayne 和 Spackman，2013）。呼吸道症状可表现为轻微或严重等不同程度的咳嗽、喷嚏、呼吸啰音和过多流泪等症状。蛋鸡或种鸡的产蛋量突然下降。常见的临床症状包括扎堆、羽毛倒立、精神萎靡、活动减少、嗜睡、采食和饮水量减少，以及腹泻（Swayne 等，2013）。

从理论上讲，所有HA亚型的病毒都具有严重感染的潜在风险，但在历史上只有H5和H7亚型的毒株引起高致病性禽流感暴发，而这两种亚型的毒株也并非都具有高致病性。其他亚型病毒的感染都可以引起家禽出现轻度症状，主要为呼吸道症状，但继发感染或环境条件的影响可能会促使症状加剧。H5或H7毒株在感染初期可能表现为低致病性，但随着感染的进行，病毒可能随时突变成为高致病性毒株。毒力较强的H5和H7病毒的特征是在HA的裂解位点具有多个碱性氨基酸（图1.1），这可以使细胞内普遍存在的蛋白酶能够识别该位点（Swayne 和 Suarez，2000）。多数情况下是由于在病毒mRNA转录过程中，病毒聚合酶在裂解位点区域发生"连续重复拷贝模板中某种核苷酸现象（stuttering）"机制（类似于病毒mRNA多聚腺苷化过程中的"stuttering"机制），而导致这些碱性氨基酸的出现。另一种情况仅在H7亚型的HA中出现，是由于其与宿主核糖体RNA序列或其他病毒RNA片段的重组引发了插入现象，进而编码生成了多聚碱性氨基酸。空间位置上相近的糖基化位点也可以调节HA的裂解。例如，HA中第13位氨基酸的糖基化位点丢失和多聚碱性氨基酸区域的存在，是导致1983—1984年宾夕法尼亚州暴发的H5N2病毒的致病性标志（Kawaoka 等，1984；Banks 和 Plowright，2003）。导致HA裂解位点多聚碱性氨基酸积累的确切因素仍然未知，据推测这一机制对病毒在陆生禽类中的适应性起到重要作用。

高致病性禽流感病毒感染禽的发病机制：病毒最开始在宿主上呼吸道上皮细胞中进行复制；随后病毒通过血管和淋巴系统转移，在巨噬细胞和异嗜性细胞中复制，最终抵达多个器官，在实质细胞中复制（Perkins和Swayne，2001；Kuiken等，2010；Swayne等，2013）。由于不同毒株致病性有所差异，部分在内皮细胞复制的毒株可能引发病毒血症，此时病毒感染对血管的损伤会导致典型的弥散性出血和急性梗死，最终导致宿主死亡。而不引起病毒血症的毒株感染禽类后，宿主存活时间更长，从而使病毒可以在多个重要器官中大量复制，随之引发坏死和亚急性炎症反应（Kuiken等，2010；Swayne等，2013；Franca和Brown，2014）。这种情况下，死亡一般发生在宿主单器官或多器官系统衰竭之后，例如胰腺、脑、心脏、肾脏、内分泌腺（例如肾上腺）和淋巴系统（例如脾脏）的衰竭。火鸡对禽流感病毒易感，但眼观可见的病变可能并不明显，尤其是在发生急性感染时（Swayne等，2013）。据有关研究报道，在自然暴发或试验中人为接种了欧亚H5亚型（Eurasian H5 subtype）高致病性禽流感病毒的禽类中，病毒的致病性差异很大（Lee等，2004；Mundt等，2009；Bertran等，2016，2017；Spackman等，2016；Stoute等，2016；Carnaccini等，2017；Pantin-Jackwood等，2017）。这种差异受很多因素影响，例如病毒的适应性和毒力、宿主种类和免疫力、被感染宿主的年龄、感染途径、感染的剂量以及是否存在其他混合感染。

病理解剖变化因宿主种类、病毒毒株和致病性、感染剂量以及是否有继发感染等的不同而有很大差别。毒力最强的高致病性禽流感病毒致病形式是以高度致死全身感染为特征，病毒会扩散至心血管和神经系统在内的大部分器官和系统（Acland等，1984；Gross等，1986；Slemons等，1991；Perkins和Swayne，2002a、b，2003）。在鹑鸡类中，发病率和死亡率最高可以达到100%，根据毒株、宿主种类和宿主日龄的不同，潜伏期通常为3～7d。宿主通常在症状发作后的24～48h内死亡，但死亡时间也可能会延迟至1～2周。在鸡感染高致病性禽流感病毒的初始阶段，通常伴随明显的精神萎靡、羽毛倒立、食欲不振、口渴、水样鲜绿色腹泻以及产蛋量明显降低。成年鸡常表现为鸡冠、肉髯肿胀及眼部周围浮肿，鸡冠常有顶端发绀现象，并且在表面有出血点、出血和坏死灶。部分鸡会产软壳蛋，头部和颈部水肿，结膜充血肿胀，偶有出血。在腿部、腿关节和脚之间可能出现弥散性出血区域。呼吸综合征和分泌大量黏液也是该疾病的重要特征。一些患病严重的鸡中偶尔有个别鸡可能康复并留下斜颈和共济失调等神经性后遗症。火鸡、鸭、鹅、鹌鹑的症状与鸡类似，部分伴有鼻窦肿胀，病症持续2～3d。鸭和鹅的死亡率可能会低于鸡或火鸡，幼雏可能会出现神经性后遗症（Swayne和Halvorson，2013）。

高致病性禽流感引起的病变取决于病毒的组织嗜性，例如上皮细胞嗜性、内皮细胞嗜性、神经系统嗜性或广泛嗜性（Pantin-Jackwood和Swayne，2009）。最常见的组织学病变为多器官坏死和炎症，其中脑、心脏、肺、胰腺损伤以及原发性和继发性淋巴器官损伤最为严重。淋巴性脑膜炎伴有水肿、出血、局灶性神经胶质增生、神经元坏死和噬神经细胞现象，这些现象与血管内皮细胞感染后随即病毒扩散到神经组织有关（Kobayashi等，1996b；Mundt等，2009；Swayne等，2013）。据报道，宿主心脏局灶性病变会发展为心肌细胞多点凝固性坏死，尤其是在火鸡中，通常伴随着心肌纤维细胞核和胞浆内出现大量病毒核蛋白。与高致病性禽流感病毒复制相关的常见病变还包括多点凝固性坏死和纤维蛋白样坏死，通常发生于骨骼肌肌纤维、肾小管、肝细胞、肾上腺的促肾上腺皮质细胞，以及胰腺腺泡细胞和导管。宿主存活时间越长，淋巴组织细胞炎症越为严重。血管壁和血管内皮的纤维蛋白样坏死会导致血管渗漏，引起水肿或出血。法氏囊、胸腺和脾脏中常见淋巴组织坏死、凋亡和萎缩，并可能伴有纤维蛋白异嗜性炎症（fibrinoheterophilic inflammation）。宿主呼吸道病变从轻微至严重不等。

# 1.7 适应性免疫应答

甲型流感病毒可引起宿主适应性免疫应答，包括细胞免疫（CMI）和体液免疫（AMI）（Suarez和Schultz-Cherry，2000；Braciale等，2012；van de Sandt等，2012）。适应性免疫应答主要由抗原递呈细胞（APC）激活。抗原递呈细胞包括树突状细胞（DC）、巨噬细胞和B细胞，其中树突状细胞为专职抗原递呈细胞，也是效率最高的抗原递呈细胞（Abbas等，2012d；Kaspers和Kaiser，2014）。哺乳动物和禽类的抗原递呈过程非常相似，根据抗原性质的差异，抗原递呈细胞以两种不同的方式对甲型流感病毒抗原进行加工和表达。甲型流感病毒可以在被感染的上皮细胞、巨噬细胞或树突状细胞内部复制并合成病毒蛋白（Krug等，1989；Vervelde等，2013）。某些病毒蛋白被宿主细胞识别，通过蛋白酶体降解。蛋白酶体将细胞蛋白和病毒蛋白一同降解成小肽，然后转运至内质网（ER）与MHC I类分子结合。随后，MHC-蛋白复合物通过高尔基体转运至细胞膜。这些复合物一旦展示于细胞表面，就会与T细胞受体（TCR）和共刺激分子（CD28-B7）相互作用，被CD8$^+$T细胞识别（Morrison等，1986，1988；Yewdell和Hackett，1989；Abbas等，2012d；Kaspers和Kaiser，2014）。病毒粒子或含有病毒蛋白（即HA、NA和NP）的感染细胞凋亡碎片被吞噬或内吞后，在吞噬溶酶体中降解。同时，MHC II类分子从内质网中转运出来通过高尔基体的囊泡运输，携带MHC II类分子的囊泡与携带病毒抗原肽的溶酶体融合并组装成为MHC-肽复合物，随后被转运至细胞膜表面，将抗原递呈至初始CD4$^+$T细胞（naïve CD4$^+$T-cells）（Morrison等，1988；Yewdell和Hackett，1989；Abbas等，2012d；Kaspers和Kaiser，2014）。

甲型流感病毒感染会刺激CMI和AMI朝着Th1免疫应答方向发展。MHC II类分子抗原递呈除了诱导抗原递呈细胞分泌IL-12、NK细胞分泌γ干扰素（INFγ）之外，还引起CD4$^+$T细胞（也称为辅助性T细胞，即TH细胞）活化。这些刺激诱导CD4$^+$T细胞分化为Th1细胞并分泌γ-干扰素。当宿主CD8$^+$细胞毒T淋巴细胞（CTL）被激活，即说明对甲型流感病毒的宿主细胞免疫应答被激活（Morrison等，1986，1988；Askonas等，1988）。活化的CD4$^+$Th1细胞分泌细胞因子，例如IL-2和INFγ，刺激抗原特异性T细胞克隆扩增、活化巨噬细胞以及NK细胞，从而增强宿主对病原的杀伤作用。活化的CD4$^+$Th1细胞还可以通过抗原递呈细胞增强抗原递呈，或通过分泌细胞因子活化CD8$^+$T细胞分化为效应性CTL（Abbas等，2012c）。通常情况下，被病毒感染的抗原递呈细胞或上皮细胞通过MHC I的抗原递呈可以直接激活细胞毒性CD8$^+$T细胞，使其分化为效应性CTL。效应性CTL可以产生穿孔素和颗粒酶，导致细胞凋亡。CTL活化引起抗原特异性CTL克隆扩增（Abbas等，2012c）。CTL有助于宿主阻止甲型流感病毒感染、扩散以及清除病毒（Askonas等，1988；Bender等，1992；Topham和Doherty，1998）。

B细胞直接识别甲型流感病毒或TH细胞活化刺激产生抗体。B细胞通过B细胞受体（BCR）识别病原。BCR复合体识别抗原引起受体介导的抗原内吞和抗原加工。加工后的甲型流感病毒抗原肽在细胞表面展示，与MHC II结合并递呈给CD4$^+$Th1。这种相互作用会诱导γ干扰素和其他细胞因子的产生，进而发生同种型别转换（IgM在禽类宿主中转换为IgY或在哺乳动物中转换为IgG）、抗体亲和力成熟、B细胞分化为可产生甲型流感病毒抗体的浆细胞，以及产生记忆B细胞（Virelizier等，1974a、b；Lucas等，1978；Yewdell和Hackett，1989；Abbas等，2012a、b）。甲型流感病毒抗体的主要作用是通过中和病毒和减少新合成病毒粒子的释放来限制其扩散，同时通过多种机制增强巨噬细胞和NK细胞对病原体的清除作用。IgY或IgG抗体与甲型流感病毒粒子或被感染细胞表面表达的甲型流感病毒抗原结合，可以增强巨噬细胞和NK细胞对病原及抗原的识别和破坏能力。抗体依赖性吞噬作用（ADP）是由抗原-抗体（Ag-Ab）复合物诱导的一种效应机制。巨噬细胞表面的Fc受体与抗原抗体复合物中抗体的Fc区域相互作用，增强吞噬功能，促进宿主对病原杀伤并维持抗原递呈（Dorrington，1976；Huber等，2001；Swanson和Hoppe，2004；Guilliams等，2014；Ana-Sosa-Batiz等，2016）。由抗原抗体复合物诱导的另一种机制称为抗体依赖性细胞介导的细胞毒作用（ADCC）。这种机制由NK细胞介导，发生在被感染细胞表面，由MHC Ⅰ 递呈的抗原与抗体结合形成抗原抗体复合物。抗体Fc区域与NK细胞上的Fc受体结合，使NK细胞释放穿孔素和颗粒酶，破坏被病毒感染的细胞，有助于清除传染源（Hashimoto等，1983；Okabe等，1983；Abbas等，2012b）。

研究证明，抗HA和NA抗体是宿主保护性免疫的主要因素。HA抗体不仅能够阻止受体结合和受体介导的内吞作用，还可以通过阻止HA蛋白发生pH依赖性构象变化来防止病毒与内体膜发生膜融合，从而中和病毒（Wiley等，1981；Barbey-Martin等，2002；Sui等，2009；Kaminski和Lee，2011；Xiong等，2015；Kallewaard等，2016）。目前认为NA抗体不具有中和能力，但它可以抑制NA的神经氨酸酶活性，阻止新生成的病毒粒子的释放，进而降低病毒扩散（Kilbourne等，1968；Schulman等，1968；Johansson等，1989；Han和Marasco，2011；Kaminski和Lee，2011；Liu等，2015b）。多个动物体外模型试验表明，HA和NA特异性抗体能够诱导NK细胞介导的ADCC（Justewicz等，1984；Jegaskanda等，2013；Ye等，2017）。而NP和M2等其他病毒蛋白抗体在宿主对甲型流感病毒的免疫应答中起到的作用较小。在体外和小鼠体内的研究表明，当宿主感染不同亚型的甲型流感病毒时，抗M2蛋白N端的抗体可以抑制甲型流感病毒的复制（Wang等，2008）。目前该方法已成为一种新的甲型流感病毒治疗策略，广泛用于保护性疫苗的开发（Wu等，2009；Park等，2011；Chowdhury等，2014；Kolpe等，2017）。最近一个有关人类血清和转基因小鼠的研究表明，针对NP的特异性抗体具有一定的保护性作用，有迹象显示它们参与了ADCC（Carragher等，2008；Fujimoto等，2016；Jegaskanda等，2017）。

## 1.8 甲型流感病毒的免疫逃逸策略

甲型流感病毒可以通过多种机制逃避宿主的免疫应答。例如病毒可以通过多种方式破坏干扰素信号转导和抗病毒基因的表达，借此逃避宿主的先天性免疫应答。一些甲型流感病毒的NS1蛋白具有上调细胞因子信号转导抑制因子1（SOCS1）和细胞因子信号转导抑制因子2（SOCS2）的能力，阻断Jak/STAT信号转导通路并抑制IRF3和NF-κB的活化，同时也可以抑制TLR信号转导（García-Sastre等，1998；Gingras等，2004；Mansell等，2006；Pauli等，2008；Pothlichet等，2008；Jia等，2010）。近年有研究通过体外试验发现，SOCS1可以下调干扰素表达（Giotis等，2017）。NS1可以通过剪切及与多聚腺苷酸化特异因子（CPSF30）的30kDa亚基结合来抑制干扰素产生，其中CPSF30与细胞mRNA前体3′末端的加工密切相关（Nemeroff等，1998；Noah等，2003；Kochs等，2007；Das等，2008）。此外，一些甲型流感病毒的NS1还可以抑制TRIM25介导的RIG- Ⅰ CARD结构域的泛素化，从而阻断下游信号转导以及 Ⅰ 型干扰素的表达（Gack等，2009）。有人提出，在病毒复制的过程中，病毒dsRNA可以结合IRF3和NF-κB并抑制它们的活化（Talon等，2000；Wang等，2000）。此外有证据表明，在体外试验中NS1能够与dsDNA结合，进而抑制RNA聚合酶Ⅱ被招募至干扰素β1的外显子和启动子区域（Anastasina等，2016）。最近研究人员发现，NS1蛋白C末端的组蛋白模拟序列具有结合人PAF1转录延伸复合物（hPAF1C）的能力，这会抑制hPAF1C介导的转录延伸，最终引起抗病毒基因表达（Marazzi等,2012）。NS1还能够抑制蛋白激酶R（PKR）和寡聚腺苷酸合成酶（OAS）的活化。二者均为 Ⅰ 型干扰素诱导产生的蛋白，由dsRNA激活，它们的主要作用是负责激活eIF2翻译起始因子和核糖核酸酶L（RNase L）。NS1通过直接与PKR结合阻止其活化，进而抑制eIF2翻译起始因子的磷酸化和活化，这样就可以阻断它们对病毒复制的抑制作用（Li等，2006；Min等，2007）。另外有研究认为，NS1与dsRNA的结合会抑制dsRNA与OAS的相互作用，从而抑制OAS

的活化及其下游RNase L的活化，这样可以阻止RNase L裂解病毒ssRNA并影响病毒的复制（Min和Krug，2006；Silverman，2007；Krug，2015）。

另外，还有一些病毒蛋白与病毒的免疫逃逸有关。例如PB2的变体蛋白，它可以单独或与PB1和PA结合，之后与干扰素β启动子刺激因子1（IPS-1）（也称为线粒体抗病毒信号蛋白，MAVS）相互作用，从而抑制干扰素β启动子的活化，并限制产生β干扰素（Graef等，2010；Iwai等，2010）。此外，PB1-F2可以拮抗Ⅰ型干扰素，而且当这些蛋白第66位有丝氨酸存在时，还可以与IPS-1或MAVS发生相互作用（Conenello等，2011；Dudek等，2011；Varga等，2011）。

甲型流感病毒的免疫逃逸还与直接或间接影响免疫应答的细胞有关，例如甲型流感病毒能感染单核细胞并阻止其分化为树突状细胞（Boliar和Chambers，2010）。此外，NS1蛋白不仅能抑制人树突状细胞成熟，还能抑制与抗原递呈给T细胞相关的共刺激分子的表达（Fernandez-Sesma等，2006）。另一方面，PB1-F2靶向线粒体内膜诱导感染的上皮细胞和免疫细胞发生内源性细胞凋亡（Chen等，2001；Gibbs等，2003a；Zamarin等，2005；Chakrabarti和Pasricha，2013）。H3N2亚型病毒HA蛋白上的糖基化修饰可能会影响NK细胞对被感染细胞的识别，这会导致NK介导的细胞裂解作用减弱（Owen等，2007）。另外，甲型流感病毒也可以感染NK细胞，引起细胞凋亡，并参与下调NK受体ζ链的表达，影响体外NK细胞脱颗粒（Mao等，2009，2010）。

甲型流感病毒还可以逃避抗体介导的免疫应答。抗原漂变和抗原转换是由病毒HA蛋白引起的重要免疫逃逸机制。抗原漂变是指病毒基因在复制过程中由于缺乏RNA聚合酶校对而产生的点突变。抗原转换是由于甲型流感病毒节段化的基因组导致的。因此，当一种以上甲型流感病毒共同感染宿主时，病毒之间的基因片段会发生互相交换或重新排列，不同来源病毒的基因片段最终被包装在一起，形成新的病毒粒子。抗原漂变和抗原转换均会导致抗原差异，这会严重影响CTL和抗体对新生成的甲型流感病毒粒子的识别，进而导致疾病的暴发和大流行（de Jong等，2000；van de Sandt等，2012）。此外，甲型流感病毒表面的糖基化可以限制抗体和其他免疫分子接触HA抗原识别位点，影响抗原识别，在病毒逃避宿主免疫应答中发挥重要作用（Das等，2011；Tate等，2014；Wu和Wilson，2017）。随着新的研究结果不断涌现，人们对甲型流感病毒的生物学特点及其与宿主细胞的相互作用有了更多的了解，然而许多机制还有待深入解析。

## 1.9　病毒进化与反向遗传学

流感病毒聚合酶缺乏校对活性，且病毒蛋白对环境变化的耐受性较强，所以流感病毒不断变异。在病毒复制过程中，可能会发生同义突变（编码的氨基酸无变化）或非同义突变（编码的氨基酸改变），每个复制周期的突变率为$10^{-4} \sim 10^{-3}$。据估测，HA与NA亚型序列的共同祖先出现在距今约3 000年以内，而亚型内的多样性变化发生于最近100年以内，这种现象说明天然疫源具有持续性选择压力（Chen和Holmes，2006）。

病毒表面蛋白，尤其是HA蛋白发生的微小的氨基酸变化可以引起抗原性发生改变，导致宿主先前产生的抗体失效。这种现象被称为"抗原漂变"，通常发生在病毒试图逃避宿主免疫应答的复制过程中。抗原漂变现象在NA中也有存在，但是其突变率比HA低，这可能是因为针对NA的抗体反应并不能有效阻止病毒感染和扩散。编码病毒内部蛋白的基因更为保守，但也会发生微小的氨基酸改变，这可能对病毒扩散的能力或跨物种感染的能力产生影响。

由于甲型流感病毒基因组分节段的性质，不同毒株的基因片段可以互换，这一过程被称为"重配"。"重配"是造成甲型流感病毒多样性的主要进化动力之一。当两个或两个以上不同亚型的毒株同时感染同一细胞时，就会发生重配现象，最终经过自然选择产生比亲代毒株更具适应性的子代病毒。流感病毒的任意基因片段均可以发生重配，而且在天然宿主中，流感病毒基因片段之间的交换没有任何限制。人们从鸭和其他水禽样本中常常可以检测到多个不同亚型甲型流感病毒毒株的感染。当人们使用新一代测序技术对拭子样本进行测序后发现，共感染的现象比之前人们预计的更为普遍。如果重组产生了新的HA亚型甲型流感病毒毒株并在新的种群中传播，就会发生"抗原漂变"。20世纪发生的3次流感病毒大流行，至少有2次是由于抗原漂变起到了关键作用。1957年，一种新型的H2N2亚型流感病毒取代了先前广泛传播的H1N1病毒，在人间大范围传播，史称"亚洲流感大流行"。1968年，一种新型的H3N2亚型流感病毒又逐渐取代了之前的H2N2亚型流感病毒，并造成了"中国香港流感大流行"。这些造成流感病毒大流行毒株的具体致病机制等情况在本书中不再赘述，但值得人们关注的是，这些毒株始终包含来自禽类宿主甲型流感病毒的基因片段。

对病毒全基因组或部分基因组进行测序，并构建系统进化树来对各组毒株进行比较，可以更好地追踪甲型流感病毒的进化过程。测序结果还可以用于分析甲型流感病毒在对抗宿主抗病毒机制时产生的相关抗性突变。系统发育分析可根据甲型流感病毒原发宿主的物种（例如来自禽类或哺乳动物；来自哺乳动物中的马、人或猪）和地理分布将其分为不同谱系。在水禽中传播的甲型流感病毒主要分属于欧亚谱系和北美谱系。南美谱系为最近发现的第三个谱系，它是欧亚谱系和北美谱系原始毒株经过一系列复杂进化过程的产物（Pereda等，2008；Alvarez等，2010；Rimondi等，2011；Xu等，2012；Nelson等，2016）。在世界许多地区，都曾发现这几种谱系之间发生过多次随机重配的证据（Makarova等，1999；Hansbro等，2010；Gonzalez-Reiche和Perez，2012；Barriga等，2016；Hurt等，2016；Nelson等，2016；GonzalezReiche等，2016，2017）。东南亚家禽中的地方性低致病性禽流感病毒、高致病性禽流感病毒毒株，已经传播感染了野生鸟类。由于野生鸟类的迁徙方式会随着气候变化发生改变，所以可能造成具有多个遗传谱系特征的毒株出现。例如2014年在美国中西部地区的火鸡和蛋鸡中暴发并流行的高致病性禽流感病毒（Spackman等，2016；Santos等，2017）。另外。还有造成中美洲地区野生鸟类感染的甲型流感病毒，此毒株具有欧亚谱系H14亚型毒株的HA和PA基因片段（Gonzalez-Reiche等，2017）。

亚洲家禽中甲型流感病毒的进化受时间与空间因素的共同影响，所以情况十分复杂（Sims等，2005；Skeik和Jabr，2008；Lvov等，2010；Lei和Shi，2011；Su等，2015；Lee等，2017）。因此，一旦病毒在禽类中适应，它们就会进行非常规的进化，增加其差异性。例如在亚洲和中东地区出现的H9N2亚型低致病性禽流感病毒和在欧亚大陆及非洲发现的H5N1亚型高致病性禽流感病毒就曾以此方式进化（Perez等，2003a；Choi等，2004；Xu等，2007a、b；Cattoli等，2009；Guan等，2009；Lvov等，2010；Chu等，2011；Tombari等，2011；Lee等，2012；Shahsavandi等，2012；Guan和Smith，2013；Sonnberg等，2013；Dalby和Iqbal，2014；Davidson等，2014；Kandeil等，2014；Abdelwhab等，2016）。世界卫生组织（WHO）、世界动物卫生组织（OIE）和联合国粮食及农业组织（FAO）根据不同毒株HA序列的差异性，将亚洲起源的H5N1亚型高致病性禽流感病毒分为0～9的10个进化分支，并采用统一的命名方法（WHO等，2009，2012，2014，2015）。根据各分支是否持续传播，进行更新和确认。例如，第二个进化分支已扩展分为5个二阶进化分支，并且其中一些发生了进一步的进化，形成了第三阶进化分支和第四阶进化分支（WHO等，2015）。最近，有学者开发了一种称为"谱系分配拓展学习"（Lineage Assignment By Extended Learning，LABEL）的新方法，可以快速分析并识别H5和H9亚型禽流感病毒的HA各进化分支的基因信息，这种方法无需像以往一样进行耗时的序列比对、系统进化树的构建或手动添加注释（Shepard等，2014）。

反向遗传学（RG）是一种通过人工方式建立工程基因序列并分析其表型来揭示基因功能的研究方法（图1.5）。在使用反向遗传学方法研究RNA病毒时，需要通过克隆病毒的cDNA序列来重新构建病毒基因（Perez，2017）。人们通过分子生物学技术，将RNA病毒的cDNA序列克隆到载体中，常用的载体包括质粒、细菌人工染色体、杆状病毒、重组病毒载体（图1.5）。通过反向遗传学技术在体外试验获得的病毒粒子是现代病毒学中最强大的科研工具之一。迄今为止，人们已经构建了多种可用于RNA病毒研究的反向遗传学操作系统（图1.5），以便更深入地了解和研究病毒的复制、毒力、致病性、传播性和宿主范围（Stobart和Moore，2014；Perez，2017）。该原理主要是通过将携带有重组病毒基因的质粒等载体转染进入细胞，进而在细胞中产生病毒粒子合成所必需的各种功能元件。

负链RNA病毒经过反向遗传学操作系统设计，不仅可以产生同为负链的病毒RNA，还可以产生正链mRNA，从头启动病毒粒子的合成。在流感病毒的反向遗传系统中，病毒蛋白质mRNA的转录通常在细胞RNA聚合酶Ⅱ（pol Ⅱ）启动子元件的控制下进行。它位于病毒cDNA克隆的上游，表达方式类似宿主mRNA（Engelhardt，2013）。

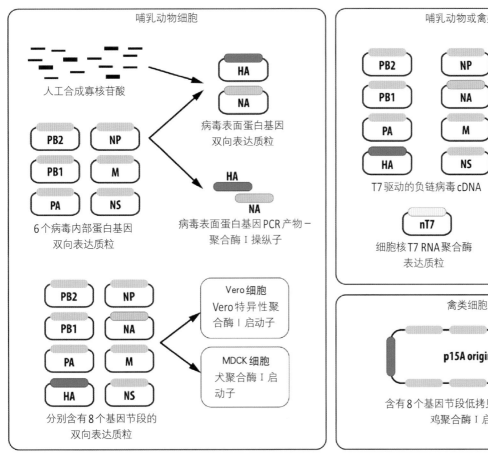

图1.5 甲型流感病毒工程株的反向遗传操作系统

负链无帽子结构的单链病毒RNA的合成通常由宿主的RNA聚合酶Ⅰ（pol Ⅰ）启动子驱动（Engelhardt，2013）。在真核细胞中，RNA-pol Ⅱ复合物可产生无帽子结构的核糖体RNA。RNA-pol Ⅰ介导的病毒RNA转录在固定的位点启动和终止。鼠类RNA聚合酶Ⅰ终止子（T-1）序列是经常被用来驱动流感病毒的反向遗传学操作系统的一种pol Ⅰ，也称为Sal Ⅰ box。另外，通过来自病毒负链克隆的cDNA上游T7 RNA聚合酶启动子，也可以产生病毒RNA（de Wit等，2007）。病毒RNA的3′端由紧接下游的肝炎δ核酶切割而形成。如果8个病毒RNA及含有控制病毒复制和转录的4个病毒蛋白（PB2、PB1、PA和NP）的质粒成功转录表达，就可以在HEK-293T细胞系或其他多种人类细胞中产生流感病毒（图1.5）（Fodor

等，1999；Neumann等，1999）。到目前为止，人们已经建立了多种操作方法（Chen等，2012，2014），其中使用最广泛的是基于具有双向启动子的8质粒系统（Hoffmann等，2000a、b）。研究人员构建的双向载体含有互为反向的pol Ⅱ和pol Ⅰ启动子，它们可以启动同一质粒中病毒mRNA和病毒RNA的表达，因此它可以将病毒拯救系统整合为8个质粒（Hoffmann等，2000a）。拯救病毒的成功与否取决于所转染的细胞系和病毒在此细胞系中复制的能力大小，所以也有其他反向遗传学操作系统出现（图1.5）。pol Ⅰ启动子的活性具有物种特异性，所以反向遗传学操作系统中的启动子物种类型必须和细胞的物种类型相匹配。例如，猪聚合酶Ⅰ启动子用于猪细胞系，而禽聚合酶Ⅰ启动子用于禽细胞系（Perez等，2017）。反向遗传学操作系统不仅已经被用于研究宿主范围和人兽共患毒株的传播机制，还被用于揭示引起1918年西班牙流感大流行的流感病毒的发病机制，反向遗传学操作系统为甲型流感病毒研究带来了革命性的改变。此外，反向遗传学操作系统还被用于弱毒活疫苗的设计和生产，可以引入新的毒力致弱突变和更多的基因组修饰，这不仅可以提高活疫苗的安全性，还可以用于开发通用疫苗（Finch等，2015）。有研究者将荧光蛋白与病毒片段结合，追踪病毒在感染周期内的变化（Nogales等，2015），或直接将化学发光蛋白作为抗病毒筛选的标记（Sutton等，2014）。反向遗传学技术在各种研究中的广泛应用体现了其作为一种科研工具的巨大价值。

## 1.10 诊断

禽流感病毒的感染，必须通过血清学和病毒学方法进行明确诊断，以区别其他可以引起相似症状的病毒或病原体感染，例如新城疫病毒、禽肺炎病毒、传染性喉气管炎病毒、传染性支气管炎病毒、衣原体、支原体、禽霍乱（多杀巴斯德杆菌病）、大肠杆菌等其他病原体引起的感染。禽流感在禽类的继发感染或并发感染中很常见。可以通过传统病毒分离方法或检测病毒的核酸或蛋白质等成分，鉴定禽类泄殖腔、粪便或气管拭子样品中的甲型流感病毒。暴露后评估是指对宿主体内是否有病毒抗体进行鉴定。科学技术不断发展，实现更具特异性、灵敏度更高和成本更低的分析诊断是目前诊断技术的发展方向。禽源甲型流感病毒鉴定的"金标准"是通过无特定病原体（SPF）鸡胚进行病毒分离（VI）（Hirst，1941；OIE，2017）。这种方法灵敏度高且应用广泛（Cross等，2012）。该方法是将含有拭子的高浓度抗生素培养基接种于9～11日龄的鸡胚尿囊腔中，这样可以避免细菌生长。在35～37℃孵育48h后，对尿囊液中甲型流感病毒进行第二次检测和评估（Spackman和Killian，2014）。常规检测方法为红细胞凝集试验（haemagglutination assay）。如果第一代的尿囊液为阴性，则继续使用一代尿囊液进行第二次和第三次盲传。如果成功分离得到病毒，则可通过该方法继续进行其他试验。此方法的出现具有重要意义，但它的缺陷是耗时，所以并不适用于大样本检测，而且对于非鸡胚适应性的毒株，鉴定结果的准确性会受到影响。

红细胞凝集试验（HA试验）的原理是HA蛋白可以与红细胞（RBC）凝集形成晶格并抑制其沉淀的能力（Killian，2008）。但RBC种类繁多，而且不同的甲型流感病毒毒株凝集红细胞的能力有所不同。在禽源甲型流感病毒检测中，通常使用的是鸡和火鸡的红细胞。首先将RBC悬浮液与连续两次稀释的病毒在V形底96孔塑料板上共同孵育。由于未凝集的RBC会形成沉淀，所以阴性样本会在孔的底部形成一个红点。产生红细胞凝集现象需要相对较高的病毒载量，所以该试验可以与VI试验配合进行，试验结果通常以血凝单位（HAU）表示。虽然并不是所有HA亚型凝集RBC的能力都相同，而且其他病毒因子也可能具备这种能力，但该鉴定方法的优点是操作相对简单，且不需要专门的设备。

一些血清学试验也可用于甲型流感病毒抗体检测。红细胞凝集抑制试验（HAI）是HA检测的升级改进，可以通过检测抑制红细胞凝集的抗体来诊断机体是否有甲型流感病毒接触史（Pedersen，2014）。红细胞凝集抑制试验还可以对甲型流感病毒分离株进行亚型鉴定，原理是使用针对不同HA亚型和NDV的高价免疫血清将其与其他可造成RBC凝集的因子（例如NDV）区分。同样，可以使用抗9种NA亚型的免疫血清，通过神经氨酸酶抑制试验（NI）进行NA亚型分析鉴定。但与这些传统方法相比，新一代测序技术可以实现更快、更简便的亚型鉴定。但红细胞凝集抑制试验测定还可以区分同一亚型中具有抗原差异的病原体，而这是目前通过序列分析方法无法实现的。

红细胞凝集抑制试验检测方法只能检测到那些靶序列位于受体结合位点附近的抗体，而无法检测到所有HA抗体。检测流感抗体的其他方法还有传统的琼脂凝胶免疫扩散（AGID）分析和酶联免疫吸附试验（ELISA）。OIE将AGID视为检测流感抗体的"金标准"。AGID是一种低成本的检测方法，使用琼脂作为基质承接抗原-抗体复合物的沉淀。该检测方法对鸡和火鸡血清中抗流感NP或M1蛋白的抗体非常敏感，但对其他禽类宿主病原的检测可靠性较差（Spackman等，2009）。ELISA检测在专用的反应板上进行，此方法的原理是通过酶标二抗检测抗原-抗体复合物，而酶会与随后加入的底物发生显色反应。目前市场中已有商品化的试剂盒，可用于检测NP蛋白抗体，且无物种限制。OIE建议，完成ELISA检测后，可通过AGID进行进一步补充验证。随着蛋白质微阵列等其他诊断技术的出现，人们建立了可选择的多重诊断检测，通过更便捷的方式同时检测不同亚型的病毒抗原或抗体。

在评估感染情况时，高通量检测筛查可以补充甚至替代VI的检测结果。实时荧光定量逆转录聚合酶链反应（RRT-PCR）具有灵敏度高、特异性强、检测速度快的优点，因此被广泛采用。基于SYBR Green或TaqMan的RRT-PCR方法最为常见。SYBR Green方法的原理是使荧光染料与PCR产物结合；TaqMan方法是使模板与双标记探针结合，如果PCR使探针降解，荧光会停止猝灭，并产生荧光信号。人们已经利用TaqMan方法开发出了可以检测病毒保守基因片段的探针和针对不同病毒亚型的特异性的探针，并已经广泛投入使用（Spackman等，2002；Das等，2006）。

新一代测序（NGS）迅速取代了传统的Sanger测序法，与传统诊断方法相比，NGS在多个方面表现出优势。通过NGS可以得到病毒的全基因组序列，这有助于人们寻找和定位潜在的毒力相关位点，分析病毒是否具有人兽共患潜力，了解其动物流行病学意义（Grad和Lipsitch，2014）。目前有多种平台可供使用，其中使用最为广泛的是Illumina平台。使用基于Illumina平台的NGS对甲型流感病毒进行测序，首先需要通过多重RT-PCR（MS-RTPCR）扩增富集样品。用于MS-RTPCR的引物分别靶向病毒8个基因节段末端保守区12～13个核苷酸（Zhou和Wentworth，2012；Mena等，2016）。在扩增出完整的基因组后，再对样品进行NGS处理，通过高通量检测，可以同时完成数百万个具有高敏感性和特异性的测序反应。该技术的最大优点是可以对原始样品进行测序，避免了VI方法的一些缺陷（这些缺陷可能会掩盖病毒在天然宿主中的某些特征）。NGS正在逐步取代传统的Sanger测序，但该技术不仅需要一定的生物信息学知识，还需要经过专业培训的操作人员和昂贵的设备。

## 1.11 防控

人工饲养禽类增加了人与动物密切接触的机会，如果这些动物携带有禽流感病毒等传染性病原体，将给人类带来潜在的感染风险。活禽市场是造成高致病性禽流感发生和传播的重要一环，例如美国东海岸、中国香港和意大利的活禽市场，都是高致病性禽流感重大疫情的始发地。如果生物安全措施不够完善，病毒很容易在宿主群体之中传播。被感染禽类的排泄物是该病主要的传染源，被患病禽类污染的设备、衣服、手套、鞋、蛋箱、饲料车、水和食物都是造成病毒传播的主要因素。相关研究表明，在各个农场之间往返的车辆和设备很容易造成高致病性禽流感病毒的传播（Capua等，2003a；Biswas等，2008；Chaudhry等，2015）。另外，病毒也可以通过附近的野生鸟类从空中途径传播。

实施生物安全措施是人们抵御禽流感的第一道防线，对于确保生产安全、食品安全以及降低人类感染风险至关重要（OIE，2017）。因此，严格的生物安全措施和良好的卫生习惯是预防和控制禽流感传播的关键，可以有效防止设备和人员被感染。目前认为野生鸟类是造成家禽感染的主要传染源，因此人们必须减少这两个群体之间的接触。养殖场应严格管控车辆、人员和设备进入生产区、接触生产设施，并确保对各种设施和设备进行严格的清洁和消毒；还要对直接与禽类接触的人员进行教育培训，确保他们了解禽流感以及病毒带来的风险、病情监测、发病报告和应对措施，并提高生产者和工人监测意识，确保他们掌握如何辨别该传染病的临床症状，并及时向政府和兽医部门报告疑似感染禽流感引起的疾病和死亡现象。

预防禽流感的另一个重要步骤是进行流行病学监测，并做到早期发现，迅速做出反应。例如1983—1984年在美国宾夕法尼亚州疫情暴发时期的监测工作，使人们能够快速追踪到病毒最初来源于活禽市场。同样，中国香港对活禽市场流感疫情的监测工作，使人们能迅速找到1997年感染人类的H5N1亚型流感病毒来源于禽类（Sims等，2003b）。人们通过全球性监测得到的数据，可以追溯到最近在美国引起H5N2疫情暴发的病毒来源，并且发现病毒已经发生了重配。最终政府依据此信息采取了一些措施，扑杀了超过5 000万只火鸡和雏鸡。2013年这种病毒曾在中国出现，并在亚洲传播，而后通过候鸟传播到了美国（Lee等，2015）。在美国以家禽产业为经济支柱的各州，州政府和联邦当局负责按照《OIE陆生动物卫生法典》制定监测、检疫、淘汰赔偿计划和政策。有关生物安全、监测和禽流感疫情报告的相关信息和建议，可以从美国农业部动植物卫生检验局网站（http：//www.aphis.usda.gov）获得。

如果在鸡群中检测到病毒感染，《OIE陆生动物卫生法典》建议扑杀感染和可能有接触史的动物（包括在感染场所附近短半径范围内的动物）、适当处置尸体和所有动物产品、实行隔离和限制运输（OIE，2015）。有关部门应及时采取措施，减少活禽市场中的病毒传播机会，例如将水禽和家禽区域分隔、禁止出售活体水禽、设定每月休市的时间，并在休市期间将市场完全清空，进行彻底消毒，然后再重新上架禽类商品。在一些国家，防控政策内容还包括给予被强制淘汰牲畜的所有者或生产者一定的奖励或经济补偿，这对于疫情的及早发现和准确上报是非常有利的。但是，目前并非所有国家都制定了针对禽流感的赔偿政策。如果能积极采取补偿措施，不仅可以防止禽流感在禽类中传播，同时还能降低人类感染病毒的风险。世界卫生组织与其他国家和国际机构一起，通过全球流感监测计划有效降低了禽流感的公共卫生风险。从事家禽生产相关行业的人员以及参与病禽扑杀的工作人员应穿着防护服，同时使用抗病毒药物作为预防措施。此外，提前为家禽生产者、活禽市场工作人员、兽医等极易接触被感染动物的人员接种季节性疫苗，可以减少他们同时感染人流感和禽流感病毒的可能性，从而降低流感病毒基因重配的风险。

## 1.12 疫苗接种

疫苗接种被视为抵御禽流感的第三道防线，但是通常一些国家并不会为家禽接种疫苗，因为禽流感疫苗一般只能减弱临床症状，但并不能预防感染；而且接种疫苗可能导致疫情不能被及时发现，进而造成高致病性禽流感病毒进一步传播。另外，以下因素可能会阻碍疫苗接种的有效实施：例如母源抗体对疫苗免疫反应的干扰，实施疫苗接种的成本过高，以及在疫苗接种后的停药期，难以区分接种疫苗的动物个体与被病毒感染个体，使疫情被掩盖，最终导致贸易受到影响（De Vriese等，2010；Spackman和Pantin-Jackwood，2014）。

在一些国家，如果常规扑灭疫情方案不能有效控制疫情，接种疫苗则可以控制疫情，但会对养禽业造成不可逆的影响，还会威胁到食品供应。（Naeem和Siddique，2006；Villarreal，2007）。在1994—1995年H5N2亚型高致病性禽流感病毒暴发期间，墨西哥采取了以下措施：1995年1—12月，他们对处于疫情之中或受到疫情威胁的禽类共施用了约3.8亿支疫苗，覆盖约55%的禽类和70%的商品鸡群。另外，政府还对各州所有出现低致病性禽流感的蛋鸡场都进行了疫苗接种。1995年5月，墨西哥最后一次分离到H5N2亚型高致病性禽流感病毒毒株，随后在12月，墨西哥政府宣布全国范围内已清除该病毒（Villarreal，2009）。需要注意的是，尽管接种疫苗是一种有效的手段，但如果实施不当，并不能完全消灭病毒。疫苗应在短期内使用，并且需要结合恰当的管理以及严格、可靠、透明的监测程序。疫苗接种失败的原因有很多，例如疫苗质量差、疫苗抗原与流行毒株不匹配以及不正确的接种方式（Swayne等，2014）。目前在一些禽流感病毒呈地方性流行的国家和地区，疫苗接种是常规措施，以防止病毒的传播并保护高危人群。现在人们最常使用的是H5、H7和H9亚型的病毒疫苗（Domenech等，2009；Spackman和Pantin-Jackwood，2014）。墨西哥（H5N2和H7N3）、中国、埃及、越南和印度尼西亚（H5N1）各国几乎都使用了所有可用的疫苗以对抗疫情，然而在这些国家，该病仍然呈持续性地方流行（Swayne等，2011）。

目前在临床上家禽使用的主要禽流感疫苗是全病毒灭活的油佐剂疫苗，通过肌肉多点注射接种（Swayne等，2011）。除重组活载体（禽痘病毒、禽副黏病毒Ⅰ型-NDV、鸭肠炎病毒、火鸡疱疹病毒等）疫苗以外，美国和其他国家或地区还批准了几种灭活禽流感疫苗（Swayne等，2000，2001；Halvorson，2002）。禽流感重组活载体疫苗在家禽中的使用不如灭活疫苗广泛，但重组活载体疫苗可以通过喷雾剂或饮用水等自动方式进行大规模免疫，这样的免疫方法更快速、经济、有效。以NDV为载体的H5和H7亚型疫苗均可以诱导宿主产生高水平的HI抗体，保护宿主免受H7N9或H5N1亚型高致病性禽流感病毒感染（Liu等，2015a）。但是，如果宿主对NDV载体先前存在免疫力，就可能会降低这种载体疫苗在实际使用中的保护力（Spackman和Pantin-Jackwood，2014）。研究表明，另一种携带禽副黏病毒血清2型病毒F和HN胞外域的NDV载体嵌合疫苗使用安全，不会与NDV发生交叉反应，但可以部分保护1日龄免疫的雏鸡不被H5N1亚型高致病性禽流感病毒感染（Kim等，2017）。此外，另一种可以表达H5N1亚型高致病性禽流感病毒HA基因的重组火鸡疱疹病毒活载体疫苗，不仅具有很高的同源保护性，还对H5N1亚型高致病性禽流感病毒的异源进化分支有交叉保护力（Gardin等，2016）。最近，研究证明，一种表达H5亚型HA的单次复制的复制缺陷型α病毒样（委内瑞拉马脑炎病毒）复制子疫苗在接种火鸡后，可提供针对高致病性禽流感病毒H5N2毒株的部分保护力（Santos等，2017）。

其他禽流感疫苗的研究进展包括使用亚单位HA蛋白、DNA免疫和活疫苗（Brown等，1992；Fynan等，1993；Kodihalli等，1994，1997；Bright等，2003）。这些不同的疫苗在攻毒保护试验中有理想的试验结果。然而，还需要深入研究和评估疫苗在排毒、病毒扩散中的有效性，最重要的是能否产生黏膜免疫力。流感病毒反向遗传操作提供了制备弱毒或灭活疫苗的替代方案（Subbarao等，1995，2003；Parkin等，1997；Takada等，1999）。人们曾经使用反向遗传操作技术生产的油乳剂灭活疫苗抵御中国香港流行的H5N1病毒，获得了良好的保护效果（Liu等，2003b），控制了病毒的传播。中国香港反向遗传疫苗携带当前流行的H5病毒的HA基因和N3亚型病毒的NA基因，这样可以区分免疫和感染禽（DIVA）。1999年意大利高致病性禽流感暴发后（Capua等，2003b），政府结合严格的全国疫情管控计划，成功实施了DIVA方案。这种流感弱毒活疫苗（LAIV）在PB1基因的C端含有HA标签作为DIVA标记，并且PB1和PB2具有温度敏感性突变，接种后对感染低致病性和高致病性禽流感的鸡群均显示出良好的安全性和保护性（Song等，2007）。执行使用DIVA疫苗政策可让兽医公共卫生部门确定感染不再传播，进而可以允许免疫了OIE A类动物疫病疫苗动物的肉类进行销售。

## 1.13 经济意义

禽流感疫情，特别是高致病性禽流感疫情对经济和社会所造成的影响，主要取决于疫情暴发的严重程度、采取措施清除病毒的效率以及家禽产业在受灾国家所占的经济比重。高致病性禽流感的流行会给集约化的养殖企业和大型活禽市场带来巨大的经济损失。这些损失主要来源于感染和疾病导致的直接死亡、因处置措施而导致的死亡以及为控制疫情所投入的相关费用。高致病性禽流感暴发带来的损失会远远超过防控病毒传播投入的直接成本，另一方面家禽相关行业还需承受消费者信心下降、消费需求下降、国内市场价格和出口价格下跌以及全球贸易限制所带来的影响。而当人们对禽流感造成的经济影响进行统计时，往往只侧重于疫情暴发带来的损失，而忽略了地方性长期影响。这方面所需投入的经济成本可能非常巨大，包括需要长期维持的生物安全措施、长期使用疫苗的成本和持续的贸易限制所带来的损失。这样的经济损失对于小规模饲养者和个体生产者来说将难以承受。

高致病性禽流感暴发导致的重大经济损失概述见表1.1。例如，1983—1984年宾夕法尼亚州暴发的H5N2亚型禽流感，迫使美国政府投入了超过6 000万美元应对疫情，据估计，此次所消耗的间接费用约为2.5亿美元。虽然政府补偿金总额高达4 000万美元，但生产者仍需自行承担大约1 500万美元的非补偿性损失（Swayne和Halvorson，2003；Lupiani和Reddy，2009）。另一个案例是，1999—2000年意大利暴发的H7N1亚型高致病性禽流感疫情，政府共花费约1亿美元清除病毒，疫情带来的间接损失总额超过5亿美元（Swayne和Halvorson，2003）。自2003年以来，全球大规模流行的亚洲H5N1亚型高致病性禽流感，给全世界带来损失共计高达数十亿美元（FAO，2005）。为遏制疫情蔓延扑杀或直接因病毒感染死亡的禽类数量超过1亿只。疫情最为严重的东亚和东南亚国家及地区遭受了巨大的经济损失。2014—2015年H5亚型高致病性禽流感病毒造成了美国历史上最大的禽流感疫情，超过5 000万只禽类死于感染或扑杀（USDA APHIS，2016）。此次疫情使美国损失了8%的火鸡和12%的产蛋鸡，严重影响了美国的鸡蛋和火鸡生产（Ramos等，2017）。当时美国政府拨款近10亿美元作为抗疫经费和赔偿款项，据估算，最终美国投入的总体经济成本接近33亿美元（USDA APHIS，2016）。

禽肉进口大国可能会因为疫情或疑似疫情实施严格的进口限制，最终使大型禽肉出口商失去市场份额，造成巨大损失。美国是仅次于巴西的世界第二大家禽产品出口国，年出口肉鸡约300万t，为国家带来约30亿美元的收入。2014—2015年美国禽流感暴发直接导致中国禁止进口美国家禽，使巴西成为中国的主要鸡肉进口供应商（Foreign Agricultural Service，2017）。

## 1.14 公共卫生意义

尽管流感病毒有宿主范围限制，但在过去的几十年中，也多次发生过禽直接将甲型流感病毒传播给人的人兽共患现象。目前发现，一些家禽适应性的毒株已经具有感染人类的能力，例如H5N1亚型高致病性禽流感病毒和低致病性禽流感病毒、H7N9亚型高致病性禽流感病毒，它们随时可能引起人兽共患疫情的暴发。人兽共患疫情造成的严重影响和高死亡率对公共卫生安全构成了重大威胁。如果新病毒能够在人与人之间直接传播，就会造成人类大规模感染。在过去的100年中，每次引发流感大流行的病原都包含有动物宿主的基因片段，并且这些基因多数来源于禽类（Taubenberger和Morens，2009）。目前普遍认为鹌鹑、鸡、火鸡等陆生禽类是禽、人重组流感病毒的潜在"传播者"（Makarova等，2003；Perez等，2003b，2005；Pillai等，2010；Perez和de Wit，2016）。

1997年中国香港高致病性禽流感疫情暴发期间，共有18人感染了H5N1亚型流感病毒。患者出现了发热、喉咙痛和咳嗽的症状，6例致死病例中部分出现了病毒性肺炎引起的严重呼吸困难。据估算，1997年12月家禽市场和养鸡场中禽类数量锐减100万只，这可能间接抑制了病毒的蔓延，同时也防止了更多新病例的出现（Sims等，2003a）。但是，2001—2002年中国香港再次暴发H5N1亚型禽流感疫情，并扩散到亚

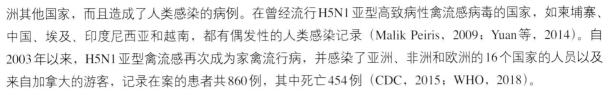

洲其他国家，而且造成了人类感染的病例。在曾经流行H5N1亚型高致病性禽流感病毒的国家，如柬埔寨、中国、埃及、印度尼西亚和越南，都有偶发性的人类感染记录（Malik Peiris，2009；Yuan等，2014）。自2003年以来，H5N1亚型禽流感再次成为家禽流行病，并感染了亚洲、非洲和欧洲的16个国家的人员以及来自加拿大的游客，记录在案的患者共860例，其中死亡454例（CDC，2015；WHO，2018）。

H9亚型弱毒活流感疫苗毒（LAIV）、低致病性禽流感病毒（LPAIV）及高致病性禽流感H7亚型病毒是有可能引起大流行而令人担忧的病毒。自1999年以来，共发生了28例人感染H9N2亚型低致病性禽流感病毒的独立病例，其中大多数出现在亚洲（Freidl等，2014；WHO，2017）。到目前为止，除1名患者外，其他所有H9N2阳性感染人的病例均为轻度症状且已痊愈，无临床并发症和后遗症。这名特殊的病人还同时患有免疫缺陷病，有骨髓移植史、慢性移植物抗宿主病和闭塞性细支气管炎导致的呼吸衰竭（Saito等，2001；Butt，2005；Cheng等，2011）。这些人类感染禽流感的个例都是由于直接接触了病禽，到目前为止，还没有H9N2病毒可以在人与人之间传播的证据（Uyeki等，2002）。在偶发的H7亚型低致病性禽流感病毒或高致病性禽流感病毒禽传人病例中，多数患者会表现轻度结膜炎症状（Fouchier等，2004；Tweed等，2004；Eames等，2010；CDC，2012；Belser等，2013；Lopez-Martinez等，2013；Abdelwhab等，2014）。在荷兰和意大利的禽类中暴发的高致病性禽流感疫情，至少造成了92例人感染H7N7亚型高致病性禽流感病毒，患者临床症状为结膜炎或轻度呼吸道症状，其中1例患者死于肺炎和急性呼吸窘迫综合征（Koopmans等，2004；Puzelli等，2014）。

2013年在家禽中出现了新型的H7N9亚型低致病性禽流感病毒，并且具有感染人的能力。从那时起，在中国大陆的5次禽流感地方性流行以及每年冬季至春季的地方性流行中都曾出现H7N9亚型甲型流感病毒感染人的病例。在第一次疫情中，被感染人员主要局限于中国东部的长江三角洲地区，包括上海市、江苏省和浙江省的部分市区。疫情在2013—2014年达到顶峰后，病例数量一直维持在较低水平，但第5次疫情的发病率高于先前（Zhou等，2017）。截至2017年11月，中国的22个省、4个直辖市、5个自治区、香港和澳门特别行政区，以及加拿大报告了人类感染H7N9的病例，其中经过实验室确诊的病例为1 623例，死亡病例为620例（FAO，2017）。此次流行的H7N9亚型禽流感病毒主要会导致严重的急性呼吸道疾病，伴有高热、痰咳或干咳、呼吸急促、呼吸困难和缺氧。H7N9病毒感染重症病例的临床症状还包括败血性休克、呼吸衰竭、急性呼吸窘迫综合征、顽固性低氧血症、急性肾功能不全、多器官功能障碍、横纹肌溶解和脑病。此外，部分病例还出现了继发性细菌和真菌感染，其中一些是由多重耐药菌引起的（Gao等，2013；Yu等，2013；Xiang等，2016；Luo等，2018）。在第5次H7N9疫情中，直接检测到H7N9亚型高致病性禽流感病毒毒株的样本来源主要包含54个家禽和环境样本（42个鸡样本，2个鸭样本和10个环境样本）、25名直接接触病禽的人员（FAO，2017；Iuliano等，2017）。尽管目前尚未确认病毒是否能在人与人之间直接传播，但一些H7N9亚型高致病性禽流感病毒毒株已经表现出可以通过空气传播感染哺乳动物模型（雪貂）的能力（Imai等，2017）。

## 1.15 展望

甲型流感是最具代表性的突发性疾病之一。在过去的几十年中，禽流感暴发的次数急剧增多。病毒的感染和蔓延不仅给养禽业带来了严重的经济损失，还导致贸易受到限制并产生了强烈的舆论反响。这些流感病毒原本只感染禽类，但数次低致病性禽流感和高致病性禽流感病毒引发的人兽共患疫情体现了此病毒未知而重要的一面，这也让科学家再次燃起了对调控流感病毒种间传播分子机制的兴趣。目前人们在关于低致病性禽流感和高致病性禽流感病毒的进化机制、病毒横跨大陆传播方式、影响病毒毒力因素、病毒的人兽共患潜力及相关机制等方面的研究，都取得了巨大的进步。通过研究发现，病毒表面蛋白或聚合酶复合物的微小变化会使病毒的组织嗜性从野生禽类的肠道嗜性变为家禽呼吸道嗜性，并且还可能进一步发生改变，最终感染哺乳动物。测序技术的进步使人们可以对病毒全基因组进行快速鉴定，而且这已逐渐成为一种常规研究手段，让人们可以更加迅速地应对疫情的暴发。基于测序的诊断方法将来有可能逐渐取代当前常规的 PCR 诊断方法，因为测序诊断技术不依赖于新型疫苗，佐剂和疫苗的研发也在稳步进行，预计在未来可以更有效地防控禽病。然而，目前也仍然存在诸多挑战，未来的研究会聚焦于基因序列分析和系统进化数据的分析，以及预测禽源流感病毒的抗原性、毒力和引发人兽共患病的潜在性。另外需要重点强调的是，在未来家禽的疫苗技术中，通过多个病毒抗原表位激活体液免疫和细胞免疫的多重免疫反应，将是一个重要的发展方向。在流感疫苗的使用方面，养禽业一直不愿采用弱毒活疫苗的主要原因是担心疫苗毒与野毒发生重组。不过随着技术的发展，通过反向遗传操作可以实现对流感病毒基因组的任意编辑，从而使这些顾虑消除。总之，流感病毒不会消失，但今天的我们比以往任何时期都更接近于找到预防和控制流感病毒的解决方法。

（赵殿郑 译，郑世军 校）

参考文献

# 2 新城疫病毒

Siba K. Samal*

美国，马里兰州，马里兰大学帕克分校，弗吉尼亚-马里兰兽医学院，兽医系

Department of Veterinary Medicine，Virginia-Maryland College of Veterinary Medicine，University of Maryland，College Park，MD，USA

* 通讯：ssamal@umd.edu

https：//doi.org/10.21775/9781912530106.02

## 2.1 摘要

新城疫（ND）是一种分布于全球的具有高度传染性的禽类疾病，给养禽业造成严重的经济损失。一旦发现新城疫疫情，须立即上报。新城疫对经济的影响一方面在于该病会引起病禽的死亡，另一方面在于对发生疫情的地区和国家进行禽类商品进出口和贸易的限制。在发展中国家，新城疫是一种地方流行性疫病，对于依赖养禽为生的村庄影响巨大。现有的新城疫疫苗能有效减轻临床症状并降低死亡率，但不能阻止病毒感染及排毒。因此研制有效的疫苗是当务之急。引起新城疫的病原是禽正副黏病毒1型强毒株，被称为新城疫病毒（newcastle disease virus，NDV）。NDV是一种有囊膜、不分节段的负链RNA病毒，属于副黏病毒科（*Paramyxoviridae*）正副黏病毒属（*Orthoavulavirus*）。目前，NDV已经被当作研究副黏病毒的模式病毒，因此副黏病毒的许多生物学特性都是基于对NDV的研究。近年来研究发现，该病毒是一种溶瘤病毒，并且能够作为人和哺乳动物病原的疫苗载体。本部分内容介绍了NDV作为传染性病原的特点，宿主对NDV感染的免疫反应，流行病学特点，以及对NDV的预防和控制措施。

## 2.2 简介与历史

1926年，Kraneveld在印度尼西亚的爪哇岛上首次发现了新城疫疫情（Kraneveld，1926）。同年，Doyle（1927）报道了在英格兰纽卡斯尔（Newcastle，又译为新城）附近的农场出现一种具有类似特征的疾病。他认为该疾病是由滤过性病毒引起的，但经鉴定发现该病的病原并不是鸡瘟（现称为高致病性禽流感），于是暂时将该病命名为"Newcastle disease"（ND），即新城疫。

1926年，韩国也报道发现了新城疫（Kanno等，1929）。1927年，印度兰尼克特、斯里兰卡锡兰和菲律宾马尼拉报道发现该病。1929年日本福山和1930年澳大利亚墨尔本也都相继出现新城疫疫情。一段时间内，全球多个国家和地区都报道了这种疾病并认定其为一种新发的家禽疾病。

新城疫的首次出现尚未确定，但有研究表明可能早在1898年就已流行。在1898年，苏格兰西岛曾流行过一种使所有家禽死亡的疾病，后来推测可能是新城疫（Macpherson，1956）。新城疫病毒的确切来源尚不清楚，但目前有三种可能的理论（Hanson，1972）。第一种理论认为，毒力较弱的前病毒发生了重大突变，导致NDV的强毒株出现。最近的系统进化分析表明，大约在1766年，NDV由禽副黏病毒2（APMV-2）分支而出（Fan，2017）。第二种理论认为，NDV在1926年之前就已经存在于东南亚的鸡群中，但是直到20世纪上半叶，随着商业家禽养殖的大规模发展，该病才引起人们的注意。第三种可能是该病毒原本存在于某些地方性野生禽类中，偶然的机会使其从野生物种传播到家禽中。

1940年，Tover在美国加利福尼亚报道了一种新发的禽类呼吸道和神经系统疾病，后来被鉴定为新城疫（Beach，1944）。但早在1938年，美国东部就有新城疫发生的证据（Beaudette和Hudson，1956）。世界其他地区新城疫的死亡率高达95%～100%，与之相比，美国新城疫的死亡率仅约15%。其原因可能是在亚洲和美洲的野生禽类中，最初存在着两种具有不同临床特征的新城疫（Shope，1964），美洲的野生禽类中携带的是低毒NDV，而在世界其他地区的野生禽类中携带的是强毒NDV。

## 2.2.1　地理分布

在全球多数地区，NDV强毒株一般呈地方性流行。在一些国家乡村的家养禽类发生新疫城后不能被及时准确报道，因此较难准确评估该病的真实地理分布情况。目前已知新城疫分布于非洲、亚洲、中东、墨西哥和南美洲等地，相比之下，大洋洲国家极少发生新城疫，原因可能是其具有较为完善有效的防疫措施和天然的地理屏障。

在美国、加拿大和欧洲的大多数国家，新城疫得到了有效的控制。1950年，加利福尼亚首次报道了发生于美国的疫情为强毒新城疫（vND），也被称为外来新城疫。从那时起，美国国内就陆续暴发多次强毒新城疫疫情，但每次暴发均得到了有效的控制与清除。最近的一次vND疫情于2018年暴发于加利福尼亚的家养展销鸡群中。此前，加利福尼亚的疫情暴发于2002—2003年，当时为了彻底根除该病，扑杀了350万只家禽。研究发现，加利福尼亚的vND病毒与从墨西哥和美洲中部分离的病毒亲缘关系极近（Pedersen等，2004）。分析推测NDV强毒株很可能通过进口外来禽类（Utterback和Schwartz，1973；Senne等，1983；Bruning-Fann等，1992；Panigrahy等，1993）和水禽（Wobeser等，1993；Banerjee等，1994）传入美国。强毒NDV引起美国的高度关注，被美国农业部（USDA）列入"美国农业部重要病原名录"。在欧洲，尽管疫苗接种较为普遍，但在许多国家仍经常散发新城疫疫情。1932—1998年，澳大利亚一直未有强毒NDV的报道，但在1998—2002年，新南威尔士州的局部地区共暴发了6次由强毒NDV引起的疫情。研究表明，该NDV是由澳大利亚的某一株弱毒NDV进化而来（Westbury，2001）。

尽管NDV在全世界的家禽和野生鸟类中普遍存在，但其遗传和抗原特性随宿主物种或地理区域的变化而变化。例如，在非洲流行的NDV毒株与在南美洲流行的毒株在遗传和抗原特性方面有显著差别。同样，在鸽子中流行的NDV毒株与在鸡中流行的毒株在遗传和抗原特性方面也有所不同。

## 2.2.2　自然和试验宿主

目前已知NDV可感染241种禽类，它们分别属于鸟纲的27个目（Kaleta和Baldauf，1988），因此推测NDV可以感染几乎所有禽类。然而不同的毒株感染不同的宿主时表现的临床症状有较大差异，多数禽类被NDV感染后不会发病。其中，感染NDV后，水禽、噪鹃、鸬鹚、海鸥、黑鸭和鹤仅能够表现出极其轻微的症状，火鸡、企鹅、猫头鹰、猎鹰、鹰和麻雀表现的临床症状也较轻，而鸡、孔雀、珍珠鸡、野鸡、鸵鸟、鹦鹉、鹌鹑和鸽子被感染后表现出的症状最为严重（Kaleta和Baldauf，1988）。通常认为鸭和鹅是NDV的自然宿主，能够抵抗新城疫（Alexander和Senne，2008）。然而，自20世纪90年代末以来，中国各地暴发了鹅新城疫疫情，造成了严重的经济损失（Chen等，2015）。虽然与鹅相比，鸭对新城疫的抵抗力更强，但在鸭中仍有NDV的暴发（Dai等，2014）。

　　虽然禽类是NDV的自然宿主，但NDV也能在自然或实验条件下感染其他动物。研究发现NDV的弱毒株与强毒株均能感染人并表现出轻微的暂时性结膜炎或类似流感的临床症状（Chang，1981），但人自然感染NDV的病例极为罕见。迄今为止，仅有美国（Goebel等，2007）和荷兰（Kuiken等，2018）2例人感染NDV致死的报道。该2例患者均有免疫抑制的情况，且在其体内分离出的病原均为鸽副黏病毒1型（PPMV-1），但目前尚不清楚是否所有的PPMV-1分离株都能引起免疫抑制病人发病。因此，新城疫对禽类养殖、疫苗生产和相关研究人员具有潜在危害。但目前尚未有人与人之间传播的报道。在实验条件下，NDV能感染牛、猪、羊、小鼠、豚鼠、兔、雪貂、仓鼠和猴子（Reagan等，1947；DiNapoli等，2007a、b；Subbiah等，2008）。其中，相比于小鼠和仓鼠，豚鼠对新城疫病毒的易感性更强（Khattar等，2011a、b；Samuel等，2011）。

## 2.3 病原学

### 2.3.1 病毒分类

　　NDV属于单分子负链RNA病毒目，副黏病毒科，禽副黏病毒亚科，正副黏病毒属（Amarasinghe等，2017；ICTV，2019）。副黏病毒科共有4个亚科，其中除了禽副黏病毒亚科外，还有偏副黏病毒亚科、正副黏病毒亚科和腮腺炎病毒亚科。禽副黏病毒亚科中的病毒均由禽类体内分离得到，并具有血凝素和神经氨酸酶活性，相较于其他亚科的病毒，该亚科病毒之间的序列同源性更高。禽副黏病毒亚科含有20个种，根据L蛋白氨基酸序列绘制的系统进化树，可将其归类为3个属，分别为偏副黏病毒属（*Metaavulavirus*，MAvV）、正副黏病毒属（*Orthoavulavirus*，OAvV）和副副黏病毒属（*Paraavulavirus*，PAvV）。禽副黏病毒亚科中每1个种仅有单一的病毒成员，分别命名为禽副黏病毒1（APMV-1）至禽副黏病毒20（APMV-20）。偏副黏病毒属（*Metaavulavirus*，MAvV）包含10个种，分别为禽偏副黏病毒2（*Avian metaavulavirus* 2，AMAvV-2）、5 ~ 8、10、11、14、15和20。正副黏病毒属（*Orthoavulavirus*，OAvV）包含8个种，分别为禽正副黏病毒1（*Avian orthoavulavirus* 1，AOAvV-1）、9、12、13、16 ~ 19。副副黏病毒属（*Paraavulavirus*，PAvV）包含2个种，分别为禽副副黏病毒3（*Avian paraavulavirus* 3，APAvV-3）和4。禽正副黏病毒1（AOAvV-1）包括APMV-1中的所有毒株，如新城疫病毒和鸽副黏病毒1型。只有满足世界卫生组织（OIE）定义的APMV-1强毒株才被称为新城疫病毒，其他弱毒株仅能称为APMV-1。OIE定义的强毒株禽副黏病毒1（APMV-1）须满足以下条件，即病毒的ICPI大于或等于0.7（最大值为2.0），且（或）在融合蛋白切割位点和第117位苯丙氨酸处存在多个碱性氨基酸（OIE，2012）。NDV是重要的家禽病原体，因此禽正副黏病毒1（AOAvV-1）也是禽副黏病毒亚科（*Avulavirinae*）中研究最为广泛的病原。为方便阅读，本部分内容中将会以NDV代表APMV-1毒株。

### 2.3.2 病毒粒子形态

　　NDV病毒粒子直径100 ~ 500nm，呈多边形，但大多数呈球形（图2.1），有时会呈现出长度可变的丝状颗粒。病毒粒子由来源于宿主细胞膜的脂质膜结构包裹。囊膜厚度14～18nm，含有两种跨膜糖蛋白——F蛋白（融合蛋白）和HN蛋白（血凝素-神经氨酸酶蛋白）。这些糖基化蛋白以多聚体的形式存在于囊膜表面，突起的高度约为17nm，突起顶端直径约为6nm，茎直径约为2nm（Mast和Demeestere，2009）。囊膜下方是与磷脂膜结合的非糖基化的基质蛋白（M蛋白）。囊膜内是病毒核衣壳。核衣壳蛋白（N蛋白）包裹着基因组RNA形成一个螺旋状核衣壳。N蛋白呈经典的"人"字形，平均直径17nm，中心管约5nm，每隔5nm旋转1周，其中包裹着病毒基因组。核衣壳中还含有磷蛋白（P蛋白）和大分子聚合酶蛋白（L蛋白）。大多数病毒粒子中仅含有1个功能性基因组，少数情况含有2个、3个或更多拷贝的基因组（Goff等，2012）。病毒粒子结构见图2.2。

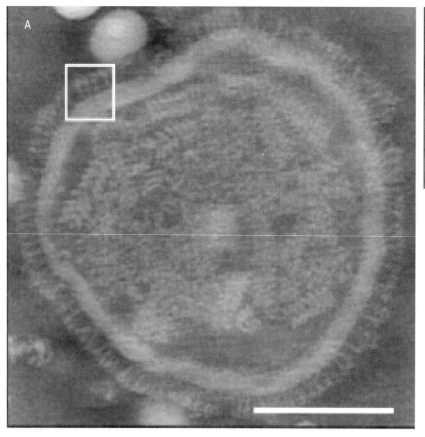
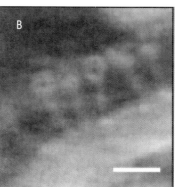

图2.1 完整新城疫病毒粒子负染相差电子显微镜照片

A.病毒粒子中心（单位长度100nm）；B.囊膜上的F蛋白和HN蛋白（单位长度10nm）。

（引自BioMed Central Ltd，part of Springer Nature，Mast and Demeestere，2009。）

## 2.3.3 增殖

NDV在实验室易于增殖，因此便于进行分子生物学研究。NDV可在鸡胚中分离和增殖，鸡胚中的病毒滴度可高达$10^9$～$10^{10}$。通常情况下，NDV需要接种在9～11日龄的SPF鸡胚尿囊腔中进行增殖，同时也可以在多种原代细胞或传代细胞系中复制，然而一些NDV毒株需要经过多次的连续传代才能在细胞中良好复制。常用于培养新城疫病毒的细胞有鸡胚原代成纤维细胞（CEF）、鸡胚原代肾细胞（CEK）、鸡成纤维细胞系（DF-1）、非洲绿猴肾细胞（Vero）和仓鼠肾细胞（BHK-21）。而弱毒新城疫病毒在培养时，

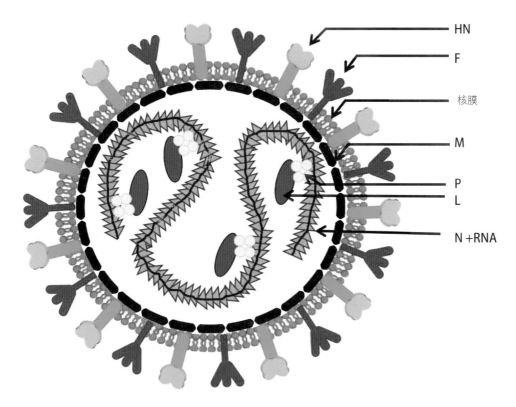

HN
F
核膜
M
P
L
N +RNA

图2.2 新城疫病毒粒子模式图

来源于宿主细胞膜的脂质双层囊膜结构。黑色圆形为新城疫病毒基质蛋白（M）。血凝素-神经氨酸酶（HN）和融合糖蛋白（F）嵌入病毒囊膜内部。病毒粒子内部由核衣壳蛋白（N）包裹的负链RNA组成，并与磷蛋白（P）和大聚合酶蛋白（L）结合。

需要在培养基中添加10%新鲜尿囊液或1.0μg/mL的胰蛋白酶。NDV感染引起的细胞病变表现为合胞体或形成噬斑。在鸡胚中培养的NDV滴度为细胞培养时的10～100倍。

## 2.3.4 基因组组成、转录和RNA复制

### 2.3.4.1 基因组长度

NDV基因组为不分节段的单股负链RNA（图2.3）。目前已知有3种不同长度的NDV基因组。1960年以前分离到的NDV毒株基因组长度均为15 186个核苷酸（nt）（Krishnamurthy和Samal，1998；de Leeuw和Peeters，1999；Römer-Oberdörfer等，1999）。在中国的鹅中首次分离到基因组长度为15192nt的NDV（Huang，Y.等，2004）。增加的6nt位于基因组1 647位之后的N基因的5′端非编码区中。对多株基因组长度为15 192nt的NDV核苷酸序列进行分析，发现该6nt的插入位点均相同，但该6nt的序列具有多样性（Zou等，2005；Ujvári，2006）。第三种基因组长度为15 198nt，该毒株是1999年从德国的小鸭中分离到的（Czeglédi等，2006）。在该毒株基因组第2 381位之后P蛋白和V蛋白的开放阅读框（ORF）中存在12nt的插入片段，该插入序列并不改变P蛋白和V蛋白的编码区，但均能使P蛋白和V蛋白增加4个氨基酸。在不同毒株之间，这12nt的序列也有所差异。除此之外，在西非分离到的NDV基因组长度也为15 198nt，但不同的是，其N基因中存在一个6nt的插入，在HN基因和L基因之间的序列存在另一个6nt的插入（Kim等，2012；Samuel等，2013）。基因组长度为15 192nt和15 198nt的NDV大多在1960年之后分离得到，但在1942年分离到的一株NDV基因组长度也为15 192nt，这说明这些毒株很可能在1960年之前已经存在（Qiu等，2011）。这些不同基因组长度病毒的进化意义尚不清楚。目前这三种基因组长度的病毒在自然界

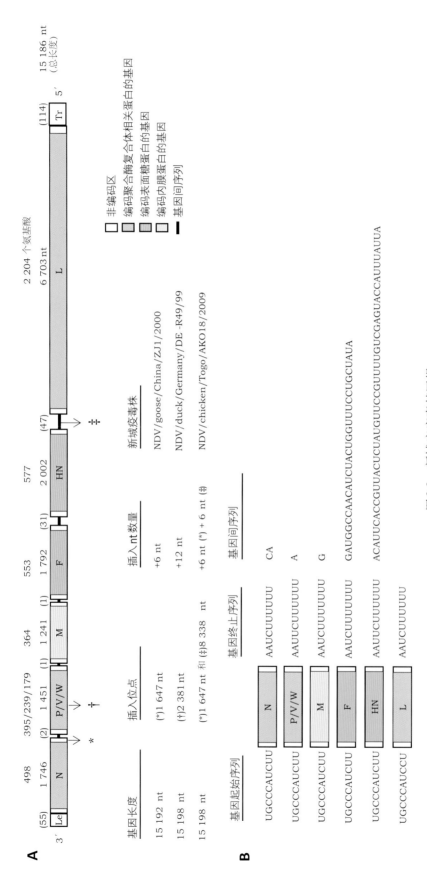

图 2.3　新城疫病毒基因组

A.NDV 基因组图谱（3′-5′）。图上方的数字（如 1 746、1 451、1 241 等）表示基因组的核苷酸长度，括号中的数字表示基因起始位置；B.以反向顺序表示插入序列位置。第一行数字（如 498、359/239/179、364 等）表示共编码蛋白质的氨基酸长度，基因终止序列、基因起始序列和编码区之间的序列。

中均有流行，但广泛流行的毒株基因组长度为15 192nt。

序列比对和系统遗传进化树分析显示，同一种基因组长度的NDV位于同一个进化分支中（Paldurai等，2014a），且在同一地区流行（Kim等，2012）。在分析插入的6nt和12nt的生物学意义时发现，无论是在长度为15 186nt的病毒中插入该片段，还是在长度为15 192nt的病毒中缺失该6nt的片段，都会导致病毒的复制受到轻微的抑制，并降低其毒力。这说明该插入序列可能并不直接影响病毒的复制和毒力，而推测只是为这些病毒的高效复制提供了一种合适的基因组长度（Paldurai等，2014a）。

#### 2.3.4.2 "六碱基规则"

副黏病毒科的病毒基因组长度为6的整数倍时才能够有效复制，这种规律称为"六碱基规则"（Calain和Roux，1993）。副黏病毒的基因组RNA能够与N蛋白紧密结合，形成N蛋白-RNA结构，该结构能够有效保护RNA免受降解，而且每6个nt的核苷酸结合1个N蛋白。因此，基因组长度为6的整数倍时，能够被N蛋白精确地包裹而不会出现未被包裹的核苷酸。已经发现的3种长度的新城疫病毒基因组长度均为6的整数倍。但"六碱基规则"不适用于肺炎病毒科的成员（Samal和Collins，1996）。

#### 2.3.4.3 基因组结构

NDV基因组结构与副黏病毒科的其他成员相似（Lamb和Parks，2013）。在宿主细胞内其正链或负链RNA均不会以游离的方式存在，它们始终与N蛋白紧密结合并形成螺旋状核衣壳结构，只有在病毒复制和转录时才能被病毒RNA依赖性RNA聚合酶（RdRp）识别。RdRp由1个L蛋白和1个四聚体P蛋白组装而成。在病毒RNA合成时，N蛋白和P蛋白相互作用，从而使L蛋白结合在N蛋白-RNA复合体上。因此，P蛋白是一种将L蛋白招募到核衣壳上的辅助因子。核衣壳（N-RNA）和RdRp（P-L）一同构成了最小的病毒复制单位，即核糖核蛋白（RNP）核心。

NDV基因组包含6个基因，分别为N、P、M、F、HN和L。除P基因外，其他每个基因各编码一个蛋白，P基因可通过RNA编辑的方式编码P、V和M共3个病毒蛋白。这几个基因在基因组上的顺序为：3′-N-P/V/W-M-F-HN-L-5′，在编码区的3′和5′端含有顺式作用元件，参与RNA转录、病毒复制以及将RNA包装为成熟的病毒粒子。所有NDV的3′UTR和5′UTR的长度均十分保守，分别为55nt和114nt。在不同的毒株之间，3′UTR的序列同源性在95%以上，其起始15nt和结尾22nt的序列几乎完全相同。3′和5′端的12个核苷酸是互补的，说明这些序列中含有基因组和反基因组启动子的重要元件。

副黏病毒科的基因组和反基因组RNA的复制启动子由两个不连续的区域组成（Kolakofsky，2016）。其中，一个区域（保守区Ⅰ）位于基因组的前18nt内，另一个区域（保守区Ⅱ）位于基因组启动子的73～90nt（Marcos等，2005）。保守区Ⅰ与RdRp相互作用并作为基因组RNA被病毒蛋白包裹的关键位点。保守区Ⅱ参与RNA的复制。保守区Ⅰ和Ⅱ需要在螺旋结构的同一面互补配对形成一个聚合酶结合位点，因此保守区Ⅰ和Ⅱ之间适当的距离以及保守区Ⅱ中每6个碱基结合1个N蛋白的特点对于RNA启动子的活性至关重要（Marcos等，2005）。

NDV每一个基因的起始端和终止端分别有一个保守的转录控制序列，称为基因起始序列（gene-start，GS）（3′-UGCCCAUCU/CU-5′）和基因终止序列（gene-end，GE）（3′-AAUU/CC/UU$_{5,6}$-5′）（图2.3B），该序列对于病毒RNA的复制没有影响。基因编码区之间有非编码基因序列（IGS），其长度为1～47nt不等。N-P、P-M和M-F之间的IGS仅有1nt，F-HN和HN-L之间的IGS长度分别为31nt和47nt。不同的NDV毒株之间IGS的长度比较保守，但在Lasota、D26和Texas GB毒株中N-P之间的IGS为2nt。研究表明，IGS的长度可调节下游基因的转录（Kim和Samal，2010），并且这些在进化上保守的IGS长度有利于产生最佳的转录子数量，从而保证NDV的高效复制，而IGS长度的增加或减少都会影响NDV的复制和致病性（Yan和Samal，2008）。因此，IGS在调控每个基因的转录中起到十分重要的作用。

## 2.3.5 转录

新城疫病毒的转录遵循单股负链病毒的一般模型（Lamb，2013）。病毒的RdRp复合体包含L蛋白和P蛋白。其中，L蛋白含有RNA合成、加帽及甲基化的酶活性结构域，P蛋白是转录必需的辅助因子。RdRp能够在前导区与基因组的单个启动子结合（图2.4），并从基因组前55nt处转录出一个前导RNA（Kurilla等，1985），该前导RNA有一个未被加帽且多聚腺苷酸化的5′-三磷酸。该前导RNA在病毒复制中的功能尚不清楚，但是在细胞质中的未加帽前导RNA可被视黄酸诱导基因-Ⅰ（RIG-Ⅰ）识别进而激活Ⅰ型干扰素的抗病毒效应（Fournier等，2012；Oh等，2016）。在保守的GS和GE序列作用下，聚合酶通过启动、停止和再启动的方式从基因组的3′→5′端方向依次转录出单个mRNA。GS能够启动mRNA的合成，而GE会使mRNA发生多聚腺苷酸化并终止其合成，随后聚合酶仍然附着在模板上并穿过IGS定位于下一个GS信号，因此IGS序列不会被转录到mRNA中。RdRp通过持续地与N蛋

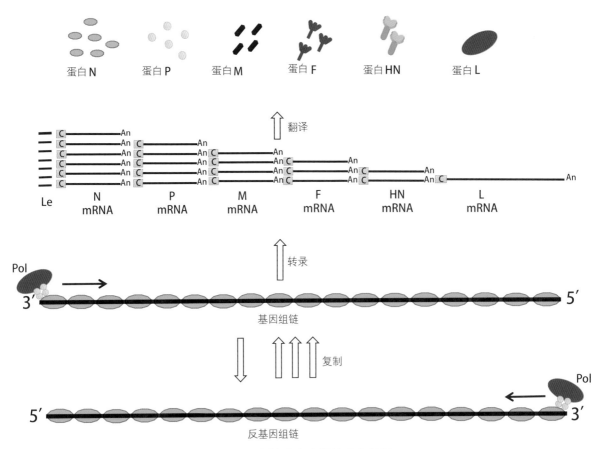

图2.4　新城疫病毒的转录和复制

由病毒蛋白N包裹的反基因组RNA为聚合酶复合物（L蛋白与P蛋白复合体）的模板。转录的过程从基因组RNA的3′端一个短的无帽非多聚腺苷酸先导RNA（Le）开始，此后是5′端加帽的多聚腺苷酸mRNA的转录，最终翻译成蛋白质。在转录过程中，聚合酶复合体在GE序列处停止转录并在下一个GS序列处重新启动转录，但重启并不总是成功。因此，从基因组3′端至5′端呈转录的衰减（转录梯度）。在基因组复制过程中，聚合酶复合物会忽略GE和GS序列，而持续生成全长的反基因组RNA，该RNA也被N蛋白包裹。此后，反基因组RNA作为合成新的基因组RNA的模板。

白亚基结合和解离而在核衣壳中移动，并对mRNA进行加帽、甲基化和多聚腺苷酸化处理。而与真核细胞不同的是，NDV的mRNA在倒数第二个碱基处不会发生甲基化（Colonno和Stone，1976）。发生多聚腺苷酸化后，mRNA与RdRp解离，但解离的机制尚不清楚。在转录过程中可能发生一些意外的解离，因此距离基因组3′末端越远，mRNA的丰度越低。此为不分节段的负链RNA病毒调控基因表达水平差异的机制。然而也有例外，如N蛋白这类需要大量表达的基因位于基因组的3′端，L蛋白这类不需要高表达量的蛋白位于5′端。有时聚合酶在GE处未能终止转录时，会发生通读转录并产生多顺反子mRNA，但仅有上游顺反子能够被翻译成蛋白质。NDV基因组使用效率较高，超过95%的序列编码病毒蛋白。

NDV的每一个mRNA都包含一个主要的开放阅读框（ORF）和较短的非编码区（5′ UTR和3′ UTR）。UTR能调控转录，进而影响其最终的表达水平。在不同基因的mRNA中，UTR的序列和长度也都不尽相同。研究表明，5′ UTR能够调节下游基因的转录和表达水平，进而影响病毒的复制和致病性（Yan等，2009）。然而，3′ UTR的具体作用尚不清楚，但有可能参与mRNA翻译成蛋白质的过程。

当RNP核心进入到细胞质时，转录随即启动。转录的最初阶段称为初级转录，该阶段在核衣壳中产生大量的mRNA。此后，RdRp进入复制模式，合成基因组的互补链。该过程的转换由细胞内N蛋白的浓度调控。当细胞内N蛋白的含量能够完全包裹新产生的RNA链时，聚合酶复制模式将优先于转录模式（Horikami等，1992；Baker和Moyer，1998）。从转录到复制的转换机制尚不完全清楚，但可能有一些宿主细胞成分参与。以新形成的基因组RNA为模板合成mRNA称为二次转录。

#### 2.3.5.1 P基因mRNA编辑

与副黏病毒科的其他成员一样，NDV通过RNA编辑使P基因编码多个蛋白质（Lamb和Parks，2013）。当P基因ORF中第484位顺式作用序列3′-UUUUUCCC-5′被RdRp识别时，其mRNA可以被编辑进而产生胞嘧啶（C）的重复序列（Steward等，1993）。当mRNA翻译成蛋白质时，在编辑位点插入多个鸟嘌呤（G）会导致移码，而编码蛋白质的差异取决于插入鸟嘌呤的数量，即当无鸟嘌呤插入时翻译产物为P蛋白，插入1个鸟嘌呤时翻译产物为V蛋白，插入2个鸟嘌呤时翻译产物为W蛋白。因此，P、V和W蛋白的N端序列相同，但C端序列和长度不同（图2.5）。对P基因的mRNA分析发现，编码P、V和W蛋白的mRNA分别占P基因总mRNA的68%、29%和2%（Mebatsion等，2001）。不同NDV毒株之间以及不同时间感染，P、V和W的mRNA比例仅有轻微不同（Qiu等，2016a）。

#### 2.3.5.2 RNA复制

当RdRp结合基因组3′端的第一个碱基时，可启动RNA合成，且该过程不会被GS和GE的信号终止，进而合成一条完整的正链RNA，称为反基因组（图2.4）。反基因组的3′末端携带一个补充序列，作为反基因组启动子。该启动子能与RdRp结合并以反基因组为模板合成新的负链基因组。反基因组和负链基因组均没有加帽结构，但都能被N蛋白包裹。在RNA合成的同时，N蛋白单体（$N^0$）可以与P蛋白结合形成可溶性的复合体（$N^0$-P），该复合物能够保证RNA的延伸使其最终被衣壳包裹。NDV基因组RNA不仅能作为二次转录的模板，也可被包裹进新的病毒粒子，还能作为合成反基因组的模板，而反基因组RNA只能用来合成基因组RNA。研究表明，反基因组的启动子活性强于基因组启动子，有利于合成更多的基因组RNA（Keller和Parks，2003）。从反基因组合成负链基因组的过程发生在感染后期，因为包装成病毒粒子需要大量的核衣壳。在其他副黏病毒中，反式作用蛋白被激活时才会启动从反基因组到负链基因组的合成转换过程（Irie等，2008）。尽管还不清楚哪些蛋白参与了NDV转录的转换过程，但V蛋白作为一种多功能蛋白，能够结合到聚合酶复合体上，促进负链基因组合成的转换过程。

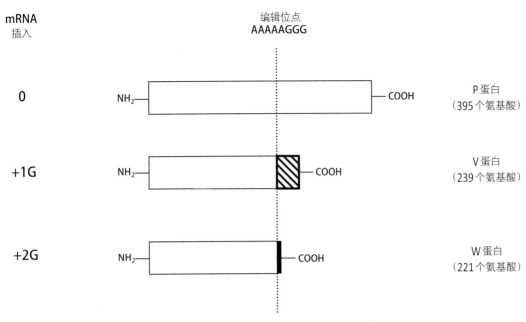

图2.5　新城疫病毒磷蛋白（P）基因产物示意图

P、V和W蛋白具有相同的氨基端结构域和不同的羧基端结构域，这是由于在RNA编辑位点（AAAAAGGG）处有1个G（V）或2个G（W）的碱基插入。虚线表示P、V和W氨基酸序列发生差异的位点。

## 2.4　病毒蛋白

　　NDV基因组共编码8个蛋白，分别是N、P、V/W、M、F、HN和L蛋白。其中W蛋白的功能鲜有研究，剩余7个蛋白均存在于病毒粒子中。N、P和L蛋白同时与RNA基因组结合形成核衣壳，核衣壳是病毒基因组转录和翻译所必需的最小感染单位。M、F和HN蛋白与病毒的囊膜化相关。M蛋白存在于囊膜内部，但不是完整的膜蛋白（图2.1）。F和HN蛋白是仅有的两种存在于病毒粒子表面的完整膜蛋白，并能诱导宿主产生中和抗体。F和HN蛋白也是主要的保护性抗原。GenBank数据库中50株不同时间和地理来源NDV的N、P、V、M、F、HN和L蛋白的氨基酸序列同源性分别为93.9%、83.9%、81.8%、92.1%、91.3%、90.4%和94.5%。

### 2.4.1　核衣壳蛋白

　　在NDV感染的细胞中，N蛋白的表达量最高且对病毒的转录和复制都十分重要。N蛋白有489个氨基酸，分子质量约为55kDa。在宿主细胞中，N蛋白可以选择性地与负链基因组和反基因组RNA结合，进而形成螺旋状核衣壳结构。其与RNA的结合不依赖于特定的RNA序列。研究发现，在未感染的细胞中表达的N蛋白能够与宿主RNA非特异性结合，从而形成核衣壳样结构（Errington和Emmerson，1997；Kho等，2003）。在负链RNA病毒中，核衣壳样结构是唯一能够被病毒聚合酶结合的有生物学活性的模板，而裸露的RNA不能作为模板（Arnheiter等，1985）。N蛋白还能保护RNA不被RNA酶降解，同时能避免宿主细胞的先天免疫系统对病毒RNA的识别（Lamb和Parks，2013）。

　　在感染的细胞中，N蛋白以可溶性的单体形式（$N^0$）存在，当其组装成核衣壳形式（$N^{NUC}$）时就成为不可溶性的蛋白。N蛋白一经合成就能与P蛋白结合且保持N蛋白的可溶性和单体形式，同时能防止N蛋白自身形成多聚体。而$N^0$-P复合体是形成核衣壳的必要形式。

尽管不同的负链RNA病毒N蛋白之间的氨基酸同源性较低，但其晶体结构几乎相同（Albertini等，2006；Tawar等，2009；Alayyoubi等，2015）。副黏病毒N蛋白由N端球状$N_{CORE}$区域和C端的$N_{TAIL}$区域组成。$N_{CORE}$包含N端的$N_{NTD}$结构域和C端的$N_{CTD}$结构域，其外侧分别为N、C末端臂。寡聚化的螺旋的核衣壳结构是由连续的N蛋白单体中N、C末端臂之间的横向结构结合在一起形成的，RNA刚好能被包裹在该结构形成的凹槽中（Lamb和Parks，2013）。在$N_{NTD}$和$N_{CTD}$之间氨基酸的多样性可能和与其结合的RNA序列有一定相关性，并在必要时结合病毒的RdRp（Yabukarski等，2014；Alayyoubi等，2015）。N蛋白的$N_{CORE}$包含所有与自身组装及与RNA结合的结构域，并能够与P蛋白的N端区域互作，而$N_{TAIL}$能够与P蛋白的C端互作（Lamb和Parks，2013），因此N蛋白的C端主要参与N蛋白-RNA模板与RdRp复合体的结合。

研究表明，NDV N蛋白N末端的375个氨基酸（$N_{CORE}$）是形成核衣壳结构所必需的（Kho等，2003），最前端的25个氨基酸参与N蛋白与P蛋白形成可溶性复合体的过程（Kho等，2003）。

### 2.4.2　磷蛋白

通过RNA编辑，*P*基因能表达多个蛋白，其中P蛋白是由完整的*P*基因mRNA所表达，并且是病毒RNA依赖性RNA聚合酶（RdRp）的重要组成部分（Hamaguchi等，1983，1985）。NDV的P蛋白长度为395个氨基酸，其中特定的丝氨酸和苏氨酸残基可发生磷酸化修饰。P蛋白的理论分子质量为42kDa，但SDS-聚丙烯酰胺凝胶电泳（SDS-PAGE）分析发现P蛋白在50～55kDa之间存在多个条带，其原因可能是P蛋白有多个磷酸化修饰的形式。目前没有发现P蛋白具有任何酶活性，但是在N-RNA和L蛋白之间起到桥梁作用从而参与病毒的转录和复制（Horikami等，1992）。P蛋白常常以同源寡聚体的形式发挥功能，在副黏病毒中P蛋白以四聚体的形式存在（Longhi等，2017）。虽然不同的副黏病毒P蛋白之间同源性较低，但它们含有一些共同区域执行特定的功能。生物信息学分析发现副黏病毒P蛋白包含一个无序的N端结构域（PNT）和C端结构域（PCT）（Karlin等，2003）。该固有无序蛋白区域（IDPRs）在N-P-L复合体形成过程中非常关键（Habchi和Longhi，2015）。在生理条件下，如果没有配体与之结合，IDPRs将变得极不稳定。在副黏病毒PNT的前40～50个氨基酸中的IDPRs负责P蛋白与N蛋白的结合（Karlin等，2003；Yabukarski等，2014）。进一步的算法预测到PNT中由11～16个氨基酸构成的基序直接参与P蛋白与$N^0$的结合（Karlin和Belshaw，2012）。PNT还能与L蛋白及宿主的一些因子结合，而PNT的非重叠区或不同的单体是否能够结合$N^0$和L蛋白仍不清楚。PCT的有序区域中也含有IDPRs，因此在P蛋白中有70%～80%的残基均为无序的，表明这些区域被用于发挥分子伴侣活性（Longhi等，2017）。PCT的有序结构域包括P蛋白多聚化结构域（PMD）和C端X结构域（XD），其中PMD参与其多聚化，而XD参与P蛋白与N蛋白的$N_{TAIL}$结合（Houben等，2007；Longhi等，2017）。在一级结构中，PMD和XD被IDPR隔开。NDV的*P*蛋白C端45个氨基酸（247-291位氨基酸）参与P蛋白-P蛋白和P蛋白-N蛋白的相互作用（Jahanshiri等，2005）。生物信息学分析发现NDV的P蛋白中有26个氨基酸残基都能被蛋白激酶C（PKC）进行磷酸化修饰（Qiu等，2016b）。目前对于P蛋白发生磷酸化的功能知之甚少，但其中S48、T111和T271的3个位点的磷酸化修饰可能与NDV的转录和复制相关（Qiu等，2016b）。

### 2.4.3　V蛋白

病毒基因组转录时，P蛋白mRNA的保守编辑位点处有1个非模板的鸟嘌呤插入，从而形成V蛋白的mRNA（Steward等，1993）。V蛋白有239个氨基酸，分子质量约为36kDa。P蛋白与V蛋白共享N端的

135个氨基酸，但C端的长度和氨基酸组成不同（图2.5）。与其他副黏病毒科成员的V蛋白相似，NDV的V蛋白C端也含有半胱氨酸富集区，其能够结合2个锌（Steward等，1993）。V蛋白在纯化的病毒核衣壳中含量很少，因此不是病毒粒子的主要结构成分。

NDV的V蛋白是一种多功能蛋白，对病毒复制和毒力起到重要作用。NDV在缺失V蛋白和W蛋白或只缺失V蛋白的C端部分时，病毒在体内或体外复制及其致病性均被抑制（Mebatsion等，2001；Huang等，2003；Park等，2003）。

V蛋白还能抑制干扰素（IFN）抗病毒效应，从而参与病毒的致病过程。V蛋白仅特异性地阻碍家禽细胞中的干扰素应答，对于非禽类细胞没有任何作用（Park等，2003）。NDV的V蛋白能降解STAT1，进而阻断IFN-$\alpha$的信号转导（Huang等，2003）。进一步的研究表明，V蛋白能特异性地降解磷酸化修饰的STAT1（Qiu等，2016c）。V蛋白还能与MDA5相互作用，抑制IRF3的激活，进而抑制IFN-$\beta$的信号转导（Park等，2003）。此外，V蛋白缺失的重组病毒诱导的细胞凋亡强于NDV野生毒株，说明V蛋白对宿主细胞凋亡具有一定的抑制作用（Park等，2003）。

副黏病毒V蛋白是病毒RNA合成的负调控因子（Lamb和Parks，2013）。P蛋白的N端能够与$N^0$相互作用，进而形成P-$N^0$。V蛋白与P蛋白具有相同的N端，所以V蛋白也能与$N^0$相互作用形成V-$N^0$，而该结构不利于病毒RNA的衣壳化（Horikami等，1996）。一些副黏病毒的V蛋白能够与L蛋白相互作用而抑制基因组的复制（Sweetman等，2001；Nishio等，2008）。还有一些副黏病毒的V蛋白通过与RNA直接结合而抑制病毒RNA的合成（Lin等，1997）。

在P基因编辑位点插入2个鸟嘌呤会产生W蛋白的mRNA，该蛋白含有221个氨基酸，然而这种插入方式十分罕见，目前对W蛋白的研究鲜有报道。

### 2.4.4　基质蛋白（M蛋白）

M蛋白是病毒粒子中含量最多的蛋白，位于核衣壳和病毒囊膜之间，含有364个氨基酸，分子质量约为50kDa（Seal等，2000）。X射线衍射和冷冻电子断层扫描显示，NDV的M蛋白在病毒囊膜的内表面，厚度为4～5nm。然而在大多数病毒颗粒中，M蛋白不与囊膜结合，从而有利于F蛋白的构象变化（Battisti等，2012）。NDV M蛋白的单体由两个$\beta$折叠构成，且不同的单体之间经其柔性接头区相互连接。该接头区域还能与多种伴侣蛋白相互作用（Battisti等，2012）。M蛋白单体形成二聚体后即具有生物学功能。此外，在pH中性条件下，其还能够寡聚为四聚体形式。M蛋白C端的25个氨基酸残基参与其寡聚化。M蛋白二聚体在病毒囊膜内表面排列成正方形栅格状。HN或F糖蛋白的胞质区能够锚定在M蛋白二聚体栅格之间的空隙中。由于HN蛋白头部区占用的空间结构较大，因此其相邻的空间中无法锚定其他HN蛋白。但F蛋白较小的头部区，使其相邻空间仍能存在其他F蛋白（Battisti等，2012）。

M蛋白在病毒组装和出芽过程中十分关键。在细胞内仅表达M蛋白就能够诱导病毒样壳粒（VLPs）的组装和释放，说明M蛋白能够与细胞膜结合并促进其弯曲和分裂（Pantua等，2006）。M蛋白能够与HN蛋白的胞内区相互作用（Pantua等，2006），并能结合N蛋白的C端尾部区域进而与RNP相互作用（Schmitt等，2010）。研究表明，N蛋白C端的15个氨基酸残基中的DLD序列是与M蛋白相互作用的关键位点（Ray等，2016）。M蛋白与N蛋白的相互作用不仅能够招募RNP，也能够激活病毒样颗粒的释放（Schmitt等，2002）。此外，M蛋白的表面带正电荷，因此可以与细胞膜表面的负电荷互作。

虽然NDV的复制过程均在细胞质中进行，但是M蛋白在感染早期和后期，均定位于细胞核中（Peeples，1988）。研究表明，M蛋白通过其序列中的两个核定位序列定位于细胞核中（Coleman和Peeples，1993），并能够通过其出核序列转运至细胞质中（Duan等，2013）。在感染早期，NDV的M蛋白通过与核仁的磷蛋白B23的第30～60位氨基酸结合，定位于细胞核中，但在感染后期其会导致B23从核仁转移至核质。这说明M蛋白在感染早期通过转运至细胞核和核仁，抑制宿主细胞正常的转录和蛋白合成（Duan等，2014）。此外，M蛋白的核定位也可确保病毒在细胞质中复制和转录的顺利进行，研究表明M蛋白能够直接结合病毒RNA而抑制病毒转录（Iwasaki等，2009）。

## 2.4.5　融合蛋白（F蛋白）

F蛋白介导病毒囊膜和宿主细胞膜的融合，因此在病毒的入侵过程中十分重要。在感染后期，表达于细胞膜上的病毒F蛋白介导感染细胞与相邻细胞之间的融合。细胞间融合能够使病毒在中和抗体存在的情况下扩散。与其他副黏病毒的F蛋白相似，NDV F蛋白的融合活性不依赖于体内的酸性pH条件，在中性pH条件下，F蛋白也可介导与邻近细胞的融合。F蛋白不仅是刺激机体产生中和抗体的主要病毒蛋白（Kim等，2013），也决定NDV的毒力和致病性（Paldurai等，2014b）。

NDV F蛋白是典型的Ⅰ型完整跨膜蛋白。Ⅰ型跨膜蛋白只跨膜一次，且C端尾部位于细胞质中。N端含有一个可切割区域，该区域将多肽锚定于内质网。NDV F蛋白包含由470个氨基酸组成的胞外区、跨膜区（TM）和胞内尾部区（CT），并以三聚体的形式执行其功能。每个F蛋白单体在翻译完成之初以前体形式$F_0$存在，该前体含有553个氨基酸。在内质网中，$F_0$发生糖基化修饰并形成三聚体，该三聚体经高尔基复合体的运输，被弗林蛋白酶切割成具有生物学活性的由二硫键相连的亚基$F_1$和$F_2$（图2.6A）（Morrison，2003）。水解过程在其融合活性中十分关键，因为水解后，在$F_1$亚基的N端会暴露出25个氨基酸的疏水区——称为融合肽（FP），该区域是其插入膜结构所必需的。但若直接切割$F_0$，则不会使三聚体定位在细胞膜上。$F_0$、$F_1$和$F_2$的分子质量分别约为66、55和12.5kDa。

F蛋白还存在另一种形式，即N端的200个氨基酸和CT均跨过细胞膜，因此CT位于细胞的表面，（而$F_1$形式的CT位于细胞质中），该形式的F蛋白占比为10%～50%（McGinnes等，2003）。该形式的F蛋白能够促进细胞之间的融合（Pantua等，2005）。然而，这种形式的F蛋白在其他副黏病毒中尚未被发现。

C端的$F_1$亚基含有2个疏水区，分别是FP和TM结构域。该疏水区能够将F蛋白固定在病毒囊膜或被感染的细胞膜上。$F_1$亚基含有2个七肽重复基序（heptad repeat，HR），分别为HRA和HRB。HRA位于融合多肽（FP）的C端，HRB位于跨膜（TM）区的N端。在$F_2$亚基中也有1个七肽重复基序，称为HRC，它参与调节F蛋白的融合活性。HR通过形成环状结构，介导蛋白质之间的相互作用。对NDV和其他副黏病毒的F蛋白进行晶体结构分析发现，HRA和HRB具有较强的亲和力并组装形成高度稳定的6个螺旋束，这种组装结构与膜融合密切相关（Chen等，2001；Luque和Russell，2007；Swanson等，2010）。$F_2$亚基的功能尚不明确。

NDV F蛋白与其他副黏病毒的F蛋白具有相似的结构和功能（Lamb和Parks，2013）。F蛋白胞外域和CT结构域均影响其融合活性（Bagai和Lamb，1996；Tong等，2002；Waning等，2004），CT结构域中的酪氨酸与蛋白的定位有关（Weise等，2010）。利用反向遗传操作技术研究了NDV F蛋白C端在病毒复制和致病过程中的作用，结果表明，将F蛋白的C端缺失2或4个氨基酸，或将第5524位和527位保守的酪氨酸替换，会导致病毒的融合活性和致病性显著增强（Samal等，2013）。同样地，在弱毒株中将F蛋白的第527位酪氨酸替换为丙氨酸后，能增强病毒的融合活性和其免疫原性，并促进病毒复制（Manoharan等，2016）。

副黏病毒F蛋白的跨膜区也能调控其融合活性（Smith等，2012；Webb等，2017）。而NDV F蛋白的TM结构域在维持F蛋白的结构方面十分重要（Gravel等，2011）。

NDV F蛋白中具有6个潜在的糖基化位点，分别位于第85、191、366、447、471和541位氨基酸，且不同毒株之间较为保守（de Leeuw和Peeters，1999；Paldurai等，2010）。当第541位氨基酸缺失时，病毒不能被成功拯救，说明该位点的糖基化对于病毒的存活至关重要。而其他位点的缺失并不影响F蛋白在细胞表面的表达。当第85、191、366和471位氨基酸不能发生糖基化修饰时，并不影响病毒引起的细胞融合，但病毒的毒力会减弱。第447位氨基酸不能发生糖基化修饰时，能增强病毒引起的细胞融合，同时毒力有所增强。第191和471位点分别位于HRA和HRB中，其不能发生糖基化修饰时会使病毒的复制和毒力增强，说明HRA和HRB中的糖基化修饰能够抑制病毒引起的细胞融合和毒力（Samal等，2012）。

F蛋白中的半胱氨酸残基参与二硫键的形成，并在蛋白质的结构和功能中起着重要作用。NDV F蛋白含有13个半胱氨酸残基，其中11个与其他副黏病毒的F蛋白高度保守。这也说明分子内的二硫键对于F蛋白的功能至关重要。NDV F蛋白在翻译后不久即经历构象变化，这些变化很可能是通过分子内二硫键的重新排列实现的。

F蛋白的原子结构与膜融合机制：NDV F蛋白与其他Ⅰ类病毒融合蛋白一样，在感染细胞中存在两种不同的构象（Swanson等，2010）。新合成的F蛋白单体在内质网中折叠成一种亚稳态、高能量的"前融合"三聚体构象。一旦被HN蛋白激活，亚稳态的前融合F蛋白三聚体将发生不依赖于ATP的构象变化，形成高度稳定、低能的"后融合"构象。在F蛋白重新折叠过程中释放出的能量被认为是促使膜融合的原因（Lamb和Parks，2013）。

NDV F蛋白的"后融合"结构，由一个紧密的头部区和近膜端的稳定的六螺旋构成（Swanson等，2010）。尽管目前还没有报道NDV F蛋白的"前融合"结构，但其他副黏病毒的"前融合"构象表明该结构在副黏病毒中高度保守（Yin等，2006；McLellan等，2013）。F蛋白"前融合"三聚体的结构为一个球状头部和一个延伸到病毒囊膜表面的三螺旋的卷曲杆。

NDV的HN与F蛋白的协同作用引起病毒囊膜与宿主细胞膜的融合，该融合过程会产生微孔，从而使病毒RNP进入细胞。细胞膜表面的HN受体能够确保F蛋白在适当的时刻和位置被切割激活。NDV HN蛋白的头部结构域既可以朝下与HN蛋白的茎部结合，也可以朝上使茎部暴露出来（Yuan等，2012；Welch等，2013）。在与唾液酸结合后，HN会发生构象变化，从原本头部朝下的非激活状态变为头部朝上的激活状态（Bose等，2012；Yuan等，2012；Welch等，2013）。该变化会暴露出HN茎部的F蛋白激活区，并使F蛋白与其互作，进而触发膜融合（图2.6B）。F蛋白的头部与茎部都与HN相互作用有关（Tsurudome等，1998；Lee等，2008）。当膜融合启动后，与融合多肽（FP）相邻的HRA会发生构象变化，并使FP向外部延伸插入细胞膜中。该过程会形成一个特有的前发夹结构，在该结构中，F蛋白同时与病毒囊膜和细胞膜结合。该结构形成后，与跨膜区相邻的HRB发生移位，以相反平行的方式与HRA结合，形成稳定的六螺旋簇。以上的过程能够将细胞膜与病毒囊膜逐渐拉近并最终发生膜融合（Lamb和Parks，2013）。

## 2.4.6 血凝素-神经氨酸酶蛋白

血凝素-神经氨酸酶蛋白，简称"HN蛋白"，是一种多功能蛋白。其功能主要为：①能与有唾液酸的细胞表面受体结合，促进病毒与宿主细胞的吸附；②能够增强F蛋白的融合活性，进而促进病毒的入侵；③具有神经氨酸酶活性（NA），能切割糖侧链的唾液酸，进而促使感染细胞表面的子代病毒的释放。此外，NA还能去除子代病毒的唾液酸，以防发生自身聚集（Lamb和Parks，2013）。HN蛋白是病毒主要的保护性抗原之一，在病毒的致病机制和免疫原性中起重要作用（Huang Z.等，2004a；de Leeuw等，2005；Kim等，2013），也决定了NDV的热稳定性（Wen等，2016）。

NDV HN蛋白是Ⅱ型跨膜蛋白，其细胞质尾部N端和胞外区C端均含有未裂解信号/锚定序列，中间由一个疏水的跨膜区连接（图2.7）。HN蛋白以同源四聚体的形式存在于病毒粒子和感染的细胞膜表面，该同源四聚体由两个二聚体以二硫键连接在一起（Crennell等，2000；Zaitsev等，2004）。HN蛋白的翻译、寡聚化和糖基化修饰均在内质网中进行，其胞外域由一个较长的茎部和末端的球状头部组成了蘑菇状结

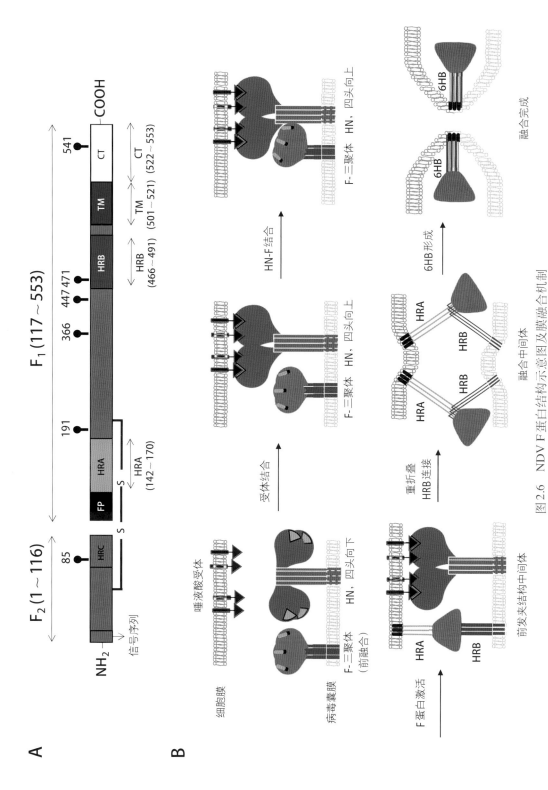

图 2.6 NDV F 蛋白结构示意图及膜融合机制

A.NDV F 蛋白关键结构域示意图：信号序列（信号肽序列，跨膜结构域（TM），切割位点，疏水融合肽，七肽重复序列（HRA，HRB 和 HRC）和胞内尾部区（CT）。用于添加 N 连接多糖（棒状）的位置与蛋白定位质有关。第 117 位氨基酸为 F 蛋白的切割位点。主要区域的氨基酸序列在括号中表示。B. 血凝素 -神经氨酸酶（HN）和 F 蛋白诱导膜融合的机制示意图：HN 蛋白与细胞表面受体结合后，F 蛋白即可与 HN 蛋白相互作用从而启动膜融合。该互作会导致 F 蛋白重排并使融合肽插入细胞膜，并通过形成多种中间产物重新折叠成融合后的形态，最终完成膜融合。

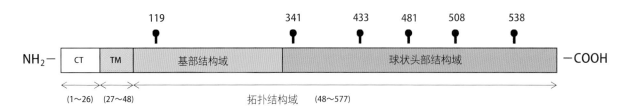

图2.7　NDV血凝素-神经氨酸酶（HN）不同结构域示意图

标注的位点为HN蛋白发生N-糖基化的氨基酸位点。括号为NDV HN蛋白的胞内尾部区（CT）、跨膜区（TM）、茎部区和球状头部区的位置。棒状位点代表N连接多糖位点。

构。其吸附、NA活性和抗体结合位点均位于球状头部区（Mirza等，1993），茎部与F蛋白的相互作用有关（Deng等，1995；Mirza和Iorio，2013）。NDV HN细胞质中的尾部含有26个氨基酸，跨膜区含有23个氨基酸，胞外区茎部含有77个氨基酸，球状头部区含有444～490个氨基酸。HN蛋白的预测分子质量约为74kDa。

对HN蛋白序列分析发现，HN蛋白共有12种不同的长度，而每一种不同长度代表了病毒的不同谱系与毒力，说明HN蛋白的长度在进化中是保守的。HN蛋白长度差异源于编码HN蛋白ORF终止密码子的位置不同（Gould等，2003；Murulitharan等，2013；Zhang等，2014）。多数强毒NDV的HN蛋白具有571个氨基酸，而弱毒株则为577或616个氨基酸。只有长度为616个氨基酸的HN蛋白（$HN_0$）在翻译后必须被切割才能活化（Nagai等，1976）。研究发现，长度为616个氨基酸的HN蛋白C端有一个延伸区，可覆盖HN蛋白的二级唾液酸结合位点，进而阻止HN蛋白的黏附，最终导致HN蛋白的自身抑制（Yuan等，2012）。$HN_0$的C端延伸区第596位氨基酸为半胱氨酸，该位点能调节HN的激活和亚基之间二硫键的形成。将不同的C端延伸区通过反向遗传操作系统引入到一株HN蛋白长度为571个氨基酸的NDV中，发现NDV在体内的致病性和复制水平都有所下降（Kim等，2014a）。而在第596位引入半胱氨酸后，NDV的致病性和复制能力被进一步削弱，以上的研究结果表明该C端延伸区在调节NDV的致病机制中发挥了重要作用（Kim等，2014a）。这些研究结果说明，进化过程中较短的HN蛋白是在较长的HN蛋白基础上引入终止密码子产生的。

NDV HN蛋白中共含有14个半胱氨酸残基并且较为保守，但第123位的半胱氨酸例外，在一些毒株中该氨基酸被色氨酸替代（McGinnes等，1987）。研究证明，第123位半胱氨酸与二硫键连接的二聚体的形成有关（McGinnnes和Morrison，1994）。然而，在对其他半胱氨酸残基进行突变后，能够在HN蛋白成熟的不同阶段阻止其折叠，说明这些残基对于HN蛋白结构的完整性十分重要（McGinnnes和Morrison，1994）。

HN蛋白是一种糖基化蛋白，糖基化修饰对于其正确折叠、胞内运输、稳定性及与受体结合均非常重要。HN蛋白中含有6个潜在的N连接糖基化位点，分别是第119、341、433、481、508和538位的天冬酰胺（图2.7）。除了其中的第508位天冬酰胺在部分毒株中缺失外，其余5个位点在各个NDV毒株中较为保守。已有研究鉴定出第119、341、433和481位天冬酰胺为糖基化位点（McGinnes和Morrison，1995；Panda等，2004b），而第538位天冬酰胺不能发生糖基化修饰（Pitt等，2000）。多糖结构的糖学研究表明，低聚糖主要分为两类，分别是高甘露糖型和复杂型（Pegg等，2017）。对NDV HN蛋白的N连接糖链的移除，会显著影响NDV的胞外转运和致病性（McGinnes和Morrison，1995；Panda等，2004b）。此外，HN蛋白茎部第71位的苏氨酸是O连接糖基化位点（Pegg等，2017），该位点在不同NDV毒株中高度保守，但在一些毒株中是缺失的。目前O连接糖基化的生物学功能尚不清楚。

目前已有HN蛋白头部区和茎部区的晶体结构（Crennell等，2000；Zaitsev等，2004；Yuan等，

2011）。球状头部区由4个6片β折叠螺旋状单体构成，每个单体中心都有一个唾液酸结合位点（位点Ⅰ），该位点具有NA活性（Crennell等，2000）。此后，在二聚体的接触面又发现了第二个唾液酸结合位点（位点Ⅱ）（Zaitsev等，2004）。第二个位点由两个单体的疏水残基组成，并与唾液酸相互作用，但该位点不具有NA活性。位点Ⅰ的突变会阻止HN的受体结合和NA活性（Iorio等，2001；Li等，2004），位点Ⅱ的突变会阻止受体的结合，且在不影响NA活性的同时促进融合（Bousse等，2004）。虽然第二个唾液酸结合位点的作用尚不完全清楚，但研究表明位点Ⅰ与受体的结合会激活位点Ⅱ。活化的位点Ⅱ与受体之间的亲和力高于位点Ⅰ（Porotto等，2006）。与位点Ⅱ结合的受体能够有效地向茎部区传递融合信号，随后茎部区与F蛋白相互作用，促进膜融合（Porotto等，2012）。位点Ⅱ的高亲和力维持了受体结合，这在整个融合过程中是必不可少的（Mahon等，2011）。研究表明，将位点Ⅰ中的一些关键氨基酸进行突变会减弱NDV的毒力（Khattar等，2009）。球状头部区通过一个较短、灵活和非结构化的区域与茎部区相连，该区域能使头部区处在不同的位置，从而促进HN蛋白与F蛋白的相互作用和F蛋白的激活（Yuan等，2011）。

HN蛋白通过其茎部区与F蛋白相互作用（Deng等，1999）。该茎部区含有使同型F蛋白和HN蛋白互作的特异性决定因素和融合激活域（Deng等，1995）。NDV HN蛋白的晶体结构显示，在两个球状头部区二聚体之间存在一个四螺旋束（4HB）的茎（Yuan等，2011）。该结构显示，两个二聚体的头部没有相互接触，而是通过每个二聚体的下端头部反向折叠在茎上，每个二聚体的下端头部都与茎的上部区域有短程接触。这种结构被称为"四头向下"构象（Yuan等，2011）。对NDV HN蛋白茎部区氨基酸残基进行突变，并将这些残基与晶体结构对应（Stone-Hulslander和Morrison，1999；Melanson和Iorio，2004），结果显示在4HB表面存在一个疏水的F蛋白激活区（Yuan等，2011）。NDV HN蛋白的结构显示其胞外域为整体的双重对称结构，这表明了一个HN四聚体和两个F蛋白三聚体的化学计量关系（Yuan等，2011）。

HN蛋白的胞内尾部区含有26个高度保守的氨基酸，且与M蛋白相互作用（García-Sastre等，1989）。突变分析结果显示，只有前两个氨基酸的敲除不会影响NDV的生存能力，而任何其他氨基酸的敲除或替换均影响病毒的生存，说明这些残基对病毒的组装十分重要（Kim等，2009）。

## 2.4.7　大分子蛋白（L蛋白）

L蛋白是NDV中最大的结构蛋白，由2 204个氨基酸构成，分子质量为250kDa。L蛋白的氨基酸序列在不同NDV毒株中高度保守，说明该蛋白在其结构和功能不被破坏的情况下，不能耐受变化。在被感染的宿主细胞和病毒粒子中L蛋白的含量最少。一般情况下，一个成熟的病毒粒子中L蛋白仅有50个拷贝。L蛋白与P蛋白共同定位于病毒的核衣壳上。L蛋白具有合成病毒mRNA和基因组复制所需的所有酶活性，包括碱基聚合、mRNA加帽、甲基化和mRNA的多聚腺苷酸化。研究表明，L蛋白影响病毒的毒力（Rout和Samal，2008）。NDV L蛋白包含6个高度保守的结构域（Ⅰ～Ⅵ），这些结构域还存在于其他不分节段负链RNA病毒的L蛋白中，且分别具有不同的功能（Poch等，1990）。保守区Ⅱ因含有带电荷的残基，而被认为能与RNA相互作用（Lamb和Parks，2013）。保守区Ⅲ具有聚合酶活性，这也是多聚腺苷酸化所必需的。它含有一个高度保守的GDN基序，该基序是碱基聚合的活性位点（Sleat和Banerjee，1993）。保守区Ⅵ中的GXGXG基序是cap甲基化所必需的（Li等，2005；Grdzelishvili等，2006）。保守区Ⅴ存在一个特异性HR基序，其对子代病毒的RNA具有加帽活性（Ogino和Banerjee，2007）。其他结构域的功能尚不清楚。

在副黏病毒中，L蛋白的N端区域可与P蛋白相互作用（Lamb和Parks，2013）。生物化学研究表明，L蛋白与N蛋白不能在核衣壳上直接互作。然而P蛋白也能与N蛋白互作，因此P蛋白的双结合特征是连接L蛋白与核衣壳的关键。L蛋白以同源多聚体的存在方式行使其功能，其可以通过N端的自组装结构域与另一个L蛋白相互作用。此外，L蛋白还能与宿主蛋白和其他病毒蛋白互作（Lamb和Parks，2013）。

## 2.5 病毒复制概述

NDV几乎可以感染所有的禽类和陆生动物，并且能在许多种类的细胞中复制。在所有的副黏病毒中，NDV的复制周期最快。在感染后6h，病毒蛋白的合成开始取代宿主蛋白的合成，在感染后12h产生出的子代病毒达到高峰。NDV的复制周期与其他副黏病毒相似。

### 2.5.1 病毒吸附与入侵

NDV通过HN蛋白与呼吸道或肠道上皮细胞表面N-糖蛋白和脂质（神经节苷脂）中的唾液酸形成复合体，吸附于细胞表面。但唾液酸是否为NDV的唯一受体，目前还未确定。研究表明，NDV可以与含有糖蛋白的α2-3-唾液酸和α2-6-唾液酸结合以感染宿主细胞（Sanchez-Felipe等，2012）。相比于神经节苷脂，糖蛋白与NDV的相互作用在病毒感染中更为关键。

NDV可通过多种途径入侵宿主细胞。NDV主要通过病毒囊膜与宿主细胞膜的直接融合和内吞作用进入宿主细胞。膜融合的过程不依赖于环境中的pH，但内吞作用的发生需要酸性pH。因此，酸性pH能够增强NDV与体外培养细胞的融合（San Roman等，1999）。NDV主要通过胞饮作用和受体介导的内吞作用进入细胞。但入侵不同类型的细胞时，会采用不同的方式。研究表明，NDV入侵HeLa细胞和禽类成纤维细胞时，先通过膜融合，再完成受体介导的依赖于动力蛋白的内吞作用（Sanchez-Felipe等，2014）。但在感染DF-1细胞时，则通过巨胞饮和网格蛋白介导的内吞作用而非通过小窝介导的内吞作用（Tan等，2016）。Tan等（2018）的研究发现，NDV入侵树突状细胞时，也通过巨胞饮和网格蛋白介导的内吞作用。NDV通过释放到细胞外和介导细胞间直接融合（形成合胞体）从感染细胞扩散到未感染细胞。细胞与细胞之间的这种传播方式对中和抗体具有抵抗作用，并且是该病毒感染的致病机制。病毒在入侵后，将自身的螺旋状核衣壳释放至细胞质中。虽然核衣壳与M蛋白解离的机制尚不完全清楚，但内吞途径中酸性的pH会使M蛋白寡聚体从核衣壳上解离，释放核衣壳，进而促进NDV的入侵过程（Shtykova等，2019）。

### 2.5.2 病毒RNA合成

病毒和细胞膜的融合可将RNP释放入细胞质。病毒RdRp与RNP相连，介导病毒的转录和复制。由于NDV基因组为负链RNA，因此转录是病毒基因表达的第一步。病毒的mRNA首先由亲本RNPs合成，随后合成正链复制中间体（RI）。虽然这两种RNA均为正链，但其差异巨大。病毒mRNA与真核细胞mRNA相似，有5′端帽子结构和3′端的多聚腺苷酸尾，RIs被组装到RNPs中，与基因组RNPs相似。

病毒的转录和复制水平由病毒RNA中的顺式作用元件（leader、trailer、GS和GE）调控。副黏病毒已经进化出调节其RNA合成的机制，以最大限度地利用其基因组模板。在感染的初始阶段，反基因组与基因组RNA的比例显著增加，说明leader启动子被大量使用。而在感染后期，由于trailer启动子的激活，大量的基因组RNAs产生，使该比例发生反转。因此，至少有两种机制调控副黏病毒的转录和复制。第一种机制是从mRNA的合成到反基因组合成的转变。研究发现，N蛋白的表达水平对于病毒的衣壳化是必需的，因此是发生该转变的主要原因（Baker和Moyer，1988；Horikami等，1992）。第二种机制是在感染后期，RNA的合成从正链转变为负链，该转变确保充足的基因组RNA被组装到病毒粒子中。该转变可能是由于启动子活性的不同造成的。

### 2.5.3　病毒组装与出芽

表面糖蛋白F和HN的相互作用、M蛋白和RNPs对病毒的组装十分关键，它们在细胞质中的不同位置合成并转运至细胞膜表面，最后通过多种途径组装成病毒粒子并出芽。NDV的F蛋白和HN蛋白在内质网中合成后相互作用（Stone-Hulslander和Morrison，1997），作为一种亚稳态蛋白质复合体被运输至细胞膜表面。尽管大部分的F和HN蛋白以该形式运输到细胞表面，但仍有小部分单独运输。Samal等（2013）研究发现，NDV F蛋白的CT中存在一个双亮氨酸基序，该基序介导了F蛋白靶向定位在上皮细胞基底侧。RNPs由P蛋白与N-RNA模板和L蛋白在细胞质中相互作用形成。

M蛋白协调病毒的组装和出芽过程。M蛋白与细胞膜脂质双分子层和HN蛋白胞内尾部区通过疏水作用力相互作用而与细胞膜表面相互作用。Battisti等（2012）研究发现，M蛋白位于病毒囊膜表面，该处存在大量病毒表面糖蛋白。M蛋白还通过N蛋白与病毒RNPs相互作用而使RNPs与细胞膜表面存在糖蛋白的区域结合，进而成为出芽的位点。M蛋白与N蛋白相互作用后能帮助RNPs进入病毒粒子，并且一个病毒粒子中含有多个被包裹的RNPs（Goff等，2012）。免疫共沉淀试验表明，NDV的F蛋白与N蛋白相互作用，而不与M蛋白相互作用，说明F和N的相互作用可能参与了RNPs在细胞膜组装位点的定位（Pantua等，2006）。研究认为，HN蛋白通过与M蛋白的相互作用成为囊膜的一部分，而F蛋白则是通过与HN蛋白的相互作用成为囊膜的一部分。

NDV与其他有囊膜的RNA病毒相似，其组装也在细胞膜表面的脂筏中进行（Laliberte等，2006）。NDV感染过程中，F蛋白和HN蛋白与脂筏相互作用促进F-HN蛋白复合体进入病毒粒子（Laliberte等，2007）。目前对于NDV出芽和释放的机制尚不明确。如前所述，M蛋白在NDV出芽过程中是必不可少的（Pantua等，2006）。

## 2.6　遗传学

病毒遗传多样性是由突变率决定的。RNA病毒每代每个位点的突变率为$10^{-6} \sim 10^{-4}$（Jenkins等，2002；Hanada等，2004）。RNA病毒的突变率由病毒聚合酶的保真性、3′外切酶活性和病毒的复制模式决定。此外，宿主细胞也能影响病毒的突变率。NDV能够感染多种家禽和野生禽类。因此，NDV可在多种类型的细胞中复制，但宿主范围对其突变率的影响尚不清楚。NDV具有较高的遗传稳定性，无论是在野生环境还是实验室中，NDV在长时间内几乎没有序列变化。例如，近些年来在中国、埃及和印度等地分离到的NDV全基因组序列与20世纪40年代分离到病毒的序列几乎完全相同（Dimitrov等，2016）。NDV高度的遗传稳定性表明该病毒已具有较高的适应值，突变的进一步积累在本质上对该病毒已无其他的生长优势。

不同研究得到的NDV替换率是不一致的。Chong等发现每代NDV每个位点的突变率为$(0.98 \sim 1.56) \times 10^{-3}$个替换（Chong等，2010）。Miller等研究发现强毒株NDV的替换率为$1.32 \times 10^{-3}$（严格）或$1.7 \times 10^{-3}$（不严格），弱毒株的替换率为$2.28 \times 10^{-4}$（严格）或$2.92 \times 10^{-4}$（不严格）（Miller等，2009）。Dimitrov等发现，Ⅱ型和Ⅸ型强毒株全融合编码区的突变率分别为$7.05 \times 10^{-5}$（不严格）和$2.05 \times 10^{-5}$（不严格）（Dimitrov等，2016）。然而，NDV的突变率明显低于其他RNA病毒，例如HIV-1、甲型流感病毒和口蹄疫病毒，它们的突变率为$1.6 \times 10^{-3}$（Beaty和Lee，2016）。副黏病毒科中的其他成员与NDV一样具有较高的基因组稳定性（Pomeroy等，2008），基因组的稳定性是该科的特点。尽管NDV遗传稳定性的原因尚不清楚，但其结构和宿主选择的压力限制了其基因组的突变。NDV遵循副黏病毒科的"六碱基规则"，即其基因组长度必须是6 nt的整数倍，才能有效复制（Kolakofsky等，1998）。"六碱基规则"限制了由于插入、缺失或重组导致长度不是6 nt整数倍基因组的有效复制。NDV基因组的变化还被六相位规则限制，即N蛋白周期性地与基因组相互作用。每6个碱基连接一个相同的N蛋白，该6个碱基位点对应相位1～6（Lamb和Parks，2013）。相位是病毒转录的一个重要特征，它能限制破坏保守相位模式的同义突变（Beaty和Lee，2016）。

重组是病毒遗传多样性的重要机制，但在负链RNA病毒中很少发生（Chare等，2003）。重组率低或不发生重组的原因可能是病毒的基因组和反基因组RNA在宿主细胞质中均无法以单独存在的形式相互作用，它们始终被N蛋白紧紧地包裹。病毒的聚合酶始终与核衣壳结合，因此聚合酶难以在RNA复制过程中变换模板。重组率低的另一原因是"六碱基规则"，重组后基因组的长度必须为6 nt的整数倍时，该重组才有效（Calain和Roux，1993）。

利用温度敏感突变体在体外筛选重组NDV的研究很多，但均未成功（Granoff，1959a、b；Dahlberg和Simon，1969a、b）。以F基因和HN基因对50年来分离的NDV进行系统发育分析，发现不同毒株之间具有明显的亲缘关系（Sakaguchi等，1989；Toyoda等，1989），并且发现不同毒株之间是通过点突变的积累进化而来，而非基因片段的重组。对M基因进行分析，同样显示没有重组的现象（Seal等，2000）。然而，也有报道显示NDV中存在自然重组的间接证据（Han等，2008a；Qin等，2008；Chong等，2010；Zhang等，2010）。这些研究通过对一些毒株单个基因或完整基因组的系统发育和重组分析，发现其中存在序列不连续的病毒基因组，表明其中有重组的断点。从序列数据库中找到了重组基因可能的亲本，在测序后，发现之前报道的重组基因没有重组的迹象。以上结果说明NDV的重组现象并不常见（Han和Worobey，2011；Song等，2011）。虽然不能完全排除NDV中发生重组的可能，但基于系统发育分析的证据应当谨慎考虑。需要对已知亲本进行体外和体内的重组试验，对NDV的重组现象加以确证。

## 2.7 反向遗传学

反向遗传学是通过分析基因或特定基因序列的表型来研究其功能的一种方法，不仅是研究病毒基因及蛋白结构和功能的有力工具，而且能用于设计活疫苗和疫苗载体。但与DNA病毒不同的是，RNA病毒的基因组不能被直接编辑。因此，需要以其互补DNA（cDNA）为模板在DNA水平上进行编辑操作后拯救病毒。与正链RNA病毒不同，负链RNA病毒的基因组本身并不具有感染性，宿主细胞中必须有病毒蛋白的存在才能完成第一轮的转录，产生具有感染性的病毒粒子。对不分节段负链RNA病毒（NS-NSV），如NDV，进行拯救的基本操作方法是在细胞内创造一个人工病毒复制周期。在所有NS-NSV中，N-RNA是唯一的转录和复制的模板。因此，N-RNA，即被N蛋白包裹的基因组或反基因组，必须由cDNAs从头合成。N-RNA需要病毒的聚合酶（P蛋白和L蛋白）才能启动复制。因此，在拯救NDV时需要在细胞内共转染4个质粒，其中1个质粒含有NDV的反基因组（正链RNA），其他3个质粒则分别用于表达N蛋白、P蛋白和L蛋白（图2.8）。在宿主细胞中，正链RNA由含有NDV反基因组的质粒合成，此后迅速被N蛋白包裹。一旦正链N-RNA在细胞内形成后，P蛋白和L蛋白立即合成病毒的负链基因组，启动感染周期。在NS-NSV中，反基因组（正链RNA）而非基因组（负链RNA）用以形成N-RNA结构，因为裸露的负链基因组和N蛋白、P蛋白、L蛋白转录时产生的正链mRNA同时表达，会相互杂交形成双链RNA，从而导致无法成功拯救病毒。因此，所有的NDV拯救系统均由反基因组形成RNP。

NDV反向遗传操作中使用的质粒均由T7 RNA聚合酶启动子控制。因此，宿主细胞必须表达噬菌体T7 RNA聚合酶。通常可通过与表达T7聚合酶的重组牛痘病毒（例如vTF7-3、MVA-T7）共感染或与表达T7聚合酶的重组质粒共转染的方法实现，也可使用稳定表达T7聚合酶的细胞系进行操作（Buchholz等，1999）。

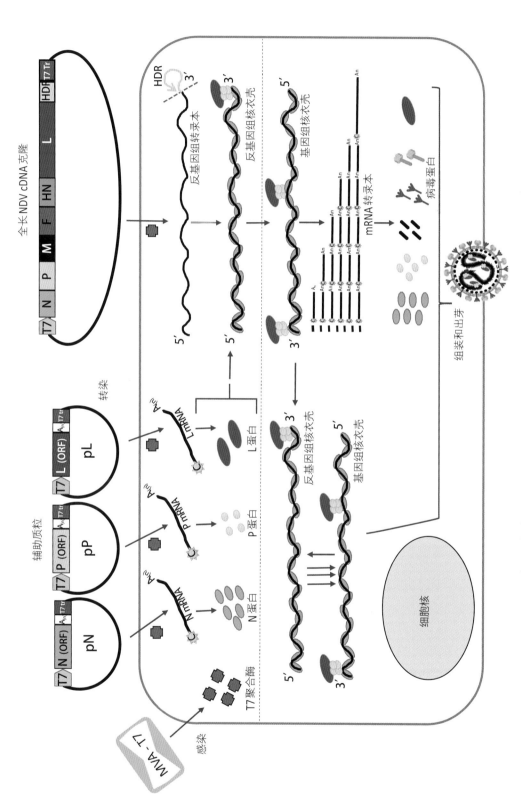

图2.8 利用反向遗传学操作方法以全长 cDNA 克隆产生传染性 NDV 示意图

将含有 NDV 全长 cDNA 的质粒和另外 3 个辅助质粒（分别含有 N、P 和 L 基因）转染细胞。转染前，须使用表达 T7 聚合酶的牛痘病毒感染细胞，或使用 T7 聚合酶的细胞系。T7 启动子序列保证反基因组 5′端的正确转录。T7 后剪切的丁型肝炎病毒核糖酶序列会产生正确的反基因组 RNA 的 3′端。由 T7 聚合酶合成的正链 RNA 被重组 N 蛋白包裹，并与 L 和 P 蛋白相互作用，形成核糖核蛋白（RNP）复合体。随后，以含有正链 RNA 的 RNP 为模板复制成含有负链 RNA 的 RNP。含有负链 RNA 的 RNP 将用于转录和复制。新合成的该负链 RNP 被包装到 NDV 病毒粒子并进行出芽。

55

在构建病毒拯救系统时，首先需要对NDV毒株的完整基因组序列进行分析，鉴定其天然的限制性内切酶（RE）位点。如果在一个序列中没有方便操作的RE位点，则需要人为添加（若干）RE位点（一般在基因的3′端非编码区加入），同时需要注意保持其基因组总长度为6 nt的整数倍。此后，使用特异性引物和高保真聚合酶从其基因组中克隆出cDNA片段。虽然目前最常用的方法是将cDNA片段连续组装至转录载体上（Peeters等，1999；Römer-Oberdörfer等，1999；Krishnamurthy等，2000），但近年来，常常利用In-Fusion PCR（Clontech，USA）进行不依赖于连接的克隆系统（Hu, H.等，2011；Li等，2012；Zhao等，2013）。为了启动转录，须将一个T7 RNA聚合酶启动子引入。反基因组cDNA的5′端为了在转染后能够精确地产生反基因组3′端，须在cDNA的3′端引入一个长度为84 nt的丁型肝炎病毒（HDV）自切核糖酶序列，其后则是T7终止序列。此后将病毒N蛋白、P蛋白和L蛋白的ORF分别克隆到真核质粒T7启动子和T7终止子之间。用MVA感染并将质粒转染哺乳动物细胞（如HEp-2细胞或BHK-21细胞）的步骤为多个实验室拯救NDV的标准步骤（Ayllon等，2013）。由于在转染的细胞中产生感染性病毒的滴度较低，因此病毒的拯救通常需要在鸡胚中进行1 ~ 2次扩大培养。

尽管T7表达系统被广泛用于NDV的拯救，但一些原因使其并不适用于NDV疫苗的开发。首先，该方法需要严格的纯化步骤来去除表达T7的辅助病毒。其次，在痘病毒系统中，质粒之间的重组概率更高。再者，痘病毒编码的大量修饰酶可能会影响NDV的基因组。最后，MVA能够关闭宿主细胞的蛋白质表达系统，导致病毒拯救失败。此外，另一种在巨细胞病毒（CMV）启动子的控制下使用RNA聚合酶Ⅱ的拯救系统也可用于NS-NSV的拯救（Bridgen，2013）。研究表明，使用该系统可以拯救得到更高滴度的NDV（Li等，2011；Zhang等，2013；Wang等，2015；Chellappa等，2017）。

拯救NDV的传统方法需要将4个质粒共转染到细胞中，且该方法已被广大研究者使用并成功拯救出NDV。然而，为了进一步提高拯救效率，Liu等（2017a）开发了一种仅使用两个质粒的拯救系统，且该系统的拯救效率远高于其他系统（Liu等，2017b）。

NDV反向遗传学技术的发展已相当成熟，可在一个标准的分子生物学实验室实现。该操作系统可用于以下不同致病类型NDV的拯救：

（1）弱毒株LaSota（Peeters等，1999；Römer-Oberdörfer等，1999；Huang等，2001）和B1（Nakaya等，2001）；

（2）中等毒力毒株Beaudette C（BC）（Krishnamurthy等，2000；Paldurai等，2014a）和Anhinga（Estevez等，2007）；

（3）强毒株Herts33（de Leeuw等，2005）、ZJ1（Liu等，2017）和Texas GB（Paldurai等，2014a）。

此外，另有一株PPMV-1（AV324株）也被成功拯救（Dortmans等，2009）。

反向遗传学极大地提高了人们对NDV分子生物学和致病机制的认识。该系统还能帮助人们设计改良的NDV疫苗、疫苗载体和改良的溶瘤NDVs。

## 2.8 新城疫病毒作为疫苗载体

NDV具有以下若干特点，使其可作为人和动物的疫苗载体（Kim和Samal，2016）。对于禽类或非禽类动物，非致病性的NDV安全性较高；NDV可在体内良好复制并诱导强烈的免疫应答；相比于腺病毒、疱疹病毒和痘病毒这些编码大量病毒蛋白的病毒，NDV仅编码7个病毒蛋白，因此载体自身蛋白与表达的外源抗原在免疫应答方面的竞争较少；NDV在细胞质中复制，其基因组不会整合到宿主细胞的基因组DNA中，且极少发生或不发生重组现象；此外，NDV的模块化基因组易于基因编辑；NDV通过呼吸道感染，因此可诱导黏膜和系统免疫应答；NDV毒株的广泛存在使其可被用作疫苗载体。

将外源基因插入NDV基因组进行表达时，必须满足以下要求：

（1）外源基因中不能含有类似NDV GS和GE的序列，也不能含有聚合酶滑动序列，以免影响外源基因的表达。如果存在，则需要对其进行沉默突变。

（2）外源基因的ORF必须被插入到GS和GE序列之间，以确保能被NDV的RdRp识别。

（3）外源基因的序列长度需要满足NDV的"六碱基规则"（Calain和Roux，1995）。如果必要的话，需要在外源基因的下游插入若干个碱基，使最终的基因组长度为6nt的整数倍。

一般来说，一个含有NDV GS和GE序列的外源基因要被插入到NDV基因组的3′端非编码区，作为一个附加的转录单元转录为单独的mRNA。由于极性梯度转录，外源基因在靠近基因组3′端时表达效率更高。虽然，一个外源基因可以被放置在NDV任意的两个基因之间，但研究发现P基因和M基因之间的插入位点是高效表达外源蛋白和利于NDV复制的最佳位置（Nakaya等，2001；Zhao和Peters，2003；Carnero等，2009；Zhao等，2015）。外源基因的插入会增加其基因组长度和基因数量，这通常会在一定程度上抑制病毒在体内或体外的复制（Bukreyev等，2006）。对含有外源基因的重组病毒进行噬斑纯化时，须确保其中没有任何空载体。将外源基因（至少5.0kb）插入NDV后遗传稳定性仍较好（未发表的结果）。单个NDV载体可用于表达2个不同的外源基因（Khattar等，2015a；Hu等，2018）。

NDV是一种理想的家禽疫苗载体。NDV弱毒活疫苗在世界各地被广泛应用。含有其他禽类病原保护性抗原的NDV弱毒活疫苗可被用作二联苗使用，从而节约养禽业的成本。NDV在鸡呼吸道能够有效复制，并引起强烈的局部和全身免疫反应，对于外源抗原也能引起强烈的免疫反应。已有在重组NDV中表达传染性法氏囊病病毒VP2蛋白（Huang，Z.等，2004b）、高致病性禽流感病毒HA蛋白（Park等，2006；Ge等，2007；Römer-Oberdörfer等，2008；Nayak等，2009）、传染性喉气管炎病毒糖蛋白（Basavarajappa等，2014；Zhao等，2014）、传染性支气管炎病毒S、S1和S2蛋白（Toro等，2014；Zhao等，2017；Shirvani等，2018）和禽C型偏肺病毒F、G蛋白（Hu等，2017）的应用。

此外，NDV的一些特性使其还可作为潜在的人用疫苗载体。由于自然宿主范围的限制，NDV不是天然的人类病原体，对人的致病性极低。

研究表明，NDV能诱导哺乳动物细胞产生极高水平的Ⅰ型干扰素（IFN-Ⅰ）（Honda等，2003），有助于机体对NDV和外源抗原产生有效的B细胞应答（Grieves等，2018）。一些癌症治疗的临床试验表明，高剂量的NDV对人体是安全的，且副作用极小（Fournier和Schirrmacher，2013）。此外，NDV的另一个优点为大多数人对NDV没有预先存在的免疫力。在非人类灵长类动物中的研究表明，NDV具备作为人类疫苗载体的潜力（Bukreyev等，2005；DiNapoli等，2007a、b）。将NDV作为疫苗载体可用于预防流感病毒（Nakaya等，2001）、高致病性禽流感病毒（Park等，2006；DiNapoli等，2007b、2010）、麻疹病毒（Kim等，2011）、人免疫缺陷病毒（Carnero等，2009；Khattar等，2015a、b）、严重急性呼吸综合征相关冠状病毒（DiNapoli等，2007a）、人3型副流感病毒（Bukreyev等，2005）、人呼吸道合胞病毒（Martinez-Sobrido等，2006）、尼帕病毒（Kong等，2012）、埃博拉病毒（Bukreyev等，2007）、诺如病毒（Kim等，2014b）和伯氏疏螺旋体（Xiao等，2011）的感染。

NDV也能作为动物病原体疫苗载体。表达牛1型疱疹病毒（BHV-1）gD糖蛋白的重组NDV能一定程度上保护犊牛抵抗高致病性BHV-1的感染（Khattar等，2010）。表达裂谷热病毒（RVFV）糖蛋白Gn和Gc的NDV载体疫苗可保护小鼠抵抗RVFV的感染，并且在羔羊体内诱导产生中和抗体（Kortekaas等，2010a）。一种仅表达RVFV糖蛋白Gn的NDV载体疫苗可在犊牛体内产生RVFV的中和抗体（Kortekaas等，2010b）。表达狂犬病病毒G蛋白的NDV载体能够对犬猫提供保护（Ge等，2011）。同样地，表达犬瘟热病毒F蛋白和H蛋白的NDV载体能够对水貂提供保护（Ge等，2015）。综上所述，NDV可作为动物病原体疫苗载体。

## 2.9 新城疫病毒作为溶瘤剂

在感染过程中，相较于正常细胞，NDV会优先感染和杀死肿瘤细胞（Elankumaran等，2006）。NDV在人肿瘤细胞中的复制速度比其在正常细胞中快1万倍。此外，NDV强烈的免疫刺激能激活宿主的抗肿瘤免疫。基于这些特点，NDV已经在癌症患者身上应用了50多年，并取得了良好的效果（Schirrmacher，2016）。NDV的抗肿瘤特性于1965年由Cassel和Garret首次发现（Cassel和Garrett，1965）。此后开展了许多使用NDV进行癌症治疗的前临床和临床试验（Zamarin和Palese，2012），其中一些临床试验取得了较好的结果，一些试验结果未达到预期。NDV已被美国国家癌症研究所列为癌症治疗的补充和替代药物。在临床研究中采用了多种给药方法，如通过不同的给药途径将NDV活病毒直接注射入患者体内。但随着肿瘤的再次生长，体内产生的NDV抗体会降低这种治疗方式的效果。有研究使用从NDV感染的肿瘤细胞中获取含有细胞质膜组分的溶瘤液作为抗肿瘤疫苗，可经皮下或皮内注射使用。有研究使用感染了NDV的完整肿瘤细胞作为全细胞疫苗，这种细胞经过改造已不能在患者体内繁殖。全细胞疫苗对免疫系统的刺激强于溶瘤疫苗，且只能通过皮下注射使用。

与痘病毒、Ⅰ型单纯疱疹病毒、腺病毒、麻疹病毒和呼肠孤病毒等溶瘤病毒相比，NDV具有以下优势。NDV是一种禽病毒，因此可以避免人类预先存在的免疫应答。对人类来说，NDV的安全性和耐受性也极高。将NDV强毒株以高剂量（以$3.3 \times 10^9$个病毒粒子静脉注射或以$4.3 \times 10^{12}$个病毒粒子于肿瘤内部注射）接种患者后仅表现出轻微的副作用，最常见为轻微发热（Fournier和Schirrmacher，2013）。NDV可以诱导合胞体的形成，该特点能提高溶瘤的效率，因为合胞体的形成能使病毒免于宿主中和抗体的识别并大量复制。NDV的HN蛋白具有神经氨酸酶活性，能够清除肿瘤细胞表面的唾液酸残基，从而利于肿瘤细胞被宿主的免疫细胞识别。NDV通过与唾液酸残基结合入侵细胞，大多数人类癌细胞均存在唾液酸残基，因此NDV适合于广泛的癌细胞类型。NDV的复制在细胞质中完成，其基因组不会与宿主DNA整合，而DNA溶瘤病毒存在该风险。NDV天然模块化的基因组使其更便于较大外源基因的插入与表达，从而对溶瘤病毒进行改良。

用于抗肿瘤治疗的NDV分为具有溶瘤活性毒株和不具有溶瘤活性毒株两类。二者均可作为抗肿瘤药物，但二者主要的区别为：具有溶瘤活性的NDV毒株能够在肿瘤细胞中复制产生具有感染性的子代病毒并在肿瘤组织中传播；而不具有溶瘤活性的毒株不能在肿瘤细胞中产生子代病毒，也不能在肿瘤组织中传播。其原因主要为，有溶瘤活性的毒株表达有活性的F蛋白，而不具有溶瘤活性的毒株的F蛋白为失活的形式。弱毒株一般不具有溶瘤活性，而中等毒力和强毒株具有溶瘤活性。溶瘤NDV毒株能够选择性地在肿瘤细胞中复制并将其杀伤。非溶瘤NDV毒株也能杀死感染细胞，但由于宿主细胞代谢异常导致其杀伤速度较慢。经评估能被用于人类肿瘤治疗的NDV毒株有PV701、73-T、MTH-68和Ulster（Cassel和Murray，1992；Ahlert等，1997）。其中，PV701、73-T和MTH-68具有溶瘤活性，而Ulster无溶瘤活性。溶瘤NDV毒株会对家禽养殖业造成潜在的威胁，因此不可用作治疗。为了克服这一障碍，最近的研究对73-T株进行了基因改造，使其具有溶瘤活性而对禽类没有致病性（Cheng等，2016）。

NDV对癌细胞选择性的机制尚不完全清楚，但目前有几种可能的机制：

（1）NDV与宿主细胞上的唾液酸受体结合，该受体在癌细胞表面大量表达。这可能使NDV优先与癌细胞而非正常细胞结合。

（2）NDV的复制过程需要宿主细胞的蛋白酶切割病毒的F蛋白，进而产生具有感染性的子代病毒，而这种蛋白酶在肿瘤细胞内的表达水平高于正常细胞。

（3）在肿瘤恶化过程中，肿瘤细胞内会积累大量的遗传变异，包括细胞凋亡引起的IFN产生和应答。

这些异常使肿瘤细胞对NDV的感染高度敏感（Fiola等，2006；Zamarin等，2014）。NDV能够激活内源性和外源性细胞凋亡信号通路（Elankumaran等，2006），因此能抵抗凋亡的肿瘤细胞对NDV介导的细胞死亡十分敏感（Puhlmann等，2010）。

（4）NDV是一种能够高效刺激免疫系统的病毒。它能够同时激活宿主的先天免疫应答和适应性免疫应答，这可能是增强宿主抗肿瘤活性的原因之一。NDV能诱导IFN-I和趋化因子，上调MHC和细胞黏附分子的表达，并通过在感染细胞表面表达病毒糖蛋白促进淋巴细胞和APC的黏附，由此说明NDV具有刺激免疫系统的活性（Haas等，1998；Schirrmacher等，1999；Washburn和Schirrmacher，2002）。

最近，反向遗传操作技术也被用于增强溶瘤NDV的溶瘤活性（Zamarin和Palese，2012）。研究发现，重组NDV能够通过表达高融合活性的F蛋白（Bian等，2005；Elankumaran等，2010）、免疫调节因子（如GM-CSF、IFN-γ、IL-2和TNF-μ）（Vigil等，2007；Zamarin等，2009）或IgG亚型的单克隆抗体（Pühler等，2008）等分子增强其溶瘤活性。此外，表达绿色荧光蛋白的重组NDV能够用来检测腹膜和胃部的癌细胞，并为预后提供重要信息（Song等，2010）。最近发现，使用NDV进行肿瘤内部治疗时，诱导共刺激（ICOS）配体分子的表达能增强其疗效（Zamarin等，2017）。综上所述，反向遗传操作可以提高NDV的安全性和溶瘤特性，从而有效地治疗人类肿瘤。

## 2.10 新城疫病毒分离株之间的抗原和遗传变异

目前分离到的所有NDV毒株均属于同一个血清型，但不同的分离株之间存在着抗原和遗传多样性。NDV不同分离株之间的变异可用单克隆抗体加以区分（Abenes等，1986；Alexander等，1987；Erdei等，1987；Lana等，1988；Russell和Alexander，1983）。经一组单克隆抗体的鉴定发现，能被相同单抗识别的分离株具有相同的生物学和动物流行病学特性（Russell和Alexander，1983）。单克隆抗体还能用于区分PPMV-1和NDV（Alexander等，1985a），并区分疫苗毒株与强毒株（Srinivasappa等，1986）。

基于部分或完整F基因核苷酸序列的系统发育分析，建立了几种对NDV分离株的分类系统（Aldous等，2003；Czeglédi等，2006；Diel等，2012）。根据F和L基因的基因组长度和序列，可将NDV分离株分为两个基因群，分别为Ⅰ群和Ⅱ群（Ballagi-Pordány等，1996；Czeglédi等，2006；Kim等，2007b）。其中，从水禽中（或偶从美国活禽市场样本中）分离的Ⅰ群NDV通常对鸡没有毒力（Alexander等，1992；Kim等，2007a、b）。但有一例Ⅰ群NDV强毒株感染鸡的病例报道（Alexander等，1992）。Ⅰ群NDV的基因组长度为15 198 nt（Czeglédi等，2006）；而Ⅱ群NDV通常在家禽体内分离得到，并且具有广泛的毒力。

2012年，Diel等提出了一种基于完整F基因序列的分类系统（Diel等，2012）。在该分类系统中，融合蛋白编码序列碱基的平均差异为10%时，可将不同种类的病毒分为不同的基因型。不同的亚基因型在每个位点上的平均种间进化距离应为3%～10%。仅当至少4株不存在流行病学关联的NDV分离株之间F基因序列满足上述条件时，才能称其为同一个基因型或亚基因型（Diel等，2012）。该分类系统中，Ⅰ群NDV分离株仅含有1个基因型，Ⅱ群NDV分离株含有19个基因型，其中一些基因型还能分为多个亚基因型（Diel等，2012；Snoeck等，2013；Dimitrov等，2016）。由于目前获得的序列数据主要为Ⅱ群NDV，所以该类病毒的特征最为明确。较早（1930—1960年）分离到的Ⅱ群NDV（基因型为Ⅰ～Ⅳ和Ⅸ）基因组长度为15 186 nt，而此后（1960年后）分离到的Ⅱ群NDV基因组长度为15 192 nt（Czeglédi等，2006；Maminiaina等，2010）。基因Ⅰ型NDV由于其毒力较弱常被用作疫苗。基因Ⅰ型还包括1998—2000年于澳大利亚暴发的NDV毒株。基因Ⅱ型包括被全球广泛用于疫苗的低毒力毒株LaSota株和B1株，也包括嗜神经强毒株Texas GB株。1960年以前，基因Ⅲ型主要在日本分离得到，但1969年和1990年也分别在中国台湾和津巴布韦分离得到（Yu等，2001）。基因Ⅳ型主要在1970年之前分离自欧洲，近些年来也在印度分离得到（Czeglédi等，2006；Kapgate等，2010a、b）。基因Ⅲ型、Ⅳ型和Ⅸ型NDV均含有强毒株的切割位点基序。基因Ⅴ~Ⅷ型均于20世纪60年代中期（Czeglédi等，2006）首次分离，且均为强毒株（Miller等，2010）。基因Ⅴ型NDV于1970年分离自中美洲和南美洲，也曾在欧洲（Ballagi-Pordány等，1996）和北美洲（Wise等，2004a）暴发。这些毒株现仍在墨西哥流行（Perozo等，2008）。基因Ⅵ型NDV主要分离自岩鸽，并在全球各地的鸽群中呈地方性流行（Mase等，2002）。20世纪90年代，若干国家分别报道了基因Ⅶ型和基因Ⅷ型NDV（Aldous等，2003；Abolnik等，2004；Bogoyavlenskiy等，2009；Snoeck等，2009）。基因Ⅸ型于1948年在中国首次暴发的高致病性新城疫疫情中分离得到，此后在中国偶有分离（Wang等，2006）。基因Ⅹ型均为弱毒株，仅在1969年和1981年在中国台湾分离得到（Tsai等，2004）。基因Ⅺ型由马达加斯加的健康鸡群中分离得到（Maminiaina等，2010）。基因Ⅻ型分离自亚洲和南美洲，基因ⅩⅢ型分离自亚洲，基因ⅩⅣ型分离自尼日利亚，基因ⅩⅥ型分离自多米尼加共和国，基因ⅩⅦ和ⅩⅧ型分离自非洲（Snoeck等，2013）。目前，所有的基因型均在流行，其中基因Ⅴ、Ⅵ、Ⅶ、Ⅷ型是世界许多地区流行的主要基因型。使用来自不同NDV基因型代表毒株的完整F基因的ORF序列绘制的系统发育树见图2.9。

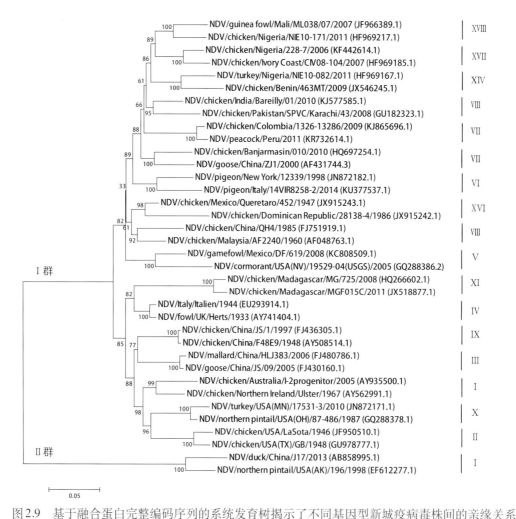

图2.9 基于融合蛋白完整编码序列的系统发育树揭示了不同基因型新城疫病毒株间的亲缘关系

基于融合蛋白的完整序列绘制不同基因型NDV毒株间的亲缘关系。在MEGA7（Kumar等，2016）中使用Neighbour-Joining法（Saitou和Nei，1987）将不同的毒株分为Ⅰ群和Ⅱ群（基因型Ⅰ~ⅩⅧ）。参数包括：配对删除（pairwise deletion），用于辅助分析和Kimura 2参数替代模型（Felsenstein，1985；Kimura）的1 000个重复。

最近，一个由NDV研究专家组成的国际组织制定了一种统一的NDV分类和命名系统，其中包含了系统拓扑结构、基因距离、分支和可用于完整F基因序列的流行病学特点。新的分类和命名系统维持了2个现有的NDV分类和基因型，同时确定了另外3个基因型（使基因型增加至22个）并减少了亚基因型的数量（Dimitrov等，2019）。

基于F基因系统发育分析的基因型分类法已经成为研究NDV流行病学的工具并使NDV的分类更为便捷，然而基因型的分类方法不总是与NDV毒株的抗原性相关，即两株不同基因型的NDV可能比两株属于同一基因型的NDV具有更密切的抗原性。

## 2.11 新城疫病毒在野生禽类中的感染

NDV几乎可以感染所有的野生禽类（Kaleta和Baldauf，1988），而野生禽类在NDV的流行病学研究中十分重要。野生禽类可以携带病毒跨越大陆甚至半球，并将病毒传播给同类或其他禽类（Ramey等，2013）。在野生禽类中传播的NDV毒株具有遗传多样性并发生持续的变异（Kim等，2007a；Lindh等，2012；Snoeck等，2013；Cappelle等，2015）。弱毒和强毒NDV能同时在野生禽类中传播，但分离到的大多为弱毒株。同样地，从野生水禽和滨鸟体内分离到的NDV大多为弱毒株，然而鸽子体内常带有强毒株。从野生禽类分离的NDV致病性在不同禽类中差异较大。例如，使用从鸡体内分离到的强毒NDV感染鸭或水禽时不表现任何临床症状。关于在野禽种群中流行的NDV毒株的宿主特异性知之甚少。很可能在一种野生禽类中传播的NDV的复制效率比其在另一种禽类中更高。

NDV感染野生禽类后通常不发病，但能在其体内良好地复制，引起宿主的免疫应答并经过粪便或体液排出体外。在野生禽类中，双冠鸬鹚和岩鸽是已知的NDV强毒株的唯一病毒库，能将病毒传播至其他禽类。这两种禽类能够维持NDV对其自身和其他禽类的致病性。1990年，加拿大首次报道了NDV感染幼年鸬鹚后的死亡率数据（Wobeser等，1993）。此后，加拿大和美国暴发了鸬鹚感染NDV的疫情（Heckert等，1996；Kuiken等，1998；Glaser等，1999）。目前，研究发现鸬鹚是死亡率范围较大（1%～92%）的唯一一个野生禽类宿主（Kuiken，1999）。鸽子是PPMV-1的自然宿主，感染后发病率为30%～70%，死亡率较低，一般低于10%（Vindevogel和Duchatel，1988）。

从各国进口的死亡、发病或无症状的鹦鹉及其他宠物禽类体内也能分离到NDV强毒株（Panigrahy等，1993；Clavijo等，2000）。虽然尚不清楚这些鹦鹉体内的病毒是由家禽传播还是在野外自然感染，但可以推测鹦鹉的野生种群可能携带NDV强毒株。

虽然，尚不清楚野生禽类中的NDV是否为导致鸡暴发NDV的原因，但野生禽类与家禽源性病毒之间存在流行病学的关联。在家禽中分离到的NDV弱毒株与在野生禽类体内分离的毒株之间在系统发育上存在亲缘关系（Kim等，2007b；Mia Kim等，2008）。也有其他证据表明，强毒NDV在家禽中的传播也与野生禽类有关（Heckert等，1996；Alexander，2001）。1990年在爱尔兰农场由强毒株引起的两场NDV疫情（Alexander等，1992）均由弱毒株感染所致，该毒株在基因和抗原方面与从野生水禽中分离出来的毒力较低的毒株非常相似（Collins等，1998）。此外，1998—2000年在澳大利亚暴发NDV疫情期间，分离的强毒株与分离自野生禽类的分离株在基因上非常相似（Gould等，2001）。在2005年和2006年英国猎鸟暴发的两次NDV疫情中，被感染的野禽可能是传染源（Irvine等，2011）。在养禽业中广泛使用的NDV疫苗毒就分离自野生禽类（Cardenas Garcia等，2013），说明在家禽和野禽中存在NDV的定期交换。实验发现，在野生水禽中分离到的弱毒NDV在鸡体内连续传代后，可成为强毒株（Shengqing等，2002；Tsunekuni等，2010）。综上所述，野生禽类对家禽构成持续威胁，因此应限制野禽与家禽的接触。

## 2.12 鸽副黏病毒1型

PPMV-1是NDV的宿主范围变种，其基因组和抗原性与NDV相近。然而，使用单克隆抗体即可区分PPMV-1和NDV。PPMV-1的基因组长度为15 192 nt（Ujvari，2006）。所有PPMV-1毒株N基因的5′端非编码区有一个6 nt的碱基插入。该病毒在F蛋白的切割位点具有公认的毒力模式，即$^{112}$（G/R）-R-Q-K-R↓F$^{117}$。PPMV-1的HN基因和F基因与NDV LaSota株在碱基水平上的同源性为83%～84%。系统发育分析显示，大多数PPMV-1属于Ⅱ类NDV基因Ⅵ型中的Ⅵa和Ⅵb亚基因型（Dimitrov等，2016）。20世纪70年代，中东地区首次报道了PPMV-1在鸽群中感染引起的疾病（Kaleta等，1985）。20世纪80年代，欧洲赛鸽中有PPMV-1引起的新城疫流行，感染率极高（Vindevogel和Duchatel，1988）。经研究发现，赛鸽中发生的全球性感染均由同一株PPMV-1所致（Pearson等，1987）。1983年，英国首次报道了境内的PPMV-1感染的病历，此后每年均有PPMV-1病毒的分离报道。在英国得到的APMV-1分离株之间具有较近的亲缘关系（Aldous等，2014）。20世纪80年代，佛罗里达州首次报道了北美洲地区的首例PPMV-1感染病例，如今该病毒已经广泛存在于美国的鸽群（pigeons and doves）中（Chong等，2013）。PPMV-1感染鸽形目的动物死亡率极高，且可传播给其他禽类，包括家禽，并导致死亡。鸽群的临床症状主要为神经系统症状，如头部震颤、共济失调、四肢瘫痪和打转等，在一些病例中还表现为失明（Vindevogel和Duchatel，1988；Kuiken，1999）。虽然该病在家鸽中呈地方性流行，但野鸽和外来鸟类也会受影响。在家鸽、野鸽之间常常会存在PPMV-1毒株定期交换的情况。从鸽子和体内分离到的PPMV-1与从赛鸽体内分离到的PPMV-1具有遗传上的差异，说明PPMV-1毒株存在宿主特异性（Terregino等，2003）。有研究发现，PPMV-1对鸡的致病性是多变的（Alexander和Parsons，1984；Kommers等，2001）。虽然PPMV-1所有毒株的F蛋白均含有一个碱性的切割位点基序，但大多数鸡在感染PPMV-1后仅表现出轻微的临床症状，或无任何表现，且其大脑致病指数（intracerebral pathogenicity index，ICPI）较低。这说明除了F蛋白的切割位点之外，应当存在其他的病毒因子决定其对鸡的致病性。当使用鸡胚传代后发现，PPMV-1对鸡的致病性逐渐增强（Alexander和Parsons，1984；Kommers等，2001；Fuller等，2007）。有报道的几次新城疫疫情是由PPMV-1引起（Pearson等，1987；Alexander等，1998）。因此，PPMV-1对野禽和家禽种群均构成持续威胁。

## 2.13 新城疫病毒毒力的分子基础

NDV感染会导致禽类表现广泛的临床症状，且死亡率为0～100%。根据NDV感染引起的临床症状严重程度可将NDV分为3种类型：弱毒株、中等毒力毒株和强毒株。弱毒株感染会引起轻微的呼吸道症状或亚临床症状。中等毒力毒株会引起较为严重的呼吸道症状，且仅会导致幼年禽类死亡。强毒株感染会引起最为严重的呼吸系统症状，且死亡率极高。此后，根据临床症状，强毒株又被分为嗜内脏型病毒和嗜神经型病毒，其中嗜内脏型病毒感染会致死，并伴有肠道出血；嗜神经型病毒则主要引起神经系统症状，肠道内无出血性病变（Hanson和Brandly，1955）。

决定NDV毒力的因素目前尚不完全清楚。其中F蛋白切割位点的氨基酸序列是决定并区分NDV毒力的一个关键因素，可用于区分有毒力毒株（强毒株和中等毒力毒株）与无毒力毒株（弱毒株）（Panda等，2004a；de Leeuw等，2005；Römer-Oberdörfer等，2006；Samal等，2011）。强毒NDV的F蛋白切割位点含有多个碱性残基（$^{112}$R/K-R-Q-R/K-R↓F$^{117}$），该基序是宿主细胞弗林蛋白酶的识别位点，其中R-X-R/

K-R中的X可以是任意一种氨基酸。弗林蛋白酶是一种普遍存在于多种细胞的胞内蛋白酶。相反，在弱毒株中，F蛋白切割位点含有较少的碱性氨基酸（$^{112}$G/E-K/R-Q-G/E-R↓L$^{117}$），该序列中缺少弗林蛋白酶基序，但可被呼吸道或消化道中的胰蛋白酶样的酶类切割。强毒NDV的F蛋白切割位点中存在的弗林蛋白酶基序使病毒能在宿主的多种组织中复制，而弱毒株F蛋白中的胰蛋白酶切割位点使病毒难以在消化道和呼吸道中存活。然而，含有相同F蛋白切割位点的毒株之间，毒力也有差异。例如，GB Texas（GBT）株和BC株在F蛋白切割位点处氨基酸序列完全相同（$^{112}$R-R-Q-K-R↓F$^{117}$），但GBT为强毒株而BC却为中等毒力毒株。并且，一些情况中，F蛋白切割位点的序列并不能用以预测其真实的毒力。例如，一些含有弱毒株切割位点基序的病毒对鸡的毒力非常强（Tan等，2008），同样，一些含有强毒株基序的病毒并不致病（Servan de Almeida等，2009）。以上研究表明，除了F蛋白切割位点之外，仍有其他的病毒因子决定病毒的毒力。

F蛋白切割位点中一些独立的氨基酸也影响病毒的毒力。其中第117位的F、第116位的R、第115位的K/R和第113位的R对NDV的毒力均有影响（de Leeuw等，2003）。大多数弱毒和强毒NDV中第114位均为谷氨酰胺（Q），然而一些非洲（Servan de Almeida等，2009）和马达加斯加（Maminiaina等，2010）的分离株F蛋白切割位点的基序为R-R-R-K-R↓或R-R-R-R-R↓F，这些毒株均分离自未接种疫苗的健康鸡群。有研究将中等毒力毒株BC株F蛋白切割位点的基序R-R-Q-K-R↓F改变为非洲和马达加斯加分离株的序列R-R-R-K-R↓F或R-R-R-R-R↓F，以分析第114位谷氨酰胺的作用。结果显示，该突变会抑制BC株病毒的复制并降低其致病性（Samal等，2011）。综上所述，NDV毒株F蛋白切割位点天然的氨基酸序列是该毒株通过细胞蛋白酶有效裂解的最优序列。

F蛋白的切割对促进融合及病毒的毒力非常关键（Xiao等，2012；Kim等，2016，2017；Manoharan等，2018）。研究发现，F蛋白的高效切割是合胞体形成的前提，但其切割并不一定会导致合胞体的形成，这表明其切割位点的序列决定了切割是否会产生具有生物学活性的构象。以上结果也说明细胞之间的融合不是NDV复制所必需。体外试验和体内试验的研究发现，NDV可在单个细胞中完成复制（Xiao等，2011；Kim等，2017）。F蛋白的切割位点能够促进合胞体的形成但不能增强其致病性（Manoharan等，2018）。

HN蛋白参与病毒与受体的结合并具有神经氨酸酶活性。反向遗传操作系统可用来研究HN蛋白对NDV毒力的影响（Huang Z.等，2004a；de Leeuw等，2005；Wakamatsu等，2006）。然而这些研究的结果并不完全一致。研究表明，HN蛋白决定了病毒的组织嗜性和病毒的毒力（Huang Z.等，2004a；de Leeuw等，2005；Wakamatsu等，2006）。将中等毒力毒株中的HN基因或HN和F基因同时替换为强毒株HN基因或HN和F基因后，并没有增强该嵌合病毒的致病性（Estevez等，2007）。在另一项研究中，通过替换NDV和APMV-2的F和HN基因蛋白的胞外域以探究F和HN蛋白的功能（Kim等，2011），结果显示F蛋白和HN蛋白的胞外域与病毒的体外复制、合胞体形成及致病性有关。综上所述，F蛋白和HN蛋白共同决定了NDV的细胞融合能力、组织嗜性和病毒毒力（Kim等，2011）。

M蛋白在维持病毒粒子形态方面十分重要，一些研究也分析了M蛋白在病毒毒力中的作用。研究表明，将NDV和PPMV-1的M蛋白替换后病毒的毒力无显著变化（Dortmans等，2010）。然而，另一项研究发现NDV的3个囊膜相关基因M、F和HN共同决定了强毒NDV引起的病理变化（Kai等，2015）。

通过反向遗传操作系统可分别研究NDV的内部蛋白N、P和L对NDV毒力的影响。一项研究对同一系统发育树中的强毒株和弱毒株进行单独的基因替换，结果发现N蛋白和P蛋白对NDV毒力的作用较小，L蛋白与病毒毒力密切相关（Rout和Samal，2008），但另一项研究通过替换强毒NDV和PPMV-1中的相关基因片段后发现病毒复制复合体（N、P和L蛋白）决定了病毒的毒力（Dortmans等，2010）。最近一项的研究也通过替换强毒株和弱毒株之间的基因片段发现了F蛋白和HN蛋白是决定病毒毒力的主要因素，而L蛋白、N蛋白和P蛋白也在一定程度上影响病毒的毒力（Yu等，2017）。

虽然以上的研究丰富了人们对于NDV毒力的认识，但这些研究大多是在遗传背景和生物学特性差异巨大的毒株之间进行的基因片段替换，而这些替换几乎不能兼容，因此无法确定病毒毒力的决定因素究竟是基因替换还是毒株之间生物学特性或系统发育差异导致的不相容性。因此，有人使用中等毒力的BC株和强毒株GBT进行完整病毒基因组、单独基因或多个基因组合的替换，从而对NDV的毒力和致病机制进行了系统的研究（Paldurai等，2014b）。这两株病毒在遗传谱系中关系极近，基因组长度完全相同，全基因组的同源性高达99.1％，然而它们在毒力和致病性上差异很大。该研究发现囊膜相关蛋白和聚合酶相关蛋白均影响了病毒的毒力，其中F蛋白和L蛋白是导致其致病性和毒力差异的关键蛋白（Paldurai等，2014b）。

综上所述，目前的研究表明F蛋白切割位点的氨基酸序列决定了该病毒是强毒株、中等毒力毒株还是弱毒株，但其毒力的程度则由囊膜相关蛋白（M蛋白、F蛋白和HN蛋白）和内部蛋白（N蛋白、P蛋白和L蛋白）共同决定。囊膜相关蛋白通过参与病毒的入侵和传播过程增强病毒的毒力，而内部蛋白通过参与病毒的复制增强病毒的毒力。在NDV的所有病毒蛋白中，F蛋白和L蛋白在决定病毒毒力方面起重要作用。

## NDV强毒株的出现

目前对强毒NDV如何在某一地区出现和流行尚不清楚，但有3种观点可以解释强毒NDV的出现：①在疫情暴发前，强毒NDV在接种过疫苗的家禽中未被发现；②强毒NDV由其他动物传染给鸡，而该动物携带强毒株时不表现临床症状；③NDV强毒株是由弱毒株变异而来（Hanson，1972）。

在一些新城疫呈地方性流行的地区，第一种观点能解释NDV强毒株的传播。现有的NDV疫苗只能够保护动物不发病，但不能阻止病毒的感染和排出。这使得强毒NDV能够在不被发现的情况下在禽类中传播，最终导致地方性流行。动物体内抗体水平较低、未免疫或与其他病原混合感染导致的免疫抑制会使临床病变更明显（Capua等，2002；Alexander，2011；Umali等，2015）。在一些地方性流行的国家，接种过疫苗的家禽被认为是强毒NDV的主要宿主（Miller等，2009；Alexander，2011）。

同时，有若干证据支持第二种解释。有学者认为，所有的野生禽类可能参与了强毒NDV的维持并与这些毒株的传播有关，最终导致其在鸡群中的暴发（Cappelle等，2015）。系统发育分析也表明从野鸽和迁徙的鸬鹚中分离的NDV是引起家禽中NDV暴发的原因（Banerjee等，1994；Heckert等，1996；Ujvári等，2003；Aldous等，2004）。因此，携带病毒的野禽是家禽体内NDV强毒株的重要来源。

低毒力的NDV有突变成高毒力的能力，因为F蛋白切割位点处少数几个氨基酸的突变即可使低毒力的病毒变为高毒力的病毒。然而，自然界中由低毒力毒株突变为高毒力毒株的情况十分罕见，目前仅有在爱尔兰（Collins等，1993，1998）和澳大利亚（Gould等，2001；Westbury，2001）的两例报道发现，高毒力毒株起源于低毒力毒株的突变。研究表明，将水禽中的低毒力毒株在鸡体内传代后，可突变为高毒力毒株（Shengqing等，2002；Zanetti等，2008）。相反，像LaSota和B1这样的弱毒株疫苗，即使应用超过了60年，其毒力尚未发生任何改变。以上结果表明，低毒力病毒通过在鸡体内传代毒力变强可能取决于病毒的来源。与其他RNA病毒相似，NDV感染通常是多种弱毒株和强毒株混合感染，但只表现比例较多病毒的表型（Kattenbelt等，2010；Meng等，2016）。一般来说，从鸡体内分离的弱毒株由于已经较好地适应了在鸡体内的复制，因此不受宿主选择压力的影响。但如果给鸡接种从其他禽类体内分离到的弱毒株，新的宿主环境会对病毒造成选择压力，从而使高毒力病毒的复制能力强于低毒力病毒（Kattenbelt等，2010；Meng等，2016）。因此，从野禽体内分离的低毒力APMV-1在鸡体内复制若干代之后可变为高毒力毒株。

## 2.14 传播与扩散

NDV是一种高度传染性的病毒，主要通过呼吸道或消化道在易感鸡群中迅速传播（Alexander，1988）。在被感染禽类的分泌物、排泄物及死亡动物的内脏组织中均存在高浓度的病毒。在集约化管理的家禽养殖场中，气溶胶吸入是NDV最主要的传播方式。而在散养的地区，食入粪便、受污染的食物和水是更为常见的传播方式，这也可能是无毒肠NDV最主要的传播方式。NDV的垂直传播途径尚未得到证实。

病毒一旦感染家养禽类或其他圈养禽类，就会迅速通过感染动物的移动，人员或受污染设备的移动，受污染禽类产品、食物及水经空气传播至其他动物。

## 2.15 临床特点

被NDV感染的禽类临床症状差异较大，其主要取决于病毒毒株、宿主类型、宿主年龄、感染途径、免疫状况和环境条件等因素。在鸡群中，NDV感染后表现出广泛的毒力。该病在雏鸡中的临床症状更为严重。自然感染的潜伏期一般为2～15d（平均为5～6d）。临床症状主要包括精神沉郁、食欲不振、呼吸系统症状、斜颈、打转、脱水和瘫痪。强毒株感染后死亡率高，临床症状较少。嗜内脏型强毒NDV（VVND）感染后会引起严重的脏器损伤，其中消化道症状最为明显，但也会出现心脏、肝脏和肾脏的病理变化。VVND病毒通常导致气管内明显充血，软腭和上食道发生溃疡和糜烂，肌胃炎症和出血（Alexander，1998），易感鸡群的死亡率可达100%。嗜神经型强毒株感染引起的神经系统症状更为明显，其他症状不明显。该病发病率可达100%，但死亡率较低，成年禽类可达50%，而雏鸡高达90%（Alexander，1988）。

中等毒力毒株感染常引起成年鸡群的呼吸道疾病，而神经系统症状较为少见。雏鸡感染后死亡率较高，而成年鸡群感染后死亡率较低。弱毒株感染雏鸡和成年鸡后通常不发病。但在个别的病例中，例如LaSota等弱毒株感染雏鸡时也会引起严重的呼吸系统疾病（Alexander，2003）。

不同品种的鸡对NDV的敏感性尚不清楚。一些研究发现，当地品种和进口品种的鸡对NDV的敏感性没有差异（Higgins和Shortridge，1988）。而在其他地方，相较于进口品种，当地品种的鸡对NDV的抵抗力更强（Lee，1989；Ratanasethakul，1989）。

NDV感染所致的临床症状在其他禽类中差异很大。火鸡对NDV高度易感，但临床症状较轻，主要表现为呼吸系统和神经系统症状（Box等，1970；Alexander等，1999）。鸭和鹅感染NDV中等毒力毒株或强毒株后也仅表现出亚临床症状（Higgins，1971）。鹦鹉对NDV高度易感，但感染后仅表现为神经系统症状。鸽子和鸬鹚被感染时通常表现出中枢神经系统的症状，如腿和翅膀的瘫痪（Barton等，1992；Kuiken等，1998）。所有年龄的野鸡对NDV均易感，感染后表现为呼吸系统和神经系统症状（Aldous和Alexander，2008）。

## 2.16 病理学

NDV感染引起神经系统症状主要取决于其在周围组织的复制效率、穿过血脑屏障的能力和在神经组织中的复制效率。研究发现，NDV在神经组织内复制效率的差异可用于区分强毒株和中等毒力毒株（Moura等，2016）。强毒株的复制效率也决定其组织嗜性（未发表）。嗜内脏型NDV的复制效率高于嗜神经型，这使其能够在多种宿主组织中有效地复制和传播并引发病理变化。

VVND病毒感染后可引起广泛的严重的病理损伤。被感染鸡肠道的出血可用以区分嗜内脏型和嗜神经型病毒（Hanson等，1973）。这些出血性病变通常位于肌胃黏膜、盲肠淋巴结和肠道的其他淋巴结。

该病毒引起的其他病变包括脾脏肿大，大理石样脾，咽尾部和上端气管出血以及肺水肿。在被嗜神经型强毒株感染后，动物虽表现出神经症状，但包括大脑组织在内的所有组织经过剖检均无病理变化。被嗜神经型毒株感染后，显微镜下病变最常见于脑干和小脑（Alexander，1988）。而脑部的显微病变表现为多发性神经元坏死和以血管周淋巴细胞浸润，血管内皮增生，多发性星形胶质细胞增生为特征的非化脓性脑炎（Brown等，1999；Ecco等，2011）。

## 2.17 诊断

对新城疫的诊断一般需要对病毒进行分离和鉴定，但在一些呈地方性流行的地区，也可根据一些特征性的临床症状和大体病变进行初步诊断。进行病毒分离时，通常可以采集活禽的咽喉、气管或泄殖腔拭子。对于死亡或将死病例，可采集脾脏、肺脏、气管、大脑或肠道（特别是盲肠扁桃体）等器官进行病毒分离。NDV在鸡原代细胞和许多已建立的细胞系中生长良好，同时鸡胚接种也被广泛用于病毒分离。鸡胚接种对于所有NDV分离株的繁殖极为方便。虽然所有的NDV分离株均可在鸡胚肾细胞中生长，但在进行弱毒株的分离时，需要向培养基中加入外源蛋白酶，使其可以在禽成纤维细胞和细胞系中复制。一般会向培养基中加入乙酰化胰蛋白酶（1μg/ml）或5%～10%的新鲜尿囊液作为外源蛋白酶。9日龄的鸡胚可接种0.1mL的样品。接种后于37℃孵育，每两天检查一次。所有死亡及孵育5～7d后的鸡胚于4℃保存并收集尿囊液。最后经HA试验检测尿囊液中的病毒（Alexander，2009）。然而，一些PPMV-1毒株不能通过鸡胚分离而只能通过细胞培养的方式分离。因此，当怀疑是PPMV-1时，需同时进行细胞培养和鸡胚培养。

### 2.17.1 病毒特点

对于NDV的鉴定常常使用HI试验。此外，单克隆抗体也可用于鉴定和分型（Alexander等，1987；Lana等，1988）。虽然单克隆抗体在NDV的诊断中非常实用，但其检测能力往往有限。其他血清学试验如ELISA（Snyder等，1984；Adair等，1989）、鸡胚病毒中和试验（Beard，1980）和噬斑中和试验（Beard和Hanson，1984）也是可用的，但其在评价病毒的致病性方面仍有缺陷。此前，3种体内试验方法可用于鉴定NDV的致病性：①鸡胚平均死亡时间（MDT）；②脑内接种疫病指数（ICPI）试验；③静脉注射致病性指数（IVPI）试验（Alexander，2009）。MDT是指使用最小攻毒剂量感染鸡胚后，鸡胚死亡的平均时间。MDT小于60h的NDV为强毒株，60～90h的为中等毒力毒株，大于90h的为弱毒株。进行ICPI试验时，需将含有病毒的鸡胚尿囊液稀释10倍后接种至10只1日龄雏鸡的大脑中。感染后每日观察并持续8d，每次观察时，无症状的鸡得分为0，表现临床症状时得分为1，死亡时得分为2。ICPI为每只鸡每次观察所得平均分。ICPI接近2.0时，该毒株为强毒株，而ICPI接近0.0时，其为弱毒株。IVPI试验则是对10只6周龄的鸡静脉注射病毒后临床症状的加权评分。弱毒株和一些中等毒力毒株的分值接近0.0分，强毒株得分接近3.0分。这3种鉴定方法中，ICPI因其灵敏度和可靠性，在国际上被用于判定NDV的致病性（Alexander，1988）。然而，ICPI测试不能反映从鸡以外的物种分离出的病毒致病性。例如，一些PPMV-1分离株具有中等毒力毒株的IPCI，但根据其MDT却被分为弱毒株（Pearson等，1987）。因此，从鸡以外的宿主分离的NDV，应通过自然感染途径感染鸡后确定其致病性。

NDV致病性的传统检测方法一般较为烦琐且成本较高，因此目前已开发了几种快速的致病性检测方法，如逆转录-PCR和F蛋白切割位点的测序（Miller等，2010）。其中灵敏度最高的是逆转录实时-PCR。

过去的十年中，各个地区开发了多种有效的逆转录实时-PCR方法（Miller等，2010）。在美国，有两种不同的逆转录实时-PCR被广泛应用（Wise等，2004b）。Kim等建立了一种基于M基因的检测方法用以检测NDV分离株（Kim等，2007a、b）。但由于M基因容易突变，一些分离株并未检测到。因此，M基因检测为阳性后，仍需对F基因进行逆转录实时-PCR鉴定。在2002年美国新城疫疫情暴发期间，这种基于F基因的检测方法被用来鉴定强毒株（Wise等，2004b）。虽然该方法可鉴定来自世界不同地区的多种分离株，但一些PPMV-1分离株无法使用该方法进行鉴定（Kim等，2008）。这些结果表明，由于F蛋白切割位点的碱基具有多样性，因此针对F基因设计的探针并不适用于所有的NDV分离株。

如果某个分离株满足以下条件，即ICPI≥0.7且（或）在F蛋白第113～116位氨基酸之间存在至少3个精氨酸或赖氨酸且第117位为苯丙氨酸，则该分离株即OIE和USDA所定义的APMV-1强毒株，须立即上报。

## 2.18 宿主对新城疫病毒的免疫应答

宿主对NDV的免疫应答反应取决于毒株和宿主类型。宿主能够通过自身的先天免疫和适应性免疫抵抗弱毒株或中等毒力毒株的感染；而强毒株会突破宿主的防御系统，迅速引发病理变化，导致死亡。NDV是一种高毒性传染性且复制迅速的病毒。因此，对于NDV感染的完全保护，既需要强大的先天免疫应答，也需要强大的适应性免疫应答。

宿主先天免疫反应是机体对NDV感染的直接反应，其目的在于抵抗病毒繁殖，并帮助宿主在适应性免疫反应中形成特异性保护。先天免疫在感染早期是至关重要的。NDV一般通过呼吸道进入宿主体内，呼吸道中的天然屏障能够使病毒粒子失活，并发出信号招募免疫细胞。在多种细胞的天然屏障中，补体（C'）是宿主早期先天免疫应答的强大系统。研究表明，在没有抗病毒抗体的情况下，NDV可被C'灭活（Welsh，1977）。还有研究表明，NDV感染能引发已知补体激活的所有途径（Biswas等，2012）。在一定水平上，NDV被动地结合到宿主的补体激活调节蛋白（regulators of complement activation，RCA）CD46和CD55上，从而保护病毒免受C'介导的中和作用。后续研究发现，在鸡胚中培养的NDV不能被正常鸡的血清中和，而能够被正常人的血清中和，说明RCA的功能具有种属特异性（Biswas等，2012）。

促炎性细胞因子、趋化因子、I型干扰素、II型干扰素和抗病毒蛋白决定了NDV感染早期的先天免疫应答反应（Ecco等，2011；Rue等，2011）。例如，NDV强毒株感染后1d，就能诱导脾脏中IL-6、MDA5和IFIT-5的表达（Rue等，2011）。进一步的研究表明，不同基因型的强毒株感染后，鸡体内的病毒载量、炎症相关细胞因子和趋化因子的水平均不相同（Hu等，2012；Rasoli等，2014）。NDV感染能够激活宿主细胞内的多种先天免疫反应通路，包括I型干扰素通路（Elankumaran等，2010）、细胞凋亡（Ravindra等，2008；Harrison等，2011）和自噬（Sun等，2014）。

干扰素系统是病毒感染期间宿主最重要的防御机制，因为它控制着病毒感染并调节先天免疫反应。在鸡体内，干扰素诱导水平的降低常伴随着较高的病毒滴度和较长的排毒期，相反，干扰素表达水平高时会降低病毒滴度并缩短排毒期（Cauthen等，2007；Liang等，2011）。相较于鸭，鸡的细胞能够表达更高水平的干扰素和促炎性细胞因子（Kang等，2016）。鸡体内高水平的干扰素能迅速清除病毒感染并将排毒期缩短至3d，而鸭的排毒期为14d。以上结果说明，宿主先天免疫反应的差异可能是NDV在鸡和鸭中引起致病性差异的原因（Kang等，2016）。

在抵抗NDV感染过程中，细胞免疫和体液免疫均发挥作用。细胞免疫是初始的免疫应答。使用活疫苗毒株接种后的2～3d内可检测到宿主的细胞免疫反应（Ghumman和Bankowski，1976；Timms和Alexander，

1977）。但当未接种过疫苗的鸡被感染时，细胞免疫的作用尚不清楚。当使用环磷酰胺破坏B细胞后，体内检测不到IgG、IgM和IgA抗体，但NDV仍能被清除（Lam和Hao，1987）。此外，使用疫苗免疫法氏囊被摘除的鸡后，其仍能抵抗NDV强毒株的感染（Marino和Hanson，1987）。以上研究表明细胞免疫在宿主对病毒的清除中起重要作用，但仅有细胞免疫不能对强毒NDV产生完全的保护（Reynolds和Maraqa，2000）。

宿主的体液免疫在清除病毒和防止再次感染中起主要作用。提取免疫后鸡的免疫球蛋白并将其接种于未免疫的鸡，能使其产生对NDV的抵抗力，说明抗体能够提供良好的保护作用。在感染后4d就能检测到血清中的IgM，感染后6～10d能检测到IgG，并在3～4周时出现峰值反应（peak response）。这些抗体可在感染后鸡的血液中持续长达1年，但其抗体滴度可能不足以使鸡抵抗强毒NDV的感染。由于HI抗体滴度一般与病毒中和抗体滴度相当，所以通常通过HI试验来评估新城疫的保护性免疫反应。但也有研究表明，HI滴度不一定与鸡实际的抵抗水平相关（Gough和Alexander，1973；Holmes，1979）。因此，血清中病毒中和抗体的效价应通过病毒中和试验而不是通过HI试验来确定。体内的保护性抗体主要针对NDV表面糖蛋白F和HN，因为这些蛋白较容易与病毒粒子和感染细胞上的抗体接触。因此，只有当不发生细胞融合，子代病毒仅通过释放而传播时，针对HN蛋白的抗体才能够阻断病毒的吸附。然而，针对F蛋白的抗体能够阻止融合细胞或非融合细胞中病毒的扩散。研究证明，F蛋白是诱导中和抗体和保护性免疫的主要病毒蛋白，其次是HN蛋白，能提供部分保护（Kim等，2013）。而雏鸡可通过卵黄获得母源抗体而具有被动免疫（Heller等，1977）。这些母源抗体可在出壳的前两周提供保护，但在接种疫苗时会中和疫苗病毒，使疫苗效力降低（Awang等，1992）。雏鸡的母源抗体水平与亲本抗体滴度直接相关。

黏膜免疫应答可诱导产生分泌型IgA，其既可以抑制NDV感染初期在入侵部位的复制，也能阻止病毒的释放（Holmes，1979）。接种活病毒疫苗进行免疫可在呼吸道和胃肠道黏膜表面以及眼部的哈德氏腺诱导IgA的应答，然而肠外注射疫苗几乎不能引起局部IgA的应答（Parry和Aitken，1977；Powell等，1979）。由于血清IgG无法有效地进入上呼吸道，因此分泌型IgA在保护上呼吸道方面尤为重要。综上所述，尽管目前尚不清楚免疫反应的哪个环节以及哪种病毒囊膜糖蛋白对于预防新城疫更重要，但完全阻止病毒复制，提供长期的保护需要一个强大的免疫应答，该应答须由囊膜糖蛋白和参与局部及系统的体液和细胞免疫应答共同诱导。

## 2.19 防控

目前对新城疫的防控措施主要包括：①对已感染和接触感染的动物进行扑杀；②良好的生物安全管理；③疫苗免疫。在大多数无NDV的国家，通过扑杀或宰杀控制了新城疫疫情的暴发，即对所有受感染和接触的禽类实施安乐死。禽类尸体及其产品和受影响的处所必须消毒，并在一段时间内停止饲养。这是在无病地区或国家清除病毒和病毒库的最佳方法。在疫区国家，通常通过良好的生物安全措施和接种疫苗对新城疫加以控制。生物安全管理须通过隔离、卫生和行动控制3个方面来实现。养殖场和家禽应妥善隔离。禽舍、饲料库和水塘应注意防鸟。所有设备，特别是车辆，在进入农场前应严格消毒。为了防止疾病传播，必须控制家禽、家禽产品、设备和人员的流动。除生物安全外，还应接种疫苗预防新城疫。

### 2.19.1 疫苗接种

目前针对新城疫的疫苗包括活疫苗、灭活疫苗和载体疫苗，其中使用最广泛的是活疫苗。活疫苗可诱导体液免疫、细胞免疫和黏膜免疫（Reynolds和Maraga，2000）。黏膜免疫在防止病毒入侵中起着重要作用（Al-Garib等，2003）。弱毒株和中等毒力毒株均可作为活疫苗。一些疫源地常使用中等毒力毒株作为强化疫苗。然而，由于可能出现强毒株传播及其导致的田间感染，其被许多国家明令禁止。目前的活疫苗 B1 和 LaSota 株均来自于20世纪40年代分离的野毒株，这些毒株对家禽的致病性较低，但能使其产生有效的保护性免疫应答。B1 株的接种反应极小，被广泛用作集约化养殖家禽的首次免疫毒株。通常来说，LaSota 疫苗比 B1 疫苗具有更好的保护作用，但会产生一定程度的疫苗反应。LaSota 和 B1 株均为嗜呼吸道疫苗株，它们能在呼吸道产生较强的局部免疫反应。而 VG-GA 株是一种嗜消化道疫苗株，其在肠道内产生较强的局部免疫反应。所有的活疫苗具有共同的缺点，即其耐热性较差，须低温保存，因此其在热带地区的应用受到一定限制。针对该问题，研究人员开发了几种热稳定性疫苗，但最常用的耐高温疫苗株 I-2 是澳大利亚无毒 V4 疫苗株的衍生株（Spradbrow 和 Sabine，1995）。最常用的大规模免疫方法是饮水免疫，但这种方法难以控制每个个体得到一致的免疫剂量。另一种大规模免疫的途径为喷雾，该技术存在的主要问题是疫苗毒的丢失及难以控制所有雾滴大小一致。个体免疫的方法主要为鼻内、眼部和喙的滴注。

制备灭活疫苗时通常使用灭活剂（福尔马林或 β-丙内酯等）处理具有感染性的尿囊液。向其中添加佐剂（如矿物油）以增强灭活病毒的免疫原性。然而，大多数佐剂会造成组织损伤和刺激从而导致肉品质下降，因此此类疫苗不适用于肉鸡。灭活疫苗可通过肌内注射或皮下注射的方式进行免疫。由于疫苗的成本和单独接种的成本，灭活疫苗主要用于蛋鸡、饲养员和一些火鸡的再次免疫。灭活苗被广泛地用于农村家养禽的免疫。灭活疫苗产生高水平的体液免疫，但诱导的细胞免疫水平较低。已获许可用于鸽子的灭活疫苗在赛鸽中被广泛使用。

目前已经开发了若干重组疫苗，在试验条件下对 NDV 感染能够提供不同程度的保护。禽痘病毒（FPV）（Boursnell 等，1990a、b；King，1999）、牛痘病毒（Meulemans 等，1988）、鸽痘病毒（Letellier 等，1991）、火鸡疱疹病毒（HVT）（Morgan 等，1993；Sakaguchi 等，1998）、马立克病病毒和逆转录病毒（Morrison 等，1990；Sonoda 等，2000）已被用作病毒载体表达 NDV 的 F 和（或）HN 蛋白。有研究表明，使用杆状病毒表达系统表达的 F 和 HN 蛋白具有保护作用（Meulemans 等，1988；Kamiya 等，1994）。含有 F 糖蛋白基因的质粒也具有保护性（Loke 等，2005）。以上疫苗中，仅有 FPV 和 HVT 载体疫苗获得批准可在家禽中使用。然而，FPV 载体疫苗因其不能通过大规模接种而未被广泛使用。HVT 载体疫苗的优点是其可作为双价疫苗保护鸡的新城疫和马立克病，蛋鸡可在孵化场进行接种，并产生长期免疫保护。然而，HVT 载体疫苗需要至少4周的时间才能产生保护性免疫反应（Palya 等，2012），这使其在疫源地国家无法使用。该疫苗的另一个缺点为其必须在液氮中保存，并且要在解冻后 1h 内注射。

值得注意的是，NDV 是一种高度传染并复制迅速的病毒，因此需要强大的免疫反应来完全阻断病毒在感染部位的复制。这只能通过活病毒疫苗和先天免疫、细胞免疫和体液免疫应答的共同参与实现。尽管目前活病毒疫苗（La Sota 和 B1）在世界上被广泛使用，但在接种过的鸡群中仍会发生新城疫疫情，这表明目前使用的疫苗仍然存在缺陷。现有的疫苗能够减轻感染鸡群的临床症状并降低死亡率（Cho 等，2008），但并不能抑制病毒的复制和排出，从而促进了病毒在免疫鸡群中的传播，并促进毒力更强毒株的进化。现有疫苗的另一个不足之处为，它们不具有用于区分受感染和已接种的禽类的遗传标记，而这对该病的清除至关重要。高水平的母源抗体会降低现有疫苗的效率。

现有的疫苗毒 LaSota 和 B1 株于20世纪40年代在美国分离得到，属于基因 II 型，而目前世界范围内广泛流行的强毒 NDV 属于基因 V～VII 型（Miller 等，2010）。目前流行的毒株与疫苗毒在 F 和 HN 蛋白的序列上有10%～14%的差异。最近的研究表明，基于现有流行的基因型毒株制备的灭活苗（Miller 等，2007；Jeon 等，2008；Z. Hu 等，2011）或弱毒苗（Hu 等，2009；Xiao 等，2012；Kim 等，2013）能诱导较高水平的中和抗体，并能显著减少免疫鸡在感染病毒后的排毒量。虽然这些疫苗未能彻底阻止病毒的传播，但与传统疫苗相比，由反向遗传操作系统构建的基因型匹配疫苗能提供更好的保护。

利用反向遗传学已开发出基因型匹配的新城疫活疫苗（Hu等，2009；Xiao等，2012；Kim等，2017）。这些疫苗毒株仅通过突变F蛋白的碱性切割位点以降低其毒力。但使用反向遗传操作系统改造一个流行毒株需耗费大量的成本和时间。生产基因型匹配疫苗的另一种策略是将已有重组疫苗株的F和HN基因替换为流行毒株的F和HN基因，并将其中F蛋白切割位点的氨基酸进行突变（Kim等，2013）。该方案成本较低且耗时较少，但此类嵌合病毒存在遗传稳定性较差，以及因基因片段不相容导致生长迟缓的可能。尽管基因型匹配ND疫苗优于传统疫苗，但突变的F蛋白切割位点可能在鸡群中传代时突变为原有的野生型。因此，这些疫苗在使用时应进行严格监测以保证其遗传稳定性。有时，多个基因型的NDV呈地方性流行，这会使单一基因型疫苗的使用效果变差。此外，基因型匹配疫苗的另一个缺点是其研制和试验需要高等级的生物安全实验室操作强毒株，这使得大多数疫苗企业难以开展研发和生产。

由于新城疫给全世界的家禽业造成了严重的经济损失，因此开发有效的疫苗来防控新城疫十分重要。传统的疫苗株LaSota和B1能够对不同基因型的病毒提供有效保护，但需要较高的抗体水平弥补其基因型的差异。此外，可通过反向遗传学开发基因型匹配疫苗，但在使用前必须确定这些疫苗在田间的遗传稳定性。然而，单靠传统疫苗或基因型匹配疫苗都无法彻底阻止NDV的感染和流行，还需要生物安全的控制和适当的疫苗接种方法。

## 2.20 展望

目前，新城疫仍然是全球家禽业的威胁。未感染过NDV的国家，面临被该病毒感染的危险。多种不同毒力水平的NDV毒株在野生禽类和家禽范围内持续传播影响着发展中国家的社会经济生活。在世界不同地区流行的NDV毒株在遗传和抗原方面均存在差异。现有的疫苗并不能完全阻止病毒感染和病毒的排出。目前对新城疫的生态学知之甚少，也不知道强毒株出现的确切原因，并且禽类对NDV的免疫应答也存在诸多未知。因此，后续的研究应当优先围绕以下几个方面发展：①开发能减少或完全阻止病毒传播的新型疫苗；②制订合适的DIVA策略；③改进大规模接种活疫苗的技术；④抗原变异在疫苗设计中的作用；⑤开发用于快速诊断新城疫和预测经济鸡群的易感性水平的诊断方法；⑥病毒传播、病毒库和对接种疫苗禽类的监测；⑦弱毒株突变为强毒株的机制。这些问题的答案需要进行更为深入的基础和应用研究。

反向遗传学技术可根据需要对基因组进行编辑，因此使用该技术有望开发出更安全、更有效的疫苗。反向遗传学还为将NDV设计成人类和动物使用的疫苗载体提供可能。

「■ 致　谢」

感谢Hassanein H.H. Abozeid博士为本章绘制的图表。

参考文献

（赵明亮 译，郑世军 校）

# 3 禽副黏病毒（除新城疫病毒外）

Anandan Paldurai* and Siba K. Samal
美国，马里兰州，马里兰大学帕克分校，弗吉尼亚-马里兰兽医学院，兽医系
Department of Veterinary Medicine, Virginia-Maryland College of Veterinary Medicine, University of Maryland, College Park, MD, USA.
*通讯：anandanp@umd.edu

https：//doi.org/10.21775/9781912530106.03

## 3.1 摘要

除APMV-1以外，禽副黏病毒（Avian paramyxovirus，APMV）血清型在野禽中广泛存在，偶尔也在家禽中发现。目前的大部分研究都集中在APMV-1血清型，因为该型包括能引起家禽严重疾病的新城疫病毒（Newcastle disease virus，NDV）。然而，关于其他APMV血清型的宿主范围、遗传多样性和致病性的研究很少。其他APMV血清型与家禽的轻度呼吸道疾病和产蛋下降有关。在过去的几年中，多个新型APMV血清型的分离得到，使这些病毒引起了广泛关注。目前，已有20种公认的APMV血清型和1种推测的APMV血清型，这些APMV血清型具有不同的遗传性、抗原性和生物学特性。野禽和家禽都是APMV的易感动物，但一些血清型似乎只感染特定的野禽品种。在过去10年里，人们获得了这类病毒全长基因组序列信息，并针对其中一些APMV血清型建立了反向遗传操作系统，促进了人们对这类病毒的了解和认知。本章总结了目前对这类禽病毒的认识。

## 3.2 简介与历史

副黏病毒基因组是单股负链不分节段的RNA，病毒粒子呈多态性，有囊膜。副黏病毒广泛存在于自然界中，已从世界各地多种哺乳动物、禽类以及一些鱼类和爬行动物中分离出该病毒。在影响经济生产和引起疾病能力方面，最重要的禽副黏病毒是新城疫病毒（Newcastle disease virus，NDV）。1927年，在英格兰新城首次鉴定了NDV（Doyle，1927）。1956年在加利福尼亚州尤卡帕地区的一只患病鸡中分离到另一种不同血清型的副黏病毒（Bankowski等，1960）。之后，在不同地区的多种野禽和家禽中分离出许多不

同血清型的副黏病毒。由于技术等的限制，1927—1970年只分离鉴定出9种禽副黏病毒血清型（APMV-1至APMV-9）。世界各地禽流感病毒（avian influenza virus，AIV）监测项目的集中开展以及DNA测序技术的发展，为新型APMV血清型的分离和鉴定提供了机会。自2010年以来，从世界各地的野禽群中相继分离出11种新型APMV血清型。在这几年中，这些新型APMV血清型的频繁分离表明在野禽群中存在许多APMV血清型，意味着将来可能会发现更多新的APMV血清型。对NDV的研究已经较为广泛，然而对其他APMV血清型的分子和生物学特性知之甚少。过去10年中，所有APMV血清型原型毒株全基因组序列的测定，极大提高了我们对这类病毒的认识。APMV基因组序列比较表明所有APMV均来自同一祖先，但病毒间遗传差异程度大，说明它们不断发生进化。

### 3.2.1　分类

禽副黏病毒（Avian paramyxovirus，APMV）属于单负病毒目副黏病毒科（Amarasinghe等，2017）。副黏病毒科分为4个亚科，分别为禽副黏病毒亚科（*Avulavirinae*）、正副黏病毒亚科（*Orthoparamyxovirinae*）、偏副黏病毒亚科（*Metaparamyxovirinae*）和腮腺炎病毒亚科（*Rubulavirinae*），以及一组还未分类的病毒（ICTV，2019）。所有的禽副黏病毒均属于禽副黏病毒亚科（ICTV，2019）。

之前APMV主要根据血凝抑制试验（haemagglutination inhibition，HI）和神经氨酸酶抑制试验（neuraminidase inhibition，NI）进行分类，利用这些试验鉴定了9种APMV血清型（APMV-1至APMV-9）（Alexander，2003）。但是，用HI试验时不同血清型的病毒之间存在血清学交叉反应（Alexander和Chettle，1978；Kessler等，1979；Lipkind等，1982；Tumova等，1979），后来发现的有些血清型（如APMV-5）（Nerome等，1978）和一个APMV-4毒株（Wang等，2013）可能缺乏血凝活性。为了建立可以统一应用的分类方法，国际病毒分类学委员会（International Committee on Taxonomy of Viruses，ICTV）根据RNA依赖性RNA聚合酶［RNA-dependent RNA polymerase，RdRp；也称为大聚合酶（large polymerase，L）］蛋白的完整氨基酸序列构建遗传进化树，将APMV分为正禽副黏病毒（*Orthoavulavirus*，OAvV）、偏禽副黏病毒（*Metaavulaviru*，MAvV）和副禽副黏病毒（*Paraavulavirus*，PAvV）3个属，属于禽副黏病毒亚科（*Avulavirinae*）（ICTV，2019）。

正禽副黏病毒属包括禽正禽副黏病毒1型（*Avian orthoavulavirus* 1，AOAvV-1）、AOAvV-9、AOAvV-12、AOAvV-13、AOAvV-16、AOAvV-17、AOAvV-18和AOAvV-19八个种，分别包含禽副黏病毒1型（APMV-1）、APMV-9、APMV-12、APMV-13、APMV-16、APMV-17、APMV-18和APMV-19。最新的禽副黏病毒分离株Cheonsu/1510在其他正禽副黏病毒簇附近，推测为APMV-21，但尚未得到国际病毒分类学委员会（ICTV）官方的认证。偏禽副黏病毒属包括禽偏禽副黏病毒2型（*Avian metaavulavirus* 2，AMAvV-2）、AMAvV-5、AMAvV-6、AMAvV-7、AMAvV-8、AMAvV-10、AMAvV-11、AMAvV-14、AMAvV-15和AMAvV-20，分别包含禽副黏病毒2型（APMV-2）、APMV-5、APMV-6、APMV-7、APMV-8、APMV-10、APMV-11、APMV-14、APMV-15和APMV-20。副禽副黏病毒属包括禽副禽副黏病毒3型（*Avian paraavulavirus 3*，APAvV-3）和APAvV-4，分别包含禽副黏病毒3型（APMV-3）和APMV-4。

自2017年以来，已经报道了8种禽副黏病毒血清型（APMV-14 ～ APMV-21）（Jeong等，2018；Karamendin等，2017；Lee等，2017；Neira等，2017；Thampaisarn等，2017；Thomazelli，2017），其中APMV-14至APMV-20已经得到官方认证（表3.1和3.2）。

表3.1　最近报道的APMV血清型

| APMV | 首个分离毒株 | 采集或分离的时间 | GenBank登录号 | 参考文献 |
|---|---|---|---|---|
| APMV-14 | duck/Japan/11OG0352/2011 | 2011年10月28日 | KX258200 | Thampaisarn等（2017） |
| APMV-15 | Calidris fuscicollis/Brazil/RS-1177/2012 | 2012年4月 | KX932454 | Thomazelli等（2017） |
| APMV-16 | WB/Kr/UPO216/2014 | 2014年 | KY511044 | Lee等（2017） |
| APMV-17 | Antarctic Penguin Virus A | 2014年 | KY452442 | Neira等（2017） |
| APMV-18 | Antarctic Penguin Virus B | 2014年 | KY452443 | Neira等（2017） |
| APMV-19 | Antarctic Penguin Virus C | 2014年 | KY452444 | Neira等（2017） |
| APMV-20 | gull/Kazakhstan/5976/2014 | 2014年 | MF033136 | Karamendin等（2017） |
| APMV-21[a] | wild birds/Cheonsu1510/2015 | 2015年10月15日 | MF594598 | Jeong等（2018） |

a.待ICTV官方认证的推测APMV血清型。

表3.2　禽副黏病毒血清型分类、分离年份、基因组长度、宿主种类和潜在的疾病

| APMV血清型 | 原型毒株[a] | 首次分离年份 | 基因组长度 | 宿主种类[b] | 疾病 |
|---|---|---|---|---|---|
| **正禽副黏病毒属** | | | | | |
| APMV-1（AOAvV-1） | 新城疫病毒毒株[c] | 1926 | 15 186 nt | 鸡和其他至少241种禽类 | 临床表现为轻微到严重的呼吸和神经疾病，并引起高死亡率 |
| APMV-9（AOAvV-9） | APMV-9/duck/New York/22/1978（New York） | 1978 | 15 438 nt | 鸭、绿头鸭、尖尾鸭、赤颈鸭 | 商品鸭群呈隐性感染 |
| APMV-12（AOAvV-12） | APMV-12/wigeon/Italy/3920-1/2005（Italy/3920-1） | 2005 | 15 312 nt | 赤颈鸭 | 未知 |
| APMV-13（AOAvV-13） | APMV-13/goose/Shimane/67/2000（Shimane/67） | 2000 | 16 146 nt | 白额雁、野禽 | 未知 |
| APMV-16（AOAvV-16） | APMV-15/WB/Kr/UPO216/2014（UPO216） | 2014 | 15180 nt | 未知野禽的粪便样品 | 未知 |
| APMV-17（AOAvV-17） | APMV-17/penguin/Antarctica/APV-A/2014（APV-A） | 2014 | 14 926 nt[d] | 南极巴布亚企鹅 | 未知 |
| APMV-18（AOAvV-18） | APMV-18/penguin/Antarctica/APV-B/2014（APV-B） | 2014 | 14 931 nt[d] | 南极巴布亚企鹅 | 未知 |
| APMV-19（AOAvV-19） | APMV-19/penguin/Antarctica/APV-C/2014（APV-C） | 2014 | 15 017 nt[d] | 南极巴布亚企鹅 | 未知 |
| APMV-21（AOAvV-21）[e] | APMV-21/wild bird/Cheonsu/1510/2015（Cheonsu/1510） | 2015 | 15 408 nt | 未知野禽的粪便样品 | 未知 |

（续）

| APMV 血清型 | 原型毒株[a] | 首次分离年份 | 基因组长度 | 宿主种类[b] | 疾病 |
|---|---|---|---|---|---|
| **偏禽副黏病毒属** | | | | | |
| APMV-2<br>(AMAvV-2) | APMV-2/chicken/California/<br>Yucaipa/1956（Yucaipa） | 1956 | 14 904 nt | 鸡、雀、赤膀鸭、欧亚鸲、雉、鹊鸲、太阳鸟、鹰、鹦鹉、黄额金丝雀、火鸡、灰头鸦、田鹨、暗胸朱雀、胡锦鸟、麦哲伦企鹅、食蟹猴（村山病毒） | 轻度呼吸道疾病，以及火鸡和鸡的产蛋问题，影响火鸡孵化率及幼禽产量 |
| APMV-5<br>(AMAvV-5) | APMV-5/budgerigar/<br>Kunitachi/1974<br>（Kunitachi） | 1974 | 17 262 nt | 虎皮鹦鹉 | 青年虎皮鹦鹉急性致死性肠炎，死亡率95%～100% |
| APMV-6<br>(AMAvV-6) | APMV-6/duck/Hong<br>Kong/18/199/<br>1977（Hong Kong） | 1977 | 16 236 nt | 鸭、鹅、水鸭、红颈滨鹬、火鸡、尖尾鸭、美洲绿翅鸭、红冠蕉鹃、潜鸭、绿头鸭、普通白鹭、太平洋黑鸭 | 火鸡轻度呼吸道疾病，产蛋量下降 |
| APMV-7<br>(AMAvV-7) | APMV-7/dove/<br>Tennessee/4/1975<br>（Tennessee） | 1975 | 15 480 nt | 鸽子、白鸽、火鸡 | 鸭和鹅隐性感染，火鸡轻度呼吸道疾病以及0.9%死亡率 |
| APMV-8<br>(AMAvV-8) | APMV-8/goose/<br>Delaware/1053/1976<br>（Delaware） | 1976 | 15 342 nt | 加拿大鹅、尖尾鸭、大天鹅、小滨鹬、白额雁、野禽 | 未知 |
| APMV-10<br>(AMAvV-10) | APMV-10/penguin/Falkland<br>Islands/324/2007（Falkland<br>Islands/324） | 2007 | 15 456 nt | 南跳岩企鹅 | 未知 |
| APMV-11<br>(AMAvV-11) | APMV-11/common snipe/<br>France/<br>100212/2010（France/100212） | 2010 | 17 412 nt | 普通沙锥 | 未知 |
| APMV-14<br>(AMAvV-14) | APMV-14/duck/<br>Japan/11OG0352/<br>2011（11OG0352） | 2011 | 15 444 nt | 鸭 | 未知 |
| APMV-15<br>(AMAvV-15) | APMV-16/Calidris fuscicollis/<br>Brazil/<br>RS-1177/2012（RS-1177） | 2012 | 14 964 nt[d] | 白腰滨鹬 | 未知 |
| APMV-20<br>(AMAvV-20) | APMV-20/gull/<br>Kazakhstan/5976/2014<br>（Kazakhstan/5976） | 2014 | 15 954 nt | 鸥的粪便样品 | 未知 |
| **副禽副黏病毒属** | | | | | |
| APMV-3<br>(APAvV-3) | APMV-3/parakeet/<br>Netherlands/449/<br>1975（Netherlands） | 1967 | 16 272 nt | 火鸡、长尾鹦鹉和其他鹦鹉、雀 | 鹦鹉脑炎，高死亡率，雀急性胰腺炎和神经症状，肉鸡发育迟缓，火鸡呼吸道疾病与产蛋问题 |

（续）

| APMV 血清型 | 原型毒株[a] | 首次分离年份 | 基因组长度 | 宿主种类[b] | 疾病 |
|---|---|---|---|---|---|
| APMV-4 (APAvV-4) | APMV-4/duck/Hong Kong/ D3/1975 （Hong Kong） | 1976 | 15 054 nt | 鸭、鹅、野水禽、鸡、鸬鹚、豆雁、鹅雁、绿头鸭、普通海鸠、绿翅鸭、尖尾鸭、白额雁、赤麻鸭、白眉鸭、林鸭、美洲绿翅鸭、琵嘴鸭、帝雁、水鸭、椋鸟、埃及雁、野禽 | 蛋鸡白壳鸡蛋的增加，商品鸭群呈隐性感染 |

a. 以统一格式展示原型毒株，每个原型毒株有一个简称（在括号中），为了方便本章用它们来表示毒株。

b. 所提供的宿主列表是基于GenBank数据库中毒株的分离年份和参考文献，并不是详尽的宿主列表。

c. 许多已鉴定的新城疫病毒毒株，在本章中使用LaSota毒株（GenBank登录号JF950510）用于遗传分析。

d. 基因组末端不完整。

e. 待ICTV官方认证的推测APMV血清型。

### 3.2.2 抗原关系

血凝抑制（HI）试验发现禽副黏病毒（APMV）血清型之间存在抗原交叉反应（Alexander等，1979；Lipkind和Shihmanter，1986；Miller等，2010；Nayak等，2012）。多项研究资料显示，HI试验除了APMV-3与APMV-1有明显的交叉反应，APMV-2至APMV-21与APMV-1总体上没有或者只有微量的血清学交叉反应（Alexander等，1979；Nayak等，2012），因此通过HI试验排除APMV-1时需要特别关注这个问题。研究发现，APMV-1与APMV-9（Nayak等，2012）、APMV-10与APMV-2和APMV-8（Miller等，2010）、APMV-12与APMV-1和APMV-9均有交叉反应（Terregino等，2013），APMV-1和APMV-13有单向抗原交叉反应（Yamamoto等，2015）。有研究表明每个APMV-1、APMV-3和APMV-6至少包含2种抗原亚型（Kumar等，2010b；Subbiah等，2010a；Xiao等，2010），说明同一APMV血清型的病毒也显示出抗原差异。由于多重病原感染收取的抗血清通常诱导广泛的交叉反应抗体，通过传统的交叉HI试验进行抗原分析的结果受抗血清来源的影响很大。因此，有人建议应该通过自然感染途径单独感染鸡收集抗血清（Miller等，2010）。HI试验的结果有时会与病毒中和试验（virus neutralization，VN）的结果不一致，例如，通过HI试验检测APMV-1抗血清与APMV-8反应血凝抑制滴度很高，但VN试验检测滴度较低（Tsunekuni等，2014），可能的原因是针对APMV-1 HN蛋白的抗体在病毒中和作用方面不如抗F蛋白抗体（Kumar等，2011；Kim等，2013）。HI试验的抗原交叉反应不仅取决于HN蛋白氨基酸序列的同源性，还取决于这个蛋白参与产生血凝（hemagglutination，HA）活性的抗原表位的保守性，例如，通过HI试验检测APMV-3与APMV-1有明显的交叉反应，但其HN蛋白氨基酸同源性仅有34.9%（Nayak等，2012）。

交叉保护研究证实，免疫APMV-3可提供抗NDV的高水平保护（Alexander等，1979；Nayak等，2012），表明这两种APMV血清型存在保守的保护性抗原表位。但是，Anandan Paldural等待发表的研究结果证明免疫APMV-3仅能抵抗低剂量的NDV感染。免疫其他APMV血清型几乎不能抵抗NDV的感染（Alexander等，1979；Nayak等，2012；Grund等，2014；Tsunekuni等，2014）。研究发现，NDV与其他APMV血清型之间的氨基酸序列相关性程度与交叉保护水平没有相关性，例如，NDV与APMV-9的F和HN蛋白的氨基酸序列同源性较高（分别为55.3%和61.7%）（Samuel等，2009），但免疫APMV-9对NDV感染几乎没有保护作用。APMV-3与NDV的F和HN蛋白的同源性仅分别为31.4%和34.9%（Kumar等，2008），免疫APMV-3提供的保护力却远远超过APMV-9。这些结果表明，两种APMV血清型之间的交叉保护水平可能不直接与F和HN蛋白氨基酸序列的同源性相关，而是取决于F和HN蛋白三级结构形成的中和表位构象的相似性。

### 3.2.3 地理分布

除APMV-1外，世界各地的各种禽类都有APMV血清型感染的报道。由于分离其他APMV血清型的报道数量有限，人们对其他APMV血清型地理分布的了解并不全面。此外，很少有来自南美、非洲和大洋洲的其他APMV血清型分离的报道。大多数其他APMV血清型分离株是从零散分布的野生候鸟中分离到，且经常是在监测其他疾病（如禽流感病毒等）时分离得到的。APMV-1在野禽中的流行率高于其他血清型，但其他血清型的分布范围更广，尚不清楚该现象是否反映这些病毒在特定的地理位置存在或者这些病毒的宿主范围较窄。

候鸟在APMV全球的传播中起重要作用（Fornells等，2013；Muzyka等，2014）。野生鸟类飞行路线的交叉区域为APMV血清型种内和种间传播提供了无限的机会，在不同禽类和不同地理区域分离出具有相似遗传特征的APMV证实了APMV种群间和种间传播（Muzyka等，2014；Yin等，2017；Tseren-Ochir等，2018a、b）。APMV能够通过候鸟在各大洲间迅速传播，同时，当地的宿主种类和环境对该病毒在当地禽类中生存传播也起着重要作用。例如，对世界不同地方分离的58株APMV-4毒株F基因的序列分析发现，只有来自北美洲、亚洲和欧洲的APMV-4序列遗传进化树是单系的进化分支，这表明APMV-4洲际扩散并不常见（Reeves等，2016）。但是，对中国的11株APMV-4分离株遗传进化分析表明，所有分离株与来自欧洲的病毒同源性很高，表明在亚洲与欧洲存在APMV-4毒株的洲际传播（Yin等，2017）。

### 3.2.4 宿主范围

许多家禽和野禽都有除APMV-1外的APMV血清型毒株分离的报道（表3.2）表明所有禽类都有可能感染一种或多种APMV血清型，野禽尤其是水禽是APMV的主要天然宿主。在所有APMV血清型中，APMV-1在水禽中的传播最广，其次是APMV-4和APMV-6（Muzyka等，2014）。虽然还不清楚各个APMV血清型的天然宿主范围，但是这些病毒的宿主范围似乎比APMV-1的宿主范围更窄，同一个APMV血清型的毒株也可能有特定的毒株宿主范围。尽管家禽不是其他APMV血清型的天然宿主，但是有研究表明野禽的其他APMV血清型能够向家禽传播（Warke等，2008a、b；Choi等，2013）。

从世界各地的鸡、火鸡、雀形目和鹦鹉都分离到APMV-2病毒（Bankowski等，1960；Asahara等，1973；Collings等，1975；Alexander等，1982；Lipkind等，1982）。经常从雀形目和鹦鹉中分离出APMV-2病毒，表明这些鸟类可能是APMV-2的天然传染源（Bankowski等，1968；Bradshaw和Jensen，1979；Senne等，1983），很少从蹼鸡和鸭中分离出APMV-2病毒。但从巴西麦哲伦企鹅（*Spheniscus magellanicus*）中也有分离到APMV-2（Fornells等，2012）。从世界各地的家养火鸡和鸡中都有分离到APMV-3病毒（Lipkind等，1979；Tumova等，1979；Macpherson等，1983；Andral和Toquin，1984；Zeydanli等，1988），大多数APMV-3是从非家养的鹦形目的物种中分离出来的，一些雀形目也对APMV-3易感（Alexander和Chettle，1978；Alexander，1980）。从猕猴和猪中分别分离出APMV-2样和APMV-3样病毒（Nishikawa等，1977a；Lipkind等，1986）。在鸡和火鸡中分离出的APMV-2和APMV-3比其他APMV血清型更多。APMV-4似乎有更广的宿主范围，野禽尤其是水禽被认为是APMV-4的天然宿主库和重要的病毒携带者（Stanislawek等，2002；Parthiban等，2013），但是在家鸭、鹅，偶尔在鸡上也有检测到APMV-4病毒的报道（Shortridge和Alexander，1978；Turek等，1984；Wang等，2013）。1974年，在日本国立市暴发动物流行病的虎皮鹦鹉中首次分离出APMV-5病毒（Mustaffa-Babjee等，1974；Nerome等，1978），之后世界其他地方也有APMV-5感染虎皮鹦鹉的报道，但是数量很少（Yoshida等，1977；Gough等，1993；Hiono

等，2016）。虎皮鹦鹉被认为是APMV-5唯一的天然宿主。从许多种禽类中都分离出APMV-6病毒，包括鸭、鹅、短颈野鸭、红颈滨鹬和火鸡（Shortridge等，1980；Chang等，2001；Stanislawek等，2002；Bui等，2014；Karamendin等，2016a）。APMV-7病毒在鸽和鸠中流行（Alexander和Senne，2008），从火鸡（Saif等，1997）和鸵鸟（Woolcock等，1996）中也有分离到APMV-7。APMV-8病毒大部分是从鹅中分离得到（Cloud 和Rosenberger，1980；Karamendin等，2016a；Fereidouni等，2018），在鸭（Yamane等，1982）、天鹅（Umali等，2014；Fereidouni等，2018）和滨鹬（Karamendin等，2016a；Fereidouni等，2018）中也分离到APMV-8，从家鸭（Sandhu和Hinshaw，1981）和野鸭（Capua等，2004）中分离到APMV-9病毒。

目前，关于其他APMV血清型的宿主范围知之甚少。从福克兰群岛的跳岩企鹅（Miller等，2010）、法国常见的沙锥鸟（Briand等，2012）和意大利的欧亚野鸭（Terregino等，2013）中分别分离到APMV-10、APMV-11和APMV-12病毒。据报道，APMV-13病毒来源于日本大雁（Yamamoto等，2015）、乌克兰大雁（Goraichuk等，2016）和哈萨克斯坦的一种未知野鸟（Karamendin等，2016b）。在2017年，总共有8种新的APMV血清型相继报道：从日本（Thampaisarn等，2017）和韩国野鸭（Lee等，2017）分离出2种新APMV血清型，从巴西1种候鸟分离出1种新APMV血清型（Thomazelli等，2017），从南极企鹅分离到3种新APMV血清型（Neira等，2017），从哈萨克斯坦的海鸥分离到1种新APMV血清型（Karamendin等，2017），从韩国野禽的粪便中分离得到1种新APMV血清型（Jeong等，2018）。

## 3.3 禽副黏病毒相关疾病

APMV-1强毒株（NDV）能引起家禽严重疾病，但对其他APMV血清型引起潜在疾病的了解很少。因为很多其他APMV血清型病毒是在检疫隔离期的禽、被猎杀或明显健康的鸟以及未知野禽的粪便或无临床症状的家禽中分离得到的，所以很难知道病毒感染的特征性疾病症状。与APMV分离株有关的疾病症状总结见表3.2，在所有其他APMV血清型中，APMV-5感染能引起虎皮鹦鹉精神沉郁、呼吸困难、腹泻、斜颈等，死亡率高达90%～100%（Yoshida等，1977；Nerome等，1978）。APMV-3引起的疾病取决于毒株和禽的种类，APMV-3感染草原鹦鹉能导致70%的死亡率（Jung等，2009），一些APMV-3毒株能引起鹦鹉的脑炎（Tumova等，1979）。据报道，APMV-2、APMV-3、APMV-6和APMV-7会引起家禽轻微的疾病（Alexander和Senne，2008）。APMV-2与火鸡呼吸系统疾病、产蛋下降和生殖障碍相关（Lipkind等，1979；Bankowski等，1981）。APMV-3毒株Netherlands人工感染会引起火鸡的呼吸道疾病和青年鸡生长受阻（Alexander和Collins，1982；Alexander等，1983b），然而还没有鸡自然感染APMV-3的报道。关于APMV-4的致病力还不清楚，鸡实验性感染可见内部器官微小病变，无明显临床症状（Warke等，2008b）。APMV-5能引起虎皮鹦鹉腹泻和高死亡率，不引起鸡和鸭的疾病（Alexander和Senne，2008）。APMV-6和APMV-7能引起火鸡轻微的呼吸道疾病和产蛋下降（Shortridge等，1980；Saif等，1997；Warke等，2008b），但是APMV-6和APMV-7病毒人工感染鸡不表现明显的疾病（Shortridge等，1980；Xiao等，2009）。APMV-8和APMV-9分离株很少引起家禽的临床症状（Alexander等，1983a；Stallknecht等，1991；Maldonado等，1994；Capua等，2004）。研究显示似乎只有APMV-2和APMV-3病毒能引起家禽严重的疾病，造成家禽生产的经济损失。APMV-10至APMV-21是从没有任何临床症状的野禽中分离得到的，其中APMV-12和APMV-13对鸡无致病力（Terregino等，2013；Yamamoto等，2015）。在美国，血清学调查发现商品家禽存在针对不同APMV的抗体，表明存在APMV的隐性感染（Warke等，2008a）。APMV-2和

APMV-9人工感染鸡或者火鸡会产生轻微的呼吸道症状（Warke等，2008b；Kumar等，2010a；Subbiah等，2010b）。所有其他APMV血清型（包括最近分离的新的血清型）的1日龄雏鸡脑内接种致病指数（ICPI）均很低，表明对鸡无致病力。

已有APMV-2至APMV-9在哺乳动物中复制及其致病性的研究（Samuel等，2011；Khattar等，2011，2013；Bui等，2017）。仓鼠和小鼠经鼻内接种APMV-1至APMV-9的标准毒株，能在体内复制并产生轻微或不明显的临床症状（Khattar等，2011；Samuel等，2011）。最近，研究发现APMV-6的两个毒株能在感染小鼠的呼吸道组织中复制并引起呼吸道症状，有时会导致小鼠的死亡（Bui等，2017）。恒河猴（猕猴）经鼻和气管接种感染实验证实，除APMV-5之外，APMV-1至APMV-9均能使感染动物产生病毒特异性血清抗体，但没有动物表现出任何临床症状（Khattar等，2013）。这些结果表明APMV在自然界中可以感染灵长类动物，但不引起任何明显的临床症状。

## 3.4 APMV的分离与鉴定

最适宜APMV病毒分离的样品是新鲜的粪便或粪便拭子，其次是气管拭子样品，病死禽的器官也能作为病毒分离的样品。组织悬浮液或拭子洗脱液需 $1\,000 \times g$ 离心 $10\,min$。拭子应置于含有高浓度抗生素的培养基中，取样后应尽快进行病毒分离。冷冻或在4℃环境下保存的样品病毒数量少且活力低，可能导致病毒丧失感染性。APMV分离最常用的方法是取 $0.1 \sim 0.2\,mL$ 样品的上清液经尿囊腔接种 $3 \sim 5$ 枚 $9 \sim 11$ 日龄无特定病原体（specific pathogen-free，SPF）鸡胚，在37℃温箱培养并每天观察鸡胚情况。接种后 $5 \sim 7\,d$ 的胚放到4℃冷藏并取其尿囊液进行血凝试验。经过两次以上传代的阴性样品才能认为未分离到病原。APMV-5病毒不能在尿囊腔上生长，一般通过接种 $9 \sim 11$ 日龄鸡胚的羊膜腔或 $6 \sim 7$ 日龄鸡胚的卵黄囊进行病毒分离。血凝试验结果为阳性，表明可能是APMV或AIV；NDV特异性和AIV特异性抗血清的HI试验结果为阴性，表明该病毒为除APMV-1外的其他APMV血清型，进一步用其他APMV血清型的特定抗血清进行HI试验鉴定APMV血清型。但是，APMV-5不会引起鸡或任何其他已知物种的红细胞发生血凝反应（Nerome等，1978；Samuel等，2010）。有报道称，从中国分离的一个APMV-4（Wang等，2013）和一个APMV-6毒株（Chen等，2018）血凝试验也是阴性。因此，APMV鉴定除血凝试验之外，还应该进行序列比对的分析。

APMV-1至APMV-10和APMV-13能在禽类和哺乳动物细胞中复制，APMV-14只在鸡胚成纤维细胞（CEF）中生长，APMV-20不能在细胞培养物中复制。一些APMV血清型需要添加胰蛋白酶（ $1\,\mu g/mL$ ）或10%新鲜尿囊液促进生长。总体而言，APMV在鸡成纤维细胞（chicken fibroblast，DF-1）中生长效率最高，其次是Vero和BHK-21细胞。不同APMV血清型的致细胞病变效应（cytopathic effect，CPE）不一样。一些APMV血清型引起细胞变圆和脱落，不形成合胞体，这是副黏病毒感染的一个标志。但APMV-1、APMV-3 Netherlands毒株和APMV-13 Shimane/67毒株感染细胞会形成合胞体。鸡胚接种是APMV病毒分离最有效的方法。

## 3.5 病毒粒子常见的结构和复制策略

尽管关于其他APMV血清型的结构和复制策略的研究很少，但所有副黏病毒的一般分子生物学特征非常相似，所以它很可能与NDV相似。因此，建议读者参考NDV的章节详细了解其他APMV血清型的分子生物学特征。

### 3.5.1 病毒粒子形态

通过电子显微镜观察难以区分APMV-1与其他APMV血清型的形态（图3.1）。禽副黏病毒粒子直径100 ~ 500nm，呈多形态及丝状的囊膜病毒。病毒从宿主细胞质膜获得病毒囊膜，病毒表面是嵌入囊膜的糖蛋白纤突，从病毒粒子表面突出约15nm的长度。所有APMV都包含两种类型的糖蛋白纤突：融合蛋白（fusion，F）和血凝素 - 神经氨酸酶（haemagglutinin-neuraminidase，HN），但APMV-6多一个称为小疏水性蛋白（small hydrophobic，SH）的囊膜蛋白。囊膜下面是基质蛋白（matrix，M），囊膜内是核衣壳核芯（也称为核糖核蛋白核芯，ribonucleoprotein，RNP）。所有其他禽副黏病毒核衣壳核芯皆由核衣壳蛋白（nucleocapsid，N）、大聚合酶（large polymerase，L）和磷蛋白（phosphoprotein，P）包裹的单股不分节段RNA基因组组成。病毒核衣壳核芯具有RNA依赖性RNA转录酶活性，是病毒的最小感染单元。禽副黏病毒粒子模式图见图3.2。

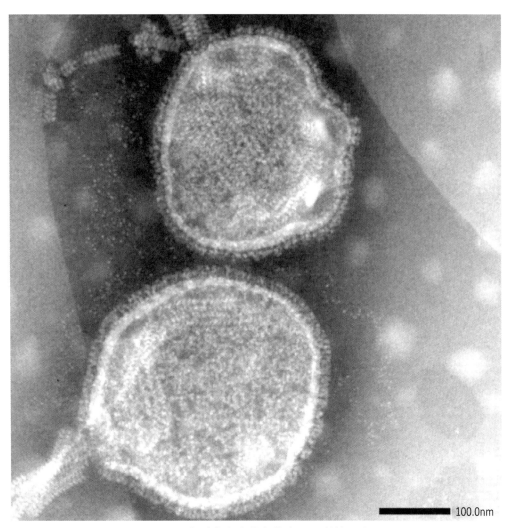

100.0nm

图3.1　禽副黏病毒的负染电子显微镜照片

APMV-13电子显微镜照片如图所示，标尺为100nm。（引自Yamamoto E，等，2015. J Vet Med Sci，77（9）：1079-1085。本图已获得日本兽医科学学会转载许可。）

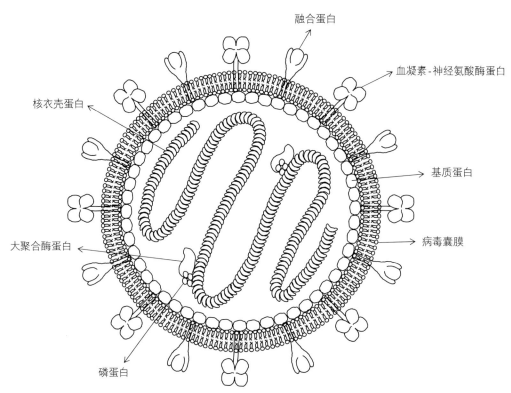

图3.2　禽副黏病毒粒子模式图（未按比例绘制）

与APMV-1或NDV一样，所有其他APMV病毒粒子都含有6种主要蛋白，分别为核衣壳蛋白（N）、磷蛋白（P）、基质蛋白（M）、融合蛋白（F）、血凝素-神经氨酸酶蛋白（HN）和大聚合酶蛋白（L）。P、F和HN分别为四聚体、三聚体和四聚体。一种只存在于APMV-6中完整的膜蛋白称为小疏水蛋白（small hydrophobic protein，SH），未在图中显示。

### 3.5.2　基因组结构

APMV基因组是不分节段的单股负链RNA。目前得到的APMV完整基因组序列长度从APMV-2的14 904个核苷酸（nt）到APMV-11的17 412 nt不等，包含6 ~ 7个基因，呈线性排列（Lamb和Parks，2013），全基因组序列比较见图3.3。所有副黏病毒基因组核苷酸长度都是6的整数倍，称为"六碱基规则"。核衣壳对基因组正确装配必须遵循这个规则（Kolakofsky等，1998），与这个规则一样，APMV的全基因组核苷酸长度都是6的整数倍。基因组的3′端和5′端包含的基因外短链序列分别称为前导区和尾部区，是调控病毒基因组转录和复制的序列。所有APMV的前导区是55 nt（图3.4），尾部区长度在APMV-4的17nt到APMV-3的707nt之间。3′前导区的前12nt和5′尾部区在APMV各个血清型中高度保守。病毒RNA聚合酶进入基因组3′端，通过每个基因侧翼的基因启动（gene-start，GS）和基因终止（gene-end，GE）信号引导启动-终止机制依次进行各个mRNA的转录（图3.5）。基因间非编码序列（intergenic sequences，IGS）不会转录成mRNA。在RNA复制过程中会略过基因启动和基因终止信号合成一个基因组互补链（反向基因组），作为后代病毒基因组合成的模板。

比较单个基因或全基因组的核苷酸序列显示，不同APMV血清型间存在较大的遗传变异。图3.6和3.7为分别以RdRp或L蛋白的完整氨基酸序列和F基因完整的编码序列构建的遗传进化树。F蛋白和HN蛋白ORF的氨基酸序列同源性比较结果见表3.3。基于两种APMV血清型之间F基因的完整编码序列的遗传距离比较分析，其范围为0.439 ~ 1.207（表3.3）。图3.8是用APMV血清型的完整基因组序列构建的遗传进化树。

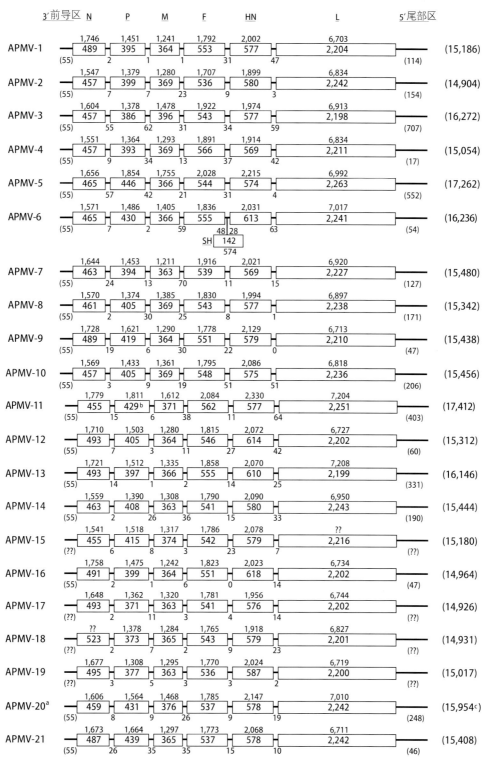

图3.3　禽副黏病毒各血清型基因图谱

　　该基因图谱（未按比例绘制）代表每一个禽副黏病毒血清型原型毒株的基因组特征（原型毒株见表3.2）。每个方框表示一个基因，实线表示前导区、基因间区以及尾部区，方框内的阿拉伯数字表示蛋白的长度，方框上面的阿拉伯数字表示基因长度。每个基因图谱下方的阿拉伯数字表示前导区（括号内）、基因间区和尾部区（括号内）序列，基因图谱后面的阿拉伯数字（括号内）表示基因组长度。基因序列末端延伸的多聚U认为是该基因的一部分。a.待ICTV官方认证的推测APMV血清型。b.显示磷蛋白（Phosphoprotein，P）的长度，但是APMV-11的P基因编辑产生V/W/P蛋白（详见图3.10）。c.参考最新的GenBank数据库MF033136.2序列。双问号（??）表示序列不完整。

比较两种APMV血清型全基因组核苷酸序列，同源性最低的是APMV-4与APMV-6之间（41.6%）以及APMV-3与APMV-5之间（41.7%），而APMV-1与APMV-16之间（65.8%）以及APMV-17与APMV-18之间（65.2%）的同源性最高。APMV间基因组序列同源性成对比较以及进化差异估算值见表3.4。在APMV血清型内亚群间的基因组序列也显示出很大的遗传差异，例如，APMV-3的Netherlands和Wisconsin毒株间基因组同源性为67.1%，APMV-2的Yucaipa和Bangor毒株间为68.8%，APMV-6的China Hong Kong和Italy/4524-2毒株间为70.6%，这些证据表明APMV血清型内存在很大的遗传差异（Kumar等，2010b；Subbiah等，2010a；Xiao等，2010）。APMV基因组序列差异结果表明，应该制定统一的APMV血清型遗传分类准则。

| APMV 毒株 | 3′前导区序列 |
|---|---|
| APMV-1 (LaSota) | UGGUUUGUCUCUUAGGCACUCAAUGCUAUUUUCCGCUUUCUCGUUAACUUCAGUG |
| APMV-2 (Yucaipa) | .........UC....UC..U..GU...AU..AGAAU..A.U.U.G..U...AG.CA |
| APMV-3 (Netherlands) | ..A.......U...AUU.UGA.CAAUC..CAG.G...AAU.A.GCG.U.AU.UAA |
| APMV-4 (China Hong Kong) | ..C....U...UC.UAUUUUC.GUCUUCGGAAAAUUU.CCU.G.GACC.GA...CA |
| APMV-5 (Kunitachi) | ........UC....C..GU..GU..AAU..AAAAUU.A..G.AC..U.ACU.UA. |
| APMV-6 (China Hong Kong) | ........UC...U..U.UA.G.AC.CC.GAAAU....C..G..AAC.U..UG.CA |
| APMV-7 (Tennessee) | ........UG.C.U.U..GUCA...U..GAAAA..AU.UU...UUGAA..CA |
| APMV-8 (Delaware) | ........UC.CU..GGU...C...GAAAU.A.U.U...A..A.UAA |
| APMV-9 (New York) | ........U...UAA..U..A...CUG....CA....A..GA..CA |
| APMV-10 (Falkland Islands/324) | ........UC..G.UCU.U.GGG...AC.GGCAAUUGAC..UU.AUU..A..ACA |
| APMV-11 (France/100212) | ........GUC.AGU.UGAC.GC...AC.C.A.AU....U.UAA..UCA |
| APMV-12 (Italy/3920-1) | ...AA....UAG..A..AA.C...A..A.U.U..ACU.UA.AU..ACA |
| APMV-13 (Shimane/67) | ............A..A..U..C...GA...AU...AA.UA...G.UC. |
| APMV-14 (110G0352) | .........UC...A.UCU..CCAUGAC..AAAUU...CUGU.AC.GAG.A..CA |
| APMV-16 (UPO216) | ...........A..U...C...C..U..GU....U.... |
| APMV-20 (Kazakhstan/5976) | ...C...UC....UC.UU..GU..AC.A.A.AU....UU.GCGGG.AGUCA |
| APMV-21[a] (Cheonsu/1510) | ........UC....UA.U..A.CUU...GCA....G..AAAC.CA |

图3.4　禽副黏病毒各血清型前导区55nt的序列比对

原型毒株基因组正链RNA的完整3′前导序列比对，…表示该位置的氨基酸与APMV-1 LaSota毒株的3′前导区序列相同。a.待ICTV官方认证的推测APMV血清型。

| APMV 毒株 | F 裂解位点序列 | 基因启动序列 | 基因终止序列 |
|---|---|---|---|
| APMV-1 (LaSota) | G-**R**-Q-G-**R**↓L | UGCCCAUCUU | AAUCUUUUUU |
| (Beaudette C) | **R**-**R**-Q-**K**-**R**↓F | .......... | .......... |
| APMV-2 (Yucaipa) | **K**-P-A-S-**R**↓F | CC...GCUG. | ...UC....U |
| (Bangor) | L-P-S-A-**R**↓F | CC...GCUG. | ...UC....U |
| APMV-3 (Netherlands) | **R**-P-**R**-G-**R**↓L | .C.U.GC... | ...UA....U |
| (Wisconsin) | **R**-P-S-G-**R**↓L | .C.U.GC... | ...UA....U |
| APMV-4 (China Hong Kong) | D-I-Q-P-**R**↓F | .C.A..C.C. | ...UAA...U |
| APMV-5 (Kunitachi) | **R**-**R**-**K**-**K**-**R**↓F | CU...UCU.A | ...A.....U |
| APMV-6 (China Hong Kong) | A-P-E-P-**R**↓L | CU...CCU.C | ...UC....U |
| (Italy) | I-**R**-E-P-**R**↓L | CU...CCU.C | ...UC....U |
| APMV-7 (Tennessee) | L-P-S-S-**R**↓F | CU....CU.A | ...UA....U |
| APMV-8 (Delaware) | Y-P-Q-T-**R**↓L | CC...CCU.C | ...UC....U |
| APMV-9 (New York) | I-**R**-E-G-**R**↓I | .......... | ...G.....U |
| APMV-10 (Falkland Islands/324) | **K**-P-S-Q-**R**↓I | .C...GCUGG | ...UC....U |
| APMV-11 (France/100212) | S-G-T-**K**-**R**↓F | C....GCU.C | ...UA....U |
| APMV-12 (Italy/3920-1) | G-**R**-E-P-**R**↓L | .....CU... | ...UC...UU |
| APMV-13 (Shimane/67) | V-**R**-E-N-**R**↓L | .......... | .......... |
| APMV-14 (110G0352) | T-**R**-E-G-**K**↓L | CU...CCU.A | ...U.....U |
| APMV-15 (RS-1177) | V-P-**K**-E-**R**↓L | CC...GCUGG | ...UC....U |
| APMV-16 (UPO216) | L-V-Q-A-**R**↓L | .......... | .......... |
| APMV-17 (APV-A) | G-I-Q-S-**R**↓L | .....G.... | ...UA....U |
| APMV-18 (APV-B[b]) | A-A-Q-S-**R**↓L | .....G.... | ...UC....U |
| APMV-19 (APV-C) | **R**-G-Q-A-**R**↓I | .....G.... | ...UC....U |
| APMV-20 (Kazakhstan/5976) | E-Q-Q-A-**R**↓L | CC...GCUGG | ...UC....U |
| APMV-21[a] (Cheonsu/1510) | D-**R**-E-G-**R**↓L | .......... | .......... |

图3.5　禽副黏病毒各血清型融合蛋白裂解位点序列、基因组正链基因启动序列和基因终止序列比对

向下的箭头表示融合蛋白的裂解位点，融合蛋白裂解位点中的碱性残基用粗体表示。a.待ICTV官方认证的推测APMV血清型。除APMV-18毒株APV-B[b]外基因启动序列（gene-start，GS）和基因终止序列（gene-end，GE）取自核衣壳（nucleocapsid，N）基因，APV-B[b]毒株N基因的基因启动序列不确定，其基因启动序列和基因终止序列取自其磷蛋白基因。…表示该位置的核苷酸与LaSota毒株相同。多聚U序列为基因终止序列的一部分。

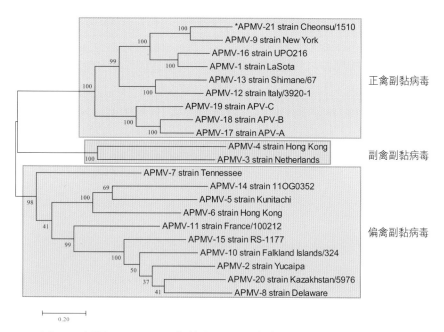

图3.6 根据APMV RNA依赖的RNA聚合酶或L蛋白序列的遗传进化分析

根据APMV各血清型的原型毒株RNA依赖的RNA聚合酶或L蛋白的完整氨基酸序列用MEGA7（Kumar等，2016）中基于JTT矩阵模型的极大似然法（Jones等，1992）推断进化历史。L蛋白序列取自图3.8所示的基因组序列。＊待ICTV官方认证的推测APMV血清型。

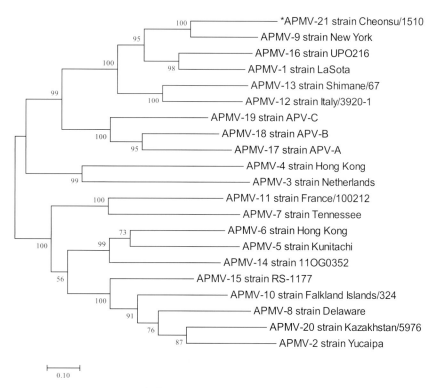

图3.7 根据APMV F基因序列的遗传进化分析

根据APMV各血清型的原型毒株融合基因完整编码序列用MEGA7（Kumar等，2016）中基于Kimura 2-parameter模型（Kimura，1980）的极大似然法推断进化历史。F基因编码序列取自图3.8所示的基因组序列。＊待ICTV官方认证的推测APMV血清型。在APMV的聚类模式中，基于RdRp遗传进化树与基于F基因的遗传进化树具有显著的相似性（图3.6）。

表3.3　禽副黏病毒各血清型融合蛋白[a]和血凝素-神经氨酸酶蛋白[b]氨基酸序列比

| APMV 血清型 | APMV-1 | APMV-2 | APMV-3 | APMV-4 | APMV-5 | APMV-6 | APMV-7 | APMV-8 | APMV-9 | APMV-10 |
|---|---|---|---|---|---|---|---|---|---|---|
| APMV-1 | * | 40.8<br>35.2<br>0.926 | 31.4<br>34.9<br>1.072 | 32.1<br>34.7<br>1.135 | 39.5<br>34.7<br>0.954 | 38.7<br>31.0<br>1.023 | 37.4<br>36.2<br>1.042 | 41.7<br>34.5<br>0.965 | 55.3<br>61.7<br>0.603 | 40.2<br>34.6<br>0.948 |
| APMV-2 | | * | 30.6<br>31.5<br>1.173 | 33.5<br>32.1<br>1.107 | 47.2<br>42.7<br>0.823 | 50.0<br>41.3<br>0.823 | 38.5<br>42.4<br>0.902 | 63.4<br>48.3<br>0.572 | 38.5<br>32.9<br>0.975 | 61.0<br>51.1<br>0.615 |
| APMV-3 | | | * | 32.4<br>40.1<br>1.041 | 30.4<br>32.4<br>1.126 | 32.1<br>31.6<br>1.117 | 27.1<br>33.9<br>1.207 | 31.9<br>31.3<br>1.073 | 28.3<br>36.5<br>1.129 | 29.7<br>32.0<br>1.182 |
| APMV-4 | | | | * | 33.2<br>30.7<br>1.034 | 33.3<br>32.3<br>1.018 | 29.9<br>36.3<br>1.151 | 36.0<br>32.7<br>1.045 | 28.8<br>35.6<br>1.143 | 33.7<br>30.8<br>1.058 |
| APMV-5 | | | | | * | 54.0<br>56.3<br>0.634 | 38.4<br>42.6<br>0.915 | 46.2<br>41.2<br>0.808 | 35.9<br>32.4<br>0.982 | 47.4<br>41.7<br>0.776 |
| APMV-6 | | | | | | * | 38.4<br>43.6<br>0.919 | 49.5<br>39.8<br>0.822 | 38.8<br>31.2<br>0.991 | 50.2<br>40.8<br>0.775 |
| APMV-7 | | | | | | | * | 38.6<br>41.7<br>0.857 | 35.2<br>35.3<br>1.096 | 38.5<br>40.7<br>0.842 |
| APMV-8 | | | | | | | | * | 38.7<br>34.5<br>0.936 | 60.8<br>50.3<br>0.607 |
| APMV-9 | | | | | | | | | * | 39.7<br>34.8<br>0.957 |
| APMV-10 | | | | | | | | | | * |
| APMV-11 | | | | | | | | | | |
| APMV-12 | | | | | | | | | | |
| APMV-13 | | | | | | | | | | |
| APMV-14[d] | | | | | | | | | | |
| APMV-15[d] | | | | | | | | | | |
| APMV-16[d] | | | | | | | | | | |
| APMV-17[d] | | | | | | | | | | |
| APMV-18[d] | | | | | | | | | | |
| APMV-19[d] | | | | | | | | | | |
| APMV-20[d] | | | | | | | | | | |
| APMV-21[d] | | | | | | | | | | |

对同源性百分数及融合基因编码序列的进化差异估计值[c]

| APMV-11 | APMV-12 | APMV-13 | APMV-14 | APMV-15 | APMV-16 | APMV-17 | APMV-18 | APMV-19 | APMV-20 | APMV-21[d] |
|---|---|---|---|---|---|---|---|---|---|---|
| 34.3 | 54.7 | 53.6 | 39.7 | 39.8 | 73.9 | 46.4 | 46.6 | 45.9 | 40.2 | 55.1 |
| 35.3 | 56.8 | 55.0 | 35.1 | 31.9 | 71.2 | 48.8 | 47.1 | 47.6 | 35.0 | 62.3 |
| 1.101 | 0.688 | 0.672 | 0.949 | 0.954 | 0.439 | 0.818 | 0.820 | 0.779 | 0.969 | 0.623 |
| 41.6 | 38.4 | 37.1 | 45.9 | 58.6 | 42.3 | 39.0 | 38.5 | 37.8 | 61.4 | 39.2 |
| 41.1 | 33.5 | 34.3 | 42.2 | 45.7 | 34.3 | 35.4 | 34.3 | 32.3 | 52.5 | 35.1 |
| 0.906 | 0.950 | 0.979 | 0.852 | 0.642 | 0.942 | 0.918 | 0.964 | 1.037 | 0.535 | 0.930 |
| 31.8 | 29.9 | 29.7 | 30.4 | 31.3 | 30.6 | 28.8 | 32.0 | 29.4 | 30.3 | 30.9 |
| 33.2 | 36.3 | 36.8 | 35.7 | 32.6 | 34.9 | 38.3 | 35.4 | 36.1 | 32.0 | 36.5 |
| 1.133 | 1.056 | 1.050 | 1.127 | 1.118 | 1.158 | 1.078 | 1.055 | 1.133 | 1.139 | 1.141 |
| 33.5 | 31.7 | 32.8 | 32.6 | 32.6 | 32.4 | 34.0 | 33.6 | 32.9 | 34.1 | 27.6 |
| 35.7 | 35.4 | 36.1 | 33.9 | 33.0 | 35.7 | 35.6 | 37.0 | 37.0 | 33.3 | 35.9 |
| 1.117 | 1.127 | 1.029 | 1.060 | 0.992 | 1.117 | 1.039 | 1.006 | 1.049 | 1.056 | 1.157 |
| 40.2 | 37.0 | 38.5 | 48.7 | 47.1 | 39.1 | 38.5 | 35.6 | 37.7 | 48.6 | 37.1 |
| 42.5 | 32.7 | 34.0 | 52.1 | 39.1 | 33.6 | 33.5 | 32.2 | 33.8 | 43.0 | 32.3 |
| 0.942 | 1.047 | 1.018 | 0.718 | 0.755 | 1.016 | 1.009 | 1.008 | 1.055 | 0.816 | 1.013 |
| 40.1 | 38.7 | 37.6 | 52.7 | 47.8 | 40.0 | 37.2 | 39.3 | 37.0 | 48.9 | 35.3 |
| 42.6 | 32.0 | 32.4 | 51.0 | 39.2 | 28.8 | 32.4 | 29.8 | 30.8 | 41.1 | 32.6 |
| 0.891 | 0.972 | 1.006 | 0.644 | 0.736 | 1.035 | 0.945 | 0.938 | 1.008 | 0.743 | 0.977 |
| 36.2 | 35.5 | 35.3 | 39.7 | 37.8 | 35.7 | 35.7 | 34.8 | 34.3 | 37.4 | 35.7 |
| 41.8 | 34.9 | 37.5 | 43.2 | 38.1 | 36.8 | 38.3 | 35.7 | 34.8 | 40.6 | 35.1 |
| 0.744 | 1.033 | 1.065 | 0.899 | 0.903 | 0.998 | 1.011 | 1.112 | 1.040 | 0.889 | 1.045 |
| 40.9 | 36.9 | 36.8 | 45.3 | 57.9 | 43.0 | 36.9 | 38.6 | 37.6 | 63.1 | 38.2 |
| 39.9 | 33.1 | 34.4 | 42.6 | 47.9 | 36.7 | 37.3 | 34.9 | 35.3 | 51.9 | 35.4 |
| 0.881 | 0.954 | 0.940 | 0.829 | 0.616 | 0.956 | 0.960 | 0.963 | 0.986 | 0.592 | 0.942 |
| 33.0 | 52.1 | 48.3 | 34.9 | 38.0 | 55.7 | 43.3 | 43.1 | 44.7 | 38.7 | 68.3 |
| 34.5 | 57.7 | 54.9 | 34.6 | 32.3 | 62.2 | 47.2 | 45.7 | 48.8 | 36.4 | 69.7 |
| 1.073 | 0.698 | 0.715 | 1.013 | 0.945 | 0.642 | 0.892 | 0.858 | 0.808 | 0.945 | 0.488 |
| 40.1 | 38.4 | 37.6 | 44.3 | 59.3 | 41.5 | 37.4 | 38.2 | 39.0 | 62.4 | 37.6 |
| 40.8 | 36.4 | 35.4 | 40.5 | 45.1 | 34.1 | 37.0 | 34.3 | 35.9 | 53.2 | 34.3 |
| 0.903 | 0.976 | 0.942 | 0.801 | 0.581 | 0.932 | 1.010 | 0.949 | 0.984 | 0.582 | 0.949 |
| * | 33.3 | 32.5 | 39.3 | 43.3 | 35.4 | 34.4 | 34.5 | 34.3 | 43.2 | 33.3 |
|  | 35.3 | 37.4 | 44.4 | 38.3 | 34.4 | 34.6 | 32.8 | 33.2 | 40.5 | 35.0 |
|  | 1.080 | 1.035 | 0.936 | 0.835 | 1.001 | 0.995 | 1.041 | 1.049 | 0.891 | 1.152 |
|  | * | 67.3 | 38.3 | 38.7 | 53.6 | 41.2 | 42.9 | 43.6 | 37.5 | 53.8 |
|  |  | 60.5 | 35.7 | 33.5 | 54.5 | 49.8 | 47.5 | 48.8 | 35.3 | 56.4 |
|  |  | 0.524 | 0.884 | 0.968 | 0.674 | 0.850 | 0.797 | 0.812 | 0.987 | 0.703 |
|  |  | * | 37.7 | 37.9 | 53.6 | 42.1 | 41.7 | 44.9 | 36.8 | 49.7 |
|  |  |  | 35.6 | 33.4 | 56.9 | 48.8 | 49.0 | 49.2 | 35.3 | 55.6 |
|  |  |  | 0.967 | 0.954 | 0.683 | 0.900 | 0.926 | 0.843 | 0.935 | 0.729 |
|  |  |  | * | 45.3 | 40.4 | 36.9 | 40.2 | 37.4 | 44.3 | 35.1 |
|  |  |  |  | 40.0 | 34.5 | 36.7 | 34.0 | 34.9 | 43.5 | 34.1 |
|  |  |  |  | 0.763 | 0.913 | 0.967 | 0.876 | 0.956 | 0.820 | 0.973 |
|  |  |  |  | * | 39.5 | 39.0 | 38.2 | 38.4 | 57.2 | 36.8 |
|  |  |  |  |  | 33.3 | 35.0 | 32.7 | 32.7 | 47.0 | 32.7 |
|  |  |  |  |  | 0.951 | 0.873 | 0.905 | 0.944 | 0.604 | 1.011 |
|  |  |  |  |  | * | 48.2 | 48.4 | 47.4 | 41.9 | 53.6 |
|  |  |  |  |  |  | 47.7 | 45.5 | 48.0 | 36.8 | 60.7 |
|  |  |  |  |  |  | 0.842 | 0.807 | 0.760 | 1.001 | 0.655 |
|  |  |  |  |  |  | * | 64.1 | 57.9 | 38.8 | 42.9 |
|  |  |  |  |  |  |  | 67.0 | 52.7 | 38.0 | 47.3 |
|  |  |  |  |  |  |  | 0.531 | 0.652 | 1.003 | 0.873 |
|  |  |  |  |  |  |  | * | 55.6 | 39.6 | 43.3 |
|  |  |  |  |  |  |  |  | 53.0 | 35.9 | 45.7 |
|  |  |  |  |  |  |  |  | 0.602 | 0.987 | 0.883 |
|  |  |  |  |  |  |  |  | * | 38.7 | 44.2 |
|  |  |  |  |  |  |  |  |  | 35.7 | 48.1 |
|  |  |  |  |  |  |  |  |  | 1.022 | 0.832 |
|  |  |  |  |  |  |  |  |  | * | 39.8 |
|  |  |  |  |  |  |  |  |  |  | 36.1 |
|  |  |  |  |  |  |  |  |  |  | 0.984 |
|  |  |  |  |  |  |  |  |  |  | * |

a.绿色数值和b.蓝色数值分别表示APMV各血清型融合蛋白和血凝素-神经氨酸酶蛋白氨基酸序列比对的同源性百分数。F和HN基因序列取自各APMV血清型原型毒株的基因组序列；GenBank登录号引自图3.8。利用Lasergene基因软件MegAlign程序中蛋白序列的ClustalW比对，计算氨基酸同源性百分数，同源性百分数值50.0及以上的加下划线。

c.黑色数值表示基于禽副黏病毒各血清型融合基因完整编码序列比对的进化差异估计值。标准差估计值范围为0.026～0.068，显示出序列间每个位点的碱基替换数，移除每个序列对的所有模糊位置，采用MEGA7（Kumar等，2016）中的Kimura 2-parameter模型（Kimura, 1980）进行进化分析。

d.待ICTV官方认证的推测APMV血清型。

表3.4 禽副黏病毒各血清型基因组序列核苷酸序列比

| APMV 血清型 | APMV-1 | APMV-2 | APMV-3 | APMV-4 | APMV-5 | APMV-6 | APMV-7 | APMV-8 | APMV-9 | APMV-10 |
|---|---|---|---|---|---|---|---|---|---|---|
| APMV-1 | * | 45.6 | 42.5 | 42.7 | 44.5 | 42.9 | 44.1 | 44.9 | 57.8 | 44.5 |
| | | 0.974 | 1.105 | 1.110 | 1.019 | 1.096 | 1.036 | 0.992 | 0.621 | 1.022 |
| APMV-2 | | * | 43.2 | 43.7 | 48.7 | 46.8 | 49.1 | 57.6 | 44.6 | 60.4 |
| | | | 1.096 | 1.069 | 0.878 | 0.947 | 0.865 | 0.643 | 1.015 | 0.571 |
| APMV-3 | | | * | 46.1 | 41.7 | 41.8 | 42.6 | 43.1 | 42.3 | 42.7 |
| | | | | 0.973 | 1.155 | 1.176 | 1.110 | 1.105 | 1.107 | 1.109 |
| APMV-4 | | | | * | 42.6 | 41.6 | 42.8 | 42.4 | 42.2 | 42.5 |
| | | | | | 1.106 | 1.154 | 1.099 | 1.123 | 1.117 | 1.092 |
| APMV-5 | | | | | * | 55.0 | 48.3 | 48.6 | 43.4 | 48.9 |
| | | | | | | 0.701 | 0.888 | 0.877 | 1.058 | 0.865 |
| APMV-6 | | | | | | * | 46.7 | 45.7 | 42.2 | 46.6 |
| | | | | | | | 0.962 | 0.988 | 1.122 | 0.943 |
| APMV-7 | | | | | | | * | 49.6 | 43.7 | 49.2 |
| | | | | | | | | 0.854 | 1.049 | 0.856 |
| APMV-8 | | | | | | | | * | 45.1 | 58.2 |
| | | | | | | | | | 0.997 | 0.637 |
| APMV-9 | | | | | | | | | * | 44.4 |
| | | | | | | | | | | 1.013 |
| APMV-10 | | | | | | | | | | * |
| APMV-11 | | | | | | | | | | |
| APMV-12 | | | | | | | | | | |
| APMV-13 | | | | | | | | | | |
| APMV-14 | | | | | | | | | | |
| APMV-15 | | | | | | | | | | |
| APMV-16 | | | | | | | | | | |
| APMV-17 | | | | | | | | | | |
| APMV-18 | | | | | | | | | | |
| APMV-19 | | | | | | | | | | |
| APMV-20 | | | | | | | | | | |
| APMV-21[c] | | | | | | | | | | |

对同源性百分数[a]和进化差异估计值[b]

| APMV-11 | APMV-12 | APMV-13 | APMV-14 | APMV-15 | APMV-16 | APMV-17 | APMV-18 | APMV-19 | APMV-20 | APMV-21[c] |
|---|---|---|---|---|---|---|---|---|---|---|
| 43.9 | 55.1 | 54.8 | 44.7 | 44.7 | 65.8 | 52.0 | 51.7 | 51.8 | 43.9 | 58.3 |
| 1.053 | 0.701 | 0.716 | 1.024 | 1.012 | 0.463 | 0.786 | 0.788 | 0.781 | 1.043 | 0.632 |
| 49.6 | 45.0 | 44.6 | 48.8 | 56.6 | 45.5 | 46.0 | 45.1 | 44.5 | 56.8 | 44.7 |
| 0.846 | 0.996 | 1.017 | 0.867 | 0.643 | 0.990 | 0.988 | 1.015 | 1.014 | 0.652 | 1.027 |
| 42.1 | 42.6 | 42.4 | 42.7 | 42.9 | 42.2 | 42.6 | 42.8 | 42.7 | 42.9 | 42.3 |
| 1.144 | 1.112 | 1.116 | 1.122 | 1.103 | 1.117 | 1.114 | 1.097 | 1.093 | 1.100 | 1.130 |
| 42.7 | 42.5 | 42.5 | 42.7 | 42.9 | 42.8 | 43.1 | 43.0 | 43.1 | 42.8 | 42.3 |
| 1.107 | 1.107 | 1.094 | 1.107 | 1.093 | 1.100 | 1.076 | 1.088 | 1.067 | 1.090 | 1.107 |
| 48.1 | 44.2 | 43.8 | 51.4 | 48.5 | 44.1 | 44.3 | 44.1 | 43.8 | 48.2 | 43.1 |
| 0.896 | 1.028 | 1.057 | 0.797 | 0.885 | 1.045 | 1.059 | 1.053 | 1.067 | 0.893 | 1.102 |
| 45.8 | 42.6 | 43.5 | 49.5 | 46.4 | 42.8 | 43.0 | 42.5 | 42.8 | 45.7 | 42.4 |
| 0.987 | 1.106 | 1.088 | 0.863 | 0.953 | 1.097 | 1.090 | 1.112 | 1.091 | 0.974 | 1.124 |
| 49.4 | 44.2 | 44.4 | 48.2 | 49.1 | 44.5 | 44.6 | 43.4 | 43.4 | 49.1 | 43.1 |
| 0.863 | 1.029 | 1.032 | 0.900 | 0.867 | 1.023 | 1.006 | 1.069 | 1.052 | 0.870 | 1.085 |
| 49.5 | 44.7 | 44.7 | 49.5 | 56.7 | 45.3 | 45.2 | 44.4 | 44.3 | 56.6 | 44.3 |
| 0.852 | 1.000 | 1.016 | 0.835 | 0.664 | 0.989 | 1.002 | 1.030 | 1.044 | 0.658 | 1.044 |
| 43.6 | 53.3 | 53.0 | 44.0 | 44.3 | 58.0 | 50.9 | 50.7 | 50.9 | 44.8 | 64.3 |
| 1.054 | 0.730 | 0.738 | 1.019 | 1.022 | 0.620 | 0.796 | 0.794 | 0.799 | 1.008 | 0.493 |
| 49.9 | 44.6 | 44.0 | 49.4 | 58.1 | 44.8 | 44.6 | 44.5 | 44.0 | 57.9 | 43.5 |
| 0.841 | 1.016 | 1.042 | 0.859 | 0.617 | 1.002 | 1.021 | 1.032 | 1.051 | 0.638 | 1.074 |
| * | 44.1 | 43.3 | 48.2 | 49.7 | 44.1 | 44.5 | 43.8 | 43.7 | 49.0 | 42.7 |
|  | 1.044 | 1.083 | 0.904 | 0.848 | 1.026 | 1.031 | 1.062 | 1.074 | 0.873 | 1.107 |
|  | * | 62.2 | 44.9 | 44.9 | 55.0 | 51.9 | 51.5 | 51.2 | 44.8 | 53.3 |
|  |  | 0.532 | 1.001 | 1.011 | 0.703 | 0.790 | 0.799 | 0.807 | 1.013 | 0.742 |
|  |  | * | 44.9 | 44.9 | 55.4 | 51.6 | 50.9 | 51.6 | 44.2 | 52.5 |
|  |  |  | 1.024 | 1.012 | 0.692 | 0.788 | 0.812 | 0.794 | 1.035 | 0.764 |
|  |  |  | * | 49.4 | 45.0 | 45.2 | 45.0 | 44.3 | 49.1 | 43.9 |
|  |  |  |  | 0.856 | 1.005 | 1.003 | 1.018 | 1.046 | 0.867 | 1.058 |
|  |  |  |  | * | 45.3 | 46.1 | 44.7 | 44.9 | 55.8 | 43.2 |
|  |  |  |  |  | 0.989 | 0.975 | 1.027 | 1.004 | 0.677 | 1.088 |
|  |  |  |  |  | * | 52.1 | 51.9 | 52.2 | 44.8 | 58.3 |
|  |  |  |  |  |  | 0.776 | 0.783 | 0.775 | 0.995 | 0.632 |
|  |  |  |  |  |  | * | 65.2 | 60.1 | 45.3 | 51.0 |
|  |  |  |  |  |  |  | 0.474 | 0.579 | 1.001 | 0.806 |
|  |  |  |  |  |  |  | * | 60.4 | 44.5 | 51.5 |
|  |  |  |  |  |  |  |  | 0.568 | 1.045 | 0.794 |
|  |  |  |  |  |  |  |  | * | 43.9 | 51.6 |
|  |  |  |  |  |  |  |  |  | 1.048 | 0.788 |
|  |  |  |  |  |  |  |  |  | * | 43.6 |
|  |  |  |  |  |  |  |  |  |  | 1.070 |
|  |  |  |  |  |  |  |  |  |  | * |

　　a.绿色数值表示APMV各血清型基因组核苷酸序列比对的同源性百分数。基因组序列的GenBank登录号来自遗传进化树（图3.8）。采用Lasergene软件的MegAlign程序中ClustalW比对计算核甘酸同源性百分数，同源性百分数值50.0及以上的加下划线。

　　b.蓝色数值表示禽副黏病毒各血清型基因组核苷酸序列比对的进化差异估计值。标准差估计值范围为0.007～0.025，显示出序列间每个位点的碱基替换数，移除每个序列对的所有模糊位置，采用MEGA7（Kumar等，2016）中的Kimura 2-parameter模型（Kimura，1980）进行进化分析。

　　c.待ICTV官方认证的推测APMV血清型。

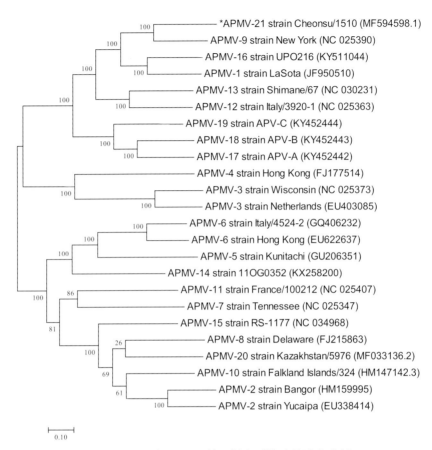

图3.8　根据APMV基因组序列的遗传进化分析

　　根据APMV全基因组序列，用MEGA7（Kumar等，2016）中基于Kimura 2-parameter模型（Kimura，1980）的极大似然法推断进化历史。括号中为基因组序列的GenBank登录号（除非另有提到，图中所引用的APMV原型毒株的基因组序列是本章中进行的所有基因组、基因和蛋白序列分析的来源）。＊待ICTV官方认证的推测APMV血清型。

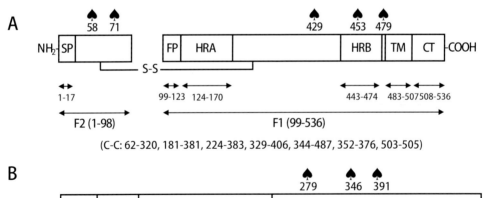

图3.9　APMV-2毒株Yucaipa融合蛋白（A）和血凝素-神经氨酸酶蛋白（B）示意图

　　A.白色方框表示APMV-2融合蛋白（F）不同结构域：SP-信号肽、FP-融合肽、HRA-7个重复A、HRB-7个重复B。F1和F2亚基通过二硫键相连。C-C带有连字符号的阿拉伯数字表示融合蛋白中潜在的二硫键半胱氨酸的位置。B.白色方框表示APMV-2血凝素-神经氨酸酶（HN）不同结构域：STALK结构域和GLOBULAR HEAD结构域组成HN胞外结构域。跨膜区（TM）、胞内尾部区（CT）、双向箭头和用连字符连接的阿拉伯数字，以及A和B中带有阿拉伯数字的实心黑桃分别表示跨膜结构域、胞内尾部区结构域、各结构域的氨基酸长度和糖基化位点的位置。其他APMV血清型的F和HN蛋白特征分别见表3.5和表3.6。

表3.5 APMV各血清型融合蛋白特征

| APMV血清型 | F0 | F2 | F1 | 信号肽[a] | 融合肽[b] | HRA[c] | HRB[c] | TM[d] | CT[d] | 融合蛋白特征 潜在N-糖基化位点[e] | 潜在二硫键半胱氨酸残基[f] |
|---|---|---|---|---|---|---|---|---|---|---|---|
| APMV-1 | 553 | 1–116 | 117–553 | 1–31 | 117–141 | 143–189 | 461–503 | 502–526 | 527–553 | 85, 191, 471, 541 | 25–370, 27–401, 76–523, 338–362, 347–424, 394–399 |
| APMV-2[g] | 536 | 1–98 | 99–536 | 1–17 | 99–123 | 124–170 | 443–474 | 483–507 | 508–536 | 58, 71, 429, 453, 479 | 62–320, 181–381, 224–383, 329–406, 344–487, 352–376, 503–505 |
| APMV-3 | 543 | 1–106 | 107–543 | 1–25 | 107–131 | 133–179 | 451–482 | 491–513 | 514–543 | 68, 81, 356, 435, 485 | 72–328, 189–389, 312–513, 337–414, 352–391, 360–384 |
| APMV-4 | 566 | 1–120 | 121–566 | 1–24 | 121–145 | 142–193 | 469–500 | 510–534 | 535–566 | 89, 200, 455 | 80–203, 346–370, 355–432, 378–402, 407–409 |
| APMV-5 | 544 | 1–109 | 110–544 | 1–20 | 110–134 | 134–182 | 454–485 | 494–516 | 517–544 | 74, 189, 359, 440, 464 | 20–363, 65–192, 235–394, 331–355, 340–417, 387–392, 508–513 |
| APMV-6 | 555 | 1–118 | 119–555 | 1–29 | 119–143 | 142–191 | 463–494 | 503–527 | 528–555 | 83, 198, 473 | 74–340, 201–401, 244–517, 349–426, 364–403, 372–396 |
| APMV-7 | 539 | 1–106 | 107–539 | 1–25 | 107–131 | 133–181 | 451–480 | 491–514 | 515–539 | 67, 79, 186, 217, 461, 479, 524 | 70–507, 189–391, 328–352, 337–414, 360–384 |
| APMV-8 | 543 | 1–103 | 104–543 | 1–22 | 104–128 | 129–175 | 448–479 | 488–512 | 513–543 | 63, 76, 390, 458, 485, 535 | 67–325, 186–386, 229–492, 334–411, 349–388, 357–381 |
| APMV-9 | 551 | 1–109 | 110–551 | 1–22 | 110–134 | 136–181 | 455–493 | 493–517 | 518–551 | 78, 184, 464 | 20–394, 69–192, 331–363, 340–417, 355–392, 387–516 |
| APMV-10 | 548 | 1–112 | 113–548 | 1–31 | 113–137 | 139–184 | 457–488 | 498–522 | 523–548 | 8, 72, 85, 467, 488, 494, 544 | 24–366, 76–195, 238–334, 343–420, 358–397, 390–395 |
| APMV-11 | 562 | 1–118 | 119–562 | 1–34[h] | 119–143 | 145–190 | 463–494 | 503–527 | 528–562 | 78, 91, 405, 449, 484, 499 | 4–82, 20–403, 201–401, 340–364, 349–426, 372–396 |
| APMV-12 | 546 | 1–110 | 111–546 | 1–25 | 111–135 | 137–183 | 456–489 | 494–518 | 519–546 | 79, 99, 185, 360, 465 | 70–193, 332–356, 341–395, 364–418, 388–393 |
| APMV-13 | 555 | 1–117 | 118–555 | 1–33[h] | 118–142 | 144–190 | 462–510 | 503–527 | 528–555 | 88, 108, 192, 367, 448 | 2–31, 79–339, 200–512, 348–402, 363–520, 371–425, 395–400 |
| APMV-14 | 541 | 1–102 | 103–541 | 1–19 | 103–127 | 128–175 | 447–483 | 487–511 | 512–541 | 73, 182, 433 | 64–324, 185–385, 228–491, 333–410, 348–387, 356–380 |
| APMV-15 | 542 | 1–99 | 100–542 | 1–18 | 100–124 | 125–171 | 444–475 | 483–506 | 507–542 | 59, 72, 179, 454 | 16–182, 63–225, 321–353, 330–407, 345–384, 377–382, 488–494 |
| APMV-16 | 551 | 1–114 | 115–551 | 1–28 | 115–139 | 141–187 | 459–500 | 500–524 | 525–551 | 83, 189, 364, 469, 490, 539 | 74–521, 197–399, 336–360, 345–422, 368–392, 397–512 |
| APMV-17 | 541 | 1–110 | 111–541 | 1–19 | 111–135 | 139–185 | 455–489 | 498–522 | 523–541 | 77, 97, 185, 360, 465 | 68–193, 332–418, 341–364, 356–395, 388–393 |
| APMV-18 | 543 | 1–112 | 113–543 | 1–23 | 113–137 | 134–190 | 457–491 | 499–523 | 524–543 | 79, 99, 187, 362, 443 | 8–397, 70–195, 334–358, 343–420, 366–390, 395–523 |
| APMV-19 | 536 | 1–105 | 106–536 | 1–19 | 106–130 | 134–184 | 451–484 | 490–513 | 514–536 | 74, 94, 180, 436, 460, 481 | 4–390, 65–188, 327–351, 336–413, 359–383, 388–508 |
| APMV-20 | 537 | 1–101 | 102–537 | 1–20 | 102–126 | 127–173 | 446–477 | 485–509 | 510–537 | 61, 74, 456, 483 | 20–323, 65–227, 184–490, 332–409, 347–386, 355–379, 384–508 |
| APMV-21[i] | 551 | 1–111 | 112–551 | 1–24 | 112–136 | 138–183 | 457–507 | 495–519 | 520–551 | 80, 186, 361, 466 | 71–194, 333–357, 342–419, 365–389, 394–518 |

a. 利用SignalP4.1Server对信号肽序列进行预测（Petersen等，2011；Nielsen，2017）。

b. F蛋白前体（precursor F protein，F0）裂解后，前25个疏水氨基酸序列在F1亚基的N端形成融合肽。

c. 利用LearnCoil-VMF程序预测七肽重复区A（Heptad repeat regions A，HRA）和七肽重复区B（Heptad repeat regions B，HRB）（Berger和Singh，1997；Singh等，1999）。

d. 利用HMMTOP 2.0 server预测F蛋白的跨膜区（TM）和胞内尾部区（cytoplasmic tail，CT）结构域（Tusnády和Simon，1998，2001）。

e. 利用NetNGlyc 1.0 Server预测潜在的N-糖基化位点（Gupta等，2004）。阿拉伯数字表示F蛋白中天冬酰胺（Asn，N）残基位置。

f. 利用DiANNA 1.1 web server预测潜在二硫键半胱氨酸残基（Ferrè和Clote，2005a，b，2006）。用连字符连接的阿拉伯数字表示F蛋白中二硫键半胱氨酸残基的位置。

g. APMV-2的融合蛋白（F）特征见图3.9A。

h. 利用SignalP 4.1 Server仅提示未预测的信号肽序列（Petersen等，2011；Nielsen，2017）。

i. 待ICTV官方认证的推测APMV血清型。

表3.6　APMV各血清型血凝素-神经氨酸酶蛋白特征

| APMV 血清型 | HN 蛋白特征 | | | | |
|---|---|---|---|---|---|
| | HN长度 | CT[a] | TM[a] | HN胞外结构域[a] | 潜在N-糖基化位点[b] |
| APMV-1 | 577 | 1-26 | 27-45 | 46-577 | 119, 341, 433 |
| APMV-2[c] | 580 | 1-25 | 26-44 | 45-580 | 279, 346, 391 |
| APMV-3 | 577 | 1-26 | 27-46 | 47-577 | 32, 57, 122, 312, 325, 383, 502 |
| APMV-4 | 569 | 1-27 | 28-46 | 47-569 | 11, 58, 141, 317, 448 |
| APMV-5 | 574 | 1-20 | 21-39 | 40-674 | 58, 119, 148, 278, 346, 383 |
| APMV-6 | 613 | 1-30 | 31-49 | 50-613 | 125, 284, 352, 383, 495 |
| APMV-7 | 569 | 1-14 | 15-37 | 38-569 | 48, 109, 135, 268, 333, 367, 482, 511, 562 |
| APMV-8 | 577 | 1-26 | 27-45 | 46-577 | 121, 280, 515 |
| APMV-9 | 579 | 1-26 | 27-44 | 45-579 | 147, 341, 348, 433 |
| APMV-10 | 575 | 1-26 | 27-44 | 45-575 | 121, 149, 280, 352, 489 |
| APMV-11 | 583 | 1-25 | 26-47 | 48-583 | 148, 151, 279, 327, 346, 492, 497 |
| APMV-12 | 614 | 1–26 | 27-45 | 46-614 | 147, 341, 348 |
| APMV-13 | 610 | 1-26 | 27-45 | 46-610 | 119, 341, 392, 604 |
| APMV-14 | 580 | 1-25 | 26-45 | 46-580 | 119, 148, 266, 278, 346, 377 |
| APMV-15 | 579 | 1-28 | 29-47 | 48-579 | 2, 13, 157, 282, 336, 432 |
| APMV-16 | 618 | 1-26 | 27-46 | 47-618 | 341, 508, 602 |
| APMV-17 | 599 | 1-57 | 58-75 | 76-599 | 150, 379, 425, 464, 477, 547 |
| APMV-18 | 579 | 1-34 | 35-52 | 53-579 | 127, 152, 274, 356, 454, 521 |
| APMV-19 | 587 | 1-27 | 28-46 | 47-587 | 120, 342, 395, 434, 514, 581 |
| APMV-20 | 578 | 1-28 | 29-49 | 50-578 | 51, 123, 150, 169, 282, 351, 387, 491, 548 |
| APMV-21[d] | 567 | 1-26 | 27-51 | 52-567 | 147, 341, 348, 433, 500 |

　　a. 利用HMMTOP 2.0 server预测HN蛋白的胞内尾部区（cytoplasmic tail，CT）、跨膜区（TM）和胞外结构域（Tusnády和Simon，1998，2001）。

　　b. 利用NetNGlyc 1.0 Server预测潜在N-糖基化位点（Gupta等，2004）。阿拉伯数字表示具有潜在糖基化位点的F蛋白中天冬酰胺（Asn，N）残基位置。

　　c. APMV-2的血凝素-神经氨酸酶（hemagglutinin-neuraminidase，HN）蛋白特征见图3.9B。

　　d. 待ICTV官方认证的推测APMV血清型。

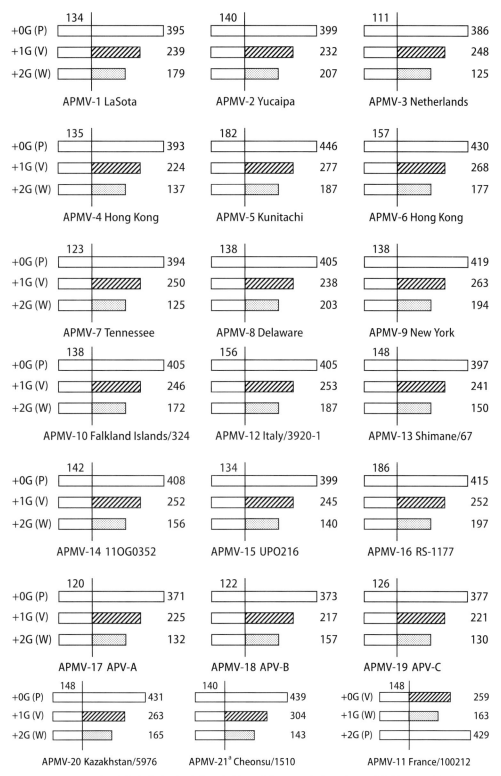

图3.10 禽副黏病毒血清型磷蛋白基因编辑蛋白产物示意图（未按比例绘制）

▢ 表示磷蛋白（phosphoprotein，P）以及P、V和W蛋白之间共同的氨基酸序列，▨ 表示V蛋白独有的氨基酸序列，▦ 表示W蛋白独有的氨基酸序列。G残基插入数分别生成相应的蛋白。竖线表示在开放阅读框中移码的位置，使其能通过P基因编辑获得独特的下游氨基酸序列。磷蛋白顶部竖线左侧的阿拉伯数字表示P蛋白、V蛋白和W蛋白共同的N端氨基酸数量。每个方框末端的阿拉伯数字表示蛋白的总长度。注意APMV-11在P基因编辑的产物V/W/P与其他APMV血清型P/V/W的不同。a.待ICTV官方认证的推测APMV血清型。

## 3.6 病毒蛋白

禽副黏病毒亚科的所有成员都可以编码核衣壳蛋白（nucleocapsid protein，N）、磷蛋白（phospho–protein，P）、基质蛋白（matrix protein，M）、融合蛋白（fusion protein，F）、血凝素-神经氨酸酶蛋白（haemagglutinin-neuraminidase protein，HN）和大的聚合酶蛋白（large polymerase protein，L）（Lamb 和 Parks，2013）。然而，APMV-6还编码另外一种称为小疏水蛋白（small hydrophobic protein，SH）的囊膜蛋白，目前尚不清楚其生物学功能。N蛋白与病毒的全长基因组和反义基因组RNA相结合，以形成一个只被病毒RNA聚合酶识别的功能性核衣壳。P蛋白和L蛋白与核衣壳结合，发挥RNA聚合酶的功能。M蛋白形成内层囊膜在病毒组装过程中起重要作用，F蛋白介导病毒入侵和细胞间融合，HN蛋白通过与细胞表面唾液酸受体结合而引起感染，同时还具有促进病毒释放的神经氨酸酶活性。APMV-2的F蛋白和HN蛋白的结构见图3.9，F蛋白和HN蛋白的特征分别见表3.5和表3.6。L蛋白是病毒的RdRp，P蛋白是RNA合成必需的蛋白。禽副黏病毒亚科的所有成员从$P$基因中通过RNA编辑编码其他蛋白（图3.10），病毒的聚合酶将一个或多个G残基插入P蛋白mRNA中保守的RNA编辑序列，导致翻译的移码使G插入位点形成可变的开放阅读框，产生V和W蛋白。因此，P、V和W蛋白共用一个N端区域，但它们的C末端区域不同。V蛋白参与调节RNA合成和对抗宿主抗病毒应答（Goodbourn等，2000），目前尚不清楚W蛋白的功能。虽然所有APMV血清型推测的RNA编辑位点序列相似，但不同的APMV血清型中其RNA编辑位点在基因组中的位置各不相同。禽副黏病毒亚科的所有病毒（除APMV-11外）编码的P蛋白由未编辑的mRNA翻译（+0G，图3.10），由插入1个G残基位点（+1G）的转录本翻译产生V蛋白，由插入2个G残基位点（+2G）的转录本产生W蛋白。如图3.10中所示，APMV-11的未编辑mRNA产生V蛋白，由插入2个G残基的转录本产生P蛋白，这与麻疹病毒中发现的特征一致，却不同于其他APMV血清型。

副黏病毒的F蛋白是由无活性的F蛋白前体（F0）经宿主细胞蛋白酶裂解为两个具有生物活性的F1和F2亚基，通过二硫键连接形成F蛋白。F蛋白的裂解是病毒入侵和细胞间融合的首要条件，F蛋白裂解位点序列决定APMV-1对鸡的致病性（Nagai等，1976；Peeters等，1999；Panda等，2004）。APMV-1强毒株的F蛋白通常包含一个多碱性残基裂解位点（[R/K]RQ[R/K]R↓F），其中包含弗林蛋白酶的首选识别位点（RX[K/R]R↓）（箭头表示裂解位点），弗林蛋白酶是一种存在于大多数细胞和组织中的胞内蛋白酶。因此，APMV-1强毒株F蛋白可以在大多数组织中被裂解，使强毒株能在全身各系统中传播。相反，APMV-1弱毒株的裂解位点通常为单个或两个碱性残基（[G/E][K/R]Q[G/E]R↓L），并依赖于分泌的蛋白酶，使其局限于在有分泌蛋白酶的呼吸道和肠道复制。其他APMV血清型都是弱毒株，这与病毒的F蛋白单个或两个碱性残基现象是一致的。APMV-5例外（图3.5），虽然APMV-5对鸡无致病性，但其F蛋白包含一个多碱性残基的裂解位点（K-R-K-K-R↓F）（Samuel等，2010）。因此，F蛋白裂解位点序列不能作为决定其他APMV血清型致病性的诊断特征。然而，F蛋白的裂解位点序列为病毒感染性的重要序列，并且是除APMV-1、APMV-2、APMV-3和APMV-6以外的各个APMV血清型的保守序列。每个APMV血清型都有至少2个不同的F蛋白裂解位点序列，表明它们可能代表不同的亚群。这些结果表明，F蛋白裂解位点序列比对可作为不同APMV血清型分型的方法。

## 3.7 正禽副黏病毒属的APMV

APMV-1属于正禽副黏病毒属，囊括所有的APMV-1毒株，包含NDV 和鸽子副黏病毒1型（pigeon

paramyxovirus 1，PPMV-1）。关于APMV-1的详细信息请参阅第二章新城疫病毒。

### 3.7.1 APMV-9

1978年，在纽约常规监测过程中从一只家养绿头鸭（*Anas platyrhynchos domesticus*）第一次分离出APMV-9（AOAvV-9）（Sandhu 和Hinshaw，1981；Alexander等，1983a）。之后，在意大利的野鸭中分离出APMV-9毒株，表明其已在全球分布（Capua等，2004；Dundon等，2010）。分离出APMV-9病毒的次数比其他一些APMV血清型更少，APMV-9不会引起禽类临床疾病。APMV-9的Domestic duck/New York/22/78毒株为该血清型的原型毒株。

已经发布了APMV-9 domestic duck/New York/22/78毒株的全基因组序列（Samuel等，2009）。APMV-9基因组长度为15 438 nt，编码6个基因，基因间区为0 ～ 30 nt，基因组的3′端为55 nt的前导序列，5′端为47 nt的尾部序列。其F蛋白的裂解位点序列为R-I-R-E-G-R↓I，与NDV弱毒株的裂解位点序列相似。病毒在体外复制必须有外源性蛋白酶，且只在少数细胞系如Vero、DF-1和BHK-21中生长。病毒在细胞培养物中复制需要添加10%的尿囊液，而胰凝乳蛋白酶或蛋白酶无法满足病毒复制条件。病毒在原代CEK细胞中能有效生长，但在CEF细胞中不生长。病毒感染细胞会产生致细胞病变效应（cytopathic effect，CPE），表现为细胞变圆、脱落、无合胞体形成。遗传进化和抗原性分析显示APMV-9与其他APMV血清型相比更接近APMV-1、APMV-12、APMV-14和APMV-21。APMV-9的鸡胚平均致死时间（MDT）超过120h，表明APMV-9对鸡没有致病性（Samuel等，2009）。

研究发现，4株意大利APMV-9分离株的F和HN基因序列和原型毒株相比有显著的差异，表明APMV-9病毒存在不同的谱系（Dundon等，2010）。所有的意大利分离株HN蛋白羧基端比原型毒株多了41个氨基酸，使HN蛋白由原型毒株的579个氨基酸变为620个氨基酸，目前尚不清楚该蛋白变大的生物学意义。APMV-9毒株的遗传进化分析见图3.11。

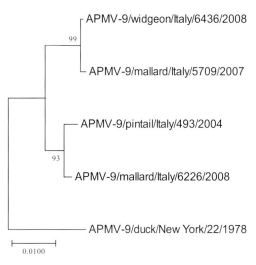

图3.11　APMV-9毒株的遗传进化分析

根据5个APMV-9毒株融合基因的完整编码序列用MEGA7（Kumar等，2016）中基于Kimura 2-parameter模型（Kimura，1980）的最大相似法推断进化史。

### 3.7.2 APMV-12

2005年，意大利东北部的罗维戈省在进行禽流感病毒监测时从诱捕的无临床症状的欧亚赤颈鸭（*A. penelope*）分离出APMV-12（AOAvV-12）（Terregino等，2013）。HI试验发现这个病毒只与APMV-1有低水平的抗原交叉反应。APMV-12的基因组长度为15 132 nt，包含6个基因，前导区和尾部区分别为55 nt和204 nt。APMV-12 wigeon/Italy/3920-1/05（Italy/3920-1）毒株作为唯一的毒株，是APMV-12的原型毒株。APMV-12与APMV-13的核苷酸同源性最接近（62.2%），其次是APMV-1（55.1%）和APMV-16（55%）。Italy/3920-1毒株推测的F蛋白裂解位点（G-R-E-P-R↓L）缺少多个碱性残基。根据1日龄雏鸡脑内接种致病指数（ICPI）可知，该病毒对鸡无致病性（Terregino等，2013）。

### 3.7.3 APMV-13

在欧亚大陆3个不同地区监测AIV期间，从日本迁徙野鹅（2000年）（Yamamoto等，2015）、哈萨克斯坦的一只白顶鹅（2013年）（Karamendin等，2016b）以及乌克兰的一只白顶鹅（2011年）（Goraichuk等，2016）采集的粪便样品中分离出3株新的APMV毒株。3个毒株的F基因核苷酸同源性大于97%，属于APMV-13（AOAvV-13）（Amarasinghe等，2017）。来自日本的APMV-13 goose/Shimane/67/2000（Shimane/67）毒株为原型毒株，其基因组长度为16 146 nt。Shimane/67毒株在外源性蛋白酶的存在下能在大多数细胞系上生长并形成合胞体（Yamamoto等，2015）。Shimane/67毒株F蛋白裂解位点的氨基酸序列为V-R-E-N-R↓L，与NDV弱毒株的结构域相似。根据ICPI，该病毒对鸡无致病性。通过HI试验显示该病毒与APMV-1、APMV-4和APMV-7有交叉反应。目前已经完成来自哈萨克斯坦和乌克兰毒株的全基因组测序（Goraichuk等，2016；Karamendin等，2016 b），其中哈萨克斯坦毒株的基因组长度为15 996 nt，乌克兰毒株的基因组长度为16 146 nt，比哈萨克斯坦毒株多150 nt。乌克兰毒株与哈萨克斯坦毒株基因组序列核苷酸同源性为97%。根据氨基酸序列的遗传进化分析表明，APMV-13与APMV-12遗传关系最接近。

### 3.7.4 APMV-16

2014年，韩国在AIV监测期间从野禽粪便中分离出APMV-16（AOAvV-16）WB/Kr/UPO216/2014（UPO216）毒株（Lee等，2017）。该病毒在抗原性和遗传性上都与其他已知APMV血清型不同。APMV UPO216毒株基因组长度为15 180 nt，包含6个基因。推测的F蛋白裂解位点序列为L-V-Q-A-R↓L。UPO216病毒的ICPI为0.00，表明其对鸡无致病性。UPO216毒株与其他APMV血清型全基因组序列比较发现，UPO216与APMV-1、APMV-21和APMV-9的核苷酸同源性分别为65.6%、58.3%和58%。通过HI试验显示，该病毒与APMV-1和APMV-9的交叉反应性低。野鸭血清UPO216毒株抗体检测阳性率为4%（Lee等，2017）。该病毒为AOAvV-16的代表毒株。

### 3.7.5 APMV-17至APMV-19

2014—2016年，南极洲AIV监测期间，从巴布亚企鹅（*Pygoscelis papua*）分离出3株新型副黏病毒（Neira等，2017）。这3株病毒分别为南极企鹅病毒A型（Antarctic penguin virus A，APV-A）（APMV-17或AOAvV-17）、南极企鹅病毒B型（Antarctic penguin virus B，APV-B）（APMV-18或AOAvV-18）及南极企鹅病毒C型（Antarctic penguin virus C，APV-C）（APMV-19或AOAvV-19），它们的抗原性和遗传性均与其他APMV血清型不同。APMV-17至APMV-19的部分基因组长度为14 926～15 071 nt（图3.3）。APV-A、APV-B和APV-C的F蛋白推测的裂解位点序列分别为G-I-Q-S-R↓I、A-A-Q-S-R↓L和R-G-Q-A-R↓L。这3种病毒都能在MDBK和Vero细胞中复制，在细胞培养中均能引起CPE，表现为细胞变圆脱落，但不形成合胞体（Neira等，2017）。基因组序列比对分析显示，这3种副黏病毒与所有其他APMV血清型核苷酸同源性为42.5%～52.2%，3株病毒之间核苷酸同源性为60.1%～65.2%。APV-A、APV-B和APV-C分别为AOAvV-17、AOAvV-18和AOAvV-19的代表种。

### 3.7.6 推测的APMV-21

2015年，韩国在AIV监测期间从西部天梭湾的迁徙野禽粪便样品中分离到推测的APMV-21，该病毒为一种非AIV和非NDV的血凝病毒，鉴定为一种新的APMV血清型，分离毒株命名为APMV/wild bird/Cheonsu/1510/2015（Cheonsu/1510）（Jeong等，2018）。根据发布的年份，这种APMV血清型称为推测的

APMV-21（表3.1和表3.2）。推测的APMV-21 Cheonsu/1510毒株全基因组长度为15 408 nt，遵循"六碱基规则"，与其他APMV血清型一样包含6个基因，基因间区长度为10 ~ 35 nt，3′前导序列和5′尾部序列长度分别为55 nt和46 nt。前导序列的前12 nt与APMV-9相同，表明它们有相近的遗传关系。Cheonsu/1510毒株的3′前导序列和5′尾部序列前12 nt呈碱基互补配对。Cheonsu/1510毒株F蛋白裂解位点为D-R-E-G-R↓L，与APMV-1弱毒株一样有两个碱性残基（Jeong等，2018）（图3.5）。基因组序列分析表明，推测的APMV-21与APMV-9、APMV-1、APMV-16和APMV-12核苷酸同源性分别为64.3.0%、58.3%、58.3%和53.3%（Jeong等，2018）。该病毒为推测的AOAvV-21代表种。

## 3.8 偏禽副黏病毒属的APMV

### 3.8.1 APMV-2

1956年，在加利福尼亚州尤凯帕地区一只病鸡（*Gallus gallus domesticus*）中首次分离出APMV-2（AMAvV-2），这只鸡也感染了传染性喉气管炎病毒（Bankowski等，1960）。之后，在世界范围内分离出多个APMV-2毒株。APMV-2在雀形目动物中呈地方流行性。APMV-2宿主谱更广，包括火鸡、鸡和野禽，其中火鸡感染APMV-2比鸡更普遍（Bankowski等，1968年）。在世界不同地方分离的APMV-2毒株表现出抗原性和遗传性差异。不管有无添加外源蛋白酶，APMV-2都能在多种细胞中生长，所有细胞的CPE一般都表现为细胞变圆和脱落，不形成合胞体（Subbiah等，2008）。目前已获得4个APMV-2毒株的全基因组序列（Subbiah等，2008，2010a），APMV-2原型毒株Yucaipa的全基因组长度为14 904 nt，APMV-2 Bangor、England和Kenya毒株分别为15 024 nt、14 904 nt和14 916 nt。APMV基因组都由6个非重叠基因组成，顺序为3′ N-P/V/W-M-F-HN-L-5′，在3′端为55 nt前导序列。Bangor毒株5′端尾部序列长度为173 nt，而England、Kenya和Yucaipa毒株为154 nt。England和Kenya毒株与Yucaipa毒株核苷酸同源性分别为94.5%和88%，氨基酸同源性分别为96%和92%。此外，Bangor毒株F蛋白裂解位点为单个碱性氨基酸残基（L-P-S-A-R↓F），而其他3个毒株为两个碱性氨基酸残基（K-P-A-S-R↓F）。基因组结构的差异与通过交叉HI试验和交叉中和试验的抗原分析结果一致，表明这4个APMV-2毒株为一种血清型，并根据抗原性和遗传性分析可分为两个亚群（Subbiah等，2010a）。APMV-2毒株遗传进化分析见图3.12。

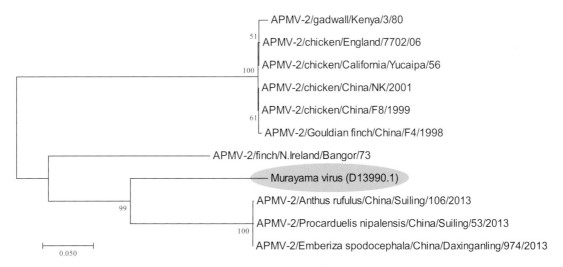

图3.12　APMV-2毒株的遗传进化分析

根据11个APMV-2毒株以及村山病毒序列的融合基因的完整编码序列，用MEGA7（Kumar等，2016）中基于Kimura 2-parameter模型（Kimura，1980）的最大相似法推断进化历史。

### 3.8.2 村山（Murayama）病毒

村山病毒是1977年在日本村山进口食蟹猴（*Macaca fascicularis*）分离到的一种副黏病毒，其在血清学上与APMV-2密切相关（Nishikawa等，1977a）。调查发现，同一批的大部分猴并未检测到针对村山病毒的抗体，而从同一飞机一起进口的外来宠物鸟检测到与该病毒相似的病毒，表明食蟹猴可能不是这种病毒的原始宿主（Nishikawa等，1977b，1981）。村山病毒12344NT毒株在原代猴肾细胞和鸡胚上生长良好，在BHK-21和Moult-4细胞上能形成合胞体。在Vero和LLC-MK2细胞添加外源蛋白酶会促进病毒的生长，但在MDCK细胞上没有这个作用（Nishikawa等，1981）。村山病毒F基因序列有一个推测的融合蛋白裂解位点序列K-P-T-A-R↓F（Kusagawa等，1993），与APMV-2 Yucaipa毒株相似。村山病毒与最近在中国分离的APMV-2病毒和Bangor毒株相较于Yucaipa毒株在遗传进化上关系更接近（图3.12）。人工感染试验发现，几种哺乳动物和禽类如小鼠、仓鼠、豚鼠、猴、斑胸草雀、草莓雀、鹌鹑和鸡均对该病毒易感，感染动物的血清抗体和病毒分离皆为阳性但不表现任何临床症状。然而，没有在人血清样本检测出村山病毒抗体（Nishikawa等，1981）。

### 3.8.3 APMV-5

1974年，在日本国立市暴发疾病的虎皮鹦鹉中首次分离出APMV-5（AMAvV-5）（Nerome等，1978）。APMV-5病毒粒子无血凝素，并且不能在鸡胚的尿囊腔中生长，然而病毒能在鸡胚的羊膜腔和多种细胞系中生长。到目前为止，全世界只有4例APMV-5感染的报道（Mustaffa-Babjee，1974；Gough等，1993；Yoshida等，1997；Hiono等，2016）。目前已获得两个日本分离的APMV-5毒株的全基因组序列（Samuel等，2010；Hiono等，2016）。该病毒全基因组长度为17 262 nt，和其他APMV一样编码6个基因，基因组包含3′端的55 nt的前导序列和5′端的552 nt的尾部序列。TI毒株与Kunitachi毒株的全基因组核苷酸序列有97%的同源性（Hiono等，2016）。该病毒F蛋白的裂解位点（G-K-R-K-K-R↓F）与细胞内广泛存在的弗林蛋白酶裂解位点结构域一样，因此该病毒在体外复制不需要添加外源性蛋白酶。Kunitachi毒株感染Vero细胞后，细胞变圆脱落并形成合胞体。尽管Kunitachi毒株F蛋白为多碱性残基的裂解位点，但其ICPI为0.00，表明该病毒对鸡无致病性。

### 3.8.4 APMV-6

1977年，在中国香港家鸭（*A. platyrhynchos domesticus*）中首次分离出APMV-6（AMAvV-6）（Shortridge等，1980）。之后，在世界范围内的多种禽类包括鸭、鹅、普通白鹭和红颈鹭都分离出APMV-6病毒。到目前为止，已获得8株APMV-6毒株的全基因组序列（Chang等，2001；Xiao等，2010；Tian d等，2012；Karamendin等，2013）。APMV-6与其他APMV血清型不同，APMV-6在F基因和HN基因之间有SH基因（Chang等，2001；Xiao等，2010），目前尚不清楚SH基因的生物学功能。猴副流感病毒（SV5）和腮腺炎病毒的SH蛋白能阻断TNF-α介导的凋亡途径（Wilson等，2006），呼吸道合胞体病毒（RSV）的SH蛋白有离子通道活性（Gan等，2008）。SH基因敲除的RSV能在细胞中较好地生长，但在小鼠和黑猩猩中生长会轻微地减弱（Bukreyev等，1997；Whitehead等，1999）。duck/Hong Kong/18/199/1977（Hong Kong）毒株为APMV-6的原型毒株。

在8个已获得全基因组序列的APMV-6毒株中，有6个毒株（包括Hong Kong毒株）的基因组长度为16 236 nt，而从日本滨鹬和意大利鸭分离的毒株基因组长度为16 230 nt，其F基因的非编码区有6个核苷酸的缺失（Xiao等，2010）。

APMV-6感染细胞能引起细胞变圆和脱落，但不形成合胞体（Xiao等，2010）。意大利IT4524-2毒株的F蛋白裂解位点具有双碱性氨基酸残基（R-E-P-R↓L），与其他毒株的F蛋白单一碱性氨基酸残基裂解位点（P-E-P-R↓L）不同。4株 APMV-6毒株细胞培养试验发现，这4个毒株都能以不依赖胰蛋白酶的方式在至少1种细胞类型中复制，但它们在更多种细胞类型中复制需要胰蛋白酶，这表明不同 APMV 的F蛋白裂解能力在不同细胞系存在差异（Xiao 等，2010）。

根据 APMV-6毒株序列比较分析和交叉血凝抑制试验，可将 APMV-6分成两个亚群（Xiao 等，2010）。将来自红颈滨鹬毒株和来自意大利毒株（IT4524-2）归为一个群，其他毒株为第二群（Xiao 等，2010；Karamendin 等，2013）。最近，对11个韩国野鸭分离的 APMV-6毒株 F基因进行序列分析显示，APMV-6存在两个亚群（Choi 等，2018）。另一项基于中国分离的24株 APMV-6毒株F基因序列的种群间进化距离均值的研究也显示，APMV-6有两个基因型（Ⅰ型和Ⅱ型）（Chen 等，2018）。APMV-6毒株遗传进化分析见图3.13。

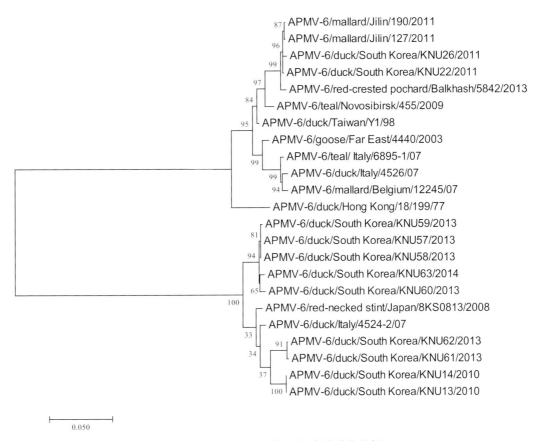

图3.13 APMV-6毒株的遗传进化分析

根据23个 APMV-6毒株融合基因的完整编码序列，用 MEGA7（Kumar 等，2016）中基于 Kimura 2-parameter 模型（Kimura，1980）的最大相似法推断进化历史。

### 3.8.5 APMV-7

1975年，在美国田纳西州猎杀的鸽子（*Columba livia*）中首次分离出 APMV-7（AMAvV-7）（Alexander 等，1981）。之后，在鸽形目中分离出多个 APMV-7病毒。尽管1997年在俄亥俄州自然暴发呼吸道疾病的商品火鸡群中分离出 APMV-7病毒，但还没有在家禽中发现该病毒导致严重疾病的报道（Saif 等，1997）。从鸵鸟中也分离出 APMV-7病毒（Woolcock 等，1996），目前尚未确定与从不同禽类中分离出的 APMV-7毒株是否相同。APMV-7原型毒株 dove/Tennessee/4/75的基因组长度为15 480 nt，含有6个基因（Xiao 等，

2009），前导区和尾部区分别为55 nt和127 nt。3′前导区包含的一个序列（[35]AAUUAUUUUUU[45]）与基因终止信号一样存在于两个基因中。IGS的范围为11 ～ 70 nt。F蛋白推测只有一个碱性氨基酸残基的裂解位点（T-L-P-S-S-R ↓ F）。病毒只在少数细胞系中生长，表明其宿主范围受限制。APMV-7不能在细胞培养中形成合胞体或噬斑，其复制不需要外源性蛋白酶。基于预测的APMV-7蛋白氨基酸序列与禽副黏病毒亚科其他成员病毒的同源蛋白进行序列同源性比较和遗传进化分析，发现APMV-7与 APMV-2、APMV-5、APMV-6、APMV-8、APMV-10、APMV-14、APMV-15和APMV-20的关系比其他APMV血清型更接近。

### 3.8.6 APMV-8

1976年，在美国特拉华州一只加拿大鹅（*Branta canadensis*）中首次分离出APMV-8（AMAvV-8）（Cloud和Rosenberger，1980）。1978年，在日本丰田市一只野鸭（*A. acuta*）中分离出另一株APMV-8毒株（Yamane等，1982）。到目前为止，还未从家禽中分离出APMV-8。已有两个课题组单独发表了第一个APMV-8 goose/Delaware/1053/76毒株（原型毒株）的全基因组序列（Mueller等，2009；Paldurai等，2009），APMV-8 pintail/Wakuya/20/78毒株的基因组序列也已经发表（Paldurai等，2009）。两个毒株的基因组长度为15 342 nt，包含6个基因，前导区和尾部区序列分别为55 nt和171 nt，IGS的长度为1 ～ 30 nt。Delaware和Wakuya毒株序列比较显示其基因组核苷酸同源性为96.8%，其同源蛋白氨基酸同源性为96.5% ～ 99.4%。两种毒株均能在鸡胚、原代鸡胚肾细胞和293T细胞中生长。这两种毒株F蛋白都只含有单一的碱性氨基酸残基裂解位点（T-Y-P-Q-T-R ↓ L），并且它们在大多数细胞系进行体外复制时依赖外源蛋白酶，且外源蛋白酶能提高病毒的复制效率。该病毒CPE包括细胞变圆和脱落，未见合胞体形成。APMV-8的Delaware毒株和其他APMV血清型同源蛋白的氨基酸序列比较和遗传进化分析表明，APMV-8与APMV-2、APMV-10、APMV-15以及APMV-20的关系比其他APMV血清型更接近。

最近，已经报道了在2013年哈萨克斯坦分离的5株APMV-8全基因组序列（Fereidouni等，2018），包括3株来自白额雁、1株来自大天鹅和1株来自小滨鹬毒株。从20世纪70年代在美国和日本第一次分离该病毒到近期分离这5个毒株已经过去将近40年。这5个新的APMV-8毒株与之前报道分离的两个毒株的序列全长均为15 342 nt（Paldurai等，2009），基因组组成与之前报道的毒株非常相似。对这5个新毒株进行序列分析，发现它们之间有基因的变异，但在遗传进化上关系很近，表明APMV-8毒株的序列高度保守（Fereidouni等，2018）。来自哈萨克斯坦的新APMV-8毒株F蛋白推测的裂解位点与之前报道的毒株一样。这5个新的哈萨克斯坦毒株与东亚Wakuya毒株的遗传关系比北美Delaware毒株更接近（Fereidouni等，2018），APMV-8毒株的遗传进化分析见图3.14。

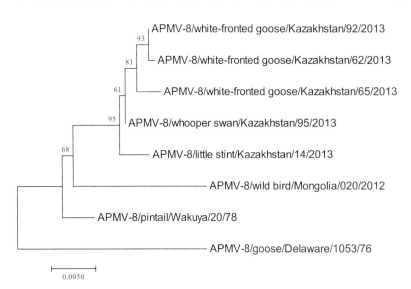

图3.14　APMV-8毒株的遗传进化分析

根据8个APMV-8毒株融合基因的完整编码序列，用MEGA7（Kumar等，2016）中基于Kimura 2-parameter模型（Kimura，1980）的最大相似法推断进化历史。

### 3.8.7 APMV-10

2007年，在海鸟健康监测项目期间，从福克兰岛的跳岩企鹅（*Eudyptes chrysocome*）分离出APMV-10（AMAvV-10）原型毒株APMV10/penguin/Falkland Islands/324/2007（Falkland Islands/324）（Miller等，2010）。APMV-10 Falkland Islands/324毒株能在9日龄鸡胚的绒毛尿囊腔内生长。该病毒的ICPI为0.00，成年鸡感染不会出现任何临床症状（Miller等，2010）。迄今为止，只从福克兰岛企鹅中分离到APMV-10。已经报道了4株APMV-10（2017年福克兰群岛分离）的全基因组序列（Goraichuk等，2017）。4株APMV-10全基因组序列长度均为15 456 nt，包含6个不重叠的基因，3′前导区和5′尾部区分别为55 nt和296 nt。推测的4株APMV-10的F蛋白裂解位点氨基酸序列均包含二碱性残基（K-P-S-Q-R↓I）。APMV-10只在添加了胰蛋白酶的Vero细胞和DF-1细胞上生长。遗传进化分析表明，这4个分离株为一个群，它们的氨基酸序列与APMV-2、APMV-8、APMV-15以及APMV-20更接近（Miller等，2010；Goraichuk等，2017）。

### 3.8.8 APMV-11

2010年，在AIV监测期间，从法国一只扇尾沙锥（*Gallinago gallinago*）中分离出APMV-11（AMAvV-11）common snipe/France /100212/2010（France/100212）毒株（Briand等，2012）。APMV-11的基因组长度为17 412 nt，这是迄今为止报道的最大的APMV基因组。该病毒有典型的其他APMV血清型的基因组结构，有6个基因，编码8种不同的蛋白，前导区和尾部区分别是55 nt和402 nt。APMV-11与其他APMV血清型不同，主要是V蛋白由APMV-11未编辑的mRNA产生，而产生P蛋白的mRNA插入了两个G碱基（Briand等，2012）（图3.10）。APMV-11 France/100212毒株的F基因有两个ORF，小ORF含有279 nt，编码一个从上游起始并与第二个ORF有重叠的92个氨基酸的预测蛋白，第二个起始密码子（ATG）的蛋白翻译似乎是优化的，编码APMV-11的F蛋白，目前尚不清楚上游小ORF的生物学意义。F蛋白的裂解位点序列为S-G-T-K-R↓F。该病毒与APMV-2 Yucaipa毒株有最高的基因组同源性（49.6%）。已知的唯一毒株France/100212是APMV-11的原型毒株。

### 3.8.9 APMV-14

2011年，在AIV监测期间，从日本北部一只鸭的粪便中分离出一株APMV duck/Japan/11OG0352/2011（11OG0352）毒株（Thampaisarn等，2017）。该病毒的全基因组长度为15 444 nt，含6个基因，前导区和尾部区分别为55 nt和277 nt。其F蛋白的裂解位点与APMV-1的弱毒株相似，为T-R-E-G-K↓L。所有APMV只有该病毒在-1位置是K残基，其他APMV血清型在该位置是R残基，目前尚不明确该位置K残基的生物学意义。11OG0352毒株在无胰酶条件下能在CEF细胞中复制，但不能在MDBK、MDCK和Vero细胞中复制，外源胰酶能促进该病毒在CEF细胞中生长并形成合胞体。11OG0352毒株只在鸡胚成纤维细胞中复制，表明该病毒高度限制于在禽细胞中复制。全基因组序列比较发现，APMV-14 11OG0352毒株与APMV-5核苷酸同源性最高（51.4%），与APMV-3和APMV-4核苷酸同源性最低（42.7%）。通过HI试验发现，该病毒与APMV-6的交叉反应性很低（Thampaisarn等，2017）。该病毒的代表种为AMAvV-14。

### 3.8.10 APMV-15

在2012年巴西南部AIV和NDV监测期间，从一种候鸟白腰滨鹬（*Calidris fuscicollis*）中分离出新型APMV毒株Calidris fuscicollis/ Brazil/RS-1177/2012（RS-1177）（Thomazelli等，2017），该病毒的抗原性和遗传性与其他APMV血清型不同。该病毒的基因组长度为14 952 nt，包含6个基因。F蛋白裂解位点包含两个碱性氨基酸残基（V-P-K-E-R↓L），这也是APMV-1弱毒株的典型特征。基于全基因组核苷酸序列的遗传进化分析发现，该病毒与其他APMV血清型从近到远的遗传相关性排序为APMV-10、APMV-8、APMV-2和APMV-20，同源性分别为58.1%、56.7%、56.6%和55.8%。通过HI试验发现，该病毒与APMV-8和APMV-2的交叉反应性很低（Thomazelli等，2017）。APMV毒株RS-1177的ICPI为0.00，表明该病毒对鸡无致病性。该病毒的代表种为AMAvV-15。

### 3.8.11　APMV-20

在2014年AIV监测期间，从哈萨克斯坦里海海滨海鸥粪便样品中分离出3株APMV-20毒株（Karamendin等，2017），这是首次从海鸥中分离到APMV血清型的报道，目前尚不清楚该病毒是否仅局限于感染海鸥。这3株病毒和其他APMV血清型无抗原性或遗传性关系。APMV-20 gull/Kazakhstan/5976/2014（Kazakhstan/5976）毒株的基因组长度为15 954 nt（参考最新的GenBank登录号MF033136.2），并遵循"六碱基规则"，序列分析显示这3个毒株具有遗传相似性。Kazakhstan/5976毒株F蛋白推测的裂解位点序列为E-Q-Q-A-R↓L。无论有无外源蛋白酶，该病毒均不能在MDBK和DF-1细胞中复制。该病毒的ICPI为0.00，表明其对鸡无致病性。1日龄和4周龄鸡感染该病毒均无任何临床症状，以RT-PCR检测所有试验鸡的排毒情况均为阴性，表明无病毒感染（Karamendin等，2017）。APMV-20与APMV-2、APMV-8和APMV-15在遗传上更接近，其基因组核苷酸同源性分别为56.8%、56.6%和55.8%。该病毒的代表种为AMAvV-20。

## 3.9　副禽副黏病毒属的APMV

### 3.9.1　APMV-3

1967年，从加拿大安大略省有呼吸道疾病的火鸡（*Meleagris gallopavo*）中首次分离到APMV-3（APAvV-3），随后在1968年美国华盛顿（Tumova等，1979）和英国（Macpherson等，1983）分离到该病毒。从荷兰长尾小鹦鹉分离到APMV-3原型毒株Netherlands（Alexander和Chettle，1978），大部分APMV-3病毒是在检疫期间从鹦鹉和雀形目鸟分离得到（Alexander，1986）。APMV-3 Wisconsin和Netherlands毒株对鸡的致病力不同，Wisconsin毒株对鸡无致病力，而Netherlands毒株对鸡有中等致病力。无论有无添加10%尿囊液，APMV-3 Netherlands和Wisconsin毒株均能在不同的传代细胞系中复制，添加10%尿囊液会促进病毒的生长。在APMV-3感染的所有细胞类型中观察到的CPE通常为细胞变圆和死亡细胞的脱落，许多副黏病毒的细胞病变特征标志是合胞体形成，在该病毒中没有或仅有有限的小合胞体。APMV-3 Netherlands毒株在甲基纤维素覆盖下会产生噬斑。交叉血凝抑制试验和交叉中和试验的抗原分析结果均表明两个毒株属于一个血清型但代表两个抗原亚群。APMV-3 Netherlands和Wisconsin毒株全基因组测序已经完成（Kumar等，2008，2010b），Netherlands毒株的全基因组长度为16 272 nt，Wisconsin毒株的全基因组长度16 182 nt。Netherlands毒株的尾部区长度为707 nt，而Wisconsin毒株的尾部区长度为681 nt。这两种病毒都有相同的基因组结构，高度保守的基因组末端序列、基因启动和基因终止序列，但在基因组内有大量的核苷酸和氨基酸序列的不同，这与两种毒株所代表的不同抗原亚群一致（Kumar等，2010b）。两个APMV-3毒株核苷酸的同源性为67%，氨基酸的同源性为78%，两个毒株囊膜蛋白（F和HN）的差异更大，F蛋白氨基酸同源性为70%，HN蛋白氨基酸同源性为73%。Wisconsin毒株的F蛋白裂解位点有两个碱性氨基酸残基（R-P-S-G-R↓L），而Netherlands毒株为3个碱性氨基酸残基（R-P-R-G-R↓L）（Kumar等，2010b）。这些结果表明APMV-3毒株为一个血清型分属两个亚群，这两个亚群的抗原性、遗传性和生物学特性有所差异。

### 3.9.2　APMV-4

1978年在中国香港从鸭中首次分离到APMV-4（APAvV-4）APMV-4/duck/Hong Kong/D3/75毒株（Shortridge和Alexander，1978）。之后在许多国家和地区（包括中国香港、比利时、德国、以色列、日本、英国、韩国、新西兰和美国）多种野禽（大部分为鸭和鹅）中分离出APMV-4病毒（Gough和Alexander，1984；Shihmanter等，1997；Stanislawek等，2002；Jeon等，2008；Goekjian等，2011；Abolnik等，2012；Yin等，2017）。两个课题组首次发表APMV-4的全基因组序列（Jeon等，2008；Nayak等，2008）。截至目前，总共已经报道8个全长和许多部分APMV-4基因组序列（Jeon等，2008；Nayak等，2008，2013；Rosseel等，2011；Abolnik等，2012；Wang等，2013；Tseren-Ochir等，2017）。从中国香港（原型毒株）、韩国、比利时、南非和中国分离的APMV-4毒株基因组长度均为15 054 nt（Jeon等，2008；Nayak等，2008，2013；Rosseel等，2011；Abolnik等，2012；Wang等，2013；Tseren-Ochir等，2017），但是从美国特拉华州分离的毒株基因组长度为15 048 nt（Parthiban等，2013），区别在于F和HN基因之间包含一更短6 nt的IGS。APMV-4基因组两端的12个核苷酸互补配对，基因组3′端包含一个55nt前导区，5′端尾部区为17nt，其5′端尾部区在副黏病毒科中最短。序列分析表明所有APMV-4毒株有很高的同源性。全基因组序列比较分析，相较于其他APMV血清型，APMV-4在遗传上更接近APMV-3（Nayak等，2013）。

APMV-4的F蛋白裂解位点序列为D-I-P-Q-R↓F，在−1位置包含一个单一碱性氨基酸残基，该序列在所有APMV-4毒株中保守。但是不同于APMV-1弱毒株，在未添加外源蛋白酶条件下，APMV-4能在体外复制并且不形成合胞体。基因组序列分析表明，APMV-4进化为西半球和东半球这两个遗传谱系（Choi等，2013；Wang et al.，2013）。根据F基因序列，APMV-4毒株分为5个分支（A～E），从来源的陆地看，这些分支几乎完全是单系的（Reeves等，2016）。基于完整F蛋白的种群间进化距离均值分析，APMV-4中至少存在3个基因型（Ⅰ、Ⅱ和Ⅲ）（Yin等，2017），基因Ⅰ型包含的毒株主要来自欧洲、亚洲和非洲，而基因Ⅱ型和基因Ⅲ型包含的毒株起源于美国的水禽（Yin等，2017）。对APMV-4毒株遗传进化分析见图3.15。

## 3.10　反向遗传学

反向遗传学是通过定点突变某基因研究其表型来确定该基因功能的研究方法。要进行一个RNA病毒的反向遗传操作研究，首先必须建立一个从cDNA克隆产生感染性病毒的系统。该方法首次建立是完全以cDNA克隆产生感染性负链RNA病毒制备了狂犬病病毒（Schnell等，1994），之后，利用相同的实验方法从相应的cDNA克隆拯救出单股负链病毒的其他病毒。在NDV基因及其在病毒复制和致病机制的功能研究中，反向遗传操作是一种很有用的工具（请参阅第二章NDV章节中APMV-1反向遗传操作系统的开发建立）。通过反向遗传操作，从cDNA克隆产生感染性APMV的基本方法是以编码一个反向基因组的质粒及编码核衣壳和聚合酶复合物必需蛋白的质粒共转染宿主，对于APMV，用N、P和L蛋白基因足以拯救出感染性病毒。

目前，已经建立APMV-2（Subbiah等，2011；Tsunekuni，2017）、APMV-3（Kumar等，2011）、APMV-4（Kim等，2013）、APMV-6（Tsunekuni等，2017）、APMV-7（Xiao等，2012）和APMV-10（Tsunekuni等，2017）的反向遗传操作系统。这些系统已经应用于基础研究以及疫苗载体开发。

### 3.10.1　F蛋白裂解位点序列在APMV致病机制中的作用

反向遗传操作系统已经用于确定APMV-2、APMV-4和APMV-7的组织噬性和毒力相关因子（Subbiah

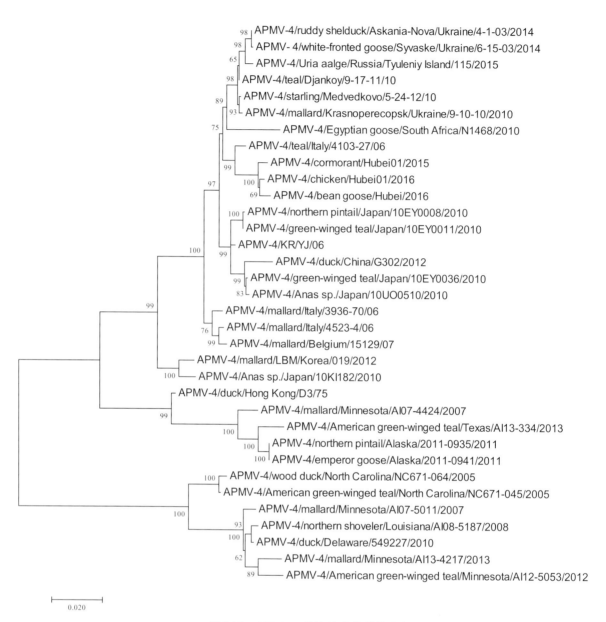

图3.15　APMV-4毒株的遗传进化分析

　　根据34个代表的APMV-4毒株融合基因的完整编码序列，用MEGA7（Kumar等，2016）中基于Kimura 2-parameter模型（Kimura，1980）的最大相似法推断进化历史。

等，2011；Xiao等，2012；Kim等，2013）。在这些研究之前，人们对禽副黏病毒致病机制的了解主要基于对NDV的研究，F蛋白裂解位点的氨基酸序列是NDV对鸡致病性的主要决定因素（Peeters等，1999；Panda等，2004）。

　　推测APMV-2（K-P-A-S-R↓F）、APMV-4（D-I-Q-P-R↓F）和APMV-7（L-P-S-S-R↓F）的F蛋白裂解位点序列包含1～2个碱性氨基酸残基。这些序列与NDV弱毒株的裂解位点序列类似。这3个APMV血清型均能在无外源蛋白酶添加的细胞培养物中复制，添加外源蛋白酶并不能促进其复制（Nayak等，2008；Subbiah等，2008；Xiao等，2009）。这些病毒感染细胞并不会导致副黏病毒CPE的典型特征合胞体的形成。此外，这些病毒对鸡致病性很弱，与其不需要外源蛋白酶的特性不一致。因此，尚不清楚这些病毒F蛋白裂解位点在合胞体形成和致病性中的重要性。

为了探究F蛋白裂解位点在APMV-2、APMV-4和APMV-7的复制和致病机制中的作用，利用反向遗传操作系统制备突变病毒。将这些病毒的F蛋白裂解位点替换为NDV强毒株F蛋白裂解位点，使其含有不同碱性氨基酸残基数（Subbiah等，2011；Xiao等，2012；Kim等，2013）。包含多碱性残基F蛋白裂解位点的突变病毒生长不依赖于外源蛋白酶，形成合胞体，且体外复制能力增强。然而，这些突变不改变这些病毒对鸡无致病力的特性。结果表明，F蛋白裂解位点序列不是这些APMV血清型致病性和毒力的主要决定因素。除了F蛋白裂解位点序列外，F蛋白的结构在F蛋白的裂解性和裂解蛋白的活性中发挥重要作用。

## 3.11 作为疫苗载体的评估

反向遗传操作技术使NDV成为人畜疾病的一个非常有潜力的疫苗载体（Kim和Samal，2016）。新城疫病毒是一种特别理想的禽类疾病疫苗载体，它可作为二价疫苗使用，通过点眼或饮水进行免疫。此外，NDV活疫苗可以同时诱导局部和全身免疫反应。然而，小于3周龄鸡由于存在NDV母源抗体会影响NDV载体疫苗的效果，基于其他APMV血清型的疫苗载体能克服这些缺点。作为对鸡有效的疫苗载体，候选的重组病毒应该对鸡无致病性，在鸡中能高效复制，并且能够携带和表达外源基因。

目前已经对APMV-2、APMV-3、APMV-4和APMV-7作为疫苗载体的潜力进行评估（Kumar等，2011；以及Anandan Paldurai等尚未发表的结果）。除了APMV-3，这些重组APMV在插入外源基因后生长变慢，因此它们不适合作为疫苗载体。APMV-3 Netherlands毒株可作为NDV的替代疫苗载体。APMV-3疫苗载体的缺点是其与NDV血凝抑制试验有一些血清学交叉反应，因此当有高水平的NDV抗体存在时，它可能不是非常有效。然而，研究发现商品鸡存在NDV抗体时并不抑制APMV-3 Netherlands毒株的复制（Anandan Paldurai等尚未发表的结果）。APMV-3载体与NDV载体相比，优点在于毒力更小并且能进行全身性复制，从而诱导强烈的免疫反应。APMV-3载体已被用于评估NDV F蛋白和HN蛋白在免疫保护中的作用（Kumar等，2011）。研究表明，表达埃博拉病毒糖蛋白的APMV-3载体可引起豚鼠黏膜和体液免疫反应（Yoshida等，2019）。研究表明，P-M基因之间是APMV基因组表达GFP基因的最佳插入位点（Yoshida和Samal，2017），但N-P基因之间是表达埃博拉病毒G基因的最佳插入位点（Yoshida等，2019）。研究证实，APMV-3 Netherlands毒株作为禽类病原体的疫苗载体具有巨大的潜力。

Tsunekuni等（2017）对APMV-2、APMV-6和APMV-10作为疫苗载体的潜力进行评估，用表达高致病性AIV HA蛋白的重组疫苗载体接种预先免疫了NDV疫苗的鸡进行免疫效果检测。结果表明，APMV-2、APMV-6和APMV-10作为免疫商品鸡的重组疫苗载体很有应用价值，可用于鸡抗AIV感染的日常接种（Tsunekuni等，2017）。

## 3.12 展望

近年来，在新型APMV的发现和特征鉴定方面取得了快速发展，拓宽了人们对该群病毒的基因组多样性和宿主范围的认识。前期鉴定和新鉴定的APMV血清型全基因组序列分析揭示了APMV基因组的几个新特征。这些病毒的基因组大小为14 ~ 17 kb，一些血清型的基因组具有长UTR和延长的尾部区，这些病毒中每个基因的编码能力有所不同。以前在麻疹病毒中发现的SH基因只存在于APMV-6中。探究该基因在APMV-6中的功能将会是有趣的研究。APMV-11有产生P蛋白不同的RNA编辑机制。预计随着更多APMV血清型的发现，更多新特征将会被发现。

目前尚不清楚新发现的APMV血清型对家禽和人类的潜在致病性。副黏病毒广泛的宿主范围预示这些病毒可能感染多种禽类和非禽类，提示研究这些病毒的重要性。虽然这些病毒对家禽无致病性或有轻度致病，这些病毒在家鸡和火鸡中传播和流行具有潜在的致病性。因此，关于这些病毒的宿主特异性、流行性和致病性的研究很有必要，应该继续对野禽中的APMV进行监测，分离已鉴定APMV血清型更多的毒株，以及发现新的APMV血清型。

目前基于RdRp完整氨基酸序列的遗传进化分析是一种理想的APMV分离株分类方法。然而，F基因序列分析为分离株融合蛋白推测的裂解位点序列提供了更多信息，这些裂解位点是确定APMV-1毒力的主要决定因素，表明该分析具有流行病学应用价值。总的来说，遗传进化分析是一种比交叉血凝抑制试验进行病毒分类更好的方法。然而，不能忽视APMV血清学试验的作用。需要生产目前所有已鉴定血清型的标准抗血清提供给世界各地的研究人员，实验室之间交换病毒和抗血清将促进这些病毒的研究。建立病毒反向遗传操作系统将会增进人们对病毒分子生物学意义的了解，也会促进人们对这些重组病毒作为禽类和非禽类疫苗载体的前景有更深入的认识。

总之，将来极有可能发现新的APMV血清型，进一步鉴定和研究新的和已经确定的APMV将会对病毒的多样性和重要性有更深的理解。

（游广炬 译，郑世军 校）

## 参考文献

# 4 禽偏肺病毒

Paul A. Brown,* and Nicolas Eterradossi
法国普卢夫拉冈（Ploufragan-Plouzané-Niort）研究所，法国食品环境及职业健康与安全署（ANSES），家禽和兔病毒学、免疫学及寄生虫学（VIPAC）研究所
ViPAC（Virology, Immunology and Parasitology in Poultry & Rabbits）Unit, ANSES（French Agency for Food, Environmental and Occupational Health Safety），Ploufragan-Plouzané-Niort Laboratory, Ploufragan, France.
*通讯：paul.brown@anses.fr
https://doi.org/10.21775/9781912530106.04

## 4.1 摘要

禽偏肺病毒于20世纪70年代后期在南非发现，如今遍及世界各地，与最近新发现的人偏肺病毒（HMPV）一同被归类为单负链RNA病毒目肺病毒科偏肺病毒属。禽偏肺病毒导致家禽呼吸道疾病，发病率高，致死率取决于继发细菌感染程度，造成禽产蛋量下降，通常也会伴随鸡蛋品质下降。目前，根据遗传特性和抗原特性定义了4个亚型，据此建立了实验室鉴别诊断方法。禽偏肺病毒的主要宿主是火鸡、鸡和鸭，但其他禽类也容易感染。亚型病毒的感染性随禽种类的不同而不同。禽C亚型偏肺病毒宿主范围最为广泛，与其他亚型禽偏肺病毒相比，该亚型与人偏肺病毒的遗传关系更为紧密。这种跨物种的遗传相似性反映禽C亚型偏肺病毒和人偏肺病毒可能有共同的祖先，我们可以在未来通过偏肺病毒"一个健康"（One health）的项目以比较病毒学方法促进对这两种病毒的认知。禽偏肺病毒A、B、D亚型和C亚型之间的差异说明对某亚型病毒的研究不一定在另一亚型病毒上适用。良好的生物安全防控措施配合减毒活疫苗和灭活疫苗的联合接种将有效防控该病。然而，部分研究表明有些活疫苗可能会毒力返强，从而在接种种禽群中引发问题。为了解决这个问题，人们尝试用反向遗传技术生产更稳定的活疫苗，但2004年第一个反向遗传系统被开发后，仍未有重组疫苗商业化生产。

本章将对禽偏肺病毒进行最新文献综述和展望。

## 4.2 简介与历史

20世纪70年代，由禽偏肺病毒感染引发的呼吸道疾病首次在南非的火鸡群体中发现。不久之后，在

欧洲分离出该病毒毒株（Giraud等，1986；McDougall和Cook，1986；Wilding等，1986）且归类为禽肺炎病毒（APV）（Cavanagh和Barrett，1988；Collins和Gough，1988；Ling和Pringle，1988）。起初分类的依据是该病毒与呼吸道合胞病毒（RSV）的遗传和结构关系密切，而呼吸道合胞病毒是30年前在黑猩猩呼吸道感染病例中发现的（Blount等，1956）。然而，禽偏肺病毒与呼吸道合胞病毒有两个显著差异：①在呼吸道合胞病毒基因组中，已知有约1 000个核苷酸碱基序列能编码2个具有生物活性非结构蛋白NS1和NS2（Randhawa等，1997）（参见下文病毒蛋白），然而在禽偏肺病毒中缺少这段基因。②基因在基因组中出现的顺序不同（Ling等，1992）（参见下文基因组结构与组成）。2001年，一种与禽偏肺病毒基因组相似的病毒从人身上分离出来（van den Hoogen等，2001）。从人身上分离出来的这几种病毒与禽肺炎病毒是在发现呼吸道合胞病毒之后，因此被分类为单股负链RNA病毒目肺病毒科，并在肺炎病毒属前添加希腊文前缀Meta（偏），分别命名为人偏肺病毒和禽偏肺病毒（Afonso等，2016）。

基于遗传性和抗原性差异，禽偏肺病毒分为4个亚型（AMPV-A、B、C和D）（Brown等，2014），人偏肺病毒分为两个亚型（HMPV-A和B）。在HMPV亚型和AMPV-C中定义了遗传亚系，后者AMPV-C又分为两种遗传谱系：一种分布在亚洲和法国的番鸭中（Toquin等，1999a；Sunet等，2014；），另一种分布在美国的火鸡和野鸟中（Senne等，1997；Cook等，1999；Shin等，2000；Bennett等，2004；Toquin等，2006b；Turpin等，2008）。最近，从法国本土的鸡体内也分离到一株禽C亚型偏肺病毒（Wei等，2013）。多项研究表明，禽C亚型偏肺病毒与其他几种禽偏肺病毒亚型相比，与人偏肺病毒的关系更为密切（Yunus等，2003；Govindarajan等，2004；Govindarajan和Samal，2004，2005；Brown等，2014），而且禽C亚型偏肺病毒和人偏肺病毒在大约210年前由同一个祖先分化而来（de Graaf等，2008b）。这些研究结果将不同偏肺病毒联系起来，也因此有人提议将禽偏肺病毒A、B和D亚型归为Ⅰ型偏肺病毒，禽偏肺病毒C亚型和人偏肺病毒归为Ⅱ型偏肺病毒（Brown等，2014）。

## 4.3 病原学

### 4.3.1 形态学

在电镜下观察到禽偏肺病毒呈现多形性，通常是形状奇特，有囊膜，囊膜上有长度为13～15nm的排列整齐的突触（图4.1）。球形病毒颗粒的直径为50～600nm不等，部分病毒呈长丝状，长度可达1 000nm。禽偏肺病毒的核衣壳蛋白具有直径14nm和沟槽7nm的螺旋结构，和呼吸道合胞病毒结构一致。

### 4.3.2 增殖

细胞、组织以及鸡胚培养系统都可用于禽偏肺病毒的增殖和分离。但是这些培养方法比较费事，有的不适合于培养某些特定亚型。该病毒的初步分离方法是气管组织培养分离，这种分离技术用鸡、火鸡或鸭的胚胎来制备气管组织（Cook等，1976），判断病毒复制的指标是气管环组织出现纤毛停滞。但如果气管环未被处理好，会有黏液黏附纤毛（比如鸭胚气管组织），影响对纤毛停滞的判断。除此之外，北美禽C亚型偏肺病毒不会在复制过程中引起纤毛停滞（Cook等，1999）。因此，还可以通过对火鸡胚或鸡胚进行卵黄囊接种，然后在细胞上盲传来分离病毒。然而，这两种方法都比直接从培养的细胞中分离病毒费事。因此，通常使用原代鸡胚成纤维细胞、非洲绿猴肾细胞、罗猴胚胎肾细胞和日本鹌鹑纤维肉瘤细胞系来增殖和分离病毒（Giraud等，1986，1987b；Chiang等，1998；Bennett等，2002）。

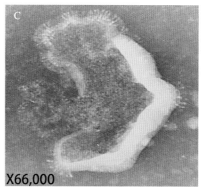
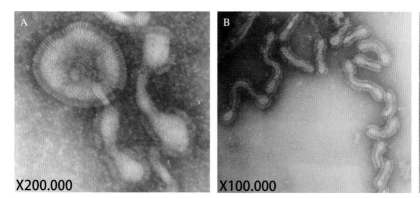

图4.1  电子显微镜照片（负染）

Vero细胞上清液中的禽偏肺病毒颗粒（Toquin，1987）。A.球形；B.丝状；C.核衣壳从包膜突出的破碎颗粒。

### 4.3.3  基因组结构与组成

禽偏肺病毒是一类单股负链RNA病毒，核苷酸长度为13 134 ～ 14 152bp，有囊膜。通常禽C亚型偏肺病毒基因组更长，这主要与其G基因的大小有关（Toquin等，2003）。大多禽偏肺病毒，与人偏肺病毒和肺病毒一样，不完全符合基因长度的"六碱基规则"，这一点与相近的副黏病毒完全不同。图4.2以呼吸道合胞病毒代表肺病毒属说明禽偏肺病毒或人偏肺病毒的基因组结构。

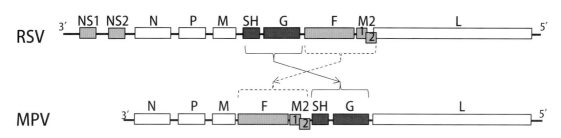

图4.2  肺炎病毒（RSV为代表）和偏肺病毒（MPV）基因组成和结构

图4.2清楚地说明了肺炎病毒和偏肺病毒基因组的组成和结构非常相似，但正如本章开头所提到的，在某些细节上还是有区别的。首先，偏肺病毒基因组编码8个主要蛋白（核蛋白N、磷蛋白P、膜蛋白M、融合蛋白F、M2蛋白、小疏水蛋白SH、附着糖蛋白G和聚合酶蛋白L），而肺炎病毒还额外编码NS1和NS2两个蛋白，共编码10个蛋白。另一个不同之处是，在偏肺病毒中，SH-G基因移位离5′端更近，F-M2基因离3′端更近。有人认为这种基因移位可能是由基因重组导致的（Easton等，2004）。最近两个研究支持偏肺病毒基因重组的假设：一个研究指出人偏肺病毒在进化中出现基因重组（Kim等，2016）；而另一个研究指出人偏肺病毒或人偏肺病毒核糖核蛋白复合物通过细胞连接在细胞间传播（El Najjar等，2016），这种传播机制在细胞间的传递不会被免疫监视系统察觉，会增加两种不同基因组同时出现在同一细胞中的概率，进一步感染细胞。然而，至今只有一份研究清楚地指出肺炎病毒重组的可能（Spann等，2003），偏肺病毒的重组仍需要更多研究来证实。

偏肺病毒的基因在基因组中的顺序影响其mRNA的转录效率，与其他单股负链RNA病毒相似，靠近基因3′端的基因其mRNA丰度更高（Krempl等，2002）。因此，根据这个研究猜想，偏肺病毒中F基因相对G基因在基因组上的位置意味着偏肺病毒中对融合蛋白F的需求量要多于病毒黏附蛋白G，而肺炎病毒则相反。这也就解释了为什么缺失G基因对偏肺病毒在体内复制的影响较小（Biacchesi等，2004b，2005；Ling等，2008），而对呼吸道合胞病毒在体内复制的影响较大（Teng等，2001）。

### 4.3.4 病毒核酸与蛋白

目前，已知偏肺病毒基因组转录8种mRNA，可翻译9种蛋白质，分别为核蛋白N、磷蛋白P、膜蛋白M、融合蛋白F、由双基因M2 mRNA翻译的M2.1和M2.2蛋白、小疏水蛋白SH、附着糖蛋白G、大聚合酶蛋白L。

最近对禽A、B、C和D亚型偏肺病毒的全长病毒序列分子研究进行了详细分析（Brown等，2014）。该研究指出，禽偏肺病毒最长和最短的基因组分别是14 152个核苷酸和13 134个核苷酸，均属于禽C亚型偏肺病毒，它们各自与人偏肺病毒在基因组各个区域核酸和氨基酸水平的同源性比禽A、B和D亚型偏肺病毒更高。相比禽C亚型偏肺病毒和人偏肺病毒，禽A、B和D亚型偏肺病毒在核酸和氨基酸水平上的基因同源性更高。偏肺病毒全基因组序列的系统关系见图4.3。

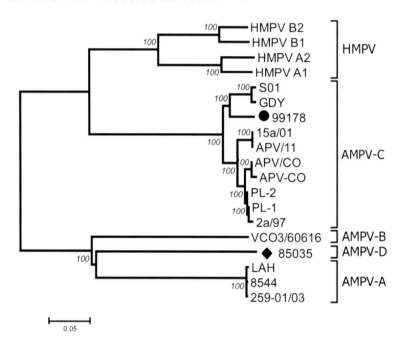

图4.3 偏肺病毒基因组序列之间的遗传关系

进化树以相邻连接法构建分支点的百分比表示该分支点右边的组在通过从起始比对生成的1 000棵树中出现的次数。[本图已获得原作者Brown等（2014）许可。]

在非编码区，基因间隔区以及基因前导序列和尾部序列也观察到了偏肺病毒基因组的系统关系，作者注意到一个惊人的发现，禽D亚型偏肺病毒的前导序列比其他偏肺病毒多7个核苷酸。这些数据基于目前已知病毒的基因的全长序列得出，特别是禽D亚型偏肺病毒在目前仅有2个分离株（Bayon-Auboyer等，2000）。随着新一代测序技术的发展，也许可以根据更多的病毒基因序列信息对偏肺病毒之间的系统关系进行完善。

### 4.3.5 病毒蛋白的功能

本节对肺炎病毒家族进行简单的论述（Easton等，2004；Schildgen等，2011；Brown等，2014）。病毒的N蛋白、P蛋白和L蛋白是复制和转录病毒的聚合酶复合体的成分，这些蛋白之间相互作用的研究已经发表（Renner 等，2016，2017）。M2 蛋白与病毒中承担转录翻译功能的聚合酶复合物有密切的相互作用，M2 蛋白可调节病毒的复制和转录，被认为能调节聚合酶的保真度（Buchholz 等，2005；Schildgen 等，2011）。P 蛋白可改变感染细胞的细胞膜形态向外延伸从而与相邻正常细胞相连，因此在病毒组装和传播中发挥重要作用（El Najjar 等，2016）。

基质蛋白指导病毒组装，有研究表明 F 蛋白能影响基质蛋白改变细胞膜构象（El Najjar 等，2016）。因为 F 蛋白对病毒的生存是必不可少的，F 蛋白可以说是偏肺病毒的三种病毒表面蛋白（F 蛋白、SH 蛋白和 G 蛋白）中最重要的。被改造后仅表达 F 蛋白作为病毒表面蛋白的重组偏肺病毒可以成功在体内和体外复制，这表明 F 蛋白具有黏附和融合功能（Biacchesi 等，2004b；Naylor 等，2004）。对于人偏肺病毒来说，F 蛋白与靶细胞结合要通过 F 蛋白上的整合素结合域 RGD 结合细胞膜的整合素 αvβ1 受体。目前还不清楚禽偏肺病毒是否存在类似的相互作用，不过还没有发现禽偏肺病毒的 F 蛋白中含有 RGD 结合区域。此外，F 蛋白也具有高度的免疫原性，并且包含保护性免疫反应的重要表位（Brown 等，2009；Hu 等，2017）。

在所有的病毒蛋白中，SH 蛋白的作用仍然是最难确定的。尽管缺失该蛋白确实会在一定程度上减弱 AMPV、HMPV 和 RSV 的毒力，但总体上看影响并不大。禽偏肺病毒 SH 蛋白缺失后细胞病变与未缺失时有所不同（Ling 等，1992，Naylor 等，2004）。近年来研究发现，人偏肺病毒的 SH 蛋白可以抑制和下调某些信号通路（Bao 等，2008a；Hastings 等，2016）。据报道，和 RSV 的 SH 蛋白一样，HMPV 的 SH 蛋白可以在靶细胞膜上形成寡聚结构，使膜更具通透性（Asante 等，2014）。AMPV 的 SH 蛋白功能有待更多的研究。

病毒黏附在细胞表面主要与表面 G 蛋白有关，该蛋白的氨基酸序列可变性最强。与 F 蛋白类似，G 蛋白具有高度的免疫原性，包含引起保护性免疫应答的重要抗原表位（Hu 等，2017；Naylor 等，2007）。与 SH 蛋白相似，G 蛋白能抑制细胞免疫应答（Bao 等，2008b，2013；Kolli 等，2011）。

## 4.4 病毒复制

目前人们对 AMPV 复制周期的了解大多基于其他负链 RNA 病毒，尤其是 HRSV。AMPV 在细胞质中进行复制。首先，病毒附着在靶细胞表面，这个过程由表面糖蛋白 G 主导，对于 RSV 来说，涉及与糖胺聚糖（glycosaminoglycans），特别是硫酸肝素和硫酸软骨素 B 结合（Collins 和 Karron，2013），此外，融合蛋白也在这一过程中发挥作用（Ling 等 2008；Cseke 等 2009；Wei 等 2014）。MPV 附着到靶细胞后，F 蛋白促进病毒包膜和细胞质膜融合。触发膜融合的因素尚不清楚，但对于 HMPV 来说，可能与结合 αvβ1 整合素有关（Schildgen 等，2011）。AMPV 则与之不同，因为在任何已知的 AMPV F 蛋白序列中均不存在 αvβ1 整合素结合基序 RGD（Cox 等，2012）。在 AMPV C 亚型病毒中，起到类似作用的区域是 RSD；在 A、B、D 亚型 AMPV 中，则是 RDD。

正如以前发表的综述所描述的（Schildgen 等，2011），病毒与细胞融合后，由 N、P 和 L 蛋白组成的包含病毒 RNA（vRNA）的核糖核蛋白复合物（RNP）被释放到细胞质中，从而转录 mRNA 或生成互补 RNA（cRNA）产生 vRNA。遗传物质和病毒蛋白合成后，M 蛋白和 RNPs 直接转运到细胞膜上。F 蛋白、SH 蛋白和 G 蛋白穿过内质网（ER）到达高尔基体，然后到达细胞膜，与其余病毒组件组装成新的病毒粒子，最终通过出芽过程进行释放。

最近一项研究表明，HMPV 复制后期，病毒并非通过上述出芽/附着机制产生后续感染。该研究发现 P 蛋白在人支气管气道细胞中可以与肌动蛋白骨架相互作用，细胞之间形成广泛的连接网络，病毒、RNP

得以在细胞间直接传播（图4.4），无需释放到细胞外环境（El Najjar等，2016）。如文中所述，同为RNA病毒的呼吸道合胞病毒、麻疹病毒、甲型流感病毒和副流感病毒5，也可以通过胞间传播感染相邻细胞（Shigeta等，1968；McQuaid等，1998；Lawrence等，2000；Makhortova等，2007；Roberts等，2015；Singh等，2015）。在发表的短篇综述里有这些机制的相关论述（Mothes等，2010年）。

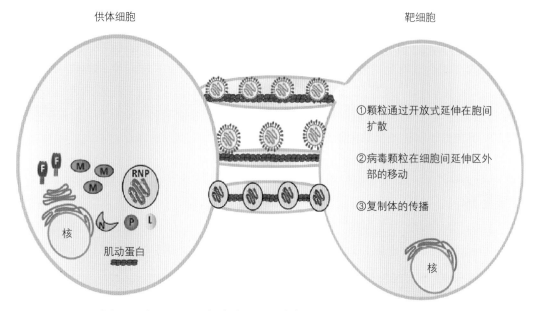

图4.4　在BEAS-2B细胞中HMPV在细胞间扩散的3种不同模型

在模型①中，病毒颗粒通过开放式细胞间连接从感染细胞转移到新的靶细胞。在模型②中，病毒颗粒沿着细胞内突出连接的表面移动。在模型③中，RNP在细胞突出连接内传播。[本图已获得原作者El Najjar等（2016）许可。]

## 4.5　反向遗传学

"反向遗传学"，顾名思义，与"常规遗传学"相反。简单地讲，常规遗传学着眼于表型的遗传基础，而反向遗传学着眼于遗传序列中引入特定变化而产生的表型变化。在病毒学中常用到反向遗传学操作系统，通过克隆cDNA拯救携带精确基因组序列的感染性病毒来研究它们对表型效应的影响。

2004年第一个反向遗传学（RG）系统出现，通过克隆cDNA拯救具有感染性的AMPV（Naylor等，2004）。同年，针对HMPV的反向遗传学系统出现（Biacchesi等，2004a；Herfst等，2004）。针对AMPV-C（美国火鸡株）（Govindarajan等，2006）、AMPV-B（Laconi等，2016）和AMPV-C（欧盟鸭株）（Szerman等，2018）的反向遗传系统也相继诞生。尽管构建这些系统的方法多种多样，但都是基于编码RNP复合体蛋白＋M2蛋白的质粒与病毒基因组（正链或负链）共转染。所有这些系统都采用T7启动子，T7聚合酶通过辅助病毒或者通过抗生素选择维持组成型表达它的细胞系传递。没有一个是基于真核细胞的pCMV启动子，因为它不依赖辅助病毒而且对用于拯救的细胞类型的要求也不高。此外，类似于禽类副黏病毒的双质粒系统，即一个质粒编码基因组，另一个质粒编码其他4个支持蛋白的RG系统还未研发出来（Liu等，2017）。

AMPV反向遗传学操作系统，就像为其他负链病毒（包括RSV和HMPV）开发的RG系统一样，对帮助人们理解病毒的功能做出了巨大贡献。一些基于反向遗传学的对A亚型病毒的研究表明，其M2.2、SH或G基因对于病毒的体内外复制并非是必需的，但缺失这些蛋白会减弱病毒毒力（Ling等，2008；Naylor

等，2004）。在HMPV中，M2.2、SH或G基因同样对于病毒在体内和体外的复制是非必需的，但缺失会影响病毒毒力（Buchholz等，2005）。C亚型病毒（火鸡病毒）M2.2基因缺失株在体外也可以复制。然而，与AMPV-A以及HMPV不同的是，AMPV-C的M2.2是病毒在体内充分复制以维持足够免疫原性的必要因素（Yu等，2011）。最新建立的鸭病毒C亚型的RG系统将有助于揭示AMPV-C宿主范围的分子基础（Szerman等，2018）。

2006年，研究表明，美国AMPV-C（火鸡病毒）和HMPV的RNP互换后仍能拯救出活病毒（Govindarajan等，2006；de Graaf等，2008a）。最近的类似研究表明，A和B亚型之间的RNP同样可以进行互换（Laconi等，2016）。RNP在包括鸭的D亚型病毒和C亚型病毒之间能否互换仍有待研究。在Ⅰ型（AMPV-A、B或D）和Ⅱ型（AMPV-C和HMPV）之间的RNP互换将为偏肺病毒RNP功能保守基序的相关研究奠定基础。

利用AMPV反向遗传学进行的其他研究包括鉴定A亚型病毒F蛋白胞外区内的两个氨基酸序列区域，这两个区域可被中和抗体识别（Brown等，2009），以及通过将AMPV-C的F蛋白整合到HMPV基因组中，使HMPV能够在禽类细胞中培养生长的研究（de Graaf等，2009）。另一项研究则侧重于该系统的实际应用，通过修饰病毒，在分子诊断中用于对照（Falchieri等，2012）。用于疫苗开发的系统能够精确修改病毒基因组。此外，RG系统生产具有可控衰减和稳定的重组克隆病毒库或作为载体运送其他病毒蛋白的能力不容忽视。然而，迄今为止，仍旧没有基于重组AMPV研制出商品化活疫苗。相反，RG系统已经可以用来开发其他病毒的基因工程衍生物，其中最新的一种是重组新城疫病毒（Hu等，2017），它表达MPV F和G基因，可用作AMPV的重组疫苗。

## 4.6 发病机制

### 4.6.1 宿主范围

AMPV的A、B亚型病毒主要感染火鸡和鸡，C亚型病毒主要感染火鸡和鸭，D亚型病毒主要感染火鸡。有文献表明，野鸡和珍珠鸡也易感（Picault等，1987；Gough等，1988，2001；Catelli等，2001；Ogawa等，2001；Lee等，2007）。从鸡和野鸡这两个物种可以同时分离出A亚型和C亚型病毒，因此它们可能是与AMPV进化相关的重要物种。许多研究都成功从火鸡和鸡中分离出AMPV的A亚型和B亚型病毒（Collins等，1986；McDougall和Cook，1986；Wilding等，1986；Wyeth等，1986；Picault等，1987；Cook等，1993a），从火鸡中分离出了D亚型病毒（Bayon-Auboyer等，2000），从火鸡、鸡、鸭和野鸡中分离出了C亚型病毒（Cook等，1999；Toquin等，1999a；Bennett等，2004；Lee等，2007；Turpin等，2008；Wei等，2013）。由此可见，AMPV C亚型具有最广泛的禽类宿主范围。

关于AMPV宿主范围的大部分信息都是从不同时间、不同地点的不同研究中获得的。2014—2018年，研究人员开展了一系列SPF火鸡、鸡和番鸭对4种亚型病毒的易感性研究（Brown等提交）。这些在全球范围内进行的广泛实验证实了之前的研究，尽管可以观察到这些物种在血清转阳和病毒传播方面的差异，但禽偏肺病毒的A亚型、B亚型、火鸡源C亚型、D亚型在火鸡和鸡上确实有很好的适应性。番鸭C亚型AMPV对番鸭有很好的适应性，但无论是鸡还是火鸡，在RT-qPCR检测不到病毒RNA的情况下，经病毒分离均为阳性。这项研究的细节能加深人们对AMPV宿主范围的了解，并能深入了解不同亚型是如何适应其首选宿主的（Brown等，2018）。

AMPV-C与HMPV的密切关系，以及HMPV和AMPV-C起源于约200年前的共同祖先（de Graaf等，2008b）意味着跨物种传播的可能性，然而，迄今为止还没有报道显示AMPV会导致人类呼吸道疾病。另一方面，一项研究显示，实验条件下HMPV感染火鸡体内可检测到病毒抗原和基因组RNA（Velayudhan等，2006）。这个问题需要进行更多的研究。

## 4.7 传播和扩散

AMPV的传播主要通过直接接触排泄物或受污染物质（Cook等，1991；Alkhalaf等，2002），该病毒具有高度传染性。因此，群体感染密度在AMPV传播过程中扮演着关键角色。由于病毒可以在呼吸道复制并且在疫苗接种期间偶有不同禽舍出现自发性感染（法国anon），因此病毒可能会通过空气传播。然而，目前为止只有两项研究探讨了这一问题，结果还是相互矛盾的（Giraud等，1986；Cook等，1991）。

在感染鸡所产蛋中检测到病毒RNA但未检测到具有感染性的病毒，说明AMPV可能会垂直传播。几项研究表明，在产蛋火鸡和种鸡的生殖道中检测到了AMPV病毒RNA，但并没有分离到病毒（Jones等，1988；Khehra和Jones，1999；Cook等，2000；Villarreal等，2007），意味着这一感染途径值得进一步研究。

AMPV远距离传播的机制尚不清楚。目前的几项研究虽然是基于不同亚型进行的，并且存在数据结果上的矛盾，但都暗示了远距离传播现象或许与野生鸟类相关（Turpin，2003；Delogu等，2004；Turpin等，2008）。虽然两大洲都显示有野鸟迁徙飞行，但到目前为止还没有关于北美AMPV-C出现在南美以及南美AMPV-A和B出现在北美的报道。

## 4.8 临床特征

肉用火鸡的AMPV感染最常见于3～12周龄，并于感染后2～3d出现明显呼吸症状。在鸡形目动物中，开始时可以观察到眼睛流泪和打喷嚏，并伴有清亮的鼻腔渗出物。随后，鼻腔渗出物变得混浊，眼睛周围的液体出现泡沫，并经常伴随干性气管咳嗽（Eterradossi等，2015），鸟类还会出现精神沉郁的症状。在鸡形目症状高峰期表现为眶下窦肿胀。如果没有继发性细菌感染，这些临床症状会在7～10d消失。在饲养条件不佳和继发感染的病例中，发病率通常为100%，死亡率1%～60%不等（Stuart，1989；Van de Zande等，1998；Jones和Rautenschlein，2013；Eterradossi等，2015）。家养鸡及火鸡的AMPV野毒感染早期呼吸症状往往不明显，甚至是良性的，这与较好的饲养管理有关（Eterradossi等，2015）。在产蛋期间感染AMPV会导致产蛋量下降10%～30%，蛋壳质量下降的时间长达10～21d。

珍珠鸡感染AMPV后也观察到了与鸡相类似的临床症状，这些物种在病毒感染的早期症状均不明显（Cook，2000；Jones和Rautenschlein，2013）。当继发感染时，可能会导致头部肿胀综合征（SHS），其特征是眶下和眶周窦严重水肿，这一过程发生在头部皮下，因此出现"肿头症"，感染鸡由于中耳发炎而失去平衡，形成斜颈。在患有头部肿胀综合征的病鸡中，死亡率高达20%（Morley和Thomson，1984；O'Brien，1985；Picault等，1987；Pattison等，1989；Buys等，1989b）。

种鸡的产蛋下降以及鸡头部肿胀综合征往往在感染AMPV几周后出现。因此，在产蛋下降或头部明显肿胀症状的最初几天，针对AMPV的血清转阳就可能已经出现了，也很容易在假定的"早期"感染的血清样本中检测到AMPV。了解了这样的临床病程，在前几周仔细观察这些轻微呼吸道症状，有助于找到原发病毒感染。

鸭子感染AMPV后的临床症状与火鸡、鸡及珍珠鸡略有不同，实验条件下感染出现的症状更加明显。发病时（初次感染后2～3d）可观察到水样的眼睛以及清亮的鼻腔渗出物，并伴有情绪紧张。此后，呼吸道出现严重充血，可以听到与鸡感染传染性支气管炎病毒（IBV）后相似的啰音。此时，鼻腔渗出物变得浓稠与混浊。鸭感染禽偏肺病毒后，一般在7～10d内恢复。病毒除了引起呼吸系统症状外，还会影响蛋鸭产蛋及蛋壳质量。据统计，在欧洲该病造成蛋鸡产蛋量下降约30%，然而在中国，引起产蛋量下降40%～85%（Sun等，2014）。

## 4.9　免疫应答

研究表明，细胞免疫在抗禽偏肺病毒呼吸道感染中发挥主要作用。经化学方法切除法氏囊的火鸡，即使在免疫接种后不能产生有效抗体，依旧能产生抗强毒的保护力（Jones等，1992）。而12日龄免疫接种的火鸡，到22周龄时虽然体内只含有少量循环ELISA抗体，但仍然能抵抗病毒的入侵（Williams等，1991）。除此之外，以多种化学方法损伤青年火鸡T细胞的研究证据表明，细胞免疫具有重要作用。通过临床特征和组织学观察，与正常禽相比，T细胞受损感染禽偏肺病毒后的恢复更为缓慢。而且T细胞受损禽体内长期可检测到病毒RNA。对此，有人提出可能是T细胞应答影响AMPV在禽体内的致病机制（Jones和Rautenschlein，2013）。目前还不知道这种情况是否同样出现在鸭子上，可以对此开展研究。

病毒中和试验（VNT）、ELISA和免疫荧光试验可用于检测AMPV诱导的免疫应答，一般在出现临床症状的第5天开始能检测到抗体。病毒中和抗体滴度通常在感染后第10～14天达到最高，随后迅速下降，这与机体的病毒清除机制密切相关（Baxter-Jones等，1989）。通过免疫荧光检测的抗体滴度也有相似情况。正如后续"诊断"部分讨论，感染后6～7周仍可通过ELISA方法检测到抗体。AMPV感染后在火鸡鼻甲处出现B细胞聚集和IgA抗体，说明引起了局部免疫应答（Cha等，2007）。在胆汁、泪液和气管冲洗液中也能检测出IgA抗体（Khehra，1998；Cha等，2007；Rautenschlein等，2011）。病毒中和试验表明，局部抗体与血清抗体的持续时间相同（Liman和Rautenschlein，2007；Rautenschlein等，2011）。虽然产生了体液免疫，但研究表明抗体不一定能对AMPV感染产生抵抗力（Kapczynski等，2008），这些研究结果进一步证明了细胞免疫应答的重要性。

## 4.10　流行病学

1978年，南非首次在火鸡体中发现了禽偏肺病毒（Buys和Du Prees，1980年），随后，病毒在欧洲国家中迅速传播开来（Giraud等，1986；McDougall和Cook，1986；Wilding等，1986；Wyeth等，1986；Hafez和Woernle，1989；Redmann等，1991；Cook等，1993b）。20世纪80年代，除英国外，其余欧洲国家都发现了A亚型和B亚型禽偏肺病毒（Juhasz和Easton，1994；Hafez等，2000）。英国直到1994年才出现B亚型禽偏肺病毒（Naylor等，1997）。20世纪80年代，法国检测到与A、B亚型不同的禽偏肺病毒，后来该病毒被归为D亚型（Bayon-Auboyer等，2000）。迄今为止，法国是唯一分离出D亚型禽偏肺病毒的国家，而A和B亚型广泛分布在世界大部分地区（Lu等，1994；Tanaka等，1995；Jones，1996；Banet-Noach等，2005；Gharaibeh和Algharaibeh，2007；Owoade等，2008；Chacon等，2011；Rivera-Benitez等，2014；Franzo等，2017；Mayahi等，2017；Tucciarone等，2017）。令人惊讶的是，北美尚未分离到A和B亚型病毒。

1996年，美国首次报道禽偏肺病毒感染，在克罗拉多州患呼吸道疾病的火鸡中分离出了新的亚型病毒（Senne等，1997），后来该病毒被归类为C亚型禽偏肺病毒（Cook等，1999；Panigrahy等，2000；Seal，2000）。1997年，明尼苏达州开始出现C亚型病毒感染（Goyal等，2000；Panighrahy等，2000；Lwamba等，2002a）。直到2000年，禽偏肺病毒感染都还是明尼苏达州和邻近州火鸡产业面临的主要问题，造成了

1 500万美元左右的经济损失。

近年来，美国养禽业没有暴发禽偏肺病毒疫情，但偶尔有AMPV C亚型血清学检测阳性的报道（Qingzhong和Cook，2016）。据报道，韩国最近从活禽市场的野鸡体内分离出了AMPV C亚型，值得注意的是这些样品都来自于同一个活禽市场，不排除样品被来自活禽市场的其他物种污染的可能性；中国最近从肉鸡中也分离到了C亚型病毒（Lee等，2007；Wei等，2013）。1999年，法国从患病的番鸭中分离出C亚型病毒（Toquin等，1999a），但发现该病毒在实验条件下对火鸡没有致病性（Toquin等，2006a）（作者未发表的论文，2014–2017）。中国有关于其他鸭源AMPV C亚型的报道（Sun等，2014）。美国是唯一存在火鸡源C亚型病毒的国家。澳大利亚自1990年以来便没有出现过禽偏肺病毒的报道，澳大利亚可能是唯一不存在禽偏肺病毒的大陆（Bell和Alexander，1990）。

## 4.11 诊断

临床特征和病理变化不具有特异性，不能成为禽偏肺病毒的确诊依据，因此需要实验室诊断方法来鉴定。

### 4.11.1 病毒分离

通过分离禽偏肺病毒进行诊断需要较长时间，因此这种方法不能成为首选诊断方法。然而，病毒分离鉴定依旧是区分病毒感染的基本手段。

在分离病毒时，采样时间和样本类型非常重要。由于禽偏肺病毒主要在上呼吸道中复制，因此首先考虑气管、鼻甲、鼻隙以及眼和鼻分泌物作为样本来源。在实验室条件下，病毒释放的峰值通常在感染后3 ~ 5d，因此应尽早采样（McDougall和Cook，1986；Wilding等，1986；Jones等，1988；Buys等，1989a；Cook等，1991，1993c）。采集的样品需要尽快送往实验室，运输样本最好是冷藏加冰袋。如果不能在24h内送达实验室，则需在–70℃条件下冻存。

初次分离最好是在孵化第19天、24天以及27 ~ 30天的SPF鸡、火鸡或番鸭（取决于病毒感染的宿主）的胚胎制备的气管环培养物（TOC）上进行，或是经卵黄囊接种6 ~ 8d的鸡胚。气管环培养成功分离病毒时，在光学显微镜下能观察到气管环管腔的纤毛停止运动，用鸡胚成功分离病毒可见鸡胚的出血和死亡（Cook等，1999；Panighrahy等，2000）。细胞培养（Vero或QT-35；请参见106页"增殖"部分内容）也可以分离病毒，而且可以观察到产生比较一致的细胞病变。气管环培养是所有分离方法中最常用的方法。但考虑到有些毒株可能更容易用鸡胚或细胞培养物分离，因此掌握所有的分离技术都是必要的。

### 4.11.2 病毒抗原

通过免疫荧光和免疫组织化学染色可以检测组织、细胞培养物或气管培养物中的病毒抗原（Baxter-Jones等，1987，1989；Jones等，1988；O′Loan和Allan，1990；Majó等，1995年；Hartmann等，2015年），尽管这些方法的临床诊断作用有限，但对于研究禽偏肺病毒复制动态和发病机制是非常重要的。

病毒RNA的检测：RT-PCR技术能够用于检测禽偏肺病毒RNA。和传统病毒分离技术相比，RT-PCR技术更敏感、特异和快速，是用于诊断的重要方法。现在已经建立了多种RT-PCR方法，包括经典的终点RT-PCR和实时RT-PCR，前者依据琼脂糖凝胶中扩增的DNA产物判断检测结果（Bayon-Auboyer等，1999；Cavanagh等，1999）；后者依据每一次扩增循环中的多聚核酸探针或者荧光染料释放的信号（Velayudhan等，2005；Guionie等，2007；Kwon等，2010；Cecchinato等，2013；Franzo等，2014；Lemaitre等，2018）。两种RT-PCR可以通过检测N蛋白开放阅读框（ORF）中保守区域的寡核苷酸，同时检测A、B、C、D亚型病毒（Bayon-Auboyer等，1999；Lemaitre等，2018）。开放阅读框中亚型特异性靶序列区域在不同亚型间保守性较低（Guionie等，2007）。诊断时，通常首先要进行大范围的RT-PCR，才有最大可能检测到4个已知亚型甚至是未知亚型。检测到阳性样品后，通常采用亚型特异性引物进行RT-PCR亚型鉴定，然后将扩增片段进行核苷酸测序，从而对病毒进行系统发育分类。要注意的是，病毒的遗传关系可能会根据扩增的基因组区域和扩增片段的大小而改变。

### 4.11.3　抗体检测

ELISA试验，免疫荧光（IF）和血清中和（SN）试验均适用于针对AMPV抗体的检测。ELISA是目前最常用的方法，可以检测到存留较长时间的抗体。初次感染2周以后的抗体无法通过免疫荧光和血清中和试验进行检测，而ELISA方法可以检测到感染6～7周后存留的抗体。目前开发出多种针对完整AMPV抗体的商品化和内部使用的ELISA方法（Grant等，1987；Chettle和Wyeth，1988；O'Loan等，1989；Eterradossi等，1992，1995；Mekkes和de Wit，1998；Turpin等，2003；Maherchandani等，2004，2005），以及使用重组蛋白作为抗原的ELISA检测方法（Gulati等，2000，2001；Lwamba等，2002b；Luo等，2005）。不论是哪种ELISA方法，都强调使用正确的抗原检测正确的抗体，才能做出正确诊断（即待检的AMPV毒株和用于检测的ELISA的抗原应属于同一病毒亚型），ELISA抗原最好是与待检血清都来源同一国家（Eterradossi等，1995）。待检AMPV毒株与AMPV ELISA抗原的亚型一致性非常重要，特别是在研究减毒活疫苗的免疫原性时，如果使用其他亚型的ELISA抗原可能会得出疫苗无法诱导免疫应答的错误结论（Eterradossi等，1995；Toquin等，1996）。

## 4.12　防控

本节将重点介绍用于AMPV防控的疫苗，疫苗接种是目前防控AMPV的主要手段。当然，良好的生物安全措施也非常重要。卫生条件差、缺乏温度控制、放养密度高、垫料质量差以及通风不良都会加剧疾病的严重性（Lister，1998；Jones，2001；Eterradossi等，2015）。养殖场应该尽可能减少应激因素，在运输以及抓捕过程中都应该采取良好的卫生措施。

禽偏肺病毒的减毒活疫苗以及灭活疫苗（Giraud等，1987a；Buys等，1989a；Cook等，1989；Cook和Ellis，1990；Williams等，1991a；Kapczynski等，2008）已投入商业化使用。研究发现，A或B亚型减毒活疫苗在实验条件下对A、B、C（火鸡源毒株）、D亚型禽偏肺病毒均具有交叉保护能力（Cook等，1995，1999；Eterradossi等，1995；Toquin等，1996，1999b）。因为Ⅰ型AMPVs（A、B及D亚型）之间存在着密切的遗传和抗原关系，所以A和B亚型减毒活疫苗对于Ⅰ型AMPVs都能产生有效的保护，A、B亚型与C亚型病毒（火鸡毒株，Ⅱ型AMPV）关系较远，但也能提供交叉保护力，不过C亚型的减毒活疫苗仅对同亚型毒株感染提供保护作用（Cook等，1999）。目前还未开发出鸭源C亚型AMPV疫苗。

一般来说，只要养殖场正确使用这些疫苗，就能发挥较好的免疫效果。即便如此，还是会偶尔出现幼龄家禽发病，原因可能是喷雾或饮水接种疫苗不均匀，导致部分家禽并没有接触到有效剂量的减毒疫苗，也就是说部分家禽接触到的减毒病毒已不是优势病毒。

灭活疫苗接种不能通过消化道途径进行，操作很不方便。灭活疫苗与活疫苗结合使用可用于保护成年禽（Jones和Rautenschlein，2013）。

在实验条件下已经研制和测试了重组疫苗，取得了不同程度的成功（Qingzhong等，1994；Hu等，2011，2017），不过还未有商业化重组疫苗用于禽偏肺病毒防控的报道。

## 4.13 展望

禽偏肺病毒具有高度传染性，对饲养管理差、缺乏有效疫苗免疫的养殖场会造成危害。世界各地相继出现新分离病毒株（Franzo等，2017；Mayahi等，2017；Rivera-Benitez等，2014；Tucciarone等，2017），而且随着新诊断方法的出现以及诊断范围的扩大，新病毒会继续出现（Bayon-Auboyer等，1999；Franzo等，2014；Lemaitre等，2018）。反向遗传操作系统对研究火鸡源A、B、C亚型病毒以及现在的鸭源C亚型病毒的致病性、病毒宿主的相互作用是必需的，有助于最终研发出更好的疫苗以及控制措施。建立D亚型病毒的反向遗传操作系统对开展这些研究也是必需的。最后，C亚型禽偏肺病毒和人偏肺病毒之间的密切关联意味着对这两种病毒的研究可能是互通的，可以将这两种病毒的研究结合起来，然而这两种病毒研究可能不适用于禽类的A、B和D亚型，但是有助于加快人们对偏肺病毒的理解，至少在某种程度上有利于指导未来的研究思路，或开辟未来偏肺病毒"一个健康"（One Health）项目的研究方向。

（马子月、王红暖、刘阳 译，郑世军 校）

参考文献

# 5 传染性支气管炎病毒

Ding Xiang Liu¹*, Yan Ling Ng² and To Sing Fung¹
¹中国广州，华南农业大学，广东省微生物信号与疾病重点实验室，微生物综合研究中心
¹South China Agricultural University, Guangdong Province Key Laboratory Microbial Signals & Disease Co. and Integrative Microbiology Research Centre, Guangzhou, Guangdong, People's Republic of China.
²新加坡，南洋理工大学生物科学学院
²School of Biological Sciences, Nanyang Technological University, Singapore.
*通讯：Ding Xiang Liu: dxliu0001@163.com
https://doi.org/10.21775/9781912530106.05

## 5.1 摘要

传染性支气管炎病毒（infectious bronchitis virus，IBV）是困扰全球禽业的主要病毒病原之一。自从1931年首次被分离以来，世界各地已经发现了数量惊人的IBV变异株。随着变异株的不断出现以及缺乏有效的广谱保护性IBV疫苗，研究和了解这种具有经济意义的病原至关重要。事实上，过去几十年来，以IBV为原型的冠状病毒研究，揭示了分子细胞生物学和冠状病毒发病机制中的一些最基本的概念。同时，IBV也是最早成功建立反向遗传学系统的少数冠状病毒之一。本章首先简要回顾一下IBV的历史，然后对其最新的分子生物学及其对受感染细胞的影响等知识进行综述，重点阐述病毒复制的分子机制、病毒调控关键细胞信号通路，以及与宿主细胞相互作用的策略，如内质网应激反应、自噬和细胞凋亡。接着进一步阐明IBV的发病机制，并对IBV流行病学、诊断和防控的当前状况进行讨论。

## 5.2 简介与历史

传染性支气管炎病毒（infectious bronchitis virus，IBV）是冠状病毒科中第一个已知的γ-冠状病毒属成员，于1931年在美国北达科他州被发现，支气管炎（infectious bronchitis，IB），被描述为雏鸡的一种新的呼吸道疾病（Schalk和Hawn，1931）。IB是一种急性、传染性呼吸系统疾病，其特征是呼吸困难、流鼻涕、咳嗽和气管啰音。IBV被鉴定之后，该病毒随后在家禽业集约化发展的世界各个地区相继出现，包括非洲（Ahmed，1954）、亚洲（Song等，1998）、南美洲（Hipólito，1957）及欧洲（Dawson和Gough，1971）。

尽管人们普遍认为马萨诸塞州（Mass）毒株是唯一的IBV变异株，但Jungherr和同事（1956）的一项突破性研究显示，康涅狄格州（Conn）1951年发现的分离株对1940年分离的Mass毒株不能产生交叉保护，表明世界各地存在多个IBV变异株传播。同年，还有报道IBV感染引起蛋鸡产蛋率和蛋品下降，反映出IB暴发对农场经济产生的影响（Broadfoot等，1956）。

尽管已知IBV主要感染鸡的呼吸道，但有些毒株具有感染鸡输卵管、肾脏和肌肉的组织嗜性，M41毒株偏好感染输卵管和肾脏（Jones和Jordan，1972；Jones，1974），793/B毒株偏好感染肌肉（Gough等，1992）。尽管通过商业化的IB疫苗在控制疾病方面取得了初步成功，但在疫苗接种良好的鸡群中仍会有IB的暴发，特别是出现肾脏问题鸡群的发病率会空前增长（Choi等，2009），如韩国出现的Kllb型IBV野毒株，被称为Kr/Q43/06，其在感染无特定病原体（specific pathogen free，SPF）的1周龄雏鸡后，鸡群出现呼吸困难和肾脏病变等特征。这一发现激发了人们开发针对肾脏型IBV和肌源性IBV新型疫苗的兴趣。

在随后的几十年中，随着IB检测和诊断技术的进步，基于血清学检测，例如应用病毒中和试验（virus neutralization，VN）对野毒株进行分类，发现了许多IBV变异株（Hofstad，1958；Hitchner等，1966；Hopkins，1974；Cowen和Hitchner，1975a；Johnson和Marquardt，1976）。逆转录聚合酶链式反应（reverse transcription-polymerase chain reaction，RT-PCR）已被证明是检测和诊断IB的重要方法（Jackwood等，1992；Adzhar等，1996）。Jackwood及其同事（2005）通过RT-PCR进行检测，在11年中鉴定了82种不同的IBV变异株，其中有些分布广泛且具有经济意义。在美国研发了针对这些重要的变异株Ark、Conn和Mass的单价苗或联苗（Gelb和Cloud，1983）。尽管这些变异株中的大多数仅在短时间内出现，但一些瞬时变异株偶尔会引起重大疾病暴发。IBV变异株B1648就是最好的例证，该变异株在20世纪90年代引起疫苗接种鸡群的肾脏相关疾病（Lambrechts等，1993；Pensaert和Lambrechts，1994）。在欧洲确定的IBV变异株中，最重要的可能是4/91、793B、CR88（Gough等，1992；Parsons等，1992）。某些IBV变异株可能在地理上受到限制，并且多项研究已采用分子方法来确定某地区特有的IBV变异株（Escorcia等，2000；Collison等，2001；Gelb等，2001；Alvarado等，2005）。

## 5.3 病毒命名

IBV是一种有囊膜的单股正链RNA病毒，属于套式病毒目冠状病毒科，套式病毒目中其他的病毒科还有动脉炎病毒科、中尼病毒科（*Mesoniviridae*）和罗尼病毒科（国际病毒分类学委员会，http://www.ictvonline.org/virustaxonomy.asp）。冠状病毒科病毒分类见图5.1。套式病毒与其他RNA病毒有4个不同的特点：①基因组组成恒定不变，包含一个占据病毒基因组5′端3/5的大复制酶；②复制酶–转录酶多聚蛋白翻译通过核糖体移码进行；③复制酶基因下游的结构和辅助基因通过3′嵌套亚基因组mRNA（subgenomic messenger RNAs，sgRNA）表达；④复制酶-转录酶蛋白产物有病毒酶活性。

IBV毒株的分类系统分为功能测试和非功能测试两大类（表5.1）。功能测试是所提到的IBV毒株的生物学功能，并将IBV划分为不同的病理型、保护型和抗原型；另一方面，非功能测试是病毒基因组，根据基因型对IBV进行分类（de Wit，2000；Valastro等，2016）。

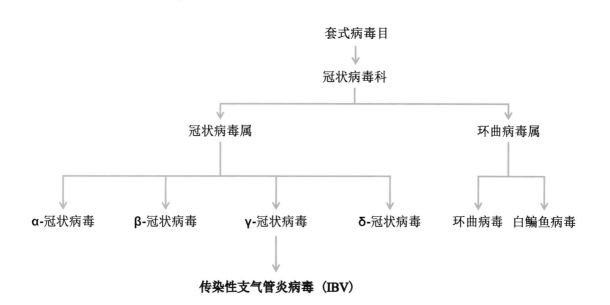

图5.1  冠状病毒科的分类

传染性支气管炎病毒（IBV）是γ-冠状病毒，属于套式病毒目冠状病毒科冠状病毒属。

表5.1  传染性支气管炎病毒（IBV）的分类

| 类别 | 测量参数 | 特征 |
|---|---|---|
| **功能测试** | | |
| 病理型 | 临床特征、大体病变和病毒致病性；同一种病理型，是指两种测试毒株诱发的病理特征相似 | 优点：在疫苗领域具有实用性 |
| 保护型 | 针对IBV毒株的完全免疫应答；当毒株相互诱导保护时，会产生相同的保护性应答类型 | 优点：提供有关疫苗功效的宝贵信息<br>缺点：费力且昂贵；需要高水平的疫苗研究设施 |
| 抗原型<br>（血清型和表位型） | IBV毒株与鸡源性IBV血清型特异性抗体的反应；当异源中和抗体滴度与同源滴度的差异小于20倍时，血清型相同 | 缺点：当在该地区发现更多IBV变异株时不太实用，因为每种血清型都需要进行自身的中和测试。对于新的IBV毒株，必须在SPF禽类中培养抗血清 |
| **非功能测试** | | |
| 基因型 | 病毒基因组的遗传特征；经过测试的毒株序列匹配时基因型为相同基因型 | 优点：客观，为流行病学研究提供有用的信息 |

注：IB，传染性支气管炎；IBV，传染性支气管炎病毒；SPF，无特异性病原体。

Lin等（2016）对来自不同地区的IBV毒株全基因组、纤突（spike，S）蛋白亚基1和2（S1和S2）、囊膜（envelope，E）蛋白、膜（membrane，M）蛋白以及核衣壳（nucleocapsid，N）蛋白进行序列比对，对构建IBV系统遗传进化树非常有帮助（图5.2）。

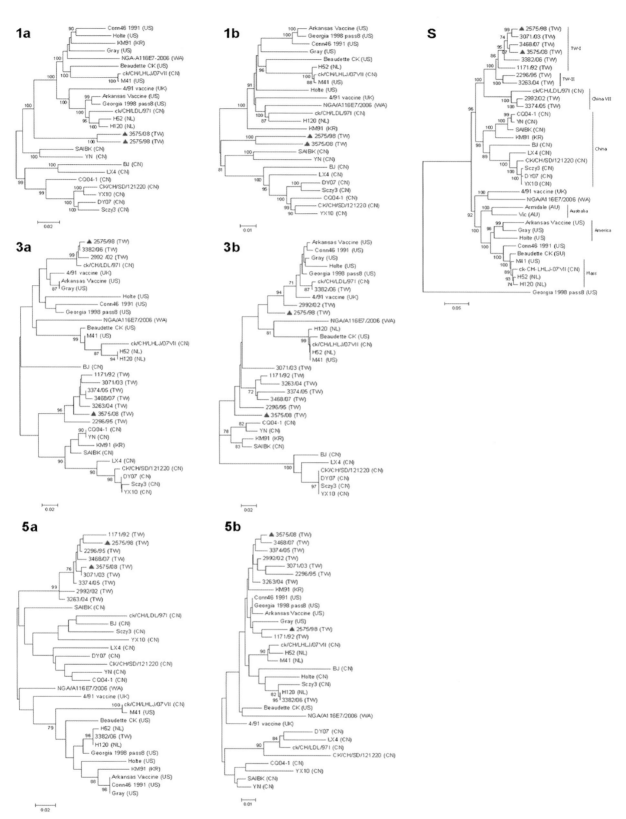

图5.2 基于邻接法的传染性支气管炎病毒（IBV）蛋白1a、1b、3a、3b、5a、5b和S的遗传进化树

红色三角形代表IBV毒株3575/08和2575/98。AU：澳大利亚；CN：中国；NL：荷兰；TW：泰国；UK：英国；US：美国；WA：西非。摘自"由CC BY授权"的Lin，S.Y.，Li，Y.T.，Chen，Y.T.，Chen，T.C.，Hu，C.M.J.和Chen，H.W.的"识别具有典型基因型但改变了抗原性、致病性和先天免疫谱的传染性支气管炎冠状病毒毒株"。http://dx.doi.org/10.1038/srep37725.

## 5.4　形态学

在电子显微镜下，冠状病毒粒子大致呈球形，直径为82 nm（Becker等，1967），并从病毒粒子表面放射出明显的棒状突触。S蛋白三聚体形成的外部突触使病毒粒子类似于皇冠，基于这种形态特征，这些病毒被称为"冠状病毒"（词根"corona"在拉丁语中是指皇冠）（图5.3）。除了S蛋白外，在膜上也发现了M和E结构蛋白，而螺旋对称的核衣壳含有N蛋白和病毒RNA基因组（图5.3）。基因组被包裹在N蛋白核心内（图5.3）。

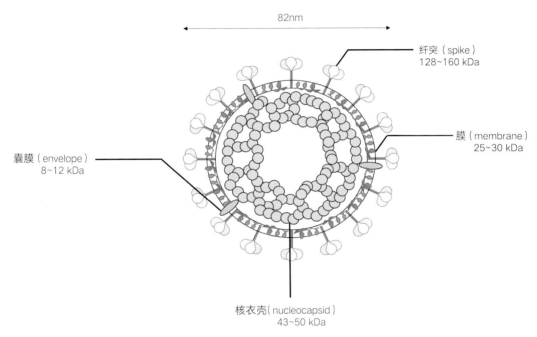

图5.3　冠状病毒病毒粒子示意图

冠状病毒的结构蛋白、纤突蛋白、膜蛋白、核衣壳蛋白和囊膜蛋白，以及核衣壳包裹（＋）正链RNA基因组。每个结构蛋白单体的分子质量如图所示。传染性支气管炎病毒（IBV）病毒粒子的大小约为82nm。

## 5.5　传播

### 5.5.1　鸡胚

鸡胚是实验室用于分离和繁殖各种禽类冠状病毒的宿主系统，例如火鸡冠状病毒（turkey CoV，TCoV）（Adams和Hofstad，1971）和雉鸡冠状病毒（Gough等，1996）。20世纪70年代在鸡胚中进行IBV增殖的开拓性研究证明，IBV在鸡胚中增殖良好，通过9日龄鸡胚尿囊腔接种传代是分离IBV野毒株的首选方法（Cunningham，1970；Fabricant，1998）。此外，鸡胚可用于商业规模化生产IBV疫苗（Britton等，2012）。总的来说，鸡胚为冠状病毒的分离和增殖提供了潜在的宿主系统，可用于旨在鉴定新型冠状病毒的研究。

鸡胚包括正在发育的胚和将空腔或"室"包裹在卵内的支撑膜（Hawkes，1979）。壳膜位于卵壳正下方，是一种坚硬的纤维蛋白膜，在卵较宽的末端区域形成气室（图5.4）。与壳膜相反，绒毛尿囊膜（chorioallantoic membrane，CAM）、羊膜和卵黄膜的组成大部分为上皮细胞，为IBV复制提供了潜在的位

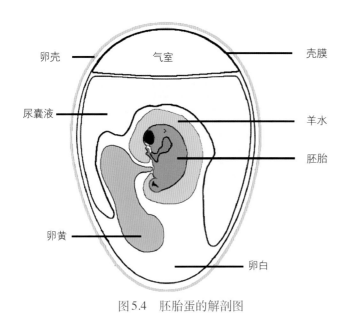

图5.4　胚胎蛋的解剖图

摘自Sally E Grimes的《Ⅰ-2新城疫疫苗的小规模生产和测试的基本实验室手册》（ISBN-974-7946-26-2）．http://www.fao.org/docrep/005/ac802e/ac802e0v.htm

点。绒膜尿囊膜位于壳膜的正下方，有大量血管，发挥呼吸器官的作用。此外，绒膜尿囊膜是所有胚胎膜中最大的膜，因此在卵内包裹最大的腔，称为尿囊腔，在鸡胚中，根据胚的发育阶段，该腔最多可容纳10mL的液体。羊膜包裹着胚胎形成羊膜腔，在鸡胚中可能含有大约1mL的液体。附着在胚胎上的卵黄囊含有在胚胎发育和孵化后阶段所需的营养物质。

发育中的胚胎及其膜（绒膜尿囊膜、羊膜和卵黄膜）为包括IBV在内的各种病毒成功复制提供所需的不同类型细胞。病毒可通过绒膜尿囊膜或尿囊腔、羊膜卵黄囊接种到胚内（Senne，2008）。已证明，禽冠状病毒通过尿囊腔或羊膜腔接种可促使其在特定细胞类型中复制（Gough等，1996；Cavanagh和Naqi，2003；Guy，2013）。IBV是一种上皮细胞嗜性病毒，其可在孵化后的鸡多种上皮细胞中复制，如呼吸道、胃肠道、肾脏、法氏囊和输卵管（Cavantagh，2003）。无论哪种胚胎接种途径，IBV都能在鸡胚中进行很好的复制。其中，尿囊腔接种途径受到青睐，病毒可在绒膜尿囊膜上皮细胞中大量复制，进而使高滴度的IBV释放到尿囊液中（Jordan和Nassar，1973）。

## 5.5.2　气管培养（tracheal organ cultures，TOCs）

TOCs是一种用于增殖多种呼吸道病原体的常用方法（McGee和Woods，1987）。运用该方法培养的病毒包括人冠状病毒（human CoVs，HCoVs）（Tyrrell和Bynoe，1965）、新城疫病毒（Cummiskey等，1973）和甲型流感病毒变异株。TOC也常用于致病性和诱导保护性免疫的研究（Hodgson等，2004）。该系统已经成功使用多孔板（Yachida等，1978）和转动试管装置培养鸡胚气管，用于IBV的培养（Cherry和Taylor-Robinson，1970）。后一个增殖病毒的方法似乎比静态培养维持纤毛运动的时间更长，可能是由于TOC环内的碎屑堆积较少，容易观察纤毛运动。

## 5.5.3　鸡肾细胞培养

以往的研究证明鸡肾（chicken kidney，CK）细胞培养可以有效分离IBV。制备成年鸡肾细胞用于病毒生长和定量的单层培养物技术已有数十年的历史。该技术第一次涉及制备猴肾培养物是在1953年（Dulbecco和Vogt，1954年），1954年对该培养方法进行了改进（Youngner，1954）。1959年报道了用4～5日龄雏鸡制备鸡肾单层培养物（Maassb，1959）。1965年报道使用3～8周龄鸡制备鸡肾细胞用于研究包括IBV等在内的禽病毒（Churchill，1965）。

尽管与鸡胚（Darbynshire等，1975）和TOCs（Cook等，1976）相比较，IBV在鸡肾细胞中产生的滴度较低，但许多IBV毒株在鸡肾细胞中的增殖已得到充分证明。适应鸡胚后，IBV毒株Beaudette和Mass在鸡肾进行两次传代后能够产生特征性的细胞病变效应（Churchill，1965），感染后6h，Beaudette毒株显示形成合胞体（Alexander和Collins，1975）。IBV在鸡肾细胞中的生长曲线表现为2～4h时滞后期，培养

18～20h时病毒产量最高（Darbyshire等，1975）。

许多研究利用CK细胞支持IBV生长的能力，包括评估不同IBV毒株的pH稳定性（Cowen和Hitchner，1975b），鉴定IBV mRNA的先导序列（Brown等，1984），鉴定IBV S蛋白作为细胞趋向性的决定因素（Casais等，2003），用重组IBV Beaudette毒株诱导先天免疫，以鉴定IBV引起的新的网格化内质网和相关球状囊泡（Maier等，2013）。

### 5.5.4　其他培养细胞系

IBV的Beaudette毒株已适应在多种动物细胞系中培养，包括非洲绿猴肾细胞（Vero）（Cunningham等，1972；Alonso Caplen等，1984；Ng和Liu，1998）和BHK-21细胞（Otsuki等，1979）。利用一株适应Vero细胞的IBV Beaudete毒株可在另外4种人细胞系H1299、HepG2、Hep3B和Huh7中建立感染机制（Tay等，2012）。据报道，这些细胞系的弗林蛋白酶丰度与IBV有效感染呈正相关，这表明IBV可能会感染具有不同组织来源的多种人和动物细胞系，但弗林蛋白酶的相对丰度可作为其限制因素。

## 5.6　基因组结构与组成

冠状病毒RNA基因组与动脉炎病毒和罗尼病毒的基因组一样，具有4个与其他RNA病毒不同的独特标志：①具有一个占据其基因组5′端上游2/3的大复制酶基因；②复制酶基因的表达通过核糖体移码进行；③多种病毒酶产物嵌入复制酶-转录酶蛋白产物中；④通过亚基因组mRNA转录产生下游基因产物（van Vliet等，2002）。冠状病毒基因组分别在复制周期中病毒的转录、复制和装配阶段充当mRNA、模板RNA和底物的作用。

为发挥单股正链RNA病毒的功能，所有冠状病毒基因组都5′加帽和3′聚腺苷酸化，以便在进入细胞后立即开始翻译其基因组（图5.5）。5′末端始于先导序列和非翻译区，该区包含多个茎环结构调控病毒基因组复制和转录（图5.6）。除了这些调节功能外，每个结构基因和辅助基因之前都有基因表达所需的转录调控序列（transcriptional regulatory sequence，TRS）。3′UTR区还包含复制和合成病毒RNA所需的RNA结构。如前所述，IBV包含一个长27.6kb的RNA基因组。IBV基因组以5′ORF1a-ORF1b-S-3-E-M-5-N-3′排列的方式增殖，各种辅助基因分布在3′端1/3区域的结构基因内。尽管据报道这些辅助基因对细胞培养的病毒复制是非必需的，但事实证明它们在病毒致病机制中起着关键作用（Casais等，2005）。

图5.5　传染性支气管炎病毒（IBV）的基因组组成

IBV病毒RNA基因组长约27.6kb，排列顺序为5′-rep 1a-rep1b-S-3a-3b-E-M-5a-5b-N-3′。

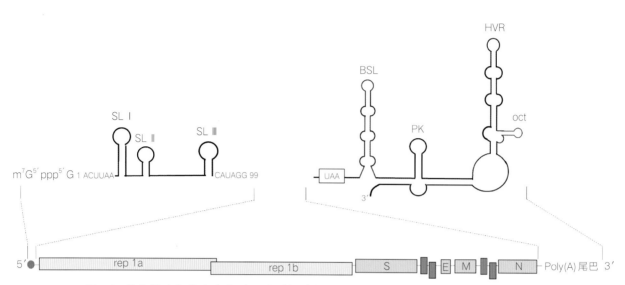

图5.6　传染性支气管炎病毒（IBV）基因组RNA5′和3′UTR区的二级和三级结构预测

所示结构为5′UTR的前100个核苷酸的IBV（SLⅠ～Ⅲ）的结构。5′UTR的其余428个核苷酸的二级结构没有在预测图中显示。3′延伸区域代表3′UTR区域的301个核苷酸。这些元件包括鼓形茎环（BSL）、伪核（PK）、高变区（HVR）和保守的冠状病毒八核苷酸基序（OCT），上游N基因的终止密码子以方框表示。SL以茎环表示；UTR为未翻译区域。

## 5.7　结构蛋白：结构与功能

### 5.7.1　S蛋白

S蛋白是所有冠状病毒结构蛋白中最大的蛋白。S单体的分子质量为128～160 kDa。S蛋白是具有大的N端胞外域和小的C端胞内域的Ⅰ型跨膜蛋白，且N端被高度糖基化（Belouzard等，2012；Fung和Liu，2018）。它通过与宿主细胞受体结合，介导病毒感染的早期过程（Cavanagh，1995）。在感染期间，S蛋白被宿主细胞蛋白酶切割为N端S1亚基和C端S2亚基，这两个亚基大小大致相同（Bosch等，2004）。对IBV S蛋白结构的冷冻电镜研究表明，虽然冠状病毒属的病毒S2区在结构上都类似，但S1区含有独特的结构特征，表明冠状病毒S蛋白的进化谱按α-冠状病毒、β-冠状病毒、γ-冠状病毒和δ-冠状病毒的顺序排列（Shang等，2018）。S1亚基形成结合受体的结构域（receptor-binding domain，RBD），S2亚基形成纤突分子的茎。IBV M41 S蛋白的RBD被定位到N末端的253位氨基酸残基上，具有结合呼吸道α-2，3-唾液酸所需的第19～272位氨基酸的能力（Promkuntod等，2014）。M41 S蛋白的关键附着位点精确定位到4个残基，即N38、H43、P63和T69（Promkuntod等，2014）。有趣的是，在将IBV的Beaudette毒株冷适应Vero细胞的过程中，发现S1亚基中Q294到L294的单个氨基酸突变阻碍了S蛋白的加工和转运，从而阻断了在非感染状态下的细胞融合以及S蛋白嵌入病毒粒子（Shen等，2004）。最近的研究使用一种自动同源性建模平台——迭代线程装配优化（I-TASSER），预测了IBV的疫苗株Ma5和ArkDPI的S1的三级结构（Leyson等，2016）。预测的结构与现有的试验数据一致，如先前所示，发现预测的结构表面的残基对于受体结合具有关键作用（图5.7）。此外，预测的S1结构显示出两个不同的结构域：一个是N-末端结构域，包含以前确定的与受体结合的最小结构域；另一个是C-末端结构域（Leyson等，2016）。

S2亚基包含埋藏的融合肽和两个七肽重复序列（heptad repeats，HR）：HR1和HR2。总之，HR1和HR2融合肽在RBD结合受体过程中非常关键。利用一系列表达嵌合S蛋白的重组IBV发现，IBV Beaudette毒株的S2是细胞嗜性的决定因素（Bickerton等，2018）。有趣的是，IBV Beaudette毒株的S蛋白只有S1亚

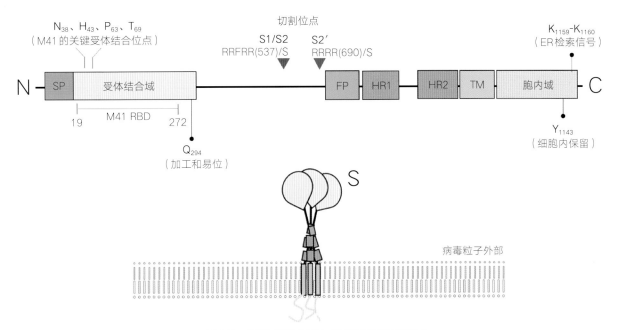

图 5.7　冠状病毒 S 蛋白以线性和折叠表示

S 蛋白由两个亚基组成，S1 和 S2（红色三角形表示 S1/S2 切割位点）。传染性支气管炎病毒（IBV）M41（$N_{38}$、$H_{43}$、$P_{63}$ 和 $T_{69}$）的关键受体结合位点位于受体结合域的 19～272 位氨基酸内。第二弗林蛋白酶切割位点（S2′）位于 S1/S2 切割位点的下游。S 蛋白的重要残基是 Q294（加工和易位）、Y1143（细胞内保留）和 K1159 至 K1160（ER 检索信号）。FP：融合肽；HR：七肽重复序列；SP：信号肽；TM：跨膜结构域。

基还不足以与宿主相结合（Promkuntod 等，2013）。尽管 S2 亚基不包含独立的 RBD，但它有助于增强 S1 亚基与受体结合的亲和力，因此会影响病毒的附着特性和病毒的宿主范围（Promkuntod 等，2013）。在其他情况下，S 蛋白也可能在 IBV 胞吐过程中被弗林蛋白酶或弗林样蛋白酶切割，或在 SARS-CoV 进入过程中被内体组织蛋白酶切割（Huang 等，2006；Bosch 等，2008）。IBV 中有弗林蛋白酶切割的两个一致的基序，即 RRFRR（537）/S 和 RRRR（690）/S（Yamada 和 Liu，2009）。弗林蛋白酶切割 S 蛋白可促进 IBV 进入非洲绿猴肾细胞、合胞体形成，以及提高病毒的感染性（Yamada 和 Liu，2009）。

IBV S 蛋白的胞内尾部区包含一个典型的双赖氨酸内质网（ER）检索信号序列（-KKXX-COOH），该序列可以在内质网 - 高尔基体中间区室（ERGIC）中保留嵌合报告蛋白（VSVG），类似于在 α- 冠状病毒和 SARS-CoV 中鉴定出的二元基序（-KXHXX-COOH）（Lontok 等，2004）。然而，后来的研究表明，缺少这种双赖氨酸基序的过表达 S 蛋白仍然被保留在细胞内，并不会转运至质膜（Winter e 等，2008b）。相反，双酪氨酸基序中的 Y1143 对于 S 蛋白在细胞内的保留至关重要（Winter e 等，2008b）。传染性胃肠炎病毒（transmissible gastroenteritis virus，TGEV）的 S 蛋白中也有类似的酪氨酸依赖信号，可作为细胞内滞留信号（Schwegmann-Wessels 等，2004）。反向遗传学进一步证实了这些转运信号的重要性。缺乏双赖氨酸信号的感染性 cDNA 克隆是有活性的，但它在感染后期会出现生长缺陷，并产生比野生型更大的噬斑（Youn 等，2005b）。相反，尽管在转染的细胞中观察到瞬间产生的合胞体，但缺乏酪氨酸基序的重组病毒却无法被拯救（Youn 等，2005b）。

根据最近一项使用生物信息学和蛋白质组学预测和确定 IBV S 蛋白 N 端糖基化位点的研究表明，S 蛋白在不同位置的 N 端糖基化可能会不同程度地影响 IBV S 蛋白的折叠、切割和融合（Zheng 等，2018）。据报道，在 N212 和 N276 处用天冬酰胺替代天冬氨酸或谷氨酰胺可阻断 IBV S 蛋白的融合并降低重组病毒的感染力，而 N283 对 IBV 复制和感染性非常关键，但不依赖于 N- 端糖基化（Zheng 等，2018）。

有趣的是，S蛋白还可以通过与eIF3的亚基真核起始因子3f（eIF3F）相互作用抑制SARS-CoV和IBV宿主基因的翻译（Xiao等，2008）。与对照相比，在稳定表达FLAG-eIF3f的细胞中，IBV感染诱导白介素6（IL-6）和IL-8蛋白表达显著增强。因此，S蛋白引起的翻译抑制可能作为调节病毒致病机制的新机制。

### 5.7.2　M蛋白

尽管S蛋白是冠状病毒的关键定义特征，但令人惊讶的是它并不是冠状病毒中发现的最丰富的结构蛋白。最丰富的结构蛋白是M蛋白，分子质量为25 ~ 30 kDa，约占病毒粒子质量的40%（Stern等，1982）。M蛋白单体包含一个小的N端膜外域和一个大的C端膜内域，被认为可以赋予冠状病毒形状（Machamer和Rose，1987）（图5.8）。尽管M蛋白翻译后两端插入内质网，但大多数冠状病毒M蛋白（包括IBV）不含信号序列（Kapke等，1988；Fung和Liu，2018）。IBV M蛋白的膜外域被N端糖基化修饰，这不同于在鼠冠状病毒和L9牛冠状病毒中观察到的M蛋白O-糖基化（Cavanagh，1983）。M蛋白是一种嵌入囊膜内的多聚体膜蛋白，含有3个跨膜结构域（Armstrong等，1984）。IBV M蛋白胞质尾部是与E蛋白相互作用所必需的（Lim和Liu，2001），与其他冠状病毒相似，当IBV M蛋白和E蛋白一起过表达可促使病毒样颗粒形成（Lim和Liu，2001；Corse和Machamer，2003）。最近的研究表明，M蛋白以二聚体形式存在，在病毒粒子中采用两种不同的构型来促使病毒粒子弯曲（Neuman等，2011）。它还通过与其他结构蛋白相互作用来调节病毒粒子的大小和病毒的组装（Neuman等，2011）。

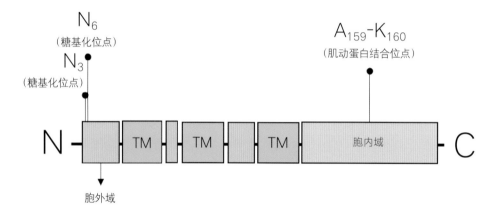

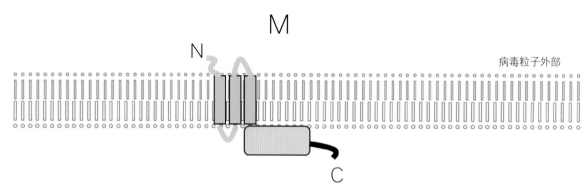

图5.8　冠状病毒膜（M）蛋白的线性和折叠显示

传染性支气管炎病毒（IBV）M蛋白的重要残基是N3、N6（糖基化位点）和A159-K160（肌动蛋白结合）。TM：跨膜结构域。

免疫共沉淀和免疫荧光显微镜揭示，在病毒生活周期的装配和出芽阶段M蛋白和β-肌动蛋白之间相互作用（Wang等，2009）。发现M蛋白的A159和K160在其与肌动蛋白结合中起关键作用，而且含有A159-K160突变的重组病毒，尽管基因组可以正常复制和转录，但不再产生具有感染性的病毒粒子（Wang等，2009）。M蛋白-肌动蛋白的相互作用得到了纯化的IBV颗粒含有一定量β-肌动蛋白观点的支持（Kong等，2010）。

### 5.7.3　E蛋白

与高含量的M蛋白相反，E蛋白是一种在病毒囊膜中数量有限的小多肽（8 ~ 12 kDa）（Liu 和Inglis，1991；Fung和Liu，2018）。目前的研究证据说明IBV E蛋白具有膜拓扑结构，该蛋白是一种跨膜蛋白，具有N端胞外域、疏水域（HD）和C端胞内域（图5.9）。E蛋白的主要功能是促进病毒的组装和释放，该功能受E蛋白和M蛋白之间的物理相互作用介导（Liu等，2007；Ye和Hogue，2007；Lim和Liu，2001）。事实上，当在细胞中共同表达E蛋白和M蛋白时，E蛋白可以将M蛋白移位到E蛋白所在的同一亚细胞区内（Lim和Liu，2001）。C端的6个残基（RDKLYS）充当E蛋白在内质网的滞留信号，将第4位赖氨酸突变为谷氨酰胺，导致E蛋白聚集于高尔基体（Lim和Liu，2001）。

与其他结构蛋白相反，E蛋白的缺失并不总是致死性的。实际上，已经为MHV和SARS-CoV成功制备了缺失E基因的重组病毒，形成的突变体是严重缺陷的病毒粒子，病毒滴度明显降低（Kuo和Masters，2003；DeDiego等，2007）。然而，缺失E基因的重组IBV无法被拯救，表明E蛋白在IBV复制过程中起着关键作用（未发表的数据）。事实上，简单地将IBV E蛋白的HD结构域与VSV-G的跨膜结构域交换，导致释放到上清液中病毒粒子的量减少到原来的约1/200（Machamer和Youn，2006）。

生物物理和计算研究支持的模型显示：5个分子的SARS-CoV E蛋白形成同源五聚体α-螺旋束，疏水域嵌入脂质双层，形成不依赖电压的离子通道（Torres等，2006；Verdiá-Báguena等，2012）。在体外容易确定SARS-CoV E蛋白的离子通道活性，其过表达可改变大肠杆菌和哺乳动物细胞的膜通透性（Liao等，2004，2006）。已证明，SARS-CoV E蛋白HD内的N15A和V25F两个突变能完全消除其离子通道活性（Verdiá-Báguena等，2012）。

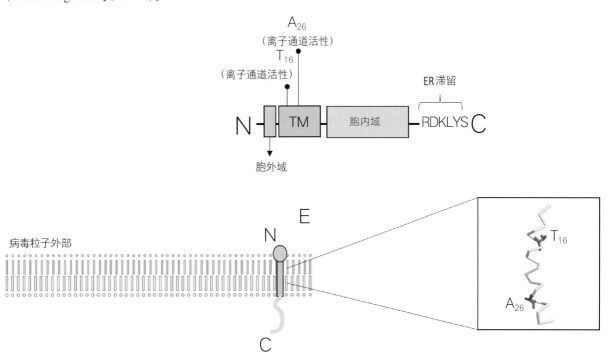

图5.9　冠状病毒包膜（E）蛋白的线性和折叠显示

传染性支气管炎病毒（IBV）E蛋白的重要残基是T16和A26（离子通道活性）。C端RDKLYS包含内质网（ER）滞留信号。下方框内所示为T16和A26的位置。TM：跨膜结构域。

IBV E蛋白很可能采用类似的膜拓扑结构并形成类似于SARS-CoV E蛋白的同源五聚体（图5.9）。生物物理分析表明，IBV E蛋白还具有离子通道活性，HD结构域中的相应突变T16A和A26F完全消除了通道导电性能（To等，2017）。有趣的是，过表达IBV E蛋白（而不是T16A突变体）能破坏VSV-G蛋白的细胞内运输和高尔基体的形态（Ruch和Machamer，2012）。后来的生化分析表明，在感染的细胞和病毒粒子中，IBV E蛋白都存在于两个不同的库中：高分子量（HMW）库和低分子量（LMW）库（Westerbeck和Machamer，2015）。与病毒相关的IBV E蛋白主要存在于HMW库并形成同源寡聚物。有趣的是，在稳态的环境下，T16A蛋白几乎完全在HMW库中，而A26F蛋白则在LMW库中富集（Westerbeck和Machamer，2015）。与以上观点相一致的是，T16A突变体可以支持类似于野生型IBV E蛋白的病毒样颗粒（virus like particles，VLP）的产生，而A26F突变体却不支持病毒样颗粒的产生（Westerbeck和Machamer，2015）。

为了更好地理解IBV复制过程中E蛋白离子通道活性的重要性，构建了具有T16A或A26F突变的重组IBV（To等，2017）。虽然A26F与野生型相比形成较小的噬斑，但两种突变体rIBV均可被拯救。这两个离子通道突变体在基因组复制和转录、结构蛋白合成和病毒组装方面，与野生型IBV非常相似。然而，突变体向培养上清中释放的成熟病毒粒子的数量明显减少，说明离子通道活性对有效感染性病毒粒子的释放产生影响（To等，2017）。

### 5.7.4　N蛋白

N蛋白位于病毒粒子内部，是螺旋状核衣壳的唯一蛋白成分（Fung和Liu，2018）。该蛋白单体大小为43～50 kDa，结合到RNA基因组类似"串珠"构型。IBV N蛋白的晶体结构显示是由相向平行β折叠、发夹延伸和疏水平台组成的蛋白核心，这可能与RNA结合相关（Fan等，2005）。N蛋白单体有N末端结构域（N-terminal domain，NTD）和C末端结构域（C-terminal domain，CTD）两个结构域，每个结构域具有不同的结合机制（图5.10）。在N蛋白的NTD中，定点诱变揭示了Arg76和Tyr94对其RNA结合活性的重要性（Tan等，2006）。虽然两个结构域都能够在体外与病毒RNA基因组结合，但需要两个结构域的结合作用才能实现最佳的RNA结合（Chang等，2006；Hurst等，2009）。

此外，N蛋白是磷酸化蛋白，在数量有限的丝氨酸和苏氨酸残基上修饰。据报道，Ser190、Ser192、Thr378和Ser379是IBV中的磷酸化位点（Chen等，2005），且细胞激酶负责N蛋白的磷酸化（Fang等，2013）。人们认为这种高度磷酸化在增加N蛋白与病毒以及与非病毒RNA结合的亲和力中发挥作用（Spencer等，2008）。N蛋白最显著的功能是与病毒RNA结合。虽然在2000年以前发现了两种RNA底物，即TRS（Stohlman等，1988）和基因组包装信号（Molenkamp等，Spaan等，1997），但N蛋白也与非结构蛋白3（Nsp3）和M蛋白结合，以帮助将病毒基因组连接到复制酶-转录酶复合物（replicase-transcriptase complex，RTC）上，并将基因组包装成病毒粒子（Sturman等，1980；Hurst等，2013）。

在细胞培养中使用氨基酸进行稳定的同位素标记（SILAC），Emmott及其同事发现了许多细胞蛋白可能与IBV N蛋白结合（Emmott等，2013）。在鉴定出的蛋白质中，用siRNA沉默核仁素、RPL19和GSK3的表达可显著抑制IBV在细胞中的增殖，表明这些宿主蛋白在IBV感染过程中具有重要功能（Emmott等，2013）。

以前的研究表明，TGEV N蛋白在感染后期被切割，可能与TGEV诱导的细胞凋亡中半胱氨酸天冬氨酸蛋白酶（caspase）-6和caspase-7的活化相关（Eléouët等，2000）。相似地，SARS-CoV的N蛋白在Vero E6和A549细胞的融解性感染过程中被caspase切割，而在Caco-2和N2a细胞的持续感染过程中未被caspase切割（Diemer等，2008）。SARS-CoV N蛋白被caspase-6和/或caspase-3切割，该切割取决于N蛋白的核定位（Diemer等，2008）。有趣的是，最近的一项研究表明，猪流行性腹泻病毒（PEDV）的N蛋白

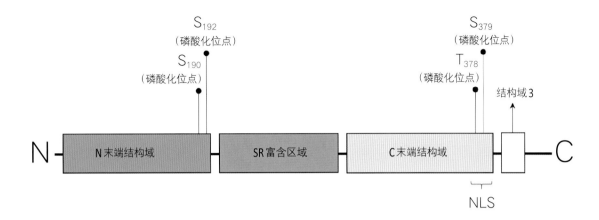

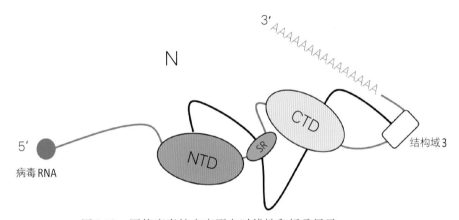

图 5.10　冠状病毒核衣壳蛋白以线性和折叠显示

传染性支气管炎病毒（IBV）N 蛋白的重要残基是 S190、S192、T378、S379（磷酸化位点）。CTD：C 末端结构域；NLS：核定位信号；NTD：N 末端结构域；SR：富含丝氨酸-精氨酸的区域。

与核仁磷酸蛋白（nucleolar protein nucleophosmin，NPM1）相互作用，从而保护它免受 capspase-3 切割并促进 PEDV 感染过程中的细胞存活（Shi 等，2017）。在 IBV 诱导的凋亡中也能观察到 IBV N 蛋白的切割，这表明在冠状病毒感染的细胞中 N 蛋白被 caspase 切割可能是常见现象。通过充当 caspase 底物，N 蛋白可以保护宿主蛋白免于被活化的 caspase 切割，从而促进细胞存活并延长病毒粒子持续释放的时间。

## 5.7.5　募集到成熟病毒粒子的宿主蛋白

除了病毒结构蛋白外，最近的研究还鉴定出被募集到成熟 IBV 粒子的宿主蛋白。2010 年，Kong 及其同事的一项研究中，用 IBV H52 毒株感染 10 日龄 SPF 鸡胚，并用蔗糖梯度超速离心的方法纯化从尿囊液中收集的传染性支气管炎病毒粒子。通过二维凝胶电泳（2-Dimen-sional gel Electrophoresis，2-DE）分离纯化 IBV 粒子中的蛋白质，并用胰蛋白酶消化凝胶中的蛋白质斑点，然后进行固体激光吸收/飞行质谱分析（MALDI-TOF），鉴定了 IBV S 蛋白和 N 蛋白以及 60 种宿主蛋白。使用蛋白质印迹分析和菠萝蛋白酶处理 IBV 粒子的免疫金标记证实了热休克蛋白 90kDa β 成员 1（HSP90B1，也称为葡萄糖调节蛋白 94kDa 或 GRP94）和膜联蛋白 A2 的存在（Kong 等，2010）。

在 Dent 及其同事的另一项研究中，将 IBV Beau-R 毒株以相同的方式进行培养，并使用聚乙二醇（polyethylene glycol，PEG）沉淀进行纯化，然后进行超速离心（Dent 等，2015），鉴定了 3 种 IBV 结构蛋白 S、M、N，以及 35 种宿主蛋白。有趣的是，再次发现 HSP90 家族的另一个成员 HSP90AA1 和膜联蛋白 A2 与 IBV 病毒粒子相关（Dent 等，2015）。HSP90B1（位于内质网内部）和 HSP90AA1（位于细胞质中）

是分子伴侣，IBV复制过程中它们可以促进结构和/或非结构蛋白质的折叠。另一方面，膜联蛋白A2属于膜联蛋白家族蛋白，是一种钙调节膜结合蛋白，与胞吐作用以及质膜磷脂与肌动蛋白交联相关。需要进一步进行功能研究来揭示这些宿主因素在IBV以及其他冠状病毒复制周期中的作用。

## 5.8 非结构蛋白和辅助蛋白：结构与功能

### 5.8.1 辅助基因

一般来说，辅助基因是根据其亚基因组RNA出现在独特区域来编号的。因此，两种不同病毒中编号相同的基因（例如SARS-CoV和IBV中的3a）不一定具有任何序列同源性。尽管人们通常推测冠状病毒的辅助基因是从细胞或异源病毒水平获得的，然而大多数辅助基因的ORF与公共数据库中的任何其他病毒或细胞序列均无明显同源性。因此，可以想象，许多辅助基因在单个冠状病毒中进化需要通过复制和随机突变来清除病毒基因组ORF，正如针对SARS-CoV几种辅助蛋白提出的假设解释（Inberg和Linial，2004）。还需要考虑的是，尽管有证据表明某些辅助基因为各自的病毒编码"豪华"功能，但其他辅助基因可能是遗传垃圾。这在IBV分离株中很明显，许多分离株在N基因和3′ UTR之间包含一个约200个核苷酸的极其不同的片段（Sapats等，1996）。尽管已证明该区域在RNA合成中是非必需的，但长期以来一直将该区域视为3′ UTR的高变区（HVR）。

IBV基因组（图5.5）包含两个辅助基因：3和5，分别编码两个基因产物（3a和3b，5a和5b）（Liu等，1991；Liu和Inglis，1992；Cook等，2012）。通过泄露核糖体扫描可知，亚基因组mRNA是一种功能性多顺反子mRNA，翻译辅助基因3蛋白（Liu等，1991；Liu和Inglis，1992）。E蛋白（以前称为3c）也通过内部核糖体进入位点从相同的mRNA进行翻译（Liu和Inglis，1991）。IBV 3a和3b多肽序列在γ-冠状病毒中保守性较强，不同分离毒株之间的相似性分别高达82.2%和95%（Jia和Naqi，1997）。

人们对IBV基因3和5编码蛋白的功能特征越来越感兴趣。以前的研究显示非洲绿猴肾细胞中出现了截短的Beaudette-IBV 3b形式，表明IBV 3b可能不是病毒复制所必需的，但可能是毒力的决定因素（Shen等，2003）。IBV基因5的情况与此相同，通过反向遗传操作证明该基因对病毒复制不是必需的（Casais等，2005；Armesto等，2009）。另一方面，IBV 3a可能为细胞质蛋白，并且与膜紧密结合，表明该蛋白可能还具有新功能（Pendleton和Machamer，2005）。单个缺失3a、3b、5a和5b以及拯救的rIBV表明，5b参与延缓干扰素免疫应答的活化，并在体内外诱导减毒表型（Laconi等，2018）。在另一项研究中报道，缺失3ab和5ab的重组减毒活疫苗对感染IBV的鸡具有保护作用（van Beurden等，2018）。

### 5.8.2 非结构蛋白

冠状病毒非结构蛋白（Nsps）来源于复制酶多聚蛋白，并组成病毒复制复合体（表5.2）。为了最大限度地产生病毒蛋白，冠状病毒已经形成了在不同层次上干扰宿主细胞机制的策略（Walsh和Mohr，2011）。迄今为止，大多数Nsps的功能研究都是利用冠状病毒科中不同成员进行的，这些蛋白质已证明的功能阐述如下。

为了抑制宿主蛋白的翻译，许多α-冠状病毒和β-冠状病毒都编码Nsp1，该蛋白可选择性诱导宿主RNA降解并充当干扰素拮抗剂（Kamitani等，2006；Lokugamage等，2012）。有趣的是，γ-冠状病毒和δ-冠状病毒不编码Nsp1，但早期研究IBV的证据表明，这些冠状病毒可以通过辅助蛋白拮抗宿主先天免疫应答而关闭宿主反应（Kint等，2016）。Nsp1的下游是Nsp2，是一种大小为65kDa的成熟蛋白（Denison等，1995）。IBV中与之对应的蛋白是一个87kDa的蛋白，它是多蛋白1a和1ab的N末端裂解产物（Liu

等，1994）。通过反向遗传操作缺失MHV和SARS-CoV中的Nsp2，发现该蛋白在病毒复制中是可有可无的，尽管拯救的感染性突变体具有完整的多蛋白加工过程，但存在RNA合成和生长缺陷（Graham等，2005）。然而已知IBV Nsp2充当蛋白激酶R（protein kinase R，PKR）拮抗剂（Wang等2009），并可能在抑制dsRNA激活的RNaseL系统中发挥作用。

表5.2 冠状病毒非结构蛋白的功能和结构

| 非结构蛋白 | 功能 | PDB ID | 方法 | 冠状病毒 | 参考文献 |
|---|---|---|---|---|---|
| 1 | 干扰素拮抗剂 | 2HSX | NMR | SARS-CoV | Almeida等（2007） |
| 2 | 干扰素拮抗剂 | | | | |
| 3 | 木瓜样蛋白酶（PL$_{pro}$）用于多蛋白加工，去泛素，干扰素拮抗剂 | 2FE8 | X射线衍射 | SARS-CoV | Ratia等（2006） |
| 4 | 跨膜支架 | | | | |
| 5 | 用于多蛋白加工的主要蛋白酶（M$_{pro}$、3CL$_{pro}$），干扰素拮抗剂 | 2BX3 | X射线衍射 | SARS-CoV | Tan等（2005） |
| 6 | 跨膜支架蛋白 | | | | |
| 7 | 十六聚体复合物 | 2KYS | NMR | SARS-CoV | Johnson等（2010） |
| 8 | 十六聚体复合物，引发酶 | 2AHM | X射线衍射 | SARS-CoV | Zhai等（2005） |
| 9 | RNA结合蛋白 | 2J97 | X射线衍射 | HCoV-229E | Ponnusamy等（2008） |
| 10 | 锌结合结构域（ZBD），2′-O-甲基转移酶（2′-O-MTase）辅助因子 | 2FYG | X射线衍射 | SARS-CoV | Joseph等（2006） |
| 11 | 未知 | | | | |
| 12 | RNA依赖性RNA聚合酶（RdRP） | | | | |
| 13 | ZBD，RNA 5′三磷酸酶，RNA解旋酶 | | | | |
| 14 | 3′–5′核糖核酸外切酶（ExoN），7-甲基转移酶 | 5C8U | X射线衍射 | SARS-CoV | Ma等（2015） |
| 15 | 核糖核酸内切酶（NendoU） | 2H85 | X射线衍射 | SARS-CoV | Ricagno等（2006） |
| 16 | 2′-O-MTase | 2XYR | X射线衍射 | SARS-CoV | Decroly等（2011） |

注：除了Nsp11，每个冠状病毒Nsp的酶功能已得到证实。Nsp2、Nsp12和Nsp13的结构尚未解析。尚不知道Nsp11会产生蛋白质，因此没有结构。

MHV Nsp3是一个多结构域蛋白，包含两个木瓜样蛋白酶（PLP）结构域：PLP1、PLP2以及一个跨膜结构域（Kanjanahaluethai等，2007）。该跨膜结构域已被证明在切割位点3的加工过程中起着固定PLP2的重要作用，也在介导胞浆蛋白与内质网膜结合中发挥重要功能（Kanjanahaluethai等，2007）。除了在多蛋白加工中充当蛋白酶外，Nsp3还可以充当去泛素化酶，以降解宿主抗病毒信号通路中的多泛素化蛋白及干扰素拮抗剂（Yang等，2014）。

据报道，Nsp4位于内质网，并与同型和异型的Nsp3和Nsp6分别相互作用（Hagemeijer等，2011）。它在膜中组装成具有Nendo/Cendo拓扑结构的四跨膜蛋白，并似乎在病毒复制早期分泌通路中起作用（Oostra等，2007）。IBV Nsp4通过糖基化进行翻译后修饰（Lim和Liu，1998a、b）。

Nsp5编码3C样蛋白酶（3CLpro），也称为主要蛋白酶（Mpro）。它负责Nsp4以外的所有下游蛋白的切割。Nsp5具有3个结构域，其结构域1和2形成一个胰凝乳蛋白酶样折叠。结构域3似乎对Nsp5二聚化至关重要，尽管该结构域的功能仍有待研究（Anand等，2002）。由于Mpro仅以同源二聚体发挥作用，晶体结构分析表明，Arg298是维持二聚化的关键残基（Shi等，2008）。据报道，Nsp3和Nsp10突变对Nsp5参与的多蛋白加工过程产生不利影响（Donaldson等，2007；Stokes等，2010）。

Nsp6分别产生两种约为23kDa和25kDa的产物，对其跨膜拓扑结构分析发现，其含有6个跨膜片段以及在胞质侧C端含有一个保守疏水域（Baliji等，2009）。在SARS-CoV中，需要Nsp3、Nsp4和Nsp6来诱导病毒感染细胞中的双膜囊泡（double-membrane vesicles，DMV）（Angelini等，2013）。据报道，MHV Nsp3中的突变会破坏DMV的形成（Stokes等，2010）。已证明，IBV Nsp6从内质网产生自噬体，表明在表达Nsp6时可诱导细胞自噬（Cottam等，2011）。

Nsp7与Nsp8形成十六聚体复合物。另外，Nsp7由一个相向平行三螺旋束组成，在C端带有一个α螺旋。Nsp7的C端部分灵活，可结合Nsp8。Nsp7三螺旋束N端脂族侧链以及Nsp7 C端螺旋和nsp8 C端的疏水域相互作用可以稳定十六聚体复合物中Nsp7和Nsp8之间的相互作用（Zhai等，2005）。

许多正链RNA病毒都利用Vpg（病毒蛋白质基因组链接）寡核苷酸作为RNA依赖性RNA聚合酶（RdRP）的引物（Pettersson等，1978；Steil等，2010）。由于冠状病毒RNA合成依赖于引物（Cheng等，2005），并且冠状病毒基因组不编码Vpg，因此Nsp8充当引物酶为RdRP合成短引物，在SARS-CoV中发挥第二个RdRP的作用（Imbert等，2006）。在锰依赖反应中合成引物时，Nsp8选择性地以RNA为模板针对5′-（G/U）CC-3′位点合成特异性引物。通过观察Nsp8的3D结构，十六聚体复合物的内径约为3nm，并且可以容纳双链RNA，这表明十六聚体复合物可以作为RdRP的持续合成因子（Zhai等，2005）。除了Nsp7外，Nsp8与Nsp12形成稳定的复合物，这与病毒RNA和其他病毒蛋白的UTR无关（Tan等，2018）。

Nsp9在病毒复制中起重要作用，形成结合ssRNA的同源二聚体（Egloff等，2004）。从结构上讲，Nsp9包含一个带有OB折叠和C端延伸的β桶，与SARS-CoV Mpro的亚结构域相关（Sutton等，2004）。解析SARS-CoV Nsp9的晶体结构表明，该蛋白可能是二聚体，最近Hu和同事（2017）在IBV Nsp9上证实了这一点。的确，IBV Nsp9通过跨疏水表面的相互作用形成同源二聚体，该疏水表面在Nsp9的C端附近包含两个平行的α螺旋。此外，二聚体Nsp9类似于SARS-CoV Nsp9，表明二聚化在所有CoV中可能都是保守的。尽管Nsp9绝非只是结合ssRNA这么简单，其功能仍难以确定，但据推测它与病毒RNA合成有关，因为酵母双杂交和共免疫沉淀发现Nsp9与Nsp7、Nsp8以及Nsp10结合（von Brunn等，2007）。此外，超速离心试验表明Nsp9在减少Nsp8 N端紊乱中发挥作用（Sutton等，2004）。

Nsp10是不同冠状病毒中最保守的Nsp之一，包含两个锌指结构，它们充当锌结合域，并作为Nsp14和Nsp16的辅助因子，分别激发3′-5′外核糖核酸酶和2′-O-甲基转移酶（2′-O-MTase）活性。此外，免疫荧光检测发现在复合物中Nsp9和Nsp10与膜结合（van der等，1998）。利用小鼠肝炎病毒株A59（MHV-A59）发现Nsp10（Q65E）的单个氨基酸突变在病毒RNA的负链合成和Mpro的激活方面存在缺陷（Donaldson等，2007）。X射线晶体技术已经解析了SARS-CoV Nsp10单体和十二聚体的结构（Su等，2006）。单体Nsp10在N端包含一个螺旋发夹，然后是一个不规则的有额外螺旋的β折叠，最后是一个C端亚结构域环。Nsp10的第一个锌指结构模式是CCHC型，具有C-（X）2-C-（X）5-H-（X）6-C序列基序；第二个锌结合位点具有C-（X）2-C-（X）7-C-（X）-C序列基序（Su等，2006）。最近，已经确定了Nsp10表面与Nsp14相互作用的关键氨基酸残基（Bouvet等，2014）。有趣的是，研究证明，与Nsp14相互作用的Nsp10表面与Nsp10介导的Nsp16 2′-O-MTase活化重叠是同一个表面，这表明Nsp10是冠状病毒复制酶功能的主要调节因子（Bouvet等，2014）。

Nsp11形成pp1a的C末端。在SARS-CoV中这13个残基寡肽位于核糖体移码位点，在滑动序列中未发生核糖体移码时产生。迄今为止，尚未在感染的细胞中检测到Nsp11蛋白。Nsp11与Nsp12共享其N端，Nsp12即RdRP。显然，由于大多数Nsp11编码序列与RNA移码序列和Nsp12编码序列重叠，因此尚未确定Nsp11的功能作用。

Nsp12可以说是冠状病毒复制转录酶中最保守的Nsp。用细菌表达的Nsp12可以延伸寡尿苷酸（U）引物与poly（A）模板杂交，证实了Nsp12具有RdRP活性（Cheng等，2005）。遗传进化树分析发现，冠状病毒Nsp12与其他正链RNA病毒的RdRP紧密相关，这些病毒的基因组5′端以共价键连接到病毒蛋白基因组连接蛋白（VPg）上（Koonin等，1991）。含VPg的病毒RdRP共享保守的序列基序G，与识别引物-模板RNA复合体相关（Barrette-Ng等，2002；Thompson和Peersen，2004）。冠状病毒中也保留了相同的基序，这意味着Nsp12具有类似VPg的活性（Gorbalenya等，2002）。Nsp12包含932个残基和保守的RdRP基序，它们在C端起催化结构域的作用（Gorbalenya等，1989；Koonin，1991）。Xu及其同事对于SARS-CoV Nsp12提出的三维同源模型（2003）表明，在核酸结合通道周围显示出杯状的右手掌-手指拇指结构。重要的是要注意Nsp12的表达需要核糖体移码，这意味着Nsp12至Nsp16的产生水平远低于pp1a编码的产物。

SARS-CoV Nsp13含有601个残基，包括多个结构域。有趣的是，该Nsp具有三重功能，可作为锌结合结构域（zinc-binding domain，ZBD），发挥5′RNA三磷酸酶和RNA解旋酶的作用。N末端包含锌结合结构域，解旋酶结构域位于C末端（Gorbalenya等，1989）。锌结合结构域由12个保守的半胱氨酸和组氨酸残基组成，并且在所有套式病毒中都具有解旋酶活性（Seybert等，2005），根据它们最初结合的单股RNA，在5′-3′方向解开RNA和DNA双链（Ivanov和Ziebhur，2004；Ivanov等，2004a）。除了RNA解旋酶活性外，还发现Nsp13可以介导病毒mRNAs 5′第一步的催化作用（Ivanov和Ziebhur，2004；Ivanov等，2004a）。此外，Nsp13还能与DNA聚合酶δ（δ）的p125亚基相互作用，诱导IBV感染后DNA复制应激（Xu等，2011）。

Nsp14的N端包含一个与外切核酸酶的死亡效应结构域蛋白（DEDD）超家族相关的3′-5′外切核糖核酸酶（ExoN）结构域（Moser等，1997；Snijder等，2003）。SARS-CoV中的ExoN活性已在体外得到证实，且对ss-和ds-RNA具有特异性（Minskaia等，2006）。研究发现，MHV中Nsp14的基因失活积累的突变比野生型病毒高15倍，显著降低了复制保真度（Eckerle等，2007）。但是，等温滴定量热法揭示了金属离子对酶活性的需求，其中Nsp14每个分子与两个镁离子结合（Chen等，2007），这表明Nsp14活性是通过两种金属离子机制发生，类似于细胞酶催化磷酸转移反应的机制（Beese和Steitz，1991）。有研究已经证明，细胞RNA解旋酶DDX1与Nsp14相互作用以增强IBV的复制（Xu等，2010）。

由于冗余，冠状病毒在Nsp15中编码了第二个保守核糖核酸酶NendoU（套式病毒核糖核酸内切酶，具有U特异性）（Snijder等，2003）。由于在其他RNA病毒中找不到NendoU同源物，因此NendoU成为套式病毒的遗传标记（Ivanov等，2004b）。SARS-CoV Nsp15优先在3′尿苷酸中裂解，产生2′-3′环状磷酸酯末端（Ivanov等，2004b）。尽管已证明锰离子可增加NendoU的RNA结合活性（Bhardwaj等，2006），但Nsp15的晶体结构目前未证明冠状病毒中有$Mn^{2+}$离子结合位点的存在（Ricagno等，2006）。此外，

NendoUs会形成六聚体，由晶体和溶液中的2个三聚体组成（Bhardwaj等，2006；Ricagno等，2006）。据报道，六聚体关键氨基酸残基突变会影响SARS-CoV NendoU的核仁溶解活性和RNA亲和力，这表明六聚体对其活性至关重要（Guarino等，2005）。

Nsp16位于pp1ab的C端被认为是与RrmJ/FtsJ家族相关的2'-O-甲基转移酶（Snijder等，2003）。Nsp16甲基转移酶活性仅在猫冠状病毒（feline coronavirus，FCoV）中得到证实，腺苷的核糖2'-O单体甲基化$7^{Me}$GpppACn，将0位帽结构（cap-0）转化为1位帽结构（cap-1）（Decroly等，2008）。此外，Nsp16可以作为分子标记，通过RNA识别受体MDA5区分外源和细胞mRNA（Züst等，2011）。缺失或消除Nsp16的表达会停止SARS-CoV中RNA的合成，这意味着该蛋白在CoV复制中起关键作用（Almazán等，2006）。

## 5.9 病毒复制的阶段

### 5.9.1 吸附与入侵

S蛋白与受体结合启动冠状病毒感染（图5.11）。S蛋白/宿主受体相互作用是决定病毒宿主范围、致病性和组织嗜性的主要因素。不同的冠状病毒S1亚基内的RBD位点存在差异，其中MHV在N端具有RBD，而SARS-CoV的RBD位于C末端（Kubo等，1994；Wong等，2004）。对于IBV M41，RBD位于N端253个残基（Promkuntod等，2014）。目前尚不清楚是否所有IBV变异株都有相同的RBD位点。尽管尚未完全确定IBV的宿主受体，但越来越多的证据表明唾液酸作为受体是感染的决定因素（Winter等，2006，2008a；Abd El Rahman等，2009）。这些报道还表明，IBV感染可能需要辅助受体来加强病毒吸附过程/启动病毒和细胞膜之间的融合。近年来发现，脂筏在IBV和SARS的吸附和入侵细胞过程中起着重要作用（Lu等，2008；Guo等，2017）。

病毒结合受体后，必须通过蛋白酶将S蛋白切割为S1和S2亚基进入细胞质。S蛋白的突变会影响培养细胞中IBV的细胞融合，从而影响病毒的增殖的感染性（Yamada等，2009）。S蛋白裂解在S2亚基内的不同位点按连续两步进行，第一步裂解将RBD和融合结构域分开，第二步裂解暴露融合肽（Belouzard等，2009）。融合肽插入膜中的过程是通过将S2中两个七肽重复序列连接起来形成相向平行的六螺旋束（Bosch等，2003）。这种构象至关重要，因为它使病毒膜和细胞膜融合，从而使病毒基因组释放到细胞质中。对于人冠状病毒，此过程通常通过内体半胱氨酸蛋白酶、组织蛋白酶和其他宿主蛋白酶完成，例如跨膜蛋白酶丝氨酸2（transmembrane protease serine 2，TMPRSS2）（Shirato等，2013）和呼吸道胰蛋白酶样蛋白酶TMRPSS11D（Zumla等，2016）。在病毒感染的细胞中，IBV S蛋白裂解通常发生在弗林蛋白酶共有基序RRFRR（537）/S中（Cavanagh等，1986）。最近发现在RRRR（690）/S处的第二个弗林蛋白酶位点对于培养细胞中IBV的感染性至关重要（Yamada和Liu，2009）。以前利用不同细胞系对IBV易感性研究表明，细胞弗林蛋白酶含量是细胞易感性的限制因素。如果细胞中弗林蛋白酶的含量较高，会提高感染效率（Tay等，2012）。病毒和细胞膜融合后，病毒通过内吞作用进入细胞。IBV融合依赖于pH，pH5.5时达到最大融合率的一半，表明内体酸化是IBV以及其他冠状病毒与细胞膜融合的触发因素（Chu等，2006a）。据报道，冠状病毒感染有几种入侵途径，例如网格蛋白依赖性、小窝蛋白依赖性和小窝蛋白非依赖性途径（Nomura等，2004；van Hamme等，2008）。网格蛋白依赖性途径抑制剂，如氯丙嗪，已被证实可阻断IBV感染（Chu等，2006b）。最近研究表明，病毒可能在晚期内体内进行脱壳（White和Whittaker，2016；Wong等，2015）。

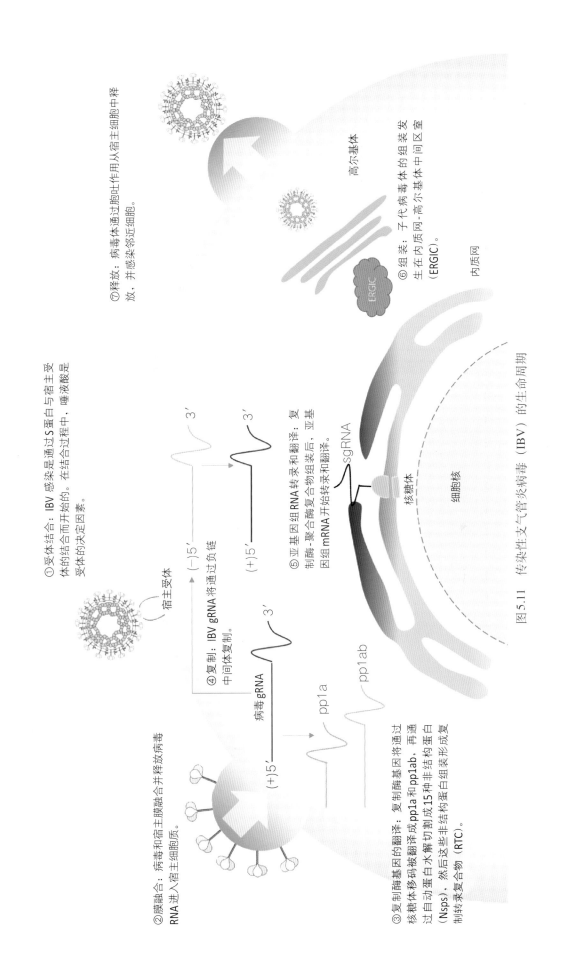

①受体结合：IBV 感染是通过 S 蛋白与宿主受体的结合而开始的。在结合过程中，唾液酸是受体的决定因素。

②膜融合：病毒和宿主膜融合并释放病毒 RNA 进入宿主细胞质。

③复制酶基因的翻译：复制酶基因被翻译成 pp1a 和 pp1ab，再通过核糖体移码翻译，再通过水解蛋白自动切割成 15 种非结构蛋白（Nsps），然后这些非结构蛋白组装形成复制转录复合物（RTC）。

④复制：IBV gRNA 将通过负链中间体复制。

⑤亚基因组 RNA 转录和翻译：复制酶-聚合酶复合物组装后，亚基因组 mRNA 开始转录和翻译。

⑥组装：子代病毒体的组装发生在内质网-高尔基体中间区室（ERGIC）。

⑦释放：病毒体通过胞吐作用从宿主细胞中释放，并感染邻近细胞。

图 5.11 传染性支气管炎病毒（IBV）的生命周期

### 5.9.2　复制酶翻译与加工

在病毒基因组RNA（genomic RNA，gRNA）释放到细胞质之后，冠状病毒复制周期的下一步是将复制酶基因rep1a和rep1b翻译为多蛋白pp1a和pp1ab（图5.12）。Rep1b基因翻译不遵循通常的翻译规则。相反，它是通过称为核糖体移码的另一种翻译机制进行翻译的，其中翻译核糖体以固定的概率沿"–1"方向从rep1a阅读框移动到rep1b阅读框。两个RNA元件对于核糖体重新定位至关重要，包括滑动序列（5′-UUUAAAC-3′）和RNA假结。通常，核糖体解开假结并在rep1a中翻译，直到遇到终止密码子结束。假结有时会阻止翻译核糖体进一步延伸。在这种情况下，核糖体将在滑移序列上暂停并将阅读框移动–1个位置，然后克服假结结构并在rep1b的CDS上恢复翻译（Brierley等，1987，1989）。目前，对核糖体移码的发生率仍有争论，据体外研究，其发生率为15%～60%（Baranov等，2005；Plant等，2005；Su等，2005）。目前还不清楚冠状病毒采用核糖体移码的原因，所以提出了两种解释：一种认为，通过采用这种翻译机制，可以调节pp1a和pp1ab的比例；另一种则认为，rep1b表达可能会延迟，直到rep1a产物为RNA复制创造合适的细胞环境为止（Liu等，1994；Fehr和Perlman，2015）。

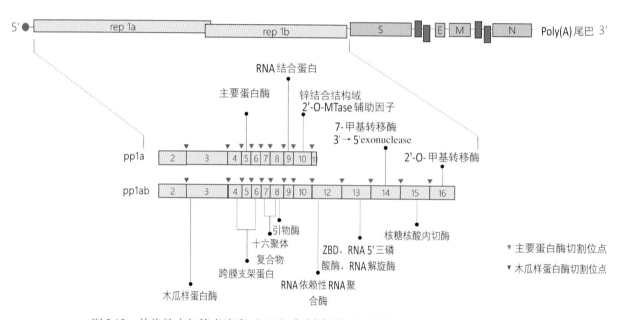

图5.12　传染性支气管炎病毒（IBV）复制酶基因和复制酶蛋白产物的加工示意图

一旦病毒基因组释放到宿主细胞质中，复制酶基因的翻译就会开始。复制酶1a和1b是在病毒生命周期的这一阶段唯一要翻译的基因，通过核糖体移码形成多蛋白（pp）1a和1ab。然后，pp1a和pp1ab将由木瓜样蛋白酶（PLpro）（在红色三角形中）和主要蛋白酶（Mpro）（在棕色三角形中）在切割位点上自动切割成15个非结构蛋白。

随后，pp1a和pp1ab进一步加工以形成15Nsps（图5.12）（Liu等，1994，1997）。这15种Nsps最终产物的大小（氨基酸）和切割位点见表5.3。所有冠状病毒都编码该切割所需的至少2种蛋白酶，它们是Nsp3编码的木瓜样蛋白酶（PLpro）和Nsp5编码的主要蛋白酶（Mpro）。除γ-冠状病毒、SARS-CoV和MERS-CoV外，大多数冠状病毒会在Nsp3中编码两个PLpro（Woo等，2010）。这些PLpros会在Nsp 1/2、2/3、3/4边界切割Nsps1至Nsp4，而Mpro参与下游蛋白的切割。对7个冠状病毒中Mpro裂解位点的预测和比较分析表明，Mpro的底物特异性完全由P1位置的谷氨酰胺（Glutamine，Gln）决定，这对于有效切割是必不可少的（Ziebuhr等，2000）。研究表明，在不同裂解位点的P1位置替换谷氨酰胺（Gln）会导致IBV不同程度的生长缺陷，其中一些位点突变耐受性良好，而其他位点突变则阻碍病毒的拯救（Fang等，

2008，2010）。总的来说，生成的Nsps组装成更大的复合物，称为复制转录复合物（RTC），负责RNA复制和亚基因组RNA转录。

表5.3　IBV（Beaudette毒株）非结构蛋白的切割位点和大小（氨基酸数目）

| IBV毒株Beaudette非结构蛋白 | 大小（氨基酸数目） | 起始（核苷酸） | 终止（核苷酸） | 参考文献 |
|---|---|---|---|---|
| 2 | 673 | 529 | 2 547 | Liu等（1995a、b、c）；Lim和Liu（1998a） |
| 3 | 1 592 | 2 548 | 7 323 | Lim等（2000） |
| 4 | 514 | 7 324 | 8 865 | Lim等（2000） |
| 5 | 307 | 8 866 | 9 786 | Liu等（1994）；Ng和Liu（2000） |
| 6 | 293 | 9 787 | 10 665 | Ng和Liu（2000） |
| 7 | 83 | 10 666 | 10 914 | Ng和Liu（2000） |
| 8 | 210 | 10 915 | 11 544 | Ng和Liu（1998） |
| 9 | 111 | 11 545 | 11 877 | Liu等（1997） |
| 10 | 145 | 11 878 | 12 312 | Ng和Liu（2002） |
| 11 | 13 | 12 313 | 12 351 | Fang等（2007） |
| 12 | 932 | 12 313 | 15 131 | Liu等（1994） |
| 13 | 601 | 15 132 | 16 931 | Liu等（1998a、b、c） |
| 14 | 521 | 16 932 | 18 494 | Liu等（1998a、b、c） |
| 15 | 338 | 18 495 | 19 508 | Liu等（1998a、b、c） |
| 16 | 302 | 19 509 | 20 414 | Liu等（1998a、b、c） |

## 5.10　复制和转录

RTC形成后会很快合成病毒RNA。在冠状病毒中，病毒RNA合成产生两种类型的RNA，即与基因组一样大的gRNA以及与亚基因组一样大的RNA（sgRNA），两者都是通过负链中间体产生。这些负链中间体的含量仅为其正链对应物的1%左右，并且它们还包含反先导序列和多聚U序列（Sethna等，1991）。这些sgRNAs会作为位于复制酶基因3′下游的各种结构和辅助基因的mRNA。

病毒RNA复制并非没有顺式作用序列。在冠状病毒基因组的5′UTR中，有许多茎环结构延伸到rep1a，而3′UTR也含有来自茎环、假结和HVR的不同顺式作用元件（Raman等，2003；Brown等，2007）。尽管这些不同结构在RNA合成调控中的功能还有待深入研究，但发现诸如锌指CCHC型和RNA结合基序1（MADP1）等宿主因子与IBV RNA的5′UTR相互作用并增强病毒的复制和转录（Tan等，2012）。

另一方面，在RNA转录过程中，最有趣的问题可能涉及sgRNA产生过程中的先导区和主体区TRS融合（图5.13）。每个亚基因组mRNA转录物包含一个5′先导序列，对应于基因组的5′末端。该5′先导序列与一个mRNA"主体"连接，该序列包含从3′-poly（A）到每个基因组ORF上游位置的序列，编码结构蛋白或特定位点（辅助）蛋白。在每个sgRNA的先导区和主体区元件的交界处，可以找到一个特征性富含AU的短基序，称为TRS。

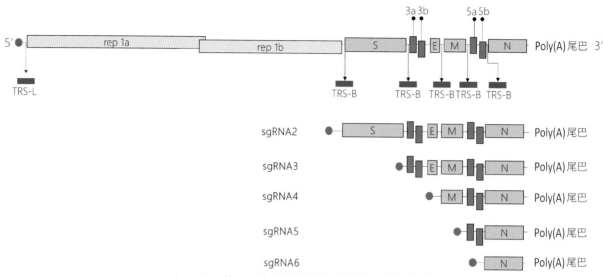

图5.13　传染性支气管炎病毒（IBV）RNA合成

冠状病毒的病毒RNA合成产生两种类型的RNA，即基因组RNA和亚基因组RNA（sgRNA）。为了产生这些嵌套的sgRNA，需要转录调控序列（TRS）的前导区-主体区融合。IBV的共识TRS5′-CUUAACAA-3′。TRS-B：转录调控序列主体区；TRS-L：转录调控序列的前导区。

尽管曾经认为这种现象发生在正链RNA合成过程中，但显然冠状病毒在负链RNA延伸过程中遵循不连续的转录模型（Sawicki和Sawicki，1995）（图5.14）。在该模型中，有人提出，当RdRP转录基因组遇到TRS主体区（TRS body，TRS-B）时，它可以暂停，然后RdRP要么继续延伸至下一个TRS-B，要么通过与先导区TRS（the leader TRS，TRS-L）互补结合而切换到位于基因组5′末端的先导序列，从而合成一组套式病毒特有的嵌套sgRNA。最近在IBV和其他γ-冠状病毒中发现了一种新的定位于M基因和辅助基因5a之间的sgRNA，将转录的sgRNA总数扩大到了6个（Bentley等，2013）。Nsp9也是一种RNA结合蛋白，在支持sgRNA转录方面起着至关重要的作用。Nsp9的C端α螺旋结构域中保守的甘氨酸（G98）残基的突变可以阻断Vero中的sgRNA转录（Chen等，2009）。

## 5.11　组装与释放

随着gRNA的复制和sgRNA的转录，可以使用宿主翻译系统翻译病毒蛋白。翻译后，将S、E和M蛋白共同翻译插入内质网。这些蛋白质将沿着分泌通路移动，聚集在称为内质网-高尔基体中间区室（ERGIC）的组装点。在ERGI中，包裹在N蛋白中的病毒基因组通过合并形成成熟的病毒粒子（de Haan和Rottier，2005）。

在病毒生活周期的组装阶段，M蛋白在指导冠状病毒大多数蛋白相互作用中起着重要作用。尽管如此，发现M蛋白不足以形成病毒粒子，因为不能仅通过M蛋白表达形成病毒样颗粒（virus-like particle，VLP）（Bos等，1996；Vennema等，1996）。通过放射免疫沉淀和免疫荧光研究发现，IBV E和M蛋白通过推测的外周结构域彼此发生直接的相互作用（Lim和Liu，2001）。这种相互作用对于冠状病毒囊膜形成和VLP的形成至关重要（Lim等，2001；Corse和Machamer，2003）。

其他研究团队进一步研究证实，N蛋白是病毒样颗粒的增强子（Siu等，2008）。然而，鉴于M蛋白和E蛋白的丰度不同，目前尚不清楚E蛋白是如何帮助病毒粒子进行组装的。该领域目前很少有人研究探索，有人提出E蛋白在避免M蛋白聚集中发挥作用，而另一些人则提出E蛋白通过调控分泌通路促进病毒的排出（Ye和Hogue，2007；Boscarino等，2008）。最近发现E蛋白离子通道活性在此过程中发挥作用。

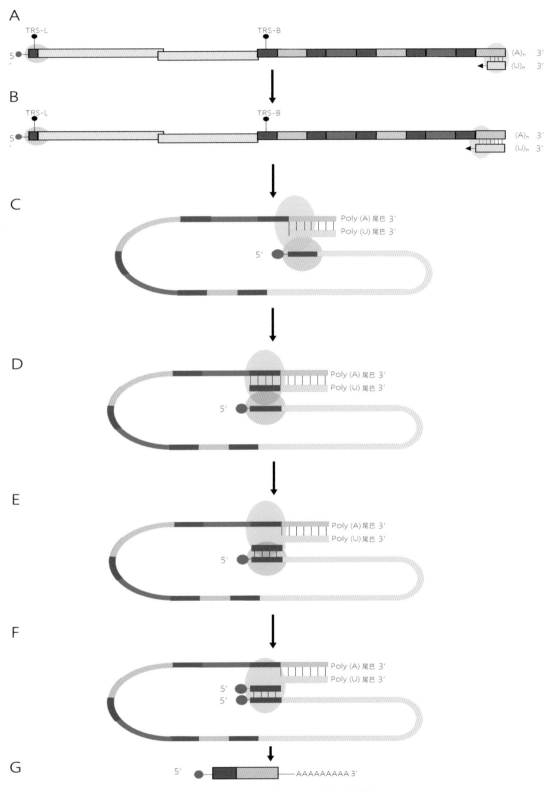

图5.14　RNA合成的不连续转录模型

A、B.亚基因组RNA（sgRNA）的合成始于3′阳性基因组RNA模板；C.以复制酶-转录酶复合物的成分监测负链RNA与TRS-L的碱基对互补性，基因组模板以此为目的循环输出；D.当转录向基因组RNA的5′端进行时，遇到TRS-B并暂停；E.在这一点上，新生的负链可能选择绕过TRS-B并恢复延伸，或者可以通过绑定到TRS-L来切换模板；F.如果恢复延伸，将导致包含负链sgRNA的抗前导分子的完全合成；G.这些基因组和负链sgRNA可以作为合成正链sgRNA的模板。

SARS-CoV在IBV T16A和A26F的相同位点突变，可导致感染这两个突变体的细胞中病毒粒子释放量大大减少（To等，2017）。出乎意料的是，尽管S蛋白在组装过程中插入内质网，但对于组装却不是必需的。S蛋白能够与M蛋白相互作用的能力对确保其整合到子代病毒粒子中至关重要。

病毒粒子组装完成后，在囊泡中运输并通过胞吐作用释放。然而，病毒是否通过传统的胞吐途径释放，或者是否通过专门的途径释放仍有待明确。这在某些冠状病毒中得到了证明，其中一部分尚未组装到病毒粒子中的S蛋白将转移到质膜上，以介导与附近未感染细胞的融合（Godeke等，2000）。这允许形成大的多核合胞体，对增加感染性传播以及避免病毒特异性抗体的中和具有重要作用。

## 5.12  对宿主细胞的影响

在病毒感染期间，各种细胞信号通路可能会被激活以对抗入侵的病原。本节将讨论在IBV感染期间激活的一些已被充分研究的信号通路。

### 5.12.1  内质网应激与未折叠蛋白反应

在真核细胞中，内质网在分泌蛋白或跨膜蛋白的合成和折叠中起关键作用，以介导一系列翻译后修饰（Schröder等，2008）。因此，内质网需维持自身稳定以确保调节蛋白加工并防止这些蛋白质聚集。当蛋白质负荷超过内质网折叠和处理能力时，未折叠多肽积累会扰乱内质网稳态，从而导致内质网应激并激活未折叠的蛋白质反应（unfolded protein response，UPR）（Welihinda等，1999）。

UPR信号传导激活下游信号传导通路有3个分支：PKR样内质网激酶（PKR-like ER kinase，PERK）、激活转录因子6（activating transcription factor 6，ATF6）和肌醇酶1（inositol-requiring enzyme 1，IRE1）。UPR可以通过增强蛋白质折叠、减弱蛋白质翻译，以及上调与蛋白质折叠、蛋白质分子伴侣和内质网相关性降解（ERAD）有关的基因来恢复内质网的功能。如果内质网应激水平保持不变，它也可以诱导细胞凋亡。在冠状病毒感染中会诱发内质网应激，从而使细胞产生未折叠的蛋白质效应（Versteeg等，2007；Bechill等，2008；Minakshi等，2009；Fung等，2014a）。

### 5.12.2  PERK信号通路

PERK活化是由于结合免疫球蛋白（BiP，GRP78）从内质网伴侣蛋白解离而引起的，可导致PERK寡聚和自磷酸化。活化的PERK可以使Ser51上真核启动因子2的$\alpha$-亚基（eIF2$\alpha$）磷酸化，从而减弱蛋白质翻译（Dever等，1998）。

众所周知，PERK激活可以促进细胞存活，正如PERK$^{-/-}$小鼠胚胎成纤维细胞所证明的那样，内质网应激诱导剂经环己酰亚胺处理后，细胞出现较高的死亡率（Harding等，2000a）。磷酸化的eIF2$\alpha$可以触发蛋白质合成，也可以增强激活转录因子4（activating transcription factor 4，ATF4）的翻译（Harding等，2000b；Lewerenz和Maher，2009）。ATF4刺激靶基因表达，例如GADD153（生长停滞/DNA损伤诱导蛋白153，也称为CHOP或C/EBP同源蛋白），以增强促凋亡基因的转录。此外，eIF2$\alpha$也可能被其他激酶磷酸化，例如RNA激活蛋白激酶（protein kinase RNA-activated，PKR）、血红素上调抑制剂激酶（haem-regulated inhibitor kinase，HRI）和一般性调控阻遏蛋白激酶2（general control non-depressible 2，GCN2）（Ron和Walter，2007），这些激酶活化时共同构成完整的应激反应（Teske等，2011；Fung等，2014b）。

研究发现，IBV感染激活eIF2$\alpha$-ATF4-GADD153通路（Liao等，2013）。该通路的激活调节应激诱导的细胞凋亡，其中GADD153在IBV诱导的细胞凋亡中起关键作用（Liao等，2013）。研究证明，在IBV感染的后期，eIF2α磷酸化在人和其他动物细胞中均被抑制（Wang，X等，2009）。在相似的时间点，感染IBV的细胞中磷酸化的PKR水平大大降低，Nsp2可能是抗PKR的弱拮抗分子（Wang，X等，2009）。

蛋白磷酸酶1（PP1）复合物对eIF2α具有去磷酸化作用。GADD34是PP1的一个组分，在IBV感染的细胞中GADD34被显著诱导表达。抑制PP1以及过表达野生型和突变型的GADD34、eIF2α、PKR的试验证据表明，这些病毒调节的通路在增强IBV复制中起着协同作用。也可以推测IBV可以采用两种机制相结合的方式，即阻断PKR激活，诱导GADD34表达，以维持感染细胞中新蛋白合成，增强病毒的复制（Wang，X.等，2009）。

### 5.12.3　激活转录因子6（ATF6）

ATF6是转录因子碱性亮氨酸拉链家族的成员。ATF6位于内质网中，是一种跨膜蛋白，可检测错误折叠或未折叠蛋白的存在。在内质网应激作用下，ATF6转移到高尔基体，被位点-1蛋白酶（S1P）和位点-2蛋白酶（S2P）切割（Ye等，2000）。此切割释放了胞质碱性亮氨酸拉链（bZIP）结构域，该结构域转移进入核内，激活含有内质网应激反应元件（ER stress response element，ERSE）的基因（Yoshida等，1998；Kokame等，2001）。这些ATF6靶向的基因包括内质网伴侣蛋白（如GRP78和GRP94）、PDI和UPR转录因子（GADD153和XBP1）（Okada等，2002）。虽然以前报道ATF6通路主要是促进生存的，但最近的研究表明并非如此。在某些情况下，ATF6介导的信号也可能通过激活CHOP和/或抑制髓样细胞白血病序列1来促进内质网应激引起的凋亡（Morishima等，2011）。

尽管有研究表明，ATF6激活可以增强病毒的复制以及体内的持续感染和发病机制，但尚未深入研究冠状病毒中ATF6通路的激活。在MHV感染的细胞中，早在感染后7h就观察到ATF6的切割（Bechill等，2008）。但是，无论全长还是切割的ATF6蛋白在感染后期都会减少。此外，在ERSE启动子的控制下，通过荧光素酶报告基因检测技术在mRNA水平上未检测到ATF6靶基因的活化（Bechill等，2008）。因此，MHV感染不太可能抑制ATF6通路的下游信号传导，因为过表达ATF6诱导的报告基因不受MHV感染的抑制。因此得出结论，通过eIF2α磷酸化阻断整个细胞翻译可防止ATF6积累和ATF6靶基因的活化。

### 5.12.4　IRE1

针对未折叠的蛋白，IRE1发生寡聚化（Korennykh等，2009）导致激酶结构域的反式自磷酸化和RNA酶结构域活化。到目前为止，IRE1 RNA酶活性唯一已知的底物是X盒结合蛋白1（XBP1）的mRNA（Yoshida等，2001）。IRE1两次切割XBP1 mRNA，去除26nt内含子，形成一个移码的转录本，称为剪接的XBP1（XBP1$_S$），与未剪接的XBP1（XBP1$_U$）相反，后者具有UPR抑制活性。XBP1$_S$编码一种有效的转录激活因子，该激活因子易位至细胞核以增强各种UPR基因的表达，例如分子伴侣及促进内质网相关降解的蛋白质（Lee等，2003）。

除XBP1通路外，活化的IRE1也可能募集TNF受体相关因子2（TRAF2），通过激活JNK诱导细胞凋亡（Tabas和Ron，2011）。尽管IRE1-JNK通路不同于IRE1 RNA酶活性，但除caspase-12激活依赖TRAF2外，IRE1活化仍需要IRE1激酶结构域（Yoneda等，2001）。此外，一项研究表明，药理学诱导内质网应激后，自噬激活需要IRE1-JNK通路。研究发现，IRE1激酶结构域和用JNK抑制剂（SP600125）可以阻断内质网应激后自噬体的形成（Ogata等，2006）。总体而言，UPR的IRE1分支与JNK通路密切相关，并参与JNK介导的细胞凋亡和自噬信号的转导。

在IBV感染的细胞中，IRE1-XBP1通路被激活。在IBV感染的Vero细胞中，感染后12～16h可以检测到显著剪接的XBP1 mRNA的水平（Fung等，2014a）。此外，XBP1效应基因（EDEM1、ERDj4和p58$^{IPK}$）的mRNA表达上调。在其他细胞系如H1299和Huh7细胞中也可以检测到IRE1-XBP1通路的活化。

以IRE1抑制剂处理细胞可有效阻断IBV诱导的XBP1 mRNA剪接和效应基因上调，且呈剂量依赖性。沉默IRE1可有效抑制IBV诱导的XBP1 mRNA的剪接，而野生型IRE1过表达则增强IBV诱导的XBP1 mRNA的剪接。有趣的是，促凋亡激酶（JNK）的过度磷酸化及促存活激酶RAC-α丝氨酸/苏氨酸蛋白激酶（Akt）的低磷酸化，与IBV感染后IRE1敲低细胞出现早期凋亡和凋亡进展迅速有关。因此，IRE1可以调节IBV诱导的细胞凋亡并充当IBV感染期间的生存因子。

### 5.12.5 凋亡

程序性细胞死亡或凋亡是细胞高度调控的生物过程，其特征是细胞皱缩、起泡、核固缩、DNA片段化和质膜的不对称分布（Deschesnes等，2001）。细胞凋亡的机制非常复杂，它通常涉及一系列依赖于能量的级联事件（Elmore，2007）。细胞凋亡主要有两种凋亡通路：外源性或死亡受体通路和内源性或线粒体通路。然而，现在有证据表明，这两条通路是相互联系的，一条通路中的分子可以影响另一条通路（Igney和Krammer，2002）。此外，还有一条额外通路，涉及T细胞介导的细胞毒性和细胞穿孔素颗粒酶依赖性杀伤。该穿孔素/颗粒酶B通路可通过颗粒酶A或B诱导细胞凋亡，每一个都有不同的下游途径。颗粒酶A通路在激活后，通过单链DNA损伤导致与caspase无关的细胞死亡通路激活引起细胞凋亡（Martinvalet等，2005）。相反，外源性、内源性和颗粒酶B通路汇聚在同一最终凋亡通路上。该通路由caspase-3切割开始，导致DNA的断裂、细胞骨架和核蛋白的降解、蛋白质的交联、凋亡小体的形成、吞噬细胞受体配体的表达及细胞的摄取（Elmore，2007）。

在病毒感染期间，细胞凋亡通常是细胞对病毒复制产生的一种抗病毒反应形式。为了对抗这种抗病毒反应，许多病毒已经进化出多种策略在凋亡通路多个控制点干扰凋亡信号从而阻止细胞的凋亡（Benedict等，2002；Kvansakul和Hinds，2013）。这些病毒干扰可能包括抑制死亡受体激活（Wilson等，2009）、模拟促生存Bcl-2家族的作用（Tait和Green，2010）、直接抑制caspase（Stennicke等，2002）、编码Bcl-2家族蛋白同源物等（Kvansakul和Hinds，2013）。除了直接作用于凋亡通路外，病毒还可以通过其他信号通路抑制细胞凋亡，例如核因子κβ（NF-κβ）（Tamura等，2011）。

IBV感染可诱导培养细胞发生caspase依赖性凋亡（Liu等，2001）。在这项研究中已经证明，细胞坏死和凋亡均可能在溶解性IBV感染中导致感染细胞的死亡。在后续研究中发现，IBV诱导的感染周期晚期细胞凋亡与p53无关（Li等，2007）。微矩阵全基因表达谱揭示了促凋亡基因Bak和Fas以及抗凋亡基因髓细胞白血病1（Mcl-1）、簇蛋白和小眼畸形相关转录因子在IBV感染后表达上调，这对细胞凋亡调控和病毒复制有影响（Zhong等，2012；Cong等，2013）。如上所述，IBV感染引起的内质网应激反应也能调节细胞凋亡（Liao等，2013；Fung等，2014a）。最近，有证据表明IBV的致病性与细胞凋亡和天然免疫反应之间存在正相关关系。用M41、885和QX毒株感染鸡胚肾细胞和气管环发现，IBV的诱导作用与细胞类型相关。885和QX毒株在鸡胚肾细胞中更多地诱导TLR3、MDA5、干扰素（IFN）-β的表达和细胞凋亡，而M41只能在气管环培养中产生更大的诱导作用（Chhabra等，2016）。

### 5.12.6 自噬

自噬，字面意思是自我（自动）进食（吞噬），是高度保守的细胞活动过程，指细胞质内容物被隔离在双层膜囊泡中（称为自噬体）被溶酶体靶向降解（Yang和Klionsky，2010）。在正常情况下，基础水平的自噬可降解细胞错误折叠的蛋白质和受损伤的细胞器（例如线粒体）。当饥饿或缺乏生长因子时，细胞也能激活自噬，从而通过回收氨基酸和脂肪酸以维持新陈代谢。自噬还可以因为受到多种内部和外部刺激而活化，例如缺氧、氧化应激、DNA损伤、蛋白质聚集或细胞内病原体感染（Kroemer等，2010）。在大多数情况下，自噬可以促进细胞适应应激和存活。然而，自噬也与一种特殊类型的程序性细胞死亡

（PCD）有关，称为自噬性PCD（Maiuri，2007）。

自噬的整个过程受高度保守的Atg（自噬相关基因）蛋白调节，可分为4个阶段：起始、成核、延伸和溶酶体融合（Mizushima等，2008）。自噬启动涉及哺乳动物雷帕霉素靶标（mTOR）失活和Unc-51样激酶（ULK）低磷酸化，导致ULK复合物的形成并将其易位至发生自噬的内质网（Hosokawa等，2009）。随后，ULK复合物募集Ⅲ型磷脂酰肌醇3激酶（PI3K）复合物，在膜成核位点生成磷脂酰肌醇-3-磷酸酯（PI3P）。PI3P募集效应蛋白，将内质网转变成Ω形的隔离膜结构（Levine和Deretic，2007）。在延伸阶段，两个泛素样共轭系统诱导隔离膜延伸以及从内质网剥离形成自噬体。在此过程中，称为微管相关蛋白1A/1B轻链3（LC3）的小蛋白与磷脂酰乙醇胺结合。这种结合脂质的LC3称为LC3-Ⅱ，与自噬体的内外膜稳定结合，使其成为诱导自噬的经典标志（Klionsky，2016）。在自噬的最后阶段，溶酶体或晚期内体与自噬体融合形成自溶体，细胞质内容物被溶酶体中的酶降解，释放氨基酸和脂质分子到细胞质参与循环利用（Mehrpour等，2010）。

据研究证明，许多来自不同家族的DNA和RNA病毒在复制过程中会诱导自噬（Chiramel等，2013）。由于冠状病毒诱导的DMV在形态上与自噬体相似，因此对MHV和SARS-CoV的早期研究观察到复制酶蛋白与LC3共定位，并提出将自噬体作为基因组复制/转录位点（Prentice等，2004a，b）。但是，在以后的研究中未观察到类似的共定位现象（Snijder等，2006），并且宿主ATG5基因被证明在MHV（Zhao等，2007）和IBV（Cottam等，2011）的复制中无足轻重。后来的电子显微镜研究证实，冠状病毒诱导的DMV和小球均来自修饰的内质网膜的网状结构（Knoops等，2008；Maier等，2013）。重要的是，Reggiori等（2010）证明MHV诱导的DMVs被无脂质的LC3包裹，而敲低LC3显著减少MHV在细胞中的复制，该结果完全可以通过转染无脂质的LC3恢复。因此，尽管冠状病毒复制不依赖于宿主细胞的自噬，但非脂质LC3的自噬独立作用对于DMV的形成至关重要。

有趣的是，过表达IBV、MHV或SARS-CoV的Nsp6会诱导转染细胞中自噬体的形成（Cottam等，2011）。Nsp6包含多个跨膜结构域，共表达SARS-CoV的Nsp3、Nsp4和Nsp6可诱导转染细胞中DMV的形成（Angelini等，2013）。但在过表达Nsp6的细胞中，未观察到mTOR激酶活性的抑制、CHOP mRNA的上调或XBP1 mRNA的剪接，提示Nsp6诱导的自噬体与mTOR或内质网应激通路无关（Cottam等，2011）。

华南农业大学群体微生物研究中心课题组未发表的研究表明，根据以Kimura等（2007）开发的串联荧光LC3报告基因测定和Klionaky等（2016）报道的溶酶体抑制剂氯喹进行自噬通量研究方法测定，IBV感染细胞可以诱导完全自噬。此外，利用RNA干扰技术发现，IBV诱导的自噬与Beclin 1无关，Beclin 1是Ⅲ类PI3K复合物的一个亚基，表明IBV感染细胞中的自噬体形成不同于典型的自噬通路，而是通过另一种信号级联反应发生。此外，在感染细胞中发现，自噬的抑制与IBV诱导的细胞凋亡增强有关，提示自噬在感染过程中的促生存作用（未发表的数据）。

## 5.12.7 丝裂原活化的蛋白激酶（MAPK）信号通路

MAPKs是一组进化保守的丝氨酸/苏氨酸激酶，在细胞增殖、程序性死亡、转录调控、mRNA稳定性、蛋白质翻译和促炎性细胞因子产生等方面起着关键作用（Dhillon等，2007）。在哺乳动物细胞中，已经明确了3种MAPK通路，即ERK、JNK和p38激酶。与促有丝分裂和增殖刺激激活的ERK通路不同，JNK和p38 MAPK通路是由环境应激激活。

MAP激酶位于蛋白激酶级联内。在每个蛋白级联反应中，至少有3种酶依次被激活：MAPK激酶激酶（MAPKKK）、MAPK激酶（MAPKK）和MAP激酶（MAPK）。MAPK通路一旦被激活，就可以传递、放大和整合各种刺激信号，产生适当的反应以调节细胞的增殖、存活、运动和凋亡（Keshet和Seger，2010）。据报道，其中MKK7负责IBV诱导的JNK活化，在IBV感染期间JNK通过调节抗凋亡蛋白B细胞淋巴瘤2

（Bcl 2）充当促凋亡蛋白（Fung和Liu，2017）。

通过双特异性磷酸酶（DUSPs）将活化的MAPK上的磷酸苏氨酸和磷酸酪氨酸残基去磷酸化可以负调控MAPK。DUSP构成结构上不同的11种蛋白质家族，DUSP1是该家族的原型（Lang等，2006）。DUSP1可被紫外线（Ultraviolet，UV）照射、IL-1和脂多糖（lipopolysaccharide，LPS）等促炎应激刺激活化（Abraham和Clark，2006；Liu等，2007）。据报道，缺失DUSP1的巨噬细胞，p38 MAPK激活时间延长，表明p38 MAPK是DUSP1的靶标（Franklin和Kraft，1997）。此外，在LPS刺激的DUSP1⁻/⁻巨噬细胞中，促炎性细胞因子TNF-α和IL-6以及抗炎细胞因子IL-10表达会增加（Hammer等，2006；Salojin等，2006；Zhao等，2006）。反之，据报道，DUSP1在病毒感染中表达上调（Abraham和Clark，2006），表明DUSP1在先天性免疫中发挥生理调节作用。

据报道，在IBV感染的细胞中激活了p38 MAPK，可能参与诱导促炎细胞因子IL-6和IL-8的表达（Liao等，2011）。为了抵消这种诱导作用，IBV采取的一种策略就是诱导DUSP1表达以限制细胞中IL-6和IL-8的产生，这可能有助于调控IBV的致病机制。

## 5.13 进化

如图5.2所示，通过比较IBV毒株的基因组，S、E、M、N蛋白序列构建IBV遗传进化树。一般来说，相似度小于89%的分离株属于不同的血清型，但Conn46和Fla18288除外，它们的相似度为96%，却属于不同的血清型，这表明S1只需要微小的变化就可以改变毒株的血清型（Cavanagh等，2005；Ammayappan和Vakharia，2009）。通常情况下，是因基因组中S1基因替换、缺失、插入和/或RNA重组加速了分布于世界各地的IBV血清型进化的进程（Gelb等，1991；Lee和Jackwood，2000；Alvarado等，2005）。IBV血清型的广泛多样性，除了导致进化速度加快外，更重要的是导致商品疫苗免疫失败或部分有效，以及造成全球各地IB的持续暴发，从而使得该病毒的诊断和控制变得极为困难（Cavanagh等，2003；Marandino等，2015）。

强大的选择力、庞大的种群规模、寄主内高度遗传多样性，以及宿主之间的传播瓶颈促进了IBV的快速进化。宿主内的遗传多样性主要来自基因的突变，包括替代、插入和缺失。替代是由于病毒RdRP的高错误率和有限的校对能力及重组引起的，通过重组，可以从现有突变体中产生新的单倍型多样性。另一方面，重组、RdRP停顿或滑移会引起基因的插入和缺失。这些遗传变异在自然界中不断发生，导致在病理和免疫类型方面出现多种表型（Cavanagh，2007）。到目前为止，多个研究团队通过病毒中和试验报道了几种交叉保护作用很差的血清型（Cavanagh，2007；Marandino等，2015）。此外，IBV基因组转录的高错误率会产生大量准种，这对IBV的进化和持续存在具有重要意义（Montassier等，2010；Jackwood等，2012）。通过从少数变种中选择和重组可以出现新的优势毒株（Fang等，2005）。

广泛的遗传多样性有助于病毒在不断变化的环境中生存（Jackwood等，2012；Marandino等，2015）。尽管IBV的进化过程非常复杂且了解甚少，但迄今为止进行的研究强调以下3个因素的作用：①缺乏RNA聚合酶校对，导致RNA基因组中的突变率为每年每位点$10^{-6} \sim 10^{-2}$（Holmes，2009；Umar等，2016）；②连续使用不同IBV毒株活疫苗和多种减毒疫苗的干扰；③部分免疫禽持续存在对流行病毒产生免疫压力。在许多情况下，由于病毒复制过程中发生自发突变和重组，出现了新的IBV变异株，之后受到选择青睐的表型就会大量复制（Liu等，2013；Awad等，2014）。尽管病毒为在环境中持续存在而不断进行突变，但只有少数种变能在新的地区长时间持续存在并且传播，从而具有进化意义和产生经济影响。

重组通常发生在感染同一细胞的两种或多种病毒之间。据报道，在不分节段的RNA病毒如IBV的基因组中，重组发生率很高（Jackwood等，2012）。重组可以减少突变量，产生可能与亲本毒株不同的变异株，并导致新毒株的出现（Holmes，2009；Sumi等，2012）。据报道，许多IBV都发生了重组（Cavanagh等，1992；Thor等，2011）。IBV中重组热点或病毒基因组区域中重组断裂点的发生率较高（Lee和Jackwood，2000）。这些热点往往位于S蛋白基因的上游，以及Nsp2、Nsp3和Nsp16（Thor等，2011；Jackwood等，2012）。与RdRP相关的非结构蛋白重组可改变IBV的复制效率，进而影响病毒的致病性。

基因突变和选择性压力，特别是在高变区（HVR），使病毒能够越过物种屏障适应新的宿主物种，从而有助于病毒的进化（Lim等，2011）。所有冠状病毒，包括IBV在内，同源病毒平均突变率约为每年每位点 $1.2 \times 10^{-3}$（Holmes，2009；Jackwood等，2012）。对于其他基因组较小的RNA病毒，其突变率可高达每年每位点 $1 \times 10^{-1}$。这种差异猜测是由于Nsp14中存在3′-5′核糖核酸外切酶（ExoN）结构域，该结构域与宿主校对和修复蛋白相似（Snijder等，2003）。一项关于SARS-CoV Nsp14-ExoN突变体的研究表明，该突变体病毒的生长受损，突变率比野生型增加了21倍（Eckerle等，2010）。这项研究和以前对MHV ExoN突变体（Eckerle等，2007）的研究证实，所有冠状病毒的ExoN是保守的，有助于病毒RdRP的保真性。相对高保真性的聚合酶会导致较高的"错误阈值"，可使病毒保持较大的基因组（Holmes，2009；Jackwood等，2012）。新的IBV毒株和血清型的出现在很大程度上是由于随着时间推移S基因突变积累而不是重组。这被认为是跨种传播的主要原因，也证明是导致SARS-CoV出现的原因（Hon等，2008）。

宿主内不同的环境决定因素，如免疫应答、细胞受体的亲和力、物理和生化条件都与选择过程有关（Toro等，2012）。如在S1亚基前395个氨基酸区域中描述的那样，S1糖蛋白3个HVR中的氨基酸变化决定了最相关的表型变化，从而产生新的血清型并诱导非交叉保护性病毒中和抗体的出现。因此，假定由于广泛的疫苗接种，涉及S基因S1亚基的免疫选择压力和病毒基因组的高突变率可能导致出现许多血清型和变异株（Abro等，2012）。变异株可能在宿主系统中具有更强的毒力、更有效的受体结合力、更快的传播速度和持续的感染力，从而能在接种疫苗的各种日龄鸡群中引起重大疾病。近年来，中国、意大利、巴西和非洲已经报道了许多变异病毒株（Fraga等，2013；Franzo等，2015；Khataby等，2016；Xu等，2016）。

## 5.14 遗传学和反向遗传学

经典冠状病毒遗传研究主要使用两种类型的突变体进行，即天然产生的病毒变异体和化学诱变后从MHV中分离出温度敏感（ts）的变异体（Sawicki等，2005）。天然产生的病毒变异体，尤其是基因缺失突变体，可以为解释不同病原性状的遗传变化提供线索，例如猪传染性胃肠炎病毒（TGEV）中出现的猪呼吸道冠状病毒（porcine respiratory coronavirus，PRCoV）就是例证（Wesley等，1991）。另一方面，ts突变体至少分为7个互补群，其中5个不能在非允许的温度下合成RNA（Leibowitz等，1982；Schaad等，1990）。已证明某些ts突变体可用于分析结构蛋白的功能（Luytjes等，1997；Narayanan等，2000；Shen和Liu，2001；Shen等，2004）。但是，ts突变体的使用受到了与大复制酶基因相关附加条件的阻碍，这导致随机产生的突变体中出现条件性致死的RNA阴性表型（Fischer等，1998）。对这些突变体的互补分析只会对冠状病毒RNA合成需要的多重功能提供早期洞察（Sawicki等，2005）。最近，人们对经典复制酶突变的兴趣再次高涨，因为现在可以利用反向遗传学工具进行全面研究（Sawicki等，2005）。

冠状病毒反向遗传学的发展分为两个阶段（Deming和Baris，2008）。冠状病毒基因组是单股正链RNA，第一阶段需要产生一个互补的DNA（cDNA），以之为模板产生感染性的RNA。这涉及使用标准DNA技术或同源重组将RNA基因组转化为可操作的cDNA。该过程的最后阶段是使用DNA依赖性RNA聚合酶从修饰的cDNA产生感染性RNA。像冠状病毒一样，拥有单股正链RNA基因组的优势在于，感染性RNA来源于cDNA拷贝，与基因组RNA相似，可以被宿主细胞的转录机制识别为mRNA。这可能导致

mRNA 翻译成蛋白质用于 RNA 基因组的复制，以上过程涉及 IBV 的 15 种蛋白。

IBV 的反向遗传操作系统是 2001 年首次使用牛痘病毒（vaccinia virus，VV）系统研发的（Casais 等，2001）。在该研究中，通过导入 vNotI/tk 的胸苷激酶（thymidine kinase，TK）基因的 NotI 位点，直接克隆到 VV vNotI/tk 中，然后产生 IBV Beaudette 基因组完整 cDNA 拷贝并在体外系统连接在一起（Merchlinksy 和 Moss，1992），在 T7 启动子的控制下产生了全长 cDNA，在 IBV poly（A）尾巴的下游具有 δ 型肝炎核酶（HδR）序列，随后是 T7 终止序列。利用 T7 RNA 聚合酶可以从 VV 模板中产生感染性 RNA，并将其转染细胞进行病毒的拯救（Thiel 等，2001）；另一种方法是通过原位制备感染性 RNA，即将痘病毒 DNA 转染到感染了重组禽痘病毒（rFPV-T7）的细胞中，该 rFPV-T7 表达 T7 RNA 聚合酶（Britton 等，1996）。第二种方法改编自 Yount 等（2000）最初研制的用于 TGEV 体外连接方法，随后用于 IBV 的研究（Youn 等，2005a；Fang 等，2007）。该系统依赖于一组克隆 cDNA 的体外组装。通常体外连接方法的工作原理是通过 RT-PCR 扩增病毒基因组片段，然后通过独特的限制性酶切位点进行连接，从而组装整个基因组。后来，对该方法进行了进一步改进以构建具有"无缝"特征的感染性 cDNA 克隆，从而在体外连接之前消除了限制性核酸内切酶序列（Yount 等，2002）。

N 蛋白虽然是鸡肾细胞中拯救 IBV 绝对必需的，但不是拯救其他冠状病毒所必需，尽管有 N 蛋白会显著提高冠状病毒的拯救（Yount 等，2003；Almazán 等，2004；Coley 等，2005；Schelle 等，2006）。对这种观察到的病毒拯救增强现象可能的解释是，最近研究发现 MHV Nsp3 复制酶蛋白与 N 蛋白之间的相互作用对于病毒的复制至关重要（Hurst 等，2010）。

已经研制出 3 个属的几个冠状病毒的反向遗传操作系统并成功用于拯救传染性病毒（表 5.4）。使用 VV 载体制备的冠状病毒全长 cDNA 为产生和维持 cDNA 提供了一个高度稳定的系统，不需要重复克隆 cDNA 片段。VV 系统的另一个主要优点是同源重组可以用来修饰或替换部分冠状病毒 cDNA，其次是瞬时显性选择（TDS）系统（Britton 等，2005），除了引入的修饰之外，产生的 rIBV 是同源基因，因为都来自相同的 cDNA 序列。

表5.4　拯救感染性冠状病毒的反向遗传操作系统

| 系统 | 描述 | 应用的病毒 |
| --- | --- | --- |
| BAC | 将全长基因组 cDNA 克隆到 BAC 载体中并转染细胞；通过转录 CMV 中的感染性 gRNA 引起感染 | α- 冠状病毒：TGEV（Almazán 等，2000）；β- 冠状病毒：HCoV-OC43（St-Jean 等，2006）；SARS-CoV（Almazán 等，2006）；MERS-CoV（Almazán 等 2015） |
| 体外连接 | 将基因组 cDNA 的较小部分克隆为一组较小的稳定克隆；通过定向体外连接组装全长 cDNA | α- 冠状病毒：PEDV（Beall 等，2016）；TGEV（Yount 等，2000）；HCoV-NL63（Donaldson 等，2008）<br>β- 冠状病毒：MHV（Yount 等，2002）；SARS-CoV（Yount 等，2003）；MERS-CoV（Scobey 等，2013）；Bat-CoV（Becker 等，2008）<br>γ- 冠状病毒：IBV（Youn 等，2005a；Fang 等，2007） |
| 靶向重组 | 合成供体 RNA 携带目的基因突变，转入感染了亲本病毒的细胞中，该亲本病毒具有可选择的特性 | α- 冠状病毒：mFIPV（Haijema 等，2003）<br>β- 冠状病毒：MHV（Koetzner 等，1992）；fMHV（Kuo 等，2000） |
| 牛痘病毒 | 将全长基因组 cDNA 克隆到牛痘病毒基因组中；转录感染性 gRNA 并转到细胞中 | α- 冠状病毒：HCoV-229E（Thiel 等，2001）；FCoV（Tekes 等，2008）<br>β- 冠状病毒：MHV（Coley 等，2005）；γ- 冠状病毒：IBV（Casais 等，2001） |

BAC：细菌人工染色体；Bat-SCoV：严重的急性呼吸道综合征样冠状病毒；fMHV：猫鼠肝炎病毒；HCoV-229E：人冠状病毒 229E；HCoV-NL63：人冠状病毒荷兰 63；HCoV-OC43：人类冠状病毒器官培养物 43；MERS-CoV：中东呼吸综合征冠状病毒；mFIPV：突变型猫传染性腹膜炎病毒；MHV：小鼠肝炎病毒；PEDV：猪流行性腹泻病毒；SARS-CoV：严重急性呼吸系统综合征冠状病毒；TGEV：传染性胃肠炎冠状病毒。

总的来说，反向遗传学已被用于研究冠状病毒相互作用的分子生物学，以及复制酶、结构蛋白和辅助蛋白功能，为揭示冠状病毒基因组的复杂性提供了强有力的手段。

## 5.15 致病机制与临床特征

家养鸡通常被认为是IBV的唯一宿主，但有报道，在其他禽类包括野鸡、鸽子、孔雀、鹧鸪和绿头鸭中也出现呼吸道疾病和产蛋量下降的情况。这表明IBV宿主范围已经超出了家养鸡（Wickramasinghe等，2015）。

## 5.16 影响致病机制的毒力因素

### 5.16.1 宿主和环境因素

年龄、品种、营养和环境都有可能会影响IBV的致病机制。所有年龄段的鸡都容易感染IBV，但幼雏临床症状明显，通常会导致感染器官永久性损伤（Crinion和Hofstad，1972；Smith等，1985）。随着雏鸡年龄的增长，对IBV引起的临床症状（例如输卵管病变、肾病和死亡）的抵抗力增强（Albassam等，1986；Crinion和Hofstad，1972）。IBV导致的死亡率在不同的近交系之间也有所不同（Otsuki等，1990；Ignjatovic等，2003）。已经发现遗传差异使鸡对IBV的易感性均有不同，轻型鸡比重型鸡更易感（Cumming和Chubb，1988；Jones，2008）。有证据表明，肾致病性的IBV（nephropathogenic IBV，NIBV）引起肉鸡的死亡率高于蛋鸡（Ignjatovic，1988；Lambrechts等，1993），雄性雏鸡患肾炎的概率是雌性雏鸡的2倍（Cumming，1969）。营养和环境似乎也影响宿主对IBV的易感性。高蛋白饲喂的鸡，例如饲喂肉粉和以肉为主的家禽副产品的鸡更容易发生IBV引起的肾病和死亡（Cumming，1969；Cumming和Chubb，1988）。低温显著影响IBV引起的死亡率（Cumming，1969）和IBV引起的气管病变（Ratanasethakul和Cumming，1983a），其死亡率也高达50%。这对评估疫苗保护具有重要意义，因为接触寒冷可以增加攻毒引起疾病的严重性（Klieve和Cumming，1990）。

### 5.16.2 病毒毒力因子

IBV毒力是IB致病机制的关键因素，取决于成熟病毒粒子的成功入侵、复制和最终释放。S蛋白在宿主细胞内的附着和入侵中起重要作用，因此有助于病毒的感染。替换IBV S1亚基的氨基酸可显著改变其毒力并使病毒从宿主防御中逃逸（Lee和Jackwood，2001）。IBV S蛋白的细胞质尾部存在介导病毒感染的二赖氨酸内质网检索信号和基于酪氨酸的内吞信号（Lontok等，2004）。由于突变的S蛋白可以比野生型S蛋白更快地通过分泌途径转运，因此IBV S蛋白的这些内吞信号的突变对IBV感染至关重要（Youn等，2005b）。

IBV的3a、3b、5a和5b蛋白也与病毒毒力相关（Shen等，2003；Casais等，2005）。IBV中的辅助蛋白3a和3b可能在转录和翻译水平上调控宿主的免疫应答（Kint等，2015）。IBV 5a-ns片段的功能研究已确定ns蛋白与病毒毒力之间可能存在联系（Youn等，2005a）。已知Nsp1是潜在的毒力因子，因为越来越多的证据表明Nsp1在感染后调控宿主先天性免疫应答中发挥作用（Narayanan等，2015）。虽然IBV不编码Nsp1，但认为IBV辅助蛋白可以与Nsp1发挥相同的功能（Kint等，2016）。几种冠状病毒蛋白如Nsp2（Wang，X.等，2009）、Nsp3（Yang等，2014）、Nsp5（Zhu等，2017）和N蛋白（Ye等，2007），还发挥与IFN拮抗剂相关的功能。

## 5.17 组织嗜性与相关临床特征

### 5.17.1 呼吸系统

IBV在禽类呼吸组织中进行复制会导致禽类出现气喘、咳嗽、气管啰音和流鼻涕等临床症状（Bande等，2016）。有时还会出现浮肿、眼睛肿胀和眼睛发炎的症状（Parsons等，1992）。此外，IBV感染的鸡可能看起来精神较差，感染后3d内体重和采食量显著下降（Otsuki等，1990；Grgiæ等，2008）。尽管感染的雏鸡会表现出临床症状，但在没有并发症的病例中死亡率通常较低。感染鸡是由于黏液堵塞导致支气管收缩而引发窒息死亡。

IBV复制的主要部位在上呼吸道，随后引起病毒血症，使病毒传播到其他组织（Crinion和Hofstad，1972；Dhinakar和Jones，1997）。病毒的复制选择性地发生在上皮细胞和黏液分泌细胞中（Nakamura等，1991；Ferreira等，2003；Shamsaddini-Bafti等，2014）。除上呼吸道外，IBV还可以在肺脏和气囊的上皮细胞中复制（Otsuki等，1990；Bezuidenhout等，2011）。在这种情况下，被感染的鸡会出现黏膜、鼻腔、气管和鼻窦增厚。在组织学检查中，可能在肺部出现肺炎区域，气囊可能会有混浊或黄色干酪状渗出液（Feng等，2012）。

### 5.17.2 生殖系统

小于2周龄的雏鸡感染IBV后可能会造成输卵管永久性损伤，导致产生通常不会在性成熟时出现的"假蛋鸡"（Crinion和Hofstad，1972）。在蛋鸡中，因为病毒毒力的影响和产蛋期的原因，IBV感染会导致产蛋量急剧下降，以及鸡蛋外壳和内部质量的下降（Bisgaard，1976；Muhammad等，2000）。虽然很少探讨IBV对雄性动物生殖的影响，但有两项研究并未排除IBV感染后可能会使公鸡生育力降低（Boltz等，2004；Villarreal等，2007）。

在IBV变异株中，已证明YN毒株对蛋鸡生殖器官造成损伤，感染鸡死亡率为40.5%（Zhong等，2016）。QX、M41和793/B毒株毒力差异对1日龄SPF雏鸡输卵管的研究表明，在所有感染QX的雏鸡中，输卵管都有特征性的扩张，而在M41或793/B感染的雏鸡中未观察到变化（Benyeda等，2009）。

### 5.17.3 肾脏系统

尽管大多数IBV毒株主要针对呼吸道，但某些IBV毒株具有肾致病性，可能会引起肾脏损伤或肾炎（Winterfield和Albassam，1984）。关于IBV对肾脏产生毒力作用的首次报道来自澳大利亚，接着全世界都陆续报道了肾型IBV（NIBV）（Meir等，2004；Bayry等，2005）。这些NIBV毒株包括BJ1、BJ2、BJ3、M41、Holte、Grey、Italian和AustralianT毒株（Albassam等，1986；Li和Yang，2001）。

在IBV感染的初始阶段，可观察到感染禽出现典型的呼吸道症状，随后会表现出肾脏受损症状，包括产生湿粪便和饮水量增加（Reddy等，2016）。这种情况通常在感染后6d鸡开始死亡，在感染后10d左右死亡率会迅速升高。

已证明IBV复制发生在近曲小管（Goryo等，1984）、远曲小管、收集管（Chen和Itakura，1996）和收集总管（Chen和Itakura，1996；Tsukamoto等，1996）。病毒感染肾脏使得液体和电解质运输受损可能会导致急性肾衰竭。受感染禽类的尿液失水似乎与低尿渗透压和高电解质排泄相关（Afanador和Roberts，1994）。一项比较4种NIBV的肾致病性的研究证明，AustralianT毒株致病性最强，其次是Grey、Italian和Holte毒株，但雏禽感染后更容易受到肾病变的影响（Albassam等，1986）。

尸体剖检报告显示肾脏外观肿胀苍白，伴有小管和输尿管扩张（Feng等，2012）。感染禽肾脏的相对重量和肾脏不对称性也有所增加（Afanador和Roberts，1994）。IBV还引起肾小管上皮的颗粒变性、空泡化和脱落，类似于肾小管间质性肾炎的特征（Bayry等，2005；Feng等，2012）。

### 5.17.4　胃肠系统

众所周知，IBV在消化道中容易复制。几种肠组织包括食道、十二指肠、空肠、法氏囊、盲肠扁桃体、直肠和泄殖腔部可利于IBV的复制（Cavanagh，2003）。虽然病毒在这些组织中的增殖部位虽然还没有被证实，但推测是在上皮细胞中。Gross（1990）报道，IBV在盲肠扁桃体的淋巴样细胞和类似于组织细胞的细胞中复制。免疫荧光抗体检测证实，病毒在肠绒毛的顶端上皮细胞中复制（Ambali和Jones，1990）。

尽管某些IBV毒株具有肠趋向性，但是组织学变化的报道却很有限。最近，从肉鸡肠中分离出了一种类似于IBV的冠状病毒，感染雏鸡表现出矮小发育迟缓综合征的临床特征（Hauck等，2016）。这种新的IBV毒株可能源自California 99和Arkansas毒株，剖检感染鸡尸体发现小肠颜色苍白、肠道扩张。组织病理学检查发现肠上皮表面固有层的细胞增多、绒毛变钝、隐窝囊结构增加。

### 5.17.5　肌肉系统

禽的一种胸肌病与IBV的793/B毒株有关，首次报道见于20世纪90年代初期的英国，当时在屠宰场中受影响的鸡出现了浅表和深部双侧胸肌病变。胸肌病变表现为萎缩，偶发筋膜出血和表面水肿（Gough等，1992），但并未引起严重的临床问题（Bijanzad等，2013）。研究人员开展了几项IBV毒株与这种肌肉病之间关系的研究，但目前尚无定论（Brentano等，2005；Gomes和Brito，2007；Trevisol等，2009）。IBV似乎参与了肌肉毛细血管壁免疫复合物的形成和沉积，这可能会促进病变发展（Dhinakar和Jones，1997）。

## 5.18　免疫应答

### 5.18.1　先天性免疫

鸡对病毒感染的先天性免疫和适应性免疫是相互关联的，先天性免疫应答更加迅速。先天性免疫由保护身体免受外来病原体侵害的多种因素组成，包括皮肤和黏膜组成的物理屏障，溶菌酶和补体蛋白等可溶性因子，以及如吞噬白细胞、树突状细胞和自然杀伤（NK）细胞等免疫细胞。这些免疫细胞以及黏膜表面的细胞可检测到病原体进化保守的结构，称为病原相关分子模式（PAMPs）。PAMPs在与膜或胞内Toll样受体（TLRs）结合时，可被识别（Akira，2001）。

在病毒感染中，鸡的TLR3和TLR7的研究最为广泛。TLR3在病毒感染中起两个作用：第一识别并结合病毒复制过程中产生的双链RNA（dsRNA）；第二激活TRIF接头蛋白介导的信号通路。另一方面，TLR7识别单链RNA并激活MyD88介导的信号通路（Watters等，2007）。在一项研究中，比较了用Brazilian野毒株感染气管样品后免疫应答基因的表达，观察到抑制了TLR7的活化（Okino等，2017），导致促炎反应不足，并观察到鸡的肾脏病变加重。总的来说，通过TLR3和TLR7激活的双重信号通路的作用是产生Ⅰ型干扰素和促炎细胞因子（Guillot等，2005）。其中，IL-1β在趋化性中起重要作用，可将免疫细胞（例如巨噬细胞）募集到感染部位（Babcock等，2008；Amarasinghe等，2018）。

除TLRs外，视磺酸诱导基因Ⅰ（RIG-Ⅰ）和黑色素瘤分化相关基因5（MDA5）也是模式识别受体（PRRs），在非免疫细胞中起病毒检测器的作用，并有助于Ⅰ型干扰素的产生（Barber，2011）。MDA5是对鸡中RIG-Ⅰ的功能补偿（Barber，2011），是一种细胞质DExD/H-box解旋酶。dsRNA与解旋酶结构域结合后，通过激活同型caspase和招募CARD与干扰素启动子刺激因子1（IPS-1）接头蛋白相互作用来启动MDA5中的信号级联反应，激活下游干扰素调节因子（interferon-regulatory factors，IRFs）（Kawai等，2005；Potter等，2008）。MDA5可以识别病毒感染细胞中的冠状病毒RNA产物，以诱导IFN-α和IFN-β的信号转导（Yoneyama和Fujita，2007；Züst等，2011）。此过程可以由Nsp16甲基转移酶调控（Yoneyama和Fujita，2007；Züst等，2011）。MDA5介导的先天性免疫应答与包括MHV（Zalinger等，2015）和SARS-CoV（Yoshikawa等，2010）在内的几种冠状病毒感染有关。许多研究显示，在感染IBV的细胞中，MDA5表达会上调（Cong等，2013；Kint等，2015；He等，2016）。

巨噬细胞和树突状细胞（DC）是免疫系统的重要细胞，有助于抗原递呈，通过PRR产生抗原特异性的先天性和适应性免疫应答（Akira等，2006；Trinchieri和Sher，2007）。尽管IBV可以感染血源性单核细胞/巨噬细胞并诱导细胞凋亡（Zhang和Whittaker，2016），尚无研究报道IBV感染能够影响巨噬细胞的杀菌或吞噬活性。

M41感染后会迅速激活NK细胞（Vervelde等，2013）。另一方面，Wei等（2017）报道在IBV感染的细胞中CD59表达下调，该现象与IBV病毒粒子有关，从而保护IBV免受补体介导的裂解。

## 5.18.2　适应性免疫

适应性免疫涉及激活抗原特异性B细胞（体液）、T细胞（细胞）、巨噬细胞和记忆细胞（Chaplin，2010）。Fabricant（1951）建立的交叉中和试验能够检测和定量IBV感染后的体液抗体。据报道，通过酶联免疫吸附试验（ELISA）、血凝抑制试验（HI）和病毒中和试验（VN）可检测到鸡对IBV感染产生良好的体液免疫（Gough和Alexander，1977；Mockett 和Darbyshire，1981；Chhabra等，2015）。无论是否存在辅助性T细胞（Th细胞），B细胞受到适当刺激后，都会分化为浆细胞分泌抗体。建立的大多数HI和ELISA试验都是检测免疫球蛋白G（immunoglobulin G，IgG），IgG是体内循环最多的抗体（Mockett和Darbyshire，1981）。一般来说，抗IBV IgG最早可在感染后4d检测到，并在21d左右达到高峰（Mockett和Darbyshire，1981）。另一方面，IgM仅在感染后短暂出现，感染后8d左右达到峰值继而下降（Mockett和Cook，1986）。De Wit等在1998年已建立了IBV特异性IgM的抗体捕获ELISA方法以加快IB诊断（De Wit等，1998），用丙酸睾丸激素、化学环磷酰胺和外科切除法氏囊等清除B细胞试验可以证明B细胞在IBV感染中的重要性（Cook等，1991）。经过环磷酰胺处理的鸡表现出更严重的临床症状和组织肾脏病变，这是IBV持续感染的原因（Chandra，1988）。手术切除法氏囊的抗性鸡感染IBV后，尽管没有出现死亡，临床症状更严重，持续时间延长（Cook等，1991）。体液抗体似乎在继发感染后可以保护气管上皮细胞。高滴度的体液抗体与器官中检测不到病毒具有明显的正相关性，也与保护鸡抵抗产蛋量下降呈正相关（Gough和Alexander，1977；Box等，1988；Mondal和Naqi，2001）。其部分原因可能是特异性抗体降低了病毒血症，使IBV从气管传播到其他易感器官减少导致的。然而，循环抗体与宿主对IBV抗性之间却没有相关性（Raggi和Lee，1965；Gough和Alexander，1979；Gelb等，1998），这表明虽然体液抗体可能在IBV感染恢复中起作用，但还涉及其他免疫机制。

母源抗体可以保护后代雏鸡抵抗IBV感染，但母源抗体持续时间短，IBV母源抗体效价的半衰期估计为3.8d（Gharaibeh和Mahmoud，2013）。没有报道称这些抗体对1日龄雏鸡接种IBV疫苗效果有任何不利影响（Davelaar和Kouwenhoven，1977）。

## 5.18.3　局部免疫

雏鸡呼吸道的局部免疫对于IBV的保护具有重要意义，可以通过疫苗提高局部免疫力（Awad等，

2015；Chhabra等，2015）。例证是可以使用免疫鸡的气管环体外培养模型进行交叉保护研究（Lohr等，1991）。在感染雏鸡的气管冲洗液中可检测到IBV特异性IgA和IgG，在气管切片中可检测到分泌抗体的细胞（Hawkes等，1983；Nakamura等，1991）。

利用感染母鸡的输卵管冲洗液可证明会产生局部免疫（Raj和Jones，1996a）。除了产生局部抗体外，在后期的感染中，抗体也从血清中渗出。用接种过的鸡制备气管环体外培养试验发现，雏鸡输卵管内的局部抗体与气管内的抗体相比似乎不具备保护作用（Dhinakar Raj和Jones，1996）。

尽管证明IBV能在肠道中增殖，但是用H120和H52疫苗接种1日龄雏鸡后进行肠道清洗，并未检测到抗体（Lutticken等，1988）。另一方面，在感染IBV G毒株的高日龄母鸡的十二指肠和盲肠扁桃体中可检测到局部抗体（Dhinakar和Jones，1997）。抗体在肠道病毒复制中的限制作用有待研究证实。

鸡的哈氏腺是泪液中免疫球蛋白的主要来源，在建立疫苗免疫力中起着重要作用，因为这些疫苗通常通过喷雾或滴眼接种（Survashe等，1979；Davelaar等，1982；Raj和Jones，1996a）。切除哈氏腺可能会降低对IBV的保护作用（Davelaar和Kouwenhoven，1980）。

IBV特异性抗体的来源也各不相同。研究发现IgA存在于泪液中，在哈氏腺中合成（Davelaar等，1982；Toro等，1997），但IgG主要来自血清（Davelaar等，1982；Mockett等，1987）。与血清抗体相比，泪液中的IgA水平与抗IBV再感染更具相关性，这已被推荐用于鸡群的抗体谱分析。使用的泪液诱导方法不会影响检测到的SPF鸡病毒特异性IgG和IgA水平（Ganapathy等，2005）。

## 5.18.4 细胞免疫

T细胞在气管感染后介导细胞免疫。在气管切片中可证实CD4+和CD8+T细胞的存在（Kotani等，2000）。尽管存在T细胞，但由于研究中使用的毒株不同，对这些细胞的流行程度仍存在争论（Janse等，1994；Raj和Jones，1996b）。此外，与未处理的对照组比，用环孢菌素抑制禽T细胞可导致肾脏中出现更高滴度的病毒，说明T细胞可能在保护肾脏中发挥作用（Raj和Jones，1997）。

IBV感染后10周内可在血液中检测到记忆T细胞，而病毒特异性CD8+记忆细胞可以保护同种雏鸡免受急性IBV感染（Pei等，2003）。用IBV抗原对雏鸡进行体外刺激表明，感染后激活的B细胞可分泌长达3周的抗体（Pei和Collisson，2005）。减毒的IBV Mass毒株感染鸡后3d气管上皮细胞基因转录谱证实，先天性免疫和以Th1适应性免疫为主的不同种类的免疫应答主要发挥快速清除局部感染的病毒的作用（Wang等，2006）。

用IBV感染鸡的试验中，细胞免疫应答与有效的清除病毒、减轻临床症状和病变消退相关（Raggi和Lee，1965；Collisson等，2000）。CD8+细胞毒T淋巴细胞（CTL）在减少感染方面表现出良好的相关性，并与临床症状的减轻相对应（Pei等，2001）。进一步可以用CTL过继试验证实这一点，从感染IBV鸡的脾脏中获得CTL，然后将CTL过继转移到雏鸡，移植了CTL的受体鸡可得到IBV攻毒的保护（Collisson等，2000；Seo等，2000）。在IBV感染早期，可清除气管黏膜中的病毒，CTL被认为参与了该清除过程（Kotani等，2000）。迄今为止，尚无关于活IBV疫苗接种后气管黏膜白细胞的报道。尽管如此，分析接种疫苗后再进行攻毒的禽气管样本发现，全剂量接种疫苗的禽在攻毒感染后24h CTL基因表达上调，说明细胞免疫发挥作用（Okino等，2013）。这些CTL在细胞免疫中的细胞毒性机制有待进一步研究。

## 5.18.5 细胞因子

细胞因子是T细胞对有丝分裂原例如刀豆素A（ConA）或特定抗原反应时分泌的。有研究通过改变细胞因子的表达谱研究细胞因子在IBV感染中的作用。在鸡胚中注射强效TLR9刺激物CpG寡脱氧核苷酸（CpG ODN）之后，观察到IFN-γ、IL-8和巨噬细胞炎性蛋白（MIP）-1β基因表达显著上调以及抑制

IL-6的表达抑制（Dar等，2009）。此外，IBV可通过多克隆刺激鸡白细胞诱导IFN-γ的表达（Ariaans等，2009）。以IBV T毒株感染易感S品系和抗性HWL品系鸡的研究表明，尽管在感染后4h，两种品系鸡IL-6 mRNA的水平均升高，但S品系鸡的IL-6 mRNA水平比HWL系高出20倍（Asif等，2007）。在IBV感染的细胞中也可观察到IL-6和IL-8表达均上调（Liao等，2011）。

## 5.19 动物流行病学

### 5.19.1 IBV的经济意义

鸡群管理和IBV变异株在该疾病的经济效益中起主要作用。一般而言，经济损失主要来自生产效率，如饲料转化率差、肉鸡增重减少以及蛋鸡和种鸡的产蛋不理想。IBV还可能加剧气囊炎，使得加工厂淘汰鸡的数量增加（Martin等，2007）。对于感染的雏鸡，IBV可能会对输卵管造成永久性损伤（Crinion和Hofstad，1972；Cavanagh和Naqi，2003）。虽然这些感染的雏鸡将来会像其他未感染的蛋鸡一样长大成熟，但它们不会产蛋。这些"假蛋鸡"可能已经消耗了很多饲料并占用了鸡舍空间，但并没有产生相应的经济价值。

### 5.19.2 IBV变异株的地理分布

截至2016年，研究人员根据发现IBV变异株的大陆，将IBV变异株在全球的分布进行分组（表5.5）。尤其要注意的是，IBV变异株的发生率和分布是复杂且不可预测的。虽然一些病毒，如Mass毒株分布在世界各地，但其他IBV变异株仅限于该国的某一地区（如美国阿肯色州）或者为某个大陆特有（D274仅局限欧洲）。尽管许多IBV变异株在过去的40年中出现又消失，但某些变异株长期存在，而且仍困扰着家禽业，例如美国阿肯色州、加利福尼亚州（阿肯色州"相近"病毒）和特拉华州病毒株（Jackwood，2012）。

表5.5 传染性支气管炎病毒（IBV）流行的变异株在全球的分布

| 地理位置 | 毒株 |
| --- | --- |
| 亚洲 | Mass、H120、Ark、Gray、Ark99、CU-T2、VicS、DE072、JMK、D274、793/B、IS/222/96、IS/64714/96、IS/223/96、IS/572/98、IS/585/98、IS/885/00、Egypt/Beni-seuf/01、Sul/01/09、JP、SAIBK、LDT3、QX、KM91、K2、LX4、GX-G、GX-XD、LD3、LS2、LH2、LHI10、THA20151、PDRC/Pnne/Ind/1/100、RF/07/98、RF/08/98、RF/10/98、RF/11/98、RF/12/98、RF/16/98、RF/17/98、RF/21/98、RF/01/99、RF/02/99、RF/02/99、RF/03/99、RF/04/99、RF/05/99、RF/06/99、RF/13/99、RF/15/99、RF/20/99、RF/02/00、RF/03/00、RF/04/00、RF/08/00、RF/12/01、RF/14/01、RF/02/02、RF/05/02、GX-NN09032、GX-YL5、DY07、CK/CH/SD09/005、TC07-2、Q1、YN |
| 欧洲 | Mass、Italy 02、QX（D388）、H120 793B（4/91或Cr88）、D207、D212、D3128、D3896、H52、D387、V1385、V1397、D274、D1466 |
| 北美洲 | Mass、Conn、Florida、Clark333、Arkansas、GAV、GA98、CAV、MX97-8147、DE072、Gary、Holte、Iowa、JMK、CA557/03、CA706/03、CA1737/04、PA/Wolgemuth/98、PA171/99、PA/1220/98 |
| 非洲 | Mass、H120、IBADAN、TN200/01、TN335/01、TN295/07、TN556/07、TN557/07、Egypt/Beni-Seuf/01 |
| 南美洲 | Mass、Conn、Ark、4/91793/B、D274、SIN6、UADY、Cuba/La Habana/CB19/2009、Cuba/La Habana/CB6/2009、50/96-Brazil、Chile14、22/97-Honduras |
| 澳大利亚 | N1/62、VicS、N1/88、Q3/88、Q1/88、Q1/89、N3/88、N6/88、N1/89、N2/89、N2/90、N5/90、N1/94、N6/94、V18/91、V19/91、V6/92、V9/92、V1/93、V2/93、V3/93、A、B、C、D |

### 5.19.3 传染源、主要感染途径和排毒时间

IBV分布在世界各地，尤其是在禽类产业密集的国家。作为一种传染性强病毒，该病毒的潜伏期很短，为36h，可以于1～2d内迅速在未接种疫苗的鸡群中传播（Ignjatovic和Sapats，2000）。IBV的主要来源是受污染的饲料和饮水，气管、支气管渗出液，以及鸡粪（ignjatovic和Sapats，2000）。最有可能的感染源是与感染鸡体内的体液直接接触，IBV也可以通过气溶胶或食入进行水平传播。

尽管在一项研究中，该病毒垂直传播受到了质疑，但最近的两项研究证明，在活鸡胚的尿囊液以及自然感染、试验接种感染的鸡蛋中都能检测到病毒RNA（Cook，1971；Pereira等，2016）。从公鸡精液中也分离到IBV，在用IBV感染的公鸡精液进行人工授精的母鸡气管中检测到了IBV RNA，为性传播提供了试验依据（Cook，1971；Gallardo等，2011）。

对于呼吸型IBV，该病毒通过咳嗽从禽类呼吸道大量排出进入环境（Ignjatovic和Sapats，2000）。因此，感染后1～7d，可从感染鸡的气管和肺中分离到高滴度的IBV，感染后1个月内也可以从泄殖腔内容物中分离到IBV。

### 5.19.4 传播方式

IBV的空气传播是最常见的形式，病毒可在鸡、鸡舍和农场之间传播。距离半径范围为1.5m内的禽类之间很容易通过气溶胶进行空气传播。移动的活禽是病毒传播的另一个传染源，因为它可能将IBV传播到不同的鸡群。试验表明，IBV的持续性和再排泄是IB暴发的潜在危险因素（Alexander和Gough，1977）。

### 5.19.5 易感染IBV的物种

除了禽类以外，没有其他物种对IBV自然易感。但是通过脑内接种，IBV可以在乳鼠、兔和豚鼠体内增殖（McIntosh等，1967）。即使这样，这种病毒传代似乎也只能选择一种对雏鸡不致病的毒株（Yachida等，1979）。

### 5.19.6 环境稳定性对病毒失活的影响

IBV对温度敏感，大多数毒株可以在56℃至少15min或45℃至少90min的条件下失活（Cavanagh和Gelb，2009）。该病毒在室温下只能存活数天，在这段时间内，病毒感染力会随着时间的推移会逐渐降低。但是另一方面，病毒在包含粪便的垃圾中可以存活较长时间（Animas等，1994；de Wit等，2010a）。然而，冻干病毒在4℃储存感染力至少可以保留21个月（Hofstad和Yoder，1963）。市售的普通消毒剂可灭活该病毒（Bengtong等，2013）。

### 5.19.7 通过家禽和相关产品引入疾病的风险和后果

IBV被列为世界动物卫生组织应报告的禽类疾病之一（世界动物卫生组织，http：//www.oie.int/en/animal-health-in-the-world/oie-listed-diseases-2017/），这意味着进口家禽的国家需应对IBV进行检测，以最大限度地减少将IBV引入该国的风险。尽管IBV在全球分布，但引进一种外来毒株可以增加病毒在当地流行的病毒基因库（Ignjatovic和Sapats，2000；Toro等，2015），并可增加通过自发重组产生更多新的变异株的可能性（Toro等，2015）。

## 5.20 诊断

有几种实验室检测方法可用于确诊IBV，这些方法可分为病原鉴定和免疫应答检测两大类。

### 5.20.1 通过抗原进行病毒分离和鉴定

IBV的分离一般基于血清学辅助的病毒分离方法，通常是在9～10日龄的SPF鸡胚中进行。典型的IBV导致鸡胚病变的特征包括接种后5～7d出现以下病变：胚胎踡缩，肾脏中尿酸盐成团脱落或沉积（Momayez等，2002）。相反，IBV在接种TOCs后48～72h内可以分离到病毒，在显微镜下可观察到纤毛停滞和气管上皮损伤（Nicholas等，1983）。另一种方法是通过免疫荧光抗体染色检测气管抹片中分离的病毒（Yagyu和Ohta，1990；Ahmed等，2007）。

### 5.20.2 通过基因组检测进行病毒分离和鉴定

首先将感染鸡胚中的绒毛尿囊膜取出研磨，进行免疫扩散、免疫组化或RT-PCR检测（Hironao等，1970；Jackwood等，1992；AbdelMoneim等，2009）。除了这些方法外，遗传学试验，如RT-PCR和RT-RFLP（逆转录限制性片段长度多态性），也是鉴定IBV分离毒株的常用方法（Song等，1998；Chousalkar等，2009）。感染鸡胚尿囊液中的细胞可用于荧光抗体、RT-PCR和斑点杂交检测IBV（Clarke等，1972；Jackwood等，1992）。为了直接观察尿囊液或TOC液中的IBV，直接负染电镜检测和免疫荧光染色也可用于观察任何典型冠状病毒粒子的形态（Bhattacharjee等，1994；Liu等，2006）。

### 5.20.3 血清型鉴定和血清学检测

传统方法一般采用HI和VN试验对雏鸡、TOCs和细胞培养物进行IBV野毒株的血清学分型（King和Hopkins，1984；Villarreal，2010）。在ELISA中，应用单克隆抗体在IBV毒株鉴别和分型方面具有价值（Koch等，1990；Karaca等，1992）。采用单克隆抗体进行血清型分型的缺点是要有可用的单克隆抗体或杂交瘤，而且要不断生产特异性单抗，以跟上持续增加的新的IBV血清型（Karaca等，1992）。

有4种血清学检测方法可用于检测IBV，即VN、HI、ELISA和琼脂凝胶免疫扩散（AGID）。以特定的时间间隔从血液中采集血清样本，例如在疾病初期采一次，几周后收集血清样本，为血清学诊断提供基础（De Wit，2010b）。每种血清学检测方法在实用性、特异性、敏感性和成本方面都各有其优缺点（de Wit，2000）。

### 5.20.4 病毒中和试验

VN试验是鉴别不同IBV血清型和鉴定新血清型的首选血清学方法，因为它具有很高的准确性和敏感性（de Wit，2000）。为了进行VN试验，需要对每个特定的IBV与相应的单特异性抗血清进行培养，特别是如果需要准确区分血清型更要进行VN试验。VN试验开始于SPF鸡鼻内接种特定血清型的IBV，3～4周后采集鸡血，血清中含有针对接种的IB血清型的特异性抗体。

两种方法，第一种方法通过确定一种抗血清的稀释度与不同稀释度的病毒进行测试，或确定一种病毒稀释度与不同稀释度的抗血清进行检测，都可以用于评估中和抗体（Hesselink，1991）。第二种方法应用鸡胚和TOCs进行中和试验。通过估算每种IBV对同种和异种IBV血清型血清的滴度，可以将野毒分离株确定为新的变异株或与已知的IBV血清型相关毒株，因为滴度越高，表明与已知的IBV之间的相关性越大

（Hesselink，1991）。

### 5.20.5 血凝抑制

HI试验是一种比VN试验更简单快捷的替代方法，已证明在M41攻毒后接种疫苗的SPF鸡中，VN试验与HI试验之间具有很强的相关性（Park等，2016）。Villarreal（2010）报道了用于IBV的HI试验标准方法。由于IBV不会自发凝集鸡红细胞（red blood cells，RBC），因此需要在HI试验之前用神经氨酸酶进行预处理。HI试验的抗原主要用含IBV的尿囊液制备（Ruano等，2000）。

### 5.20.6 酶联免疫吸附试验

与其他检测方法相比，ELISA是一种更灵敏的血清学诊断方法，这归因于其快速的反应时间和高抗体滴度（Monreal等，1985；Thayer等，1987）。尽管此诊断方法缺乏血清型或毒株特异性，但对于在野外条件下监测疫苗接种反应或检测近期、复发IB感染鸡群非常有价值。有许多基于不同检测方法的IBV抗体商用ELISA试剂盒。在ELISA中，病毒抗原吸附在96孔板的底部，然后将可疑鸡血清特异性抗体加在表面，以使其与抗原结合。抗体通常与酶相连接，因此可以在添加酶底物后检测信号。

### 5.20.7 琼脂凝胶免疫扩散

在琼脂凝胶上打两个孔，然后在孔中孵育含有已知IBV抗原和可疑鸡的血清。如果抗原与IBV特异性抗体发生反应，当它们在凝胶迁移时，会发生抗原沉淀，从而在凝胶中显示出可见的沉淀线。尽管该检测方法快速且易于操作，但它不具有血清型特异性，同时缺乏敏感性，因为检测沉淀抗体存在的时间和持续时间可能因鸡个体而异（de Wit，2000）。

### 5.20.8 基因型鉴定

目前，IBV分子分型通常通过RT-PCR进行，然后对S蛋白或S蛋白的S1亚基进行序列分析，可以找到与IBV血清型相关的高变区（HVR）。可以使用BLAST在GenBank（http：//www.ncbi.nlm.nih.gov/）中搜索相似序列，构建病毒的系统遗传进化树，以了解IBV毒株之间的亲缘关系的密切程度（Valastro等，2016）。

鉴定多个IBV基因型的另一种方法是进行S1基因型特异性RT-PCR。已研发和报道了针对Mass、Ark、Conn、De和JMK几种基因型的S1基因引物（Meir等，2010；Maier等，2013；Roh等，2014），通用引物可扩增所有的IBV基因型（Adzhar等，1996），也可根据该地区的IBV血清型使用其他引物。到目前为止，S1基因的核苷酸测序是区分IBV毒株最有用的技术，并为许多实验室常规使用。通过对S1HVR的RT-PCR产物周期测序，可以识别并参考先前未知的野毒株和变异株，以建立潜在的相关性（Kingham，2000）。IBV基因组3′UTR保守区的测序表明，从火鸡和野鸡中分离出的冠状病毒与IBV在遗传上具有90%的相似性（Cavanagh等，2001，2002）。

## 5.21 防控

### 5.21.1 排除与根除

由于该病毒具有高度传染性，需采用基本的管理措施，如确保个人卫生、限制进入鸡场，以及为每个场所/鸡舍配备单独的鞋和设备等，可以最大限度阻断IBV和疫病的传播。但是要注意，即使采取了最严格的预防措施，也无法在家禽养殖密集的国家中彻底根除IB。鸡群管理在防止IBV从年龄大的鸡群传给年龄小的鸡群方面起着重要作用。借助"全进/全出"制度，家禽饲养者可以在批次之间清洁和消毒场所/鸡舍，将感染水平降至最低。该制度可保证至少两方面的经济利益，包括增加产蛋量和简化疫苗接种程序，因为每批鸡都具有相同的年龄并且可以采用相同的疫苗接种计划（Dhama等，2014）。

### 5.21.2　育种提高抗病力

可以通过控制感染来保护鸡免受IBV感染，将鸡感染减毒IBV并使其自然传播到其余的鸡群中（Cook等，2012）。尽管这是一种粗糙的方法，但是通过育种提高对IBV的抵抗力是有效的，因为它为后代雏鸡提供了母源抗体（Cook等，2012）。然而感染的结果在不同的品系之间可能有所差别，因此该方法没有在家禽业中进行实践。

### 5.21.3　疫苗接种

IBV疫苗是通过病毒在鸡胚中传代制备的，分为两种类型，即减毒活疫苗和灭活疫苗。每种都分别用于肉鸡（减毒疫苗）、蛋鸡和种鸡（灭活疫苗）（Ladman等，2002；Jackwood等，2009）。最近分子疫苗正在成为第三种IBV疫苗。

### 5.21.4　减毒活疫苗

20世纪70年代，活疫苗就已在IBV中广泛使用。M41是全世界应用最为广泛的减毒活疫苗（Gelb等，1991；Cook等，1999），活疫苗是通过在鸡胚传代降低毒力制备的。尽管滴鼻接种被认为是理想的疫苗接种途径，但可根据所用的活疫苗，通过喷雾、气溶胶或饮水等方式进行大规模的接种（De Wit，2010b）。为了通过活疫苗增强雏鸡的免疫力，场地/鸡舍疫苗接种计划通常包括两次疫苗接种：第一次对1日龄雏鸡接种低毒力疫苗或者毒力温和的疫苗；7～10d后，再经饮水接种较强毒力的疫苗作为加强免疫（Ignjatovic和Sapats，2000）。

### 5.21.5　灭活疫苗

灭活疫苗与活疫苗不同，可以在母鸡体内释放高剂量且均匀的抗体，这种抗体持续时间较长，从而产生持久的免疫力（Dhama等，2014）。为了充分发挥灭活疫苗的潜力，唯一的先决条件是，必须事先对13～18周龄蛋鸡和种鸡进行适当的活疫苗基础免疫。此外，活疫苗和灭活疫苗之间应间隔4～6周，以获得最高滴度的抗体。

灭活疫苗的好处是没有疫苗反应，可通过防止病毒传播保护内脏器官。实际上，它们还可以提供针对产蛋下降的保护作用，而活疫苗可能无法一直提供这种保护（Box等，1980）。灭活疫苗的缺点是成本较高和需要通过皮下单独接种每只家禽。

### 5.21.6　分子疫苗

近年来，以研制新型IBV疫苗为目的的生物技术研究生产了一类新型疫苗，称为分子疫苗（Kapczynski等，2003；Cook等，2012）。分子疫苗包括亚单位疫苗和DNA疫苗，病毒样颗粒和重组疫苗载体。这些分子疫苗均通过了对IBV的效果测试，并显示出在未来应用中的巨大潜力（Cook等，2012）。在一项测试中，通过替换IBV Beaudette毒株的S1基因胞外域研制的重组疫苗接种雏鸡，可提供针对M41攻毒的80%免疫保护（Wei等，2014）。

## 5.22 展望

尽管IBV研究取得重大突破，但许多基础问题仍有待进一步研究解决。第一个关键问题是了解控制IBV毒力和免疫原性的病毒决定因素。使用反向遗传学工具对IBV Beaudette毒株和强毒株进行更系统的比较和交换序列，将是解决此问题的有效方法。但是，由于缺乏针对大多数IBV分离株的强大的细胞培养系统，这项工作受到了一定阻碍。第二个问题是为IBV野毒株建立可靠的细胞培养系统。尽管大多数基于实验室的分子生物学研究都是在细胞或鸡胚中感染Beaudette毒株进行的，但这种适应鸡胚和细胞培养的IBV致病性和免疫原性均大大降低，并且已失去了对雏鸡的感染性。理想的情况是用强毒株在细胞和鸡胚中进行平行比较研究。这种细胞培养系统将用于替代或补充目前依靠鸡胚生产疫苗的已使用半个多世纪的技术方法。第三个重要领域是研制针对新出现的IBV变异株疫苗。在过去的几十年中，随着分子遗传学方法的发展以及对病毒毒力和抗原决定簇的进一步鉴定和研究，可以针对每种重要的新变异株快速开发出特异、可靠、量身定制的疫苗。另一个问题与IBV变异株的演变和地理分布有关：某些IBV变异株如何在全球范围内分布，而另一些则只是在当地分布？是否有野禽作为病毒储存库使病毒远距离传播？最后，对新的IBV变异株没有标准化的命名法，这会在该学术界引起命名混乱。为了定义和制定禽冠状病毒（avian coronaviruses，AvCoV）的标准化命名和分类，欧盟COST规则FA1207建议对AvCoV样本和分离株使用以下命名法：冠状病毒/属/禽冠状病毒/宿主/国家/ID/年（Ducatez和European Union COST Action FA1207，2016）。

在过去的30多年中，人们见证了分子细胞生物学工具的诞生，并广泛用于研究IBV复制和发病机制、IBV与宿主之间的相互作用以及宿主细胞对IBV感染的免疫应答。IBV未来研究的关键是破译病毒复制和发病机制。目前，IBV编码的许多非结构蛋白和辅助蛋白仍未鉴定，解析这些蛋白质的晶体结构可能有助于确定其在病毒复制中的功能，从而鉴定出新的治疗靶标。从这些研究中获得的知识对未来了解和控制现有及新出现的IBV变异株引起的疾病具有重要意义。

「■ 致　谢」

此项工作得到新加坡教育部学术研究基金（Academic Research Fund，AcRF）2级资助（ACR47 / 14）和中国广东省微生物信号与疾病控制重点实验室部分资助（MSDC-2017-05和MSDC-2017-06）。

（阿热阿依·海依拉提 译，郑世军 校）

参考文献

# 6 禽呼肠孤病毒

Frederick S.B. Kibenge[1*], Yingwei Wang[2], Molly J.T. Kibenge[1], Anil Kalupahana[3], and Scott McBurney[1]

[1]Department of Pathology and Microbiology, Atlantic Veterinary College, University of Prince Edward Island, Charlottetown, PEI, Canada.

[1]加拿大，夏洛特敦市，爱德华王子岛大学，大西洋兽医学院，病理学与微生物学系

[2]School of Mathematical and Computational Sciences, University of Prince Edward Island, Charlottetown, PEI, Canada.

[2]加拿大，夏洛特敦市，爱德华王子岛大学，数学与计算科学学院

[3]Department of Veterinary Pathobiology, Faculty of Veterinary Medicine & Animal Science, University of Peradeniya, Peradeniya, Sri Lanka.

[3]斯里兰卡，帕拉迪尼亚大学兽医和动物科学学院，兽医病理生物学系

[*]通讯：kibenge@upei.ca

https://doi.org/10.21775/9781912530106.06

## 6.1 摘要

禽呼肠孤病毒（包括所有禽源正呼肠孤病毒）属于呼肠孤病毒属，该病毒属是呼肠孤病毒科15个已知属之一，具有十个节段的双链RNA基因组和无囊膜的双层二十面体衣壳。禽呼肠孤病毒在商品禽和其他禽类中极其常见，是引起多种临床疾病的重要禽类病原，其中最常见的临床疾病类型为商品肉鸡和火鸡的病毒性关节炎/腱鞘炎，以及野禽的肠道和神经系统疾病。目前，对该病毒的研究已经较为深入，也发表了大量相关文献，本部分内容对此作了引用和介绍。而禽呼肠孤病毒反向遗传系统的应用，也加深了人们对禽呼肠孤病毒生物学和致病机制的理解。

## 6.2 引言和历史

### 6.2.1 病毒起源

本章以"禽呼肠孤病毒"的术语称谓代指所有禽源的正呼肠孤病毒，而不仅限于禽呼肠孤病毒（ARV）的分离株。禽呼肠孤病毒在商品禽和其他禽类中极其常见（Jones，2013；Lu等，2015；van de Zande和Kuhn，2007），感染禽后，可导致病毒性关节炎/腱鞘炎、吸收不良综合征、发育迟缓综合征、蓝翼病、骨质疏松症、肠道疾病、免疫抑制、呼吸系统疾病、神经系统疾病等一系列综合性临床症状，同

时也是导致野生禽冬季死亡的重要原因（Kibenge和Wilcox，1983）（Page等，1982）（Huhtamo等，2007；Kalupahana，2017）。其中，最常见且易于诊断的疾病是商品肉鸡和火鸡的病毒性关节炎/腱鞘炎，以及野生（散养）禽的肠道和神经系统疾病。禽呼肠孤病毒感染往往是隐性感染，很多禽感染后并不表现出任何临床症状，已分离到的病毒中非致病性分离株占80%～95%（Jones，2013）。野生禽中呼肠孤病毒感染致病的报道也比较少（Hollmén和Docherty，2007；Styś-Fijoł等，2017）。

### 6.2.2 首次发现

呼肠孤病毒于1954年首次在鸡的慢性呼吸道疾病暴发中分离得到（随后在鸭和火鸡中也分离到了该病毒），并被命名为"Fahey-Crawley病毒"（Fahey和Crawley，1954）。Petek等（1967）将该病毒归类为呼肠孤病毒，又经Olson和Weiss（1972）研究发现其在血清学上与从肉鸡滑膜炎中分离得到的"病毒性关节炎病原体"相似（Olson和Kerr，1966，1967；Olson和Solomon，1968），进而通过电子显微镜确认其为呼肠孤病毒（Walker等，1972）。"reovirus"中的"reo"是呼吸道肠道孤儿"respiratory enteric orphan"首字母的缩写。Sabin（1959）曾提出该病毒主要针对的是呼吸道和胃肠道，但不清楚是否与任何已知的人类疾病相关，因此将其视为"孤儿"病毒。

## 6.3 病原学

### 6.3.1 分类

呼肠孤病毒科的病毒宿主广泛，包括脊椎动物、无脊椎动物、植物、原生生物和真菌。禽呼肠孤病毒属于正呼肠孤病毒属，该病毒属是呼肠孤病毒科15个已知属之一。国际病毒分类学委员会（ICTV）第九次报道详细介绍了当前呼肠孤病毒科的分类（Attoui等，2012）。病毒粒子无囊膜，直径为60～80nm，根据属的不同，衣壳数量有1～3个不等。呼肠孤病毒基因组是分节段的双链RNA（dsRNA），其基因组片段的数量根据属的不同有10～12个不等，总共有19～32kbp。该家族分为两个亚科：*Spinareovirinae*亚科（病毒粒子外衣壳具有从核心突出的12个刺状物，因此称为"turret"病毒）和*Sedoreovirinae*亚科（病毒粒子具有光滑的无刺状外观和3个衣壳，因此称为"non-turret"病毒）（Attoui等，2012）。除此结构分类外，还可根据RNA依赖性RNA聚合酶（RdRp）序列中高于30%的氨基酸同源性以及是否存在保守末端核苷酸基序对不同属进行分类（Antczak等，1982；Auguste等，2015）。

呼肠孤病毒科是所有双链RNA（dsRNA）病毒家族中最大且研究最深入的病毒科（Mertens 2004）。尽管有"孤儿"的含义，但在该病毒科的不同属中病毒的致病力是不同的，在某些情况下取决于病毒株和宿主种类（Kibenge和Godoy，2016）。

迄今为止，呼肠孤病毒科的15个属中有7个属为动物病毒（正呼肠孤病毒属、水生呼肠孤病毒属、COLTI病毒属、环状病毒属、轮状病毒属、*Seadornavirus*、*Cardoreovirus*），3个属为植物病毒（通过节肢动物传播的病毒：*Oryzavirus*、*Fijivirus*、*Phytoreovirus*），3个属为昆虫病毒（*cyovirus*、*Dinovernavirus*、*Idnoreovirus*），1个属为真菌病毒（*Mycoreovirus*），1个属为海洋原生生物病毒（*Mimoreovirus*）。最近发现了来自大西洋鲑（Kibenge等，2013；Palacios等，2011）、银鳕鲑（Bohle等，2018；Godoy等，2016；Takano等，2016）和虹鳟（Dhamotharan等，2018；Godoy等，2016；Olsen，2015）的不同新型鱼类的呼肠孤病毒[piscine orthoreovirus（PRV）]，以及来自野生大嘴鲈的大嘴鲈呼肠孤病毒（Sibley等，2016），它们均具有10个基因组片段（Kibenge等，2013；Takano等，2016），与正呼肠孤病毒属非常相似，因而被归为一个新的属。而甲壳动物呼肠孤病毒，例如有10个片段的中华绒螯蟹呼肠孤病毒（EsRV816）、具有

12个片段的日本沼虾呼肠孤病毒（Zhang等，2015）和具有13个片段的锯齿蟹锯齿状呼肠孤病毒（Zhang等，2015）尚未归类到属。聚合酶蛋白是病毒蛋白产物中最保守的（Attoui等，2000，2002），因此RNA依赖性RNA聚合酶（RdRp）基因被用来阐明病毒各科属中病毒之间的进化关系。基于RdRp基因的家族内亲缘关系见图6.1。

正呼肠孤病毒属属于纺锤体病毒科。正呼肠孤病毒的病毒粒子直径约75 nm，为双层二十面体衣壳结构，无囊膜。根据其在聚丙烯酰胺凝胶上的电泳迁移率，确定其基因组由10个线性dsRNA片段组成，并按照现代分类的标准分为3个大小类别：大型（L1至L3）、中型（M1至M3）和小型（S1至S4）（Dermody等，2013；Gouvea和Schnitzer，1982；Spandidos和Graham，1976）。Ogasawara等人（2015）和van Vuren等（2016）对正呼肠孤病毒属最新的种划分标准进行了相关综述（Attoui等，2012）。对于保守的核心蛋白，当同源蛋白的氨基酸同源性高于85%时表示两种病毒属于同一种，而同源性低于65%则表明可能是不同种的病毒（van Vuren等，2016）。当对差异更大的外衣壳蛋白的氨基酸序列进行比较时，高于55%的同源性表示同一种，而低于35%的则表示不同种（van Vuren等，2016）。同源片段的核酸序列同一性高于75%表示同种，而低于60%说明为不同种（van Vuren等，2016）。本属由5个官方公认的种组成：禽呼肠孤病毒（ARV）、狒狒呼肠孤病毒（BRV）、哺乳动物呼肠孤病毒（MRV）、尼尔森湾呼肠孤病毒（NRV）和爬行动物呼肠孤病毒（RRV）（Attoui等，2012）。另外，至少还有3个新的呼肠孤病毒种：从澳大利亚果蝠中分离出的布鲁姆呼肠孤病毒（BroV）（Thalmann等，2010）、从南非采集的与埃及果蝠（Rousettus aegyptiacus）相关的蝙蝠蝇中分离出的马赫帕西（Mahlapitsi）病毒（MAHLV）（van Vuren等，2016），以及从加拿大斯特勒（Steller）海狮（Palacios等，2011）、德国鹦鹉（de Kloet 2008）和日本棕耳夜莺（Ogasawara等，2015）中分离出的新型呼肠孤病毒，这3个病毒已被归入近期提出的"新野生禽类正呼肠孤病毒"中。而分离自乌鸦高度分化的Tvärminne病毒（TVAV）（Dandár等，2014；Huhtamo等，2007）以及美国乌鸦的呼肠孤病毒（Kalupahana，2017）可能代表了另一个归在正呼肠孤病毒属下的单独新种。

通过研究融合相关小跨膜（FAST）蛋白（Shmulevitz和Duncan，2000；van Vuren等，2016），可将正呼肠孤病毒属分为非融合型（MRV）和融合型正呼肠孤病毒（例如ARV，BRV，NRV，RRV，BroV）（Duncan，1999；Thalmann等，2010）。

禽呼肠孤病毒的毒株变异

禽呼肠孤病毒可分为5 ~ 11种血清型（Duncan等，1999；Wood等，1980；），不同血清型之间有相当大的交叉中和作用（Robertson和Wilcox，1986）。番鸭呼肠孤病毒株中有2种血清型（Chen等，2011b）不与鸡的S1133型（Heffels-Redmann等，1992）发生交叉反应。Liu等（2003）和Ayalew等（2017）使用基于σC（S1）基因的进化树分析确认了ARVs病毒存在6种基因型。来自野生禽类的其他新型正呼肠孤病毒至少属于2个最近提出的新种野生禽类呼肠孤病毒（Ogasawara等，2015）和1个分离自乌鸦的新种（Dandár等，2014；Huhtamo等，2007；Kalupahana，2017）。尽管源自不同禽类和地理区域甚至不同病变类型或致病性的禽呼肠孤病毒在遗传基因上也不相同，但仅有少量的毒株在流行病学或临床致病性方面的研究比较清晰（Sellers，2017）。

## 6.3.2 形态学

正呼肠孤病毒属属于刺突肠孤病毒亚科（Spinareovirinae）家族，病毒粒子具有12个由核心经外衣壳突出的"刺突"，因此被称为刺突病毒。正呼肠孤病毒颗粒无囊膜，具有直径约75nm的近球形的二十面体双层衣壳（图6.2）。冷冻电子显微镜图像分析得出其病毒粒子的精确直径为85.7nm（Zhang等，2005）。

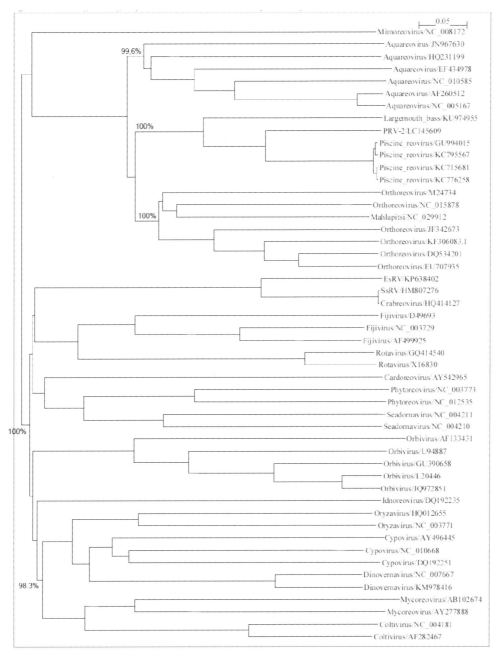

图6.1 遗传进化树表明呼肠孤病毒科不同属之间的内部关系

用呼肠孤病毒科不同属所属成员RdRp基因的核苷酸序列来构建遗传进化树。用于比较的病毒序列用属名/GenBank登录号表示，如鱼呼肠孤病毒属/ GU994015，KC795567，KC715681，KC776258，LC145609，KU974955；正呼肠孤病毒属/ JF342673，DQ534201，EU707935，M24734，NC_015878，KF306083.1，NC_029912；水生呼肠孤病毒属/ JN967630，HQ231199，EF434978，NC_010585，AF260512，NC_005167；细小微呼肠孤病毒属/ NC_008172；环状病毒/ AF133431，U94887，JQ972851，L20446，GU390658；蟹呼肠孤病毒属/ AY542965；植物呼肠孤病毒属/ NC_003773，NC_012535；东南亚12节段RNA病毒属/NC_004211，NC_004210；斐济病毒属/D49693，NC_003729，AF499925；轮状病毒/ GQ414540，X16830；昆虫非包涵体病毒属/ DQ192235；水稻病毒属/HQ012655，NC_003771；质型多角体病毒属/ AY496445，NC_010668，DQ192251；迪诺维纳病毒属/ NC_007667，KM978416；真菌呼肠孤病毒属/ AB102674，AY277888；科罗拉多蜱传热病毒属NC_004181，AF282476。锯缘青蟹呼肠孤病毒（SsRV）/ HM807276（Chen等，2011）尚未分配入新属，此外有学者还提出一个新的蟹呼肠孤病毒属 / HQ414127（Shen等，2015）。使用ClustalX 2.0对这些数列进行处理（Larkin等，2007），手动完成多序列比对并进行调整，以获得高质量的比对结果。系统进化树是使用邻接法和Tamura-Nei距离模型（Saitou和Nei，1987）以最大似然法进行构建的，全过程共经过了1 000次Bootstrapping计算。节点下方显示了所得的bootstrap值，比例尺代表遗传差异度。

经确认，病毒的两个衣壳由λA和σA蛋白组成的"核心"，以及由μB和σB蛋白组成的"外部衣壳"构成（Benavente和Martínez-Costas，2007）。

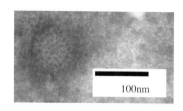

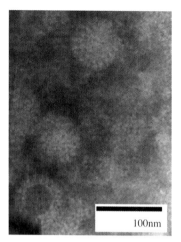

λA蛋白形成的内核外壳包含有10个病毒基因组片段、病毒RNA聚合酶λB及其辅因子μA。σA蛋白能使外衣壳稳定，位于λA的顶部，并充当内核和外衣壳之间的桥梁。λC蛋白的五聚体形成从内部核心延伸到外部衣壳的"刺突"，而细胞黏附蛋白σC的三聚体从刺突顶部突出，加之以由μB和σB蛋白组成的衣壳外壳形成完整的呼肠孤病毒粒子结构（Benavente和Martínez-Costas，2007）。因此，衣壳内层蛋白主要参与病毒的组装和复制，而外衣壳蛋白则参与病毒传播、细胞黏附和侵入，并表现出更大的

图6.2　经2%磷钨酸负染纯化后的美国乌鸦原病毒粒子电镜照片（双衣壳结构）

比例尺为100nm。

变异性，这反映了目标宿主物种的差异（Mertens，2004）。禽呼肠孤病毒颗粒非常稳定，对脂质溶剂具有抵抗力，且能适应较宽的pH范围（Jones，2013）。

## 6.3.3　培养

禽呼肠孤病毒可在多种培养系统中复制，既包括鸡胚和鸡胚原代细胞培养物，也包括某些特定的哺乳动物细胞系和禽源细胞系。

### 6.3.3.1　鸡胚培养

禽呼肠孤病毒对鸡胚具有致病性，且对5～7日龄鸡胚的卵黄囊（ECE）和绒毛尿囊膜（CAM）有组织嗜性（Deshmukh和Pomeroy，1969；Wood等，1980），该病毒能够致死鸡胚并在其绒毛尿囊膜上产生类似斑块的病变（Fahey和Crawley，1954）。据报道，绒毛尿囊膜接种后，病毒的复制效率高于尿囊腔接种后病毒的复制效率（Hollmén和Docherty，2007）。

接种禽呼肠孤病毒后5d，即可在9～10日龄SPF鸡胚的卵黄囊和绒毛尿囊膜中观察到水肿（Schwartz等，1976）。Mackenzie和Bains（1977）曾报道了绒毛尿囊膜上直径为0.5～1.0mm斑块病变以及4～6日龄的胚胎死亡、发育迟缓和肝坏死。除了在绒毛尿囊膜上形成斑块外，Wu等（2004）还观察到胚胎的卷曲和发育不良。Nersessian等（1986）也曾报道土耳其呼肠孤病毒在卵黄囊和绒毛尿囊膜上接种后出现了水肿、灰黄色斑点，以及胚胎发育迟缓的表型。

通常鸡胚在接种禽呼肠孤病毒后4～6d发生死亡，并经常引起明显出血，且鸡胚呈紫色（Olson和Kerr，1966）。接种15d后仍存活的鸡胚呈现肝脏和脾脏肿大，并伴有坏死灶（Olson和Kerr，1966）。Guneratne等（1982）发现与其他接种途径相比，5～6日龄鸡胚的卵黄囊接种是一种更好的接种途径，因此该接种途径被推荐用于禽呼肠孤病毒的初步分离（Glass等，1973）。来自野生禽类的禽呼肠孤病毒可以通过卵黄囊接种在鸡胚上进行复制（Styś-Fijoł等，2017）。通常，卵黄囊接种后鸡胚的死亡比尿囊腔接种后发生得更快（Rekik等，1991）。

### 6.3.3.2　原代细胞培养

该病毒的体外增殖必须依赖于宿主细胞，很多动物细胞都是该病毒的优势宿主（Hossain等，

2006）。禽呼肠孤病毒易于在多种禽源性原代细胞培养物中复制（Barta等，1984；Guneratne等，1982），包括鸡胚肺脏原代细胞（CELu）（Guneratne等，1982；Petek等，1967）、鸡胚成纤维细胞（CEF）（Guneratne等，1982；Lee等，1973）、鸡胚肾脏原代细胞（CEK）（Glass等，1973；Guneratne等，1982）、鸡胚肝脏原代细胞（CELi）（Guneratne等，1982；McFerran等，1976）、鸡胚肌腱原代细胞（CET）（Huang，1995）、鸡肾原代细胞（CK）（Green等，1976）、鸡肺原代细胞（CL）、睾丸细胞（CTCC）（Sahu和Olson，1975）、骨髓源的巨噬细胞（Bülow和Klasen，1983）、白细胞（Mills和Wilcox，1993）、火鸡肾细胞（Fujisaki等，1969）、鸭胚成纤维细胞（Lee等，1973）和番鸭胚胎成纤维细胞（Hollmén和Docherty，2007）。据报道，在主要的原代细胞培养物中，鸡胚肝脏原代细胞对禽呼肠孤病毒最为敏感（Barta等，1984；Guneratne等，1982），而鸡胚成纤维细胞最常用于禽呼肠孤病毒的分离和复制（Deshmukh和Pomeroy，1969；Guneratne等，1982；Mustaffa-Babjee等，1973；van der Heide，1977；Wood等，1980）。

　　所有的禽呼肠孤病毒分离株感染细胞后产生的细胞病变（CPE）均是形成多核巨细胞，即合胞体（图6.3）（Duncan和Sullivan，1998）。合胞体与细胞单层表面分离，并留下小孔（Deshmukh和Pomeroy，1969；Robertson和Wilcox，1986）。这种细胞病变通常与囊膜病毒复制有关（Duncan等，1996），可用于在多种细胞培养物中鉴定禽呼肠孤病毒的复制。

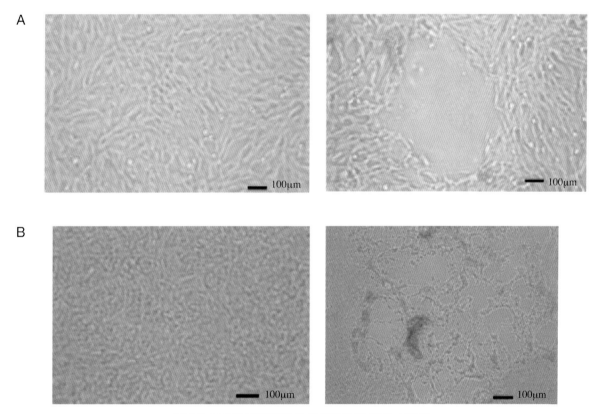

图6.3　禽呼肠病毒诱导的特征性细胞病变（CPE）

A. 未受感染的QM5细胞系对照组（左）和经美国乌鸦呼肠孤病毒分离株感染2d后的QM5细胞系（右）；B.未受感染的Vero细胞系对照组（左）和经美国乌鸦呼肠孤病毒分离株感染6d后的Vero细胞系（右）。经感染后表现为明显的多核巨细胞（合胞体），而B中右图可见培养基中脱落漂浮的细胞碎片，比例尺为100μm（Kalupahana，2017）。

在鸡胚细胞培养物传代过程中，24型、25型和59型禽呼肠孤病毒株分别在第九、第七和第四代次中首次检测到细胞病变（Deshmukh 和 Pomeroy，1969）。这些细胞的CPE在病毒感染后第5 ~ 7天出现，并在进一步孵育后出现合胞体变多、变大，直到感染后第9天整个细胞单层被破坏，但最大病毒滴度却小于每毫升$10^2$个噬斑形成单位（PFU/mL）。于CELu、CEK 和 CELi 细胞培养物中所制备的禽呼肠孤病毒毒株R1在第三次传代时分别产生了6.2、6.2和7.0 $\log_{10}$ TCID$_{50}$/mL 的效价，到第25天分别增加到8.2、7.2和8.4 $\log_{10}$TCID$_{50}$/mL，而在CEF中增殖的病毒产生的最大滴度仅为6.0 $\log_{10}$ TCID$_{50}$/mL（Guneratne 等，1982）。除了较高的病毒滴度外，CELi培养物还能够比CEK培养物产生更大的噬斑。而使用CL、CK 和 CTCC 对禽呼肠孤病毒株24型、25型、59型、FC、WVU 1464-29H、WVU 2937、WVU 2986 和 WVU 71-212 等毒株尝试进行病毒分离时，需要更多代（5 ~ 7代）的盲传（Guneratne 等，1982）才能观察到细胞病变（Guneratne 等，1982）。

禽呼肠孤病毒更易在鸡原代培养细胞中生长（Guneratne 等，1982）。因此，原代鸡或鸡胚来源细胞被认为是最适合分离和复制禽呼肠孤病毒的细胞培养物（Mustaffa-Babjee 等，1973）。然而，原代细胞上病毒缓慢的生长速度、特殊的生长要求、不能进行传代培养（Barta 等，1984）以及制备时烦琐且耗时等等缺陷（Nwajei 等，1988），使原代细胞不如传代细胞系在应用方面便捷。

### 6.3.3.3　传代细胞系

目前已有一些哺乳动物细胞系用于禽呼肠孤病毒的复制，包括牛源性 Madin Darby 牛肾细胞（MDBK）和佐治亚州牛肾细胞（GBK）、犬源性 Madin Darby 犬肾细胞（MDCK）、鼠源性 L929 细胞、人源性 Chang C 细胞、Hep-2 细胞、HeLa 细胞、灵长类动物起源 LLC-MK2 细胞、非洲绿猴肾细胞（Vero）、猫源性 Crandell 猫肾细胞（CrFK）、小仓鼠肾细胞（BHK）、兔肾细胞（RK）和猪肾细胞（PK）（Barta 等，1984；Sahu 和 Olson，1975）。此外，禽呼肠孤病毒可在禽类传代细胞系中生长，例如通过化学诱导所建立的3种日本鹌鹑（Coturnix coturnix japonica）（Moscovici 等，1977）成纤维细胞系 QT35（Cowen 和 Braune，1988）、QT6（Duncan 等，1996）、QM5（QT6的克隆衍生物）（Duncan 和 Sullivan，1998）和鸡巨噬细胞源的 HD11 细胞系（Swanson 等，2001）。

文献中关于禽呼肠孤病毒适应异源细胞系统的资料不一致（Georgieva 和 Jordanova，1999）。由于传代细胞系的先天优势，将其用于培养禽呼肠孤病毒具有实际益处。Sahu 和 Olson（1975）对牛（MDBK）、人、鼠（L929）、犬（MDCK）和灵长类（LLC-MK2，Vero）细胞系中不同禽呼肠孤病毒株的复制情况进行研究，仅在 Vero 细胞中观察到了细胞病变作用（CPE），但并未检测所有毒株。Barta 等（1984）测试了7个哺乳动物细胞系和2个鸡细胞系对 WVU2937 禽呼肠孤病毒株的敏感性，发现该病毒经过一定的适应性后成功在其中6个细胞系中复制，而对哺乳动物细胞系中的 Vero 最为敏感。尽管在 Hussain 等（1981）的研究中，3种澳大利亚禽呼肠孤病毒毒株都在 Vero 细胞系中产生了CPE，但 Wilcox 等（1985）使用6种澳大利亚禽呼肠孤病毒（RAM-1株）实验后发现，仅有1种毒株能够适应 Vero 细胞。Nwajei 等（1988）成功地使所有22个测试的禽呼肠孤病毒毒株在 Vero 细胞中适应生长，但是这些毒株于 Vero 细胞适应试验前均已在禽胚胎细胞培养物中做过传代。此外，他们无法利用 Vero 细胞从含有病毒的粪便或关节病料中直接分离得到禽呼肠孤病毒。因此研究人员认为，Vero 细胞不适合禽呼肠孤病毒的初步分离。他们还提出病毒株对特定组织的嗜性不同，且来自不同来源、不同批次的 Vero 细胞之间对病毒的敏感性也存在差异，使用不同的培养基可能会加大这些差异。Jones 和 Al-Afaleq（1990）发现，使用不同的培养基使得在 Vero 细胞中复制的四种禽呼肠孤病毒株的病毒滴度存在显著差异。而根据禽呼肠孤病毒 R-85 株对 Vero、BHK-21 和 MDBK 等哺乳动物细胞系的适应性研究，证明 Vero 细胞是最易感的（Georgieva 和 Jordanova，1999），且能够更快产生合胞体型

CPE及高达$10^{7.2}$ TCID$_{50}$/mL的病毒滴度。因此，Vero细胞可以被有效地用作禽呼肠孤病毒复制的标准化系统。大量研究表明许多已建立的哺乳动物传代细胞系中，只有Vero细胞系可支持某些禽呼肠孤病毒株的复制（Barta等，1984；Jones和Al-Afaleq，1990；Nwajei等，1988；Wilcox等，1985）。与禽源细胞相比，哺乳动物细胞系（如Vero）具有使用方便，没有垂直传播禽呼肠孤病毒污染的风险等优势。但是Vero细胞产生CPE的特征是在细胞融合的中心区域形成合胞体（Nwajei等，1988；Simoni等，1999；Wilcox等，1985），而由于该病毒与细胞的结合程度很高（Nwajei等，1988；Wilcox等，1985），需要最长10d的感染才能获得最大的CPE（Wilcox等，1985），且感染的Vero细胞必须反复冻融至少4次才能成功使病毒释放出来。相反，在鸡源细胞系中，禽呼肠孤病毒仅需培养4d即可产生CPE，且仅需反复冻融一次就能从感染的细胞中释放病毒（Robertson和Wilcox，1984）。

## 6.4

最初通过使用DNA抑制剂（Hieronymus等，1983）并根据病毒对DNA酶或RNA酶消化的敏感性（Spandidos和Graham，1976），确定了禽呼肠孤病毒的基因组是由RNA组成的。实验证明，该病毒基因组包含10个线性双股RNA片段（Glass等，1973；Gouvea和Schnitzer，1982；Murphy等，1999；Sekiguchi等，1968；Spandidos和Graham，1976），通过蔗糖梯度离心或SDS-page分析病毒基因组的迁移模式将其片段分为L（大）、M（中）和S（小）3个类型（Spandidos和Graham，1976），以及通过十二烷基硫酸钠-聚丙烯酰胺凝胶电泳（SDS-PAGE）分析病毒基因组的迁移模式（Rekik等，1990），发现L型具有3个片段（L1、L2、L3），M型有3个片段（M1、M2、M3），S型具有4个片段（S1、S2、S3、S4）（Benavente和Martínez-Costas，2007；Rekik等，1990；Spandidos和Graham，1976；Yun等，2013）。有138个禽呼肠孤病毒分离株的总基因组大小为23 492个碱基对（bp），176个分离株的总体基因组大小为23493 bp（Xu和Coombs，2009），每个RNA片段均以等摩尔比例存在于病毒粒子中，代表每个病毒粒子由单一拷贝数的基因组片段组成（Murphy等，1999）。对于L、M和S型片段，每个基因片段组的近似分子质量范围分别为$(2.5 \sim 2.7) \times 10^6$、$(1.3 \sim 1.8) \times 10^6$和$(0.71 \sim 1.2) \times 10^6$ Da（Lozano等，1992；Spandidos和Graham，1976）。在相同以及不同的血清型中，禽呼肠孤病毒基因组dsRNA片段的迁移模式不同（Rekik等，1990）。除10个基因组片段外，禽呼肠孤病毒颗粒还包含许多小的、富含腺嘌呤的单链寡核苷酸（Spandidos和Graham，1976）。同样，对于呼肠孤病毒科的所有成员，每个双链节段的正链都具有5′末端脱甲基1型帽结构（m7GpppGm2'OH）（Miura等，1974），负链具有磷酸化的5′末端，但正链和负链的3′末端都缺少聚（A）尾巴（Murphy等，1999）。迄今为止，所有已测序的呼肠孤病毒基因组片段（包括禽呼肠孤病毒）都具有可变长度的5′端和3′端保守核苷酸序列，可用于呼肠孤病毒的分类（Chen等，2011a；Duncan，1999；Narayanappa等，2015）。在两个不同毒株共同感染的细胞中很容易发生基因组片段重组，由于具有相同的组装信号（Attoui等，2012），产生了包含两种亲本病毒基因组片段的重组子代病毒（Benavente和Martínez-Costas，2007）。

表6.1为禽呼肠孤病毒中的基因编码情况。这10个基因片段编码至少8个结构蛋白（λA、λB、λC、μA、μB、μBC、μBN、σC、σA和σB）和4个非结构蛋白（μNS、p10、p17和σNS）（Benavente和Martínez-Costas 2007，Shmulevitz等，2002）。除了S1片段是三顺反子外，其余所有基因组片段都是单顺反子（Attoui等，2012）。但是，在某些特定的番鸭呼肠孤病毒株中（经典MDRV），S4片段是双顺反子，而S1是单顺反子（Ma等，2012；Wang等，2012；Yun等，2012）。

表6.1 禽呼肠孤病毒基因、编码蛋白及其功能

| 基因组片段及大小（bp） | 每个病毒体编码的病毒蛋白、位置及数量 | 分子质量（kDa） | 相应功能 |
|---|---|---|---|
| L1<br>3 958 | λA<br>内核<br>120 | 142.2 ~ 142.3 | 形成内核衣壳的主要核心蛋白（Guardado-Calvo等，2008）<br>在病毒形态发生的早期阶段充当支架（Benavente和Martínez-Costas等，2007） |
| L2<br>3 830 | λB<br>内核<br>12 | 139.7 ~ 139.8 | RNA依赖性的RNA聚合酶（RdRp）/转录酶（Xu和Coombs，2008）<br>允许模板RNA、核苷酸和二价阳离子进入内部催化位点（McDonal等，2009） |
| L3<br>3 907 | λC<br>突起<br>60 | 141.9 ~ 142.2 | λC蛋白的五聚体形成从内核延伸到外部衣壳的突起（Martínez-Costas等，1997；Zhang等，2005）<br>表达鸟苷酸转移酶/病毒加帽酶，对病毒mRNA 5′端进行修饰改造（Martinez-Costas等，1995） |
| M1<br>2 283 | μA<br>内核<br>24 | 82 ~ 82.2 | RdRp的辅助因子（Benavente和Martínez-Costas等，2007） |
| M2<br>2 158 | μB<br>外衣壳<br>600<br>（μBN和μBC源自前体μB的翻译后裂解，而μBC会被进一步裂解） | 73.1 ~ 73.3 | 与σB共同形成外衣壳的主要蛋白（Martínez-Costas等，1997；Zhang等，2005）<br>穿透功能（病毒进入细胞质）（O'Hara等，2001）<br>激活转录酶（O'Hara等，2001）<br>切割和去除与内体膜相关的μB（O'Hara等，2001）<br>参与转录核心粒子进入细胞质所需衣壳的相互作用和构象变化（O'Hara等，2001） |
| M3<br>1 996 | μNS<br>非结构蛋白<br>保守蛋白<br>产生较小的μNS亚型：<br>μNSC和μNSN | 70.8 ~ 70.9 | 在受感染的细胞中形成病毒工厂支架（基质），并通过在特定时间有选择性地控制特定病毒蛋白向病毒工厂的募集，在病毒形态发生的早期阶段起重要作用（Brandariz-Nuñez等，2010；Tourıs-Otero等，2004）<br>在形态发生过程中介导σNS和λA与包涵体的缔合（Brandariz-Nuñez等，2010；Tourıs-Oter等，2004） |
| S1<br>1 643 | P10<br>非结构蛋白 | 10.3 | 表达与膜融合相关的小跨膜（FAST）蛋白，负责与宿主细胞的膜融合和合胞体的形成（Barry和Duncan，2009；Shmulevitz和Duncan，2000）<br>一种病毒孔蛋白（Bodelón等，2002；Wu等，2016）<br>增加质膜的通透性（Bodelón等，2002）<br>诱导宿主细胞凋亡（Salsman等，2005；Wu等，2016） |
| | P17<br>膜相关非结构蛋白 | 16.9 | 通过激活p53依赖性途径中断宿主细胞蛋白翻译（Chulu等，2010）<br>使细胞周期停滞（Chiu等，2016；Chulu等，2010）<br>在细胞核和细胞质之间移动的穿梭蛋白，参与细胞核内的宿主细胞翻译、细胞周期及自噬体形成等过程，从而促进病毒复制（Chi等，2013；Costas，2005；Huang等，2015；Ji等，2009；Liu等，2005） |

（续）

| 基因组片段及大小（bp） | 每个病毒体编码的病毒蛋白、位置及数量 | 分子质量（kDa） | 相应功能 |
|---|---|---|---|
| S1<br>1 643 | σC<br>外衣壳蛋白的次要成分；可变性最大的蛋白质<br>36 | 34.9 | 一种细长的同源三聚体，使病毒能够通过其C端球状结构域附着于宿主细胞，同时通过其N端锚定在λC五聚体的突起顶部（Grande 等，2000；Grande 等，2002；Guardado-Calvo 等，2009；Martínez-Costa 等，1997；Shapouri 等，1996）<br><br>确定组织嗜性并有助于宿主限制（Bodelón 等，2001）<br><br>具有血清学特异性。诱导产生病毒感染中的中和抗体和疫苗接种后的保护性抗体（Lin 等，2006；Shapouri 等，1996；Shih 等，2004；Wickramasinghe 等，1993）<br><br>诱导宿主细胞凋亡（Shih 等，2004）<br><br>一种病毒孔蛋白 |
| S2<br>1 324 | σA<br>内核；高度保守的主要内衣壳蛋白<br>150 | 46.1 | 当位于λA顶部时起稳定作用，并充当内核和外壳之间的桥梁（Xu 等，2004）<br><br>以不依赖序列的方式结合dsRNA（Martínez-Costas 等，2000；Yin 等，2000）<br><br>通过竞争dsRNA来阻止dsRNA依赖性蛋白激酶（PKR）的激活，以抑制干扰素的活性（Gonzalez-Lopez 等，2003；Martínez-Costas 等，2000）<br><br>表现三磷酸核苷水解酶（NTPase）的活性（Yin 等，2002） |
| S3<br>1 202 | σB<br>外衣壳蛋白<br>600 | 40.9 | 主要的外衣壳蛋白，可与μB共同形成外衣壳（Martinez-Costas 等，1995；Varela 等，1996）<br><br>诱导具有广泛特异性（组特异性）中和活性的抗体（Wickramasinghe 等，1993） |
| S4<br>1 192 | σNS<br>非结构蛋白；高度保守 | 40.5 | 在形态发生中以核苷酸序列非特异性的方式与ssRNA结合（Touris-Otero 等，2005；Yin 和 Lee，1998）<br><br>合成后被μNS蛋白质招募到包涵体中（Benavente 和 Martínez-Costas，2007）<br><br>参与RNA的包装与复制（Benavente 和 Martínez-Costas，2007） |

迄今为止，所有已测序的呼肠孤病毒基因组片段，包括禽呼肠孤病毒，均具有可用于呼肠孤病毒分类的可变长度的5′和3′端核苷酸保守序列（Chen 等，2011；Duncan，1999；Thimmasandra Narayanappa 等，2015）。

## 6.5 病毒核酸和蛋白

禽呼肠孤病毒基因组至少编码12种主要蛋白，其中8种是结构蛋白，能够整合进入子代病毒粒子中，其余4种为非结构蛋白，因为它们在感染的细胞中表达但未在成熟的病毒粒子中发现（Martínez-Costas 等，1997；Varela 和 Benavente，1994）。由L类基因编码的蛋白称为lambda（λ）蛋白，由M类基因编码的称为mu（μ）蛋白，而由S类基因编码的称为sigma（σ）蛋白（Benavente 和 Martínez-Costas，2007）。将每一类禽呼肠孤病毒的结构蛋白按电泳迁移率的相反顺序采用字母编码（λA、λB等），以使其与已采用数字编码（λ1、λ2等）的哺乳动物呼肠孤病毒区分开来（Benavente和Martínez-Costas，2007）。禽呼肠孤病毒颗粒中至少有10种不同的结构蛋白，其中8种（λA、λB、λC、μA、μB、σA、σB和σC）是其编码的mRNA的主要翻译产物，而其他两种μBN和μBC分别由其前体μB翻译后裂解而产生（Varela等，1996）。禽呼肠孤病毒编码多种非结构蛋白，其中由M3和S4基因编码的是其两种主要的非结构蛋白，分别称为μNS和σNS，易于在感染细胞的细胞质中检测到（Schnitzer等，1982；Varela和Benavente，1994）。此外，在禽呼肠孤病毒感染的细胞中会产生一种氨基截短的μNS亚型蛋白，称为μNSC（Tourís-Otero等，2004）。而三顺反子禽呼肠孤病毒S1基因的前两个顺反子编码了另外两个非结构蛋白，称为p10和p17（Bodelón等，2001；Shmulevitz等，2002）。表6.1中总结了禽呼肠孤病毒基因、编码的蛋白、各自功能及在病毒粒子中的位置。

## 6.6　病毒复制阶段

呼肠孤病毒在细胞质中复制（Kibenge和Godoy综述，2016）。但宿主细胞缺乏可以使这些病毒mRNA从基因组中脱落的酶，因此呼肠孤病毒像众多单股负链RNA病毒科的病毒一样，可利用携带的酶进行病毒复制。此外，许多宿主细胞具有抗病毒的防御机制（包括诱导凋亡、产生干扰素、宿主细胞修饰翻译机制、RNA沉默等），它们特异性识别宿主细胞质中裸露的dsRNA并被其激活（Mertens综述，2004）。因此，呼肠孤病毒颗粒一旦进入细胞质中，仅被溶酶体水解酶部分水解脱壳，而基因组则保留在亚核心（或核心）颗粒内，病毒聚合酶对dsRNA基因组的转录就发生在亚病毒颗粒内部。病毒粒子的部分脱壳会激活病毒的转录酶和加帽酶以产生带有帽子结构的全长mRNA，其中每个病毒基因片段的负链将作为后期病毒复制的模板（Shatkin和LaFiandra 1972；Watanabe等，1968）。在某些病毒属中，例如轮状病毒和水痘病毒，可以通过胰蛋白酶处理对外衣壳进行修饰，以形成具有传染性或过渡形态的亚病毒粒子（ISVP）。mRNA立即在核糖体进行翻译形成蛋白，而这些mRNA与新合成的病毒蛋白结合形成新的亚病毒颗粒，同时还充当负链合成的模板，进而在颗粒内产生新的基因组dsRNA（Antczak和Joklik，1992），这些dsRNA又反过来充当模板用以转录产生更多的mRNA（无帽子结构），随后被翻译成病毒蛋白（Skup和Millward，1980）。用于组装病毒的mRNA选择是高度特异性的，这可能取决于RNA片段两端的保守末端序列。呼肠孤病毒复制导致胞浆内产生包涵体（病毒质），而这些包涵体是病毒复制和组装的位点（Shao等，2013）。

Benavente和Martínez-Costas（2007）描述了禽呼肠孤病毒的复制周期。禽呼肠孤病毒通过其S1片段上编码的细胞黏附蛋白σC（外衣壳的次要成分）附着在细胞表面受体上。病毒通过受体介导的内吞作用进入细胞质并引起μB（由M2片段编码的主要外衣壳蛋白）与宿主蛋白的相互作用以及产生构象变化（O'Hara等，2001）。而病毒在内体中脱衣壳后，将具有转录能力的核心颗粒释放到细胞质中。dsRNA基因组片段的转录会产生10种病毒mRNA，这在受感染的细胞中具有两种功能：①在核糖体上翻译形成病毒蛋白；②被募集到新形成的核心或亚核心颗粒中，以用作合成病毒负链的模板，从而形成子代基因组。λA蛋白由L1片段编码（Guardado-Calvo等，2008），是形成内核衣壳的主要核心蛋白，在病毒形态发生的初始阶段充当支架。由片段M3所编码的μNS蛋白可形成病毒工厂骨架（基质），并能够选择性地控制特定病毒蛋白向病毒工厂的募集（Brandariz-Nuñez等，2010；Tourís-Otero等，2004），同时在片段分类和组装过程中充当RNA伴侣，以促进基因组前体之间特定的RNA-RNA相互作用（Borodavka等，2015）。形成的成熟呼肠孤病毒将会在被感染的宿主细胞裂解后释放出来（Benavente和Martínez-Costas，2007）。

## 6.7

正呼肠孤病毒属和水生呼肠孤病毒属的呼肠孤病毒是已知无囊膜病毒中为数不多的能在病毒感染细胞过程中诱导细胞融合及合胞体形成（例如膜融合）的病毒。通过一个与融合相关的小型跨膜（FAST）蛋白（在不同呼肠孤病毒中分别为p10、p13、p14、p15、p16或p18）（Shmulevitz和Duncan，2000；van Vuren等，2016），正呼肠孤病毒属可以进一步分为非融合型（MRV）和融合型正呼肠孤病毒（NBV、BRV、ARV、RRV、Broome Orthoreovirus BroV）（Duncan，1999；Thalmann等，2010）。合胞体于感染后10~12h开始形成，导致细胞裂解反应加快和病毒释放动力学增强（Attoui等，2012）。水生呼肠孤病毒属的一些成员也拥有FAST蛋白并可诱导合胞体形成。已有证据表明，PRV与已识别的正呼肠孤病毒密切相关，其非结构蛋白p13不是FAST蛋白，因此是非融合型病毒。由三顺反子禽呼肠孤病毒S1基因的前两个顺反子编码的非结构蛋白p10和p17（Bodelón等，2001；Shmulevitz等，2002）对宿主细胞有重要影响，有利于禽呼肠孤病毒的复制。P10是禽呼肠孤病毒中的FAST蛋白，负责宿主细胞融合和合胞体形成（Barry和Duncan，2009；Bodelón等，2001；Shmulevitz等，2002）。此外，作为病毒穿孔蛋白，它增加了质膜的通透性（Bodelón等，2002；Wu等，2016），还能引起宿主细胞的凋亡（Salsman等，2005；Wu等，2016）。而P17是一种与膜相关的非结构蛋白，作为一种穿梭蛋白，可在胞核和胞质之间连续移动，参与细胞核的一些加工过程（例如宿主细胞的翻译和细胞周期自噬体的形成），进而有利于禽呼肠孤病毒的复制（Chi等，2013；Chiu等，2016；Chulu等，2010；Costas等，2005；Huang等，2015；Ji等，2009；Liu等，2005）。

## 6.8

### 6.8.1　当前状况

如上所述，对于禽呼肠孤病毒基因组各片段编码蛋白功能的研究正在深入开展，并通过系统发育分析研究禽呼肠孤病毒各毒株之间的进化关系。利用反向遗传操作技术将突变引入病毒衣壳和非结构成分中，以研究病毒在复制过程和发病机制中的病毒蛋白与结构活性的关系。反向遗传技术也可以用来设计重组呼肠孤病毒，以研制出具有针对减毒和溶瘤用途的疫苗。但是，在呼肠孤病毒科中，因其基因组的性质（在病毒颗粒中密集地包裹10~12个dsRNA片段）以及复制方式（在亚病毒结构内），反向遗传系统的应用受到阻碍（Troupin等，2018）。目前只有一篇已发表的对禽呼肠孤病毒进行反向遗传学应用的报道（Wu等，2018）。这篇报道提示反向遗传系统可以应用于呼肠孤病毒的研究，如果该系统可广泛应用，则将有助于人们对禽呼肠孤病毒生物学及其致病机制的深入研究。

### 6.8.2　遗传进化分析

源自不同禽类、地理区域及不同病型或致病性的禽呼肠孤病毒在遗传学上表现出明显的差别（Gouvea和Schnitzer，1982；Le Gall-Reculé等，1999；Liu和Giambrone，1997；Mor等，2013；Sellers 2017；Sharafeldin等，2014、2015；Shivaprasad等，2009；Spackman等，2005；Yun等，2013）。根据细胞黏附蛋白σC（在S1片段编码）序列进行的系统发育分析，将禽呼肠孤病毒分为5个基因分型簇，其中荷兰、德国和中国台湾分离株的序列比美国和澳大利亚分离株的序列更为分散（Kant等，2003），但基因型与其致病型没有相关性（Benavente和Martínez-Costas，2007）。Liu等（2003）和Ayalew等（2017）对于来自加拿大萨斯喀彻温省的37株新出现的抗逆转录病毒株进行研究，报道在σC（S1）基因遗传进化树中发现了6个基因分型簇；而Liu等（2003）在σNS（S4）基因系统进化树中只发现了3个基因分型簇。同时，Ayalew等（2017）在σB（S2）基因中发现其具有92%～100%的序列同一性，这反映了ARV分离株之间频繁的基因重排现象。例如，在火鸡来源的禽呼肠孤病毒中，基因片段S3（Kapczynski等，2002；Sellers等，2004）、S1（Day等，2007）和S4（Patin-Jackwood等，2008）上的序列差异可能仅反映了同种分离株（非不同种）之间基因组片段的重新排列。但其中一种起源于火鸡的禽呼肠孤病毒（NC／SEP-R44／03株）与尼尔森湾正呼肠孤病毒（NRV）的S1序列相近，尽管后者与其不属于同一呼肠孤病毒种（分离自澳大利亚的果蝠）（Gard和Compans，1970）（Day等，2007）。

在某些情况下，基因型差异足以支持在正呼肠孤病毒属中建立新的独立种（Dandár等，2014；Huhtamo等，2007；Kalupahana，2017；Ogasawara等，2015）。图6.1展示了基于σNS（S4）基因的禽呼肠孤病毒内的亲缘关系。[GenBank数据库中仅可获得分离株中3个可变性最高的基因序列，分别为λB（L2）、σC（S1）和σNS（S4）（Liu等，2003），并使用此3个基因序列来构建系统进化树。]

σNS（S4）基因的系统进化树清楚地显示了2个主要簇，它们是从家禽或野禽（鸡、火鸡、鸭、鹅、鸽子、鹌鹑）中分离出的禽呼肠孤病毒（ARV）种，以及从野鸟（Pycno-1 passeriformes和corvid orthoreovirus Tvärminne avian virus）分离出的野鸟呼肠孤病毒种（图6.4）。在系统发育树中，来自野鸟呼肠孤病毒种的分离株，其L2片段与尼尔森湾正呼肠孤病毒种非常相似。但实际上，Tvärminne禽类病毒和美洲乌鸦正呼肠孤病毒（Kalupahana，2017）可能代表了正呼肠孤病毒属下一个单独的新种。在σNS（S4）进化树中（图6.4），ARV进一步被分为3个基因型簇：鸡／火鸡分离株为基因Ⅰ型、鸭／鹅分离株为基因Ⅱ型、匈牙利鸡的分离株为基因Ⅲ型。鸡／火鸡的基因Ⅰ型异质性更高，因此来自中国、美国和加拿大的鸡分离株又形成Ⅰa亚型，而来自美国和匈牙利的火鸡分离株，以及来自美国和加拿大的其他鸡分离株则形成Ⅰb亚型。而鸭／鹅的基因Ⅱ型有两个主要亚型：①由经典番鸭呼肠孤病毒（经典MDRV）毒株ZJ2000M组成的Ⅱa亚型，其σC由S4编码而非S1，同时σNS由S3编码而非S4（Kuntz-Simon等，2002；Yun等，2013），这点与一般禽呼肠孤病毒的描述不太一致；②由其他番鸭、绿头鸭、北京鸭和鹅分离株组成的Ⅱb亚型（图6.4）。

### 6.8.3 反向遗传学

Roner等（1990）首次报道，通过将哺乳动物正呼肠孤病毒的RNA，包括病毒ssRNA、病毒dsRNA和体外翻译的病毒ssRNA产物以组合形式利用脂质体转染到细胞中，然后再用不同血清型的辅助呼肠孤病毒感染，使其获得重感染和复制能力。这使得对温度敏感的呼肠孤病毒突变体得以成功拯救，为呼肠孤病毒科的反向遗传研究开辟了道路（Roner等，1997）。近年来，研究人员已经为哺乳动物正呼肠孤病毒建立了新的不依赖于辅助病毒的反向遗传系统，即以重组痘苗病毒（rDIs-T7pol）瞬时表达或使用特定细胞组成型表达噬菌体T7 RNA聚合酶为基础，建立了哺乳动物正呼肠孤病毒1型Lang（T1L）和3型Dearing（T3D）的基于质粒的反向遗传系统（Boehme等，2011；Kobayashi等，2007）。在第二代系统中，可通过将多个呼肠孤病毒基因片段的cDNA合并到单个质粒上，从而将质粒的数量从10个减少到4个，使用表达T7 RNA聚合酶的BHK细胞提高了病毒拯救的效率，从而减少了恢复传染性病毒所需的孵育时间，并消除了与使用重组痘苗病毒相关的生物安全性问题。川岸等（2018）建立了一种基于质粒的反向遗传学系统，该系统不含辅助病毒，并且与融合型正呼肠孤病毒（NBV）的选择无关。他们（2018）使用该系统生成了缺乏细胞黏附蛋白σC的病毒，并且能够证明σC对于病毒黏附包括鼠成纤维细胞L929在内的多种细胞系是可有可无的，但在人肺上皮A549细胞上却不是，并且在病毒的致病机制中也发挥着关键作用。此外，他们还使用该系统拯救了能够表达黄色荧光蛋白的NBV。最近，Wu等（2018）以鸭呼肠孤病毒新毒株TH11

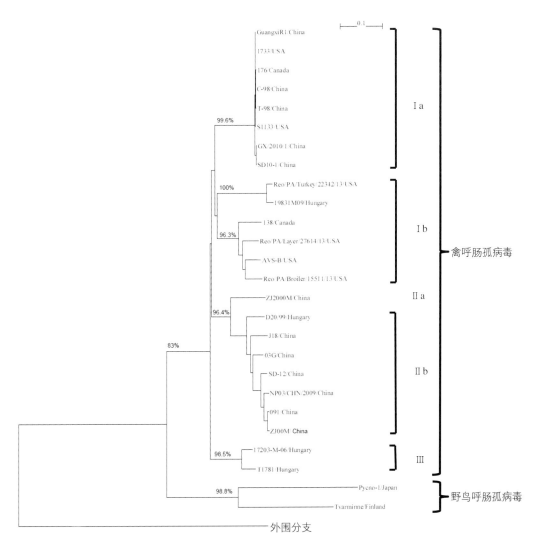

图6.4 系统进化树显示了不同禽呼肠孤病毒毒株之间的遗传进化关系

为载体，在BSR-T7/5细胞中建立了基于噬菌体T7 RNA聚合酶的反向遗传系统，将转染细胞的细胞裂解液接种到10日龄鸭胚中，观察到感染性病毒的产生。

## 6.9 致病机制

禽呼肠孤病毒的宿主范围包括所有家禽、野禽（鸡、火鸡、鸭、鹅、鸽、鹌鹑）（Jones，2013）和各种野生鸟类（Huhtamo等，2007；Kalupahana，2017）。禽呼肠孤病毒最初是从一只患有慢性呼吸道疾病的鸡中分离得到（Fahey和Crawley，1954）。这个最初的分离株早期被称为Fahey Crawley分离物，后来被称为呼肠孤病毒（Petek等，1967）。随后，人们逐渐从各种出现临床症状的鸡中分离出禽呼肠孤病毒，症状包括病毒性关节炎/传染性腱鞘炎（Glass等，1973；Jones等，1975）、发育迟缓综合征/吸收不良（Page等，1982；Robertson等，1984；van der Heide等，1981）、泄殖腔粘连（Deshmukh和Pomeroy，1969）、心包积液（Bains等，1974；Jones，1976；Spradbrow和Bains，1974）、心肌炎和心包炎（Mustaffa-Babjee等，1973）以及肝炎（Mandelli等，1978）。呼肠孤病毒已被证实可在鸡中引起病毒性关节炎/传染性腱鞘炎（van der Heide，1977）。然而，它不仅与病毒性关节炎和腱鞘炎有关（van der Heide，2000），还可能与多种疾病有关，包括胃肠炎（Deshmukh 和 Pomeroy，1969）、心肌炎和心包炎（Mustaffa-Babjee 等，1973）、呼吸系统疾病（Fahey 和 Crawley，1954）、羽毛异常、肝炎（Mandelli 等，1978）、心包积液（Bains 等，1974；Jones，1976；Spradbrow 和 Bains，1974）、腓肠肌腱断裂（Jones 等，1975）、雏鸡泄殖腔粘连（Deshmukh 和 Pomeroy，1969）、雏鸡体重减轻、生长发育迟缓（Murphy 等，1999）、饲料转化率低、免疫抑制、法氏囊萎缩（Montgomery 等，1986）、猝死（Huhtamo 等，2007）和胸腺萎缩（Hollmén 和 Docherty，2007）等。禽呼肠孤病毒的致病株虽然致死率低，但发病率高，可造成重大经济损失（Glass 等，1973；Olson 和 Solomon，1968）。除了与疾病有关外，禽呼肠孤病毒在全世界家禽中也普遍存在。大多数禽呼肠孤病毒在家禽中会引起无症状感染（Benavente 和 Martínez-Costas，2007），可从临床正常鸡（Robertson 等，1984）以及眼观健康的鸡肾所制备的细胞培养物中将病原分离出来（Mustaffa-Babjee 和 Spradbrow，1971）。

病毒必须通过特异性吸附到靶细胞上进入宿主并在感染的宿主细胞内复制，以诱发病毒血症、传播病毒并破坏宿主组织引起疾病（Joklik 1983）。最初，禽呼肠孤病毒通常感染胃肠道和呼吸道，并且主要在这些系统器官的黏膜中复制（Ellis 等，1983；Jones 等，1989；Menendez 等，1975；Ni 和 Kemp，1995）。在胃肠道内，呼肠孤病毒会遇到蛋白水解酶和胆盐。但若病毒在肠腔环境中存活，则其在感染后数小时内可进入黏膜上皮细胞引起局部炎症，病毒还会通过血液实现全身循环，进而迅速传播到其他组织或器官（Jones 等，1989；Kibenge 等，1985），从而导致远处的组织损伤，特别是作为病毒血症期间最早被感染组织之一的脾脏（Pantin-Jackwood 等，2008）。此外，肠道和法氏囊是鸡（Jones 等，1989；Kibenge 等，1985；Pantin-Jackwood 等，2008）和火鸡（Pantin-Jackwood 等，2008）呼肠孤病毒的主要侵入和复制位点，而肠道也是病毒排毒的主要路径（Jones 等，1989）。

人们还对哺乳动物呼肠孤病毒感染的发病机制进行了详细的研究。哺乳动物呼肠孤病毒1型通过派伊尔集合淋巴结处的M细胞穿过黏膜屏障（Tyler 和 Fields，1990），随后传播到肠系膜淋巴结和脾脏处（Kauffman 等，1983），或者被肝枯否细胞捕获并经胆汁排出（Tyler 和 Fields，1990）。禽呼肠孤病毒感染的发病机制与哺乳动物呼肠孤病毒相似。禽呼肠孤病毒主要通过粪口途径发生自然感染（Jones 和 Onunkwo，1978；Sahu 和 Olson，1975）。用禽呼肠孤病毒R2株经口接种SPF雏鸡后（Jones 等，1975），在感染后第1天，从胰腺、食道、回肠、盲肠扁桃体和泄殖腔中可重新分离出该病毒（Kibenge 等，1985）；在感染后第3天，在肝脏中观察到最高的病毒滴度，并在感染后第7天下降；在感染后第10天，可从心脏重新分离到病毒；在感染后第14天，可从关节处分离到病毒。琼斯等（1989）使用一种嗜关节型呼肠孤病毒进行研究，发现病毒在12h内主要进入肠上皮和法氏囊并进行复制，后在1～2d内传播到大多数组织，最后于第4天时进入关节组织中。

禽呼肠孤病毒病的潜伏期因病毒的致病性、宿主年龄和感染途径的不同而不同（Robertson 和 Wilcox，1986；van der Heide，1977）。足垫接种的潜伏期约为4d，静脉接种的潜伏期为1～30d，直接接触的潜伏期约为13d（Olson，1959）。足垫接种相较于口服接种会导致更严重的疾病和更缓慢的生长速度（Jones 和 Kibenge，1984）。

影响禽呼肠孤病毒感染的致病性和转归的因素有很多（Kibenge 和 Wilcox，1983）。来自病毒方面的因素包括毒株的毒力（Gouvea 和 Schnitzer，1982b；Jones 和 Guneratne，1984）、剂量（Gouvea 和 Schnitzer，1982b）、感染途径和组织嗜性；而宿主方面的因素则包括品种（Jones 和 Kibenge，1984）、感染时的年龄（Jones 和 Georgiou，1984）和受感染个体的免疫状态；其他因素包括饮食（Cook 等，1984a；Cook 等，1984b）和共同感染的其他病原体等。

鸡对禽呼肠孤病毒的易感性与年龄有关（Jones 和 Georgiou，1984；Kerr 和 Olson，1964）。幼雏孵化更容易受到感染，所引起的病变更为严重，感染死亡率也高于年长的鸡（Jones 和 Georgiou，1984；Mustaffa-Babjee 等，1973；Roessler 和 Rosenberger，1989；Subramanyam 和 Pomeroy，1960）。1～7日龄鸡的呼肠孤病毒感染死亡率高于2周龄或以上的鸡，且常发生持续性病毒感染（Toivanen，1987）。此外，致病性和毒力减弱的呼肠孤病毒在雏鸡组织中的分布范围更广，持续时间更长，说明雏鸡比成年鸡更易感染呼肠孤病毒（Ellis 等，1983）。Subramanyam 和 Pomeroy（1960）也曾报道了在 Fahey Crawley 病毒上的类似发现。感染时禽的年龄是决定病毒毒力的关键因素，其机制与禽类对呼肠孤病毒感染产生有效免疫应答的能力有关（Gouvea 和 Schnitzer，1982）。Roessler 和 Rosenberger 的研究结果显示（1989），成年鸡的抵抗力增强可能与体液免疫反应的成熟有关，因为雏鸡比成年鸡产生抗呼肠孤病毒抗体的时间要晚。Jones 和 Georgiou（1984）指出，雏鸡无法进行完全有效的体液免疫反应，这可能会影响禽呼肠孤病毒感染的严重程度和病毒的组织传播。成年禽类对禽呼肠孤病毒的高度抗性可能与T细胞介导的免疫反应成熟有关（Roessler 和 Rosenberger，1989）。Bulow 和 Klasen（1983）提出巨噬细胞可能是禽呼肠孤病毒的靶细胞，在成年禽类中发现的相对成熟的巨噬细胞可更有效地解决呼肠孤病毒的感染。另外，1日龄的雏鸡对S1133株呼肠孤病毒株口腔感染的易感性与母鸡的免疫状态有关（Wood 等，1986）。

禽呼肠孤病毒的致病性差异很大（Kibenge 和 Wilcox，1983；Takase 等，1984），其严重程度受病毒株（Glass 等，1973；Jones 和 Kibenge，1984）或病毒异质性（Gouvea 和 Schnitzer，1982b）以及剂量（Kibenge 和 Wilcox，1983）的影响。致病性最强的毒株几乎可以杀死所有受感染的1日龄雏鸡（Gouvea 和 Schnitzer，1982）。接触病毒的途径也会影响疾病的严重程度（Glass 等，1973；Sahu 等，1979）和潜伏期。蒙哥马利等（1986）注意到雏鸡更容易通过呼吸道途径感染呼肠孤病毒。Olson 和 Khan（1972）发现 Fahey-Crawley 病毒可以通过呼吸道感染引起鸡肌腱和跖骨滑膜的炎症损伤。

禽呼肠孤病毒病的严重程度同样受禽类品种的影响（Glass 等，1973；Jones 和 Kibenge，1984）。由禽呼肠孤病毒引起的腱鞘炎主要与肉鸡有关（Jones 和 Onunkwo，1978），而少发于蛋鸡。Schwartz 等（1976）观察到成年来航鸡发生腱鞘炎。体重大的品种比体重小的品种更易感染关节型呼肠孤病毒（Jones 和 Kibenge，1984），例如肉鸡对腱鞘炎的敏感性更高，这可能是由于它们的体重更大，生长速度更快，导致腿部负重肌腱发生物理变化，易受感染（Kibenge 和 Wilcox，1983）。结果表明，相比体重轻的鸡种，肉鸡肌腱的拉伸强度较低，具有更为开放的纤维结缔组织结构，从而增加了其对病原的易感性（Walsum，1977）。

许多呼肠孤病毒是亚临床型的（Montgomery 等，1985），而由其他病原引起的感染可能激活潜在的呼肠孤病毒感染，从而使疾病进程复杂化（Tang 等，1987a）。禽呼肠孤病毒与艾美耳球虫共同感染具有协同增效作用（Ruff 和 Rosenberger，1985a），而金黄色葡萄球菌（Kibenge 等，1982a；MacKenzie 和 Bains，1977）、滑膜支原体（Bradbury 和 Garuti，1978）、贝氏隐孢子虫（Guy 等，1988）和传染性法氏囊病病毒（IBDV）（Moradian 等，1990；Springer 等，1983）则会加重禽呼肠孤病毒引起的疾病。禽呼肠孤病毒还可增强由鸡传染性贫血病病毒（CAV）（McNeilly 等，1995）、大肠埃希菌（Rosenberger 等，1985）、传染性法氏囊病病毒（Moradian 等，1990）和常见呼吸道病毒等病原体（Rinehart 和 Rosenberger，1983）引起的疾病。此外，已证明禽呼肠孤病毒与鸡的其他免疫抑制性病原（包括禽网状内皮组织增生病病毒、鸡传染性贫血病病毒和禽白血病病毒等）共同感染可导致感染鸡增重减慢、饲料转化率降低和适销性降低（Xie 等，2012）。

## 6.10 临床症状

已知的致病性禽呼肠孤病毒及其引起的疾病以及病毒的分离史见表6.2。Dinev（2014）已对该病的不同临床表现作出了很好的阐释。

表6.2　具有致病性的禽呼肠孤病毒分离株

| 毒株 | 相关疾病 | 来源 | Reference |
|---|---|---|---|
| S1133 | 腱鞘炎/病毒性关节炎 | 1971年，从美国康涅狄格州7周龄肉鸡严重腱鞘炎暴发期间的肌腱中分离得到 | van der Heide 等，1974 |
| P100 | 腱鞘炎/病毒性关节炎 | 先于绒毛膜尿囊膜中传代235次，后在鸡胚成纤维细胞培养物中传代100次，以此产生S1133病毒减毒疫苗株。通过皮下或足垫途径接种时，高浓度P100能够杀死雏鸡 | Gouvea 和 Schnitzer，1982 |
| 2408 | 吸收不良综合征 | 1983年，从美国特拉华州观察到的具有高发病率、高死亡率和体重增长缓慢的2周龄肉鸡肌腱中分离得到 | Rosenberger 等，1989 |
| CO8 | 吸收不良综合征 | 1982年，由佐治亚大学的P.Villegas博士从美国北卡罗来纳州的肉鸡肠道中分离出来，肉鸡的发病率和死亡率都很高，体重增加也较少 | Hieronymus 等，1983a |
| UMI-203 | 腱鞘炎/病毒性关节炎 | 1972年，在美国缅因州从12周龄的肉鸡种鸡替代雏鸡的肌腱中分离得到，这些雏鸡曾有跛行史，且8周龄以来死亡率增加 | Johnson，1972 |
| WVU 1675 | 腱鞘炎/病毒性关节炎 | 1957年，在美国西弗吉尼亚州由Olson从鸡的肌腱中分离得到 | van Loon 等，2001 |
| WVU 2937 | 腱鞘炎/病毒性关节炎 | 从美国西弗吉尼亚州的患有严重滑膜炎的肉鸡滑膜中分离得到 | Olson 和 Solomon，1968 |
| 2177 | 腱鞘炎/病毒性关节炎 | 1989年，在美国特拉华州从一只不足2周龄的商品肉鸡的飞节中分离得到 | Rosenberger 等，1989 |
| 1733 | 股骨头坏死 | 1983年，在美国特拉华州由Rosenberger从4周龄肉鸡的股骨骨髓中分离得到 | Ruff 和 Rosenberger，1985 |
| Lasswade 126/75 | 腱鞘炎/病毒性关节炎 | 在苏格兰从患有腱鞘炎鸡的肌腱中分离得到 | MacDonald 等，1978 |
| 67/75 和 126/75 | 腱鞘炎/病毒性关节炎 | 在苏格兰从产蛋鸡的肌腱中分离得到 | Guneratne 等，1982 |
| Fahey-Crawley | 呼吸系统疾病 | 在加拿大多伦多由鸡的慢性呼吸道疾病病例中分离得到 | Fahey 和 Crawley，1954 |
| 176，172 | 腱鞘炎/病毒性关节炎 | 在美国佐治亚州从2~3周龄肉种鸡的飞节中分离得到 | Hieronymus 等，1983b |
| SK138a（ARV138） | 腱鞘炎/病毒性关节炎 | 从加拿大新不伦瑞克省一只感染鸡的飞节中分离得到 | Duncan 和 Sullivan，1998 |
| 43A，45，81-5，82-9 | 吸收不良综合征 | 在美国佐治亚州从3~6周龄表现出吸收不良综合征临床症状的肉鸡肠道中分离得到 | Hieronymus 等，1983a |
| Uchida，TS17，CS108 | 胃肠炎，呼吸系统疾病 | 在日本从患有胃肠炎和呼吸道症状的鸡肠中分离出来 | Kawamura 和 Tsubahara，1966 |
| Reo 25 | 泄殖腔粘连 | 在美国明尼苏达州从患有泄殖腔粘连的1周龄雏鸡中分离得到 | Deshmukh 和 Pomeroy，1969 |
| TR 1 | 腱鞘炎/病毒性关节炎 | 从患有关节炎的火鸡飞节中分离得到 | Afaleq 和 Jones，1991 |
| EK 2286 | 胃肠炎 | 在联邦德国从患有贫血且肝、脾、肠和骨髓均出现病变的鸡中分离得到 | Guneratne 等，1982 |
| 49/82 | 吸收不良综合征 | 从患有发育迟缓综合征的4周龄肉鸡的粪便中分离得到 | Afaleq 和 Jones，1994 |
| R-1, R-5, R-6, R-11 | 腱鞘炎/病毒性关节炎 | 在英格兰从患有腱鞘炎的鸡飞节中分离得到 | Guneratne 等，1982 |
| R2 | 腱鞘炎/病毒性关节炎 | 在英国从一例肉鸡腱鞘炎病例中分离。该分离物在感染实验鸡后引起鸡指屈肌腱和腓肠肌肌腱断裂 | Jones 等，1981 |
| R13 | 无 | 在英国从一只临床表现正常的楔尾鹰粪便中分离得到 | Jones 和 Guneratne，1984 |
| R-17 | 腹泻 | 从一只腹泻肉鸡的粪便中分离得到 | Guneratne 等，1982 |

（续）

| 毒株 | 相关疾病 | 来源 | Reference |
|---|---|---|---|
| R19 | 腱鞘炎/病毒性关节炎 | 从英格兰的一例鸡腱鞘炎病例中分离得到 | Jones，1976 |
| 2035 | 腱鞘炎/病毒性关节炎 | 从3日龄肉鸡的飞节中分离得到 | Ruff 和 Rosenberger，1985 |
| ERS-1 | 吸收不良综合征 | 1998年，从波兰的雏鸡群中分离得到，表现为行走困难、死亡率高、肝坏死和心包炎，后从肝、肾、胸腺、盲肠扁桃体、脾脏和心脏中均分离得到病毒 | van Loon 等，2001 |
| ERS-2 | 吸收不良综合征 | 1999年，从波兰的雏鸡群中分离得到，表现为行走困难、高死亡率、肝坏死和心包炎。从肝、肾、胸腺、盲肠扁桃体、脾脏和心脏中均分离到病毒 | van Loon 等，2001 |
| VAA | 腱鞘炎/病毒性关节炎 | 从一只患有腓肠肌肌腱断裂和病毒性关节炎的鸡身上分离得到 | Jones 等，1975 |
| 724，846，847，848 | 腱鞘炎/病毒性关节炎 | 在西澳大利亚从患有腱鞘炎的肉鸡种鸡中分离得到 | Kibenge 等，1982 |
| 1091 | 吸收不良综合征 | 在澳大利亚从受发育迟缓综合征影响的肉鸡中分离得到 | Pass 等，1982 |
| RAM-1 | 无 | 在澳大利亚从鸡肾细胞培养中分离出来 | Mustaffa-Babjee 和 Spradbrow，1971 |
| OS161 | 吸收不良综合征 | 1970年，在日本从一鸡群中分离得到 | Shen 等，2007 |
| T6 | 呼吸系统疾病 | 1970年，在中国台湾从一鸡群中分离得到 | Shen 等，2007 |

## 6.10.1  腱鞘炎/病毒性关节炎

Olson（1959）首次认识到关节炎是引起家禽腿部无力的主要原因。随后 Olson 和 Kerr（1966）在美国首次报道了具有明确病毒病因的鸡关节炎病例，并通过电镜鉴定其病因为呼肠孤病毒感染（Walker 等，1972）。英国也报道了类似的情况，并称其为腱鞘炎（Dalton 和 Henry，1967）。腱鞘炎一词最初用于描述由滑膜支原体引起的腱鞘和肌腱的炎症（Dalton 和 Henry，1967），而呼肠孤病毒引起的相关疾病被称为病毒性关节炎（Olson，1973）。后来，这两个术语均被用来描述呼肠孤病毒引起的相关疾病（Kibenge 和 Wilcox，1983），但真正的关节炎病变只出现在疾病的晚期（Kerr 和 Olson，1969）。Jones 等（1975）在英国报道了从腓肠肌肌腱断裂的肉鸡中分离出的一种禽关节炎病毒，随后 Jones 和 Onunkwo（1978）又在轻型肉鸡中通过试验复制了这种疾病。虽然许多病原体如腺病毒（MacKenzie 和 Bains，1976）、金黄色葡萄球菌（Johnson，1972；MacDonald 等，1978；MacKenzie 和 Bains，1976）、滑膜支原体（Kerr 和 Olson，1969）和衣阿华支原体（Dobson 和 Glisson，1992）等通常是从感染鸡的腱鞘炎病变中分离得到的，但禽呼肠孤病毒仍被认为是引起腱鞘炎的主要病原（van der Heide，1977）。MacKenzie 和 Bains（1976）认为，金黄色葡萄球菌是一种继发性病原，可加重原发性禽呼肠孤病毒的损害。其他细菌也可能是继发性病原，可能在最初的禽呼肠孤病毒引起的肌腱损伤后发生感染。然而，细菌并不存在于所有腱鞘炎的临床感染案例中（Kibenge 等，1982a）。经肌肉、腹膜内、腹腔内、皮下、呼吸道和足垫接种途径感染禽呼肠孤病毒，或通过将未感染个体与同种感染禽只接触实现水平传播后，可以在鸡体内试验性重现腱鞘炎（Johnson，1972；Jones 和 Onunkwo，1978；Kerr 和 Olson，1969；Olson 和 Khan，1972；Sahu 和 Olson，1975；van der Heide 等，1974，1980）。在受感染的禽类中，腱鞘炎或病毒性关节炎病变的严重程度不同，而病变的严重程度取决于鸡的品种（Jones和Kibenge，1984）、感染时的年龄（Carboni等，1975；Wood和Thornton，1981）、感染途径（Islam等，1988；Wood和Thornton，1981）和是否存在继发性的细菌感染（Hill等，1989；Kibenge等，1982a；MacKenzie和Bains，1977）。

1日龄SPF鸡经口接种后的临床表现为第2天出现精神沉郁、跛行（Kibenge和Wilcox，1983）、匍匐（Jones和Georgiou，1984）、厌食等症状（Tang等，1987b），但到第8天时，所有试验雏鸡均表现正常。腱鞘炎病变表现为感染后3～4周单侧小腿足底、飞节以下肿胀（Jones和Georgiou，1984），并在感染后8周出现症状的缓解。急性感染鸡群经常出现死亡率升高、生长不良、饲料转化率降低和屠宰率下降等情况（Schwartz等，1976）。雏鸡的病毒性死亡从感染后第4天开始（Al-Afaleq和Jones，1991；Tang等，1987b），一直持续到第10天（Kibenge和Dhillon，1987）。在感染后5周龄时，通过测量体重观察到接种鸡的生长速度明显低于对照组（Kibenge和Dhillon，1987）。感染的禽类通常无法摄入饲料和水，因而变得消瘦（Kibenge和Wilcox，1983）。然而，另一个使用不同禽呼肠孤病毒株的试验表明，在感染后2～6周内，感染组和对照组的体重没有出现显著差异（Jones和Kibenge，1984）。有时直到感染3～5周后才可观察到临床症状（Kibenge等，1985；Kibenge和Dhillon，1987）。在田间条件下，即使感染禽类可以在很小的日龄或经胚感染，但7周龄以前的幼禽很少出现与禽呼肠孤病毒相关的跛行症状（Jones和Onunkwo，1978）。

禽呼肠孤病毒诱发腱鞘炎的肉眼病变主要局限于飞节和腿部肌腱（Rhyan和Spraker，2010），其中以飞节肿胀和腓肠肌肌腱损伤为主要特征（Benavente和Martínez-Costas，2007）。该病最突出的表现是胫跗骨-跗跖骨区域肿胀，指屈肌腱和跖伸肌腱广泛肿胀。Jones和Georgiou（1984）注意到在感染后3周时会出现飞节以下的肌腱肿胀，而在6周时出现飞节以上的肌腱肿胀。肌腱肿胀区域的炎症通常会在感染后第9周时（Jones和Georgiou，1984）发展为肌腱鞘的慢性硬化和融合（Stott，1999）。

鸡感染禽呼肠孤病毒后，随着肌腱变得坚实，肌腱、滑膜鞘和皮肤之间会形成粘连，使肌腱部分丧失功能（Johnson，1972）。感染后12周可见肿胀一侧肌腱间有黄褐色胶状渗出物，也可发现肌腱出现不同程度的增厚，以及飞节关节软骨的凹陷性侵蚀（Jones和Kibenge，1984；Jones和Georgiou，1985）。急性禽关节炎的特征是关节内最初为炎症反应，进而发展为血管翳的形成、底层软骨的侵蚀，最终出现纤维化结果（Stott，1999）。Johnson和Van der Heide（1971）提出，腱鞘炎可能导致成熟肉种鸡的腓肠肌肌腱断裂。Johnson（1972）还观察到肌腱撕裂后，在肌腱-肌肉连接处会出血，并随着时间的推移而破裂。此外，Jones和Georgiou（1984）观察到指屈肌肌腱会在感染后6周时破裂。

急性病毒性关节炎的镜下病变包括水肿、凝血坏死、淋巴细胞和巨噬细胞的血管周围浸润现象，而腱鞘增厚是由网状细胞增生、滑膜细胞增生肥大、异嗜性细胞和巨噬细胞浸润、骨膜炎等引起的。滑膜腔内充满脱落的滑膜和炎性细胞（Stott，1999）。鞘周围的疏松结缔组织被肉芽肿性炎症和纤维结缔组织所取代。肉芽肿性炎症渗入肌腱，使肌腱牢牢地附着在周围的鞘膜上（Johnson，1972）。

慢性病毒性关节炎的特征是滑膜上绒毛形成、纤维结缔组织增多，以及网状细胞、淋巴细胞、巨噬细胞和浆细胞浸润或增殖（Stott，1999）。Olson和Weiss（1972）描述了通过足垫感染Fahey Crawley病毒的禽组织病理变化。感染43d后可观察到指屈肌肌腱鞘广泛纤维化和存在大量淋巴滤泡。滑膜内膜细胞增生肥大，淋巴细胞、浆细胞、巨噬细胞及少量异嗜细胞弥漫性浸润，滑膜间隙偶有异嗜细胞团和脱落的滑膜细胞。慢性炎性病变较为明显，以关节软骨被结缔组织替代，表现为关节表面有明显的凹陷（Gouvea和Schnitzer，1982a）。在感染后7.5周时，van der Heide等（1974）观察到肌腱鞘的慢性纤维化现象，即纤维结缔组织侵入并取代肌腱的正常结构，导致强直和活动困难。在感染后33周时，单核细胞浸润造成腱鞘和肌腱的炎性病变。部分区域仍可见异嗜性细胞，肌腱周围偶尔可见大淋巴样病灶（Jones和Onunkwo，1978），肌腱鞘也有纤维增生现象。根据Islam等（1990）的研究发现，嗜关节型禽呼肠孤病毒感染表现出了自身免疫反应的现象，尽管病变局限于滑膜结构，但病毒在感染早期广泛分布于周围的各种组织中（Ellis等，1983；Kibenge等，1985；Menendez等，1975b）。而禽呼肠孤病毒之所以能够造成持续性感染，可能是由于关节和肌腱的位置相对封闭，能够保护病毒不被免疫系统清除（Jones和Georgiou，1985）。

### 6.10.2　呼吸道呼肠孤病毒病

禽呼肠孤病毒最初是从患有急性或慢性呼吸道疾病的鸡中分离出来的（Fahey和Crawley，1954）。Fahey曾报道了从患有慢性呼吸道疾病的鸭子（Fahey，1955）和患有传染性鼻窦炎的火鸡（Fahey，1956）身上分离到的具有相同特征的病毒，并将其作为各种禽类呼吸道疾病的病因。之后Subramanyam和Pomeroy（1960）报道，从鸡群身上分离的Fahey和Crawley病毒可以产生轻微的呼吸道感染。从同时感染传染性支气管炎病毒的产蛋鸡的卵中也可分离到禽呼肠孤病毒（McFerran等，1971）。Hieronymus等（1983b）也注意到一些感染禽呼肠孤病毒的禽类表现有气囊炎和肺充血等症状。

### 6.10.3　肠道呼肠孤病毒病

禽呼肠孤病毒通常可从患有严重泄殖腔粘连的雏鸡（Deshmukh和Pomeroy，1969a；Dutta和Pomeroy，1967），吸收不良的雏鸡肠道（Hieronymus等，1983a；Kouwenhoven等，1988；Page等，1982b），消化不良、发育迟缓、肤色苍白、增重和饲料转化率下降以及营养缺乏的肉鸡（Giambrone等，1992），具有高死亡率和吸收不良迹象（van Loon等，2001）的肉鸡群中分离得到；也可来源于精神沉郁、厌食、死亡率达30%（Simmons等，1972）或者患有传染性肠炎（Gershowitz和Wooley，1973）的火鸡，以及经历严重肠炎的鹌鹑（Guy等，1987；Ritter等，1986）。

随后荷兰（Kouwenhoven等，1978b）、英国（Bracewell和Wyeth，1981）、美国（Page等，1982b）和澳大利亚（Pass等，1982；Reece等，1984）也相继报道了一系列相关的疾病综合征，包括生长迟缓、饲料转化率降低、羽化不良、腿部无力和体重增加减少，并在最终确认为一种影响全世界幼龄肉鸡的复杂综合征（Page等，1982b；Reece和Frazier，1990；Ruff，1982）。最初Bracewell和Wyeth（1981）称这种综合征为传染性发育迟缓和侏儒综合征。其他被用来指代本疾病的名称有感染性发育迟缓综合征、矮小发育迟缓综合征（RSS）（McNulty等，1984）、吸收不良综合征（MAS）（Page等，1982b）、传染性胃溃疡、骨质疏松症（Kouwenhoven等，1978a）、脆性骨疾病、股骨头坏死（van der Heide等，1981）、苍白鸡综合征（van der Heide等，1981）、湿垫料综合征、短暂消化系统疾病（Clark等，1990）、雏鸡的同化不良（Goodwin等，1993a）和"直升机病"（Kouwenhoven等，1978b）。在最初对本病的描述中还提到了该综合征的可传播性（Kouwenhoven等，1978b），并将其确定为影响肉鸡（Reece和Frazier，1990）出生后第1个月生长性能的主要疾病（Rekik等，1991）。

矮小发育迟缓综合征/吸收不良综合征（RSS/MAS）的特点是生长迟缓、腿无力、体重明显下降、饲料转化率和屠宰率降低、2～5周龄时羽毛发育迟缓（Bracewell和Wyeth，1981；Kouwenhoven等，1978b；Page，1983；Page等，1982b）、小腿色素沉着不良（Page，1983）、前胃增大、脑室缩小（Page等，1982b）、腹泻（Page，1983；Vertommen等，1980）、粪便中出现橙色至黄色黏液（Clark等，1990）、严重的大体和微观胰腺损伤（Davis等，2013）、股骨头骨折和骨质疏松（van der Heide等，1981），而粪便中含有大量未消化的饲料，因此饲料转化率降低和体重下降也是该综合征常见的临床特征，造成养殖利润的下降（Page等，1982b）。之前曾报道了一株能够引起SPF雏鸡中枢神经系统症状的肠道呼肠孤病毒（Van de Zande和Kuhn，2007）。

"直升机病"的具体表现为1周龄鸡的生长率下降5%～20%，并出现肤色苍白、跛足、羽毛发育不良和羽轴断裂等临床症状，从而被定义为"直升机综合征"（Kouwenhoven等，1978；Ruff，1982）。

对禽呼肠孤病毒感染的病鸡进行剖检时，最突出的病变表现为前胃溃疡和卡他性肠炎（Page等，1982b），进而导致饲料消化功能受损，并可能导致维生素D、钙和磷以及维生素E的吸收减少，从而出现维生素和矿物质等的缺乏（Bracewell和Wyeth，1981；Page，1983）。此外，Kouwenhoven等（1978a）提示脊柱炎（佝偻病）继发于腺胃炎，而Page等（1982b）还观察到其他类似心肌炎、法氏囊萎缩和胰腺萎缩的病变。

虽然禽呼肠孤病毒与关节炎/腱鞘炎之间的关系已经明确，但其在RSS/MAS中的作用机制尚不清楚（Kouwenhoven等，1988；van der Heide等，1981）。Smart等（1988）认为RSS/MAS的病原是病毒性的，并在动物产生应激时更容易致病，例如在出生后第1周内即暴露在不适宜温度下的禽类容易感染。禽呼肠孤病毒是从感染的禽类中分离到的最常见的病毒之一，因此也被认为是感染疾病的病原（Songserm等，2002）。然而，利用分离的病毒开展动物回归试验时，并不能完全复制该病毒导致的临床症状。一些研究人员能够重现RSS/MAS的一些但并非全部临床症状和病变（Hieronymus等，1983a；Page等，1982b；van der Heide等，1981；van Loon等，2001），而另一些研究人员则无法重现任何临床或病理特征（Guy等，1988；McNulty等，1984）。然而，在随后的一项研究中，研究人员利用肠源性呼肠孤病毒株（ERS）经口或皮下途径接种1日龄商品肉鸡和SPF雏鸡，对该病成功进行了试验性复制，因此作者随后做出假设，即ERS能够在RSS/MAS中发挥作用，尽管其并不是唯一的病因（van Loon等，2001）。RSS/MAS的暴发在寒冷天气更为常见，并且可能因寒冷的应激而加剧（Reece和Frazier，1990）。Goodwin等（1993）描述了雏鸡小肠病毒性肠炎的组织病理学特征与病灶内的禽呼肠孤病毒之间的关系，证实了禽呼肠孤病毒与肠炎密切相关的观点。根据描述，显微镜下可见轻度绒毛萎缩和隐窝肥大，隐窝有轻微或较明显的多灶性扩张，同时存在部分胞外炎性细胞和脱落的变性坏死上皮细胞；在一些退化的上皮细胞中可见小的嗜酸性胞质包涵体；隐窝周围固有层的炎性细胞混合群增多，其中包括巨噬细胞、淋巴细胞和异嗜性细胞等，上皮内白细胞数量也有所增加。在自然感染时，最初的镜下损伤包括利氏肠隐窝的囊性扩张，隐窝上皮细胞坏死，隐窝内细胞碎片沉积，大量禽类在病毒感染的第1周即出现明显的隐窝丢失（Reece和Frazier，1990；Smart等，1988），以及小肠空泡变性和肠上皮细胞脱落等现象（Songserm等，2003）。

## 6.11 与呼肠孤病毒相关的免疫抑制

许多作者介绍了呼肠孤病毒对禽类免疫系统的免疫抑制作用。Kerr和Olson（1969）指出，在经WVU 1675呼肠孤病毒株感染患有腱鞘炎的禽，最早于感染后第7天法氏囊发生淋巴细胞降解。Montgomery等（1985）证明了正呼肠孤病毒可引起法氏囊和脾脏重量的一过性改变，并且众多作者也曾讨论过与呼肠孤病毒感染相关的法氏囊萎缩（Montgomery等，1986a；Ni和Kemp，1995；Page等，1982b）、出血、充血和坏死现象（Hieronymus等，1983b；Tang等，1987）。Roessler和Rosenberger（1989）指出，禽呼肠孤病毒感染可导致包括法氏囊、胸腺和脾脏在内的多个器官的细胞损伤，主要特征表现为淋巴细胞减少。然而，Sharma等（1994）指出已知的呼肠孤病毒不会在胸腺中复制，也不会引起鸡外周血T细胞亚群的明显变化。Chenier等（2014）也观察到了与呼肠孤病毒感染相关的淋巴器官中淋巴细胞的普遍耗竭和溶解现象。

关于禽呼肠孤病毒的免疫抑制能力，人们的意见并不一致。有人认为它们具有高度的免疫抑制作用（Montgomery等，1986a；Sharma等，1994），而另一些人则认为它们的免疫抑制作用相对温和且短暂（Cook和Springer，1983；Montgomery等，1985；Pertile等，1995；Springer等，1983），这可能与抑制免疫系统的其他因素（如运输和食物）有关（Meulemans等，1983）。而免疫抑制可导致对疫苗免疫应答差，并使宿主易受其他病原体的感染，这可能解释了与禽呼肠孤病毒相关的综合征的多样性（Montgomery等，1986a）。许多研究表明，禽呼肠孤病毒感染增强了CAV（McNeilly等，1995）、IBDV（Springer等，1983）、大肠杆菌（Rosenberger等，1985）和球虫（Ruff和Rosenberger，1985）等共感染病原的致病作用。Kibenge等（1982a，1982b）也指出，田间感染禽呼肠孤病毒的鸡出现继发性金黄色葡萄球菌感染的发病概率会大大增加。因此，禽呼肠孤病毒诱导的鸡免疫抑制已被证明会导致病鸡对其他病原体所产生的体液免疫（Montgomery等，1985；Springer等，1983）或细胞免疫应答降低（Hill等，1989）。

## 6.12　其他与呼肠孤病毒有关的疾病

除了上述与禽呼肠孤病毒有关的主要疾病外，还有许多其他疾病也与禽呼肠孤病毒感染相关。禽呼肠孤病毒被证实与严重的肝坏死有关，并在鸡群中导致极高的致死率（Mandelli等，1978；Takase等，1984）。与禽呼肠孤病毒相关的其他禽类疾病还包括脾出血、充血、坏死，淋巴基质细胞增生（Hieronymus等，1983b），肾出血和充血，以及肾炎（Hieronymus等，1983b）。

据报道，禽呼肠孤病毒与在雏鸡中造成高致死率的心包积液（Bains等，1974；Spradbrow和Bains，1974）、心包炎（Mustaffa-Babjee等，1973）和心肌炎（Davis等，2012；Hieronymus等，1983b）的暴发有关。这些病例的组织学检查显示出局灶性到多灶性心肌炎并伴有局灶性肌纤维坏死的症状，而炎性细胞群以淋巴细胞和组织细胞为主，并存在散在的异嗜性细胞（Davis等，2012）。

商品蛋鸡群中的禽呼肠孤病毒感染在疾病的急性期会导致15%～20%的产蛋量下降（Schwartz等，1976）。禽呼肠孤病毒感染导致种鸡的产蛋率降低，以及因跛行而产生的淘汰率上升（Bradbury和Garuti，1978）。生育率下降主要与公鸡有关，因为腿部疼痛会降低其交配的欲望，而由于较重的体重会使它们较母鸡受到更严重的影响（Bradbury和Garuti，1978）。在试验中，Glass（1973）、Bradbury和Garuti等（1978）观察到在接种了禽呼肠孤病毒的肉鸡中，胸部水疱的发生率增加，且由于胸骨滑囊炎的发生导致其胸肉分级下降。因此，禽呼肠孤病毒病造成的经济损失包括饲料转化率、鸡体增重、产蛋率和受精率降低，群体均匀度差，生长发育不良，跛足严重，死亡等。

## 6.13　商业家禽（不包括鸡）中的禽呼肠孤病毒

### 6.13.1　家养火鸡（*Meleagris gallopavo*）中的呼肠孤病毒病

目前已经从临床表现正常和明显患病的火鸡中分离得到了禽呼肠孤病毒（França等，2010；Gershowitz和Wooley，1973；McFerran等，1976；Wooley和Gratzek，1969）。火鸡比鸡对禽呼肠孤病毒的抵抗力更强（Al-Afaleq和Jones，1989，1991；Glass等，1973）。据报道，家养火鸡受感染后的临床表现与鸡一致，包括病毒性关节炎/腱鞘炎（Mor等，2013；Page等，1982a；Sharafeldin等，2014）、猝死、偶发高致死率的传染性肠炎（Gershowitz和Wooley，1973；McFerran等，1976；Saif等，1985）、增重减慢（Spackman等，2005a）、法氏囊出现中度或重度萎缩引起短暂或永久性免疫抑制（Day等，2008；Spackman等，2005a），并伴有心肌炎的发生（França等，2010；Shivaprasad等，2009）。Nersessian等（1985b）指出，接种了火鸡肠型呼肠孤病毒的火鸡在感染后7d时会出现病毒血症，而感染后3～7d时病毒已在大多数器官中分布，而病毒能够在感染后3～7d和28d时从肌腱中分离出来。Sharafeldin等（2014）分离的火鸡呼肠孤病毒符合科赫法则，确立了呼肠孤病毒与火鸡腱鞘炎之间的因果关系，并在最近又从美国宾夕法尼亚州火鸡关节炎的临床病例中分离出7种禽呼肠孤病毒，并对其进行了遗传特征分析（Tang等，2015）。

禽呼肠孤病毒与幼龄火鸡的多因素肠综合征有关。病情较轻时，其特点主要为腹泻和增重减慢。但在一些情况下，感染鸡群中也可观察到较高的死亡率，此时该病被称为禽肠炎复合体（PEC）（Spackman等，2005a），而更严重时则会转为禽肠炎死亡综合征（PEMS）（Day等，2008）。PEMS在幼龄火鸡中具有较高的传染性，其特征为腹泻、饲料转化率降低、上市时间延长、发育迟缓、增重减慢、免疫功能障碍和死亡（Day等，2008）。除了禽呼肠孤病毒之外，还有许多病毒如火鸡冠状病毒和2型火鸡星状病毒，也与PEC和PEMS相关，并且是导致火鸡养殖业遭受重大经济损失的重要原因（Spackman等，2005b）。然而，Heggen-Peay等（2002）证明了单独的禽呼肠孤病毒也能够诱导产生一些与PEMS相关的临床症状，包括肠道病变、法氏囊萎缩以及肝的生长和发育抑制。

### 6.13.2　番鸭、鸭和鹅中的禽呼肠孤病毒病

从南非、法国、以色列和匈牙利的番鸭（*Cairina moschata*）中曾分离得到禽呼肠孤病毒（Heffels-Redmann等，1992；Malkinson等，1981；Palya等，2003），病毒通常对2～4周龄的雏鸭产生较大影响。其临床症状包括全身不适、腹泻、呼吸系统症状、生长迟缓（Heffels-Redmann等，1992；Malkinson等，1981），以及镜下多灶性肝、脾和肾坏死（Malkinson等，1981）。Liu（2011）和Chen等（2012）报道了从因肝脾坏死而引起高死亡率的北京鸭（*Anas platyrhynchos*）中分离到的一种毒力较高的鸭呼肠孤病毒，通过进一步研究表明，该病毒与番鸭呼肠孤病毒有密切关系。McFerran等（1976）从养殖的健康绿头鸭粪便中，利用雏鸡肾脏和鸡胚肝脏细胞分离到一株呼肠孤病毒。此外，Palya等（2003）从患有脾炎、粟粒性坏死灶性肝炎、心外膜炎、关节炎和腱鞘炎的青年鹅中分离得到一株与番鸭呼肠孤病毒相关的鹅呼肠孤病毒。

### 6.13.3　北美鹌鹑（*Colinus virginianus*）中的禽呼肠孤病毒病

在一次会议中曾首次报道了禽呼肠孤病毒可以感染北美鹌鹑（*Colinus virginianus*）（Magee等，1993）。患病的鹌鹑常表现嗜睡、呼吸窘迫等症状，剖检时出现肝坏死、气囊损伤和鼻窦炎，死亡率高达95%。Guy（1987）及Ritter等（1986）指出，呼肠孤病毒伴随隐孢子虫感染可引发鹌鹑的肠炎，但两篇报道都不认为禽呼肠孤病毒是该病的主要致病原。Guy等（1987）提示隐孢子虫感染会促进禽呼肠孤病毒的系统传播，同时禽呼肠孤病毒感染也可增强隐孢子虫对鹌鹑的感染。

禽呼肠孤病毒也可从其他商品家禽中分离得到。Tanyi等（1994）曾报道了1～3周龄商业饲养的珍珠鸡因禽呼肠孤病毒感染而引起胰腺炎的临床病例。而研究人员也从日本饲养场一只健康的1岁鸵鸟（*Struthio camelus*）的新鲜肠道内容物中成功分离得到了一株禽呼肠孤病毒（Sakai等，2009）。

## 6.14　野生鸟类中的呼肠孤病毒病

禽呼肠孤病毒被证实与多种圈养和野生鸟类的疾病综合征有关。第一起相关记载是由McFerran等（1976）首次从鸽子（*Columba* spp.）中分离出了禽呼肠孤病毒。该病毒分离自一只患有腹泻的鸽子，并利用鸡肾和鸡胚肝细胞培养获得。这种禽呼肠孤病毒分离株与已知的鸡呼肠孤病毒有着共同的抗原，也为禽呼肠孤病毒具有跨越物种界限的能力提供了证明。虽然腹泻和肝炎通常与鸽体内的呼肠孤病毒感染有关（McFerran等，1976；Vindevogel等，1982），但由于试验性复制病变的尝试一直未获成功，因此疾病自然发生可能也和其他因素有关（Vindevogel等，1982）。

从进口鹦鹉中也可分离出禽呼肠孤病毒（Meulemans等，1983），且随着进口鹦鹉商业市场的发展，呼肠孤病毒病的暴发频率也在逐年增加（van den Brand等，2007）。Rigby等（1981）在1977年1月至1980

年8月，对269批进口到加拿大的鸟类（主要是鹦鹉和雀形目鸟类）进行检测，并从其中的22批中分离出了禽呼肠孤病毒，其中的17个分离株引起了该批禽类的肠炎。Meulemans等（1983）对28批死亡的进口鹦鹉进行检测，并从其中的15批中分离出了禽呼肠孤病毒。感染的鹦鹉主要表现为肠炎、肝瘀血并伴随局灶性坏死，部分病例出现脾肿大。据报道，在意大利进口的非洲灰鹦鹉（*Psittacus erithacus erithacus*）和澳大利亚王鹦鹉（*Alisterus scapularis*）中曾暴发一种死亡率极高的呼肠孤病毒病（Conzo等，2001）。Senne等（1983）指出，在隔离的鹦鹉热中也出现了无症状的禽呼肠孤病毒感染。而从7个不同国家进口的鹦鹉中也分离出多株的禽呼肠孤病毒，表明该病毒在鹦鹉中的分布广泛（Meulemans等，1983），提示禽呼肠孤病毒是一种可以通过禽鸟转运诱发疾病的潜在病原体（Rigby等，1981）。

分离出呼肠孤病毒的非洲灰鹦鹉幼鸟表现出广泛的非特异性临床症状，包括精神沉郁、羽毛下垂、食欲不振、腹泻和呼吸系统症状（Sánchez-Cordón等，2002），还有部分幼鸟死于弥漫性坏死性肝病（Wilson等，1985）。2002年，荷兰鹦鹉形目中的呼肠孤病毒病对所有年龄组均造成了较高的死亡率，其中长尾小鹦鹉、大鹦鹉、如折衷鹦鹉（*Eclectus roratus*）和亚马逊鹦鹉所受影响较大（van den Brand等，2007）。据报道亚马逊鹦鹉会表现出慢性呼吸症状，而美冠鹦鹉会表现出非特异性的临床症状，例如共济失调、消瘦和腹泻等（Conzo等，2001；Wilson等，1985）。此外，在吸蜜鹦鹉（*Trichoglossus* spp.）中发生的猝死及肝肿大提示其罹患禽呼肠孤病毒病的可能，但在塞内加尔鹦鹉（*Poicephalus senegalus*）和贾丁氏鹦鹉（*Poicephalus gulielmi*）中的相关病例表现则相对较轻（Pennycott 2004）。最易感染禽呼肠孤病毒的鹦鹉种主要包括非洲灰鹦鹉（*Psittacus erithacus*、*Psittacus erithacus erithacus*、*Psittacus erithacus timneth*）和美冠鹦鹉（*Cacatua alba*），其中幼鸟受感染较严重（Spenser，1991）。而在新大陆南美洲鹦鹉中，呼肠孤病毒病则较为罕见，即便发生了感染，在给予适当的支持治疗后也能够较快康复（Conzo等，2001）。新大陆鹦鹉类对呼肠孤病毒病的抵抗力要比旧大陆鹦鹉类（指代那些来自澳大利亚、亚洲和非洲的鹦鹉）强（Conzo等，2001）。证明在无其他病原的共感染下，禽呼肠孤病毒经常被报道与鹦鹉的坏死性肝炎相关，这也提示了呼肠孤病毒是引起肝脏病变的唯一病因（Conzo等，2001）。在实验条件下，禽呼肠孤病毒是非洲灰鹦鹉的主要病原，且无并发的细菌或真菌感染（Graham，1987）。Van der Brand等（2007）指出，禽呼肠孤病毒可在鹦鹉类中广泛传播，并且病毒携带者可能是造成未感染群体重新患病的主要传染源。气候、新鸟的入群和运输时受到的应激可能是导致鹦鹉发病的其他相关因素（van den Brand等，2007）。经证实，鸡呼肠孤病毒疫苗对鹦鹉几乎没有作用，因为鹦鹉中发现的常见病毒株与鸡中发现的病毒株在抗原性上无相关性（Gaskin，1989）。禽呼肠孤病毒以前被认为对虎皮鹦鹉（*Melopsittacus undulatus*）具有轻度致病性。然而，自2002年10月以来，在苏格兰和英国的部分地区，成年种虎皮鹦鹉群出现极高死亡率（Pennycott，2004）。患禽常表现为脾、肝肿大且伴有多发性急性肝纤维蛋白样坏死，并且可从感染组织中分离得到禽呼肠孤病毒。

从来自德国栖息地的具有正常临床表现的涉禽样本中分离到4株病毒性关节炎样病毒，其中3株来自黑腹滨鹬（*Calidris alpina*），而1株来自斑点红鹬（*Tringa redhropus*）（Hlinak等，2006）。Jones和Guneratne（1984）从英国一只临床表现正常的楔形尾鹰（*Aquila andax*）粪便中分离出一种禽呼肠孤病毒。

1996年，人们在芬兰群岛上的养殖区从鸭群死亡率高达99%的欧绒鸭（*Somateria mollissima*）中分离出了呼肠孤病毒（Hollmén等，2002）。该病毒是从法氏囊中分离出来的，而受感染的禽类多出现多灶性肝坏死和淋巴坏死，提示该病毒可能具有免疫抑制作用。后来将此分离株接种于绿头鸭，试验结果表明分离物对该种鸭具有感染性，并能导致其胸腺、肝脏、脾脏、心肌和法氏囊的局灶性出血，但少有死亡现象（Hollmén等，2002）。1989—1990年和1993—1994年冬季，在弗吉尼亚州查尔斯角（Docherty等，1994）的美国丘鹬（*Scolopax minor*）死亡病例中也分离出一种禽呼肠孤病毒，由于病毒从肠、脑、心、肺和泄殖腔拭子等多种组织中均能分离得到，因此推测此感染可能是全身性的（Hollmén和Docherty，2007）。

在鸦科鸟类中也发现了众多呼肠孤病毒。2002年，人们在芬兰南部从一只患病的野生冠鸦（*Corvus corone cornix*）身上分离出一种呼肠孤病毒。患病乌鸦表现出神经系统的临床症状，包括飞行时的共济失调、姿势异常、抽筋和瘫痪（Huhtamo等，2007）。Mast等（2006）也指出，对比利时布鲁塞尔的一例腐肉乌鸦（*Corvus corone*）死亡病例研究发现，在其脾脏和十二指肠细胞的细胞质中均观察到呼肠孤病毒样颗粒的存在。2002年，人们开始对西尼罗河病毒进行监测，同期发现美洲乌鸦（*Corvus brachyrhynchos*）患有与一种禽呼肠孤病毒有关的致命出血性和坏死性肠炎（Meteyer等，2009）。自首次被报道以来，与该综合征相关的美洲乌鸦死亡事件反复发生，而自2004年以来在加拿大东部也发现了类似的死亡事件（图6.5）（Campbell等，2004，2008；Stone，2008）。

2011年，人们在明尼苏达州一例死去的黑头山雀（*Poecile atricapillus*）的肠道内容物中检测到了禽呼肠孤病毒（Mor等，2014）。死亡山雀临床表现为失重、脱水、肠内容物呈淡黄色水样，但未见明显病变。而对呼肠孤病毒的分子特征检测结果显示，其与火鸡呼肠孤病毒具有89.4%～98.3%的核苷酸同源性（Mor等，2014）。

2015年在英国，人们从一只死亡的野生喜鹊（*Pica pica*）中分离出一种禽呼肠孤病毒（Lawson等，2015）。该鸟患有肝脏和脾脏坏死，而分离的呼肠孤病毒被确定为引起病变的原因。研究人员还从日本一只死亡的栗耳短脚鹎（*Hypsipetes amaurotis*）肠道中分离出一种呼肠孤病毒（小川等，2015）。

图6.5 美国乌鸦的冬季死亡事件（由加拿大爱德华王子岛大学的Jordi Segers提供）

此外，还从患有急性肺炎和眶下鼻窦炎的鹧鸪（*Perdix perdix*）中分离到一种新型重组呼肠孤病毒株（Kugler等，2016）。测序和系统发育分析表明，该呼肠孤病毒株（D1007/2008）由鸡和火鸡的呼肠孤病毒相关基因重组而成，表明鹧鸪可能是禽呼肠孤病毒的天然宿主（Kugler等，2016）。

2017年，Styś-Fijoł等在波兰对2014—2016年收集的192只死亡野生鸟类（32种）中禽呼肠孤病毒的发生情况进行了调查。结果显示，禽呼肠孤病毒共在9目58只（30.2%）野鸟中检测到，分别为环形目、盾形目、柱形目、鹰嘴形目、鹅绒形目、鸡翅形目、条纹形目、豆形目和雀形目。同时对所有收集的患禽均进行剖检，发现常伴有肝脏和脾脏肿大、肝坏死等以禽呼肠孤病毒感染为特征的病变现象（Styś-Fijoł 等，2017年）。而从石鸽（*Columbiformes*）和哑天鹅（*Anseriformes*）中分离得到的2个禽呼肠孤病毒分离株在抗原上与禽类呼肠孤病毒S1133相似，表明病毒可在野生鸟类和养殖禽类之间进行传播（Styś-Fijoł 等，2017）。然而，也可能存在部分具有种属特异性的呼肠孤病毒株，而其中的一些可能在种间引起交叉感染。例如，Jones和Guneratne（1984）的试验表明，从楔形尾鹰（*Aquila audax*）中分离的呼肠孤病毒对鸡也具有致病性。

## 6.15 免疫应答

Mukiibi Muka和Jones（1999）曾研究了禽呼肠孤病毒在不同日龄（1日龄、7日龄或3周龄）和感染途径（口服和皮下接种）的影响下对鸡IgA和IgG的反应。病毒滴度随感染雏鸡年龄的增加而下降，1日龄雏鸡感染后，肠道内检测不到IgA；7日龄和3周龄的雏鸡经口感染后，肠道内的IgA显著升高；在经皮下感染的雏鸡中，只有3周龄雏鸡表现出了肠道IgA反应；而在所有年龄组的经口感染和皮下感染的雏鸡血清中都有非常相似的呼肠孤病毒特异性IgG反应。之前，Meanger等（1997）的研究表明，用禽呼肠孤病毒接种种鸡后，产生的中和抗体会被动过继到后代鸡体内，能够在80%的程度上阻止后代鸡腱鞘炎的发生，但对与2种血清型不同的病毒毒株只起到了微弱保护作用。针对禽呼肠孤病毒的免疫保护的主要机制是通过体液免疫反应来完成的（Kibenge等，1987），而对T细胞介导的免疫抑制被证明与疾病的严重程度有关（Hill等，1989）。Van Loon等人（2003）在随后的研究中发现，该病毒可以在不依赖B淋巴细胞、不主动产生抗体的情况下被较好地控制。这也进一步表明，有母源抗体的肉鸡在早期接种活呼肠孤病毒疫苗后，细胞免疫就能抵御呼肠孤病毒感染而起到免疫保护作用。

## 6.16 流行病学

禽呼肠孤病毒在自然界中可通过持续感染传播给易感禽类（Stott，1999）。该病毒同时存在水平和垂直两种传播方式（Robertson和Wilcox，1986），且粪口传播被认为是最可能的自然感染途径（MacDonald 等，1978）。许多研究（Sahu和Olson，1975；Stott，1999）表明，通过直接和间接接触可以发生横向或水平传播，但该病毒通常从肠道排出的时间较长，至少在感染后10d时呼肠孤病毒才可从肠道和呼吸道排出。这也表明粪便污染是接触感染的主要来源（Jones和Onunkwo，1978；MacDonald等，1978）。然而，Roessler（1987）指出，1日龄的雏鸡相较于粪口途径，更易通过呼吸道途径感染呼肠孤病毒。而禽呼肠孤病毒在鸡舍内表面、禽类羽毛和家禽饲料上的存活，可能是其在不同批次禽群体之间发生传播并感染的重要原因（Savage和Jones，2003）。这也表明，禽呼肠孤病毒在商品养殖鸡群中普遍存在，而鸡群会时常接触到环境中的病毒，特别是暴露于污染的鸡窝垫料（Al-Afaleq和Jones，1994）。当蛋壳表面有粪便存在时，病毒可存活10d以上（Savage和Jones，2003）。因此，外部蛋壳表面的污染是禽呼肠孤病毒传播的另一个潜在来源。此外，禽呼肠孤病毒也是孵化器内或育雏室中污染物的一部分（Johnson，1972），从而可以引起疾病的暴发。在封闭的鸡群中，呼肠孤病毒可以由先天感染的一小群雏鸡进行横向传播（Jones和Onunkwo，1978）。呼肠孤病毒可以在盲肠扁桃体和飞节（跗关节）中长期存在，特别是对于幼年感染的禽类（Jones和Guneratne，1984年），这表明无症状携带者是家禽呼肠孤病毒感染的来源。Rosenberger和Olson（1997）指出，即使存在循环抗体，持续感染的禽类仍然可以向外排毒。Al-Afaleq等（1997）指出，野生小鼠可以在较短的时间内在鸡群间传播禽呼肠孤病毒。

Deshmukh 和 Pomeroy（1969）首次证明了呼肠孤病毒在鸡群体内的垂直传播或经卵传播。随后 Menendez（1975）和 Giambrone 等（1991）在对种鸡进行接种试验后也证明了这一点。Menendez 等（1975）从被攻毒的雏鸡生殖道中分离出了正呼肠孤病毒，而被感染的雏鸡则是从被感染母鸡和试验感染的鸡蛋中孵化出来的（Menendez 等，1975a）。根据在隔离群中观察到的感染情况而言，人们认为病毒主要通过鸡胚传播（Glass 等，1973）。而 Giambrone 等（1991）指出，感染了呼肠孤病毒的种鸡可在 28d 内连续排毒，但如果在鸡群中持续发生经鸡胚的病毒传播，则病毒需要在成年鸡群中实现持续感染。据报道，呼肠孤病毒在感染后的几个月内会持续存在于某些组织中（Olson 和 Kerr，1967），而生殖道正是持续感染的一个重要部位（Menendez 等，1975 年）。根据 Menendez 等（1975）的研究结果显示，在亲本中，即使在抗体应答已产生且肠道排毒水平下降后，呼肠孤病毒仍会经卵传播。此外，商品鸡的经卵传播率普遍较低（Menendez 等，1975）。Jones 和 El-Taher（1985）指出，如果在 1 日龄雏鸡身上采样，自然经卵传播率可能会被低估。这是因为病毒在雏鸡孵化后需要几天才能在某些器官中增殖。然而，在如今的禽类孵化养殖场中，当对大量雏鸡一起进行孵化时，经卵传播率不会表现与疾病明显的相关性。这是因为随着时间的推移，只要 1 只雏鸡感染即能导致大量的鸡群感染（Menendez 等，1975）。Al Muffarej 等（1996）发现，对胰蛋白酶敏感的呼肠孤病毒的经卵传播率比具有胰蛋白酶抗性的毒株低。

人们曾从家禽和野生鸟类中发现多种禽病毒，包括正呼肠孤病毒、甲型流感病毒、西尼罗河病毒、传染性法氏囊病病毒和禽副黏病毒等（Adair 等，1987；Kasanga 等，2008；Meulemans 等，1983），并在随后证实了野生鸟类在影响商品家禽的许多重要禽病毒疾病流行中的潜在作用。大多数禽呼肠孤病毒是种特异性的，但也有一些能够引起种间的交叉感染。来自火鸡、鸭和楔形尾鹰的一些分离株对鸡有传染性，而一株来自欧绒鸭的分离株则对绿头鸭也具有传染性（Hollmén 等，2002；Jones 和 Guneratne，1984；Nersessian 等，1986）。Vasserman 等（2004）认为，病毒可能会在一段时间内发生变化（抗原变异），进而获得能够感染其他物种动物的能力。

许多呼肠孤病毒不会在其自然宿主中引起疾病或临床症状（Hollmén 和 Docherty，2007 年），而且由于野生鸟类是病毒性疾病的贮存宿主和携带者（Hlinak 等，2006 年），因而它们具有将禽传染病传播给商品养殖家禽的风险。禽类的相互接触、气溶胶和受污染的饲料或水可能是野生鸟类向家禽传播病毒的潜在途径（Hlinak 等，2006 年）。进入禽舍的野鸟会将致病病毒直接引入家禽群体中，而栖居在家禽养殖场附近的野生鸟类可能会污染养殖场周边区域，导致病毒经由农场员工、设备、宠物、啮齿动物和昆虫等带入禽舍（Burns 等，2012 年）。禽呼肠孤病毒在饮用水中可存活至少 10 周，且对其感染力几乎没有影响（Savage 和 Jones，2003）。由于粪口途径是正呼肠孤病毒最常见的自然感染途径，因此家禽饲养场的饮用水系统一旦受到污染，其可能成为持续数周的重要传染源，（Jones 和 Onunkwo，1978）。基于上述因素，注重生物安全旨在减少养殖场附近野鸟活动的做法是极其重要的。对加拿大西南部最大的禽类产地安大略省西南部和不列颠哥伦比亚省弗雷泽谷地区的禽类农场所进行的野鸟活动研究表明，美洲乌鸦是在家禽饲养场最常观察到的 10 种野生鸟类之一，因此也被认为是一种极有可能将病原体传播到商品家禽中的物种（Burns 等，2012）。然而，目前对于野生禽呼肠孤病毒给商品家禽养殖业所带来的影响还知之甚少（Hollmén 和 Docherty，2007）。

研究证实，一些人工饲养常见的畜禽疾病已经"蔓延"到野生动物，然后又"回归"到畜禽中（Rhyan 和 Spraker，2010 年）。在天然禽类群居地区建立家禽养殖场并增加家禽产量会增加家禽病原体溢出到本地野生动物种群的风险，尤其是通过在农田中使用受污染的家禽粪便作为肥料的做法（Soos 等，2008）。由于集约化家禽养殖具有较高的生物安全水平，因此与集约化管理的肉鸡相比，散养鸡面对疫病往往会受到更严重、更直接的威胁（Soos等，2008年）。

由于缺乏关于野生鸟类的许多数据，包括病原体、分布数据、不同野鸟群体与家禽之间的偶发接触情况，因此野生鸟类在疾病传播中的作用以及禽呼肠孤病毒相应的流行病学仍然未知。

## 6.17　诊断

### 6.17.1　实验室诊断

禽呼肠孤病毒病的诊断较为困难，因为它们在临床上与许多其他常见疾病如腺病毒感染、细菌性和支原体滑膜炎无明显区别（Stott，1999）。因此，需要通过实验室诊断对呼肠孤病毒进行快速检测，以便早期诊断，防止病原扩散，避免经济损失。

从细胞培养物中进行病毒的分离和鉴定、血清学方法和组织病理学是诊断禽呼肠孤病毒病最为常见的传统方法（Robertson和Wilcox，1986）。虽然从细胞培养物中对病毒进行分离和鉴定是检测禽呼肠孤病毒感染的可靠方法，但该过程费时费力（Caterina等，2004年；Meanger等，1995年；van der Heide等，1976年；Wood等，1986年），通常需要7d以上，且可能需要SPF鸡胚以制备敏感的原代细胞培养物（Zhang等，2006）。之前已经讨论过可用于呼肠孤病毒分离的不同培养系统。此外，用于病毒分离的样品可以在4℃下保存数天，或者也可在−20℃或−70℃的条件下保存较长时间（Hollmén和Docherty，2007）。

### 6.17.2　免疫诊断方法

目前人们已经开发出多种免疫诊断方法来鉴定禽呼肠孤病毒及其抗体，其中包括琼脂糖凝胶沉淀试验（Olson和Weiss，1972）、噬斑中和试验（Ide和Dewitt，1979）、直接免疫荧光染色技术（Jones和Onunkwo，1978）、间接免疫荧光测定（Ide，1982）、微量滴定液中和试验（Robertson和Wilcox，1984）、使用亲和素-生物素-过氧化物酶复合物（ABC）的免疫过氧化物酶技术（Tang和Fletcher，1987）、病毒中和试验（Giambrone和Solano，1988）、蛋白印迹法（Endo-Munoz 1990）、基于单克隆抗体的间接免疫过氧化物酶法（Li等，1996）、免疫斑点测定法（Liu等，2000）、斑点免疫结合测定法（Georgieva等，2002）和多种酶联免疫吸附测定（ELISA）技术（Chen等，2004；Hsu等，2006；Liu等，2002；Pai等，2003；Shien等，2000；Slaght等，1978；Xie等，2010；Yang等，2010；Zhang等，2007）。

ELISA是一种已商业化、灵敏且高效的诊断产品（Slaght等，1978）。它使用完整的呼肠孤病毒（Slaght等，1978）或重组病毒蛋白，如细菌表达的σB蛋白（Shien等，2000）、σNS和P17蛋白（Xie等，2010）、σNS蛋白（Chen等，2004）、σB和σC蛋白（Zhang等，2007）、σC和σB蛋白（Liu等，2002）、在甲基化酵母中表达的σC蛋白（Yang等，2010）来作为检测血清中禽呼肠孤病毒抗体水平的包被抗原。与传统的全病毒ELISA相比，使用重组病毒蛋白作为包被抗原的ELISA具有更低的非特异性结合反应，与病毒中和试验的相关性更高，并且区分成年禽类中病毒中和阳性和阴性血清的能力更高（Shien等，2000）。抗原捕获酶联免疫吸附试验（antigen capture-ELISA）采用包被抗呼肠孤病毒抗体以检测禽呼肠孤病毒。使用针对呼肠孤病毒单一蛋白[例如σC（Hsu等，2006）和σA（Pai等，2003）]的单克隆抗体进行抗原捕获，ELISA敏感性通常不如其他方法，但能够显著减少非特异性反应（Liu等，2002）。

鸡血清样本中禽呼肠孤病毒抗体的定量测定可为诊断提供重要依据。此方法可以评估包括种鸡在内的鸡群的抗体状态，并通过测量母源抗体滴度来更准确地预测正确的疫苗接种时间（Shien等，2000）。然而，禽呼肠孤病毒有时会存在相当大的抗原或基因变异现象（Rekik等，1990；Wu等，1994），并且异种类型之间也存在极大的交叉反应（Robertson和Wilcox，1986），这使得用血清学方法进行诊断变得困难。此外，血清学还经常受到非特异性反应和试剂交叉反应问题的困扰（Caterina等，2004年）。而当使用商业ELISA试剂盒检测呼肠孤病毒抗体时，该测试方法能否显示所有针对呼肠孤病毒变异体和血清型的血清转阳尚不清楚。因此，在ELISA中获得的阴性结果并不能排除抗呼肠孤病毒抗体的存在，从而无法确定血清学结果。同样，血清学阳性并不总是表明样本中存在致病性呼肠孤病毒，因为仍有许多非致病性呼肠孤病毒分离株的存在。此外，已开发的用于家禽的血清学试验无法用于对于野生鸟类的诊断。

### 6.17.3　分子诊断方法

与传统方法相比，用于检测肠道病毒的分子方法具有更多优势（Pantin-Jackwood等，2008）。因此，利用传统逆转录聚合酶链式反应（RT-PCR）检测临床标本中的病毒RNA仍然是早期诊断的首选方法（Zhang等，2006），且已被广泛运用于临床标本中的禽呼肠孤病毒检测。常规RT-PCR优于实时荧光定量RT-PCR的一个主要优点是可以对扩增产物（病毒）进行测序，以实现更进一步的准确鉴定。一些研究者已经描述了从临床样本中进行禽呼肠孤病毒鉴定的分子方法，包括使用洋地黄毒苷（DIG）标记的互补DNA（cDNA）探针的原位杂交（ISH）技术（Liu和Giambrone，1997）、使用放射性标记的cDNA探针的斑点印迹杂交测定法（Yin和Lee，1998）、传统RT-PCR（Lee等，1998；Xie等，1997）和RT-PCR结合限制性片段长度多态性分析（RFLP）（Lee等，1998）。Liu、Giambrone（1997）和Liu等（1999）开发了一种原位杂交（ISH）技术和原位RT-PCR技术，以检测福尔马林固定石蜡包埋的鸡组织中的禽呼肠孤病毒，并证明后者具有更高的敏感性。

如今，实时荧光定量PCR技术在人医和兽医诊断中的应用越来越广泛。这种实时PCR技术利用荧光染料标记的序列特异性探针实时检测PCR产物（Spackman等，2005b）。基于实时PCR的方法本质上是定量的，且具有较高的分析敏感性和特异性，对于临床样本中病毒的核酸检测具有高度的一致性（Spackman等，2005b）。与传统PCR相比，实时荧光定量PCR的其他优点包括携带污染的可能性降低、暴露于溴化乙锭的风险降低，以及无需凝胶电泳的简单操作。Ke等（2006）专门针对RT-PCR进行研究，并开发了一种基于荧光染料SYBR Green的实时荧光定量RT-PCR技术，以检测禽呼肠孤病毒的S2片段。

多重PCR是对PCR方案的一种改进，即在同一反应中，多种病原可以被快速、经济、灵敏、特异且同时检出。尽管实时荧光定量RT-PCR的成本接近于传统RT-PCR，但多重RT-PCR通过同时检测几种病原而减少了每个样本所耗费的检测成本和时间（Spackman等，2005b）。目前研究人员已开发了多种多重RT-PCR检测方法，用于检测不同的禽类病原组合，包括火鸡星状病毒2型、火鸡冠状病毒、鸡源呼肠孤病毒和火鸡源呼肠孤病毒（Spackman等，2005b），禽呼肠孤病毒、禽腺病毒1型、鸡传染性法氏囊病病毒（IBDV）和鸡传染性贫血病毒（CAV）（Caterina等，2004），禽呼肠孤病毒和滑膜支原体（Huang等，2015），以及火鸡轮状病毒、火鸡星状病毒2型和火鸡呼肠孤病毒（Jindal等，2012）。

最近开发的用于检测禽呼肠孤病毒的等温扩增方法包括逆转录环介导的等温扩增（RT-LAMP）（Xie等，2012）和交叉引物扩增（Wozniakowski等，2015）。除了水浴外，这些方法均不需要昂贵的实验室设备。而传统和实时荧光定量RT-PCR在检测禽呼肠孤病毒时的主要缺点是需要昂贵的热循环设备。此外，RT-LAMP法的检测下限为10 fg的总RNA，而敏感性是RT-PCR法的1/100（Xie等，2012）。

## 6.18　防控

支持疗法和控制继发性细菌感染是治疗呼肠孤病毒病的唯一临床治疗方案。因此，对于控制禽呼肠孤病毒的感染，最好的方案就是通过适当的管理措施，主要是生物安全和疫苗接种来实现。对于绝大多数的家禽生产企业和个体，消灭呼肠孤病毒是不现实的，但Dobson和Glisson（1992）所进行的成本效益分析提示，在产蛋期间为一群肉种鸡接种禽呼肠孤病毒疫苗的经济收益大约是花费成本的52倍。因此，在北美和欧洲，接种疫苗不仅是为了控制禽呼肠孤病毒病，同时也是为了提高生产率（Kibenge和Wilcox，1983）。

由于存在与年龄相关的易感性问题，控制禽呼肠孤病毒感染的疫苗接种计划主要集中于用灭活疫苗对种鸡进行免疫，并对其孵化后代给予一定的被动免疫，以预防这一群体中的疾病暴发（van der Heide等，1976；Wood等，1986）。Meanger等（1997）指出，可以用澳大利亚RAM-1禽呼肠孤病毒株免疫种鸡，以通过卵黄被动地将中和抗体传给其后代。然而，此种免疫只能保护其后代的第一代，而不能为第二代之后的后代提供保护（van der Heide等，1976）。Rau等（1980）使用S1133株对母鸡进行接种，并在2周后孵化的雏鸡中观察到了子代的免疫保护力。此外，种鸡的疫苗接种也阻止了该病毒的经卵传播（van Loon等，2001）。减毒活疫苗和灭活的油乳剂疫苗已成功用于种鸡群疫苗接种数十年。Wood和Thornton等（1981）曾报道，灭活疫苗未能提供针对呼肠孤病毒强毒株攻击的免疫保护。然而，在开产后向种鸡施用减毒活疫苗会导致疫苗毒经卵巢传播，从而导致孵化率降低，使雏鸡死亡率增加，也会导致7～14日龄雏鸡患病毒性关节炎或腱鞘炎的发病率增加。因此，当选择活疫苗时，应在产蛋前即开始施用（Giambrone等，1991）。Stott（1999）曾成功使用减毒病毒免疫雏鸡，且并无证据显示受到母源抗体干扰。Van Loon等（2003）指出，商品肉鸡的母源抗体并不影响减毒活禽呼肠孤病毒疫苗进行早期接种的使用效果。对于种鸡的禽呼肠孤病毒疫苗早期接种，通常是通过在幼年时用活疫苗经肠道、口服或喷雾给药（Giambrone等，1992年；Mukiibi Muka和Jones，1999年）来完成的，随后再使用灭活苗加强免疫（Chen等，2004）。Ruff和Rosenberger（1985b）的研究结果表明，为肉种鸡接种疫苗最成功的方法之一是在幼年时期接种一个或多个剂量的低毒力呼肠孤病毒疫苗，然后在18～20周龄时再接种灭活疫苗。灭活疫苗在产蛋期间为肉鸡亲本提供高滴度的体液抗体，其中约50%作为母源抗体过继给后代，导致肉鸡亲本及其后代的平均抗体滴度之间存在显著相关性（De Herdt等，1999）。Guo等（2003）也曾报道了一种商品家禽胚内疫苗接种的试验方法。

目前的商用疫苗毒株在抗原和血清学上与临床疾病相关的循环变异野毒不同（Goldenberg等，2010年；Sellers，2017年）。大多数呼肠孤病毒疫苗都是从不同代次的禽呼肠孤病毒S1133（Huang等，1987）、2177、2408或1733（Davis等，2012）中发展而来的。Giambrone等（1992）的研究结果表明，对1日龄SPF肉鸡喷雾免疫S1133可有效预防2408和CO8型肠道呼肠孤病毒感染。自2012年以来，在商品家禽中暴发的腱鞘炎临床病例数量急剧增加（Sellers，2017年）。尽管接种了疫苗，但仍有很高比例的家禽会感染呼肠孤病毒，而现有疫苗的效力有限，这可能是由于商品禽类中存在许多变异病毒所致（Lublin等，2011年）。Giambrone和Solano（1988）通过病毒中和试验和酶联免疫吸附试验发现，所有最常见的疫苗株（S1133、81-5、2408、1733和UMI 203）都属于单一血清型，这说明它们无法抵御其他血清型病毒株的感染。疫苗接种失败的其他可能原因包括种鸡接种不当、母源抗体滴度降低以及活疫苗诱导的细胞介导免疫应答（CMI）不充分（Giambrone等，1992年）。对1日龄雏鸡皮下接种疫苗可有效诱导足够的CMI，以预防呼肠孤病毒感染（van der Heide等，1983）。然而，当呼肠孤病毒疫苗与火鸡疱疹病毒疫苗通过皮下途径联合接种时，可能会发生相互干扰，从而导致两种产品的疗效降低（Giambrone和Hathcock，1991）。

在马立克病病毒暴露率很高的地区，当将呼肠孤病毒和马立克病疫苗联合使用并于雏鸡1日龄时接种时，雏鸡患马立克病的发病率会增加。Stott（1999）指出，尽管呼肠孤病毒株之间存在体外交叉反应，但体内接种疫苗可确保仅针对同源病毒提供保护。养殖企业现在多使用自家灭活疫苗，然而，识别和选择用于这种用途的田间分离株较为困难，尤其是当包含新基因变异株在内的多种呼肠孤病毒共同在鸡群体间传播时更加困难（Sellers，2017）。

传统的呼肠孤病毒减毒和灭活疫苗并不完全有效（van Loon等，2002年），因此人们尝试了各种新的疫苗生产方法。瓦瑟曼等（2004）经试验证明，皮下注射在大肠杆菌中表达的σC蛋白可在鸡体内产生免疫。Wan等（2010）指出，通过口服减毒鼠伤寒沙门氏菌所递呈的σC DNA疫苗可诱导SPF雏鸡产生抗体。Wu等（2005）也验证了SPF鸡对口服酵母产生的重组σC蛋白的免疫反应，并建议开发用于家禽的转基因可食用植物疫苗。试验证明，呼肠孤病毒的蛋白σC已能够在苜蓿、拟南芥和烟草植物中表达（Huang等，2006；Lu等，2011；Wu等，2009），但抗原在植物中的低表达会限制其在疫苗接种方案中的实际应用（Lu等，2011）。禽呼肠孤病毒的遗传特性是通过对其σC蛋白测序而进行的分型，目前分为4种基因型（Goldenberg等，2010）。人们发现目前使用的疫苗株的σC蛋白与大多数野毒分离株不同（Goldenberg等，2010年；Vasserman等，2004年）。σC是产生中和抗体的主要蛋白，因此这种差异可能导致免疫效率低下或失败。Lublin等（2011）测试了由4种禽呼肠孤病毒基因型混合组成的四价灭活疫苗的效力，发现该疫苗能够预防疾病并针对野毒分离株提供广泛保护。同样，接种来自所有基因型的禽呼肠孤病毒疫苗可以有效地防止受到各相应基因型毒株的感染（Lublin等，2011年）。

尽管呼肠孤病毒对化学和物理消毒剂具有一定的抵抗能力，导致该病毒很难从环境中被消除，但在完全移除感染的禽之后和重新引入新的禽之前，对畜舍及设施进行洗消可有效防止新的感染（Stott，1999）。通过提供高水平的生物安全、在入群前进行隔离、对鸡群的疾病和健康状态的监测、特定疾病的血清学检测和疫苗接种以及保持良好的清洁卫生习惯等关键措施，可以保护商品家禽免受野生鸟类所携带的疾病侵害，也可防止禽类疾病在野生鸟类和商品家禽之间相互传播（Hollmén和Docherty，2007年）。此外，迅速地清理死亡禽类尸体可减少其对环境的污染或将疾病传播到其他禽类和/或商品家禽的可能性（Hollmén和Docherty，2007年）。

## 6.19 展望

禽呼肠孤病毒的宿主范围包括所有家禽、野生禽类。就其本身的特性而言，禽呼肠孤病毒最常见于临床表现正常的禽类体内，而最普遍且最易于诊断的疾病表现是商品肉鸡和火鸡的病毒性关节炎/腱鞘炎，以及野生禽类的肠道疾病和神经系统疾病。禽呼肠孤病毒属于正呼肠孤病毒属，该病毒属是呼肠孤病毒科15个已知属之一，但与哺乳动物正呼肠孤病毒不同的是，禽呼肠孤病毒具有FAST蛋白，因此可在细胞培养中诱导产生合胞体细胞病变。而目前，人们对禽类呼肠孤病毒的演化关系已通过系统发育分析而进行了广泛研究。尽管部分市售的禽呼肠孤病毒疫苗可用于商品家禽，但由于新的病毒基因变种不断出现，疫苗的研制仍存在缺陷。此外，从野生鸟类中发现了越来越多的禽呼肠孤病毒感染，这也增加了野生鸟类与家禽之间疾病传播的可能性。而最近报道的禽呼肠孤病毒反向遗传系统的应用，将大大提高人们对禽呼肠孤病毒生物学和疾病的认识与了解。

（王永强 译，郑世军 校）

参考文献

# 7　传染性法氏囊病病毒

Shijun J. Zheng（郑世军）1,2,3*
¹北京，中国农业大学农业生物技术国家重点实验室
¹State Key Laboratory of Agrobiotechnology, China Agricultural University, Beijing, China.
²北京，中国农业大学农业部动物流行病学重点实验室
²Key Laboratory of Animal Epidemiology in the Ministry of Agriculture, China Agricultural University, Beijing, China.
³北京，中国农业大学动物医学院
³College of Veterinary Medicine, China Agricultural University, Beijing, China.
*通讯：sjzheng@cau.edu.cn
https://doi.org/10.21775/9781912530106.07

## 7.1　摘要

传染性法氏囊病（IBD），最初称为"甘布罗病"（Gumboro病），是由传染性法氏囊病病毒（IBDV）引起的一种急性、高度接触传染性和免疫抑制性疾病。IBD可造成鸡免疫抑制，增加鸡对其他微生物的易感性，同时增加接种疫苗免疫失败的风险。目前该病仍然威胁着全世界的养禽业，尤其是接种疫苗的鸡群经常出现IBDV强毒株或变异株，给养殖业主造成了严重的经济损失。IBDV基因组相对较小，编码蛋白的种类有限，抑制宿主的抗病毒反应，诱导法氏囊（BF）中处于增殖期的B淋巴细胞凋亡，直接破坏家禽的免疫系统。病毒的毒力因子对于IBDV成功逃避宿主的免疫防御至关重要，深入了解这些病毒蛋白和宿主细胞microRNAs（miRNAs）在宿主应答中的作用，将有助于理解IBDV感染的致病机制，为设计更安全有效的新型疫苗提供启发。本章内容主要介绍目前对IBDV作为IBD病原的认识，IBDV感染过程中在蛋白和miRNA水平上病毒-宿主相互作用，以及通过接种疫苗防控IBD。

## 7.2　简介与历史

传染性法氏囊病（IBD），是由传染性法氏囊病病毒（IBDV）引起的一种鸡的急性、高度接触传染性和免疫抑制性疾病。该病首先在美国特拉华州甘布罗镇暴发，1962年由Cosgrove记录为一种新型疾病（Müller等，2003），此后，IBDV的传播扩散威胁着全球的家禽业。IBDV是一种无囊膜双链RNA病毒，直径约为60 nm，属于双RNA病毒（*Birnaviridae*）科禽双RNA病毒（*Avibirnavirus*）属（Müller等，2003，2012；

Mahgoub等，2012）。根据病毒中和试验，IBDV分为2种血清型（McFerran等，1980）。血清 I 型毒株的靶器官是鸡法氏囊淋巴细胞，能够引起临床症状；而血清 II 型毒株主要从火鸡中分离，对家禽无致病性，不能在淋巴细胞中复制，但能在鸡成纤维细胞上生长（Müller等，2003）。在血清 I 型中，IBDV毒株分为经典毒株（cvIBDV）、强毒株或超强毒株（vvIBDV）和变异毒株（vaIBDV）。vvIBDV株最早出现于20世纪80年代的欧洲，后来几乎在所有大陆流行，导致鸡群高达70%的死亡率（Müller等，2003；Zorman-Rojs等，2003；Banda和Villegas，2004；Xu等，2015）。vvIBDV的一个显著特点是能感染含有血清 I 型cvIBDV抗体的鸡。尽管用疫苗接种鸡是防控IBD的有效方法，并且也取得了成功（疫苗接种方案可能会根据病毒流行情况而不同），但IBD仍然威胁着全球的养禽业，主要是由于不断出现vvIBDV毒株或变异毒株降低了目前使用的疫苗免疫效果，也与该病毒有高度的稳定性并对各种消毒剂抗性强有关。关于IBDV各方面的消息有多篇很好的综述文章（Müller等，2003，2012；Saif，2004；Mahgoub等，2012；Jackwood，2017）。尽管目前已有不同类型的IBDV疫苗及相关免疫接种方案，但对有效防控IBD的新型疫苗仍有巨大需求。阐明IBDV感染的致病机制可为新型疫苗的设计提供启发。近年来，在IBDV与宿主之间相互作用的研究方面取得巨大进展，IBDV发病机制的基础研究也有很好的综述报道（Ingrao等，2013；Qin和Zheng，2017）。越来越多关于IBDV发病机制的文献表明该研究领域十分重要，期待对未来防控IBD具有指导意义。

## 7.3 病毒学

### 7.3.1 IBDV的分类和结构

IBDV是一种无囊膜的双链RNA病毒。病毒颗粒为二十面体，直径约60 nm（Dobos等，1979；Müller等，2003）。由于该病毒含有两个节段的双链RNA（A和B）（Azad等，1985），因此将其归类为双RNA病毒科（Birnaviridae）禽双RNA病毒（Avibirnavirus）属。其中，短RNA B片段（2.8 kb）编码VP1，是一种RNA依赖性RNA聚合酶（RdRp）（Morgan等，1988；von Einem等，2004）；长RNA A片段（3.17 kb）包含两个部分重叠的开放阅读框（ORF）（Hudson等，1986；Spies等，1989）。第一个ORF编码非结构病毒蛋白5（VP5）（Mundt等，1995；Lombardo等，2000）；第二个ORF编码一个110 kDa多聚蛋白前体，该多聚蛋白前体可被具有蛋白酶裂解活性的VP4蛋白切割形成病毒蛋白VP2、VP3和VP4（Hudson等，1986；Jagadish等，1988；Kibenge，1991）。VP2和VP3是主要的结构蛋白，分别占病毒蛋白总量的51%和40%（Dobos等，1979；Todd和McNulty，1979；Tacken等，2000）。VP4是一种经典的顺式裂解蛋白，但在双链RNA病毒生活周期的后期发挥反式活性作用（Birghan等，2000；Lejal等，2000）。VP4通过反式切割将A片段编码的pVP2-VP4-VP3多聚蛋白之间区域进行蛋白裂解自加工，形成pVP2前体（512个氨基酸残基，54.4 kDa）、VP4（28 kDa）和VP3（32 kDa）（Lejal等，2000；Wang等，2015）。VP4和嘌呤霉素敏感氨基肽酶（PurSA）将pVP2的C端水解为中间pVP2（452个氨基酸残基）（Irigoyen等，2012），该产物进一步被VP4病毒蛋白酶加工为成熟的VP2（441个氨基酸残基）（Irigoyen等，2009）。含有不同数量pVP2（452个氨基酸残基）的成熟VP2和VP3组装成IBDV核衣壳（Saugar等，2005；Luque等，2007）。VP3作为一种支架蛋白结合病毒双链RNA和VP1（Lombardo等，1999），而且VP1和VP3相互作用形成病毒样颗粒（VLP）（Maraver等，2003）。VP3与VP2和VP1相互作用形成病毒粒子（图7.1）。VP5是一种高碱性，富含半胱氨酸17 kDa的非结构蛋白，在所有血清 I 型IBDV毒株中均保守。该蛋白不是病毒复制所必需的（Mundt等，1997；Qin等，2010），但在IBDV感染的细胞中可以检测到（Mundt等，1995，1997；Lombardo等，2000）。在IBDV病毒蛋白中，VP2和VP5是IBDV诱导细胞凋亡的主要因素（Fernández-Arias等，1997；Yao和Vakharia，2001；Li等，2012），而VP3和VP4更多参与抑制或逃避宿主免疫应答（Li等，

2013；Ye等，2014；He等，2018）。尽管IBDV基因组编码有限数量的病毒蛋白成分，但是这些病毒蛋白通过与细胞靶蛋白相互作用发挥多种功能。

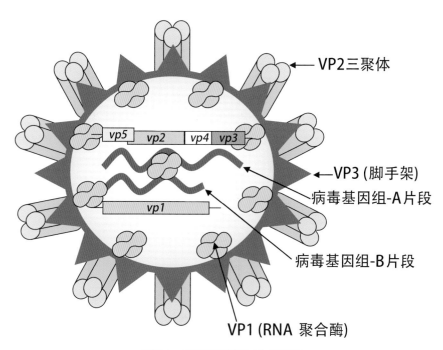

图7.1　IBDV病毒粒子示意图

　　IBDV的双链RNA分为两个片段（A和B）。B片段（Seg B）是IBDV的短RNA（2.8kb），编码VP1蛋白。VP1是一种RNA依赖的RNA聚合酶（RdRp），也是IBDV基因组连接的蛋白。A片段（Seg A）是长RNA片段（3.17 kb），包含两个部分重叠的开放阅读框（ORF）。第一个ORF编码非结构蛋白VP5；第二个ORF编码110 kDa的多聚蛋白前体，该前体可被水解切割成病毒蛋白VP2、VP3和VP4。VP1参与病毒复制效率以及调节病毒毒力。VP2是一种结构蛋白，在IBDV感染的初始阶段，作为病毒配体与宿主细胞膜上的受体结合用于病毒附着。VP3是一种支架蛋白，它与结构蛋白VP2相互作用，募集基因组dsRNA和VP1形成核糖核蛋白（RNP）复合体，在病毒组装过程中发挥关键作用。

## 7.3.2　IBDV的遗传变异和毒力

　　RNA病毒的一个显著特征是病毒复制酶的校对活性低，会导致遗传变异。作为dsRNA病毒，VP2能够诱导产生中和抗体，IBDV遗传变异主要表现在VP2超可变区（HVR），位于第212～332位氨基酸的中心区域，其中大部分氨基酸发生替换（Vakharia等，1994a），导致抗原变异，该区域也与病毒黏附靶细胞有关。由于血清Ⅰ型IBDV HVR序列具有高度多样性，测序分析VP2对于确定IBDV毒株是经典毒株、超强毒株或是变异株很有帮助（Zierenberg等，2000；Banda和Villegas，2004；Owoade等，2004；Shehata等，2017）。有趣的是，vvIBDV Gx株通过SPF鸡胚和成纤维细胞（CEF）传代致弱研究表明，在CEF细胞中传至第9代的病毒发生了VP2、VP3和VP5的氨基酸序列变化，这些变化与Gx毒株毒力显著降低有关（Wang等，2004，2007）。然而，IBDV确切的毒力因子需要进一步证实，因为IBDV的毒力似乎受到多种病毒成分的影响，例如VP1（Liu和Vakharia，2004；Yu等，2013）、VP2（Toroghi等，2001；van Loon等，2002）、VP3（Boot等，2002）和VP5（Qin等，2009）。

　　利用反向遗传操作系统发现，IBDV VP1蛋白在体内参与调节病毒复制效率以及毒力（Liu和Vakharia，2004）。VP1氨基酸位点的替换，把第4位丙氨酸替换为异亮氨酸（V4I）可减弱病毒对SPF鸡的致病性和在体内的复制水平，但在CEF细胞中则促进病毒复制（Yu等，2013）。这表明vvIBDV VP1蛋白在病毒复制和致病性中起重要作用。与VP1相比，VP2蛋白似乎对IBDV毒力影响更大。对3株临床分离的IBDV VP2可变区氨基酸序列分析发现，第284位氨基酸残基（从苏氨酸到丙氨酸）对IBDV细胞培养的感染性发挥重要作用，而第279位残基（从天冬氨酸到天冬酰胺）突变与病毒的致弱有关（Toroghi等，2001）。此外，vvIBDV UK661毒株VP2 HVR区两个特定氨基酸突变，第253位谷氨酸突变为组氨酸—第284位丙氨酸突变为苏氨酸（Q253H-A284T）影响vvIBDV组织细胞培养的适应性以及在鸡体内的毒力致弱，证明VP2在IBDV的致病性中起决定性作用（van Loon等，2002）。VP3和VP5蛋白也与IBDV的毒力有关，因为VP3 C端的替换导致vvIBDV变成具有独特抗原结构的致弱病毒（Boot等，2002），而血清Ⅰ型与血清Ⅱ型毒株VP5替换会降低病毒的复制水平和对细胞的毒性（Qin等，2009）。因此，尽管vvIBDV在感染鸡群中的出现与VP2的遗传变异密切相关，但IBDV的毒力似乎由多种因素决定，而不仅仅由VP2决定。

## 7.4 IBDV与宿主相互作用

### 7.4.1 宿主和靶细胞

IBDV具有高度的宿主特异性。血清Ⅰ型IBDV主要感染雏鸡引起临床症状，尽管病毒很容易从有IBD发生史的成年鸡群中分离到。细胞适应性IBDV毒株或疫苗株能在哺乳动物细胞（Vero细胞、293T细胞和BHK细胞）中培养而且生长良好，但迄今为止，尚未报道IBDV可以引起哺乳动物发病。用vvIBDV感染野禽/观赏鸟（鹌鹑、鹧鸪、野鸡和珍珠鸡）未能诱发疾病（Ingrao等，2013）。从鸡和鸭体内可以分离到血清Ⅰ型IBDV毒株，表明它们可能是IBDV的携带者（McFerran等，1980）。通常认为在法氏囊中正在发育的B淋巴细胞是IBDV的靶细胞（Müller，1986；Rodenberg等，1994）。有趣的是，血清Ⅰ型强毒IBDV（非细胞培养适应株）可以在CD40配体（CD40L）刺激的法氏囊原代细胞中较好生长（Dulwich等，2017）。原则上，成熟B细胞的活化不仅需要B细胞受体（BCR）和胸腺依赖性（TD）抗原结合，还需要通过B细胞膜分子CD40与活化的CD4⁺T细胞的CD40L相互作用。CD40与CD40L相互作用提供的供刺激信号在免疫应答中起关键作用，对生发中心的产生、胸腺依赖性抗体应答以及产生记忆性B细胞都很重要，而这些功能在非哺乳动物物种（鸡）中也是保守的（Tregaskes等，2005）。研究发现，将CD40L融合蛋白加到B细胞培养物中可以使B细胞增殖长达3周，并分化成浆细胞分泌抗体（Kothlow等，2008）。由于增殖的B细胞对vvIBDV具有易感性（Dulwich等，2017），因此用重组CD40L刺激法氏囊原代细胞培养可作为用临床样本分离致病性IBDV毒株的重要方法。尽管IBDV对分裂期的B细胞具有嗜性偏好，但能够感染鸡成纤维细胞（Somvanshi等，1992；Giotis等，2017）、树突状细胞（Liang等，2015；Lin等，2016）和巨噬细胞（Palmquist等，2006；Khatri和Sharma，2006，2007）。此外，IBDV可以在哺乳动物细胞中感染和复制，如Vero、HEK-293T和Hela细胞（Fernández-Arias等，1997；Upadhyay等，2011）。与其他无囊膜病毒一样，IBDV无法利用膜融合进入靶细胞。靶细胞通过受体结合病毒颗粒进行内吞似乎是IBDV感染的主要方式（Yip等，2012）。然而，IBDV入侵的确切机制尚不清楚。

### 7.4.2 细胞膜受体和IBDV入侵的关键因素

IBDV感染的第一步是附着在细胞膜特异性受体上，然后病毒颗粒被靶细胞内吞。一些细胞膜蛋白，如表面免疫球蛋白M（sIgM）、鸡热休克蛋白90（chHSP90）、α4β1整合素和膜联蛋白Ⅱ（Anx2），都被证明是IBDV入侵细胞的受体。这些蛋白主要是在病毒颗粒或衣壳主要成分VP2与宿主细胞蛋白互作研究中被发现的。B淋巴细胞sIgM是最先报道的IBDV细胞受体，因为IBDV感染的大多数细胞是sIgM阳性B细胞（Ogawa等，1998）。重要的是，抗sIgM单抗能抑制IBDV感染鸡法氏囊淋巴瘤DT40细胞，并且sIgM的λ轻链与病毒颗粒结合和病毒毒力无关（Luo等，2010），表明B细胞sIgM是IBDV的受体。然而没有sIgM细胞也可以感染IBDV，这表明sIgM只是IBDV感染所需的膜受体之一。研究发现，DF-1细胞膜表面chHSP90与IBDV颗粒或VP2亚病毒颗粒（SVP）相互作用，chHSP90和抗chHSP90均能抑制IBDV感染DF-1细胞（Lin等，2007），证明chHSP90是IBDV受体。此外，基于多重序列比较发现，IBDV衣壳蛋白VP2包含一个α4β1整合素功能性配体基序（Delgui等，2009），并且α4β1异二聚体在未成熟B淋巴细胞中表达丰度高并参与B细胞发育过程（Rose等，2002）。这说明α4β1整合素与IBDV的选择嗜性有关。

迄今为止，尚未完全了解无囊膜病毒的入侵机制。通常情况下，病毒的裂解因子破坏细胞膜，导致病毒基因组或核衣壳转运到细胞浆中。据报道，细胞膜穿孔和构象变化是无囊膜病毒穿过膜屏障的必要步骤（Moyer和Nemerow，2011）。在IBDV感染情况下，Pep46是一种通过VP4从pVP2的C末端切割生成的衣壳相关短肽，具有膜穿孔活性，通过在膜上形成孔使内体膜变形（Galloux等，2007）。病毒衣壳中pep46的释放依赖于低钙环境，这表明IBDV入侵首先需要内吞并释放pep46，通过pep46形成内体膜孔进入细胞内。这一假设在随后的研究中得到了部分证实，发现IBDV被内吞并转运至V-ATPase阳性囊泡中进行脱壳（Yip等，2012）。此外，IBDV介导的胞吞作用被证明与网格蛋白无关，抑制或缺失脂筏、酪氨酸激酶c-Src、动力蛋白以及肌动蛋白聚集可显著减少细胞培养适应毒株（caIBDV）入侵DF-1细胞（Yip等，2012）。膜联蛋白 II（Anx2）是一种钙和磷脂结合蛋白，在胞吞、胞吐和细胞黏附中表现出膜运输功能（Futter和White，2007；Tebar等，2014；Rentero等，2018），也起到与IBDV VP2结合的细胞表面受体的作用（Ren等，2015）。

病毒摄入是一个复杂的过程，初始步骤是将RNA病毒基因组导入胞浆或DNA病毒基因组导入细胞核。试验表明，IBDV的摄取以巨胞饮作为主要入侵机制，并以Rab5依赖性方式转运至早期内体，该过程与网格蛋白和动力蛋白无关（Gimenez等，2015）。巨胞饮是内吞作用的一种形式，多种细胞在受到刺激时产生膜皱褶，涉及Rho家族GTPases，触发肌动蛋白驱动的膜突起形成、膜突起塌陷并与质膜融合，从而生成大的内体称为巨胞饮体（Conner和Schmid，2003）。因此，IBDV的巨胞饮作用被认为是病毒以受体介导的方式进入和内化的主要途径。在低pH环境下病毒开始脱壳（Galloux等，2007），随后Pep46从病毒衣壳释放到内体中，引起内体通透性增强，促进病毒基因组与VP1逃逸到宿主胞浆中（图7.2）。病毒基因组和VP1（一种RNA依赖性RNA聚合酶）进入细胞浆后，病毒复制的机制很快启动。根据提出的假设，病毒复制和成熟主要在亲/疏双层膜结构体和/或自噬溶酶体的低pH环境中完成，并且病毒粒子被包装于细胞膜内，这有利于与相邻细胞的膜融合，从而大量病毒离子通过细胞间直接快速地传递到宿主细胞（Wang等，2017）。目前，IBDV复制的确切机制仍不清楚，因此有必要揭示IBDV在宿主细胞中复制的详细过程。

### 7.4.3　病毒成分与细胞蛋白的相互作用

IBDV感染细胞后，表达所有病毒蛋白成分以完成复制周期。如上所述，IBDV基因组由两段RNA组成编码VP1至VP5共5种病毒蛋白。这些病毒蛋白在感染细胞的胞浆中表达，与细胞蛋白相互作用发挥特定功能。IBDV基因组编码的病毒蛋白总数相对有限，因此这些蛋白很可能在IBDV感染过程中通过与不同细胞成分结合发挥多种功能（Qin和Zheng，2017）。利用酵母双杂交和免疫共沉淀技术发现，在蛋白水平上病毒成分与宿主细胞凋亡以及细胞因子表达途径相关的蛋白相互作用，具体见图7.3。

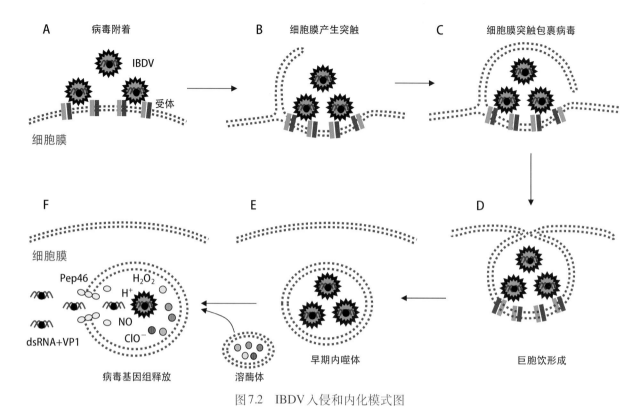

**图7.2 IBDV入侵和内化模式图**

A. IBDV附着于宿主细胞。IBDV感染的第一步是将病毒附着到细胞膜特异性受体（sIgM、chHSP90、α4β1整合素和/或膜联蛋白Ⅱ）。B~D. 巨胞饮的形成。病毒附着刺激细胞膜发生褶皱，Rho家族GTPases激活肌动蛋白驱动膜突触形成，该突触塌陷并与质膜融合生成大的内体，称为巨胞饮。E、F. 内体释放病毒基因组。内体与溶酶体融合，含有酸、氧自由基、酸性水解酶和蛋白酶等（早期内体通过膜上积累V-ATPase的作用变成酸性，这种V-ATPase利用胞质ATP作为能量源将质子（H⁺）转运至腔内）。在溶酶体中，IBDV粒子在低pH条件下被酶切形成Pep46，Pep46在膜上形成孔洞，使IBDV基因组逃逸到胞浆中。

　　VP1是一种IBDV RNA依赖性RNA聚合酶（RdRp）和基因组连接蛋白（von Einem等，2004），与病毒复制效率有关并调节病毒毒力（Liu和Vakharia，2004；Wang等，2013；Yu等，2013）。VP1与真核翻译起始因子（eif）4AⅡ羧基末端结构域相互作用（Tacken等，2004）。最近发现，IBDV感染促进了eIF4AⅡ的表达，并且过表达外源eIF4AⅡ显著抑制了IBDV在DF-1细胞中生长，而通过小RNA干扰沉默eIF4AⅡ表达显著增强了病毒在CEF细胞中复制（Gao等，2017），这表明eIF4AⅡ通过与VP1相互作用抑制其RNA聚合酶活性，并在IBDV复制中起抑制作用。VP1还与一种调节基因表达的RNA结合蛋白细胞核因子45（NF45）相互作用抑制IBDV复制（Stricker等，2010）。通过细胞成分（eIF4AⅡ，NF45）降低VP1 RNA聚合酶活性可能是宿主细胞抑制病毒复制的策略之一。因此，通过降低VP1 RNA聚合酶活性减弱IBDV毒力的方法用于研制疫苗是有可能实现的。

　　VP2是IBDV的一种结构蛋白，作为病毒配体与宿主细胞膜受体结合使病毒附着于宿主细胞是IBDV感染的初始步骤。IBDV感染细胞后表达VP2，通过与细胞蛋白互作而发挥作用。VP2是在IBDV感染细胞中首先发现的能诱导凋亡的成分，在宿主细胞和多种哺乳动物细胞系中也表现出细胞毒性（Fernández-Arias等，1997），但是直到最近才发现VP2通过降解细胞中一种口腔癌过表达蛋白1（ORAOV1）诱导凋亡（Qin等，2017）。利用酵母双杂交，免疫共沉淀和激光共聚焦显微镜技术证实，在IBDV感染期间VP2诱导的细胞凋亡是通过与ORAOV1（一种在宿主细胞中起抗凋亡作用的蛋白）相互作用并降解ORAOV1引起的。IBDV似乎利用VP2降解ORAOV1诱导细胞凋亡来促进其释放。然而，VP2在细胞中的表达会激

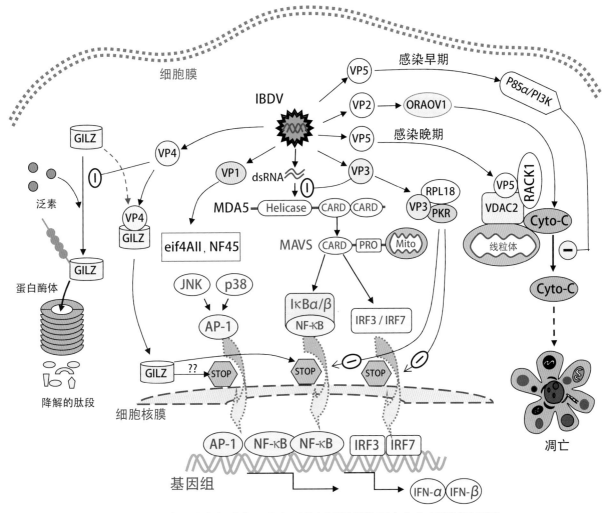

图7.3 病毒蛋白与细胞靶蛋白相互作用诱导细胞凋亡和免疫抑制示意图

　　IBDV感染宿主细胞后，在病毒复制的过程中表达病毒蛋白，病毒蛋白与细胞靶分子互作发挥作用。在IBDV感染早期，VP5通过与PI3K p85α相互作用抑制宿主细胞凋亡，为IBDV复制争取足够时间。由于IBDV扩散需要细胞凋亡，因此在IBDV感染后期，VP5与VDAC2相互作用通过内源性途径细胞凋亡引起细胞凋亡。同时，VP2与ORAOV1相互作用诱导细胞凋亡也有助于IBDV传播。RACK1通过与VDAC2和VP5相互作用抑制细胞凋亡促进IBDV复制。VP4通过与GILZ相互作用抑制宿主细胞Ⅰ型干扰素表达，阻断GILZ泛素化引起的蛋白酶体降解使GILZ积累，高丰度的GILZ抑制转录调控因子NF-κB和AP-1启动的Ⅰ型干扰素的表达，从而有利于IBDV复制。VP3抑制细胞浆中模式识别受体MDA5识别IBDV dsRNA，协助IBDV规避宿主的抗病毒免疫应答。此外，VP3与RPL18和PRK相互作用形成复合物，通过抑制转录调控因子NF-κB和IRF3抑制Ⅰ型干扰素的表达。VP1是IBDV的RNA依赖性RNA聚合酶，与宿主真核翻译起始因子（eif）4AⅡ羧基末端结构域相互作用。VP1还与核因子NF45（一种调节基因表达的RNA结合蛋白）相互作用。VP1与eif 4AⅡ或NF45结合的重要意义需要进一步阐明。

　　AP-1：活化蛋白1；CARD：半胱氨酸蛋白酶活化和募集域；eif：真核翻译起始因子；GILZ：糖皮质激素诱导的亮氨酸拉链蛋白；IRF：干扰素调节因子；JNK：c-Jun-N-末端激酶；MAVS：线粒体抗病毒信号蛋白；MDA5：黑色素瘤分化相关基因5；Mito：线粒体；NF-κB：核因子κ增强子结合蛋白；ORAOV1：编码口腔癌过表达蛋白1；PI3K：磷酸肌醇-3激酶；PKR：双链RNA活化蛋白激酶；RACK1：活化蛋白激酶C1受体；RLR：RIG-Ⅰ样受体；RPL18：核糖体蛋白L18；VDAC2：电压依赖性阴离子通道2。

活自噬（Hu等，2015），这是一种由雷帕霉素（MTOR）激酶依赖性信号通路靶点控制的生理过程，与先天性免疫密切相关（He和Klionsky，2009；Puleston和Simon，2014）。据报道，VP2与病毒受体热激蛋白90（HSP90AA1）相互作用激活AKT-MTOR途径引起自噬（Hu等，2015）。VP2干扰HSP90AA1和AKT

之间的结合，这对维持AKT激酶活性很重要（Sato等，2000）。磷酸化的AKT与HSP90AA1解离是MTOR脱磷酸的原因，并且激活自噬体形成。因此，IBDV诱导的自噬抑制病毒复制被认为是宿主对感染的防御性反应（Hu等，2015）。相反，最近研究发现，IBDV破坏自噬囊泡以促进病毒成熟和释放（Wang等，2017），这表明IBDV也可能诱导自噬有利于生长。这需要进一步研究阐明VP2诱导的自噬在宿主抗IBDV感染产生的免疫应答中发挥的确切作用。

VP3是IBDV的一种支架蛋白，与VP2相互作用并招募基因组dsRNA和VP1形成核糖核蛋白（RNP）复合物，作为转录激活因子（Lombardo等，1999；Tacken等，2002；Ferrero等，2015）在病毒组装过程中起关键作用。据报道，VP3比MDA5在结合IBDV基因组dsRNA方面有更高的亲和力，以逃避先天性免疫（Ye等，2014）（图7.3）。此外，VP3通过阻止PKR介导的细胞凋亡，在确保IBDV复制周期运行中发挥核心作用（Busnadiego等，2012）。此外，宿主细胞核糖体蛋白L4（RPL4）与VP3蛋白相互作用调节IBDV的复制（Chen等，2016）。有趣的是，最近研究表明VP3通过与鸡核糖体蛋白L18（chRPL18）相互作用增强Ⅰ型干扰素表达并抑制IBDV复制，并且VP3、chRPL18和chPKR共同形成影响病毒复制的复合物（Wang等，2018a）。VP3似乎促进IBDV在宿主细胞中复制，但与此同时，VP3也被识别并与细胞蛋白相互作用，从而激活细胞对IBDV感染的免疫应答，这表明病毒成分在病原体-宿主相互作用中发挥双重功能。

VP4是一种非结构蛋白，也是切割多聚蛋白的病毒蛋白酶，当在宿主细胞中表达时，常以微管形式存在（直径为24～26nm），但不是病毒颗粒的一部分（Granzow等，1997）。除了作为病毒蛋白酶有酶活性外，它还作为一种必要的病毒成分，通过与糖皮质激素诱导的亮氨酸拉链蛋白（GILZ）[作为糖皮质激素抗炎作用的转录调控因子（Ayroldi和Riccardi，2009；Ronchetti等，2015）]结合抑制Ⅰ型干扰素的表达（Li等，2013）。由于GILZ抑制核因子kappa增强子结合蛋白（NF-κB）的激活和IL-2的合成（Di Marco等，2007），IBDV VP4很可能通过抑制NF-κB介导的信号转导途径抑制细胞免疫应答。Ⅰ型干扰素的表达受转录调节因子NF-κB调控，在先天性免疫应答中起重要作用（Wang等，2010），因此VP4抑制Ⅰ型干扰素可能是因VP4通过GILZ抑制NF-κB活化的结果，由此导致IBDV引起免疫抑制。进一步深入研究表明，IBDV VP4通过抑制GILZ K48类型泛素化阻止GILZ降解，从而使GILZ积聚并抑制NF-κB的激活。重要的是，VP4抑制IFN-β的表达与抑制GILZ泛素化相关（He等，2018）。因此，IBDV VP4抑制Ⅰ型干扰素表达的机制似乎是VP4通过抑制GILZ泛素化避免GILZ降解，从而使GILZ积聚抑制NF-κB激活，进而抑制Ⅰ型干扰素表达（图7.3）。这些发现揭示了病毒抑制宿主免疫应答中Ⅰ型干扰素表达的新机制。此外，病毒结构蛋白VP3的dsRNA结合能力可能有助于阻断病毒dsRNA与MDA5（一种众所周知的模式识别受体，可识别细胞质中病毒RNA并启动先天性免疫应答）相互作用（图7.3）（Ye等，2014）。这些研究结果表明，IBDV在宿主细胞中的生存至少有两种策略：一是通过VP4结合GILZ抑制Ⅰ型干扰素表达；二是通过VP3阻断MDA5对病毒dsRNA识别。尽管IBDV已经进化为利用VP4介导的先天免疫抑制作为逃避宿主应答的重要策略之一，宿主细胞成分也可能将VP4作为限制病毒生长的靶点。正如试验结果所示，宿主细胞蛋白CypA与VP4相互作用并抑制IBDV的复制（Wang等，2015）。VP4与细胞靶分子相互作用看起来比预想复杂得多，其在细胞免疫应答中的精确作用需要进一步深入研究。

VP5最初是在IBDV感染的细胞中鉴定出的一种非结构蛋白（Mundt等，1995）。该蛋白是病毒在细胞内培养（Mundt等，1997）和鸡体内（Qin等，2010）复制非必需的。研究发现VP5在宿主质膜内的积累诱导细胞裂解（Lombardo等，2000），表明VP5参与IBDV诱导的细胞死亡。利用反向遗传操作系统，Yao和同事在感染VP5缺陷型IBDV突变株的细胞中发现细胞死亡水平降低（Yao等，1998；Yao和Vakharia，2001），证明VP5是诱导细胞凋亡的病毒成分。已经发现有几种细胞蛋白与VP5相互作用，包括PI3K亚基

p85α（Wei等，2011）、电压依赖性阴离子通道2（VDAC2）（Li等，2012）以及活化的蛋白激酶C1受体（RACK1）（Lin等，2015）。研究发现，VP5与PI3K p85alpha相互作用在病毒感染早期抑制细胞凋亡（Liu和Vakharia，2006；Wei等，2011），表明VP5诱导的抗细胞凋亡对IBDV感染早期病毒复制非常重要。然而在IBDV感染晚期，VP5与VDAC2相互作用诱导细胞凋亡以促进病毒释放（Li等，2012）。此外，VP5、VDAC2和RACK1形成复合物调控细胞凋亡（Lin等，2015）。此外，VDAC2在细胞色素c释放和caspase-9或-3激活方面是必不可少的，而抗病毒蛋白RACK1被证明在宿主中起负调控作用（Qin和Zheng，2017）。Qin和同事报道，与亲本毒株相比，IBDV VP5缺陷型突变体减少了对SPF鸡的法氏囊损伤，表明VP5能够引起组织损伤（Qin等，2010）。因此，VP5在IBDV感染早期抑制细胞凋亡以获得足够的复制时间，但在感染后期诱导宿主细胞凋亡以促进病毒释放。这说明IBDV VP5在病毒感染的不同阶段起不同的作用，这取决于VP5与靶蛋白的结合亲和力以及在细胞质中的表达量。在这种情况下，可能需要数学生物学来揭示VP5发挥多种功能的机制。值得注意的是，尽管VP5对于病毒在宿主体内外的复制并非是必需的，但它可能是诱导鸡细胞免疫应答的重要抗原。由于目前对IBDV感染宿主的研究大多集中在体液免疫，因此细胞免疫对IBDV的作用可能被低估。细胞免疫在IBD防控中的作用（尤其是VP5作为抗原在IBDV引起的细胞免疫中的作用）值得研究。

## 7.5 IBDV在宿主细胞中的生存能力

与大多数病原体一样，IBDV进化出多种生存能力，有助于它们在宿主体内顺利复制和传播，包括调控细胞凋亡、细胞自噬和抑制I型干扰素表达等。

### 7.5.1 调控细胞凋亡

细胞凋亡是一种细胞程序性死亡过程，也是IBDV导致鸡法氏囊淋巴细胞大量缺失、造成免疫抑制的原因（Lam，1991，1997；Vasconcelos和Lam，1994，1995）。在IBDV感染期间，除了法氏囊中B细胞迅速受损伤外，鸡脾脏和外周血淋巴细胞的凋亡率也很高（Vasconcelos和Lam，1994；Lam，1997）。IBDV是一种无囊膜的dsRNA病毒，无法利用膜出芽方式释放病毒，但在病毒感染早期利用VP5依赖性非溶出机制，或在感染晚期利用凋亡机制促进病毒释放（Li等，2012；Méndez等，2017；Qin等，2017），表明除VP5外，其他因素可能与IBDV感染引起细胞死亡有关。尤其是VP5缺陷型子代病毒的释放与细胞死亡有关（Méndez等，2017）。试验证据表明，IBDV VP2或VP5诱导细胞凋亡与病毒释放高度相关（Li等，2012；Qin等，2017）。似乎在IBDV感染过程中引起的细胞凋亡是由病毒而不是由宿主启动或操控的，因为破坏宿主细胞有助于病毒生活周期后期的释放（Lombardo等，2000），这显然有利于IBDV而不是宿主。有趣的是，如上所述，在IBDV感染早期VP5与PI3K亚基p85α相互作用抑制细胞凋亡，通过非溶出机制获得足够的复制和释放时间，但在感染晚期与VDAC2相互作用诱导宿主细胞凋亡促进病毒释放。因此，在病毒感染过程中，诱导细胞凋亡的时间需要病毒严格控制，而IBDV已经进化成为具有这种生存能力的病毒。IBDV利用细胞凋亡进行病毒释放似乎是该病毒的生存技能，结构蛋白VP2和非结构蛋白VP5都是IBDV诱导细胞程序性死亡的武器。值得注意的是，在IBDV 5种病毒蛋白中，VP2和VP5充当细胞凋亡的诱导因素，但它们对IBDV诱导的细胞凋亡只起部分作用（Li等，2012；Qin等，2017），其他因素也可能参与了这一凋亡过程。最近研究发现，在IBDV感染早期将IFN-α添加到感染的细胞培养物中会导致大量细胞凋亡（Cubas-Gaona等，2018）。早在1979年一篇有趣的报道称，鸡感染IBDV诱导IFN

的表达，感染致病性 IBDV 的鸡血清中 IFN 含量远远大于感染弱毒 IBDV 的鸡血清，表明细胞凋亡与 IBDV 的毒力有关，这种毒力有助于病毒在宿主细胞中存活。此外，一些 microRNAs 可能在 IBDV 诱导的细胞凋亡中发挥作用。探讨 microRNAs 在 IBDV 感染细胞免疫应答中的作用，有助于对 IBDV 诱导细胞凋亡的全面认识。

### 7.5.2　利用细胞自噬

自噬是一种基本的细胞内自身稳定过程。该过程将隔离和去除蛋白聚集物、受损或多余细胞器等不需要的细胞成分。这些成分随后被降解为氨基酸回收到细胞质中再利用（Gatica 等，2018）。自噬也能隔离和损伤细胞内寄生虫，在先天性和适应性免疫中发挥重要作用（Puleston 和 Simon，2014）。病毒已经进化出各种方法逃避或利用自噬以求得生存。到目前为止，关于在 IBDV 感染中自噬的作用只有两篇报道，但这两篇报道很有趣。研究发现，IBDV VP2 与病毒受体热休克蛋白 90（HSP90AA1）相互作用激活自噬，由于它抑制了病毒复制，因此被认为是宿主抗感染的防御机制（Hu 等，2015）。然而，另外一份研究报告显示，IBDV 破坏自噬囊泡促进病毒成熟和释放，表明 IBDV 可能利用自噬而生存（Wang 等，2017）。IBDV 在宿主细胞中似乎利用细胞自噬而存活。自噬在 IBDV 感染细胞引起的免疫应答中的免疫确切作用有待进一步阐明。

### 7.5.3　抑制 I 型干扰素表达

I 型干扰素，包括干扰素 α（IFN-α）和干扰素 β（IFN-β），在先天性免疫抵抗病毒感染中发挥重要作用（Wang 等，2010）。毫无疑问，在体外和体内试验中 IFN-α 都具有很强的抗 IBDV 活性（Mo 等，2001；O'Neill 等，2010）。早在 1979 年就发现 IBDV 感染鸡诱导 IFN 表达，而致病性 IBDV 感染鸡的血清中 IFN 含量远大于感染 IBDV 弱毒株的鸡血清（Gelb 等，1979），说明 IBDV 诱导 IFN 的表达与 IBDV 的毒力有关。最近研究表明，在 IBDV 感染细胞培养物早期添加 IFN-α 会导致大量细胞凋亡（Cubas-Gaona 等，2018），这表明 IFN-α 表达加剧 IBDV 诱导的细胞凋亡。从病毒进化的角度来看，宿主强烈的炎症反应不利于 IBDV 存活。肿瘤坏死因子（TNF）诱导的 NF-κB 信号转导是宿主对病毒感染天然免疫应答的重要组成部分（Chen 等，2003；Huang 等，2003）。据报道，在 IBDV 感染的鸡组织中检测到促炎细胞因子 TNF-α（Zhang 等，2011），表明 TNF 可能诱导 IBDV 感染宿主的炎症反应。Li 及其同事发现，IBDV 感染宿主细胞后，在转录水平上抑制 TNF 诱导的 IFN-α、IFN-β 和 NF-κB 的表达，而细胞中 VP4 的表达抑制 TNF 诱导 IFN-α、IFN-β 和 NF-κB 启动子的激活（Li 等，2013）。此外，研究数据表明，VP4 通过与 NF-κB 信号抑制因子 GILZ 相互作用参与 IBDV 抑制 IFN-α 的表达。最近一篇文章揭示了 VP4 抑制 IFN-α 的潜在机制，这表明 VP4 通过抑制 GILZ K48 类型泛素化抑制 I 型干扰素的表达，从而使 GILZ 避免被泛素 - 蛋白酶体途径降解并抑制 IFN-α 的 NF-κB 表达（He 等，2018）。由于 I 型干扰素是抗 IBDV 的关键细胞因子（O'Neill 等，2010），VP4 通过与 GILZ 结合抑制 I 型干扰素应答，为病毒在细胞中存活和复制提供了有利条件。最近研究表明，鸡 microRNA（gga-miR-142-5p）通过直接靶向 chMDA5 的 3′ 非翻译区来减弱 IRF7 信号转导并促进 IBDV 的复制（Ouyang 等，2018）。似乎 IBDV 感染后通过病毒组分 VP4 和细胞内 miRNA-142-5p 抑制 I 型干扰素的表达。然而，目前 IBDV 诱导细胞 miRNA 表达的机制尚不清楚。

### 7.5.4　宿主对 IBDV 感染的先天性免疫应答

天然免疫是宿主抵御病原感染的第一道防线。禽类天然免疫系统具有广泛的抗病原防御机制，由多种免疫效应细胞、蛋白质和抗菌肽组成（Cuperus 等，2013）。防御素是一类具有独特的 β- 折叠特征和6个二硫键半胱氨酸骨架的小抗菌肽家族（Ganz等，1990；Kagan等，1994；Ganz，2003），存在于所有动物中，构成了抵抗病原天然免疫的主要部分。除抗菌活性外，防御素还参与免疫调节（Ganz，2003；Cuperus等，2013）。目前，在鸡体内至少检测到25种不同的鸡β-防御素（Lynn等，2007；Hellgren和Ekblom，2010；Cuperus等，2013）。由于β-防御素抗菌活性主要归因于诱导膜形成孔杀死病原（革兰氏阳性和阴性细菌、真菌甚至囊膜病毒）（Ganz，2003；Cuperus等，2013），IBDV作为一种无囊膜dsRNA病毒，并没有直接受到β-防御素太大的影响。有趣的是，单独用编码IBDV VP2基因的DNA疫苗免疫鸡，比用IBDV VP2基因和鸡β-防御素-1（AvBD1）基因免疫鸡的保护率低，表明AvBD1对提高IBDV VP2-DNA疫苗效力具有佐剂作用（Zhang等，2010）。此外，口服鸡肠道抗菌肽（CIAMP）可提高鸡接种IBDV疫苗后抗IBDV的抗体滴度，表明CIAMP可调节鸡对IBDV的体液免疫应答（Yurong等，2006）。巨噬细胞在先天免疫中起核心作用，鸡脾细胞感染IBDV后会激活巨噬细胞，从而以p38 MAPK和NF-κB途径增强巨噬细胞产生NO、IL-8和COX-2（Khatri和Sharma，2006）。巨噬细胞表达炎症介质NO、IL-8和COX-2增强了IBDV感染时的法氏囊炎症反应。有趣的是，禽巨噬细胞系（NCSU）感染经典IBDV（cvIBDV）和抗原变异IBDV（vaIBDV）后，经复制1个周期子代病毒就能感染DF-1细胞（鸡胚成纤维细胞系）（Khatri和Sharma，2007），这表明IBDV在巨噬细胞中的复制改变了子代病毒的嗜性。NCSU细胞培养的子代病毒嗜性变化的遗传基础有待于研究确定。

### 7.5.5　宿主模式识别受体识别IBDV病原相关分子模式

病原相关分子模式（PAMPs）是被宿主模式识别受体（PRRs）识别的独特微生物结构（Janeway，1989）。PRRs是重要的识别受体，识别入侵病原和启动宿主对病原感染的天然免疫应答。在脊椎动物中已经鉴定出至少6个PRRs家族，包括Toll样受体（TLRs）、核苷酸寡聚结构域（NOD）蛋白样受体（NLRs）、视黄酸诱导基因Ⅰ（RIG-Ⅰ）样受体（RLRs）、C型凝集素受体（CLRs）、AIM2样受体（ALRs）和cGAS-STING。这些受体要么与膜结合，要么存在于细胞质中识别入侵病原的特异结构。微生物结构通常是进化上保守的分子成分，对病原体生存至关重要，但在宿主中却没有，例如微生物核酸、脂多糖（LPS）、脂蛋白、细菌鞭毛蛋白和酵母多糖。IBDV感染宿主细胞后通过鸡体内的TLR3和胞浆中黑色素瘤分化相关基因-5（MDA5）识别病毒dsRNA，启动抗病毒免疫应答（Lee等，2014；Zhang等，2016；He等，2017）。据研究发现，鸡MDA5识别IBDV激活chMDA5相关的先天免疫应答基因（IRF-3、IFN-β和PKR等），并上调鸡主要组织相容性复合体（MHC，鸡MHC被指定为B）Ⅰ类分子的表达（Lee等，2014）。然而，IBDV VP3蛋白与chMDA5（MDA5依赖的信号通路抑制抗病毒反应）竞争结合IBDV的dsRNA（Ye等，2014）抑制宿主抗病毒反应。有趣的是，对IBDV易感性高的鸡，其先天性免疫应答能力强，在强毒IBDV（vIBDV）感染后出现更快、更严重的病变和死亡；而对IBDV易感性低的鸡则相反，但在IBDV诱导特异性体液免疫方面，鸡的遗传背景没有显著差异（Aricibasi等，2010）。这表明患病结果主要由不同遗传背景鸡的先天性免疫而不是适应性免疫应答决定。后期研究结果证实，编码鸡PRRs的基因，例如chTLR1 1型和2型（Ruan和Zheng，2011）、chTLR2 1型和2型（Ruan等，2012b）和chTLR5（Ruan等，2012a），在鸡不同品种间PRRs对PAMPs的识别区域具有多态性，这表明不同品种的鸡识别入侵病原的敏感性不同。这些信息为今后家禽育种和品种改良提供了重要启示。此外，gga-miR-142-5p通过IRF7依赖性信号转导途径抑制chMDA5表达并促进IBDV在DT40细胞中复制（Ouyang等，2018）。因此，chMDA5对IBDV dsRNA的识别可能受多种因素调控。今后需要更多工作研究鸡PRRs对IBDV感染的识别机制。

## 7.6　细胞微RNA（microRNA, miRNA）在宿主抗IBDV感染免疫应答中的作用

miRNA是由20～24个核苷酸组成的非编码小RNA，是一个大家族，通过影响靶基因转录后mRNA的降解和翻译调控真核基因的表达。动物miRNA的生成涉及多个加工步骤，文献中对此进行了详细阐述（Wang等，2007；O'Connell等，2012；Clayton等，2018）。简而言之，miRNA从基因组中转录产生原初miRNA（pri-miRNA），并通过核RNase Ⅲ酶Drosha和相关因子Pasha/DGCR8进一步加工成前体miRNA（pre-miRNA）。这些pre-miRNA被运输蛋白Exportin 5（XPO5）和Ran-GTP主动转运到细胞质中，在细胞质中被蛋白复合体成分RNase Ⅲ酶Dicer进一步加工，产生成熟的miRNA的蛋白复合物的成分。然后功能性miRNA单链选择性地装载到Argonaute蛋白上，并与其他蛋白（如GW182）一起形成RISC。成熟的miRNA引导RISC至同源靶基因mRNA，通过促进去腺苷化和降解mRNA或抑制翻译沉默靶基因表达。miRNAs通过碱基配对方式与靶基因3′UTR结合，当与靶基因3′UTR仅部分互补时，miRNAs作为翻译抑制剂；而当完全互补时，miRNAs作为mRNA降解诱导因子。在特定条件下，miRNAs通过与靶基因5′UTR非典型位点结合来激活翻译。miRNAs参与多种生物学过程，包括癌症发展和分化（Lu等，2005）、细胞增殖和分化（Zhou等，2007；Trajkovski和Lodish，2013）、细胞周期和凋亡（Guo等，2009；Tian等，2017）、免疫调节和病毒感染（Zhu等，2015；Fu等，2018a）。在IBDV感染DF-1细胞后，根据KEGG和GO通路数据库分析发现，参与主要抗病毒途径的296个miRNAs有差异表达（Fu等，2018a）。其中，214个鸡miRNAs（gga-miRNAs）参与JAK-STAT信号通路，207个gga-miRNAs参与TLR介导的信号通路，164个gga-miRNAs参与RLR（MDA5）受体介导的信号通路，244个gga-miRNAs参与细胞因子-细胞因子受体信号通路。该数据说明，gga-miRNAs参与IBDV感染引起的细胞中的免疫应答。gga-miR-130b通过靶向作用于IBDV基因组A片段特定序列抑制IBDV的复制（图7.4），并通过靶向作用于宿主细胞中细胞因子信号转导抑制因子5（SOCS5）增强IFN-β的表达（Fu等，2018a）。SOCS5是SOCS家族的成员。该家族又称为STAT诱导STAT抑制剂（SSI）蛋白家族，包含8个成员，SOCS1至SOCS 7和CIS蛋白。SOCS蛋白是细胞因子和生长因子信号转导的关键负调控因子。gga-miR-130b靶向作用于SOCS5并抑制其表达，进而增强STATs的mRNA表达。由于STATs参与调控Ⅰ型干扰素的表达，而Ⅰ型干扰素在宿主抗病毒反应中发挥主要作用，因此gga-miR-130b通过抑制SOCS5增强STAT的表达，抑制IBDV复制。同样，gga-miR-454通过直接靶向作用于IBDV基因组B片段和SOCS6抑制IBDV的复制（Fu等，2018b），gga-miR-155通过靶向作用于SOCS1和TANK增强IFN-β表达并抑制IBDV的复制（Wang等，2018b）。这说明miRNAs通过直接靶向作用于病毒基因组和/或抗病毒信号通路的负调节因子抑制IBDV复制。因此，gga-miR-130b、gga-miR-454和gga-miR-155在宿主抗IBDV感染中起至关重要的作用。相反，gga-miR-9*通过靶向作用于干扰素调节因子（IRF）2抑制IFN的产生并促进IBDV复制（Ouyang等，2015）；gga-miR-2127通过靶向作用于鸡p53（chp53）3′UTR并下调其表达，抑制chp53介导的抗IBDV反应促进IBDV复制（Ouyang等，2017）；而gga-miR-142-5p通过直接靶向作用于chMDA5 3′非翻译区减弱IRF7信号转导促进IBDV复制（Ouyang等，2018）。这说明gga-miR-9*、gga-miR-2127和gga-miR-142-5p抑制宿主防御有利于病毒复制。似乎不同的miRNAs在宿主抗IBDV感染的免疫应答中发挥不同的作用甚至相反的作用（图7.4）。然而，启动miRNA表达的精确机制以及miRNA调控细胞抗IBDV感染的免疫应答机制仍不十分清楚。

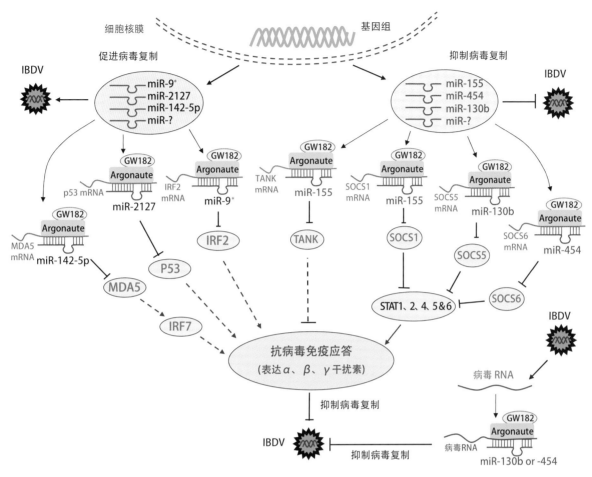

图7.4 鸡miRNAs在宿主抗IBDV感染免疫应答中的作用示意图

如文中简述，miRNAs的生物合成涉及多个步骤。功能性miRNAs选择性地装载到Argonaute蛋白上，并与其他蛋白（如GW182）一起形成RISC，成熟miRNAs引导RISC识别同源靶基因降解mRNA或抑制翻译。IBDV感染后，细胞表达miRNAs（miR-155、miR-130b和miR-454等）靶向作用于宿主免疫应答负调控分子SOCS1、SOCS5、SOCS6和TANK的转录本，增强干扰素的表达抑制IBDV的复制。此外，鸡miR-130b和miR-454直接靶向作用于IBDV的RNA，抑制病毒复制。相反，鸡miR-9*、miR-2127和miR-142-5p分别靶向作用于IRF2、p53和MDA5 mRNA（免疫应答和模式识别受体的正向调节因子），抑制宿主先天抵抗力，有利于病毒复制。

gga-miRNA：鸡miRNA；IRF：干扰素调节因子；MDA5：黑色素瘤分化相关基因5；miRNA或miR：microRNA；SOCS：细胞因子信号转导抑制因子；STAT：信号转导及转录激活因子；TANK：TRAF家族成员相关NF-κB激活因子。

## 7.7 宿主抗IBDV感染的适应性免疫应答

适应性免疫应答主要由B淋巴细胞和T淋巴细胞执行。血清Ⅰ型IBDV毒株的主要靶细胞是法氏囊中增殖的B淋巴细胞。法氏囊是家禽的中枢免疫器官，负责B淋巴细胞的发育和成熟。因此，IBDV引起B淋巴细胞凋亡直接导致法氏囊B细胞快速损失，破坏鸡免疫系统。除法氏囊B细胞迅速损失外，鸡脾脏和外周血淋巴细胞在IBDV感染过程中也发生凋亡。T淋巴细胞在感染过程中似乎对IBDV不易感（Ramm等，1991），但在保护鸡免受IBDV感染方面起关键作用。

### 7.7.1 抗IBDV的体液免疫应答

法氏囊作为家禽的中枢免疫器官，负责B淋巴细胞的发育和成熟，因此法氏囊的任何损伤都会影响鸡对抗原的体液免疫应答。法氏囊是IBDV的靶器官，因此鸡感染血清 I 型IBDV后引起增殖B细胞严重凋亡损伤法氏囊。试验证据表明，用致死剂量IBDV强毒株Cu-1感染鸡后（Käufer和Weiss，1980；Schat等，1981），被切除法氏囊的鸡没有发病，说明法氏囊是IBDV感染和致病所必需的。试验感染 I 型IBDV毒株的潜伏期通常为2～3d，然后急性期持续大约1周。在此期间法氏囊受到严重损伤，导致免疫抑制，康复鸡对继发感染的易感性增加（Sharma等，2000；Subler等，2006；Mahgoub等，2012）。在急性期幸存鸡的血清中可检测到抗IBDV的特异性抗体，这表明IBDV感染引起鸡体液免疫应答。用IBDV减毒或灭活疫苗免疫鸡引起强烈的体液免疫应答，因为在免疫鸡的血清中可以检测到高水平特异性抗IBDV抗体，并且抗体滴度与保护作用相关（Nakamura等，1994），说明体液免疫应答在保护鸡抗感染中起至关重要的作用。尽管IBDV减毒活疫苗株引起法氏囊滤泡出现短暂的细胞损失，随后会出现B细胞补充和组织再生，法氏囊中补充的B淋巴细胞功能活跃，法氏囊再次充当有效的中枢淋巴器官，为B细胞的发育提供适当的微环境（Iván等，2001）。根据临床观察，IBDV感染鸡引起免疫抑制主要表现在病毒复制期和法氏囊滤泡补充B淋巴细胞完成之前，但是一旦完全恢复，这些鸡的血清中就会有抗IBDV的高滴度特异性抗体，对其他病原的免疫应答也表现正常。然而，如果病毒仍然在感染的鸡群中传播，那么一定数量的鸡可能会遭受亚临床感染，导致免疫抑制。

### 7.7.2　抗IBDV的细胞免疫应答

胸腺是中枢免疫器官，是T淋巴细胞发育和成熟的场所。切除胸腺的鸡对IBDV灭活疫苗的体液免疫应答差，免疫后不能得到很好保护，这表明辅助性T细胞在产生保护性抗体的B淋巴细胞激活过程中是必需的（Rautenschlein等，2002b）。鸡感染血清 I 型IBDV毒株后能诱导促炎性细胞因子IL-1β、IL-6、CXCLi2以及Th1细胞因子IL-2和IFN-γ的表达，但不能诱导 I 型干扰素的表达，这表明IBDV感染引起了促炎症反应，也引起了细胞免疫应答（Eldaghayes等，2006）。然而，与B细胞不同的是，CD4或CD8 T淋巴细胞不能感染IBDV，但可以通过TCR识别抗原递呈细胞（APC）（如巨噬细胞、树突状细胞或B细胞）MHC（鸡MHC也被指定为B）- II 或MHC- I 递呈的病毒抗原表位，APC通过巨胞饮或吞噬作用内吞IBDV。活化的CD4或CD8 T淋巴细胞，特别是细胞毒T淋巴细胞（CTL，活化的CD8T细胞）呈指数级扩增，并产生大量的子代效应T细胞，其作用类似于全副武装的士兵。这些CTL士兵识别和破坏IBDV感染的细胞，使侵入细胞内的病毒暴露并被循环特异性抗体中和。据研究发现，与胸腺细胞完整的对照鸡相比，细胞免疫受损伤的鸡体内IBDV抗原载量增加，炎症反应减弱，法氏囊细胞凋亡和细胞因子（IL-2和IFN-γ）表达下降，但法氏囊内的T细胞促进法氏囊组织损伤并延迟组织恢复（Rautenschlein等，2002a），说明T细胞参与鸡法氏囊抗IBDV感染的炎症反应。此外，对巨噬细胞适应的IBDV毒株引起鸡细胞免疫应答的能力增强（Khatri和Sharma，2008），说明鸡的细胞免疫应答与IBDV毒株有关。人们了解到的有关抗IBDV感染细胞免疫应答的知识非常有限，尚未确定IBDV病毒成分中引起T细胞活化的保护性优势抗原表位。总体而言，细胞免疫在鸡抗IBDV感染免疫应答中的作用非常重要，但仍需要进一步研究阐明。

### 7.8　IBDV对鸡免疫应答的抑制作用

如上所述，法氏囊是家禽的中枢免疫器官，负责B细胞的发育和成熟以及抗体产生的多样性，对法氏囊的任何破坏都会影响鸡对抗原的体液免疫应答。抑制鸡的体液免疫是IBDV感染的最显著特征。由于法氏囊是IBDV的靶器官，而IBDV感染可引起法氏囊中增殖期的B淋巴细胞凋亡，直接导致法氏囊皮质和髓质以及外周血和胸腺髓质中B淋巴细胞快速持续丧失，造成体液免疫抑制，使鸡容易发生继发性感染。

IBDV抑制鸡免疫应答可能有多种机制。IBDV在感染急性期采取多种策略抑制抗病毒免疫应答，包括抑制Ⅰ型IFN表达和MDA5依赖性信号转导、劫持自噬囊泡以及诱导宿主细胞凋亡，这些策略促进了病毒在法氏囊中的复制和传播。研究结果表明，感染鸡的先天性和适应性免疫应答均受到抑制，即使患病后恢复的鸡免疫系统也可能无法完全发挥功能，导致接种其他疾病疫苗后产生抗体减少，更容易发生继发感染。值得注意的是，用IBDV活疫苗接种鸡可能造成法氏囊或多或少的损伤，从而可能降低NDV或AIV疫苗接种后预期的抗体滴度。

## 7.9 免疫防控

IBD仍然对全球家禽业构成严重的经济威胁。IBDV具有高度接触传染性和抵抗消毒剂灭活的能力。一旦在鸡群中发生IBD，病毒就会持续存在，甚至感染鸡被转移后，病毒在鸡舍中仍会保持感染性达数月之久或更长时间。预防和控制这种疾病需要接种疫苗。在卫生管理严格的家禽饲养场，用疫苗免疫鸡控制该病证明是很成功的，但也并非总是如此，因为在鸡群中经常发现一些病鸡与IBDV感染有关，甚至有IBD疫情暴发。虽然该病在疫苗接种的鸡群中意外暴发的原因还不清楚，但IBDV VP2高变区的基因突变可能是免疫压力所致，导致该病疫苗接种失败。当然，从外界传入接种疫苗鸡群中的vvIBDV或IBDV变异株始终是家禽养殖场的头号威胁。迄今为止，已经开发出多种疫苗并商业化应用，例如减毒活IBDV疫苗、灭活IBDV疫苗、IBDV免疫复合物疫苗、基因工程疫苗和亚单位疫苗。DNA疫苗由于其储存和运输的便利性，在传染病防治中有着广阔的应用前景，但其效果却远未达到预期。目前发现用DNA疫苗免疫动物需要加强免疫，其中要有一次以DNA疫苗编码的蛋白抗原进行加强免疫。以DNA疫苗进行初次免疫，再以灭活疫苗加强免疫，可给鸡抗IBDV感染提供满意的保护效果（Hsieh等，2007）。然而，用携带VP2基因的DNA疫苗接种鸡仅能对强毒IBDV（vIBDV）感染提供75%的保护（Pradhan等，2014）。当前，还没有一种商业DNA疫苗可用于鸡的疾病防控。

### 7.9.1 IBDV减毒活疫苗

IBDV减毒活疫苗是目前预防和控制IBD的常用疫苗。这类疫苗通常是将引起IBD暴发的野生型分离株在组织培养或鸡胚胎中连续传代使毒力致弱而研制的。然而，活疫苗的接种时机非常关键，因为母源抗体或鸡体内抗IBDV循环抗体可以中和疫苗。如果疫苗接种的时机不当，抗IBDV抗体效价则不能达到理想水平，为确保鸡群安全还需要重新接种。需要指出的是，在用弱毒疫苗株免疫鸡后，vvIBDV仍然可以感染含有抗体的鸡，尽管使用中等毒力的毒株可以提供保护，但这种疫苗比弱毒株对法氏囊造成的损伤更严重（Müller等，2003），从而在一定程度上导致免疫鸡出现免疫抑制，影响对其他疫苗的免疫应答，例如新城疫或禽流感疫苗。接种减毒活疫苗的潜在危险后果之一是可能存在毒株毒力返强，或IBDV疫苗株和流行的野生型毒株重组产生新的毒株。

### 7.9.2 IBDV灭活疫苗

用于研制IBDV灭活疫苗的IBDV毒株通常在IBD暴发的患病鸡中分离得到。IBD灭活疫苗必须具有较高抗原含量（浓缩IBDV），才能诱导成年鸡产生较强体液免疫（母源抗体），从而保护子代免受IBDV感染。

由于母源抗体在刚孵出的雏鸡中可以中和接种的IBDV活疫苗，因此用IBDV活疫苗接种雏鸡的时机是影响免疫应答的关键因素。与IBDV活疫苗相比，IBDV灭活疫苗的效果不受鸡体内循环抗体的影响，但只有在ISCOM、脂质体或皂苷等特殊佐剂诱导交叉递呈的情况下才能引起T细胞免疫应答，这种佐剂能直接帮助抗原进入宿主细胞浆中。使用IBDV灭活疫苗最有效的方法是根据初免-加强免疫程序进行，使用IBDV减毒活疫苗作为初免疫苗（Müller等，2012），再以IBDV灭活疫苗对成年鸡进行免疫产生较强的体液免疫应答，以保护子代免受IBDV感染。

### 7.9.3　IBDV免疫复合物疫苗

使用免疫复合物疫苗（ICX）免疫动物的最初想法可以追溯到120年前，当时Theobald Smith于1907年提出毒素-抗毒素混合物可以免疫人抵抗白喉（Behring 1967），此后由体液免疫理论的创始人，也是第一位诺贝尔生理学或医学奖得主Emil von Behring将这一想法付诸实践。Behring将白喉毒素与抗毒素（抗毒素抗体）混合物作为白喉疫苗用于人接种，在防控白喉方面取得了巨大成功。与IBDV活疫苗相比，IBDV免疫复合疫苗有利于巨噬细胞和树突状细胞通过Fc受体介导的吞噬作用。在这种情况下，可以尽可能避免IBDV诱导法氏囊滤泡中的B细胞凋亡和耗竭。试验证据表明，与天然IBDV活疫苗（未加抗体形成复合物）免疫的雏鸡相比，接种IBDV Icx的鸡法氏囊和脾脏B淋巴细胞的耗竭显著减少（Jeurissen等，1998）。此外，IBDV-Icx疫苗在卵内接种诱导脾产生更多的生发中心，大量的IBDV分布在脾和法氏囊滤泡的树突状细胞上。IBDV-Icx可以减轻对法氏囊的损伤，保持其免疫原性，因此在疫区值得尝试中等毒力IBDV-Icx控制IBD。

### 7.9.4　VP2相关疫苗（亚单位和病毒载体疫苗）

VP2是IBDV的一种结构蛋白，是与宿主细胞膜上受体结合的病毒配体，以利于病毒附着。这是IBDV感染的关键步骤。IBDV VP2特异性抗体效价与保护鸡抗强毒IBDV攻击有关（Nakamura等，1994），说明VP2带有中和抗原表位。因此，VP2作为一种很有前途的免疫原，像一位耀眼的明星，在研制防控IBD疫苗领域受到广泛关注。为了将重组VP2作为免疫原保护鸡抗IBDV感染，人们使用了很多种不同的表达系统，包括细菌、真核生物、植物及昆虫等，如酵母（Macreadie等，1990；Pitcovski等，2003；Arnold等，2012）、杆状病毒（Vakharia等，1994b；Pitcovski等，1996；Yehuda等，2000；Ge等，2015）、大肠杆菌（Omar等，2006；Jiang等，2016）、乳酸菌（Liu等，2018）、家蚕（Xu等，2014）、拟南芥（Wu等，2004）、水稻（Wu等，2007）和烟草（Wu等，2007）。用重组VP2免疫鸡后获得了一定的保护作用（Pitcovski等，1996，2003；Omar等，2006），但是VP2亚单位疫苗的佐剂对提高VP2的免疫原性非常重要。除常规佐剂外，还有一些细胞因子，例如IL-2（Liu等，2005；Wang等，2010）、IL-6（Sun等，2005）、IL-7（Cui等，2018）、IL-12（Su等，2011）和IL-18（Li等，2013）单独作为佐剂或与VP2融合重组表达用作佐剂，可以增强VP2免疫应答的成功率，将来有望作为VP2亚单位疫苗的商品化佐剂。目前已经构建了多种表达VP2的病毒载体，并对其抗IBDV感染的保护作用进行了研究。这些病毒载体来源于其他禽病活疫苗毒株，通过分子生物学方法将IBDV vp2基因插入其基因组，在病毒复制过程中表达重组VP2，表达VP2的病毒载体可同时作为抵抗IBD和病毒载体相关疾病的疫苗。据报道，已经有多种表达VP2的病毒载体成功地保护鸡免受IBDV感染，包括禽痘病毒（Bayliss等，1991；Heine和Boyle，1993；Butter等，2003）、金丝雀痘病毒（Zanetti等，2014）、火鸡疱疹病毒（HVT）（Darteil等，1995；Roh等，2016）、禽腺病毒（Sheppard等，1998；Francois等，2004）、马立克病病毒（MDV）-CVI-988株（Tsukamoto等，1999）、MDV 1型（MDV1）疫苗株（Li等，2016）、NDV LaSota株（Huang等，2004）和NDV F菌株（Dey等，2017）。目前，一些表达VP2的病毒载体如HVT-VP2疫苗已上市，并在临床上用于控制MD和IBD。研制表达VP2的病毒或细菌载体很有必要，也非常有前景，它将为一次注射控制两种禽病提供方法。

## 7.10　展望

　　尽管在1962年IBD最初是作为"Gumboro病"出现已经有50多年的历史，但它仍继续威胁着全世界的养禽业。IBDV是一种对消毒剂具有高度抗性的dsRNA病毒，在基因组中易发生突变，特别是在免疫压力下，导致免疫鸡群中出现新的强毒株。IBDV是唯一已知感染和破坏法氏囊（适应性免疫核心组成部分）B淋巴细胞的禽类病原。在不同类型的IBDV疫苗中，IBDV活疫苗被广泛用于防控IBDV感染，尤其是在IBD流行地区。然而，目前使用的活疫苗通常是通过组织细胞培养或胚胎连续传代研制的，对法氏囊或多或少造成损害导致免疫抑制，继而增加对其他微生物疾病的易感性，以及造成常见疫病如禽流感（AI）、新城疫（ND）、传染性支气管炎（IB）等疫苗免疫失败。因此，最理想的疫苗是无免疫抑制作用的IBDV活疫苗。近年来，在IBDV与宿主相互作用以及miRNA在宿主抗IBDV免疫应答中的作用方面取得的研究进展，为研制新型疫苗提供了新思路，这种理想的新型疫苗应该既能保持免疫原性又不损伤法氏囊。在IBDV感染的致病机制中仍然有一些谜团需要解析，包括IBDV在宿主细胞中的复制机制，病毒成分在宿主免疫应答中的作用和机制，细胞miRNA抗IBDV感染应答的启动等。人们对IBDV感染的致病机制了解得越多，就越接近通过反向遗传操作系统或其他现代技术成功研发出最佳的疫苗。

「■ 致　谢」

　　这项工作得到了国家自然科学基金（＃31430085）现代农业产业技术研究体系基金（＃NYCYTX-41）的资助。

（段雪岩 译，郑世军 校）

参考文献

# 8　禽白血病病毒

Yongxiu Yao and Venugopal Nair*

英国，萨里皮尔布莱特研究所，病毒致癌研究小组

Viral Oncogenesis Group, Pirbright Institute, Surrey, UK.

*通讯：Venugopal.nair@pirbright.ac.uk

Http://doi.org/10.21775/9781912530106.08

## 8.1　摘要

　　白血病/肉瘤（leukosis/sarcoma，L/S）群疾病具有传染性，是由逆转录病毒科禽白血病病毒（avian leukosis viruses，ALV）感染所致，表现为众多良性和恶性肿瘤疫情，例如淋巴细胞性白血病、髓样白血病及红细胞性白血病。近几十年来大量的研究揭示了这些病毒的生物学特性及其致病机制，也引起了人们对该病的关注。禽白血病病毒的特性在于它具有逆转录酶，可以驱动前病毒DNA的合成，并在病毒复制期间整合到宿主基因组中，通过类似*c-myc*原癌基因插入激活致癌基因的方式或者以转导致癌基因的方式诱发疾病。与禽白血病病毒感染相关的疾病分布广泛，且可以导致肿瘤发生和亚临床感染以及造成生产性能丧失，最终造成巨大的经济损失。感染鸡的禽白血病病毒从属于6个囊膜亚群，分别是A、B、C、D、E（内源性逆转录病毒）和J亚群，从分布和诱发疾病的角度来看，A、B和J亚群是6个亚群中最主要的3个亚群。A和B亚群主要与淋巴细胞性白血病有关，J亚群则主要诱发髓样白血病，且后者是最近在某些国家，如中国所发生的主要疾病类型。由于禽白血病病毒既可以水平传播，也可以从感染母鸡以垂直传播方式进入胚中，因此控制其传播的主要方式就是依靠阻断病毒的传入，以及借助检测诊断技术发现并切断感染循环，进而实现对疫病的清除。基于特定受体序列的发现，鸡对禽白血病病毒感染具有遗传抗性，而在近期基因组编辑技术的进步则为利用遗传抗性防控禽白血病病毒提供了可能。

## 8.2　简介与历史

　　逆转录病毒科的病毒感染鸡可以引发众多白血病/肉瘤（L/S）群疾病，包括多种具有传染性的良性和恶性肿瘤病（Fauquet，2005）。"白血病/白细胞生成组织增生"这个词囊括了多种由禽白血病病毒（ALV）

感染所致的白血病样增生性疾病，即导致造血系统中不同种细胞增生性的疾病。之所以使用"白血病/白细胞生成组织增生"这个词，是因为白血病血象并不总是表现出来。造血系统内部出现的成瘤变化包括淋巴细胞生成系统（淋巴性）、红细胞生成系统（红细胞性）及骨髓细胞生成系统（骨髓细胞性）的肿瘤形成。白血病的临床表现通常是非特异的（食欲不振/废绝、虚弱、消瘦、腹泻、白冠等）。尽管髓样白血病在近期变得愈发流行，但淋巴细胞性白血病仍然是田间鸡群中白血病/肉瘤（L/S）群疾病最常见的发病类型。

鸡群感染禽白血病病毒会产生十分重要的经济影响，而这也是实际生产中最为常见的鸡群感染白血病/肉瘤（L/S）群疾病的情况。由禽白血病病毒感染诱发的疾病所造成的经济损失主要包括两个方面：①肿瘤致死率为1%～2%，个别群体的损失甚至高达20%。②禽白血病病毒可造成绝大多数鸡群的亚临床感染，进而导致一系列主要生产性能如产蛋率和鸡蛋质量的下降（Gavora等，1980，1982；Gavora，1987）。据估算，由于禽白血病病毒感染所诱发的肿瘤致死及生产性能下降每年都会造成数百万美元的经济损失（Nair和Fadly，2013）。近期病毒在一些国家（如中国）的流行，对该地区的养禽业造成了巨大的经济损失（Gao等，2010，2016；Payne和Nair，2012）。

最早的几篇有关禽白血病的报道，一则见于1868年由Roloff（1868）对一例淋巴肉瘤病案例的描述，还有一则来自1896年由Caparini（1896）对一例禽白血病案例的描述。1905年，Butterfield在美国做出了非白血病性淋巴组织增生的诊断（Butterfield，1905）。1908年，在哥本哈根工作的Ellermann和Bang创立了病毒肿瘤学，因为他们通过对鸡接种无细胞滤液实现了对成红细胞性白血病及成髓细胞性白血病的传播（Ellermann和Bang，1908）。

Ellermann（1921）还对禽白血病的病理形式做了更进一步的分类，而分类的核心原则至今都在沿用。他在其著作《禽白血性增生和白血病问题》（Ellermann，1921）中做了如下的分类描述：①淋巴细胞性白血病伴随成淋巴细胞的增生；②成髓细胞性白血病伴随白血病症及"成髓细胞"的总体性增生，包括中幼粒细胞增生、大单核细胞增生及异核细胞（poikilo nuclear cell）增生；③血管内淋巴细胞白血病涉及的淋巴样细胞即红细胞，因此其血管内的病理形式就是红细胞性白血病。

20世纪的头十年，在纽约工作的Peyton Rous也在从事禽肉瘤疾病传播能力的研究。1909年，他成功地将梭形细胞肉瘤从一只母鸡移植到了另一只母鸡体内，随后这一可移植的肿瘤表现出了可以通过无细胞滤液传播的能力（Roush，1911）。之后的20年，一些研究人员又证实了有大约20种可移植的禽肿瘤具有可滤过性（Claude和Murphy，1933）。20世纪20—30年代，一些知名的研究人员进行了大量有关禽白血病传播的研究，其中包括美国的Furth（1933）、匈牙利的Jármai（1933）、丹麦的Engelbreth-Holm（Engelbreth-Holm，1931，1932；Engelbreth-Holm和Rothe-Meyer，1932）、法国的Oberling和Guérin，而同期也分离出了众多禽白血病病毒毒株（Burmester和Purchase，1979）。而一个重要的问题出现了：是同一病原还是不同病原引发了上述三种形式的白血病？通常无论是单发还是并发，红细胞性白血病和髓样白血病是比较容易传播的，而淋巴细胞性白血病则不容易传播。不过Furth提供了淋巴细胞性白血病可通过滤过液传播的证据（Furht，1933），而Burmester和其同事在1946—1947年所做的传播实验则对该病理形式的病毒做了病原学方面的确认（Burmester，1947；Burmester和Cottral，1947；Burmester和Denington，1947）。

早期大多数有关禽白血病和肉瘤疾病的研究工作都是受基础科学和医学兴趣的驱使所开展的。但1920—1940年，伴随美国和其他地区养禽业的扩张，一些所谓的"禽白血病综合征"给行业带来了越来越多的损失。以美国的赠地学院（Land-grant College）和州农业站为主体的研究机构，开展了一些旨在实际控制这些疾病的研究（Burmester和Purchase，1979）。由于涵盖了神经淋巴瘤白血病综合征（马立克病）

以及与本病有关的且流行率日益增加的内脏淋巴瘤，因此对本病的界定变得复杂。对于神经淋巴瘤（现称为马立克病）与导致禽白血病的病原是否为同一病原，一直存在较多的争论和不确定性（Payne，1985）。而使用"内脏淋巴瘤病"这一词汇（Jungherr，1941）以涵盖淋巴细胞性白血病和与神经淋巴瘤相关的淋巴肿瘤并未达到减少争论的目的（Biggs，1961；Campbell，1961）。1939年，美国农业部在密歇根州的东兰辛地区建立了地区家禽研究实验室（后重新更名为禽病和肿瘤实验室），用以研究马立克病以及其他禽肿瘤病的病因和控制方法。到1959年，一个与其类似的研究中心——霍顿家禽研究站白血病实验中心在英国成立。

在田间和传播实验中，许多其他种类的实体肿瘤，包括结缔组织瘤、肾瘤和肾母细胞瘤、内皮肿瘤、神经瘤和各种其他上皮肿瘤的发生都与禽白血病相关（Beard，1980；Fadly 和 Payne，2003）。禽白血病综合征中还包括一种肥厚性骨质硬化病的情况，该病首次由 Pugh 在1927年报道（Pugh，1927），之后又由 Jungherr 和 Landauer 在1938年进行了病症的描述和疾病再现（1938）。后续的研究中，其他研究人员，包括 Burmester 及其同事（Burmester，1947；Fredrickson 等，1965）都记录了骨质硬化病与淋巴细胞性白血病的相关性。

其他有关禽逆转录病毒详细历史的综述目前也都有据可查（Payne，1992，1998；Vogt，2010；Rubin，2011；Weiss 和 Vogt，2011；Payne 和 Nair，2012；Nair 和 Fadly，2013）。

## 8.3 病原学

### 8.3.1 分类

白血病/肉瘤（L/S）群病毒属于逆转录病毒科 α-逆转录病毒属。ALV 是该病毒属的代表毒种，其他病毒包括劳氏肉瘤病毒（Rous sarcoma virus，RSV）和一些复制缺陷型病毒。与该 RNA 病毒科的其他病毒一样，ALV 的特性在于其所具有的独特的逆转录酶，可以驱动前病毒 DNA 合成并在病毒复制期间整合到宿主基因组中。

### 8.3.2 形态学

亚微结构：在薄层电子显微镜下，禽白血病/肉瘤群病毒（ALSV）具有一个直径 35 ～ 45nm 的内部中心电子密集核、一个中间膜和一个外膜。这个外观是 C 型逆转录病毒的典型形态。大体上的病毒粒子直径为 80 ～ 120nm，平均直径为 90nm。镜下可以看到从细胞膜表面出芽的未成熟的病毒粒子。通过负染处理可以看到，球形的病毒粒子在干燥的情况下很容易发生变形（Beard，1973）。具有特征性的球形刺突直径约为 8nm，分布在病毒粒子的表面构成病毒的囊膜糖蛋白。这些刺突结构在薄层电子显微镜下也能分辨出来。通过分级孔径滤膜过滤、超速离心及电子显微技术，可以发现病毒的直径为 85 ～ 145nm，蔗糖的浮密度值为 1.15 ～ 1.17g/mL，具有 C 型逆转录病毒的特点（Robinson 和 Duesberg，1968；Bates 等，1993）。

## 8.4 基因组结构与组成

从结构上来说，ALV 比较简单，其基因组大小约7.3kb。从基因组的5′端到3′端，由 gag/pro-pol-env 基因分别编码了病毒群特异性抗原（gs）和蛋白酶、逆转录酶、囊膜糖蛋白。这些结构基因的两侧是与病毒复制调控有关的基因组序列，在前病毒的 DNA 中形成了携带有启动子和增强子序列的病毒长末端重复序列（long terminal repeats，LTRs）。通过插入诱变机制，病毒整合进入宿主基因组位点可能会激活位于 ALV

前病毒整合位点附近的细胞致癌基因 [ 如淋巴细胞性白血病（LL）中的 *c-myc* 原癌基因 ]，进而导致肿瘤的转化（Kung 和 Maihle，1987；Kung 和 Liu，1997）。

一些 ALV 的实验室毒株和田间分离株在基因组中有一段（少数情况下也有两段）病毒致癌基因的插入。ALV 在肿瘤发生时通过对细胞致癌基因的转座而获得致癌基因。发生了"急性转化"的 ALV 通常情况下由于基因组内的基因缺失而导致其出现遗传缺陷，需要共感染的非缺陷"辅助病毒"的存在才能保证他们自身的复制（Maeda 等，2008）。病毒致癌基因的获得通常伴随着病毒基因组其他区域的遗传缺失。非缺陷的劳氏肉瘤病毒（RSV）的基因组组成结构为 *gag/pro-pol-env-src*。多出来的 *src* 基因负责肉瘤的转化，该基因源于正常细胞的致癌基因即细胞 *src* 基因。细胞 *src* 基因是众多与急性转化有关的宿主细胞的代表基因，又被称为"原癌基因（proto-oncogenes）或者致癌基因（*onc* genes）"（Enrietto 和 Hayman，1987；Wang 和 Hanafusa，1988）。来自病毒和细胞的致癌基因通过前缀"v-"和"c-"加以区分（如 *v-myc* 基因和 *c-myc* 原癌基因），而后者出现在急性转化病毒中（Kung 和 Liu，1997；Maeda 等，2008）。

## 8.5 病毒蛋白

人们已经对构成禽逆转录病毒的蛋白性质、分布及其合成进行了大量的研究（Swanstrom 和 Wills，1997）。病毒粒子的核心包含由 *gag/pro* 基因编码的 5 种非糖基化蛋白：MA（基质蛋白，p19）；p10；CA（衣壳蛋白，p27），核心壳中主要的群特异性 /gs 抗原（Gag）；NC（核衣壳蛋白，p12），参与 RNA 的加工和包装；PR（蛋白酶，p15），参与前体蛋白的剪切。其他次要的多肽也已有报道。

逆转录（RT）酶由位于病毒核心中的 *pol* 基因所编码。该逆转录酶是一种由 b 亚基（95 kDa）及其衍生出的 a 亚基（68 kDa）所组成的复合物，同时具有 RNA- 依赖性和 DNA- 依赖性的聚合酶活性及特异性识别 DNA ： RNA 杂交形式的核糖核酸酶 H 活性。b 亚基还具有 IN 结构域（整合酶，p32），它是病毒 DNA 整合入宿主基因组所需的酶。对 ALSV 整合酶催化核心结构的研究发现，该催化核心可以形成不止一种形态的二聚体，从而在病毒生命周期的不同阶段灵活发挥多种功能（Ballandras 等，2011）。

病毒的囊膜包含由 *env* 基因所编码的两种糖蛋白：SU（表面蛋白，gp85），决定 ALSV 囊膜亚群特异性的病毒表面球形刺突结构；TM（跨膜蛋白，gp37），代表连接病毒球形刺突与囊膜的跨膜结构。上述两种囊膜蛋白相互连接形成二聚体，称为病毒粒子糖蛋白。而酶和其他蛋白则被认为是在病毒成熟的过程中包裹进入病毒粒子的宿主成分（Swanstrom 和 Wills，1997）。具有实际意义的发现是在感染的鸡血液或者成髓细胞培养物中观察到了禽成髓细胞白血病病毒（AMV）粒子在其成熟的过程中包裹入了宿主细胞膜的腺苷三磷酸酶成分。该酶能发挥对三磷酸腺苷的去磷酸化作用，而这一活性可用于病毒的测定与纯化。而从没有这个酶的细胞，如成纤维细胞中释放出的病毒则没有该活性。

## 8.6 病毒复制

和其他逆转录病毒一样，ALSV 的复制特点是在逆转录酶的指导下形成线性的 DNA 前病毒并整合进入宿主基因组中。之后前病毒基因被转录成病毒 RNA，进而再被翻译产生组成病毒粒子的前体蛋白和成熟蛋白。从 1970 年开始，人们就投入了大量的精力来阐释这些与病毒复制有关的事件，其中的细节已经做了详尽的综述（Luciw 和 Leung，1992；Telesnitsky 和 Goff，1997），这里只罗列其中的主要事件概要。

### 8.6.1　宿主细胞的侵入

有关描述ALV在早期与宿主细胞互作的综述目前已有记录（Barnard和Young，2003；Barnard等，2006）。尽管病毒粒子与宿主细胞膜的吸附是非特异的，但确实也存在细胞对病毒感染具有抗性的情况，而病毒对宿主细胞的侵入，有赖于细胞膜上由宿主基因编码表达的针对特定囊膜亚群病毒的受体，也取决于病毒与宿主细胞的膜融合。病毒粒子通过囊泡进入细胞，而病毒的RNA也在黏附发生120min后进入细胞核（Dales和Hanafusa，1972）。近些年，有关不同ALV亚群的受体特点研究取得了长足的进步（Barnard等，2006）。其中，ALV-A亚群的受体被称为TVA，其与人类低密度脂蛋白受体有关（Bates等，1993；Young等，1993；Gray等，2011）。病毒通过与ALV-A亚群受体结合触发病毒囊膜糖蛋白的构象改变，进而发生病毒与细胞膜的融合，最终实现病毒的侵入（Gilbert等，1995）。已有报道称，通过体外或者体内方法，如家禽近亲繁育以产生内含子缺失品系，可以造成TVA mRNA的剪切失效，进而降低家禽对ASLV A亚群的易感性（Reinišová等，2012）。ALV的B、D和E亚群受体被称为TVB[s3]和TVB[s1]，它们与细胞因子中的肿瘤坏死因子家族的受体类似（Adkins等，1997，2000，2001；Klucking和Young，2004；Reinišová等，2008），而鸡体产生了对这些病毒亚群的抗性，是由于其等位基因内的终止子过早出现造成的（Klucking等，2002），因此用于评估TVB单倍体型的分子检测方法也已被开发出来（Zhang等，2005）。TVB受体是有功能的死亡受体，可以诱导激活细胞凋亡的死亡信号通路（Brojatsch等，2000；Klucking等，2005）。禽肉瘤和白血病病毒C亚群的受体称为TVC，它是与哺乳动物嗜乳脂蛋白有关的一种免疫球蛋白超家族成员蛋白（Elleder等，2005；Munguia和Federspiel，2008）。ALV-J亚群所使用的宿主细胞受体从囊膜的同源性上与其他亚群差异较大，该受体被发现是鸡的钠氢交换蛋白 I 型 [Na（＋）/H（＋）exchanger type 1，chNHE1]蛋白（Chai和Bates，2006；Ning等，2012）。近期利用表达病毒受体结合蛋白的DF-1细胞系，发现了ALV-J亚群的一个新受体——鸡的膜联蛋白A2（Annexin A2，chANXA2）（Mei等，2015）。

### 8.6.2　病毒DNA的合成与整合

目前已有对病毒DNA合成与整合的详细综述（Brown，1997；Cherepanov等，2011；Li等，2011）。逆转录病毒DNA形成的主要阶段包括：①通过逆转录酶对病毒RNA进行逆转录，合成病毒DNA的第一条链（负链），进而形成RNA∶DNA的杂交链；②在RNase-H的作用下，从杂交链中水解RNA链并以负链为模板合成病毒DNA的第二条链（正链），形成线性的双链DNA（在感染早期的几小时内可以在细胞质中检测到这些双链分子）；③线性DNA分子迁移入核。

线性病毒DNA在整合酶的作用下线性整合进入宿主DNA中。这种整合会在宿主的多个位点发生，并且感染的细胞可以整合进入多达20个拷贝的病毒DNA。前病毒基因出现的顺序与它们在病毒RNA拷贝中呈现出的顺序是一致的，这些前病毒基因的两侧一律都是相同的核酸序列——长末端重复序列（LTRs）。这些序列的组成源于病毒RNA末端区域的重复序列，包含控制将病毒DNA转录为RNA的启动子和增强子序列。长末端重复序列中的启动子也会导致前病毒DNA下游宿主基因的异常转录，进而导致肿瘤的发生。

### 8.6.3　转录

在感染的细胞中形成新的病毒粒子是前病毒DNA转录和翻译的结果，这一过程包括以下几个重要环节。

1.在宿主RNA聚合酶的作用下，以前病毒DNA为模板转录形成病毒RNA。通过阅读框移位对 *gag/pro* 基因中的 *pro* 序列进行转录，产生病毒蛋白酶（PR）。病毒RNA分子产生与多核糖体结合的mRNA，同时在新合成的病毒粒子中，病毒RNA分子也充当了基因组RNA。在感染发生的24h内，可以检测到新合成的病毒RNA。

2.与多核糖体结合的mRNA分子被翻译为组成病毒粒子的*gag*、*pol*及*env*基因编码的蛋白。其中，*gag-pol*基因的产物是一个大的（180kDa）蛋白前体，称为Pr180。对Pr180的剪切产生了另一种多聚蛋白前体Pr76（76kDa），病毒核心蛋白MA（p19）、CA（p27）、NC（p12）、PR（p15）以及p10都是源于Pr76。多聚蛋白Pr180也会产生逆转录酶（p63和p95）和整合酶（IN，p32）。*env*基因的产物是一个被称为gPr92（92kDa）的前体蛋白，病毒的囊膜蛋白SU（gp85）和TM（gp37）就是源于该前体蛋白。通过剪切得到的亚基因组RNA负责指导病毒*env*基因的翻译。病毒蛋白分布在宿主的细胞膜上形成新月形结构，进而可以看到从细胞表面出芽的病毒粒子。

### 8.6.4　缺陷和表型混合

一些禽逆转录病毒被发现具有自发性或者因实验诱发突变而表现出基因组缺陷（Hayward和Neel，1981；Maeda等，2008）。一些病毒（某些RSV毒株及急性白血病病毒）因为复制所需基因具有缺陷，所以称为复制缺陷（*rd*）突变株。他们可以转化细胞致瘤，但仍需要在辅助性白血病病毒存在的情况下才能实现自我复制（如缺少*env*基因的BH-RSV和AMV，以及缺少*pol*、*env*基因的AEV和MC29）。

## 8.7　禽白血病病毒囊膜亚群

ALV可以按照其传播的方式分为内源性病毒（如E亚群）和外源性病毒。外源性的鸡ALV根据其病毒囊膜抗原性的差异又可进一步分为5种亚群（A、B、C、D和J），这些囊膜抗原性差异是通过病毒诱导的中和抗体、病毒感染的宿主范围以及在感染时与其他相同或者不同亚群ALV毒株发生干扰等几个方面得以确认。ALV-F、G、和I亚群分别出现在环颈雉、红腹锦鸡、匈牙利鹧鸪及加州黑腹翎鹑中。ALV-E亚群病毒是内源性逆转录病毒，不具有致病性。近期有报道称从中国境内的鸡群体内分离到了新的ALV亚群——K亚群，但这一新的病毒亚群尚需要做进一步的确认（Wang等，2012；Li等，2016）。A、B、C、D和J亚群的病毒具有致癌性，主要引起淋巴细胞性白血病（A和B亚群）或者髓样白血病（J亚群）。虽然ALV-J亚群的病毒的确存在抗原性差异且不能交叉中和，但很大程度上同一亚群内的病毒之间是可以发生交叉中和的。B亚群和D亚群病毒之间存在部分交叉中和的情况，但除此以外其他不同亚群之间的病毒则不存在相互的交叉中和。

ALSV的毒株还可以根据诱发肿瘤的速度来分为两个主要的类别。

**1.急性转化病毒**　急性转化病毒的基因组中携带有病毒的致癌基因。这些病毒可以通过体外或者体内途径在几天或几周内诱发肿瘤的形成。急性转化的ALV因其所携带的不同致癌基因，可以诱发不同类型的肿瘤，例如*v-myc*诱发髓样白血病（骨髓细胞瘤型）；*v-myb*诱发髓样白血病（成髓细胞白血病型）；*v-erbB*诱发红细胞性白血病；*v-src*诱发肉瘤；*v-fps*诱发纤维肉瘤（Graf和Beug，1978；Enrietto和Wyke，1983；Enrietto和Hayman，1987；Moscovici和Gazzolo，1987；Kung和Liu，1997；Chesters等，2001；Wang等，2016a–c）。这些ALV被称为"急性转化型"，可在感染后数日内诱发肿瘤细胞形成。

**2.慢性转化病毒**　这些ALV并不携带有病毒致癌基因。他们通过插入激活细胞原癌基因引发肿瘤的转化进而导致肿瘤形成。而这种情况下的肿瘤发生和发展需要经历数周甚至数月（Enrietto和Wyke，1983；Coffin等，1997；Kung和Liu，1997；Nair，2008；Fan和Johnson，2011）。

## 8.8 外源和内源禽白血病病毒

根据病毒的自然传播方式，ALV也可被分为外源性和内源性病毒（综述：Crittenden，1981；Payne，1987）。前者（外源性）以感染性病毒粒子的方式传播，包括垂直（先天性）从母体通过鸡胚传播到子代中，或者水平在禽与禽之间传播。病毒的A、B、C、D和J亚群就是以这样的方式进行传播的，其中A、B和J亚群在田间流行的情况较多；C和D亚群相对少见。内源性病毒会作为前病毒序列整合进入正常禽类的基因组内并遵从孟德尔基因的遗传规律进行基因层面的传播，这种传播能够以编码完整的感染性E亚群病毒基因组的方式进行，但更多情况下只能以编码特定逆转录病毒产物（如群特异抗原gs抗原）的非完整（缺陷型）基因组形式传播。内源性病毒的整合位点被称为"ev 基因座"。尽管内源性ALV可以通过诱导免疫耐受或者诱发鸡体产生免疫力来影响禽类对外源性ALV的感染，但它们可能不具有致癌性。除了与外源性ALV密切相关的内源性ev家族病毒外，在正常基因组内也发现了一些与外源性ALV距离较远的内源性病毒家族成员，分别是EAV（内源性禽病毒）、ART-CH（源自禽基因组逆转录转座子）和CR1（鸡重复序列）。上述三种内源性病毒中，EAV家族所受关注度最高，因为其中被称为EAV-HP（或ev/J）的成员可能是ALV-J亚群囊膜基因的来源（Sacco等，2000）。

目前，这些病毒元件的起源、进化关系和生物学意义尚不明确。从进化的角度来看，CR1逆转录转座子可能是最古老的病毒元件，而ev基因座则是最新的病毒元件。上述类型的病毒元件是逆转录元件（如反转座子、逆转录转座子）的代表，在如真菌、植物、原生生物和动物等的生物体内分布极为广泛，而且与不同生物体基因组内的基因迁移有关。这些元件被认为是逆转录病毒进化的前身，即基因元件获得了能够脱离细胞而以感染体形式独立存在的能力。尽管如此，一些内源性病毒，如ev基因座，被认为可能代表的是外源性病毒在进化水平上重新整合进入种系的情况。大多数内源性病毒具有遗传缺陷，它们不具有可以产生感染性病毒粒子的完整逆转录病毒基因。然而也有一些内源性病毒，如以RAV-0为代表的ALV-E亚群病毒没有遗传缺陷。不像其他亚群的病毒，ALV-E亚群病毒不会诱导产生肿瘤，很明显这是由于它的LTR只有较弱的基因启动子活性所致。内源性病毒的生物学价值目前尚不清楚，而且也存在争议。有人坚称这些内源性病毒的存在一定有其价值，能提供的具体例证是，禽体内存在的ev2和ev3基因座可以保护其不罹患因ALV-A亚群感染所致的非肿瘤性综合征（Crittenden等，1982，1984）。但在特定的情况下，ev2和ev3也可能造成对鸡体的不利影响。如在感染了外源性ALV后，胚内继发感染RAV-0可以导致更加持久的病毒血症和更严重的肿瘤症状，而这可能与体液免疫受到抑制有关（Crittenden等，1987）。类似的是，通过表达ALV EV21毒株Z染色体上的ev21基因座，这一与伴性慢羽基因K连锁的基因，可以表现出对外源性ALV免疫应答的耐受现象，而这与田间和实验条件下淋巴细胞性白血病的发生率增加有关。

## 8.9 传播与流行病学

尽管众多原种蛋鸡和肉鸡育种公司都已成功制订了ALV的净化方案，但从世界范围来看，外源性ALV在商品鸡中仍然广泛存在。鸡是所有L/S类病毒的天然宿主（Payne，1987）；而对于其他禽类，目前只能从野鸡、山鹑和鹌鹑中分离得到这些病毒。外源性ALV的传播途径有两种：通过种蛋从母鸡到子代的垂直传播，以及通过直接或者间接接触的方式在禽与禽之间水平传播（Payne，1992；Payne和Nair，2012）。尽管通过垂直传播所感染的雏鸡比例很低，但这一途径仍然是代次间感染传播的重要路径，也为雏鸡之间的接触感染提供了重要的感染源。大多数鸡的感染都是由于与先天感染的禽类密切接触所造成的。病毒可以来自感染禽类的粪便、唾液及脱落的皮屑。脱离了机体的ALV存活期较短（仅有几个小时的活性），因此ALV的传染性并不强。尽管垂直传播对于感染的存续非常重要，但为防止因垂直传播率低而致的感染衰灭消失，水平传播对于病毒也同样必要（Payne和Bumstead，1982）。通过间接接触感染（在独立的围栏或者笼子内）并不容易造成禽类之间的传播扩散，这可能是由于病毒离开鸡体后相对较短的存活周期所致。然而，孵育场内的暴露接触已证明是一种在肉种鸡之间传播ALV-J病毒的有效途径（Fadly和Smith，1999；Witter，2000；Witter等，2000），而分小单元饲养则可以有效预防疾病的传播（Witter和Fadly，2001）。

## 8.10 群体感染

在成年鸡群中存在着4种ALV的感染状态：①病毒血症阴性，抗体阴性（V－A－）；②病毒血症阴性，抗体阳性（V－A＋）；③病毒血症阳性，抗体阳性（V＋A＋）；④病毒血症阳性，抗体阴性（V＋A－）（Payne，1992；Payne和Nair，2012；Nair和Fadly，2013）。在未感染的阴性群体中的鸡及在疑似感染群体中的具有遗传抗性鸡会呈现V－A－状态。在感染群体中的遗传易感个体则分别呈现出其他3种不同的状态。大多数情况下是V－A＋，偶尔出现V＋A－，而出现的概率不足10%。大多数的V＋A－母鸡会将ALV传至其后代，传播面可能有所不同，但通常情况下比例较高（Payne，1992；Payne和Nair，2012）。一小部分的V－A＋母鸡会先天性、间歇性地排毒，且对于这种情况，低抗体滴度的母鸡中更常见到先天性ALV的传播趋势（Tsukamoto等，1992）。先天感染的鸡胚对病毒产生免疫耐受，且孵化后在血液和组织中出现高病毒滴度而无抗体的V＋A－型感染状态。尽管会受到多种因素，包括不同毒株的影响，到22周龄时，在孵化期感染ALV-J的肉鸡能有多达25%的比例呈现出V＋A－的感染状态（Pandiri等，2007）。

感染扩散：来自感染群体的家禽及其产品，诸如禽蛋和肉品，可以将感染传播至其他群体或区域。由于ALV可实现垂直传播，因此感染可以通过孵化的鸡胚和雏鸡，也可能通过精液实现跨国境的传播。进口商需要通过要求出口商提供采购鸡群关于特定疾病和感染状态的健康证明来防止引入ALV。同样，也需要防止通过活细胞疫苗引入ALV。不像原种群体，种群和生产群由于缺乏针对ALV的免疫和有效的管理措施，向这些易感群体内引入新的ALV会造成非常严重的后果。

## 8.11 临床特征和发病机制

白血病的外在症状表现大多情况下是非特异的。疾病可以导致食欲消退、虚弱、腹泻、脱水及消瘦。某些情况下，尤其是淋巴细胞性白血病还有可能会引发腹部肿大。鸡冠可见发白、皱缩，偶尔也有发绀的情况。对于红细胞性及成髓细胞性白血病，还可见羽毛毛囊的出血。随着临床症状的发展，病程通常较快，家禽会在数周内死亡。有的感染鸡可能出现无明显症状的死亡。

4月龄及以上病鸡可见病症充分发展的淋巴细胞性白血病。肉眼可见的肿瘤绝大多数时会出现在肝脏、脾脏和法氏囊上。其他器官如肾脏、肺脏、性腺、心脏、骨髓和肠系膜也可表现出病变。肿瘤细胞是一些表达有免疫球蛋白M（IgM）和B细胞表面标志的B细胞，其源于禽法氏囊，随后迁移至其他内脏器官进一步发育。

自然情况下，成红细胞增多症（红细胞性白血病）通常发生于3～6月龄鸡。病鸡的肝脏和肾脏中度肿大，脾脏也常出现严重的肿大。肿大的器官经常表现出从樱桃红到深红的颜色且柔软质脆。骨髓呈鲜红色的液态。感染的家禽通常也会出现贫血，并伴有肌肉出血和偶发性因肝破裂而造成的腹部出血。本病属于血管内成红细胞白血病。

成髓细胞白血病（成髓细胞髓样白血病）主要以成年家禽偶发疾病的形式存在。病鸡的肝脏严重肿大且出现实变并伴发弥散性灰白色肿瘤浸润，呈现出斑块样或颗粒样（"摩洛哥革"）外观。脾脏和肾脏也同样出现弥漫性浸润和中度肿大的现象。骨髓被坚实的、灰黄色肿瘤细胞浸润所代替。出现严重的白血病症，外周血中的肿瘤细胞占比最高可达75%并形成一层厚厚的血沉棕黄层，且通常会出现贫血和血小板减少的症状。

骨髓细胞瘤（骨髓细胞髓样白血病）较易辨识，可以通过大体检查进行初步确认。尽管所有的组织和器官都可受到影响，但骨、骨膜及附近软骨表面病变是本病的特征。骨髓瘤通常发生在肋骨的肋软骨连接处、胸骨内侧、骨盆、下颌骨软骨和鼻软骨上。头骨的扁平骨也常常受到影响。肿瘤也常见于口腔、气管、眼内和眼周（Pope等，1999）。肿瘤常为多发性结节样，具有柔软易碎的质地并呈现奶油色泽。在由ALV-J亚群感染引发的病症中，除骨骼肿瘤（Williams等，2004）和骨髓细胞白血病（Payne等，1991）外，骨髓细胞瘤浸润常导致肝脏、脾脏及其他器官的肿大。

任何日龄鸡群的皮肤及内脏器官均可发生血管瘤，表现为血液充盈的囊性肿块（血疱）或者更为坚实的肿瘤，其由内皮扩张充血腔构成或者由更多的细胞性、增生性病变组成（Campbell，1969）。病症常为多发性并可能会因为破裂而造成致命性出血（Soffer等，1990）。最近，很多科研人员报道了在中国蛋鸡感染ALV-J所致血管瘤的发病率（Lai等，2011；Pan等，2011；Zhang等，2011）。肾肿瘤可能会因为压迫坐骨神经而造成鸡瘫痪。肉瘤和其他结缔组织肿瘤可见于皮肤和肌肉组织。晚期时，这些肿瘤也会伴发前文所述的那些非特异的临床症状。良性肿瘤的病程一般较长，而恶性肿瘤的发生则较为迅速。

对于骨硬化病的病例，四肢长骨是较为常见的发病部位。通过触诊或者检查可见骨干和骨端均一或者不规则的增厚。受疾病影响的区域多发异常性温度升高。感染后期的家禽具有靴形胫骨的特征性损伤。感染的家禽通常出现皮肤苍白，发育迟缓，行走时出现踩高跷步态或者跛行。近些年，ALV还被证明与所谓的"禽胶质瘤"（Ochiai等，1999）、小脑发育不良和心肌炎有关（Iwata等，2002；Hatai等，2005，2008；Toyoda等，2006；Nakamura等，2011）。

## 8.12 免疫应答

针对包括ALV在内的致癌病毒的免疫应答已有相关的综述记录（Nair，2013）。自然情况下，大多数的雏鸡会通过同栏或周边的鸡而感染外源性ALV，在经历了短暂的病毒血症后，鸡体内可产生高滴度的针对病毒囊膜抗原的中和抗体，且该抗体将在鸡体内终生存在。病毒的中和抗体能抑制病毒的增殖，进而抑制肿瘤形成，但通常无法对肿瘤的生长产生直接影响。对4月龄及以上的鸡接种ALV，1周后可检测到一过性的病毒血症，而抗体则需要3周甚至更久才能检出（Maas等，1982）。在一项孵化后自然感染家禽的研究中，首次检测到抗体的时间是9周龄，而在14~18周龄期间抗体阳性率显著增加，达到80%（Rubin等，1962）。感染的家禽也会产生针对群特异性抗原的抗体，但这些抗体显然对肿瘤的生长没有任何影响（Roth等，1971；Sigel等，1971）。

人们对在ALSV感染中所产生的细胞介导的免疫应答和其所发挥的作用至今了解得并不完全，但其有可能与抑制病毒感染和肿瘤生长有直接关系。已证实在ALV或RSV感染的家禽体内存在针对病毒囊膜抗原的细胞毒性淋巴细胞（Kurth和Bauer，1972；Bauer等，1976；Bauer和Fleischer，1981），细胞介导的免疫应答和MHC复合物显然与劳氏肉瘤的消退有关（Schat，1987，1996）。表达在肿瘤细胞表面的病毒蛋白应该是细胞免疫所识别的重要表面靶点，同时具有非病毒粒子转化特异性的细胞表面抗原也可能参与了这一过程。Thacker及其同事（Thacker等，1995）报道了一种新的方法，用于研究ALV感染时MHC限制性细胞毒性淋巴细胞所做出的应答，而该方法将有助于确定这一类型的细胞免疫在ALV感染时所发挥的作用。细胞介导的免疫应答是否能直接抑制淋巴细胞性或其他类型白血病中的肿瘤细胞，目前尚待确认。

尽管长期以来人们对在ALV感染中先天性免疫的理解相比获得性免疫存在比较大的差距，但通过对ALV-J亚群感染的研究，人们收集到了大量针对ALV产生免疫应答的新信息。鸡感染ALV可能会被拓（Toll）样受体7（TLR-7）和黑色素瘤分化相关基因5（MDA5）所识别（Hang等，2014；Li等，2015；Feng等，2016），进而诱导先天免疫应答，包括对细胞因子以及干扰素刺激基因（ISGs）的差异表达（Sabat等，2010；Gao等，2015；Li等，2015；Dai等，2016；Feng等，2016）。有证据显示，ALV-J亚群病毒的囊膜蛋白gp85和衣壳蛋白p27通过PI3K（磷脂酰肌醇-3-羟激酶）和NF-κB介导的信号通路增强白细胞介素-6（IL-6）的表达（Gao等，2016）。感染了ALV-J的雏鸡，其肝脏中的caspase-1（半胱天冬酶-1）、NLRP3 [吡喃结构域蛋白3，一种属于NOD（核苷酸结合寡聚化结构域蛋白）样受体家族的炎性小体接头蛋白]、IL-1β（白细胞介素-1β）以及IL-18（白细胞介素-18）会同时上调表达（Liu，X.L.等，2016）。ALV-J感染后3～4周，在感染鸡脾脏中的CD4⁺T细胞数量下降，同时CD8⁺T细胞数量上升（F. Wang等，2011），这提示CD4⁺T细胞和CD8⁺T细胞在宿主免疫应答中发挥了重要的作用，而其中CD4⁺T细胞可能是ALV-J亚群病毒的主要感染靶细胞。ALV-A、B、J亚群的感染会上调DF-1细胞中鸡干扰素调节因子3（IRF3）的启动子活性。DF-1细胞用重组鸡α干扰素进行预处理可以抑制ALV-A、B、J病毒的复制（Dai等，2016）。此外，miR-23b通过靶向干扰素调节因子1（IRF1）也可以促进ALV-J亚群病毒的复制（Li等，2015）。ALV-J能够感染分化早期的鸡树突状细胞（DCs）并触发细胞凋亡（Liu，D.等，2016a）。ALV-J抑制了DC细胞的分化和成熟，同时改变了包括白细胞介素-1β（IL-1β）、白细胞介素-8（IL-8）以及γ干扰素（IFN-γ）等细胞因子的表达（D. Liu等，2016b）。鸡的巨噬细胞对ALV-J亚群病毒易感，感染后包括白细胞介素-1β（IL-1β）、白细胞介素-6（IL-6）、干扰素刺激基因12-1（ISG12-1）和黏液病毒抗性基因（Mx）的表达都会发生相应的改变（Lai等，2011；Feng等，2017）。

先天感染的鸡不会产生针对病毒的免疫应答。相反，这些鸡会形成针对病毒的免疫耐受且由于缺乏中和抗体进而导致持久的病毒血症（Rubin等，1962；Meyers，1976）。ALV-J毒株的早期感染极有可能诱发鸡体产生对感染的耐受（Fadly和Smith，1999；Witter，2000；Witter等，2000）。相比免疫的鸡群，因为患有病毒血症的鸡体内病毒载量更高，所以鸡在耐受性病毒血症感染的情况下更有可能发生肿瘤。

尽管不同研究的结果存在些许差异，但感染ALV会抑制针对无关抗原的初次和再次抗体应答及细胞介导的免疫应答（Rup等，1982）。尽管先天性感染A亚群RAV-1毒株的鸡在其法氏囊、胸腺或脾脏上未见有组织结构的损伤，但在感染的早期和末期都无法检测到其B细胞和T细胞的功能（Fadly等，1982）。相较而言，ALV-B亚群则能够显著抑制鸡体对多种抗原的体液免疫应答，且针对多种有丝分裂原的反应性也有所下降（Watts和Smith，1980）。有关ALV-J亚群所诱导的免疫抑制现象，结果看上去并不明确（Stedman等，2001，2000；Landman等，2002；Zavala等，2002）。ALV-J亚群病毒的感染可以在2周龄的鸡体中诱导产生强烈的免疫应答，但4周龄后免疫应答迅速下降，这表明感染后3～4周是ALV-J亚群病毒在宿主体内产生免疫抑制作用的关键时期（Wang，F.等，2011）。从对V＋A感染鸡的连续分离毒株核苷酸序列的分析来看，病毒的进化帮助其逃逸了宿主的免疫应答，进而导致ALV-J亚群病毒的持续感染（Pandiri等，2010）。以IgG为主的血清抗体（Meyers和Dougherty，1972）可通过卵黄由母鸡过继到其子代中，并能够提供持续3～4周的被动免疫保护。抗体能够延缓ALV感染（Witter等，1966），降低病毒血症和ALV病毒释放的比例（Fadly，1988），同时也能减少肿瘤的发生率（Burmester，1955）。雏鸡体内的抗体水平和存续时间与母鸡血清中的抗体滴度有关。

## 8.13 诊断

### 8.13.1 常规技术

病毒学检测：由于包括内源性E亚群逆转录病毒在内的不同亚群的ALV在鸡中分布均十分广泛，因此通过检测抗原或者抗体对于诊断田间淋巴瘤发生的意义有限。然而，检测ALV对于新毒株的发现和分类、疫苗的安全性评价、病原阴性群体的监测和评估其他种群是否发生病毒感染均非常有用。病毒分离是ALV诊断的"金标准"。通常用于检测ALV的样品包括血液、血浆、血清、胎粪、泄殖腔和阴道拭子、口腔洗液、蛋清、胚胎及肿瘤（Fadly和Witter，1998；Fadly，2000；Nair和Fadly，2013）。病毒也可以从垂直传播的母鸡新下鸡蛋的蛋清或者10日龄的鸡胚胎、羽髓和精液中分离得到。ALSV非常不耐热，只有在低于－60℃的条件下才能长期保持病毒活性。因此，用于生物学检验感染性病毒的实验材料需要在－70℃的条件下采集和贮存，直到实验开始。由于绝大多数的ALV病毒在细胞培养时不产生肉眼可见的形态学变化，因此确定细胞是否感染了ALV，一般需要借助实验手段，包括对特定病毒蛋白的检测，或者利用聚合酶链式反应（PCR）及逆转录PCR（RT-PCR）技术分别对特定前病毒DNA或者病毒RNA序列进行检测。基于对ALV编码的p27蛋白的检测，目前已经发展出了许多病毒诊断的方案。间接生物学测定法，例如禽白血病的补体结合试验（COFAL）、针对ALV的ELISA方法（酶联免疫吸附试验）、表型混合（PM）试验、抗性诱导因子（RIF）试验，以及非产毒细胞激活（NP）试验均可用于ALV的检测。在这些试验方案中，ELISA是目前应用最为广泛的检测手段。对基于p27检测方案的结果解读需要谨慎，因为该抗原在外源和内源病毒中都存在且无法通过该方法对两类病毒进行区分。所有基于病毒分离的生物学检测方法都需要用到特定宿主范围的鸡胚成纤维细胞（CEFs）。能够抵抗内源性ALV感染的CEFs（C/E）是用于检测和分离外源性ALV的理想细胞。其他能够抵抗A亚群病毒感染（C/A）以及抵抗J亚群病毒感染的细胞（C/J）（Hunt等，1999）可用于ALV分离株的亚群确定。通过使用对所有ALV亚群病毒都易感的CEF细胞（C/O）和对E亚群病毒具有抗性的CEF细胞（C/E）来进行病毒样品的检测，能够实现区分外源和内源ALV毒株的目的。如果使用C/O的CEF细胞获得的检测结果为阳性，而在C/E的CEF上做出的检测结果是阴性，就说明样品中含有内源性ALV毒株。而在C/E和C/O细胞上做出的检测结果都是阳性，则提示存在外源性ALV。已有报道介绍了一种流式细胞术，可以在鸡血浆中检测内源ALV的囊膜蛋白，而该方法使用了一种叫做R2的高特异性同种抗体（Bacon等，1996；Bacon，2000）。需要指出的是，一些检测方法如补体结合试验（CF）、ELISA，也可能包括非产毒细胞试验（NP）、表型混合试验（PM）、R（－）Q细胞试验和免疫荧光试验（FA），可适用于所有白血病和肉瘤类病毒的检测。而抗性诱导因子（RIF）试验则只能适用于不能迅速产生细胞病变的ALV毒株。其他试验也都是针对特定毒株来开展的。只有特定的RSV毒株才能在成纤维细胞培养物中实现快速转化，同样只有缺陷型的ALV才能在造血细胞培养物中实现快速转化。直接（Kelloff和Vogt，1966）和间接（Payne等，1966）免疫荧光实验（IFA）以及流式细胞术（Hunt等，1999，2000）均已被用于检测CEF培养物中的病毒抗原。其中，流式细胞术更是被证明可以作为一种非常可行的方法来鉴定商品化的马立克病疫苗是否污染ALV毒株（Fadly，2006；Silva等，2007；Barbosa等，2008）。逆转录活性检测已用于检测包括ALSV在内的所有致癌RNA病毒（Temin，1974）。无论使用模板进行逆转录来直接检测酶的活性（Kelloff等，1972；Tereba和Murti，

1977），还是通过如放射免疫分析的方法（Panet等，1975）间接检测该逆转录酶，都能指示病毒的存在与否。

### 8.13.2　ALV病毒亚群的特征

不同亚群的ALV分离株可通过如下方法进行区分：

（1）病毒干扰试验，用于检测病毒分离株对已知亚群的RSV在C/E CEF细胞培养物中形成转化灶能力的干扰。

（2）病毒中和试验。病毒分离株的亚群可通过该试验确定，原理是依据病毒分离株被已知针对特定囊膜亚群病毒的鸡抗血清所中和的易感性来进行归类，病毒分离株或者RSV假病毒通过在抗血清中的暴露处理后，再分别检测其于C/E CEF细胞培养物上的生长以及转化灶形成的情况。RSV假病毒是一种急性转化的RSV，它通过在具有复制缺陷的RSV外包裹一个ALV的病毒囊膜改造而成，因此在这种病毒毒株上会表现出ALV亚群的特征。同时也可使用针对不同亚群的抗血清对感染的培养物进行荧光抗体染色。以上方法除了不能适用J亚群分离株的检测以外，一般情况下都能满足检测要求。因为J亚群病毒的*env*基因突变导致其抗原性经常发生变异，因此针对J亚群的抗血清可能无法中和新的变异株。尽管如此，已经研发出的鼠源单克隆抗体在荧光抗体试验中能够检测更为广泛的J亚群分离株。

（3）宿主谱试验。在该试验中，病毒分离株或者RSV假病毒分别根据在CEF细胞中的生长和转化能力，归为不同的ALV易感表型亚群。如A亚群的ALV可能就是因为病毒能够在C/E的CEF细胞中生长但不能在C/AE的CEF细胞（对A亚群和E亚群病毒都具有抗性）中生长才被确定为A亚群。该方法有赖于获得具有能够排除特定ALV亚群表型的CEF细胞。由于尚无能够排除J亚群的鸡品系，因此推荐使用稳定表达J亚群*env*基因的C/J CEF细胞系。

（4）已开发出针对不同亚群ALV的聚合酶链式反应，后文会再作讨论。

### 8.13.3　血清学试验

可利用针对ALV的检测抗体来监测鸡群中是否感染外源性ALV，并在流行病学研究和ALV净化项目中发现特定的鸡群。血浆、血清和蛋黄都是用于抗体检测ALSV的适宜样品。病毒中和试验及抗体ELISA可按如下方法进行操作。

（1）病毒中和试验　通过抗体中和已知亚群的ALV或者RSV假病毒的感染性来检测抗体。通常使用1：5稀释的热灭活血清（56℃灭活30min）与等量的已知RSV假病毒标准制剂进行混合。孵育完成后，残余病毒从多种测定方法中选取一种进行定量，细胞培养测定法是最常用的方法。用于测定残留病毒的微量中和试验可用于ALV抗体的检测（Fadly和Witter，1998）。试验可以在96孔板中进行，病毒的中和是通过ELISA方法对细胞培养液进行测定来判断的（Fadly等，1989）。ELISA结果呈阳性表示无抗体存在，而呈阴性则表示出现了对ALV的病毒中和现象，即存在针对ALV的抗体。尽管同一亚群内的病毒和抗体经常出现交叉中和，但针对变异株的抗体可能无法中和亚群内的代表病毒。所发现的这一交叉中和现象，在J亚群中更是如此，且由于该亚群病毒的突变常常会限制病毒中和试验在该亚群中的应用。这些试验较为耗时，需要7～10d，而且对试验技术的要求也比较高。

（2）ELISA试验抗体　ELISA试验中可能会用到病毒抗原以检测群特异性的ALV抗体。用于检测针对A、B和J亚群抗体的检测方案都有商品化的试剂。检测J亚群抗体的ELISA使用杆状病毒表达系统表达的重组env抗原（Venugopal等，1997），而该抗原似乎能够识别所有研究中用到的针对不同变异株的抗体。抗体ELISA检测方法是一种快速（耗时1d）、特异且适合大范围筛查的检测方案。

### 8.13.4 分子技术

对ALV感染更为有效的控制手段主要取决于早发现和对感染鸡的剔除，以减少其与未感染鸡的接触和垂直传播的概率。因此，想要有效控制ALV的传播，就必须实现对感染的快速检测。一些基于聚合酶链式反应（PCR）的方法已被开发用于快速检测和鉴定ALV前病毒DNA及包括E亚群病毒在内的病毒RNA。逆转录聚合酶链式反应（RT-PCR）也已被用于检测多种亚群的ALV（Häuptli等，1997；Zhou等，2011）。一种专门针对ALV-A亚群的PCR方法可用于检测ALV感染的不同鸡组织中的前病毒DNA以及病毒RNA（van Woensel等，1992）。一种以外源ALV的A、B、C、D和J亚群LTR序列中的片段，而并非内源性逆转录病毒的序列为扩增区域的逆转录巢式PCR（RT-nested PCR）方法已有报道（García等，2003）。此外，多对引物用于常见ALV分离株的特异性检测也已被开发出来，尤其是针对A亚群（Lupiani等，2000）和新的ALV-J亚群毒株（Smith, E.J.等，1998；Smith, L.M.等，1998；Silva等，2000）。其他特异性针对内源性ALV-E亚群的引物对可以用于识别细胞培养物是否感染了内源性的ALV-E亚群病毒，而非被A、B、C、D和J亚群等外源性ALV所感染（Fadly和Witter，1998）。多重PCR是在田间条件下对禽病毒进行快速鉴别诊断及发现多种禽病毒混合感染的有力手段。近期，已开发出一种敏感且特异的能够检测ALV-A、ALV-B和ALV-J亚群病毒的多重PCR方法（Gao等，2014）。这一新方法能够在一次反应内对三种常见的外源性ALV亚群病毒（A、B和J）进行检测和区分。使用H5/H7引物对的实时RT-PCR证明具有很高的再现性（Kim等，2002；Qin等，2013）。已有报道称能够快速和定量检测ALV-J亚群前病毒DNA（Qin等，2013），以及同时检测ALV-A、亚群（双重实时RT-PCR）（Zhou等，2011）的基于TaqMan技术的实时PCR方法已被开发出来。Dai等（2015）的研究显示，基于SYBR Green I的实时RT-PCR方法为检测ALV和研究病毒复制及感染提供了强大的工具。在近期的一篇报道中，Xie及其同事利用一种邻位连接技术，结合PCR方法和免疫学方法开发出了一种新型免疫-PCR（Im-PCR）方法用于检测ALV（Xie等，2016）。

作为对PCR检测技术的进一步改进，已开发出用于检测ALV-A、J亚群病毒的环介导等温扩增（LAMP）方法（Zhang等，2010；Wang等，2011）。LAMP方法是由Notomi等于2000年创制的。这一全新的技术通常只需要恒温条件及4对不同引物来进行DNA扩增（Notomi等，2000；Mori等，2001），且已用于多种病原的检测。LAMP反应耗时30～60min且可以在60～65℃下进行恒温反应。LAMP不需要DNA变性、退火和延伸的PCR循环步骤（Notomi等，2000；Mori等，2001）。此外，该试验的结果也能够方便通过肉眼进行判读（Mori等，2001；Bista等，2007）。

## 8.14 干预策略

### 8.14.1 疫苗接种

疫苗接种并非控制ALV感染的首选策略，控制ALV更倾向于在鸡群中对病毒进行净化。然而，的确已有通过使用疫苗来增强宿主对抗ALV感染的理念（Salter等，1991）。很遗憾，Burmester在1968年通过多种方法对ALV进行灭活的一系列尝试表明，这些灭活病毒在灭活的同时也失去了诱导抗体产生的能力（未发表数据）。研制不诱发疾病的ALV减毒株的尝试也同样失败了（Okazaki等，1982）。使用活的ALV进行试验性免疫，在病毒排毒和先天性病毒传播方面的结果并不明确。不过，在通过免疫病毒或者细胞抗原来增强宿主对RSV抵抗能力的尝试中却取得了一些成功（Payne，1981；Bennett和Wright，1987）。使用试验性重组的ALSV作为疫苗有可能会成为当下减少或净化ALV感染的有意义的辅助手段。重组的ALV-J

亚群gp85蛋白疫苗配合脂质体佐剂、胞嘧啶-磷酸-鸟嘌呤寡聚脱氧核酸（CpG-ODN）佐剂或二氧化硅纳米颗粒佐剂，能够提供部分免疫保护且诱导产生高效价的抗体（Dou等，2013；Zhang等，2014；Zhang等，2015；Cheng等，2017）。有报道称，免疫增强剂泰山马尾松花粉多糖（TPPPS）能够增强重组gp85蛋白的免疫原性，配合CpG佐剂或者白油佐剂YF01能提供更好的免疫保护（Li等，2017）。一种潜在的表达有ALV-J抗原*env*基因或者*gag* + *env*基因的重组马立克病病毒（rMDV）疫苗也已被证明可有效预防ALV-J病毒的感染（Liu等，2016）。多表位的亚单位疫苗及DNA疫苗都能在鸡体内诱导产生显著的对抗ALV-J感染的体液和细胞免疫应答（Xu等，2015，2016）。一种能够诱导产生高抗体效价的ALV-B灭活疫苗已被研制出来，且在实验条件下可以保护鸡免于被ALV-B病毒感染（Li等，2013）。尽管有这些试验条件下的阳性保护结果，但目前来看还不太可能将疫苗接种作为控制ALV的主要策略。值得注意的是，先天性感染的雏鸡存在免疫耐受，因此即便有合适的疫苗，这种情况下的免疫也没有效果，而这些鸡群就成为疫病传播的主要传染源且极有可能发展出肿瘤症状疾病。

### 8.14.2 治疗

通常，所有针对病毒诱导肿瘤的治疗尝试最终都会出现无效或者无法再现的结果。尽管RNAi（RNA干扰）用于治疗的意义前景无法预测，但在试验条件下基于RNA的方法已被证明可以抑制ALV的复制（Chen等，2007；Meng等，2011）。研究发现，COP9信号小体亚基6（CSN6）是一种新的ALV整合酶结合蛋白，它能够在体外抑制整合酶活性，并可能通过结合和抑制整合酶进而发挥ALV复制负调控蛋白的作用（Wang等，2014）。将具有ALV-J抗性的鸡和易感鸡的肝脏组织进行RNA-Seq分析发现了一种抗肿瘤基因*GADD45β*，其能够在鸡体内抑制ALV-J病毒的复制（Zhang等，2016）。Dai等在2016年证明重组的鸡α干扰素能够抑制ALV病毒在DF-1细胞中的复制。

## 8.15 防控

### 8.15.1 净化

在原种群体中进行ALV的净化是控制鸡群中ALV感染最有效的措施。在降低和清除ALV-A、B和J亚群感染方面，产蛋型和产肉型家禽原种公司已经在其主打的育种品系中取得了重大进展（Payne和Nair，2012）。ALV感染的净化方案有赖于打破自母鸡到后代的垂直传播链，即通过多种方法检测种鸡中是否存在ALV感染，如果检测为阳性则淘汰，以此打破病毒的感染循环。为了建立ALV阴性群，有必要将无先天感染的鸡群在隔离的条件下进行孵化和饲养。为此，鸡胚必须来自于无病毒垂直传播风险的母鸡。在早期建立ALV阴性群的工作中，应用过多种筛选母鸡的方法，筛选出来的母鸡用于后续的子代繁育，自然希望子代是不感染病毒的，因此这些母鸡包括：①免疫，非排毒群体。筛选含有抗体的母鸡基于一种推断，即相比不含有抗体的母鸡，他们更不易出现病毒的排毒。通过对每只母鸡至少检测3枚鸡胚的方式筛选出无病毒垂直传播风险的母鸡，保留这些母鸡所产鸡胚孵化的雏鸡。②不免疫，非排毒群体。筛选没有抗体的母鸡所基于的假设是它们从未被感染过且不太可能变成间歇性排毒个体。③非病毒血症母鸡，无论其免疫状况如何。这些鸡群用作后备群体，尽管无法保证它们没有被病毒感染，但可以通过连续4代的检测来确认感染阴性的情况（Zander等，1975）。

在商品代鸡群中开展ALV净化项目取决于病毒在下述母鸡、鸡蛋、胚胎和雏鸡中的不同感染状态（Spencer等，1977）：①蛋清中可能含有外源性ALV以及群特异性抗原，且二者往往同时出现；②出现在蛋清中的ALV或者群特异性抗原与阴道拭子中的ALV存在强关联性；③阴道拭子或者蛋清中的ALV与鸡胚中以及新孵化出的雏鸡中的ALV具有相关性。因此，通过阴道拭子检测为病毒（或者群特异性抗原）阴性的母鸡，或者所下鸡蛋的蛋清中无病毒或者群特异性抗原的母鸡才有较低的概率生产出未感染的鸡胚。一般情况下，可以通过ELISA方法检测阴道或者泄殖腔拭子以及蛋清中的病毒。单次筛查不太可能检测出所有潜在的排毒母鸡，因此一定需要进行重复检测。在使用ELISA方法检测蛋清或者阴道拭子时存在一个问题，即需要区分阳性反应的产生是由于存在内源性ALV的群特异性抗原所致还是由于外源性ALV感染所致（Ignjatovic，1986）。通常由后一种原因产生的阳性反应的阳性值会明显偏高，但却很难设置准确的临界值。由于外源性病毒样品在蛋清中比在拭子中的成分更单一、洁净，所以会产生较高的反应结果（Crittenden和Smith，1984）。能区分内源和外源感染的单克隆抗体以及PCR方法在未来将更有使用前景。

ALV的净化流程包括：①从蛋清或阴道拭子检测为阴性的母鸡处选取受精卵（de Boer，1987；Payne和Howes，1991；Payne和Venugopal，2000；Nair和Fadly，2013）。②使用铁丝网底笼对雏鸡进行小群隔离孵化（25～50只），期间避免人工翻肛做性别鉴定（Fadly等，1981b）；也要避免使用同一只普通针头进行疫苗接种（de Boer等，1980），以防止造成对残存感染源的机械性传播；③检测雏鸡中的ALV，淘汰有阳性反应的鸡以及与其有接触的雏鸡（Okazaki等，1979；Fadly等，1981a、b）。④在隔离的条件下饲养无ALV的鸡群（Fadly等，1981b；Witter和Fadly，2001）。实际操作中，对于实现净化目标而言，完成筛选低排毒率的母鸡所需要的条件要比后续进行雏鸡检测和隔离饲养简单。因此，一些商业化育种组织只把重心放在了通过检测母鸡来降低感染率的工作上。小群孵化和饲养的流程能够在孵化前发现和剔除感染鸡群，防止在蛋鸡中ALV-A亚群病毒和在肉鸡中ALV-J亚群病毒的水平传播（Witter和Fadly，2001）。

刚刚孵化出壳的雏鸡极易通过接触方式感染ALV。尽管先天性感染的孵化室可能是此类感染类型的主要感染来源，但还是有多种方法能够降低或消除来自前代鸡群的遗留感染。在每次使用前，孵化器、出雏机、育雏室及所有设备都需要进行彻底的清洁和消毒。雏盒不能反复使用，且鸡场最好实行同日龄批次化的鸡群养殖方式。群体中引入非现存病毒毒株的风险可以通过执行防止群体交叉污染的措施来消除，包括不对来源不同的鸡蛋或雏鸡进行混群，以及将雏鸡在隔离的条件下进行饲养。养禽业所使用的活疫苗同样可能成为向阴性群体中引入ALV的潜在污染源（Barbosa等，2008）。

### 8.15.2　遗传抗性的筛选

编码针对外源性ALSV感染的细胞易感性或者抗性的等位基因在不同品系的商品化鸡种（Crittenden和Motta，1969；Motta等，1973）中出现频率的变化很大，故其可能在筛选疾病抗性鸡群上具有一定的意义。然而，伴随着ALV-J亚群感染的出现，该亚群感染到目前还未见有抗性鸡群的报道，因此上述筛选方法在ALV-J亚群上应用的意义目前尚不明确。尽管如此，利用转基因技术开发具有ALV感染抗性的鸡品系在促进疾病净化的同时，也在预防再次感染方面具有一定的潜在价值。最近人们在开发无内源性逆转录病毒的商品化鸡品系（Bacon等，2004）中所使用到的一些方法，以及利用基因改造原始生殖细胞（van de Lavoir等，2006a、b）实现的新转基因策略，都指向了在未来通过利用这些方法培育ALV抗性种群是可行的。从病原多样性以及对地方禽种的长期保护角度，利用最新开发的如CRISPR/Cas9系统等基因组编辑工具诱导产生针对ALV的遗传抗性，将成为有效控制这些病原的辅助手段。

## 8.16　展望

通过生物医学科研工作者在过去数十年的努力，人们已经对禽白血病/肉瘤（L/S）群病毒及其诱发肿瘤的分子机制有了深入的了解。这些病毒和疾病已经被当作模式系统用于对人体肿瘤更深入的了解，并在这方面取得了巨大的成功。人们对病毒已经有了很多的认识，由此开发了一些新的方法用于病毒的检测和特性分析，研究病毒感染的动力学、病毒复制和细胞转化，且也已经有效应用于兽医领域。在最近的几年，生物医学科研人员的关注点已经聚焦到病毒的分子生物学以及肿瘤转化的机制上。白血病/肉瘤（L/S）病毒被发现可以在其基因组中携带病毒致癌基因，并且这段来自细胞的原癌基因会被病毒再次引入宿主体内。或者有些禽白血病/肉瘤（L/S）群病毒也可以不含有致癌基因，而在病毒感染后通过插入激活的方式活化细胞的原癌基因。在人医领域，大量与癌症有关的疾病都是众多与细胞生长和分化相关的正常基因、原癌基因或者肿瘤抑制基因的异常表达所致。在兽医领域，家禽遗传学者在针对禽白血病/肉瘤群病毒的遗传抗性和内源性白血病的特性认知方面取得了重要发现，而在这两个领域的发现都具有非常重要的生物学意义。

病毒的突变会导致新的逆转录病毒和新疾病特征的产生。最引人注目的例子就是20世纪80年代在肉种鸡中出现的一种不同寻常的新型白血病病毒——ALV-J亚群病毒，它看上去是通过对外源性ALV和一种来自EAV病毒家族的古老的内源性逆转录病毒进行罕见的基因重组产生的。ALV-J亚群病毒伴随着髓样白血病在20世纪90年代扩散到了世界各地，给养禽业造成了巨大的经济损失。在一些国家，通过严格执行完善的检测净化方案，目前已经在商业化原种肉鸡群体中实现了对该种疫病的净化，但在许多国家，该病依然是需要应对的主要疾病，且已传播到了蛋鸡群体中。目前尚无法避免新发病毒或者突变病毒的再次感染对养禽业所构成的新威胁。

近年来，有多篇报道介绍了在中国境内的祖代和商品代蛋鸡以及一些地方品种的鸡群上所暴发的ALV-J亚群疫情。同时，ALV-A和ALV-B毒株仍旧在持续地被分离出来，尤其是从地方鸡种中，这提示着在中国ALV的广泛分布且感染的动力学也很复杂。在此背景下，近期关于从中国地方鸡种中分离到的可能属于新型K亚群ALV分离株的报道也呼应了这一现状（Wang等，2012；Li等，2016）。此外，ALV-A和ALV-J亚群病毒的混合感染，以及ALV-A和ALV-B亚群病毒的混合感染为不同亚群ALV病毒间的重组创造了潜在的机会（Xu等，2004；Fenton等，2005）。尽管广泛应用的基于p27的ELISA筛查方法能够用于大多数ALV亚群的检测，但仍有必要持续开展流行病学监测，以发现可能存在的逃避现有检测方法的新变异株。

（李翔 译，郑世军 校）

参考文献

# 9　鸡传染性贫血病毒

Karel A. Schat*

美国，纽约州伊萨卡，康奈尔大学兽医学院，微生物学与免疫学系

Department of Microbiology and Immunology, College of Veterinary Medicine, Cornell University, Ithaca, NY, USA.

*通讯: kas24@cornell.edu

https://doi.org/10.21775/9781912530106.09

## 9.1　摘要

鸡贫血病毒（chicken anaemia virua，CAV）为目前已知的指环病毒科（*Anelloviridae*）环病毒属（*Gyrovirus*）的唯一成员。CAV基因组为单股负链DNA，以共价键形成闭合环状，长约2.3 kb，编码3个病毒蛋白（viral proteins，VPs）。VP1是病毒衣壳蛋白，也是唯一存在于病毒颗粒上的蛋白；VP2具有多种功能，对病毒颗粒的形成具有重要作用；VP3，在体内和体外引起细胞凋亡，因此又称为凋亡素，是一种可用于人类肿瘤的潜在治疗的蛋白。CAV基因组的启动子/增强子区域类似于雌激素响应元件，可以被雌激素激活，但却会被鸡卵清蛋白上游启动子转录因子1抑制。无论是否带有病毒中和（VN）抗体，病毒的DNA都可以存在于鸡的生殖腺中。病毒DNA在胚胎之间的传播不依赖于中和抗体的存在。CAV感染缺乏母源抗体的1日龄雏鸡会导致骨髓造血细胞和胸腺皮质内胸腺细胞凋亡，从而导致贫血和免疫抑制。CAV感染2～3周龄鸡不会引起临床症状，但可能引发亚临床免疫抑制。对9～15周龄的母鸡进行疫苗接种可通过母源抗体预防新孵化鸡感染CAV。

## 9.2　简介与历史

1979年，Yuasa等学者首次报道了鸡贫血病毒（chicken infectious anaemia virus，CAV或CIAV）。该小病毒来源于一群免疫了马立克病疫苗的鸡群，但是所用的疫苗中污染了网状内皮组织增生病病毒（reticuloendotheliosis virus，（REV）（Yuasa等，1976）以及CAV。研究和商用的SPF鸡群污染CAV并不罕见（McNulty等，1989；Fadly等，1994；Cardona等，2000b；Schat 和Van Santen，2013）。尽管CAV在1979年被首次报道，但实际上这种病毒早已存在。Jakowski等早在1970年就报道了一例马立克病毒感染鸡

发生造血细胞损伤的病例。数年后，Wellenstein（个人交流，1989；引自 Schat 和 Van Santen，2013）从这个病例的原发性肿瘤组织中分离到了 CAV 毒株。2006 年，Toro 等从 1959 年保存的鸡血清中分离到了 CAV 抗体。根据 CAV 对 SPF 鸡的致病性（参见"CAV 在 SPF 鸡群中的传播"部分内容），Miller 和 Schat（2004）提出 CAV 可能是一个早就存在于家禽中的古老病原。

最初，人们通过在 1 日龄雏鸡上连续传代来分离 CAV 病毒，直到 1983 年，学者发现源自马立克病 [Marek's Diseasederived，lymphoblastoid Chicken Cell line（MDCC）]鸡淋巴细胞系 MSB1 可以用来分离培养 CAV（Yuasa，1983）。从那时起，所有存在养禽业的大陆都报告了 CAV 毒株以及 CAV 抗体的存在。CAV 感染威胁养禽业有许多原因。首先，新孵化出的没有母源抗体的雏鸡感染 CAV 后发生严重的贫血和死亡；其次，2 ~ 3 周龄鸡感染后发生亚临床免疫抑制，从而增加对其他疾病的易感性，并且降低对疫苗的免疫应答；最后，CAV 直到现在依然威胁 SPF 养殖业，而且由于鸡成熟后时常发生 CAV 疫情，因此也是疫苗产业的主要威胁。

## 9.3 病原学

### 9.3.1 分类

自 1979 年以来，CAV 的分类发生了数次更改。最初，因 CAV 与任何已知的病毒科目都不契合而被命名为鸡贫血因子（chicken anaemia agent，CAA）（Yuasa 等，1979），Gelderblom 等（1989）发现鸡贫血因子在结构上类似猪圆环病毒（porcine circovirus，PCV），PCV 主要污染猪肾细胞系 PK15（Tischer 等，1982），因此他们提出将 CAA 重命名为 CAV 或禽圆环病毒。这两种病毒除结构相似外，还都具有共价闭合的环状单链 DNA 基因组（Claessens 等，1991；Noteborn 等，1991；Meehan 等，1992）。Ritchie 等从患有鹦鹉喙羽病（psitacine beak and feather disease，PBFD）的凤头鹦鹉中分离出一种相似的病毒，直径为 14 ~ 16nm，是一种具有二十面体结构和共价闭合的环状单链 DNA 基因组。由于 PCV、CAV 和鹦鹉喙羽病病毒（psittacine beak and feather disease virus，PBFDV）之间具有相似性，Studdert（1993）将它们归为一个新的病毒科目——圆环病毒科，国际病毒分类委员会（International Commitee on Taxonomy of Viruses，ICTV）于 1995 年正式通过了这一分类。然而，该分类存在一些争议。Noteborn 和 Koch（1995）曾指出 CAV 和 PCV、PBFDV 并不属于同一个科目，因为在基因序列、抗原表位、结构以及转录上，PCV 和 PBFDV 是相似的，而 CAV 和它们具有很大差异。Todd 等（1991）也注意到了这两组病毒之间的差别，不建议将这三个病毒归于同一科目中。

从人类中陆续分离出细环病毒（TTV）、小细环病毒（TTMV）和中细环病毒（TTMDV）（Davidson 和 Shulman，2008；Biagini，2009；Hino 和 Prasetyo，2009；Rosario 等，2012）并对其进行测序后发现，CAV 与 TTV 在基因组结构上具有相似性。Biagini（2015）提出将 TTV 和一些类似的病毒，包括 CAV，归类为一个新的病毒科，即指环病毒科。ICTV 在 2015 年通过了这一提议，指环病毒科共有包括环病毒属在内的 12 个属，CAV 是已知唯一的环病毒属的成员。ICTV 还认可了圆环病毒科中的两个属：圆环病毒属和环状病毒属（ictvonline. org/virusTaxonomy；accessed 9 November 2016）。圆环病毒属、环状病毒属、环病毒属、细环病毒属、甲型细环病毒（TTV）、乙型细环病毒（TTMV）以及丙型细环病毒（TTMDV）在基因组结构上的主要差异见图 9.1（Rosario 等，2012）。表 9.1 为这些单链环状 DNA 病毒的研究现状以及这些病毒在鸡群中的存在情况。

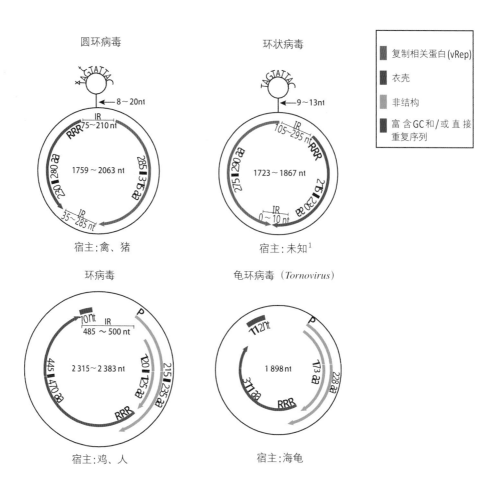

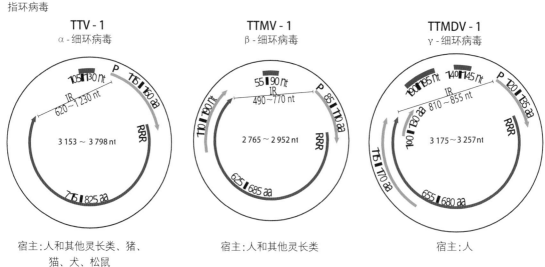

图9.1 动物环状单链DNA病毒基因组结构示意图

　　每个圆环包含不同病毒属的基因组大小、开放阅读框（ORF，以箭头表示）以及基因间区域（IR）。不同的颜色表示每个ORF编码的不同蛋白。部分病毒含有茎-环结构和九核苷酸基序。如果某一个位置有不同的碱基形式，大写字母代表最常见的碱基，其他碱基以小写字母表示（'N'表示任何一个碱基，在某个位置出现了两种以上碱基的时候使用）。对于指环病毒科，只显示成员最多的3个病毒属。另外，图中只显示在所分析的病毒中，大多数病毒都含有的主要ORF。对于包括不止一个成员的病毒属，ORF和IR的大小近似表示为最接近的5的倍数。箭头上方的RRR表示N端区域富含碱性氨基酸，P表示圆环病毒和指环病毒内保守的磷酸酶基序（如WX7HX3CXCX5H，其中X表示任意氨基酸残基）。需要注意的是圆环病毒、指环病毒和细环病毒的假定核衣壳尚未被确认。每个病毒属的已知宿主在基因组示意图的下方显示。

表9.1 具有小的共价闭合环状单链DNA基因组的动物病毒

| 科[a] | 圆环病毒科（2） | | 指环病毒科（12） | |
|---|---|---|---|---|
| 基因组 | 双链 | | 负链 | |
| 复制相关蛋白 | 有 | | 无 | |
| 属 | 圆环病毒<br>（Circovirus） | 环状病毒<br>（Cyclovirus） | 甲型细环病毒<br>（Alphatorquevirus） | 环病毒<br>（Gyrovirus） |
| ICTV认证的种类数[b] | 11 | 28 | 29 | 1 |
| 感染鸡的种类[c] | 1 | 2 | 1 | 2 |

a. 指环病毒科目前含有12个属，其中只有2个存在于鸡中。

b. 根据Afdams等（2016）以及之前ICTV的在线报告。

c. ICTV只认可了一个病毒种类，即鸡贫血病毒。

本章的主要重点是CAV，但对在鸡群中检测到的其他单链环状DNA病毒，也会进行简要讨论，并在本章的其他部分将这些病毒的特征与CAV进行比较。在巴西、南非、荷兰、中国大陆、中国香港和美国都报道过一种类似于CAV的病毒——禽环病毒2型（avian gyrovirus 2，AGV2）（Rijsewijk等，2011；Chu等，2012；dos Santos等，2012；Abolnik 和Wandrag，2014；Zhang，W.等，2014；Ye等，2015；Yao等，2016）。基因序列信息显示，AGV2可能有多个基因型，或者是多个种（Zhang，W.等，2014）。AGV2对家禽业的影响尚不清楚。有些情况下，在具有神经系统症状的鸡脑中可以检测到AGV2序列（dos Santos等，2012；Abolnik 和Wandrag，2014），但尚未进行实验性感染做进一步的验证。令人担忧的是，许多在SPF鸡胚或鸡胚成纤维细胞（CEF）中生产的疫苗都污染了AGV2（Varela等，2014）。

有趣的是，从法国健康人的皮肤拭子中分离出一种与CAV和AGV2相似的环状病毒（Sauvage等，2011），被命名为人类环病毒（HGyV）。HGyV与AGV2关系密切，在VP1、2和3的氨基酸序列上仅相差3%～7%。此后不久，在中国香港的人类粪便样本和鸡肉中（Chu等，2012）以及来自法国健康捐献者的血液样本中（Biagini等，2013）都发现了HGyV。在意大利，Maggi等（2012）从一例HIV病人以及三例肾移植病人的血液和血浆样本中检测到了HGyV。Phan等（2012）在智利腹泻儿童和鸡肉中检测到了第三种环转病毒（HGyV3），而Chu等（2012）在人类粪便样本和鸡肉中发现了HGyV4。此后，突尼斯、美国和法国相继报道了（H）GyV5，-6（Gia Phan等，2013）、GyV7（Zhang，W.等，2014）和GyV9（Phan等，2015），GyV8在富尔玛北部（Fulmarus glacialis）被分离到，但是迄今为止尚未在人类及鸡中发现（Li等，2015）。Smuts（2014）发现健康儿童和腹泻儿童粪便样本中存在CAV、AGV2 / HGyV和HGyV3。尽管从腹泻患者的粪便样本中发现了其中一些病毒，但没有证据表明HGyV确实感染了人类。极有可能的是，这些"旅客"病毒随不同物种（包括鸡）的肉类产品一起进入了人体内。图9.2中简化的系统进化树显示了CAV、AGV2和HGyV的遗传相关性。

在从尼日利亚迈杜古里市场购得的鸡肉中检测到了多种鸡环状病毒和鸡圆环病毒序列（Li等，2010）。随后的全长测序显示，其中的两个环状病毒基本是相同的，而圆环病毒与鸽子圆环病毒非常相近（Li等，2011）。这些发现的意义目前还不清楚。同样，在鸡血清中可偶然鉴定出细环样（TTV-like）病毒，Leary等（1999）使用非翻译区中高度保守的242个碱基序列的引物，从21份鸡血清样品中发现4例阳性。Casey和Schat对DNA数据库进行检索（未发表的数据，2016）发现，该片段与CAV或猪细环病毒（TTSuV）没有任何同源性。在检索中加入TTSuV序列信息，是为了确保该片段不是由于鸡免疫了被TTSuV污染的MD疫苗而出现的，MD疫苗污染TTSuV可能是因为使用了TTSuV污染的胰酶（Teixeira等，2011）。Kulcsar等（2010）发现5/13的新城疫疫苗污染了TTV。序列分析显示，污染的病毒属于猪细环病毒基因

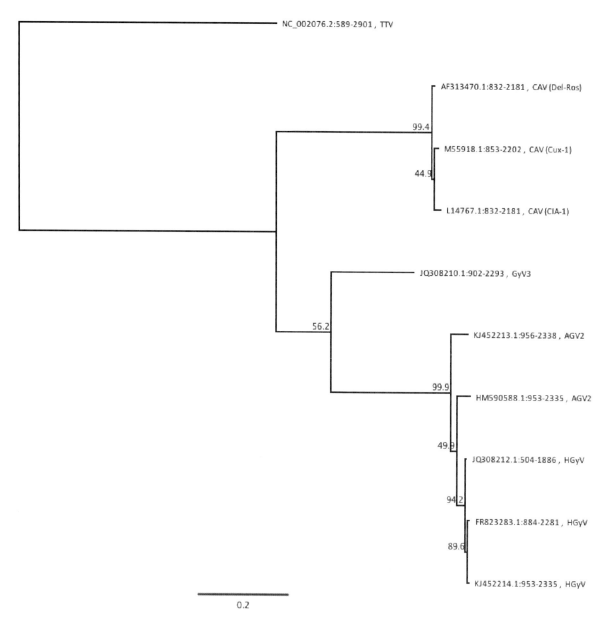

0.2

图9.2　以torque teno virus（TTV）为根源的基于VP1核酸序列的邻域系统进化树

　　该图显示鸡贫血病毒（CAVs）、中间回旋病毒（GyV3）、禽回旋病毒（AGV2s）和人回旋病毒（HGyVs）之间的关系。Bootstrap支持（1 000次迭代）表示为每个节点的百分比。比例尺代表每个位点的固定核苷酸取代。图中显示了每个分类单元的GenBank序列号。（本图由Ian E. H. Voorhees提供。）

2型（Swine TTV genogroup2），但是使用的引物位于高度保守区域。在伊朗的家养鸡群中也发现过TTV样病毒（Bouzari 和Salmanizadeh，2015；Bouzari 和Shaykh Baygloo，2013），但是这些发现的重要性目前并不清楚。在巴西进行的一项研究未能在鸡血浆样本中找到TTV样病毒存在的证据（Catroxo等，2008）。

## 9.3.2　形态学

　　CAV病毒是大小为19 ～ 26.5nm的无囊膜的二十面体颗粒结构。在不同的文献中，病毒颗粒的平均直径为19～21nm（Goryo等，1987b；Imai等，1991）、23.5nm（Todd等，1990）、25 nm（Gelderblom等，1989）和26.5nm（McNulty等，1990a；Todd等，1991）。不同文献中病毒直径的差别可能是由于所用仪器的分辨率或者染色技术的差异导致的。例如，Todd等（1991）比较了用2%乙酸铀酰（pH 4.1）（UA）和2%磷钨酸（pH 7.6）（PTA）进行的负染色发现，使用UA法病毒颗粒的大小约为（26.5±1.2）nm，而在PTA条件下为（21.7±1.4）nm。同一作者在较早的文献中使用4%钼酸铵染色，估算出病毒颗粒直径为（23.5±0.8）nm（Todd等，1990）。在MSB1繁殖的CAV样本中，除了CAV病毒颗粒外，还有一些11nm（Imai等，1991）或15nm（McNulty等，1990a）的环状结构小颗粒。但是，在未感染的MSB1细胞样品中也观察到了相似结构，这些小颗粒似乎与CAV无关。

最初，Gelderblom等（1989）和McNulty等（1990a）描述病毒颗粒为具有32个亚基的常规T＝3二十面体。但是，Crowther等（2003）使用未染色、冷冻保存的CAV颗粒（图9.3A）构建了CAV的三维立体图，显示CAV具有12个五边形的喇叭形小体组成的衣壳结构，T＝1晶格含有60个病毒蛋白（VP）1亚基。

据报道，氯化铯梯度中CAV的浮力密度为1.33～1.37g/mL（Goryo等，1987b；Gelderblom等，1989；Todd等，1990）。康奈尔CIA-1分离株的密度为1.36 g / mL（Luc等，1990）。使用等速蔗糖梯度，CAV的沉降系数大约为91S（Allan等，1994）。

通过宏基因组分析在各种生物体中发现了假定的"轮状病毒"属成员，尚未确定确切的宿主范围（Rosario et al.，2012. Archives of Virology，157：1851-1871.已获得斯普林格·维拉格许可）。

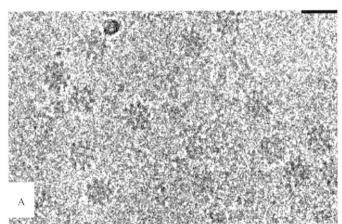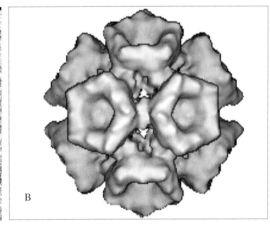

图9.3　鸡贫血病毒的显微照片

A. CAV的低温显微照片。比例尺，50nm；B.基于低温显微照片的CAV三维结构示意图。衣壳由12个五边喇叭状的衣壳体形成，T＝1包含60个亚基的表面晶格。（引自Crowther et al.，2003. Journal of Virology，77（24）：13036-13041. Copyright @ 2003，已获得美国微生物学会许可。）

### 9.3.3　耐高温和化学处理

CAV能够抵抗80℃加热15min（Yuasa等，1979），并且80℃加热30min后仅部分失活，而在100℃下15min后才完全失活（Goryo等，1985）。但是，对于切碎的含病毒的鸡肉，其核心温度必须达到95℃，持续10～30min才能完全灭活CAV（Urlings等，1993）。这意味着未煮熟的鸡肉可能是利用PCR技术检测到的人体中CAV DNA的来源。

CAV对氯仿和乙醚具有很强的抵抗力（Yuasa等，1979；Goryo等，1985），而通常情况下无囊膜病毒对氯仿和乙醚是很敏感的。Yuasa（1992）检测了不同化学试剂灭活CAV的效力。邻二氯苯、阳离子皂或两性皂在37℃下处理2h均对CAV无效。碘和次氯酸钠仅在37℃下以10%的比例使用2h才有效，而当CAV存在于20%的肝匀浆中时则无效或效果不佳。在室温下将处理时间延长至24h并不会增加5%次氯酸钠的有效性。即使在20%肝匀浆中，在室温下用1%戊二醛处理10min也会使CAV失活。通常用于制备灭活疫苗的0.4%的β-丙内酯需要在4℃条件下作用24h才能灭活CAV。5%福尔马林室温作用24h可灭活肝悬液中的CAV。甲醛熏蒸不能使CAV完全失活。有机溶剂也是无效的，而0.1mol/L NaOH在37℃下处理2h或在15℃下处理24h可使20%肝悬浮液中的CAV滴度降低10倍。在相同条件下，0.1 mol/L HCl的影响很小。

Taylor（1992）发现90%丙酮在室温下处理感染CAV的细胞2h对病毒的生存能力没有影响。这会带来一些严重的后果，因为丙酮通常用于固定被MSB1感染的细胞以进行免疫荧光研究。鉴于这一发现，将丙酮固定的CAV阳性样品视为医疗废物需要慎重。

## 9.4 病毒增殖

### 9.4.1 引言

CAV可以在1日龄SPF雏鸡、鸡胚和细胞培养中分离和培养。在实际操作中，首选细胞培养，但细胞可能导致假阴性结果，在这种情况下，可能需要使用其他两种方法。

### 9.4.2 细胞培养

到目前为止，CAV是环病毒属唯一的成员或者指环病毒科中成功在体外繁殖出具有完全感染性病毒颗粒的成员。de Villiers等（2011）报道，细环病毒DNA转染人类胚胎肾细胞293T后可进行复制，但是并没有产生感染性病毒颗粒。

像指环病毒科的其他成员一样，CAV缺乏编码DNA复制所需蛋白的基因，这导致CAV需要在处于分裂的细胞中进行复制。Yuasa（1983）感染了4种MDCC细胞系（MSB1，JP2，RP1和BP1）和3种白血病/肉瘤衍生的鸡细胞系（LSCC1104B1，LSCC1104X5和TLT）。当试验终止时，只有MSB1、JP2和1104B1细胞支持CAV增殖了9代。源自鸡或鸡胚的8种不同的单层细胞培养物难以感染CAV。有限的信息表明，哺乳动物的淋巴母细胞系不易感染CAV（Haridy等，2010）。

随后，Yuasa等（1983a）以12个鸡群的99个样品比较了1日龄雏鸡和MSB1细胞分离CAV的能力。雏鸡接种的69%的样品分离到了CAV，MSB1接种的阳性率是58%。11%的样品在雏鸡接种中是阳性，而在MSB1细胞中是阴性。这个区别可能与细胞传代次数或毒株种类有关。MSB1细胞已经被广泛使用，已有文献报道不同亚系的MSB1细胞感染同一株病毒的能力存在差异（von Bülow等，1986a；Renshaw等，1996；Calnek等，2000）。Von Bülow等（1985，1986）发现，对MSB1细胞连续传代会使其感染CAV的能力下降。有些CAV毒株不能在特定的MSB-1亚系上分离或增殖（Soiné等，1993；Renshaw等，1996；Islam等，2002；Nogueira等，2007；van Santen等，2007）。例如，CIA-1毒株（Lucio等，1990）不能在MSB1（L）亚系上分离或增殖，但是可以在MSB1（S）亚系增殖（Renshaw等，1996），与MSB1（S）相比，MDCC-CU147细胞上增殖CAV可以得到更高的病毒滴毒（Calnek等，2000）。CU147细胞株增殖Cux-1的滴毒也高于MSB1（S）。Nogueira等（2007）试图用三个不同的MSB1亚系分离12个巴西CAV毒株，但其中的8个毒株无法在三个MSB1亚系中的任何一个增殖。

一些CAV毒株在MSB1细胞上不能或者仅以较低的速率进行增殖的原因还不清楚，可能是由于毒株之间微小的序列差异以及MSB1不同亚系之间的表面抗原表达的差异等。Renshaw等（1996）分析了不同毒株编码VP1的ORF1序列，比较了可以在MSB1（L）细胞上复制的毒株与不能在MSB1上复制的毒株（CIA-1、L-028）之间的区别，发现VP1的第139～151位氨基酸区域是一个高度可变区，CIA-1和L-028的第139位和144位氨基酸是Q，而Cux-1的第139位和144位氨基酸分别是K、D。这个高变区是VP1亲水区的一部分，模型显示它表达在病毒颗粒的表面。为了分析高变区与病毒感染MSB1细胞能力的相关性，研究人员构建了嵌合体病毒CIA/Cux N-B 和CIA/ Cux S-B，以CIA-1 VP1序列为骨架，嵌合入Cux-1包含高变区在内的317或744个（nt 1191～1508和844～1508）碱基；同时构建了嵌合体病毒Cux/CIA N-B 和Cux/CIA S-B，以CUX-1 VP1序列为骨架，其1191～1508和844～1508碱基区域以CIA-1相应的区域替代（图9.4）。结果显示，CIA/Cux N-B 和CIA/Cux S-B在MSB1（S）细胞上的复制速率同Cux-1类似，而Cux/CIA N-B 和Cux/CIA S-B毒株的复制速率类似于CIA-1（图9.5），这说明该高变区对CIAV在MSB1（S）细胞上的复制能力很重要。然而，CIA/Cux S-B毒株感染MSB1（S）细胞的能力并不强。显然，除此以外，在VP1上游序列，或者VP2甚至VP3序列上的差异，对CIA-1以及类似的毒株在MSB1细胞上的感染与复制也很重要（Renshaw等，1996；Islam等，2002）。另一方面，Nogueira等（2007）分析了12个毒株的序列，发现在VP2和VP3上并没有氨基酸替换，而对于VP1序列，能够在3个MSB1细胞亚系上复制的病毒与不能复制的病毒之间，也没有统一的突变。MSB1（L）和MSB1（S）细胞表面都是CD4$^+$CD8$^-$TCR2$^+$（Calnek等，2000），但是它们的其他细胞表面标志可能有差别。细胞代谢或细胞因子表达的差异可能会影响MSB1细胞支持CAV复制的能力。

　　Yuasa（1983）报道，不同于MSB1和JP2细胞，其他来源于MD转化的T细胞系并不能感染CAV。为了研究CAV是否更易感具有某些表型特征的T细胞，Calnek等（2000）分析了2个MSB1亚系以及另外24个MD转化的T细胞系，这些细胞系代表了以下几种表型：CD4$^+$CD8$^-$TCR2$^+$（$n=8$，包括2个MSB1亚

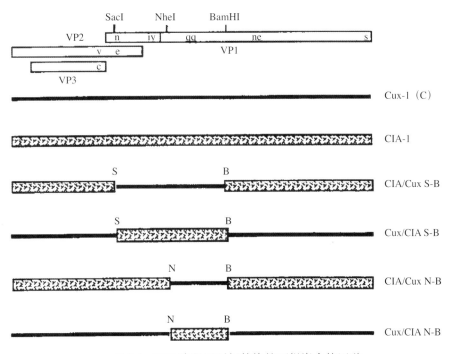

图9.4　VP1编码区互相替换的两组嵌合体图谱

　　图顶端为CIAV的3个ORF图，小写的单字母氨基酸代码表示CIA-1与Cux-1不同的氨基酸（C）。与差异氨基酸相关的限制性位点的位置显示在VP1框的上方。（Renshaw et al., 1996. Journal of Virology, 70（12）：8872-8878. Copyright @ 1996，已获得美国微生物学会许可。）

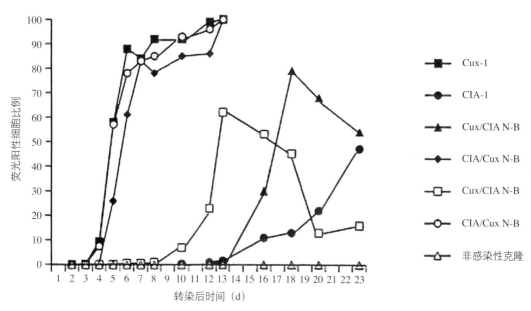

图9.5　转染Cux-1（C）、CIA-1和图9.4所示的嵌合体后，不同时间点的感染细胞百分比

　　500 ng连接产物和500 ng pRC / RSV-lacZ载体转染细胞（$2 \times 10^6$个/mL）。转染后24h检测β-半乳糖苷酶的产生，以验证转染效率的相对一致性（数据未发表）。在转染后48h以及此后的各个时间点验证VP3的存在。Non-infect.clone = 缺陷的CIA-1克隆。IFA + = 免疫荧光检测阳性。（Renshaw et al., 1996.Journal of Virology. 70（12）：8872-8878. Copyright @ 1996，已获得美国微生物学会许可。）

系），$CD4^+CD8^-TCR3^+$（$n=2$）、$CD4^-CD8^+TCR2^+$（$n=5$）、$CD4^-CD8^+TCR3^+$（$n=4$）、$CD4^-CD8^-TCR2^+$（$n=5$）以及$CD4^-CD8^-TCR3^+$（$n=2$）。但是他们发现，不同表型的细胞在易感性上并没有显著的差异（表9.2）。这说明，CD4、CD8或TCR都不能单独作为病毒受体。

表9.2　康奈尔大学建立的马立克病病毒转化的细胞系对鸡贫血病毒Cux-1毒株的易感性

| 细胞表型 | | | 细胞系数目 | 阳性细胞系数目[a] | |
| --- | --- | --- | --- | --- | --- |
| CD4 | CD8 | TCR | | 3 ～ 4 dpI | 5 ～ 7 dpi |
| + | － | 2 | 6 | 0 | 5 |
| + | － | 3 | 2 | 0 | 1 |
| － | + | 2 | 5 | 2 | 5 |
| － | + | 3 | 4 | 3 | 4 |
| － | － | 2 | 5 | 1 | 5 |
| － | － | 3 | 2 | 2 | 2 |

a. 在指定时间，对每个细胞系的50 000个细胞应用间接免疫荧光检测病毒蛋白。

　　有趣的是，CU147（$CD4^-CD8^+TCR3^+$）细胞能够很好地支持Cux-1和CIA-1分离株复制，而且Cux-1的效价比MSB1细胞中获得的高10 ～ 100倍。Van Santen等（2007年）使用CU147细胞，应用实地采样得到的PCR片段拯救出了CAV病毒，但使用MSB1细胞未能成功拯救。然而，CU147细胞比MSB1细胞更难体外培养（van Santen等，2007；Schat，未发表数据），并且该细胞系不再销售。

　　所有易感细胞系均由悬浮生长的淋巴母细胞组成，需要每2 ～ 3d传代一次，很难确定细胞病变效应（CPE）的存在。感染的细胞开始时发生溶胀，然后发生裂解，这种现象最早可在接种后30min出现（von Bülow等，1985，1986a），但是如果接种的病毒量很低，则很难观察到这个过程。如果存在CAV，大多数细胞将死亡并且培养物变为碱性，但这可能需要10 ~ 30代，具体取决于样品的病毒滴度和特定的实验室条件。病毒在细胞中是否成功增殖需要用间接免疫荧光鉴定，可使用CAV特异的鸡IgY（图9.6）或针对CAV VP3的单抗做一抗，再使用合适的二抗。仔细滴定一抗和二抗是非常重要的，因为使用PBS做一抗，以异异硫氰酸荧光素缀合物或辣根过氧化物酶标记的羊、兔或马抗鸡IgG做二抗时，曾经出现过假阳性（Lucio等，1991）。目前，优先选择使用实时定量PCR方法检测上清中病毒量的增加，许多具体的定量PCR的方法已经被报道过（Markowski-Grimsrud等，2002；van Santen等，2004b）。qRT-PCR可以在感染初期检测到病毒的复制（Markowski-Grimsrud等，2002）。Smyth和Schat在2016年详细综述了病毒分离、鉴定和增殖。

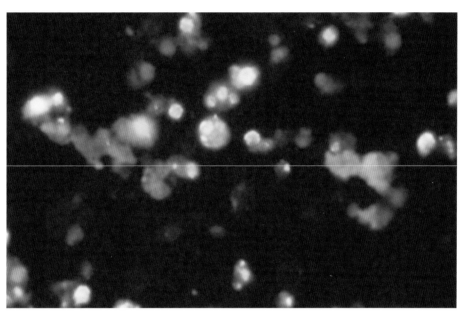

图9.6　鸡贫血病毒感染的MSB1细胞的荧光染色

注意核内染色阳性。（引自Shivaprasad和Lucio，1994，已获得美国禽病理学家协会许可。）

除易感细胞系外，单核脾、胸腺和骨髓细胞至少可以用来感染Cux-1分离株。用刀豆球蛋白A（Con-A）刺激脾脏和骨髓细胞可增加病毒滴度。胸腺细胞需要添加Con-A或10%血清的条件培养基才能变得易于感染（McNeilly等，1994）。Manoharan等（2012）使用外周血单核细胞从PCR阳性病例中分离到了CAV并进行了增殖。Con-A刺激增加了滴度和检测灵敏度。尽管两个团队都是从SPF鸡中分离细胞，但仍然有必要对对照细胞与感染细胞进行仔细分析，因为即使没有CAV特异性抗体，CAV DNA也可能存在于SPF鸡中（Cardona等，2000b）。

### 9.4.2.1　鸡胚

鸡胚可以用于分离和培养病毒。VonBülow和Wit（1986）通过卵黄囊途径接种了5日龄的SPF胚胎。在胚胎发育第19天（ED19），对不含头和肝脏的整个鸡胚进行病毒滴度检测。肝脏中的病毒滴度和鸡胚的病毒滴度类似，比接种种毒都增长了1 000倍。在接种的胚胎上没有检测到损伤。这一发现与通过相同途径在5日龄鸡胚接种CL-1分离物形成鲜明对比。这些胚胎有50%在16 ~ 20日龄时死亡。死亡的鸡胚比对照胚胎小，而且有水肿和出血现象（Lamichhane等，1991）。Davidson等（2007）通过卵黄囊途径对7日龄鸡的胚接种了来自12个鸡群的肝脏提取物，这些提取物在PCR检测中呈CAV阳性。其中两个分离物导致胚胎发育显著迟缓。尽管少数胚胎具有出血和肝苍白等病变，但病变发展与特定分离株之间没有明确的关联。如果将鸡胚卵用于初次病毒分离，则需要使用其他检测方法（例如qPCR）进行明确的诊断。

### 9.4.2.2　1日龄雏鸡

第一个CAV分离株是通过肌肉接种1日龄雏鸡得到的。在接种后14～16d，通过检测血细胞比容值确定是否发生贫血（Yuasa等，1979；Goryo等，1985）。由于缺乏抑制病毒复制的抗体反应，使用在胚胎18日龄进行了法氏囊切除的小鸡可能会增加敏感性。Lucio等（1990）应用这种方法分离了CIA-1株。当前只有用PCR或RT-PCR分析表明存在CAV，且细胞系或鸡胚接种失败的情况下才可以使用1日龄雏鸡分离病毒。

## 9.5　基因组结构与组成

Gelderblom等（1989）和Todd等（1990）使用的方法略有差异他们分别发现，CAV的基因组由共价连接的环状单链DNA组成。Noteborn等（1991）和Claessens等（1991）分别完成了对Cux-1和26P4毒株的测序，这是一个重要的突破。Cux-1基因组全长2 319 nt，26P4全长2 298 nt。启动子/增强子区域含有4个21 nt的直接重复序列（direct repeats，DR）（图9.7A）（Claessens等，1991），然而Noteborn等（1991）测序的Cux-1含有5个重复序列。但是，这可能与细胞传代水平有关，因为Meehan等（1992）发现他们的Cux-1分离株只有4个重复序列，并且通常情况下，Cux-1分离株具有4个重复序列。CIA-1毒株同样具有4个重复序列（GenBank accession no. L14767）（Renshaw等，1996）。大部分毒株含有3个部分重叠的开放阅读框（open reading frames，ORF），编码3个多肽，分别为VP1（51.6 kDa），VP2（24.0 kDa）和VP3（13.6 kDa）（Noteborn等，1991）。CAA82-2分离株是一个例外，它在正链上具有第4个ORF（ORF4），起始密码子为VP1下游的第101个碱基（Kato等，1995）。这些研究人员还在负链上鉴定出5个推定的小ORF。但是，没有证据证明ORF4和负链上5个ORF的表达。人们对ORF和VP的命名还很困惑。由于ORF位于互补链上，Todd（2000）将3个ORF分别命名为编码VP1的C1、编码VP2的C2、编码VP3的C3。在这篇综述中，我将以ORF1表示VP1，以ORF2表示VP2，以ORF3表示VP3。ICTV建议将ORF1的碱基序列作为指环病毒科病毒的分类依据（Biagini，2015），不同分离株之间的碱基差异小于20%，不同种之间的碱基差异为20%～55%。自从1990年第一条CAV毒株序列发布，数据库中后来增加了多条毒株序列。迄今为止，所有CAV的系统发育树都显示，根据ICTV对于指环病毒科的分类建议，所有的CAV分离株都属于同一个种（图9.2）。这个结果与新近发现的人和鸡的环转病毒以及细环病毒的11个属显著不同（见"分类学"部分）。CAV的ORF1碱基序列通常分为4个基因群：Ⅰ、Ⅱ、Ⅲa和Ⅲb（e.g. Ducatez等，2006；Kim等，2010；Olszewska-Tomczyk等，2016）。Eltahir等（2011b）发现了4个基因群（A～D），其中A群含有3个亚群，D群含有2个亚群。有两个团队报道过发生在VP1上的亚型之间的重组，这种现象显著增加了基因的多样性（He等，2007；Eltahir等，2011a）。不同基因群之间实际的差异值以及重组的可能性目前还不清楚。Ducatez等（2008）指出，碱基或者氨基酸序列并不能反应基因群的进化情况。更重要的是，从实际角度看，就目前所知，所有的毒株都属于同一个血清型。仅有一个关于第二个血清型的报道（Spackman等，2002a、b），但是从来没有被证实过，而且没有后续的报道。可能这个"第二个血清型"甚至和CAV都没有关系（Schat，2009）。

## 9.6　启动子/增强子区域结构

最初，Noteborn等（1991，1994b）和Meehan等（1992）详细报道了CAV基因组启动子/增强子的结构。

图9.7A和B所示为含有4个DR（重复序列）的CIA-1序列（GenBank登录号L14767），以转录起始位点TSP为nt 1（图9.7A和B）。TATA盒子起始于−31 nt，起始密码子位于+ 27 nt。三个SP1结合位点分别起始于−49 nt，−147 nt和−238 nt，一个NFY盒子起始于−92 nt。4个DRs是不连续的，在第2个和第3个DR之间被12 nt分开；如果存在第5个DR，则是在第3个和第4个DR之间分开。第2个 SP1结合位点位于这12个碱基的区域。Noteborn等（1994b）等发现T细胞内一些未鉴定的核因子能够结合每一个DR和12 nt的插入序列。纯化的人SP1与12 nt的插入序列亲和力很强。12 nt插入序列之前的两个或三个DR对于病毒复制是必需的。但是只含有前两个或三个DRs的突变CAV并不能产生活的病毒颗粒。改变12 nt的插入序列会抑制但不会阻止病毒的复制（Noteborn等，1998b）。DR区域含有5′-ACGTCA序列，5′-ACGTCA序列可以结合CREB 和ATF转录因子，但是Noteborn等（1994b）发现CAV DR并不结合这些转录因子。Miller等（2005）注意到该序列类似于雌激素反应元件（oestrogen response element，ERE）的同义半位点（A）GGTCA。ERE的半位点之间形成一个间隔为 3 bp的回文序列。雌激素受体（Oestrogen receptors，ER）以同源二聚体的形式结合ERE，但是它们之间的结合并不需要严格的ERE序列。序列扫描表明，另外的ERE样的半位点位于TATA盒的下游（图9.7A和B）。为了确定CAV的启动子/增强子区域是否可以结合雌激素受体，Miller等（2005）应用了ER增强的LMH/2A细胞系，与亲代LMH细胞系相比，其雌激素受体表达量增强了150倍（Sensel等，1994）。当使用短启动子序列（图9.7A）驱动增强型绿色荧光蛋白（enhanced green fluorescent protein，EGFP）的表达时，添加雌激素可显著提高LMH / 2A细胞系中EGFP的表达，而使用包含TATA盒子下游的潜在ERE半位点的长启动子序列时（图9.7A），EGFP表达没有明显增加。在随后的研究中，Miller等（2008）鉴定了两种转录抑制子。将可以与ERE样基序结合的核受体鸡卵清蛋白上

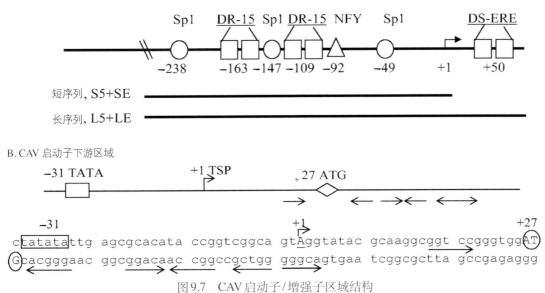

图9.7  CAV启动子/增强子区域结构

A.CAV启动子区域的示意图。图中横线表示长启动子和短启动子表达载体的区域。CAV启动子21 bp的直接重复序列是TGTACAGGGGGGGTACGTCACCCGTACAGGGGGGGGGTACGTCACA，在图中标记为DR-15的方框表示ERE样元件，ERE样元件以15 bp间隔的直接重复序列的形式存在。已知或假定的转录因子结合位点分别表示为：结合Sp1的圆圈，结合ERE样的正方形和结合NFY的三角形。B.CAV启动子下游区域的示意图和序列。编号基于转录起始点（TSP）为+ 1（如右箭头所示），对应于2 298 bp CIA-1基因组的nt 333（GenBank登录号L14767，Renshaw et al.，1996）或nt354用于更长的2 319bp Cux-1序列（GenBank登录号M55918，Noteborn et al.，1991）。TATA盒子由加框的序列表示，ATG被圈出来。GGTCA样序列下的箭头指示方向。（Miller et al.，2005. Journal of Virology，79（5）：2859-2868. Copyright @ 2005，已获得美国微生物学会许可。）

游启动子转录因子1（COUP-TF1）与短启动子序列共转染，会显著降低EGFP的表达。当使用长启动子序列时，转录调节子delta-EF1（δEF1）蛋白与TSP内的E盒子结合会抑制转录（Miller等，2008）。因此，CAV的转录可被COUP-TF1和δEF1与DR和E盒子的结合负向调节，被雌激素正向调节。这种调控的影响将于CAV在SPF鸡群中的传播中讨论。

## 9.7　病毒核酸

CAV的单股负链DNA基因组被衣壳蛋白包裹（Noteborn等，1991，1992；Phenix等，1994），在病毒复制时形成双链环形基因组。从正链转录形成一个长2～2.1kb、未切割、多顺反子的mRNA，通过不同的起始密码子编码3个病毒蛋白（VP）。以TSP为1 nt（图9.7B），一个多聚腺苷酸位点位于1 963 nt，距离上游的唯一poly（A）增强信号（AAUAAA）25（Noteborn等，1992）或者21（Phenix等，1994）个碱基。Phenix等（1994）还检测到小部分的4 kb转录物，这很可能是由于一小部分RNA聚合酶分子未能有效终止转录的结果。MSB1细胞感染CAV病毒后4～12h可以检测到2.1 kb的转录本（Noteborn等，1992；Phenix等，1994；Kamada等，2006）。

Kamada等（2006）注意到TTV（细环病毒）具有3个切割的转录本，由于CAV与TTV之间的相似性，Kamada决定寻找CAV复制过程中切割的转录本。MSB1细胞感染CAV病毒后48～72h，的确可以检测到1.6 kb，1.3 kb，1.2 kb和0.8 kb的切割转录本，作者对1.3 kb，1.2 kb和0.8 kb的切割转录本进行了克隆和测序，1.6 kb的切割转录本由于一些未知的原因没有成功克隆。1.3 kb的转录本可以编码截短的长约253个氨基酸残基（AA）的VP1_1，缺失了中间的第197位氨基酸（AA）。1.2 kb的转录本可以编码截短的长约253 AA VP1_1和259 AA的VP2_3。最后，0.8 kb的转录本VP2_1，在距VP2起始密码子280 nt处断开，与VP1 ORF中间部位连接，产生一个247 AA的假想蛋白。同一个0.8 kb转录本还将产生59 AA的VP3_2。必须强调的是，到目前为止，尚未证明这些蛋白的存在，也未阐明转录本与病毒复制的相关性，在受感染的鸡中是否存在这些剪接的转录本也没有相关报道。

## 9.8　病毒蛋白

在感染CAV的MSB1细胞中已鉴定出三种病毒蛋白（VP1，VP2和VP3）（Schat，2009）。使用免疫荧光技术，早在病毒感染MSB1后6h，就可以在少量细胞中检测到VP3，而在病毒感染后的12h，仅有极少数的细胞中存在VP2。在病毒感染后的30h，两个蛋白的荧光量都达到最大值，此时VP1和病毒衣壳也存在于被感染的细胞中（Todd等，1994；Douglas等，1995）。最近，Trinh等（2015）发现，早在病毒感染后12h，就可以检测到细胞中的VP1。造成这种差异的原因尚不清楚。

### 9.8.1　病毒蛋白1（Viral protein 1，VP1）

VP1是唯一与病毒颗粒相关的病毒蛋白（Todd等，1990，1994）。VP1 N端的大约有40个氨基酸（AA）与组蛋白具有高度相似性（Claessens等，1991；Noteborn等，1992），提示这个区域对于衣壳蛋白与病毒基因组的结合具有重要作用（Noteborn和Koch，1995；Todd等，2001）。Koch等（1994，1995）研究发现，在同时感染表达VP1和VP2的重组杆状病毒的Sf9细胞内，需要合成VP1和VP2以诱导鸡产生中和抗体。重组杆状病毒免疫过的鸡的后代，在CAV攻毒实验中可受到保护，说明所产生的抗体可以中和CAV。关于中和单克隆抗体（MAb）2A9（McNulty等，1990b）或CVI-CAV-132.1（Noteborn等引用Koch未发表的数据，1998a）的研究表明，这些单克隆抗体与构象抗原表位相互作用（Todd等，1994；Noteborn等，1998a）。VP2不存在于病毒颗粒中，但是构象抗原表位的形成需要VP2的存在，这说明VP2是一个脚手架蛋白。应用VP2特异性的单抗MAb 111.1进行免疫共沉淀实验证实，VP1和VP2只有在同一个细胞中合成，才能相互结合（Noteborn等，1998a）。Trinh等（2015）应用中和单抗，发现了两个抗原表位，其中一个表位涉及144位氨基酸，因为一个从谷氨酸到甘氨酸的突变体可以逃逸抗体的识别；另外一个表位似乎是构象表位，因为缺少T89 + A90的逃避突变体不能被MoCAV/F2和MoCAV/F8中和，并且逃避突变体I261T不能被MoCAV/F8或MoCAV/F2中和。

VP1对于CAV体内和体外致病性的重要性已被多个团队证实，但是关于毒力决定因素，目前还缺乏共识。Renshaw等发现一个VP1超变区对于CAV感染细胞系非常重要（见细胞培养部分），但遗憾的是，他们没能应用重组病毒在鸡体内验证。Yamaguchi等（2001）发现394位谷氨酰胺与致病性相关，将谷氨酰胺改变为组氨酸会导致致病性降低。Eltahir等（2011b）对25个来自于发病鸡的中国分离株测序发现，所有的毒株在394位都是谷氨酰胺。作者声称这个发现证实了394位谷氨酰胺的重要性，其可以作为病毒致病性的标志。但是，并没有实验证实这一观点。此外，在预测的氨基酸序列中，VP1、VP2和VP3都有许多替换。应用最大概率模型，Wang等（2009）提出287位天冬氨酸对于致病性具有重要作用。这一假设并没有被Todd和其同事的一系列研究证实（Todd等，1995，2003；Meehan等，1997）。在MSB1细胞中对Cux-1连续传代173代后得到致弱克隆株10号，然后对RF分子进行分子克隆。遗憾的是，致弱并不稳定，在鸡上传10代就出现了具有一定致病性的回复突变株。对克隆10测序，在基因组范围内发现了17个碱基位置的差异，其中一个导致287位天冬氨酸突变为丙氨酸。但是，在MSB1细胞中继续传代7次后获得的一些回复性克隆，的确在287位AA处具有天冬氨酸，却被完全减毒。此外，Islam等（2002）对许多分离株进行了测序，包括致病性BD-3分离株，其在287位AA具有丙氨酸，而其他一些分离株在此位置具有丝氨酸或苏氨酸。

由于致弱克隆株10号不稳定，因此人们研究了Cux-1的第320代病毒（P320）作为候选疫苗的潜力（Todd等，1998）。使用免疫荧光测定法，P320在MSB1细胞中产生非常低水平的CAV特异性染色。1日龄雏鸡感染实验证实，P320致病性下降，并且鸡体内可以产生抗体。但是，并没有关于P320是否具有保护性的攻毒实验的报道。随后，Scot等（1999）应用来自P310的10个分子克隆进行了深入研究。10个克隆都可以产生病毒中和抗体。有趣的是，克隆株33号甚至比对照p13病毒库致病性更强。但是，克隆株33号与具有高度中和能力的单抗MAb 2A9结合强烈，而无致病性的克隆并没有这个现象。序列分析发现，克隆株33号与无致病性的克隆之间只存在第87位氨基酸上的区别。后者第87位氨基酸是丙氨酸，而克隆株33号和p13为苏氨酸。此变化是否是致病性降低的标志，VP2和/或VP3的变化是否造成这种变化的原因，目前尚不清楚，因为尚无关于VP2和VP3的序列信息。有一个抵抗MAb 2A9中和的克隆可在鸡体内诱导中和抗体（Scot等，2001），这提示，除了MAb 2A9识别的抗原表位，病毒表面还存在其他可被鸡多克隆中和血清识别的抗原表位。显然，VP1有助于CAV的致病性，但是无法鉴定出确定致病性的单个氨基酸位点。

### 9.8.2　病毒蛋白2（Viral protein 2，VP2）

Douglas等（1995）报道，VP2在病毒感染早期产生，并且大量的VP2聚集于细胞核内，这与被McNulty等（1990a）首先观测到的电子密集聚集体有关。133 ~ 138位氨基酸是一个功能性的核定位信号（NLS），氨基酸序列为KRKKR（Cheng等，2012）。Cheng等（2012）也预测了一个假定的核输出信号位于120 ~ 128位氨基酸，序列为LEEAILRPL，尽管其预测值低于NetNES 1.1程序的期望阈值。随后，Cheng等（2012）研究证实，VP2不结合染色体区域维持蛋白1（CRM1），这是蛋白质从细胞核输出的主要受体。但是，VP2与染色质结合并与微染色体维持复合物组分3（MCM3）结合。MCM3蛋白是参与真核生物基因组复制起始的六聚体蛋白复合物的一部分。VP2与MCM3的结合不需要以下所述的双重特异性蛋白质磷酸酶（DSP）活性。

除了具有脚手架功能（见VP1），VP2还是一个双重特异性蛋白质磷酸酶（DSP）（Peters等，2002）。CAV VP2和TLMV的ORF2具有蛋白酪氨酸磷酸酶（PTPase）和丝氨酸/苏氨酸磷酸酶活性。CAV VP2的催化序列为$I^{94}CNCGQFRKH^{103}$，加粗的字母表示保守的特征氨基酸。在特征性序列中出现97位的第二个半胱氨酸是不常见的。$C^{95}$突变为丝氨酸会使VP2丧失DSP活性（Peters等，2002），而$C^{97}$突变为丝氨酸会轻微抑制蛋白酪氨酸磷酸酶活性，显著增加丝氨酸/苏氨酸磷酸酶活性（Peters等，2005）。同时突变$C^{95}$和$C^{97}$会使两种磷酸酶活性都丧失。含有$C^{95}$或$C^{97}$突变的病毒可以完整复制，但是病毒复制量显著下降，病毒滴度仅能达到每0.1mL中$10^{1.5}$ ～ $10^{1.7}$ $TCID_{50}$，这说明磷酸酶CP活性对于病毒的高效复制是很重要的。Peters等构建了邻近DSP催化结构域或催化结构域内（C87R、R101G、K102D和H103Y）氨基酸突变的重组病毒，以及含有影响高度二级结构区域的氨基酸（R129G、Q131P、R/K/ K150/151/152G/A/A、D/E161/162G/G、L163P、D169G和E186G）的重组病毒，这些高度的二级结构区域会影响蛋白酪氨酸磷酸酶活性，并对重组病毒在MSB1细胞内进行研究（Peters等，2006）。与95和97位氨基酸突变相比，K102D突变体病毒的滴度非常低。所有其他的突变体病毒滴度为每0.1mL中$10^3$ ～ $10^4$ TCID50，而野生型CAU269/7毒株的滴度为每0.1mL中$10^{5.5}$ TCID50。不同突变体病毒与母源毒株在隐藏期（eclipse period）、潜伏期、细胞内和细胞外的病毒滴度上都有差别。有两个有趣的变化，与野生型毒株相比，突变毒株感染MSB1细胞后，不下调MHC-I的表达，并且细胞核内不出现VP3。这些现象提示，VP2可能参与VP3向核内的转运以及介导MHC-I的下调。Peters等（2007）通过卵黄囊途径接种7日龄胚胎，发现所有的突变毒株在ED 21时致病性都下降。在一项后续研究中，Kafashi等（2008）将不同的突变毒株接种1日龄SPF雏鸡。结果发现，将186位谷氨酸突变为甘氨酸的（E168G）突变体病毒在鸡体内诱导的病毒中和抗体滴度最高，说明这个毒株可能是潜在的疫苗毒株。但是，关于使用突变体病毒做疫苗，Schat（2009）提出了一些问题。首先，Scot等（2001）曾经报道过在高度传代的致病性和非致病性的克隆33和34中存在E186G突变。此外，突变体病毒在细胞培养以及鸡体内传代的稳定性并不清楚，因为在感染了R129G突变毒株MSB1细胞中分离到了自发突变毒株（Kafashi等，2008）。

如上所述，VP3转运到MSB1或鸡靶细胞的细胞核诱导细胞凋亡，VP2在VP3向细胞核的转运中可能发挥重要作用。Noteborn 和van der Eb（1998）以及Noteborn（2004）提出，VP2可能也诱导凋亡，但他们并没有将数据发表。由于VP3 ORF位于VP2 ORF内，所以需要构建一个去除VP3表达的VP2突变体。Kafashi等（2015）构建了pCAT–VP2＋VP3–载体，在MSB1细胞内可诱导细胞凋亡。有趣的是，许多细胞显示出坏死而不是凋亡的迹象，因此认为，VP2也可能在感染早期具有抗凋亡作用。

### 9.8.3　病毒蛋白3（Viral protein 3，VP3）

Jeurissen等（1992b）报道CAV在体内感染后的第6天开始引起胸腺细胞凋亡，导致感染后第13天时胸腺皮质严重耗竭。CAV体外感染两种细胞系（MSB1和1104-X5）也导致细胞凋亡。在感染鸡的胸腺细胞和感染细胞系中都可以观察到凋亡小体。随后使用VP3特异性单克隆抗体的研究表明，该蛋白与凋亡小体有关（Noteborn等，1994a）。pRSV-VP3转染MSB1和骨髓细胞系LSCC-HD11，也可以诱导细胞凋亡。去除ORF（VP3tr）3′端的11个密码子截短VP3可导致凋亡明显减少。CEF细胞对VP3诱导的细胞凋亡具有抗性。感染或转染后的24～48h，VP3以细微分布的颗粒出现在细胞核中，随后大小逐渐增加，形成与凋亡小体相关的聚合物（Noteborn等，1994a）。Todd等（1994）指出，除了VP3，凋亡小体中还存在VP1和VP2。VP3通常被称为凋亡素（Apoptin），该名称源自其能诱导细胞凋亡（Pietersen 和 Noteborn，2000）。凋亡素的名字使用至少起始于1995年 Noteborn 研究小组（Noteborn 和 Koch，1995）。本章将同时使用术语 VP3 和 Apoptin。

Noteborn 等（1998c）引用了未发表的数据，即 CAV 复制取决于完整 VP3 的存在。Wei 和 Schat（未发表的数据，1996年）突变了 VP3 的起始密码子，因此在不更改 VP2 AA 序列的情况下不再产生 VP3，并证实了突变的病毒不再能够在体外复制。在一项严谨的研究中，Prasetyo 等（2009）也通过突变 VP3 的起始密码子，构建了 VP3 缺失的突变体 [CAV/ Ap（−）]。将 CAV/Ap（−）转染 MSB1 细胞不能产生病毒 DNA 或传染性病毒颗粒，但却可以产生病毒样颗粒。VP3 的反向突变回补体 CAV/ApRM，可以产生与野生型病毒相同水平的病毒滴度。他们还构建了108位氨基酸位点突变（T108I）的突变病毒 CAV/ApT108I，在这个突变病毒中，VP2 没有发生变化。T108I 位点突变显著降低了感染性病毒颗粒的产生，说明108位的苏氨酸在病毒复制中发挥着重要作用（参见凋亡素：抗肿瘤治疗）。将 CAV/Ap（−）与表达野生型 VP3 的质粒 pAp/WT 共转染 MSB1 细胞，可以完全恢复病毒 DNA 的复制，但是仍然不能产生感染性病毒颗粒。CAV/ApT108I 与 pAp/WT 共转染可以在不改变氨基酸突变的前提下，恢复 DNA 的复制与感染性病毒颗粒的产生。

在其他指环病毒中也发现了凋亡素样序列。Miyata 等（1999）报道，TTV TA278（GenBank 登录号 AB017610）的序列与 CAV 类似，都是三个部分重叠的 ORF。TTV VP3 在三种人类肝癌细胞系中显示凋亡活性，Kooistra 等（2004）将其命名为 TTV 来源的凋亡诱导蛋白（TAIP）。共转染 CAV/Ap（−）与 pAp/WT，共转染 CAV/Ap（−）与 TAIP 也可以恢复 CAV/Ap（−）DNA 的复制，类似于和 PAP/WT 共转染恢复 DNA 复制（Prasetyo 等，2009）。第一个人类环病毒分离株（HGyV）的 VP3（Sauvage 等，2011）在几种人类癌细胞系中也具有与 CAV VP3 类似的凋亡作用（Bullenkamp 等，2012）。目前，尚不清楚其他指环病毒中 VP3 是否也具有凋亡活性。

### 9.8.4　细胞凋亡素：抗肿瘤治疗

凋亡素在体内外诱导鸡细胞凋亡的机制尚未完全阐明。但是，转染 VP3 能诱导一些人类肿瘤细胞系凋亡的发现，引发了大量关于凋亡素与人类肿瘤细胞系相互作用的研究（见下文）。有一些信息可以帮助人们理解 CAV 感染后引起的凋亡过程。但是，在鸡的系统中，VP2 与 VP3 的相互作用很关键，而在 Apoptin 的转染实验中这种相互作用是不存在的。

在发现 VP3 转染 MSB1 细胞可以诱导凋亡后不久，Zhuang 等（1995a、b）研究发现将 ORF3 转染人骨肉瘤细胞系以及4种淋巴细胞系后可以诱导细胞凋亡。VP3 诱导细胞凋亡不依赖于 p53 的存在状况以及原癌基因 bcl-2 的高表达。转染 VP3tr（见前一章）会发生 VP3 在细胞质中的滞留，延缓凋亡的发生。将 VP3 转染至多种正常非转化的人类细胞系并不会诱导凋亡，并且在正常细胞中，凋亡素主要存在于细胞质中，而在转化的癌症细胞系中，凋亡素定位于细胞核中（Danen-Van Oorschot 等，1997）。Noteborn 及其合作者进行的研究证实转化细胞而非正常细胞对 Apoptin 诱导的凋亡敏感（Rohn 和 Noteborn，2004；de Smit 和 Noteborn，2009；Noteborn，2009）。多个移植了人类肿瘤的裸鼠模型试验证实，凋亡素可在体内抑制肿瘤的生长（如 Pietersen 和 Noteborn，2000；Backendorf 等，2008；Backendorf 和 Noteborn，2014；Liu 等，2016）。健康小鼠在多次注射表达 VP3 的复制缺陷型的腺病毒载体（AdMLP-VP3）后，仍然保持健康状态；多个器官表达 VP3 的转基因小鼠没有表现出负作用（Pietersen 和 Noteborn 综述，2000），这说明 AdMLP-VP3 用于治疗可能是安全的。目前，包括病毒、质粒、表达 VP3 的沙门氏菌载体以及重组蛋白等在内的多种投送 VP3 的途径被尝试用于临床治疗肿瘤（Backendorf 和 Noteborn，2014）。但是，Tavassoli 等（2005）对凋亡素在转化细胞中的特异性提出了质疑。Wadia 等（2004）提出是浓度依赖性的 NLS，而不是致瘤性的NLS，导致诱导细胞凋亡的凋亡素高表达，高水平的凋亡素在肿瘤细胞和正常细胞中都可以诱导凋亡，Rohn等（2005）对此持有异议。

VP3由121个氨基酸组成，包含一个假定的核输出信号NES（第33～46位氨基酸）以及一个由两部分组成的NLS[第82～88位氨基酸（NLS1）、第111～121位氨基酸（NLS2）]（Danen-Van Oorschot等，2003）。将VP3第80～121位氨基酸与GFP融合表达后，会使GFP定位于细胞核中，而仅将缺失NLS1的VP3第100～121位氨基酸与GFP融合表达，并不会发生这种现象。将第86～90位氨基酸（KKRSC）突变为丙氨酸，会削弱GFP在细胞核中的定位，抑制凋亡。这些结果说明VP3在细胞核中的定位需要NLS1和NLS2，并且这与VP3在核内的聚集与凋亡有关。Poon等（2005）也报道了同样的结果。令人惊讶的是，第1～69位氨基酸和第80～121位氨基酸都参与细胞杀伤。将第1～69位氨基酸与异源的NLS融合并转染缺失p53的Saos-2细胞，第1～69位氨基酸在细胞核内积聚诱导细胞凋亡，但是低于凋亡素诱导的细胞凋亡水平（Danen-Van Oorschot等，2003）。应用凋亡素蛋白的研究证实，第1～69位氨基酸和第80～121位氨基酸片段可以结合裸露的DNA（Leliveld等，2004）。肿瘤特异性激酶介导的第108位苏氨酸T108的磷酸化对于细胞凋亡的诱导很重要，可能是通过促进凋亡素向细胞核中转移、激活凋亡素（Rohn等，2002），或是抑制凋亡素从细胞核向肿瘤细胞质核中输出（Poon等，2005）。Rohn等（2002）引用未发表的数据说明，CAV感染MSB1细胞后，VP3发生了磷酸化。

Danen-Van Oorschot等（2003）不能确定第33～46位氨基酸的NES是功能性的核输出信号，还是细胞质滞留信号。Wang等（2004）提出，这段序列是细胞质滞留信号，而不是核输出信号（NES）。真正

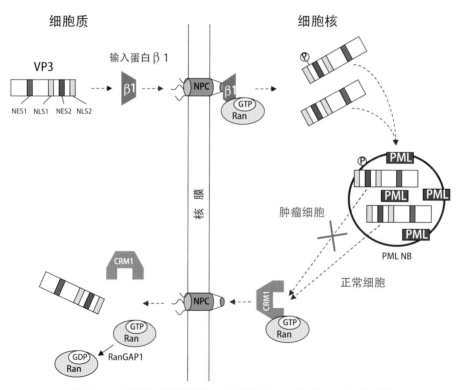

图9.8　在肿瘤和正常细胞中差异调节VP3核靶向性的模式图

VP3通过可能使用importinβ1蛋白的核定位信号（NLS1和NLS2）转运到细胞核中。在细胞核中，VP3在T108处被磷酸化，这在肿瘤细胞中抑制了Apoptin从细胞核输出到细胞质中，从而导致VP3在细胞核聚集。磷酸化的VP3主要结合早幼粒细胞白血病核小体。在正常细胞中，染色体区域维持1（CRM1）蛋白通过VP3的COOH末端核输出信号识别未磷酸化的VP3，导致VP3输出到细胞质中。（图片由David A. Jans友情提供。引自Poon et al., 2005. Cancer Research，65（16）：7059-7064. 已获得美国癌症研究协会许可。）

的核输出信号位于第97～105位氨基酸（Poon等，2005），它在正常细胞中起作用，但在肿瘤细胞中不起作用。在肿瘤细胞中，第108位苏氨酸的磷酸化抑制凋亡素从细胞核向细胞质转运。凋亡素通过不同途径滞留在肿瘤细胞核中的模式图见图9.8。最近，多个研究组鉴定了不同的参与凋亡素磷酸化的激酶。根据所研究的肿瘤细胞系，磷脂酰肌醇3激酶/Akt异常激活导致细胞周期蛋白依赖性激酶2（Maddika等，2009）、蛋白激酶Cβ（Jiang等，2010；Bullenkamp等，2015）或检查点激酶（Chk）1和Chk2（Kucharski等，2016）活化，进而使Apoptin磷酸化。有个现象非常有趣并且与理解MSB1细胞凋亡的诱导有关，即抑制Chk1/2活性可显著降低发生凋亡的MSB1细胞百分比及病毒滴度。

虽然已经解析了凋亡素可进入转化细胞的细胞核并在其中滞留的机制，但是凋亡素诱导细胞凋亡的机制还不完全清楚（Noteborn，2004）。在分裂期和非分裂期的肿瘤细胞中，磷酸化的Apoptin可以与不同的蛋白质相互作用，这些相互作用都可以引起细胞凋亡。有兴趣的读者可以参考Bullenkamp和Tavassoli（2004）的近期综述文章，以获取更多详细信息。

## 9.9 病毒复制周期

CAV的复制周期尚未在细胞培养物或鸡中进行过详尽的研究，目前仍然知之甚少。

### 9.9.1 吸附、入侵和脱衣壳

CAV吸附靶细胞的机制尚未阐明。已经报道过多种MDV转化的T细胞系能感染CAV，但如前所述，细胞的易感性与细胞系的传代水平及病毒株有关（见病毒增殖，细胞培养部分）。在一项关于细胞是否存在特定的表型对CAV易感或者抵抗的研究中，Calnek等（2000）检测了24个MD来源的CD3$^+$T细胞系，这些细胞系代表6种不同的表型（表9.2）。使用针对VP3的特异性抗体MAb 51.3做间接免疫荧光（Chandratilleke等，1991），在感染后3～4d，每5万个细胞中的阳性细胞数为0～1 644个，感染后5～7d，这一数字上升到4～47 000个。在这两个时间点，CD4$^-$CD8$^+$细胞系中的阳性细胞数都大于CD4$^+$CD8$^-$和CD4$^-$CD8$^-$细胞系，但是由于细胞系的数量太少，不足以得出关于易感性有差别的结论。结合所选的ALV转化的B细胞系的易感性，尚不可能鉴定病毒吸附的特异性受体。处于不同传代水平的两个MSB1细胞系（CD4$^+$CD8$^-$TCR2），在感染后第5天呈阴性或弱阳性（每50 000个细胞中8～52个阳性细胞）。目前尚没有关于病毒入侵和基因组脱壳机制的信息。我的假设是病毒颗粒进入细胞核，从病毒颗粒中释放出基因组，但这需要证明。

### 9.9.2 DNA合成和基因组复制

具有环状基因组的小型单链DNA病毒缺乏繁殖其自身基因组的能力，需要有丝分裂活性的细胞来提供涉及DNA复制的酶。尽管已经提出了CAV DNA复制的滚环复制（RCR）模式，但实际过程尚不完全清楚。CAV的RCR过程与了解较多的猪圆环病毒（PCV）和双生病毒科的RCR在多个方面都有所不同（Todd等综述，1991；Niagro等，1998；Faurez等，2009；Rizvi等，2015）。简而言之，PCV通过一种未知的机制产生双链复制形式（RF）。RF产生Rep蛋白，该蛋白与茎环结构结合并切割茎环以产生自由的′OH末端。细胞DNA聚合酶从游离的′OH末端开始产生病毒DNA。病毒DNA复制完成后，Rep复合体即闭合环，并形成新的RF DNA或单链基因组DNA（Faurez等，2009）。

CAV既不编码功能明确的复制酶蛋白，也没有清晰的茎环作为复制起点。CAV要开始复制，需要对环状负链DNA进行切口，并合成互补链以产生RF。Todd等（1996）在EcoR1限制性内切酶位点上游大约

160个碱基处确定了一个S1核酸酶位点。这个位点位于一个可能起始复制的假定的十字环结构内。Todd等（2001）提出，细胞内的DNA引发酶与RNA引物共同启动互补链的合成，然后细胞DNA聚合酶进行延伸，最后产生RF。Meehan等（1992）和Todd等（1996）描述了两种不同形式的RF：封闭的圆形双链（RFI）和松弛或开放的圆形双链（RFII）。后者可能参与DNA的复制过程。从RF复制DNA的过程目前尚不清楚。据Cheng等（2012）研究，VP2与MCM3结合（见"病毒蛋白VP2"部分）提示，VP2在激活病毒基因组复制中很重要。另外，VP1在从RF复制病毒DNA的过程中可能也起着重要作用。基于GenBank序列，Ilyina和Koonin（1992）在VP1中鉴定了3个保守的蛋白序列，这些蛋白序列与RCR机制中所需的启动子蛋白相关。Cheng等（2012）提出VP2与VP1结合形成复合物，该复合物可能在感染的早期阶段调节RCR反应。但是，在核中VP2与VP1的出现时间有很大差异，VP2在感染后12h出现，而VP1在感染后30h才出现（Todd等，1994；Douglas等，1995）。因此，VP2在RFI向RFII的转变过程中可能起着重要作用，这对于病毒DNA的复制至关重要。

### 9.9.3 衣壳化，成熟和释放

CAV的衣壳化和成熟过程尚未得到详细研究。在前几节中讨论了以下相关事实：①在易感细胞系及鸡中产生感染性病毒颗粒，需要磷酸化的VP3（Prasetyo等，2009；Kucharski等，2016）；②VP2作为支架蛋白，参与VP1的正确折叠（Koch等，1995）；③VP1的NH2端与组蛋白具有高度相似性（Claessens等，1991；Noteborn等，1991），这可能对VP1与基因组的结合非常重要；电镜检查CAV感染的MSB1或1104-X5细胞显示，在病毒感染后45～48h，少数细胞内出现了电子密集环和病毒样颗粒聚集体（McNulty等，1990a；Jeurissen等，1992b）。遗憾的是，作者没有检测较早的时间点，因此不知道病毒颗粒是否在45h之前就已组装好。病毒从被感染的细胞中释放最可能是细胞凋亡的结果。Jeurissen等（1992b）人的发现支持了这一假设，他们发现CAV感染1日龄雏鸡13d后，在胸腺组织上皮细胞的凋亡小体中，存在病毒样颗粒。

### 9.9.4 对宿主细胞的影响

如上所述，CAV体外感染易感细胞系明显导致细胞凋亡。易感鸡的感染（请参阅"发病机制"）会严重破坏骨髓中的血生成细胞和胸腺中的胸腺细胞。血生成细胞是红细胞、异嗜性粒细胞和血小板的前体，CAV减少或消除血生成细胞可解释贫血的发生，以及随之而来的细菌感染的增加和出血。血小板不仅对于凝血很重要，在先天免疫反应中也起着重要作用。血小板也具有高度吞噬能力（Carlson等，1968），并组成表达促炎和抗炎细胞因子的转录本。刺激血小板上的Toll样受体（TLR）会增加促炎症反应（James Berry等，2010），这些细胞通过上调TLR3对H5N1禽流感病毒的感染产生反应。

CAV感染血生成细胞最早可以在感染后4～6d检测到，持续到感染后12～20d，造成发育不全以及血生成细胞被脂肪细胞代替。不成熟的血生成细胞通常在感染20d后开始再次填充骨髓。感染的血生成细胞变大，并存在于血管内和血管外空间。细胞核也因粗颗粒染色质扩大，染色质通常包含单个或多个嗜酸性核内包涵体。吞噬了退化的血生成细胞的巨噬细胞经常分散在血管内空间（Taniguchi等，1983；Goryo等，1989a；Smyth等，1993）。Goryo等（1989b）描述了CAV感染的血生成细胞的超微结构变化：核内经常出现不透明的包涵体；包涵体由非膜结合的均匀细颗粒物质组成；其他变化包括伪足增加，以及细胞质中出现电子不透明和管状的结构，偶尔可见病毒样颗粒的聚集。细胞死亡的真正原因尚未确定，可能涉及细胞凋亡但也不排除坏死。

胸腺皮质中的胸腺细胞是另一个受CAV感染影响的主要细胞群，可导致CT1[+]（泛T细胞标记）、CD4[+]和CD8[+]细胞的大量减少（Jeurissen等，1989；Hu等，1993b），进而导致胸腺萎缩（图9.9）。Smyth等（1993）详细描述了CAV感染1日龄雏鸡后，胸腺细胞的变化。从感染后第4天开始，发现血生成细胞增

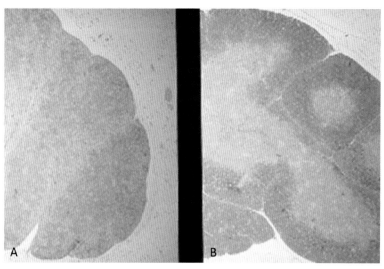

图9.9　CAV感染后鸡胸腺病变

A.感染了鸡贫血病毒的鸡胸腺，小叶萎缩，髓质和皮质界限不清；B.未感染的孵化伴侣对照。H & E，9.5×。

（引自Shivaprasad 和Lucio，1994，已获得美国禽病理学家协会许可。）

大，并带有核仁肿大，偶有小的圆形嗜酸性核包涵体。这些细胞的细胞核通常呈现CAV抗原阳性。从感染后第6天开始出现退化的细胞和细胞碎片的聚集。Goryo等（1989a）注意到从感染后第6天开始有零星的淋巴细胞出现核碎裂。在这个过程中，髓质基本保持正常（Jeurissen等，1989）。感染后大约20d，胸腺开始缓慢再生（Taniguchi等，1983；Goryo等，1989a；Jeurissen等，1989；Hu等，1993b；Smyth等，1993）。电子显微镜下观察，可见染色质聚集、核片段化以及凋亡小体（Jeurissen等，1992b）。CAV感染3周龄和6周龄的鸡后，也可观察到同样的现象（Smyth等，2006）。但是，根据Smyth 和Schat（2013）的讨论，Smyth等（1993）描述的一些特征，比如细胞变大、核变大和染色质分散等，一般情况下与凋亡并不相关。最初，Jeurissen等（1992a）提出，胸腺中的胸腺细胞只有在胚胎13～21日龄，即第二波胸腺干细胞出现时，才对CAV易感（Le Douarin等，1984）。然而，胚胎期切除法氏囊的鸡在出壳后38d时对CAV的感染完全敏感，并且导致CT1$^+$、CD4$^+$和CD8$^+$胸腺细胞显著减少（Hu等，1993a）。这些结果支持以下假设：与年龄相关的疾病抵抗力是基于疾病发生之前有抗体，而不是缺乏敏感靶细胞。当鸡在1日龄被感染时，其他组织可能会发生变化，这些变化主要与淋巴细胞聚集有关。但是，也有文献提到肝细胞的肿胀（Goryo等，1989a），即使小鸡在4周龄时被感染，也可以观察到这一现象（Haridy等，2012）。

B细胞被认为是抗感染的，尽管有几篇报道称使用鸟类繁殖（如Goryo等，1985；Lucio等，1990）或者MSB1细胞上传10代次的（如Goryo等，1989a；Haridy等，2012）CAV感染鸡导致法氏囊萎缩。在这些情况下，法氏囊的髓质显示轻度至中度淋巴样耗竭。当使用鸟类繁殖的病毒时，尽管Lucio等（1990）用50 nm滤器对接种的病毒样品进行了过滤，病毒样品中仍然可能存在传染性法氏囊病病毒。当CAV在MSB1细胞中传10代以后，IBDV就不太可能存在了。除了IBDV的存在，还有一些其他的可能性解释，包括毒株差异、病毒接种量以及法氏囊内T细胞感染引起细胞因子变化而产生的间接影响（Adair，2000）。

## 9.10　遗传学

如"基因组结构和组成"部分所述，到目前为止，所有报道的CAV分离株都属于指环病毒属中的同一种。总体来讲，所有CAV分离株的ORF1在碱基水平上的差异都小于5%，这是国际病毒学分类委员会

（ICTV）提出的针对指环病毒科物种的指导原则（Biagini，2015）。这适用于最近从商业、家禽和SPF鸡群中分离出的毒株（如Kye等，2013；Nayabian 和Mardani，2013；Ganar等，2017；Li等，2016，2017）以及较早分离出的毒株（Schat综述，2009）。由于所有分离株仍属于同一血清型，因此将CAV分离株分为4个簇（请参见"基因组结构和组成"）的实际意义有限。而且，没有明确的与致病性差异相关的区分模式。例如，Connor等（1991）比较了两个澳大利亚分离株3711和3713与Cux-1和Gifu-1的致病性，并得出结论，澳大利亚毒株与Cux-1和Gifu-1没有显著差异。分离株3711与另一个澳大利亚分离株都属于基因Ⅰ型。与基因Ⅱ型和Ⅲ型相比，基因Ⅰ型的毒株之间差异度最大（如Kye等，2013）。有文献报道过毒株之间致病性的差异，但是只有当试验在同一个实验室进行，并且确认了IBDV阴性时，这种比较才有意义（请参见"免疫抑制"）。

致弱病毒的遗传学已由Schat（2009）综述，并在"病毒蛋白VP1"和"病毒蛋白VP2"部分讨论。表9.3比较了致病性毒株Cux-1和克隆株AH-C364号（Yamaguchi等，2001）与致弱克隆株AH-C140号（Yamaguchi等，2001）和P310 C 34（Scot等，2001）的VP1氨基酸序列。Yamaguchi等（2001）指出394位的组氨酸与毒力致弱有关，而谷氨酰胺存在于所有的致病性克隆中。但是，致弱克隆毒株P310 C 34号在第394位具有谷氨酰胺。显然，VP1和VP2的其他变异也与毒力致弱有关。关于VP2的变异对毒力致弱的重要性，目前还缺乏共识，这一点在病毒蛋白VP2部分也有讨论。

表9.3　致病性毒株Cux-1和AH-C364与减毒克隆P310 C34和AH-C140的预测的VP1氨基酸序列的比较

| 毒株 | 突变的氨基酸及位置 | | | | | | | | | | | | | | | | | |
|---|---|---|---|---|---|---|---|---|---|---|---|---|---|---|---|---|---|---|
| | 29 | 75 | 89 | 125 | 140 | 141 | 144 | 251 | 254 | 265 | 287 | 321 | 370 | 376 | 394 | 413 | 444 | 447 |
| Cux-1[a] | K | V | T | I | S | Q | D | Q | E | N | A | R | S | L | Q | A | Y | T |
| P310 C 34[b] | R | I | A | L | S | L | E | L | G | T | A | A | S | L | Q | A | Y | T |
| AH-C140[c] | R | V | T | L | A | Q | E | R | E | T | S | A | G | I | H | S | Y | S |
| AH-C364[c] | R | V | T | L | A | E[d] | E | R | E | T | S | A | G | I | Q | S | D[e] | S |

a. Meehan等，1992；b.Scott等，2001；c.Yamaguchi等，2001；d.一个致病性克隆在该位置为Q；e.一个致病性克隆在该位置为Y。
［引自Schat（2009），已获得Springer-Verlag许可。］

## 9.11　致病机制

### 9.11.1　引言

CAV的致病性与感染鸡的年龄以及是否存在母源抗体有关。无母源抗体的雏鸡在7～14日龄之前感染通常会导致发病。在该年龄段感染，母源抗体可以阻止病毒复制。除非体液免疫反应受到损害，否则鸡在母源抗体减弱后感染CAV通常会导致亚临床感染。SPF鸡的发病机制与传统鸡不同，将单独进行讨论。

### 9.11.2　宿主范围

鸡是CAV的主要宿主，也是感染实验的唯一一种动物模型。从商品火鸡中分离出多种CAV病毒，其中一些病毒对鸡的致病性较低，单克隆抗体R2可以中和这些火鸡毒株，但却不能中和某些来自鸡的分离株或来自火鸡的致病性的分离株。接种火鸡分离株诱导的鸡的多克隆鸡血清可以中和鸡和火鸡分离株（Schrier和Jagt，2004）。这些发现与之前的一份报道形成了鲜明对比，该报告称火鸡不能被实验感染CAV（McNulty，1991），北爱尔兰的火鸡血清中不存在抗体（McNulty等，1988），伊朗商业化的火鸡中缺乏CAV抗体和DNA（GholamiAhangaran，2015）等。日本10/12鹌鹑群中的血清存在抗CAV的VN抗体，以此来看，日本鹌鹑对CAV样病毒易感，而且这些禽还患有许多其他疾病，可能与CAV诱导的免疫抑制有关（Farkas等，1998）。最近，Gholami-Ahangaran（2015）报道，日本15/50的鹌鹑群在PCR检测中呈现VP2阳性，但是没有报道序列信息。需要对样品全基因组进行扩增和测序，以确定这些序列是CAV还是其他相关环病毒。应用不同的血清学方法（McNulty等，1988；Campbell，2001）检测发现鸭和鸽子的血清呈现CAV抗体阴性，应用PCR检测VP2也得到了同样的结果（GholamiA hangaran等，2014）。在对鸦科物种血清的研究中产生了相互矛盾的数据。Campbell（2001）发现在爱尔兰从寒鸦（*Corvus monedula*）和白嘴鸦（*C. fugilegus*）收集的血清中CAV抗体呈阳性。在日本，从乌鸦（遗憾的是未确定种类）中收集的血清呈CAV抗体阴性（Farkas等，1998）。Gholami-Ahangaran等（2013a，b）还报道了使用VP2引物在鸵鸟和麻雀（*Passer domesticus*）PCR结果中呈阳性，但未公开序列数据。通常认为哺乳动物抵抗CAV的感染，但是最近在中国流浪猫粪便样本中发现了CAV（Zhang，X.等，2014），这提出了一个重要的问题：这些猫是否真的受到感染，还是由于猫吃了家养小鸡或其他鸟类（如麻雀）？

到目前为止，还没有关于不同鸟类对禽指环病毒2型易感性的信息。当前，PCR检测是唯一可用于检测禽指环病毒2型的方法，现在还没有可用的血清学检测方法，需要建立血清学检测方法以进行其他易感物种的监测。

### 9.11.3　遗传抗性

关于对感染或疾病的遗传抗性差异的实验研究信息很少。Cardona等（2000a）用Nobilis CAV P4疫苗与佐剂混合，分别免疫了74日龄（N2a、$B^{21}B^{21}$）和4日龄（P2a、$B^{19}B^{19}$和S13、$B^{13}B^{13}$）的3个已知MHC单倍体的SPF来亨鸡。7周龄时，100%、85%及73%的N2a，P2a和S13鸡发生了血清转阳。尽管这些差异非常显著，但目前还不清楚是否在抗病能力上也存在差异。Joiner等（2005）对来自商业肉鸡育种系"A"的3周龄鸡进行了MHC单倍型鉴定。选择A系中4种单倍型的纯合子鸡，在4周龄时通过口服接种病毒，在感染后的第5天，第11天和第14天，体重和血细胞比容值没有显著差异。在感染后第14天，4个组别在胸腺组织病变、血清学和病毒滴度检测均没有显著差异。

雌性和雄性肉鸡对CAV的易感性是相似的。McNulty等（1991）报道亚临床感染对多个经济参数有负面影响，但是肉鸡公鸡和母鸡之间没有差异。Engström和Luthman（1984）发现雄性和雌性鸟类"蓝翼病"（见"临床特征"）的发生率没有差异。另一方面，Goryo等（1987a）报道在3周龄之前，公鸡的死亡率比母鸡高得多。但他们的结果很难分析，因为实验鸡在同一个农场的不同房屋中饲养，而且公鸡和母鸡来自两个不同的种鸡群，不能排除两个种鸡群之间垂直传播速率的差异。

## 9.12　SPF鸡群中CAV的传播

大部分关于CAV的实验工作都是用SPF鸡开展的，但是本章将讨论CAV在SPF鸡群内以及鸡群之间的自然传播。通过对SPF产业的观察发现，如果CAV在鸡群中暴发，那么大概率是发生在性发育时期或之后（Schat和Van Santen，2013）。康奈尔大学的SPF鸡场（已不存在）被认为是CAV阴性的，但是大概在1996年暴发了CAV感染（Cardona等，2000a，b）。1997年，3个基因系中的2个在6～16月龄时显示出很高的抗体发生率，第3个基因系在10月龄时显示抗体阴性（Cardona等，2000a）。这个结果出乎预料，因为所有的鸡都被饲养在具有相同空气处理装置的同一设施的鸡笼中。分离公鸡和母鸡、抗体阴性和阳性鸡的脾脏和生殖道组织，通过巢式PCR检测病毒DNA，结果显示在一种或多种组织中，无论抗体状态如何，母鸡和公鸡的阳性率分别为70%和67%（表 9.4）。原位PCR显示在脾脏的白髓、卵巢的外膜和漏斗部分中有少量阳性细胞。原位杂交显示两个9日龄胚胎也呈CAV阳性。后者提示CAV DNA或病毒可以不依赖于抗体的存在传播到胚胎。Miller等（2003）应用巢式PCR检测了来自抗体阴性和阳性的公鸡和母鸡的精液和胚盘，在两种性别的鸡中都发现了阳性，与抗体状态无关。从16～20日龄的鸡胚中采集了脾脏、法氏囊、肾脏、性腺、胸腺、骨髓和血液样品。这些鸡胚组织包括来自抗体阴性、PCR阳性的母鸡，都有不同比例的CAV DNA阳性，但是，并不是单个鸡胚所有器官都显示阳性，这说明传播不是通过生殖细胞进行的。孵化后立即收集的蛋壳膜也呈阳性，但有时只是间歇性地检测来自同一只母鸡的鸡胚（Miller等，2003）。在多个鸡胚器官和胎盘水平较低的蛋壳膜上都能检测到CAV DNA，说明病毒DNA需要在鸡胚中进行复制。对CAV阳性母鸡的鸡胚在0～12日龄时检测CAV DNA和RNA。在4～6日龄和10～12日龄，囊胚层和鸡胚显示病毒RNA阳性（图9.10）（M.M. Miller，K.A. Stucker和K.A. Schat，Schat引用的未发表数据，2009）。囊胚层中的病毒基因转录很可能是被母体的转录因子激活的。在胚胎4～6日龄，性腺发育的同时还产生雌激素。就如在"启动子／增强子的结构"中所讨论的，雌激素正向调节CAV的转录，这也解释了病毒RNA为什么存在于鸡胚发育的这一阶段。第二波转录可能也是受类固醇激素的调节，但还未确定。目前还不清楚在病毒转录期间是否产生病毒蛋白，因为在该发育阶段产生病毒蛋白会导致鸡对这些病毒蛋白产生免疫耐受，目前没有证据支持或反对免疫耐受的形成。

表9.4　5个不同鸡群中PCR阳性组织的分布

| 性别 | 样品数量 | 组织阳性比例（%） | | | | | | 总阳性比例（%） |
|---|---|---|---|---|---|---|---|---|
| | | 脾脏（S） | 卵巢（O） | 输卵管（I） | S＋O | O＋I | S＋O＋I | |
| 母鸡 | 161[a] | 11 | 27 | 12 | 16 | 9 | 7 | 70 |
| | | 脾脏（S） | 睾丸（T） | 输精管（V） | S＋VD | T＋V | S＋T＋V | |
| 公鸡 | 44 | 7 | 0 | 27 | 20 | 2 | 11 | 67 |

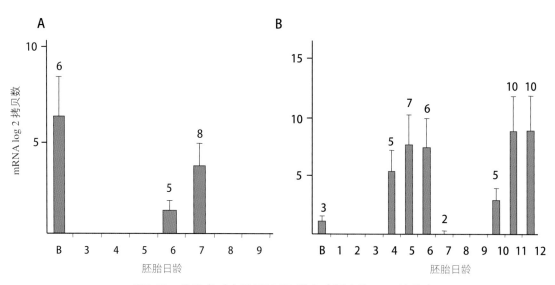

图9.10　使用实时定量RT-PCR测定鸡胚中的CAV转录本

从10个可育胚盘样品（简写为B）和10个胚胎中提取总RNA，图A中鸡胚采样期为1日龄和3～9日龄，图B中鸡胚采样期为1～12日龄。使用细胞GAPDH基因将RNA拷贝数标准化以使其相等。结果以平均拷贝数的log 2值表示，误差线表示平均值的标准误差。误差线上方的数字表示10个样本中的阳性样本数。没有数值的采样日表明当日没有阳性样本。（部分未发表的数据引自M.M. Miller，K.A. Stucker，K.A. Schat。已获得Miller和Stucker许可；chat 2009，CTMI，331：151-184。已获得Springer-Verlag许可。）

　　a. 只检测了108个漏斗部位。

　　（引自Cardona等，2000b。）

1999—2007年，科学家一直在对康奈尔的SPF鸡群进行监测，在108～521日龄，对每只鸡采样2～3次，以监测血清转阳。在此期间，所有的鸡都在同一个设施中孵化和养殖，并且始终保持两个遗传品系的两个产蛋鸡群和两个后备鸡群。

除种鸡群外，对其他实验鸡也养到8周龄。种鸡群和雏鸡都没有表现出任何疾病症状。阳性鸡的比重通常在首次采样后开始增加。有些鸡群的血清转阳率直到464日龄都非常低（例如表9.5中的鸡群ID 03-3）（Miller等，2001；Schat，2003；Schat和Schukken，2010）。

表9.5　P2a雏鸡孵化的日期、血清采集时的日龄、CAV抗体阳性母鸡和公鸡的数量与比例

| 鸡群ID | 孵化日期 | 检验日龄 | 阳性数/总数（阳性比例%） | |
| --- | --- | --- | --- | --- |
| | | | 母鸡 | 公鸡 |
| 99-8[a] | 1999年12月20日 | 168 | 12/100　（12.0） | 2/17　（11.8） |
| | | 422 | 42/55　（76.4） | 7/13　（53.8） |
| 00-2[a] | 2000年7月24日 | 125 | 11/117　（9.4） | 1/20　（5.0） |
| | | 181 | 55/108　（50.9） | 6/20　（30.0） |
| | | 282 | 77/81　（95.1） | 5/11　（45.5） |
| 01-1[b] | 2001年3月5日 | 126 | 51/115　（44.3） | 11/17　（64.7） |
| | | 199 | 82/109　（75.2） | 15/18　（83.3） |
| | | 258 | 74/97　（76.3） | 11/13　（84.6） |
| | | 368 | 77/84　（91.7） | 12/14　（85.7） |
| 01-4[b] | 2001年10月8日 | 121 | 1/121　（0.8） | 0/10　（0.0） |
| | | 211 | 1/118　（0.8） | 0/10　（0.0） |
| | | 428 | 4/97　（4.1） | 0/10　（0.0） |
| 02-2[b] | 2002年5月20日 | 108 | 14/106　（13.2） | 20/20　（100.0） |
| | | 468 | 66/88　（75.0） | 14/15　（93.3） |
| 03-1 | 2003年1月6日 | 141 | 7/108　（6.5） | 16/16　（100.0） |
| | | 253 | 6/105　（5.7） | 18/18　（100.0） |
| | | 436 | 9/87　（10.3） | 13/13　（100.0） |
| 03-3 | 2003年8月4日 | 135 | 1/107　（0.9） | 2/20　（10.0） |
| | | 197 | 3/100　（3.0） | 0/21　（0.0） |
| | | 464 | 2/90　（2.2） | 0/19　（0.0） |
| 04-1 | 2004年3月8日 | 166 | 13/100　（13.0） | 3/20　（15.0） |
| | | 241 | 14/101　（13.9） | 3/19　（15.8） |
| | | 521 | 16/91　（17.6） | 3/19　（15.8） |
| 04-3 | 2004年11月1日 | 213 | 2/101　（2.0） | 0/20　（0.0） |
| | | 437 | 11/83　（13.3） | 3/20　（15.0） |
| 05-2 | 2005年6月6日 | 191 | 26/110　（23.6） | 4/22　（18.2） |
| | | 505 | 22/98　（22.4） | 6/20　（30.0） |
| 06-1 | 2006年1月9日 | 127 | 24/92　（26.1） | 17/22　（77.3） |
| | | 210 | 34/91　（37.4） | 16/20　（80.0） |

（续）

| 鸡群 ID | 孵化日期 | 检验日龄 | 阳性数/总数（阳性比例%） | |
|---------|----------|----------|------|------|
| | | | 母鸡 | 公鸡 |
| | | 265 | 40/76 (52.6) | 19/20 (95.0) |
| | | 421 | 33/86 (38.4) | 16/20 (80.0) |
| 06-3 | 2006年9月18日 | 144 | 0/112 (0.0) | 0/20 (0.0) |
| | | 231 | 1/112 (0.9) | 0/20 (0.0) |
| | | 445 | 2/108 (1.9) | 0/20 (0.0) |
| 07-2 | 2007年5月21日 | 135 | 1/126 (0.8) | 0/23 (0.0) |
| | | 240 | 1/108 (0.9) | 1/21 (4.8) |

a. 数据来自 Millert 等（2001）；b.部分数据来自 Schat（2003）。

[引自 Schat and Schukken（2010），with permission from the American Association of Avian Pathologists. 已获得美国禽病理学家协会许可。]

这些结果对SPF行业具有重要影响。鸡群的血清抗体阳性率可能非常低，只有对所有鸡进行血清抗体测试后才能发现。此外，性成熟后可能需要对所有禽类进行额外的检测，以发现产蛋开始后的低水平血清抗体阳性。从血清阴性的鸡中传播病毒DNA的可能性增加了另一种复杂性。对于血清抗体阳性率随时间而增加以及血清抗体阳性率的极大差异，有至少两种解释。一是持续存在的低水平的从血清阳性鸡向阴性鸡的水平传播，导致血清阳性鸡比例的增加。但如果是这种情况，那么所有的鸡群都应该经历同样的血清转化模式，因为在此期间鸡群都饲养在一个完全封闭的系统中。并且，水平传播需要相当高剂量的病毒量（van Santen 等，2004a；Tan 和 Tannock，2005），例如与感染鸡饲养在同一个装置中的哨兵动物（鸡）发生感染的概率很小（Tan 和 Tannock，2005）。Miller 等（2001）在一家SPF鸡生产商处饲养了90只1日龄SPF鸡，这些雏鸡的亲本群抗体均为阴性，分别饲养在单独笼子中，一直养到20周龄。在4周龄时，一只鸡的抗体呈阳性并被淘汰，其余鸡的抗体在6、8和12周龄时检测均为阴性。在16和20周龄时，两只鸡出现抗体阳性并被立即淘汰。3只抗体阳性鸡通过巢式PCR分析也呈阳性。另外，一只母鸡因脚趾问题被扑杀，该鸡通过PCR检测为阳性，但抗体检测呈阴性。在试验结束时，剩余的鸡CAV均为阴性。这些结果表明，当鸡被关在低密度的笼子中时，CAV的传播速率很低。

Miller 和 Schat（2004）根据试验数据提出CAV可以通过负调节因素（COUP-TF1 和 δEF1；Miller 等，2008）和正调节因素（oestrogen；Miller 等，2005）之间的平衡来严格控制转录而建立潜伏感染。潜伏感染的概念是先前由McNulty（1991）和Dren等（2000）等提出的。目前尚不清楚病毒是如何在宿主中维持潜伏状态。Schat（数据未发表）用缺失VP3起始密码子的双链环状CAV DNA转染MSB1细胞，这种情况下病毒不能进行复制。在MSB1细胞中传8代以后，仍然可以回收到病毒DNA，这说明环状双链DNA可以以微型染色体的形式进行复制，或者可能已整合到MSB1细胞DNA中。后者是非常有可能的，因为环状ssDNA病毒整合到宿主基因组中是可以发生的，但是整合所涉及的机制仍然不清楚（Krupovic 和 Forterre，2015）。

## 9.13 CAV在普通鸡中的传播

CAV可以通过多种途径传播：①水平传播；②垂直传播，抗体阴性母鸡自然接触感染或通过病毒阳性精液感染；③使用被污染的疫苗。传播方式对疾病的发展具有重要影响。

## 9.14 水平感染

病毒通过粪便、羽毛，可能也包括眼泪传播到环境中。水平感染通过口腔和/或眼部途径发生。Hoop（1992）和Dren等（2000）通过实验感染后分离病毒证实，病毒可以通过粪便向环境中传播。粪便中的病毒很可能来自肠道和盲肠扁桃体中感染的淋巴细胞（Smyth等，1993；van Santen等，2004a）。在1日龄雏鸡感染CAV后7～13d，在十二指肠的淋巴聚集体中持续可见CAV阳性细胞，上皮间淋巴细胞偶尔可见病毒阳性（Smyth等，1993）。Van Santen等发现，1日龄雏鸡通过肌肉注射感染CAV后，盲肠扁桃体和哈德氏腺内可检测到CAV DNA，其峰值分别出现在感染后第10天和第14天。口腔感染病毒后，峰值的出现时间要推迟几天。哈德氏腺内存在相当高浓度的病毒基因组，这表明眼泪可能是传染性病毒的来源。羽毛可能是污染环境的第二大病毒来源。Smyth等（1993）注意到，羽毛浆中存在少量CAV抗原阳性细胞，很可能是被感染的淋巴细胞。Davidson等（2008）使用CAV阳性鸡的羽毛提取物证实，这种材料可以通过眼/口途径感染鸡。

## 9.15 垂直传播

肉鸡和蛋鸡的雏鸡很少暴发贫血疾病，该病的发生通常与刚开产母鸡缺乏CAV抗体有关（Engström和Luthman，1984；Goryo等，1987a；Vielitz和Landgraf，1988；Chetle等，1989），这提示了该病毒垂直传播的可能性。抗体阴性父母代鸡群感染CAV后，垂直传播可以持续长达6周。Yuasa和Yoshida（1983）以及Hoop（1992）用CAV感染了CAV阴性的母鸡，证实垂直传播可以导致贫血。Hoop（1993）还证明了CAV阳性的精液可能是导致垂直传播的传染源，甚至在高滴度的VN抗体存在的情况下，父母代和祖代鸡群也可以将病毒DNA传递给鸡胚（Brentano等，2005；Hailemariam等，2008），就像SPF鸡群中病毒DNA的传播一样。目前尚不知道在商品代中病毒DNA传播至鸡胚产生的实际影响。

## 9.16 通过受污染的疫苗传播

自Yuasa等（1979）首次报道CAV以来，已有文献报道SPF鸡群发生CAV血清转阳（如McNulty等，1989）。最近，李等（2016b）发表了一个SPF鸡群中血清抗体阳性率为20%，并从其中一只抗体阳性鸡中分离出CAV的报道。SPF鸡群感染CAV的原因已在上一节中进行了讨论。

Nicholas等（1989）和Kulcsar等（2010）分别检测了24和27批次的活疫苗，但没有发现CAV污染的证据。相比之下，最近的疫苗检测显示有2/14（Li等，2017）和7/31（Varela等，2014）批次的疫苗被CAV污染。后者还发现有8/31批次的疫苗被禽指环病毒2型污染。疫苗检测中CAV的差异可能反映了检测CAV污染的疫苗批次所用的方法有区别。可以在USDA-APHIS网站上找到一种公认的PCR检测方法和鉴定外来CAV的方法，编号为VIRPRO0118.05。

Yuasa等（1979）最初对CAV的分离证明，CAV污染的马立克疫苗是将CAV引入家禽群的绝佳载体。马立克疫苗是在SPF鸡胚原代CEF中生产的。疫苗在胚胎18日胚龄或出后1日龄时进行接种，如果CAV存在于鸡胚中，则很可能存在于疫苗中。如果将CAV污染的疫苗接种到鸡胚或缺乏母源抗体的1日龄雏鸡，很可能会引发临床疾病。

## 9.17 雏鸡（1～7日龄）的发病机制

人们已通过注射或口服途径感染1日龄的SPF雏鸡对CAV的致病机制进行研究。感染途径和病毒量是决定感染结果的重要因素。一般而言，与注射相比，口服接种可减少或延迟病毒复制和损伤的严重程度，譬如增重减少和血细胞比容值降低。

最初的致病机制研究是利用病毒分离和/或组织病毒抗原染色来进行的（Yuasa等，1983b；Smyth等，1993）。建立qPCR之后，人们可以获得更多关于病毒滴度的特异性信息（van Santen等，2004a；Tan和Tannock，2005；Kafashi等，2006；Wani等，2016），但是qPCR的应用并没有从根本上改变结果。Yuasa等（1983b）通过肌肉注射感染1日龄SPF雏鸡，在感染后1～49d分离病毒。感染后1d，脾脏、肝脏和骨髓中的病毒滴度最高。胸腺和肾脏样品在感染后2d呈现病毒阳性，在感染后7～21d，病毒滴度达到最大，在此期间，中和抗体开始出现。感染后1～49d，即中和抗体形成后，直肠内容物呈现病毒阳性。在感染后的第42天和第49天，仍可以在一些器官中检测到CAV。Smyth等（1993）应用组织形态学和免疫组化方法检测发现，骨髓在感染后3d呈现CAV抗原阳性，胸腺、脾脏和肺在感染后4d呈现抗原阳性。在感染后第11天，其他大多份器官内均有阳性淋巴细胞聚集体。直到感染后20d，胸腺中仍存在病毒抗原，但是其他器官在感染后16d均转为阴性。尚不清楚在肌肉注射、口腔或滴眼接种后，病毒在宿主内最初感染了哪些细胞。

贫血通常在感染后8～10d发展，并在感染后20～28d逐渐恢复（Taniguchi等，1983；Smyth等，1993）。随着血细胞比容值的下降，白细胞和血小板的数量也有所下降（Taniguchi等，1983）。

在感染后4～5d，在骨髓和胸腺中检测到最初的组织学变化（Taniguchi等，1983；Goryo等，1989a；Jeurissen等，1989；Hu等，1993b；Smyth等，1993）。骨髓中出现一些变大的造血祖细胞，细胞内可能含有嗜酸性核内包涵体。随后几天，骨髓细胞减少以及随之而来的发育不全、造血细胞被脂肪细胞替代等现象（图9.11）。在感染后的18～28d，骨髓内细胞明显增多，造血功能旺盛，使得血细胞比容值开始恢复，

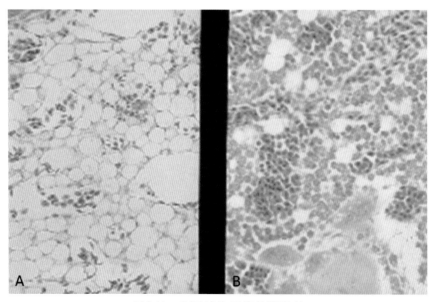

图9.11　CAV感染后鸡骨髓病变

A.在感染了鸡贫血病毒的鸡中，骨髓红系和髓样细胞严重发育不良并被脂肪组织替代；B.未感染的孵化伴侣对照。H＆E，12.6×。

（引自Shivaprasad和Lucio，1994，已获得美国禽病理学家协会许可。）

粒细胞和血小板细胞水平也恢复正常。胸腺的变化开始于感染后4～5d，皮质中出现一些变大的淋巴祖细胞，然后在感染后5～6d开始出现淋巴祖细胞耗竭（图9.9）。在感染后14～21d，与对照相比，感染鸡的CD4⁺和CD8⁺细胞比例急剧下降。胸腺皮质层的再生在感染后第21天开始，感染后第28天细胞数量和对照鸡相比没有差异。

骨髓和胸腺恢复到正常的组织学状态的过程伴随着中和抗体的产生过程，中和抗体大约在感染后14d开始产生。但是，病毒可以在中和抗体形成后2～5周内在体内扩散（如Yuasa等，1983b；Imai等，1999；Drén等，2000），而且可以潜伏感染的形式存在更长时间（Cardona等，2000b）。传染性法氏囊病毒对抗体产生的干扰可延长CAV的持续时间，即使感染鸡的年龄较大，也会增加发病率和死亡率（Yuasa等，1980b；von Bülow等，1986b；Rosenberger 和Cloud，1989a；Imai等，1999）。同时感染呼肠孤病毒（McNeilly等，1995）、MDV或REV也会增强CAV感染的严重性。

## 9.18 老年鸡的发病机制

2周龄后的鸡接触CAV后大多数情况下会导致亚临床感染，除非体液免疫应答受到损害。Smyth等（2006）通过口腔途径感染了3周和6周龄的SPF鸡。在3周龄鸡中，感染后8d，开始检测到胸腺中的CAV抗原。在感染后13～17d，所有鸡的外皮质层中都存在大量的抗原。骨髓、脾脏、肺和前胃偶见少量阳性细胞。从感染后第10天开始可在皮质中观察到组织病理学变化，并且可能会扩大。感染6周龄的家禽也会对胸腺造成一定的损害。两个年龄组鸡的血细胞比容值都保持正常。Haridy等（2012）报道，用MSB1细胞传10代的TK5803毒株感染4周龄的SPF鸡，胸腺和脾脏内会发生轻微的CD4⁺和CD8⁺细胞耗竭。有趣的是，他们还在法氏囊和其他一些器官中发现了轻度至中度的淋巴细胞耗竭。唯一的临床体征是某些感染鸡在感染后4周时体重增加有所减少。Kafashi等（2006）利用qPCR 1日龄和6周龄的鸡进行检测发现，病毒基因组拷贝数在肝脏、脾脏和胸腺组织中是相似的，基因组浓度在胸腺中最高。与相同年龄的对照组相比，6周龄鸡感染组的唯一临床变化是增重减少。

## 9.19 CAV减毒株的致病机制

一些减毒的CAV毒株被用作疫苗，因此阐述这些毒株感染的致病机制很重要。McKenna等（2003）通过肌肉注射感染1日龄SPF雏鸡，比较了两个Cux-1减毒株与致病的Cux-1毒株致病机制。与野生型Cux-1强毒相比，两个减毒株没有引起贫血，而后者还会引起严重的胸腺萎缩和骨髓细胞衰减。减毒毒株引起中等程度的胸腺损伤，这反映在胸腺内CD4⁺和CD8⁺细胞数量的显著减少上。Hussein等（2003）报道，用未经鉴定的商用CAV疫苗接种1日龄SPF雏鸡，导致血细胞比容值下降，胸腺和脾脏内淋巴细胞耗竭。血清抗体阳性率在10周的试验期内是波动的。Vaziry等（2011）通过腹腔注射疫苗CIAV-VAC®[Intervet（now Merck），Millsboro，DE]免疫1日龄SPF雏鸡，发现疫苗除了导致异嗜性细胞减少，不会引起临床症状或大的眼观病变。免疫后14d和28d，胸腺中的CD4⁺CD8⁺细胞略微减少。这种减少与CD4表达减少有关，与CD8表达无关。疫苗毒株在一些鸡体内持续存在，直到免疫后28d试验结束。在大部分免疫鸡体内，抗体反应水平一直较低，而且在免疫后18d消退，这可能反映了T细胞的缺失。当对CIAV-VAC®疫苗接种的鸡用IBDV中等毒力毒株攻毒时，CAV DNA阳性的鸡数量略有上升（Vaziry等，2013）。但是，由于该试验鸡的数量很少，结果是否具有意义尚不明确。

## 9.20 动物模型

鸡是CAV的天然宿主，因此不需要构建CAV的动物模型。如果能获得感染性的禽指环病毒2型，鸡可能会成为人类感染人指环病毒的模型。

### 9.20.1 临床特征和病理

商品鸡群中很少发生临床疾病，只有当缺乏母源抗体的鸡发生垂直感染，在1～2周龄之前发生水平感染，或者是体液免疫应答损伤的老年鸡发生感染时，才出现临床疾病。CAV引起疾病的主要临床特征是贫血，表现为鸡冠和肉髯变白、血细胞比容值下降。在鸡的研究中很少使用血细胞比容值，由于遗传选择的原因，其参考值可能会随时间变化。血细胞比容的参考值早在1990年由Goodwin等（1991，1992）建立，反映了鸡的品系和年龄的差异。通常来讲，血细胞比容值小于27%，被认为是贫血，但是在CAV感染的鸡体内，其可以低至4%～10%（Smyth等，1993）。除了贫血，感染鸡还会出现情绪低落，翅膀下垂，不愿移动以及体重减轻。在10～14日龄开始发病和死亡，在26～35日龄病程结束。康复鸡也许没有达到它们的目标体重，但看起来是健康的（Goryo等，1987a；Yuasa等，1987；Vielitz和Landgraf，1988；Chetle等，1989）。由于CAV会引起免疫抑制（请参阅"免疫抑制"），通常雏鸡尸检后表现为出血综合征（Yuasa等，1987）或坏疽性皮炎（Vielitz和Landgraf，1988）。后者经常被称为蓝翼病（Engström和Luthman，1984）。体液免疫应答受损伤的老年鸡可能会出现临床症状（请参阅"老年鸡的发病机制"）。大体病变经常包括骨髓发白、胸腺严重萎缩以及骨骼肌和胃底黏膜出血。有时可见肿胀斑驳的肝脏和法氏囊萎缩，但是这些损伤也可能是继发感染导致的（Schat和Van Santen，2013；Smyth和Schat，2013）。组织病理学检查发现胸腺皮质层淋巴细胞衰竭（图9.9）、骨髓发育不全、血生成细胞被脂肪细胞代替（图9.11）。关于组织病理变化的详细描述可在其他地方找到（Schat和Van Santen，2013；Smyth和Schat，2013）。

### 9.20.2 免疫应答

源自抗体阳性母鸡的新孵出的雏鸡对临床疾病有一定的抵抗力（Yuasa等，1980a），这表明母源抗体对于预防临床疾病很重要。使用间接免疫荧光方法对两个肉鸡种群进行纵向调查显示，直到3周龄的鸡，仍可以检测到母源抗体，在8～9周龄发生血清抗体阳性（McNulty等，1988）。Otaki等（1992）发现即使母鸡只含有低水平的中和抗体，雏鸡也可以被保护到3周龄。Markowski-Grimsrud和Schat（2003）用qPCR和qRT-PCR检测发现，2周龄时母源抗体阳性的鸡，当其在4周龄感染CAV时，感染后7d，病毒DNA拷贝数很低并且不存在病毒转录本。相反，同时孵化的缺乏母源抗体的鸡体内病毒DNA和RNA含量较高。

对于1日龄无母源抗体的SPF鸡，抗体会在感染后2～3周产生（Yuasa等，1983b；Imai等，1999；Drén等，2000；van Santen等，2004a）。口腔感染后的抗体产生要比其他途径感染慢（van Santen等，2004a）。对商品种鸡群和SPF鸡群的长期研究表明，针对CAV的抗体可以持续到至少63周龄（Imai等，1993；Schat和Schukken，2010）。中和抗体的滴度可能会随时间延长而降低（Imai等，1993）。

Hu等（1993a）发现，两只胚胎期切除法氏囊的鸡感染CAV后，在缺乏检测抗体的情况下恢复了血细胞比容值，该现象提示其他免疫应答可能也在起作用。但是，目前还没有使鸡恢复的先天性免疫应答或者细胞免疫应答的相关信息。

## 9.21 免疫抑制

### 9.21.1 影响先天免疫应答

现在普遍认为，临床和亚临床的CAV感染会减少T淋巴细胞、异嗜性细胞和血小板的数量（Adair综述，2000），并对病原和疫苗诱导先天性免疫应答和获得性免疫应答产生负面影响（Schat 和Skinner综述，2014；Smyth 和Schat，2013）。多数关于CAV对先天性免疫应答影响的研究是在克隆和鉴定鸡细胞因子基因之前进行的。Adair等（1991）和McConnell等（1993a）分别感染了1日龄和3周龄的SPF鸡。在感染后8 ~ 43d用Con-A刺激脾细胞。T细胞生长因子（可能是IL-2）在感染后8d和15d减少。干扰素在感染后8d升高，然后下降，直到感染后48d，感染鸡的脾细胞培养物中的干扰素恢复到与对照组相同的水平。在感染后8d和15d，感染鸡对有丝分裂原反应也显著降低。Bounous等（1995）也报道了类似的现象，CAV感染导致有丝分裂原刺激反应显著下降。Markowski-Grimsrud 、Schat（2003）和Wani等（2016）用qRT-PCR检测发现，感染后5 ~ 10d，IFN-γ mRNA水平上升。但是，最近转录组学研究并没有发现IFN-γ mRNA在脾内表达升高，却发现其在感染后11d在骨髓内表达显著升高了（Giotis等，2015）。通过刺激胸腺细胞证实，CAV感染还抑制了IL-1的产生（McConnell等，1993a）及mRNA的表达（McConnell等，1993a），但是Markowski-Grimsrud 和Schat（2003）的研究并没有证实这一点。转录组研究呈现了一个更为复杂的变化图谱，IL-1在感染后4d的胸腺以及感染后7d的脾内显著升高，但是在感染后7d和11d的胸腺以及感染后4d的脾内显著下降。总体来讲，转录组的研究结果总体上令人困惑。据报道，病毒感染后IL-4、IL-6、IL-10、IL-12、IL-13和IFN-α、IFN-β的水平发生显著变化。但是不同组织的变化趋势并不相似，比如在感染后第4天，在胸腺内上升而同一个时间在脾内却是下降的。显然，需要进一步的研究来了解CAV感染对细胞因子表达调控的影响。

1日龄和21日龄SPF鸡感染后的第7 ~ 42天，对巨噬细胞的功能进行检测（McConnell等，1993a、b）发现，感染后7 ~ 42d，Fc受体的表达、吞噬作用和杀菌活性均降低。Bounous等（1995）发现在感染后第18天和第25天，NK细胞数量减少，但是Markowski-Grimsrud 和Schat（2001）等在鸡感染CAV的第7天，未发现NK细胞活性受影响。

### 9.21.2 影响获得性免疫应答

已经讨论了在雏鸡的发病机制中胸腺CD4⁺和CD8⁺T细胞减少。但是，脾脏CD4⁺和CD8⁺T细胞也会减少，只是减少程度不如胸腺中严重（Adair等，1993；Hu等，1993b；Bounous等，1995）。母源抗体消退以后发生的感染会导致脾和血液中的CD4⁺和CD8⁺T细胞发生同样的减少（Haridy等，2012；Wani等，2015）。功能检测结果表明，REV和CAV共感染会导致REV特异性CD8⁺细胞毒T淋巴细胞（CTL）减少（Markowski-Grimsrud 和Schat，2003）。van Ginkel等（2008）研究了CAV感染对CD4⁺T细胞的影响。CAV与传染性支气管炎病毒（infectious bronchitis virus，IBV）共感染导致哈氏腺和盲肠扁桃体中的CD4⁺/ CD8⁺比例降低，导致分泌IBV特异性IgA的细胞减少，针对IBV的IgA反应延迟。与单独感染IBV相比，共感染导致IBV清除延迟。显然，CAV影响抗原特异性T细胞和CTL细胞活性，这也解释了CAV引起疫苗免疫应答减弱和某些感染增加的原因。

### 9.21.3 与其他病原体和疫苗的相互作用

也许是由于对1日龄雏鸡注射了受CAV污染的MDV疫苗，Yuasa等从注射了CAV污染的MDV疫苗的鸡中分离出CAV后（Yuasa等1979），就立即注意到了MDV与CAV之间的相互作用。

Von Bülow等（1983）注意到，CAV与MDV共感染会增强贫血以及早期MD病变。HVT免疫的鸡双重感染MDV和CAV后，胸腺和法氏囊严重萎缩，MD病变加重，死亡率增加。用患病鸡分离出的CAV和MDV感染动物进一步证实了两种病毒间的相互作用（Otaki等，1987）。随后的一项研究证实，与单独接种CAV相比，同时接种HVT会加重CAV对促分裂原刺激的抑制（Otaki等，1988），提示细胞免疫应答受到了损伤，而细胞免疫应答在MDV疫苗诱导免疫保护中发挥重要作用（Schat 和Xing，2000）。Otaki等（1988）提出CAV感染会导致MD疫苗免疫失败。Fehler 和Winter（2001）分析了26个鸡场中分离出的MDV毒株，这些鸡场都经历了MD疫苗免疫失败，发现其中70%的毒株中都污染了CAV。Miles等（2001）分析了CAV感染对一个非常强毒毒株（very virulent，vv）RB-1B以及一个vv + MDV的分离株对584A早期致病机制的影响。共感染促进了RB-1B的复制，使其最早在感染后4d时开始，但是对584A的促进作用不那么明显。在没有CAV的情况下，后者复制的病毒滴度也比RB-1B高。CAV对MDV早期发病机制的影响可能取决于Jeurissen和de Boer（1993）建议的病毒量或MDV复制的程度。

本书已经在雏鸡的致病机制一节中讨论了IBDV与CAV的相互作用。CAV感染可增加包涵体肝炎和心包积水综合征的发生率（Toro等，2000）。用灭活的家禽腺病毒疫苗和减毒活CAV疫苗联合接种可预防这些疾病（Toro等，2002）。对1日龄感染CAV的雏鸡，在其1日龄或10日龄时进行NDV La Sota克隆30疫苗喷雾接种会导致严重的呼吸道感染，尤其是在1日龄接种疫苗时效果更明显。但是，在6周龄时体液免疫应答并未受到损害（De Boer等，1994）。正如Sommer和Cardona（2003）所提出的，CAV加重细菌感染，可能导致继发感染率升高 [CAV感染也会加重导致"蓝翼病"的皮炎（Engström等，1988）]。

## 9.22 动物流行病学

据报道，各大洲的商品鸡和家养鸡群都感染了CAV（von Bülow 和Schat综述，1997；Schat，2009）。不断有文献报道分离到了CAV或检测到CAV抗体，但是关于该病毒的基本信息没有增加。如同在宿主范围中所讨论的那样，鸡是CAV的主要宿主。

母源抗体在商品肉鸡消失后，最早可在35日龄时就能够检测到新产生的获得性抗体（Sommer 和Cardona，2003）。安大略省的一项代表性研究表明，178/231（77%）的肉鸡群在31 ～ 53日龄具有CAV的抗体（Eregae等，2014）。遗憾的是，文章没有提及抗体阴性鸡群的年龄范围。2005年，美国佐治亚州68个肉鸡场中有67个CAV抗体呈阳性。这些鸡群的年龄为34 ～ 53d（引用 L. Dufour-Zavala未发表的数据，Smith，2006）。这些数据清晰地表明，北美的大多数肉鸡场都感染了CAV。

大多数种鸡和蛋鸡群由于在5 ～ 10周龄的自然感染而呈抗体阳性。如果种鸡群在8 ～ 10周龄血清仍然为阴性，建议接种疫苗为其后代提供母源免疫力。

## 9.23 诊断

由CAV感染引起的临床疾病诊断不容易进行，因为除了胸腺细胞内的嗜酸性折光核内包涵体以外，没有与CAV感染相关的特征性病变，而这在诊断病例中又很少见（Smyth 和Schat，2013）。严重的胸腺萎缩和白髓提示可能涉及CAV的感染，但是这些病变并非CAV所特有的疾病特征。如vv 或 vv + MDV感染同样会导致严重的胸腺萎缩（Calnek等，1998）。因此，除了病理特征，鸡群的历史尤其是父母代鸡群的抗体状态可以进一步证明CAV是否是病因。使用VP3抗体进行免疫组化或免疫荧光，可以确认CAV是否参与了临床疾病的发生。在分子检测方面，尤其是qPCR和qRT-PCR检测可以进一步确认CAV的存在。qRT-PCR的阳性结果是最重要的，因为它表示CAV病毒发生了复制。qPCR的阳性结果仅仅表明CAV病毒的存在，较低的拷贝数可能表示病毒以潜伏感染形式存在。茎环介导的等温扩增（LAMP）检测方法（Huang等，2010）可能是qPCR方法的低价替代方法。据报道，LAMP测定的灵敏度优于常规PCR测定，但与qPCR测定相比，该方法不能对样品中病毒DNA进行定量。

关于血清学检测、CAV分离和分子检测方法的详细信息已于近期发表（Smyth和Schat，2016）。已有多种不同方法的商用ELISA试剂盒问世。这些试剂盒的使用有效提供了种鸡群CAV感染状况。根据血清抗体阳性率和抗体滴度，养鸡场可以决定是否需要对种鸡接种疫苗为雏鸡提供母源免疫力。在ELISA检测中，正确采集血清至关重要，尤其是溶血会严重影响检测结果（Kurian等，2012）。由于经常发生非特异性反应，SPF鸡场使用ELISA获得的检测结果并不总是简单明了（Michalski等，1996）。因此，SPF鸡场经常使用多个试剂盒确认阳性结果，并用PCR检测和中和抗体实验进一步验证。已有多种病毒中和检测方法发表，包括微孔板检测方法（Jørgensen，1990）和一种确认病毒是否复制的qPCR方法（van Santen等，2004b）。微孔板检测依赖于悬浮培养物中CPE（细胞病变）的读数，当病毒复制水平较低时，结果的判定受主观影响较大。使用qPCR进行检测可避免这种问题。

除非出于实验目的需要病毒，就像在"增殖"一节中所讨论的，病毒可以通过接种MSB1细胞分离，否则，很少进行病毒分离工作。Smyth和Schat（2013）论述了关于病毒分离与鉴定的详细细节。

## 9.24 经济影响

临床疾病对经济的影响与死亡率增加和继发感染增加直接相关（Engström和Luthman，1984；Vielitz和Landgraf，1988；Chetle等，1989；Davidson等，2004）。CAV的亚临床感染造成的经济损失更难估计，而且亚临床感染通常会引发其他疾病，增加继发感染（如Hagood等，2000；De Herdt等，2001；Sommer和Cardona，2003）。McNulty等（1991）报道，在鸡群饲养过程中，CAV抗体阴性鸡群饲料转化率和体重都高于抗体阳性鸡群，但是两群鸡在死亡率和皮炎发生率上没有显著差异。他们还发现CAV感染不影响CAV抗体阴性种鸡群的饲料转化率。但是与未感染组相比，这些鸡的死亡率明显增加，体重也发生显著下降。在20～31周龄鸡的血清抗体由阴性转为阳性期间，种鸡群死亡率或临床症状没有受到显著影响（McIlroy等，1992）。Jørgensen等（1995）和Goodwin等（1993）没有发现CAV血清抗体阳性与鸡的生产性能之间具有相关性。

## 9.25 防控

CAV普遍存在于禽舍中，并且对消毒剂具有极强的抵抗力，甚至在高滴度的中和抗体存在的情况下，种鸡也能传播病毒DNA，因此在商品代鸡群中预防CAV是非常困难的。一旦家禽被感染，目前没有治疗方法可以清除CAV。降低CAV临床和亚临床感染的唯一方法是对青年母鸡接种CAV疫苗，以提供母源免疫力保护雏鸡。此外，控制其他病原，例如IBDV和呼肠孤病毒也很重要。严格禁止以CAV污染的垫料感染小母鸡。

## 9.26 疫苗现状

目前，有3家国际疫苗公司生产CAV减毒活疫苗。罗曼动物保健（Elanco）生产Cux-1疫苗，该疫苗最初是由Vielitz等（1987）研制的。它的商业名称是AviPro®Tymovac，通过饮水的方式使用。默克动物保健公司生产CAV-VAC®疫苗，该疫苗来自Claessens等（1991）首先报道和测序的26P4分离株。第3个疫苗是诗华公司生产的Circomune®，它使用的是Rosenberger和Cloud（1989b）发现的Del-Ros分离株。后两个疫苗都是通过翅下注射接种。这些疫苗并不是在所有国家都能上市，例如AviPro®Tymovac疫苗在美国未获得上市许可。

这3种疫苗适用于9～15周龄的母鸡，如果用于3周龄以下的鸡可能会造成损伤。Vielitz 和colleagues（Vielitz等，1991；Vielitz和Voss，1994）发表的野外试验研究结果表明，疫苗可以通过母源抗体对免疫鸡的后代提供免疫保护。少数情况下，当在17周龄或以后免疫时，并不是所有的父母代鸡都血清转阳，从而导致后代鸡不能被完全保护。最近，Chansiripornchai（2016）进行了一个野外试验，比较了罗斯308肉种鸡接种了3种疫苗后引起的血清抗体转阳率和抗体效价。使用BioChek ELISA试剂盒检测血清，其临界值为效价低于274时，没有保护力；效价介于274和2 295之间时有中等保护；效价高于2 295时有完全保护。在23周龄时，只有Cux-1疫苗诱导抗体效价平均大于2 296，而另外两种疫苗免疫产生的抗体效价都刚刚低于该值。但是，3种疫苗的SD值都很高，所以不管使用哪种疫苗，很多鸡都会获得免疫保护。在27和32周龄时，3种疫苗诱导的抗体效价都下降到了2 296以下。这些疫苗诱导临界保护水平的能力以及所诱导的抗体效价维持在BioChek所建议的临界值上的持续时间是否确实存在差异，还需要进一步研究和比较。

### 潜在的新疫苗

研制新疫苗保护肉鸡免受CAV亚临床感染造成的免疫抑制是非常重要的。要生产出肉鸡使用的安全疫苗，还有一些问题需要解决。首先，任何一个活疫苗都需要在宿主体内复制以诱导免疫应答，但是又不产生亚临床免疫抑制。如前所述，母源抗体的存在会抑制疫苗病毒复制。因此，需要在母源抗体消退至允许病毒复制的程度再进行免疫接种，这可能需要长达4周的时间（Markowski-Grimsrud 和Schat，2003）。接种后产生免疫保护需要6～7d的时间，在这期间，鸡群有可能感染CAV野毒（Sommer 和Cardona，2003；Eregae等，2014）。Schat等（2011）证明，对1日龄SPF雏鸡接种实验性免疫复合物疫苗，可以保护2～3周龄鸡免受病毒攻击。IBD的免疫复合物疫苗已成功用于商品禽（Haddad等，1997；Jeurissen等，1998）。

研制可用于鸡胚或1日龄肉鸡的疫苗所面临的第二个问题是，如何证明疫苗的有效性。目前的商业疫苗通过接种1日龄雏鸡来说明效果，但是1日龄的雏鸡本身就是受到母源抗体保护的。为了体现1日龄接种后的免疫效果，在14日龄甚至7日龄时进行攻毒，由于随着日龄的增加，抵抗力迅速增强，未接种疫苗的对照组极有可能不产生临床症状。抗病毒复制可以用作替代保护率指标。在使用实验性复合物疫苗时，可利用毒株的特异性进行qRT-PCR检测（Markowski-Grimsrud等，2002），从而区分免疫复合体中的毒株和攻毒的毒株。

实验证明灭活疫苗具有保护作用（Pagès-Manté等，1997；Zhang等，2015），并可能在某些国家使用。但是生产高滴度的灭活疫苗不容易，而且可能性价比不高。

有多个团队在研究亚单位疫苗。早在1995年，Koch等（1995）用杆状病毒生产了表达VP1和VP2的重组疫苗，但是尚未商业化。Moeini等（2011c）用乳杆菌的 *AcmA* 基因构建了表达 VP1 和 VP2 的克隆。N-乙酰壁酰胺酶（AcmA）与嗜酸乳杆菌的细胞壁结合。重组的 AcmA-VP1 和 AcmA-VP2 纯化后与嗜酸乳杆菌结合，用其饲喂 21 日龄 SPF 鸡 5d，然后在 35 日龄时再次饲喂 5d。第 2 次饲喂期后 7d 开始出现中和抗体。后续没有关于攻毒试验的报道，而且在免疫中需要长期饲喂细菌，这些都使该方法失去作为初次免疫的价值。最近，Shen 等（2015）在大肠杆菌表达系统中表达了截短的 VP1（AA129–449）（rVP1）蛋白和鸽子 γ 干扰素（p）IFNγ。这些蛋白纯化后以 rVP1 蛋白或 rVP1 + rpIFNγ 的组合，在 7 日龄和 17 日龄时免疫 SPF 鸡。另外一组鸡用灭活的 CAV 疫苗（iCAV）免疫。在 21 日龄时对免疫鸡进行攻毒。rVP1 + rpIFNγ 免疫组的 ELISA 抗体滴度和 IFNγ mRNA 水平显著高于另外两个免疫组。该组在攻毒后 7d 血细胞比容也正常。由于缺少仅接受 rpIFNγ 的重要对照组，我们不清楚保护是由中和抗体产生的还是由 IFNγ 产生的。

有两个团队开发了 DNA 疫苗。Moeini 等（2011a）用表达 VP1 和 VP2 的双顺反子载体在 2 周龄时免疫鸡，然后每隔 2 周加强免疫 1 次，共加强 2 次。在最后一次免疫后 10d，免疫鸡体内开始产生与保护有关的中和抗体，IFNγ 和 IL-2 表达水平也升高。将 VP1 与 MDV 血清 1 型的 VP22 连接，所诱导的中和抗体水平显著高于单独表达 VP1 和 VP2 的载体（Moeini 等，2011b）。Sawant 等（2015）将表达 VP1 和 VP2 的载体与 HMGB1△C 的载体同时接种 SPF 鸡，其中 HMGB1△C 载体作为免疫佐剂发挥功能。SPF 鸡接受 3 次疫苗接种，并在初次免疫后的长达 14 周时间内采集血清样本。佐剂使用增强了 ELISA 检测出的抗体效价。目前尚没有 DNA 疫苗攻毒试验的相关报道。除非 DNA 疫苗在单次注射后能诱导强烈的免疫反应，否则这种方法对家禽产业没有意义。

## 9.27 总结

CAV 对家禽产业具有重要的经济影响，但是由于该病毒感染引起免疫抑制性通常呈亚临床特征，在临床上不能被及时发现。亚临床感染不仅影响动物对疫苗接种的免疫应答，增加对其他病原的易感性，还会降低饲料转化率以及肉鸡的生长性能。由于这些原因，迫切需要研制可以接种鸡胚的重组疫苗。CAV 以及相近的禽指环 2 型病毒（AGV2）对 SPF 产业也有重要影响。一旦发生血清抗体阳性，这些鸡群就不再是 SPF 级别，经济价值也随之下降。除了严格的隔离措施，SPF 鸡生产商没有太多可以预防 CAV 感染的措施，尤其是 Cardona 等（2000b）和 Miller 等（2003，2004，2005）发现，病毒 DNA 可以垂直传播，也可以存在于抗体阴性鸡体内。也许可以为 SPF 行业开发转基因鸡，在鸡体内表达多种干扰 CAV 复制的短发夹 RNA（ShRNA）。Hinton 和 Doran（2008）研究证明，特定的 shRNA 可以抑制 CAV 在 MSB1 细胞中复制。

（高丽 译，郑世军 校）

参考文献

# 10 禽腺病毒

Juan Carlos Corredor and Eva Nagy*
加拿大，安大略省，圭尔夫圭尔夫大学，安大略兽医学院病理生物学系
Department of Pathobiology, Ontario Veterinary College, University of Guelph, Guelph, ON. Canada.
*通讯: enagy@ovc.uoguelph.ca
https://doi.org/10.21775/9781912530106.10

## 10.1 摘要

禽腺病毒在世界范围内普遍存在于禽类。尽管许多禽腺病毒可以从健康的禽类分离出来，但仍有某些腺病毒会引起疾病，导致家禽业遭受重大经济损失，包括产蛋下降综合征（EDS）、包涵体肝炎（IBH）、包涵体肝炎/心包积液综合征（IBH/HPS）和火鸡的出血性肠炎（HE）。根据基因组组成、系统遗传关系和宿主3个方面，禽腺病毒可分为禽腺病毒属、腺胸腺病毒属和唾液酸酶腺病毒属三个属。病毒基因组包含种属共同基因和种属特异基因。种属共同基因是指所有腺病毒都有且是保守的基因，如参与DNA复制和编码结构蛋白的基因。另一方面，种属特异基因是指每个种属特有的基因。禽腺病毒大多数早期病毒基因的功能仍然未知，其中一些基因，例如 *Gam-1* 和 *ORF22*，具有与人类腺病毒所述相似的功能——刺激细胞周期、调节细胞凋亡和对抗宿主先天性免疫。在分子水平上对病毒—宿主相互作用的研究仅限于几种病毒（如禽腺病毒 FAdV-1、FAdV-4 和 FAdV-9）。目前，决定腺病毒的毒力因素仍然不清楚。但是，在某些禽腺病毒（如 FAdV-4 和 FAdV-8）和唾液酸酶腺病毒（鸭腺病毒1型）中已经描述了一些与毒力相关的候选病毒基因。此外据报道，非致病性腺病毒可作为病毒载体，在重组家禽疫苗研制和基因递呈系统中有潜在的应用，如禽腺病毒1、4、8、9和10型。

## 10.2 简介与历史

腺病毒可以感染人类以及多种哺乳动物、鸟类和其他脊椎动物，并且可以从中分离出来；它们还具有宿主特异性并与宿主共同进化。1953年，Rowe 等（1953）首先提出，腺病毒与人腺体样组织有关，这是这类病毒名称的由来，随后于1954年分离到腺病毒（Huebner 等，1954）。

禽腺病毒与重要的临床疾病有关，对全世界的家禽业造成重大损失。尽管FAdV可以从健康的鸡中分离出来，并被认为普遍存在于家禽养殖场中（Hess，2013），但包涵体肝炎（IBH）是由禽腺病毒（FAdV）引起的。心包积液综合征（HPS）是由病原性FAdV-4感染引起的。近年来，由FAdV-1引起的肌胃糜烂更为常见（Gjevre等，2013；Ono等，2003）。鹌鹑支气管炎是危害北美鹌鹑的重要疾病。产蛋下降综合征（EDS）是由腺病毒的产蛋下降综合征病毒（EDSV）引起的。火鸡出血性肠炎（HE）与火鸡腺病毒3（TAdV-3）相关，并且与雉鸡大理石脾病和禽腺病毒导致的脾肿大病的病原都同属于唾液酸酶腺病毒。另外，在火鸡、鹅、鸭、鸽子、珍珠鸡和野禽中已经报道有腺病毒感染。关于这些疾病的描述可参见《家禽疾病》相关章节（Swayne等，2013）。

1949年，Van Den Ende等（1949）将一例疑似患有结节性皮肤病的牛病料接种到鸡胚中，第一次无意间分离到了禽腺病毒。1957年首次观察到鸡胚致死性孤儿病毒（CELO），现称为FAdV-1（Yates和Fry，1957）。1950年，从患病的北美鹌鹑中第一次分离出了禽腺病毒（Olson，1951）。Helmboldt和Frazier于1963年在美国首次描述了IBH（Helmboldt和Frazier，1963）。1988年，巴基斯坦报道从患有心包积液综合征的肉鸡中分离出禽腺病毒（Cheema等，1989），最近在中国也发生了大量疫情（Zhao等，2015；Niu等，2016）。1976年在荷兰报道了产蛋下降综合征（EDS）（van Eck等，1976），一年后揭示了该病的病毒病原（McFerran等，1977）。1937年首次提到火鸡的出血性肠炎（HE）（Pomeroy和Fenstermacher，1937），Domermuth和Gross（1971）认为其病毒病原是腺病毒，此后该病在包括北美在内的许多国家都有报道（Carlson等，1974；Itakura等，1974）。

本章重点阐述禽腺病毒，但将在适当的地方讨论感染禽类的其他腺病毒。

## 10.3 病原学

### 10.3.1 分类

腺病毒属于腺病毒科，分为哺乳动物腺病毒属、禽腺病毒属、腺胸腺病毒属、唾液酸酶腺病毒属和鱼腺病毒属五个属。哺乳动物腺病毒和禽腺病毒分别感染哺乳动物和鸟类。腺胸腺病毒A＋T的含量很高，并且此病毒已从哺乳动物、鸟类和爬行类动物中成功分离出来。唾液酸酶腺病毒感染禽类、两栖动物和爬虫类动物，而鱼腺病毒感染鱼（白鲟鱼）（Harrach等，2011）。

大多数禽类腺病毒都属于禽腺病毒属（Harrach等，2011）。根据系统遗传距离、基因组组成、限制性片段长度多态性、寄主范围、致病性、交叉中和反应和重组能力的不同，该属成员可分为12种（表10.1）。这些种包括禽腺病毒A到禽腺病毒E（FAdV-A、FAdV-B、FAdV-C、FAdV-D和FAdV-E）、鸭腺病毒B（DAdV-B）、隼腺病毒A（FaAdVA）、鹅腺病毒A（GoAdV-A）、鸽腺病毒A（PiAdV-A）、火鸡腺病毒B（TAdV-B）、火鸡腺病毒C（TAdV-C）和火鸡腺病毒D（TAdV-D）。FAdV的12种血清型归类为5个种：FAdV-1属于FAdV-A种；FAdV-5属于FAdV-B种；FAdV-4和FAdV-10属于FAdV-C种；FAdV-2、FAdV-3、FAdV-9和FAdV-11属于FAdV-D种；FAdV-6、FAdV-7、FAdV-8a和FAdV-8b属于FAdV-E种。据报道，还有其他的禽腺病毒，但这些腺病毒未被国际病毒分类委员会（ICTV）批准为种，譬如虎皮鹦鹉腺病毒1型和鸽腺病毒2型（Teske等，2017）。FAdV-1（CELO病毒株）是禽腺病毒属的原型病毒种。

DAdV-1或EDSV属于腺胸腺病毒属的鸭腺胸腺病毒A型，是该属中唯一能感染禽类的病毒。

唾液酸酶腺病毒属中的病毒在血清学和系统遗传上与其他腺病毒属的成员不同。除其他差异外，基因组左端的推测基因还编码与唾液酸酶相关的蛋白质。大量已知的唾液酸酶腺病毒感染鸟类，如大山雀腺病毒1（GTAdV-1）、猛禽腺病毒1（RAdV-1）、南极贼鸥腺病毒（SPSAdV）和火鸡腺病毒3（TAdV-3或出血性肠炎病毒/大理石脾病病毒，HEV/MSDV），它们分别属于大山雀腺病毒A、猛禽腺病毒A、贼鸥腺病毒A和火鸡腺病毒A（Pitcovski等，1998；Kovács和Benko，2011；Park等，2012）。此外，还有一些可能属于唾液酸酶腺病毒属但尚未获得批准的相关病毒，如虎皮鹦鹉腺病毒1（BuAdV-1）和鹦鹉腺病毒2（PsAdV-2）。

表10.1 禽腺病毒种类及其基因组（序列）

| 种类 | 缩写 | 血清型（毒株或分离株） | GenBank登录号 | 基因组大小（kb） |
|---|---|---|---|---|
| 鸭腺病毒B | DAdV-B | DAdV-2（GR） | KJ469653 | 43.7 |
| 隼腺病毒A | FaAdV-A | FaAdV-1* | AY683541 | — |
| 禽腺病毒A | FAdV-A | FAdV-1（CELO） | U46933，AC_000014 | 43.8 |
| 禽腺病毒B | FAdV-B | FAdV-5（340） | KC493646 | 45.7 |
| 禽腺病毒C | FAdV-C | FAdV-4（ON1） | GU188428，NC_015323 | 45.6 |
| | | FAdV-10（C-2B）* | DQ208710，EF458162 | — |
| 禽腺病毒D | FAdV-D | FAdV-2（685） | KT862805 | 44.3 |
| | | FAdV-3（CR49） | KT862807 | 43.3 |
| | | FAdV-9（A-2A） | AF083975，AC_000013 | 45.0 |
| | | FAdV-11（ON-P2） | KU310942 | 44.4 |
| 禽腺病毒E | FAdV-E | FAdV-6（CR119） | KT862808 | 43.8 |
| | | FAdV-7（YR36） | KT862809 | 43.5 |
| | | FAdV-8a（HG） | NC_014969 | 44.0 |
| | | FAdV-8b（764） | KT862811 | 43.6 |
| 鹅腺病毒A | GoAdV-A | GoAdV-4（P29） | JF510462 | 43.3 |
| | | GoAdV-5（D1036/08）* | JQ178217 | — |
| 鸽腺病毒A | PiAdV-A | PiAdV-1（IDA4） | FN824512 | 45.4 |
| 火鸡腺病毒B | TAdV-B | TAdV-1（D90/2） | NC_014564 | 45.4 |
| 火鸡腺病毒C | TAdV-C | TAdV-4（TNI1） | KF477312 | 42.9 |
| 火鸡腺病毒D | TAdV-D | TAdV-5（1277BT） | KF477313 | 43.6 |

*这些病毒只获得了部分基因组序列。

病毒分类不是恒定不变的，它只是按照发现并分析新病毒和非新病毒进行分类。也许在未来的几年中，人们甚至会在一个单一科中看到变化，如腺病毒科。

## 10.3.2 形态和病毒结构

腺病毒是无囊膜的二十面体结构，直径为70～90 nm。病毒粒子的相对分子质量（Mr）为150～180×10$^6$，在CsCl中的浮力密度为1.31～1.36 g/cm$^3$（Harrach等，2011；Berk，2013）。J. Ackford实验室的研究表明，FAdV-9的浮力密度为1.33 g/cm$^3$。大多数结构研究是在人腺病毒2型和人腺病毒5型（HAdV-2和HAdV-5）中进行的。TAdV-3、FAdV和EDSV的结构蛋白已通过SDS-PAGE进行了鉴定（Todd

和McNulty，1978；Van den Hurk，1992）。病毒粒子由衣壳围绕核酸芯髓组成，核酸芯髓包括病毒基因组和相关蛋白（图10.1A）（Berk，2013）。病毒衣壳由240个六邻体壳粒蛋白（蛋白质Ⅱ，直径8 ~ 19 nm）、12个五邻体基底蛋白（蛋白质Ⅲ）和每个顶点的1 ~ 2个纤突（fibre）蛋白（蛋白质Ⅳ）组成。血清型特异性决定簇位于纤突蛋白和六邻体蛋白。

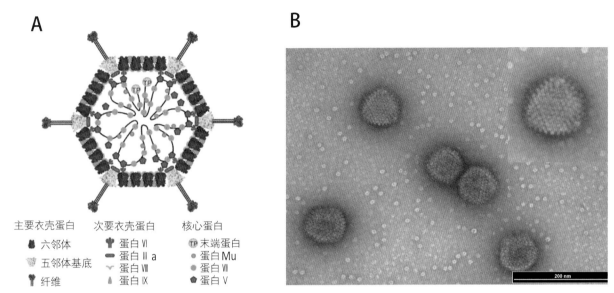

图10.1　腺病毒模式图和负染形态图

A. 病毒衣壳和核心结构蛋白 [引自Nemerow，G.R.，Pache，L.，Reddy，V.，Stewart，P.L.，2009. Virology，384：380-388. 已获得爱思唯尔（Elsevier）授权许可]；B. 对禽腺病毒9颗粒进行负染色显示腺病毒的特征形态（由圭尔夫大学病理生物学系James Ackford提供）。

六邻体蛋白由保守的P1和P2区以及可变的L1-L4环组成。L1、L2和L4区域位于六邻体蛋白的表面，因此决定了腺病毒的免疫原性和中和性（Roberts等，1986）。通过各种分子方法，L1区已被广泛用于FAdV的基因分型、系统遗传和诊断研究（Raue和Hess，1998；Meulemans等，2004；Marek等，2010a；Pizzuto等，2010）。

据分析，所有腺病毒的纤突长度为9 ~ 77.5 nm（Harrach等，2011）。通过电子显微镜（EM）分析，禽腺病毒的纤突（包括长纤突和短纤突）长度为11 ~ 46.8 nm。最长的纤突存在于FAdV-1（46.5 ~ 46.8 nm）和EDSV（41.7 nm）中，最短的纤突存在于FAdV-C（16.5 ~ 16.6 nm）和TAdV-3（17nm）（Gelderblom和Maichle-Lauppe，1982；Van den Hurk，1992）。通常情况下，所有禽腺病毒纤突尾部基序是保守的，其参与核定位（RKRP）和五邻体基底相互作用（VYPF）（Grgić等，2014）。在EDSV纤突蛋白中也发现了VYPF基序（Hess等，1997）。RKRP和VYPF基序分别相当于哺乳动物腺病毒的KRAR和VYPY基序（Grgić等，2014）。

纤突蛋白是由3个Ⅳ多肽相互作用形成的三聚体。这些三聚体相互作用形成一个具有一定长度的远端柄为特征的轴。禽腺病毒每个顶点有1 ~ 2个纤突蛋白。例如EDSV（腺胸腺病毒属）和TAdV-3（唾液酸酶腺病毒属）禽腺病毒，每个顶点具有一个纤突蛋白（Gelderblom和Maichle-Lauppe，1982；Van den Hurk，1992）。电子显微镜（EM）和结构分析表明，FAdV和几乎所有禽腺病毒属的成员，每个顶点都有两条纤突（Gelderblom和Maichle-Lauppe，1982；Hess等，1995）。除FAdV-1以外，EM分析表明在FAdV其余血清型中，每对纤突的长度几乎相同（Gelderblom和Maichle-Lauppe，1982）。与EM分析一致，FAdV-1拥有两个编码不同长度纤突蛋白的基因（Chiocca等，1996）。同样，尽管尚未通过EM鉴定，但其他禽腺病毒，如鸽腺病毒1型（PiAdV-1）和火鸡腺病毒5型（TAdV-5），也拥有两个编码长度明显不同纤突蛋白的基因（Marek等，2014a、b）。与EM研究一致，FAdV-4，可能还有FAdV-10，拥有两个编码纤突蛋白的纤突基因（分别在纤突蛋白1和纤突蛋白2中编码432和474个氨基酸）（Griffin和Nagy，2011），长度存在细微差异（Gelderblom和Maichle-Lauppe，1982）。其他未被EM鉴定的禽腺病毒也有两个编码长度相似纤突蛋白的基因，包括鹅腺病毒4（GoAdV-4）和TAdV-1（Kaján等，2012）。禽腺病毒其他成员，包括FAdV-B、FAdV-D和FAdV-E，TAdV-4和鸭腺病毒2（DAdV-2）在内，基因组中只有一个纤突基因（Ojkic和Nagy，2000；Grgić等，2011；Marek等，2013，2014a、b，2016；Slaine等，2016）。

其他衣壳蛋白包括蛋白Ⅸ（仅在哺乳动物腺病毒中发现）、Ⅲa、Ⅳa2、Ⅵ和Ⅷ。衣壳蛋白围绕核酸芯髓，核酸芯髓是由病毒DNA基因组与末端蛋白和蛋白Ⅴ（禽腺病毒中不存在）、蛋白Ⅶ、蛋白Ⅹ（也称为μ）和病毒蛋白酶之间的相互作用形成的（图10.1A）。多肽Ⅶ（800拷贝/病毒粒子）直接与病毒DNA相互作用，形成核小体样的珠状单元。除多肽Ⅶ外，病毒DNA与蛋白Ⅴ和蛋白Ⅹ的相互作用还有助于压缩基因组以适应衣壳（Berk，2013；Mangel和SanMartín，2014）。禽腺病毒基因组与核心蛋白很可能会发生其他机制的相互作用，以弥补蛋白Ⅴ的缺乏。病毒核心和衣壳之间的物理结合似乎是由多肽Ⅵ和多肽Ⅷ介导的。每个五邻体基底单体的N和C末端和蛋白质Ⅲa也分别与病毒核心相互作用（Berk，2013）。

基因组的特征将在后面的"基因组结构和组成"部分中阐述。

## 10.4 增殖

禽腺病毒通常在鸡、火鸡、鹅、鸭、鹌鹑、鸽子和其他禽类的胚胎卵或细胞培养物中增殖。但是，某些病毒无法在细胞培养物中增殖，如猛禽腺病毒（Kovács和Benko，2011）。FAdV感染鸡和其他鸟类，如火鸡、鹅和鸭。但是，某些感染其他鸟类的病毒在鸡源细胞培养物中不生长或生长不良（McFerran和Smyth，2000）。

FAdV可通过三种接种途径在鸡胚中增殖：卵黄囊接种、绒毛尿囊膜接种和尿囊腔接种。分别在5～7d的胚胎卵黄囊和10～12d的胚胎绒毛尿囊膜中接种（Cowen，1988），及在11d的鸡胚尿囊腔中接种（Mendelson等，1995）。FAdV在鸡胚中的致病性取决于血清型、品系和接种途径。当病毒接种在卵黄囊中时，胚胎的死亡率和病变更加严重（Cowen，1988）。DAdV-1（EDSV/MSDV），可以接种在9～11d的鸭胚尿囊腔中进行增殖（Senne，1998）。而TAdV-3（HEV/MSDV）在火鸡胚胎中的增殖一直没有成功（Guy，1998）。

用于FAdV增殖的原代细胞包括鸡胚肾细胞（CEK）和肝细胞（CELi）（Yates等，1970；Alexander等，1998）。鸡胚肝细胞也被用于增殖其他禽病毒，包括EDSV（Kang等，2017）和鸽腺病毒1型（PiAdV-1）（Marek等，2014a）。EDSV在鸭胚原代细胞（如肾脏、肝脏或成纤维细胞）中高滴度成功增殖。EDSV在鸡胚肾细胞、鸡胚成纤维细胞和火鸡细胞中生长较差，而在鹅细胞中以高滴度复制（McFerran和Smyth，2000）。鹅腺病毒4型（GoAdV-4，P29株）在鹅胚肝细胞中增殖（Kaján等，2012）。HEV/MSDV可以在火鸡白细胞中增殖（van den Hurk，1990）。

禽腺病毒也可在不同来源的传代细胞系中增殖。例如，大多数FAdV在鸡肝癌细胞系（如CH-SAH和LMH）中复制良好（Alexander等，1998；Michou等，1999），而在鹌鹑成纤维细胞中复制较少（Mansoor等，2011）。HEV／MSDV可在马立克病诱导的成淋巴细胞细胞系（如MDTC-RP16和MDTC）中成功增殖，MDTC-RP16和MDTC用于疫苗制备（Nazerian和Fadly，1982）。源自家养番鸭的胚胎原代视网膜细胞（CR）和CR.pIX传代细胞系可用于增殖包括EDSV在内的许多禽病毒（Jordan，2016）。

## 10.5 病毒复制

复制周期可分为6个阶段：吸附、入侵、脱衣壳、生物合成、装配和释放。

### 10.5.1 吸附

腺病毒吸附是通过纤突柄和易感细胞表面受体之间相互作用介导的。柯萨奇-腺病毒受体（CAR）是研究哺乳动物腺病毒和禽腺病毒入侵最清楚的受体（Tan等，2001；Harrach等，2011）。FAdV-1纤突1介导禽类和哺乳动物细胞CAR受体的吸附。纤突2介导禽类细胞中一种未知受体的吸附（Tan等，2001）。五邻体蛋白也参与次要相互作用，对病毒入侵细胞起关键作用，这种相互作用与五邻体蛋白RGD肽识别细胞整合素有关。

除CAR以外，其他细胞表面受体大多数为哺乳动物受体，包括硫酸乙酰肝素糖胺葡聚糖，CD46（人腺病毒受体）、CD80、CD86、唾液酸（人腺病毒C亚群的成员）、整合蛋白 $\alpha M\beta 2$ 和 $\alpha L\beta 2$、$\alpha 2$ 主要组织相容性复合物（MHC-1）、血管细胞黏附分子1（VCAM-1）和二棕榈酰磷脂酰胆碱（DPPC）（Arnberg，2012）。在肌胃中表达的200 K细胞表面蛋白推测为FAdV-1（JM 1/1毒株）的受体（Taharaguchi等，2007），但仍然不确定是一个或两个纤突与该受体结合（Tan等，2001）。

### 10.5.2 入侵和脱衣壳

大多数人腺病毒的入侵机制已经被报道。在病毒结合细胞表面受体时，随后与整合素结合，发生PI3激酶、p130CAS以及Rho家族GTP酶活化，这些酶活化引起细胞骨架内的肌动蛋白聚合，促使病毒入侵（Arnberg，2012）。病毒粒子的内吞作用通过包裹着网格蛋白的小窝进行。在B种人腺病毒的一些成员中已描述过网格蛋白非依赖型的内吞作用机制和巨胞饮作用机制（Kälin等，2010）。病毒粒子脱衣壳开始于细胞表面，五邻体基底与细胞表面整合素之间相互作用，导致纤突蛋白脱离病毒颗粒（Nakano等，2000）。在内吞作用后，无纤突的病毒包裹于含有网格蛋白的囊泡中进一步发展成熟为内体。内体成熟期间发生酸化，释放五邻体基底、六邻体三聚体和内部衣壳蛋白（如蛋白Ⅲa、Ⅵ和Ⅷ），并激活对于病毒组装必需的病毒蛋白酶（Berk，2013）。通过蛋白Ⅵ的膜溶解结构域介导对内体溶解，将部分分解的病毒颗粒释放到细胞质中（Wiethoff等，2005）。细胞质中的亚病毒颗粒通过动力蛋白沿着微管向核周区域转运（Leopold等，2000）。然后，亚病毒颗粒与细胞核孔复合物（NPC）结合，进行衣壳解体并将病毒DNA释放到细胞核中（Berk，2013）。

### 10.5.3 生物合成

病毒基因转录发生在两条DNA链上，主要见于HAdV-2和HAdV-5。与Ⅶ蛋白相结合的病毒DNA从靠在细胞核孔的亚病毒颗粒释放到细胞核中（Xue等，2005）。病毒DNA与蛋白Ⅶ的结合阻止了宿主细胞对dsDNA的破坏作用（Karen和Hearing，2011）。随后的步骤涉及利用宿主的乙酰化核小体部分替换蛋白Ⅶ的过程（Berk，2013）。

病毒基因在感染早期（E）和晚期（L）进行转录，E转录基因在晚期继续表达，L转录基因的启动子在感染早期可引起低水平的转录。仅在FAdV-1和FAdV-9中确定了禽腺病毒的详细转录图谱（Payet等，1998；Ojkic等，2002），其他禽腺病毒报道了部分预测的转录图谱（Griffin和Nagy，2011；Kaján等，2012；Marek等，2013，2014a、b，2016）。通常E基因的转录发生在DNA复制开始之前，而L基因的转录在DNA

复制之后显著增加（Berk，2013）。E基因参与宿主与病毒的相互作用，包括细胞周期、抗宿主抗病毒反应和免疫应答防御、调控细胞凋亡、病毒DNA复制（E2基因）以及激活L基因表达的晚期启动子。E基因的功能在哺乳动物腺病毒中研究较多，然而仅有少数基因的功能得到解析，包括FAdV-1（CELO病毒）的ORF 8（Gallus anti morte，Gam-1）、ORF22及FAdV-9的ORF1（Lehrmann和Cotten，1999；Deng等，2016）。

在哺乳动物腺病毒中，E1A基因是第一个被转录的基因，其刺激细胞周期以及E1B、E2、E3和E4基因的转录。FAdV-1的Gam-1和ORF22基因以及腺胸腺病毒E43基因（绵羊腺病毒7）在功能上等同于E1A基因（Lehrmann和Cotten，1999；Kümin等，2004；Harrach等，2011），可能在感染后不久很快表达。ORF22存在于目前所有已测序的禽腺病毒中，而Gam-1不存在于DAdV-2和GoAdV-4中（表10.2）。因此，这些现象提示这些病毒可能利用其他机制诱导细胞周期，也许通过ORF22蛋白发挥作用。细胞分裂周期是刺激细胞基因表达的重要步骤，这些细胞基因参与合成dNTPs前体和RNA加工蛋白的合成，而dNTPs前体和RNA加工蛋白是合成病毒DNA和mRNA所必需，也是激活蛋白合成的信号通路所必需（Berk，2013）。哺乳动物腺病毒E1A蛋白和FAdV-1的Gam-1、ORF22蛋白与肿瘤抑制基因pRB结合，通过E2F依赖性转录刺激细胞周期进程（Lehrmann和Cotten，1999；Berk，2013）。E1A蛋白与核赖氨酸乙酰基转移酶pRB和p300/CBP形成三聚体复合物（Ferreon等，2009）。FAdV-1的Gam-1也与pRB结合，似乎与p120E4F和组蛋白脱乙酰基酶1（HDAC1）形成复合物，使HDAC1失活。抑制HDAC1的类泛素化作用是Gam-1灭活HDAC1的另一种机制（Colombo等，2002）。Gam-1还通过抑制PML的类泛素化作用破坏早幼粒细胞白血病（PML）核体（Colombo等，2002）。已知PML对RNA和DNA病毒均具有抗病毒功能（Everett和Chelbi-Alix，2007）。

病毒感染通常刺激促凋亡基因的表达，包括肿瘤抑制基因p53。哺乳动物腺病毒感染通过E1A蛋白诱导p53表达，这是细胞周期异常诱导的后果（Berk，2013）。在禽腺病毒中也有类似的机制，禽腺病毒感染刺激p53表达。禽腺病毒已经进化出抵抗p53对病毒复制周期产生负面影响的机制。哺乳动物腺病毒E4ORF6结合E1B 55 K与Cullin（Cul）E3泛素连接酶形成复合物，通过蛋白酶体促进p53降解（Querido等，2004）。这种连接酶复合物的形成是由E4ORF6中存在的BC-box基序（BC2和BC3）介导的，在此之前是Cul-box（Cul 2和Cul 5）和XCXC基序介导的（Gilson等，2016）。在某些腺胸腺病毒中已鉴定出E4ORF6样基因，如DAdV-1 E4基因和FAdV ORF24、ORF14A和ORF14、TAdV（血清型1、4和5），PiAdV-1和DAdV-2ORF的同系物（Corredor等，2006；Gilson等，2016）。DAdV-1 E4包含Cul2-box和BC3-box，并且实验表明可与Cul 2和Cul 5结合形成连接酶复合物。禽腺病毒ORF24、ORF14A和ORF14缺少Cul2-box，但含有XCXC基序和BC3-box。FAdV-4的ORF14A，FAdV-2的ORF14和FAdV-9的ORF14缺少BC3-box（图10.2）（Corredor等，2006；Gilson等，2016）。ORF24和ORF14以及ORF2、ORF13和ORF12也被归入解旋酶第三家族中，并且与NS-1蛋白有关（Washietl和Eisenhaber，2003）。然而，ORF24和ORF14与NS-1蛋白之间缺乏氨基酸同源性（Corredor等，2006），XCXC和BC-box基序的存在进一步表明了它们属于E4ORF6样基因。因此推测禽腺病毒ORF24和ORF14将形成E3连接酶复合物来靶向细胞蛋白，可能包括*p53*。如前所述，FAdV-1的Gam-1破坏了PML（Colombo等，2002），PML抗病毒功能被认为是p53依赖性或非依赖性的（Everett和Chelbi-Alix，2007）。因此，Gam-1对p53介导的凋亡也有间接抑制作用。

FAdV-1的Gam-1或哺乳动物腺病毒E1A 19 K在抑制Bak和Bax介导的细胞凋亡方面与Bcl2蛋白功能等同，即防止线粒体外膜的Bak-Bax孔隙的形成以及释放细胞色素c和Smac/DIABLO（Chiocca等，1997；Berk，2013）。E1B 19 K和Gam-1也抑制TNF-α信号转导（Chiocca等，1997）。

E2基因编码病毒DNA复制的蛋白质，包括DNA聚合酶、双链DNA结合蛋白（DBP）和前末端蛋白（pTP）（Berk，2013）。E2基因在禽腺病毒中的激活机制尚不清楚，而它在哺乳动物腺病毒中的激活是由

```
                                        XCXC          BC3
人腺病毒-5              L--HCHCSSPGSLQCIAGGQVLASWFRMVVDGAM--------
人腺病毒-9              L--HCHCSSPGSLQCRAGGTLLAVWFRRVIYGCM--------
人腺病毒-12             I--HCHCQRPGSLQCMSAGMLLGRWFKMAVYGAL--------
禽腺病毒-4_ORF14B       LYSHCRCKDPYSLFCRALNQYVAQQWRLDVREHL--------
禽腺病毒-10_ORF14B      LYSHCRCKDPYSLFCRALNQYVAQQWRLDVREHLASVPIRHP
鸽腺病毒-1_ORF14A       VSYRCSCPSPHSLFCWSLAHYAVQYWINDVLEYL--------
禽腺病毒-4_ORF14A       LKYRCTCPKPHSLFCHSLRMKTYIRWVDEIRATT--------
禽腺病毒-10_ORF14A      LKYKCTCPKPHSLFCHSIRMKAYTRWVDEIRATT--------
鸭腺病毒-2_ORF14        VLYSCKCHDKLSLQCMSRVHVLTAMWMDCIHAYL--------
火鸡腺病毒-1_ORF14      VLYYCACRDPRSLQCLALAHVFTQYWRDCIVRYV--------
火鸡腺病毒-1_ORF24      CIYECTCHRPRSLQCSAMASVVIQHWHAEIRRYL--------
禽腺病毒-4_ORF14        VKLRCNCGDGNSLFCQSLRELLFHSWKEAIQNGV--------
禽腺病毒-10_ORF14       VKLRCNCGDGNSLFCQSLRELLFHSWKEAIQNGV--------
禽腺病毒-4_ORF24        IRSECSCRMPHSLFCESLGQLVFTYWFETIQEFI--------
禽腺病毒-10_ORF24       IRSECSCGMPHSLFCESLGQLVFAYWFETIQEFI--------
禽腺病毒-1_ORF14        IQYICSCETPRSLFCLSLIRVLTAHWAKTVVNFV--------
火鸡腺病毒-5_ORF14      ITYCCQCDNPKSLFCQSLMHVLFRHWSRLIVDFV--------
禽腺病毒-2_ORF14        ASYVCECEEPLSLFCQSLAVTLTMEWHAKLTAYPIAENPFP-
禽腺病毒-9_ORF14        ASYVCECEEPLSLFCQSLAATLTMEWHAKLTAYP--------
禽腺病毒-5_ORF14        AEYSCQCPEPLSLFCQSLASLLATQWYQRLLKNP--------
火鸡腺病毒-4_ORF14      VSYSCNCDEPMSLFCQSLVAVLTQKWFDDLQSQS--------
禽腺病毒-2_ORF24        IRYDCTCTNPYSLMCQAASKVVCTYWLDKVYEYF--------
禽腺病毒-9_ORF24        IRYDCTCTNPYSLMCQAASKVVCTYWLDKVYEYF--------
火鸡腺病毒-8_ORF24      VRYDCTCLNPFSLMCQSASKVICTYWLDQVQEYF--------
火鸡腺病毒-4_ORF14A     IRYDCNCSKPYSLMCQSTSKVVCTYWLDQVQSYF--------
禽腺病毒-5_ORF14A       VRYDCNCDKPHSLMCQSTCKVVVAYWLETVQEYF--------
鹅腺病毒-4_ORF14        LAYACNCSNPLSLMCMSRLHVIVKRWTEMLKTVV--------
鸽腺病毒-1_ORF14        IQVVCDCQQPGSVLCECILTLALERWAVRLLRAV--------
```

图 10.2　在禽腺病毒中发现的类似人腺病毒 E4ORF6 序列

[根据 Gilson T、Blanchette P、Ballmann M Z 等（J. Virol，90：7350-7367）文章信息进行修订，已获得美国微生物学会许可。]

E1A 和 E4ORF6 / 7 蛋白介导的（Swaminathan 和 Thimmapaya，1996）。FAdV-1 的 Gam-1 和 ORF22 蛋白在功能上等同于哺乳动物腺病毒 E1A 蛋白，可能激活 E2 基因。

通常，在哺乳动物腺病毒感染后 6h（hpi）病毒 DNA 开始复制（Berk，2013），而禽腺病毒是在感染后 12h 开始复制（Alexander 等，1998）。两端的反向末端重复序列是病毒基因组复制的起点。病毒 DNA 的复制分为两个阶段（图 10.3）。首先，一条 DNA 链作为合成子链的模板，而另一条链则被置换。其次，被置换的亲本单链通过自身互补末端的退火形成"锅柄"结构。当子链开始合成时，这种结构被破坏。病毒 DNA 聚合酶和 pTP 形成异二聚体，结合到两条亲本 DNA 链上复制起点的 A 结构域。细胞蛋白 NF1 和 OCT1 分别与病毒 DNA 聚合酶和 pTP 直接相互作用。在病毒 DBP 蛋白的刺激下，NF1 与病毒 DNA 聚合酶结合。这些蛋白复合物结合在病毒基因组复制起点上，形成起始前复合物。在病毒 DNA 聚合酶催化形成 pTP-脱氧胞苷一磷酸（dCMP）复合物时，复制反应开始进行。pTP-dCMP 启动病毒 DNA 聚合酶合成新的 DNA 子链。子链的延长涉及病毒 DNA 聚合酶与 pTP 的分离，因为 pTP 仍以共价形式附于两个末端的 5′ 端，还需要 DBP 在合成过程中解开病毒基因组。

DNA 复制后，晚期启动子（MLP）调控的晚期（L）基因转录显著增加。这些基因在哺乳动物腺病毒中分为 5 个家族（L1 ～ L5），在禽腺病毒中分为 6 个家族（L1 ～ L6）（Payet 等，1998；Ojkic 等，2002）。在感染早期，只有编码 52/55 K 蛋白的 L1 mRNA 转录。在 DNA 复制后，利用 MLP 的转录通过 poly A 和剪接位点的差异产生至少 14 个不同的 mRNA。剪接发生在未翻译的前导序列上，在哺乳动物腺病毒和腺胸腺病毒中是三联体前导序列，在禽腺病毒中为二联体前导序列（图 10.4）。

MLP 的转录是由病毒 IVa2 和 22K 蛋白通过直接与前导外显子 1 和 2 之间的第一个内含子结合介导的。这些蛋白还与基因组左端的 ITR 结合，包装成病毒粒子。

表10.2 测序的腺病毒基因组中的ORF排列

| ORF | 方向 | 鸭<br>腺病毒B<br>(DAdV-2) | 禽腺病毒 (FAdV) 种 | | | | | 鹅<br>腺病毒A<br>(GoAdV-4) | 鸽<br>腺病毒A<br>(PiAdV-1) | 火鸡腺病毒 (TAdV) 种 | | |
|---|---|---|---|---|---|---|---|---|---|---|---|---|
| | | | FAdV-A<br>(FAdV-1) | FAdV-B<br>(FAdV-5) | FAdV-C<br>(FAdV-4) | FAdV-D<br>(FAdV-9) | FAdV-E<br>(FAdV-8) | | | TAdV-B<br>(TAdV-1) | TAdV-C<br>(TAdV-4) | TAdV-D<br>(TAdV-5) |
| 0 | R | | | | | | | | | | | |
| 51 | R | | | | | | | | | | | |
| 1 | R | | | | | | | | | | | |
| 52 | R/L* | | | | | | | | | | | |
| 1A | R | | | | | | | | | | | |
| 1B | R | | | | | | | | | | | |
| 1C | R | | | | | | | | | | | |
| 2 | R | | | | | | | | | | | |
| 24 | L | | | | | | | | | | | |
| 14A** | L | | | | | | | | | | | |
| 14** | L | | | | | | | | | | | |
| 14B | L | | | | | | | | | | | |
| 14C | L | | | | | | | | | | | |
| 13 | L | | | | | | | | | | | |
| 12 | L | | | | | | | | | | | |
| IVa2 | L | | | | | | | | | | | |
| Pol | L | | | | | | | | | | | |
| pTP | L | | | | | | | | | | | |
| 52K | R | | | | | | | | | | | |
| pIII | R | | | | | | | | | | | |
| III | R | | | | | | | | | | | |
| pVII | R | | | | | | | | | | | |
| pX | R | | | | | | | | | | | |
| pVI | R | | | | | | | | | | | |
| hexon | R | | | | | | | | | | | |
| Protease | R | | | | | | | | | | | |
| DBP | L | | | | | | | | | | | |
| 100K | R | | | | | | | | | | | |
| 33K | R | | | | | | | | | | | |
| 22K | R | | | | | | | | | | | |
| pVIII | R | | | | | | | | | | | |
| U exon | L | | | | | | | | | | | |
| Fiber 1 | R | | | | | | | | | | | |
| Fiber 2 | R | | | | | | | | | | | |

右侧的早期区域

中间晚期图（IVa2，绿色部分），E2 晚期图（黄色图框）和 L 晚期图

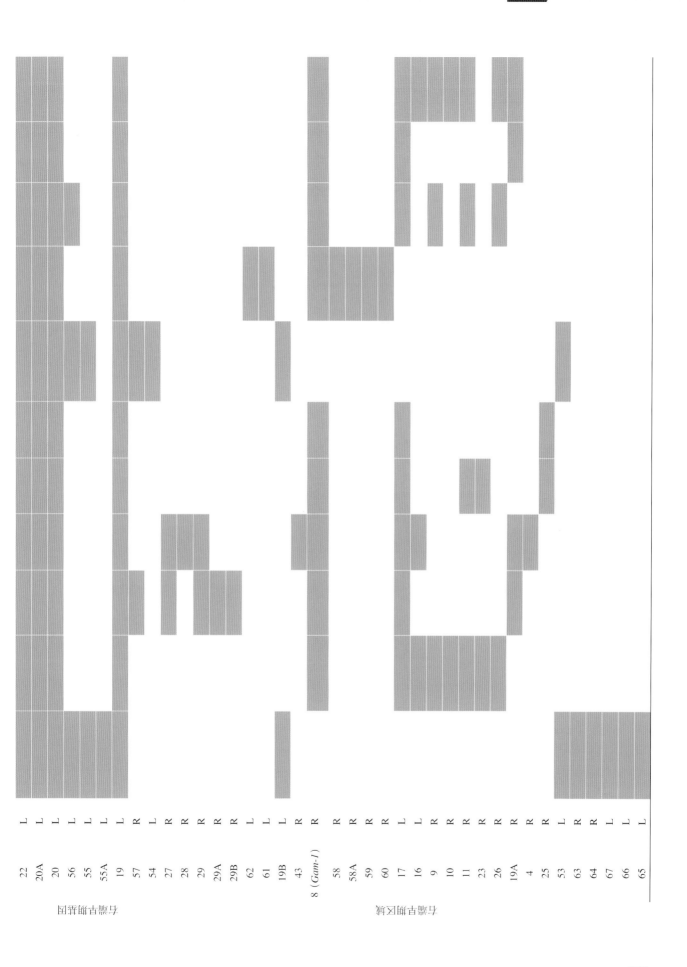

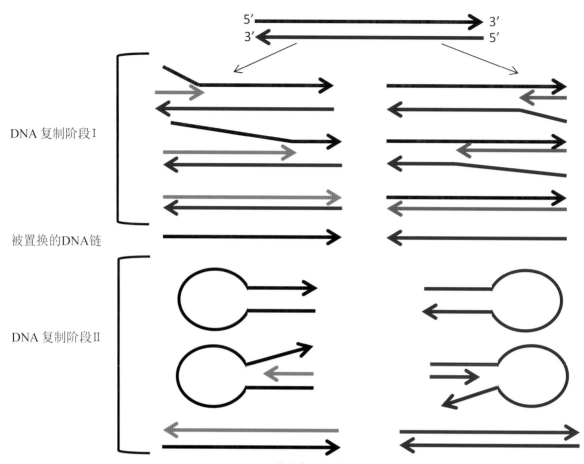

图 10.3 腺病毒DNA复制

　　DNA链中的一条作为子链合成的模板，而另一条被置换。置换的DNA链通过自身互补末端退火形成"锅柄"结构。子链合成开始于末端，并破坏锅柄结构。亲本DNA链合成是通过病毒DNA聚合酶和pTP介导的。病毒DNA聚合酶催化pTP-脱氧胞苷单磷酸（dCMP）复合物进行引发反应。在病毒DNA聚合酶作用下，pTP-dCMP引发新DNA链的合成。子链的延长需要病毒DNA聚合酶与pTP分离，pTP与两个末端的5′端共价结合。子链的延长还需要DBP在合成过程中与病毒基因组解离。

　　感染后期，编码病毒L蛋白的mRNA被优先翻译，宿主细胞mRNA翻译受到抑制。首先，由于病毒100K蛋白与二联体或三联体前导序列发生相互作用，L mRNA优先从细胞核输出至细胞质。其次，病毒100K蛋白通过介导eIF4E（起始因子eIF4F多聚体的一个亚基，与5′ m7GPPPN帽子结构结合）去磷酸化，抑制宿主细胞mRNA的翻译。前导序列通过核糖体分流介导不依赖帽子结构的翻译过程，病毒100K通过结合二联体或三联体前导序列和eIF4F复合物支架亚基eIF4G，介导核糖体分流。

　　感染后，干扰素（IFN）信号传导刺激细胞蛋白激酶PKR的表达。PKR的激活是通过与dsRNA结合而发生自磷酸化，dsRNA是病毒感染过程中产生的生物产物。磷酸化的PKR使eIF-2α磷酸化，从而抑制了起始复合物的翻译。

　　病毒VA RNA是由宿主RNA聚合酶Ⅲ转录的，具有丰富的GC含量和稳定的二级结构，在某些禽腺病毒的mRNA翻译中起重要作用。VA RNA的合成在感染早期开始，随着病毒DNA的复制而显著增加（Berk，2013）。VA RNA的强二级结构与PKR结合使其失活，从而减轻了感染反应中eIF-2α介导的对总蛋白质合成的抑制。在禽腺病毒复制过程中，dsRNA分子可能通过诱导RNA干扰机制来抑制病毒mRNA的翻译。VA RNA已被证明通过两种机制干扰miRNA的加工。①竞争性结合输出蛋白5：该蛋白是miRNA前体从细胞核输出至细胞质所必需的；②竞争性结合核酸酶Dicer：Dicer是将miRNA整合到RISC复合物中所必需的。

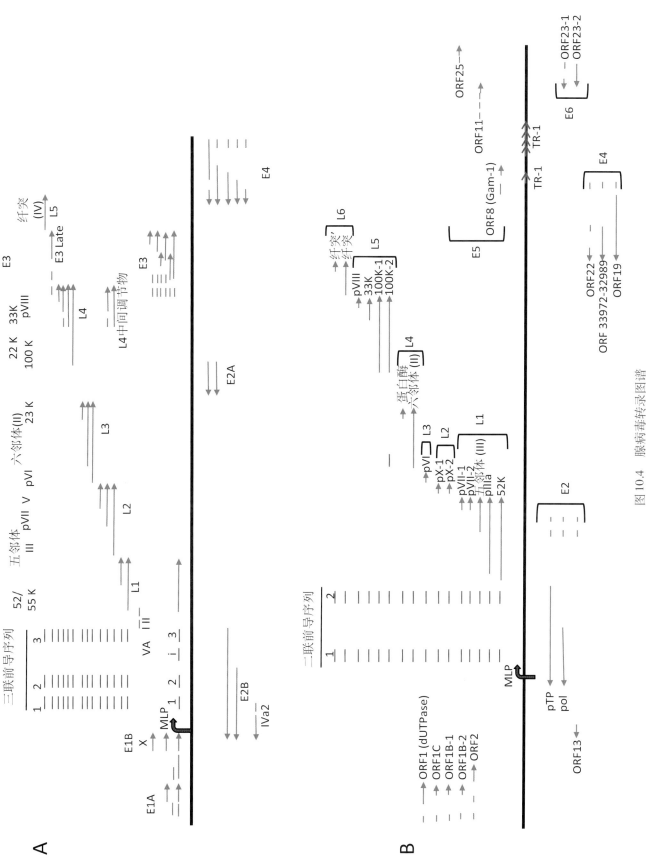

图 10.4  腺病毒转录图谱

A. 人腺病毒 2 和 5 的转录图谱（引自 Wold, W.S., Gooding, L.R., 1991. Virology, 184: 1-8）；B. 禽腺病毒 9 的转录图谱（摘自 Ojkic, D., Krell, P., Nagy, E.）。哺乳动物腺病毒晚期晚期转录本包含一个三联前导序列，禽腺病毒晚期转录本包含二联体前导序列。

某些病毒（如HAdV-2和HAdV-5）编码两种VA RNA，即VAⅠ和VAⅡ，而其他病毒，包括FAdV-1（CELO病毒）和EDSV，则编码一种VA RNA（Larsson等，1986；Hess等，1997）。哺乳动物腺病毒和EDSV VA RNA向右转录，而FAdV-1 VA RNA向左转录（Hess等，1997）。至今，尚未在其他禽类腺病毒中鉴定出VA RNA基因序列。HAdV、FAdV-1和EDSV编码的VA RNA的长度和位置都不同。HAdV的VA RNA长度约为160个核苷酸，定位在基因组的左端附近，介于52 K和pTP基因之间。另一方面，FAdV-1和EDSV VA RNA的长度分别为100和91个核苷酸，并位于FAdV-1的ORF9和ORF16之间，EDSV的E4 ORF4和ORF7之间，位于病毒基因组的右端（Larsson等，1986；Hess等，1997；Harrach等，2012）。HAdV的VA RNA与FAdV-1和EDSV的核苷酸序列缺乏同源性，但预测的二级结构相似。另一方面，EDSV和FAdV-1的VA RNA具有74%的同源性（Hess等，1997）。HAdV和FAdV-1的VA RNA均可在体外刺激mRNA翻译，而FAdV-1 VA RNA好像效率较低（Larsson等，1986）。

## 10.5.4 装配

基因组复制和结构蛋白表达后，病毒在感染的细胞核内组装。病毒100K蛋白除了参与病毒mRNA转运和翻译外，还协助六邻体蛋白的核定位和折叠，并充当支架以促进六邻体三聚体的组装（Hong等，2005）。五邻体衣壳由五邻体基底和三聚体纤突组成，衣壳在细胞质中组装并易位到核中进行病毒粒子组装。

病毒DNA的衣壳化是按照病毒基因组左端的顺式作用包装序列进行的。这些包装信号是AT富集序列，位于HAdV-5的第200～400位核苷酸，FAdV-1的第250～300位核苷酸，在FAdV-9中可能是第330～400位核苷酸（Barra和Langlois，2008；Corredor和Nagy，2010a；Berk，2013）。基于感染细胞中染色质免疫沉淀试验和突变研究表明，病毒蛋白Ⅳa2、22K和52/55K结合包装信号，可以促进病毒基因组衣壳化进入病毒粒子（Ewing等，2007）。蛋白Ⅲa与52/55K蛋白相互作用，帮助包装过程（Ma和Hearing，2011）。衣壳化之前，病毒DNA与蛋白Ⅶ的前体pⅦ，核心蛋白Ⅴ和μ蛋白的前体结合（Berk，2013）。在包装过程中，pⅦ与Ⅳa2和52/55K相互作用（Zhang和Arcos，2005）。

装配的最后阶段是通过病毒编码的23K蛋白酶裂解蛋白Ⅵ、Ⅶ、Ⅷ、μ和pTP的前体，使非感染性病毒粒子转化为感染性病毒粒子（Weber，2007；Berk，2013）。

## 10.5.5 病毒释放

已知有4个过程可以促进病毒释放并传播到附近的细胞。第一个过程涉及病毒23K蛋白酶切割细胞角蛋白K18的第74位氨基酸。细胞角蛋白K18聚合并形成细丝，帮助维持细胞的完整性。细胞角蛋白K18被23K蛋白酶切割，由于不再有聚合酶作用和形成细丝的能力，所以细胞易于裂解。

病毒在哺乳动物腺病毒中释放的第二个过程涉及病毒编码的E3 11.6 K蛋白，称为腺病毒死亡蛋白（ADP）。ADP的表达依赖于细胞类型，其在促进细胞裂解中的作用尚不十分清楚。感染过表达ADP的HAdV-5的细胞比感染野生型病毒的细胞死亡的速度更快。另一方面，感染了ADP缺失突变病毒的细胞比感染野生型病毒的细胞存活时间更长（Murali等，2014）。ADP在病毒E3启动子的控制下以低水平表达，而在MLP控制下的表达在感染后期增加。在禽腺病毒中尚未鉴定出ADP的同源物。

在哺乳动物腺病毒中病毒释放的第三个过程是病毒E1B 55K和E4 ORF6蛋白与延伸蛋白P/C-Cul-RBX1形成泛素复合物，促进整合素α3的降解。病毒E4 ORF1蛋白与膜相关鸟苷酸激酶蛋白家族的PDZ域成员相互作用。这些蛋白的相互作用使细胞与其基底的附着力降低，并破坏上皮细胞的连接，这似乎有助于病毒传播。

第四个过程涉及感染时释放的游离纤突三聚体破坏上皮细胞的紧密连接，这可能有助于细胞溶解。

## 10.6 对宿主细胞、信号通路和细胞凋亡的影响

通常情况下，禽腺病毒感染易感细胞引起细胞病变（CPE），通常包括形态变化、贴壁能力下降和细胞核增大。在感染的最后阶段，病毒诱导的细胞裂解会导致细胞碎片化。禽腺病毒增加传代细胞系中的糖酵解，从而增加酸的产生（Berk，2013）。

禽腺病毒感染的诊断，部分依赖于核内包涵体引起的细胞核形态学变化。这些包涵体最初是Feulgen染色阴性和嗜酸性，但随着感染的进展而变为Feulgen染色阳性和嗜碱性。除了临床病史和病变外，还可以通过鉴定肝细胞内的内含物来辅助诊断FAdV引起的家禽包涵体肝炎（IBH）。

细胞已经进化出多种机制来抵御包括病毒感染在内的外部攻击。此类防御机制包括激活先天免疫，先天性免疫主要通过促炎基因产物招募免疫细胞〔如自然杀伤细胞（NK细胞）〕到感染部位，诱导获得性免疫应答（T细胞和B细胞）和细胞凋亡。促炎性基因表达和细胞凋亡信号通路的激活可以独立于病毒基因表达，也可以依赖于病毒基因表达。不依赖于病毒基因表达的机制包括病毒吸附过程中对细胞表面的影响，病毒粒子解体过程中的内体破裂以及模式识别受体（PRR，膜结合型的模式识别受体或细胞质中的模式识别受体）对病毒组分的识别。病毒基因表达依赖性机制包括早期基因诱导不规律的细胞周期和刺激抗病毒防御（促炎性细胞因子和细胞凋亡）（Nakajima等，1998；Di Paolo等，2009；Thaci等，2011）。

通过CAR和纤突蛋白之间的相互作用，影响细胞表面，激活磷脂酰肌醇3-羟激酶（PI3K）。PI3K通过尚未被鉴定的效应子激活ERK1/2，JNK，MAPK和NF-κB，导致促炎基因如IL-1α、TNF-α、RANTES、IP-10、MIP-1α和MIP-1β-的上调，并诱导抗病毒先天免疫和细胞凋亡（Di Paolo等，2009；Taci等，2011）。另外，病毒吸附会触发MEK1/2和ERK1/2信号传导，这也会导致NF-κB的激活（图10.5）。病毒诱导的内体破裂可进一步增强IL-1α等促炎基因的表达（Di Paolo等，2009）。识别病毒体成分（蛋白质和核酸）的PRR可以是膜结合的（细胞表面和内体区室），也可以是细胞质的。Toll样受体（TLR）属于膜结合型的PRR。病毒体的内吞和部分分解使病毒DNA暴露于TLR-9，在鸡细胞中不存在TLR-9（Temperley等，2008）。TLR-21是哺乳动物TLR-9的功能同源物（Brownlie等，2009；Keestra等，2010），可以识别禽类腺病毒基因组。在哺乳动物细胞中腺病毒基因组可以被胞质PRR直接识别，例如IFN调节因子的DNA依赖性激活剂（DAI）、IFNγ诱导蛋白16（IFI16）及黑素瘤缺乏因子2（AIM2），或被视黄酸诱导基因Ⅰ（RIG-Ⅰ）、低聚核苷酸受体家族中含吡啶结构域的蛋白3（NLRP3）来间接识别（Cheng等，2007；Thaci等，2011）。DAI、IFI16、RIG-Ⅰ和AIM2激活IFN反应，而NLRP3通过白细胞介素-1（IL-1）和IL-18诱导凋亡（Thaci等，2011）。鸡细胞表达NLRP3（Ye等，2015），但不表达DAI、RIG-Ⅰ、IFI16和AIM2（Santhakumar等，2017）。

通过PRR激活IFN信号依赖于细胞类型。如人骨髓树突状细胞（mDC）和浆细胞样树突状细胞（pDC）分别通过DAI和TLR-9识别细胞质和内体中的病毒核酸（Thaci等，2011）。因此在鸡或其他禽类中，不同的IFN反应也可能依赖于细胞类型。

依靠病毒基因转录激活ⅠFN信号转导的研究主要是在人腺病毒中进行的。如前所述，dsRNA是病毒复制过程中的产物，可整体抑制PKR介导的mRNA翻译。PKR也在鸡细胞中表达（Ko等，2004）。VA RNA除了可以使PKR失活外，还通过与RIG-Ⅰ直接结合来刺激IFN反应，RIG-Ⅰ是一种细胞质的PRR，也可识别dsRNA（Minamitani等，2011）。虽然RIG-Ⅰ在鸡中未表达，但对dsRNA和VA RNA的识别可能是通过鸡细胞中表达其他RIG-Ⅰ样受体的协同作用来介导，例如黑色素瘤分化相关蛋白5（MDA5）遗传与生理实验受体2（LGP2）（Santhakumar等，2017）。

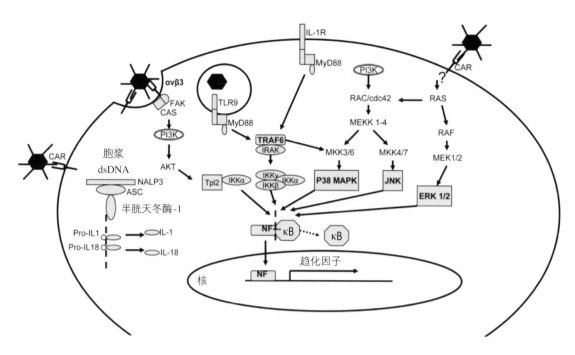

图10.5　腺病毒引起的炎症反应

　　腺病毒感染在病毒吸附（通过细胞表面受体例如CAR）、入侵（哺乳动物TLR-9或鸡TLR-22在内体中识别病毒ds DNA）或NOD样受体（NALP3）识别病毒DNA的过程中引起炎症反应。病毒吸附和入侵激活NF-κB通路表达炎症细胞因子。胞浆中识别病毒DNA产生IL-1和IL-18，IL-1与IL-1R结合激活NF-κB途径。（引自B.Thaci，I.V.Ulasov，D.A.Wainwright，M.S. Lesniak，2011）。

　　E基因在感染早期诱导促凋亡和热休克蛋白基因的表达。如前所述，FAdV-1的Gam-1和ORF22是唯一已知的能诱导细胞周期进程的禽类腺病毒的早期基因，其功能与哺乳动物腺病毒E1A基因相同。Gam-1还能上调热激蛋白hsp40和hsp70，并通过抑制PML类泛素化破坏PML小体（Glotzer等，2000；Colombo等，2002）。Gam-1缺失的突变体FAdV-1具有复制缺陷，但其复制可以通过热激或过表达hsp40来拯救（Glotzer等，2000）。

　　哺乳动物腺病毒E1A 243R能够稳定p53并在感染初期促进p53介导细胞凋亡，这是细胞周期异常的后果（Nakajima等，1998）。尚不清楚Gam-1的促凋亡作用是依赖于p53还是独立于p53。在禽类细胞感染的情况下，还没有确定Gam-1在调节细胞凋亡中的作用。然而，使用原代人皮肤成纤维细胞和传代细胞系的转染测定表明，Gam-1具有促进和对抗凋亡作用，这由其表达水平和细胞类型决定（Chiocca等，1997；Wu等，2007）。例如，转染人293T和HeLa细胞过表达Gam-1会导致细胞周期停滞和半胱天冬酶3依赖性细胞凋亡（Wu等，2007），而中等表达水平的Gam-1则抵消了TNF诱导的人原代成纤维细胞凋亡，在鸡胚成纤维细胞（CEF）以及人293T和A549细胞中中等表达水平的Gam-1诱导E2F介导的细胞周期（Lehrmann和Cotten，1999）。

　　Ⅰ型IFN信号传导是抵抗病毒感染的第一道防线。Ⅰ型IFN和细胞因子的表达在对人腺病毒感染和某些禽腺病毒感染引起的免疫应答中研究较多。FAdV感染导致促炎性细胞因子上调，似乎与组织类型和时间有关（Deng等，2013；Grgić等，2013a、b）。譬如，鸡感染FAdV-4后的第3天（dpi）鸡的肝脏和脾脏中的IFNγ转录上调，而在同一组织中感染后的第10天该细胞因子明显下调（Grgić等，2013a）。在本章的"免疫应答"部分，详细介绍了宿主在抗FAdV感染的免疫应答中细胞因子的表达情况。

　　病毒已经进化出抵抗抗病毒反应和凋亡信号转导的机制。IFN信号在病毒感染后发生不同程度的抵抗作用。例如，哺乳动物腺病毒E1A蛋白，也可能有Gam-1和ORF22蛋白通过直接或间接机制抑制了ISGF3复合物的形成（Anderson和Fennie，1987），这对于IFN刺激基因（ISG）的表达很重要。如前所述，FAdV-1的Gam-1可通过与p120E4F转录因子形成复合物或抑制类泛素化方式使HDAC1失活（Colombo等，2002）。Ⅰ类HDAC，包括HDAC1，在STAT1和/或STAT2依赖性IFN信号介导的ISG表达中是必需的（Chang等，2004）。而HDAC1也可以下调炎症基因的表达（例如IL-12p40，COX-2，IFN-β）（Falkenberg和Johnstone，2014）。如前所述，有抗病毒功能的PML被Gam-1破坏（Colombo等，2002），并被Ⅰ型和Ⅱ型IFN显著上调（Everett和Chelbi-Alix，2007）。因此，这些研究结果表明，FAdV-1的Gam-1通过失活HDAC1和破坏PML，间接调节IFN的信号传导和炎症基因的表达。

腺病毒还通过各种机制抑制细胞凋亡途径。FAdV-1的Gam-1通过人类原代成纤维细胞中NF-κB抑制TNF-α诱导的凋亡，其机制与哺乳动物腺病毒E1B 19K不同（Chiocca等，1997）。如前所述，禽腺病毒E4ORF6样基因例如DAdV-1 E4和禽腺病毒ORF24和ORF14可能会阻断p53诱导的凋亡。

腺病毒感染刺激宿主DNA损伤反应（DDR），这是病毒基因组复制导致的后果。DDR受磷脂酰肌醇3-激酶样蛋白激酶家族的调控，包括共济失调性毛细血管扩张症突变基因编码的蛋白激酶（ATM）和Rad-3相关蛋白激酶（ATR）。DDR导致细胞周期停滞和细胞凋亡。哺乳动物腺病毒E4ORF4蛋白与细胞PP2A协同作用，可减少ATM和ATR的磷酸化，干扰DDR信号传导从而有利于病毒复制（Brestovitsky等，2016）。禽腺病毒抵消DDR信号转导的机制尚不清楚。

已知哺乳动物腺病毒E3蛋白可抵抗宿主的抗病毒反应（Hansen和Bouvier，2009）。哺乳动物腺病毒E3-14.7 kDa抑制NF-κB诱导的炎症基因转录，而病毒E3-10.4 kDa/14.5 kDa蛋白抑制TNF-α和FAS配体信号传导。E3-19K糖蛋白重新靶向内质网的MHC-1分子，以阻止抗原肽递呈（Thaci等，2011）。在禽腺病毒中未发现哺乳动物腺病毒E3-19K基因的同源序列。如同哺乳动物腺病毒E3-19K蛋白（Washietl和Eisenhaber，2003），FAdV-1的ORF9、ORF10和ORF11被预测为具有Ig样结构域的1型跨膜糖蛋白。缺少这些ORF的FAdV-1基因缺失突变毒株在体内增殖速度变慢，与接种野生型病毒的鸡相比，血清转阳明显减少（Le Goff等，2005）。目前尚不清楚FAdV-1的ORF9、ORF10和ORF11的功能是否等同于哺乳动物腺病毒E3蛋白。FAdV-9的ORF1C与牛乳头瘤病毒1型的E5癌蛋白具有36.8%的氨基酸同源性（Ojkic和Nagy，2000），被预测在感染过程中下调MHC-1分子的表达（Corredor和Nagy，2010a）。

## 10.7 基因组结构与组成

腺病毒基因组为线性双股DNA，其大小范围为26 163～48 395 bp，G+C含量为33.6%～66.9%。通常情况下，基因组在5′端与病毒末端蛋白（TP）共价连接，并由反向末端重复序列（ITR，36～371 bp）、早期（E）基因簇和晚期（L）基因转录单元组成。

迄今为止，除了白鲟腺病毒1（WAdV-1）基因组以外，代表每个属成员的完整核苷酸序列都已明确（Harrach等，2011）。基因组序列数据为进一步了解所有腺病毒属之间的基因组成和进化关系提供了依据。

图10.6为各属间的基因组组成示意图。通常情况下，腺病毒基因组中心区域（包含E2和L基因）的基因排列在各腺病毒中是非常保守的。然而，纤突基因位于哺乳动物腺病毒、禽腺病毒、腺胸腺病毒和唾液酸酶腺病毒的右端附近，在鱼腺病毒属中位于基因组的左端区域（Harrach等，2011）。

E基因呈区域性聚集（在哺乳动物腺病毒中为E1至E4），位于负链的中心（E2基因）或基因组的左右两端（E1、E3和E4）。哺乳动物腺病毒E1、E3和E4基因与禽腺病毒、腺胸腺病毒和唾液酸酶腺病毒缺乏核苷酸序列的同源性。

哺乳动物腺病毒属 (人腺病毒 2)

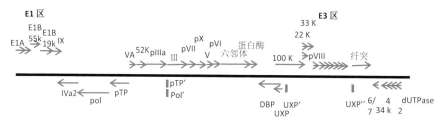

禽腺病毒属 （禽腺病毒 9）

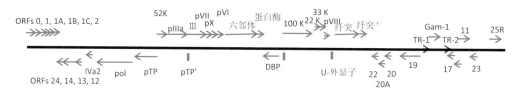

腺胸腺病毒属 （绵羊腺病毒 7）

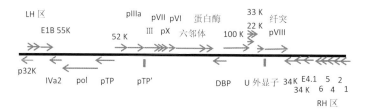

唾液酸酶腺病毒属 （蛙腺病毒1）

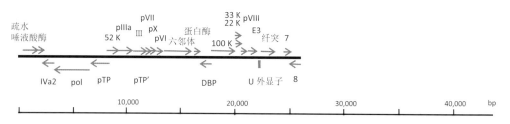

图10.6　腺病毒属之间的基因组组成

（引自 Harrach，B.，Benkö，M.，Both，G.W.，et al.国际病毒分类学委员会第九次报告，2012 年修改。）

　　禽腺病毒基因组左端的早期基因区域，等同于哺乳动物腺病毒中的E1基因座，位于左端ITR和Ⅳa2基因（中间基因）之间。该区域内的开放阅读框（ORF）在禽腺病毒和腺胸腺病毒中有向右和向左的方向，而在唾液酸酶腺病毒中所有ORF都是向右的。一个或多个早期基因簇位于基因组的右端。唾液酸酶腺病毒在pⅧ基因和U外显子基因之间有个E基因簇，这相当于哺乳动物腺病毒E3区。另一方面，腺胸腺病毒和禽腺病毒缺乏这种E3区。最后一个E基因簇（相当于哺乳动物腺病毒E4）位于所有禽腺病毒基因组中纤突基因下游，其基因含量和长度在各成员之间有所不同（表10.2）（Wold和Ison，2013）。

　　无论基因的功能、转录单位和核苷酸序列的同源性如何，病毒基因都分为两类：一类是种属共同基因，另一类是种属特异性基因（Davison等，2003）。种属共同基因（Ⅳa2、E2和L基因）在基因组中通常位于居中的位置，并且在腺病毒科的所有成员中都保守，表明它们拥有共同祖先的腺病毒（Davison等，2003）。E2区由编码病毒DNA聚合酶、pTP和DBP基因组成。Ⅸ基因（仅存在于哺乳动物腺病毒中）和Ⅳa2基因（存在于所有腺病毒中）是DNA复制后不久表达的中间基因（Huang等，2003；Parks，2005）。

Ⅳa2基因在哺乳动物腺病毒中定位于Ⅸ基因的下游，在禽腺病毒中位于ORF12，在腺胸腺病毒中位于E1B 55k，在唾液酸酶腺病毒中位于高疏水蛋白ORF。Ⅳa2在病毒复制过程中扮演着多种角色，包括病毒组装和通过直接结合启动子激活主要晚期启动子进行转录（Huang等，2003；Pardo-Mateos和Young，2004）。L区由以下顺序排列的基因组成（正链从5′至3′）：52k、pⅢa、Ⅲ、pⅩ、pⅥ、Ⅴ（仅存在于哺乳动物腺病毒中）、六邻体、蛋白酶、100k、22k、33k、pⅧ、U外显子（哺乳动物腺病毒中的UXP）和纤突（某些禽腺病毒中有两个纤突基因，请参见"形态和病毒结构"部分）。

种属特异性基因位于基因组的左右两端，通常在感染早期表达（Chiocca等，1996；Ojkic和Nagy，2000；Davison等，2003；Harrach等，2011）。这些基因在属之间缺乏核苷酸序列同源性，主要参与调节宿主免疫应答、细胞周期和细胞凋亡（Davison等，2003）。种属特异性基因的含量和排列方式各不相同（表10.2）。基因含量似乎决定了基因组的大小和组织。例如，禽腺病毒的基因组通常比哺乳动物腺病毒的基因组大10 kb（43～45 kb），其中大部分早期基因位于右端。相比之下，禽腺病毒如EDSV（腺胸腺病毒属）和HEV（唾液酸酶腺病毒属）的基因组较小（分别为33.2 kb和26.3 kb），基因含量也比哺乳动物腺病毒属和禽腺病毒属低（Hess等，1997；Pitcovski等，1998）。

### 10.7.1　禽腺病毒基因组

禽腺病毒属基因组是所有能感染禽类的腺病毒中最大的，大小为43～45 kb。除E2和L基因外，基因组两端大多数基因的功能尚不清楚。诸如FAdV-1、FAdV-8、FAdV-9和FAdV-10的腺病毒基因组在两端均含有非必需区，这使其适合开发重组疫苗或作为基因递呈载体导入禽类和哺乳动物细胞中（Corredor和Nagy，2010b；Johnson等，2003；Francois等，2004；Pei等，2015，2018；Corredor等，2017）。

### 10.7.2　左端区域

通常，禽腺病毒左端区域的基因含量和基因组成是保守的（表10.2）。该区域由两个主要的向右（ORF0、ORF1、ORF1A、ORF1B、ORF1C和ORF2）和向左（ORF24、ORF14、ORF13和ORF12）方向的ORF集群组成（Davison等，2003；Corredor等，2006）。缺失右向ORF的FAdV-9基因缺失突变毒株病毒可在体外复制，但在体内不能复制（Corredor和Nagy，2010a）。这些ORF在FAdV-9基因中的转录已被证实（Cao等，1998；Ojkic等，2002），ORF1编码病毒dUTPase的功能也已经被探究（Deng等，2016，2017）。右向ORF的转录似乎受ORF0上游的一个共同启动子调控。左向ORF的转录如FAdV-1和FAdV-9的ORF13似乎受E2启动子的调控（Payet等，1998；Ojkic等，2002）。E2启动子还可以激活病毒DNA聚合酶、DNA结合蛋白和前末端蛋白的转录（Wold和Ison，2013）。

迄今已测序的所有禽腺病毒中均存在与ORF1、ORF2（细小病毒NS-1样蛋白）、ORF14和ORF12的同源序列（表10.2）。其余ORF的缺失或存在以及ORF在起源和排列上的不同似乎都具有种特异性。例如，ORF0存在于FAdV和TAdV中，而不存在于GoAdV-A（GoAdV-4），PiAdV-A（PiAdV-1）和DAdV-B（DAdV-2）中；ORF1C是牛乳头瘤病毒E5基因的同源序列（Ojkic和Nagy，2000；Corredor等，2006；Marek等，2013），在DAdV-B（DAdV-2）、FAdV-B（FAdV-5）、FAdV-C（FAdV-4和FAdV-10）和PiAdV-A（PiAdV-1）中缺失；FAdV-C（FAdV-4和FAdV-10）中存在4个ORF14同源序列（ORF14、ORF14A、ORF14B和ORF14C）；PiAdV-A（PiAdV-1）和DAdV-B（DAdV-2）中不存在ORF0、ORF1A、ORF1B和ORF1C（Marek等，2014a）；ORF52朝左，位于PiAdV-A（PiAdV-1）的ORF1和ORF2之间，而此同源序列则朝右，位于GoAdV-A（GoAdV-4）的ORF1和ORF1A之间和DAdV-B（DAdV-2）ORF1的上游；ORF51只存在于GoAdV-A（GoAdV-4）中，没有ORF0（表10.2）（Kaján等，2012）。

左端区域包含的基因簇被认为是在进化过程中通过基因复制产生的（Washietl和Eisenhaber，2003；Corredor等，2006；Kaján等，2012）。这些基因簇类似于哺乳动物腺病毒E4ORF6基因（ORF24和ORF14）（Gilson等，2016）和细小病毒NS-1同源物（ORF2、ORF13和ORF12）（Washietl和Eisenhaber，2003）。先前的研究将ORF2、ORF24、ORF14、ORF13和ORF12归入与细小病毒NS-1相关的解旋酶第三家族中（Washietl和Eisenhaber，2003）。这些簇中的ORF似乎是种特异性的。如，FAdV-C的类似于E4ORF6基因包括ORF24、ORF14A、ORF14、ORF14B和ORF14C。在FAdV-B、PiAdV-A和TAdV-B-D中，该ORF簇仅由ORF14A和ORF14组成。在TAdV-5（TAdV-D）中，ORF14A和ORF14似乎是以融合ORF形式出现的（Corredor等，2006；Marek等，2014b）。

## 10.7.3　右端区域

禽腺病毒右端的基因含量和大小各不相同。在相同血清型的病毒株中也能发现ORF序列以及基因间区域核苷酸序列有变化。通常情况下，右端基因组由左向和右向的ORF以及一些包含串联重复序列的基因间区域组成，串联重复序列的重复单元数目不等（Ojkic和Nagy，2000；Corredor等，2008；Griffin和Nagy，2011）。一些ORF（如FAdV-4 ORF19和ORF27）中重复单元的数量和缺失被认为与毒力有关（Liu等，2016；Pan等，2017a）。

在迄今已测序的所有禽腺病毒中都含有左向的ORF22、ORF20A、ORF20和ORF19（表10.2）（Corredor等，2008；Marek等，2014a、b，2016）。如前所述，ORF22与ORF8（Gam-1）协同促进细胞周期（Lehrmann和Cotten，1999）。已经了解，右向ORF8在FAdV-1复制中发挥重要作用（Glotzer等，2000），除DAdV-2和GoAdV-4外，大多数禽腺病毒中都存在ORF8（Kaján等，2012；Marek等，2014a）。在DAdV-2和GoAdV-4中缺失Gam-1，说明这些腺病毒存在其他ORF和促进细胞周期、调节细胞凋亡的机制。

ORF19编码一种脂肪酶，这种酶与禽致病性疱疹病毒具有同源性，这类疱疹病毒包括鸭病毒性肠炎病毒（DEV）、马立克病病毒（MDV）或火鸡疱疹病毒1（MeHV-1）。脂肪酶和跨膜结构域存在于FAdV所有ORF19同源序列中（Corredor等，2008）。大多数禽腺病毒基因组含一个ORF19同源序列，而DAdV-2、GoAdV-4和FAdV-4的基因组中含2个ORF19同源序列（表10.2）：DAdV-2和GoAdV中的ORF19和ORF19B均为左向，FAdV-4中的ORF19和ORF19A分别为左向和右向（Corredor等，2008；Marek等，2014a、b，2016）。

## 10.7.4　腺胸腺病毒基因组

腺胸腺病毒以基因组左右两端有独特基因和高A＋T含量为特征。有趣的是，虽然在哺乳动物腺病毒和禽腺病毒基因组的左端没有发现结构基因，但在腺胸腺病毒基因组的左端有两个结构基因：p32K和LH3。该区域内的非结构基因包括LH1和LH2（Harrach等，2011）。基因组的右端由相互关联的左向基因簇组成：E4 34 K（E4.2和E4.3）和RH同源序列（RH1、RH2、RH4、RH6和RH5）。在腺胸腺病毒属的成员之间，RH同源基因下游ORF含量不同。例如，DAdV-1有7个未被鉴定的ORFs和VA RNA区域（Harrach等，2011）。序列分析表明，在鸡胚肝细胞中复制不良和复制良好的DAdV-1毒株在Ⅳ a2蛋白、DNA聚合酶、内肽酶和DNA结合蛋白存在氨基酸差异。这种差异提示，氨基酸序列的差异可能是病毒嗜性或毒力的潜在决定因素（Kang等，2017）。

## 10.7.5　唾液酸酶腺病毒基因组

迄今为止，唾液酸酶腺病毒基因组在所有腺病毒基因组中是最短的（26 kb），G＋C含量为34.9%～

38.5%，ITRs为29～39 bp。基因组左端ORF编码推测的唾液酸酶和高度疏水性蛋白是唾液酸酶腺病毒属所特有的。位于pⅧ和纤突基因之间的区域称为E3，与哺乳动物腺病毒E3区域没有序列同源性。ORF7和ORF8是位于纤突基因下游的独特的ORF。对12个TAdV-3分离株的DNA序列分析表明，ORF1 E3区和纤突基因（旋钮结构域）是毒力因子（Beach等，2009a）。

## 10.8 系统发育与进化关系

每个属由多个种群组成，基于系统发育距离［>（5%～15%），基于DNA聚合酶氨基酸序列］、基因组组成、交叉中和、RFLP图谱、血细胞凝集和宿主范围等因素，每个种群包括一个或多个血清型（Harrach等，2011）。根据整个病毒基因组的核苷酸序列和六邻体L1基因域分析，禽腺病毒属成员分为两个主要簇群：第一个簇群包括DAdV-B和GoAdV-A，感染雁形目鸟类；而第二个簇群包括FAdV、TAdV和PiAdV-A，感染鸡形目（火鸡和鸡）和鸽子（Marek等，2010a，2016）。第二个簇群由6个亚群组成，FAdV-A和TAdV-D、FAdV-C、PiAdV-A和TAdVB、FAdV-B和TAdV-C、FAdV-D和FAdV-E（Marek等，2016）。核苷酸序列分析表明，亚群的代表种病毒株的FAdV-D和FAdV-E、FAdV-A和TAdV-D、FAdV-B和TAdV-C之间的基因组组成相似（图10.7）（Marek等，2014b）。据研究发现，这些群中存在着种间和种内核苷酸序列的变化。如FAdV-D和FAdV-E的成员具有相同的基因组组成，核苷酸序列同源性为71.2%～75.4%。种内核苷酸序列同源性的变异范围，FAdV-D毒株中为89.4%～97.1%，FAdV-E毒株中为92.7%～97.1%（Marek等，2016）。

腺病毒被认为可以与宿主共同进化。病毒基因组核苷酸序列的差异、多种宿主的改变和病毒血清型间的重组似乎驱动了腺病毒的进化（Harrach等，2011；Wold和Ison，2013）。而腺病毒基因组中具有其他病毒的基因（如细小病毒NS-1）或脊椎动物宿主的细胞基因（例如dUTPase），这表明在进化过程中发生了基因捕获事件（Davison等，2003）。此外，认为同源ORF集群的存在是由复制引起的（Washietl和Eisenhaber，2003）。禽腺病毒基因组中的此类集群包括类似于E4ORF6的基因（ORF24和ORF14），细小病毒NS-1同源序列（ORF2、ORF13和ORF12），推测的具有免疫球蛋白域的1型跨膜糖蛋白（ORF9、ORF10、ORF11）和ORF19（Washietl和Eisenhaber，2003；Corredor等，2006，2008；Gilson等，2016），或腺胸腺病毒中的E4 34 K和HR同源序列（Harrach等，2011）。类似于FAdV，旁系同源簇中的ORF含量似乎会影响基因组的大小和基因含量。复制的程度和基因含量似乎有助于增加某些禽腺病毒的基因组大小。例如，FAdV-1左端区域的大小比大多数禽腺病毒小。虽然FAdV-1中存在一个E4ORF6样基因（ORF14），但5个ORF14同源物加上ORF24似乎有助于FAdV-C种成员左端区域的增大（Corredor等，2006；Marek等，2014b）。基因组大小似乎也取决于基因组右端串联重复序列。如FAdV-2和FAdV-9都在FAdV-D种内，它们重复单元的数量明显不同，右端区域的大小也不同（Corredor等，2008）。

对哺乳动物腺病毒和禽腺病毒之间基因功能的研究表明，在进化过程中，病毒基因在病毒基因组内交换位置，或从宿主基因分离捕获基因（Ojkic和Nagy，2000；Davison等，2003；Harrach等，2011）。例如，推测的dUTPase（E4 ORF1）和E4ORF6位于哺乳动物腺病毒基因组右端的E4区域内（Weiss等，1997），而它们在禽腺病毒中的同源序列（分别为ORF1、ORF24和ORF14）位于左端区域（Chiocca等，1996；Ojkic和Nagy，2000）。FAdV-9 ORF1具有功能性dUTPase活性（Deng等，2016），而腺病毒E4ORF1则缺乏该功能（Weiss等，1997）。同样，位于禽腺病毒基因组右端的Gam-1（ORF8）和ORF22与位于左端的哺乳动物腺病毒的E1基因在功能上是等同的（Lehrmann和Cotten，1999）。

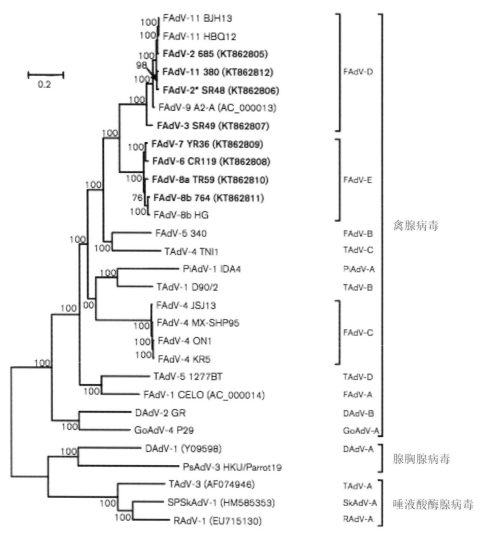

图10.7 系统发育树

（引自 Marek，A.，Kajan，G.L.，Kosiol，C.，Benko，M.，Schachner，A.，Hess，M.禽腺病毒 D 和禽腺病毒 E 种的遗传多样性．J. Gen. Virol. 2016；97；2323-2332.已获许可。）

唾液酸酶腺病毒的起源仍然未知，但它们后来似乎适应了禽类。一般认为腺胸腺病毒起源于鳞翅目爬行动物（有鳞目），并在相对较晚的时候转换为禽类宿主（Farkas等，2008）。

## 10.9 发病机制

### 10.9.1 宿主范围

禽腺病毒在家禽中无处不在，并已从鸡、珍珠鸡、火鸡、野鸡、鸽子、虎皮鹦鹉、鹅和鸭中检出并分离到（McFerran和Smyth，2000；Hess，2013）。肉鸡最容易受FAdV感染，尽管也有蛋鸡暴发的报道（Shah等，2017）。FAdV引起的疾病主要发生在 2～4 周龄的肉鸡中。据加拿大报道鸡感染禽腺病毒发病的中位日龄为 21 日龄（Ojkic等，2008a）。也有报告更小和更大周龄的病例（McFerran和Smyth，2000）。中国FAdV-4强毒分离株可导致鸭子高死亡率（Pan等，2017b，c）。针对不同日龄的鸡采用不同的FAdV接种途径已进行了试验研究（Schachner等，2018）。

从表现出包涵体肝炎和心包积液综合征的雏鹅中分离到的病毒不同于FAdV，在禽腺病毒属中形成一个新的种，鹅腺病毒A（Ivanics等，2010；Kaján等，2012）。

鸽子可以被禽腺病毒感染，据报道有不同的鸽腺病毒，并分别命名为鸽腺病毒1型（PiAdV-1）和鸽腺病毒2型（PiAdV-2）（Marek等，2014a；Teske等，2017；Vereecken等，1998）。PiAdV-1引起PiAdV-2型腺病毒病，所有年龄段的鸽子都可发病，其特征是肝坏死（Vereecken等，1998）。20世纪70年代，人们描述了幼鸽中的1型腺病毒病（McFerran等，1976），一种新出现疾病即幼鸽疾病综合征（YPDS），与1型腺病毒病相似。YPDS的病原是PiAdV-2（Teske等，2017）。

产蛋下降综合征病毒最初是从鸡身上分离到的，后来证明EDSV的天然宿主是家养和野生的鸭鹅。此外，也感染黑鸭、鹪鹩、鲱鸥、白鹭、猫头鹰、鹳、天鹅和鹌鹑等（Smyth，2013）。EDSV感染鸭和鸡均可引起粗糙、薄壳的蛋并降低产蛋量（Gough等，1982；Bartha，1984）。鹅和雏鹅可通过实验感染EDSV，但不会引起产蛋量下降，仅观察到很少的临床症状（Zsák等，1982）。据报道引起雏鹅暴发严重呼吸道疾病的病原被鉴定为EDSV（Ivanics等，2001）。所有年龄的鸡都容易受到感染，而且各品种的鸡都可以被感染。鹌鹑感染EDSV后也表现出典型的临床特征（Das和Pradhan，1992）。

HEV的天然宿主是火鸡（Dhama等，2017；Pierson和Fitzgerald，2013）。该病通常在6～11周龄时出现，此时母源抗体下降（Fadly和Nazerian，1989）。环颈野雉也可以被HEV感染（Domermuth等，1979）。大理石脾病病毒（MSDV）与HEV血清学上一致（Domermuth等，1975），但在基因组水平上存在一些细微差异（Jucker等，1996；Pitcovski等，1998；Davison和Harrach，2011）。禽腺病毒脾肿大病（AAS）是一种轻度疾病，是肉鸡养殖者已知的疾病，而致病病毒（AASV）在血清学上与HEV难以区分（Domermuth等，1975，1979，1980，1982）。目前没有关于这些病毒基因相关性的报道。此外，HEV也可以感染不同目的鸟类（Pierson和Fitzgerald，2013）。

## 10.9.2　入侵、扩散和组织嗜性

禽腺病毒可以水平和垂直传播。垂直传播、集约化育种和行业规范有关联，有可能促使21世纪初的IBH和HPS在世界范围内暴发（Saifuddin等，1991；Toro等，2001；Grgić等，2006）。FAdV也可能存在于精液中，这是人工授精时需要考虑的。感染可以在鸡群中至少潜伏一代（Fadly等，1980）。由于该病毒存在于所有排泄物中，包括粪便、气管和鼻黏膜，因此水平传播也很重要。粪便中的病毒滴度可能高达$4 \times 10^3$ PFU/mL（Deng等，2013）。污染的垫料和工作人员可能在病毒传播中起作用。感染的自然途径主要是通过口腔接触受污染的粪便（Hess，2013）。在实验条件下，鸡可经皮下、肌肉、腹膜内和眼部途径接种感染。接种途径结合鸡的日龄（和病毒剂量），引起不同的病理变化（Erny等，1991；Mazaheri等，1998）。病毒初次复制后发生病毒血症，感染后24h内可在血液中检测到，并被传播到不同的器官，如法氏囊、食道、气管、脾、前列腺、骨髓、胸腺和肾脏；主要靶器官是胰腺和肝脏（Saifuddin和Wilks，1991；Ster等，2015）。病毒纤突蛋白参与细胞受体的结合和决定组织嗜性（Marek等，2012；Grgić等，2014）。以实验进行口腔感染FAdV-8后，在肝脏和盲肠扁桃体中可以检测到高拷贝数量的基因组，并在接种后5～7d达到峰值（Grgić等，2011）。由于病毒在盲肠扁桃体中持续存在，因此可通过粪便长期排毒（Cook，1983；Jones和Georgiou，1984；Grgić等，2011；Oliver-Ferrando等，2017）。禽腺病毒非常稳定，耐高温，可以在环境中持续存活数天（Monreal，1992；McCracken和Adair，1993）。

经典型EDS的主要传染源是病毒从种鸡通过胚胎卵垂直传播（McFerran等，1978）。水平传播发生在卵内感染的小鸡成长至产蛋期排出被重新激活的病毒。该病呈地方流行的方式，与受污染的蛋盘、蛋包装站有关（Smyth和Adair，1988；Kumar等，1992）。EDSV通过家禽或野鸭、鹅和野禽受感染的粪便传播给母鸡

时，就会零散暴发，这些零散暴发可能导致地方性感染（Gulka等，1984；Smyth，2013）。病毒在鼻黏膜开始复制，通过病毒血症将病毒传播到淋巴组织，如脾和胸腺（Smyth等，1988）。其主要靶器官为输卵管，感染后7～20d，主要在囊壳腺中复制（Yamaguchi等，1981）。粪便中的病毒可能是输卵管污染的结果（Smyth等，1988）。

出血性肠炎病毒（HEV）主要通过污染的粪便或垫料传播给易感禽类；这种病毒可以在环境中长期存在（Gross，1967；Itakura等，1974；Pierson和Fitzgerald，2013）。康复后，禽类仍然受到病毒的持续感染，并且成为潜在的感染源（Beach等，2009b），但没有HEV病毒垂直传播的报道。病毒在肠道B淋巴细胞中初步复制后，通过病毒血症转移至脾脏和法氏囊，这是复制的主要部位，其中，B淋巴细胞是主要靶标。感染后2～7d，HEV就可大量存在于法氏囊和肠道，在脾脏中病毒滴度最高，同时，巨噬细胞也会被感染。HEV的免疫发病机制有不同的假说（Fadly和Nazerian，1982；Ossa等，1983；Hussain等，1993；Saunders等，1993；Suresh和Sharma，1995，1996；Rautenschlein等，2000；Rautenschlein和Sharma，2000）。

### 10.9.3 毒力

禽腺病毒可以是致病性和非致病性的，换句话说，可以引起疾病，也可以不引起疾病。尽管目前已经证实FAdV是主要病原，但是有许多因素可能会影响感染的严重程度和疾病结果。鸡的年龄和品种、母源抗体和其他因子的存在，特别是免疫抑制病毒、管理和环境问题等都需要考虑。

尽管做了研究并试图确定决定FAdV毒力的因素和标志，但到目前为止，尚未有明确的数据发表。在较早的研究中（Pallister等，1996）得出结论，FAdV-8的毒力仅与纤突蛋白有关。最近，Grgić等（2014年）比较了在加拿大安大略省分离的FAdV-8和FAdV-11的IBH和非IBH毒株的纤突基因序列，但无法鉴定毒力标记。此外，对1株致病性和1株非致病性FAdV-11分离株的全基因组序列分析仅标出了几个候选的与致病性相关的分子决定簇（Slaine等，2016）。在FAdV-4 KR5毒株的纤突2基因上检测到基因替代现象：在219位，G（甘氨酸）替代了D（天冬氨酸）；在380位，A（丙氨酸）替代了T（苏氨酸）（Marek等，2012），这些替代在早期对日本和巴基斯坦HHS分离株的分析中即已得到鉴定（Mase等，2010）。纤突基因的系统遗传分析表明，来自中国、南美和墨西哥的HS诱导毒株归为一类（Liu等，2016）。相对于非致病性FAdV-4病毒（KR-5和ON1）基因组，右端区域包括串联重复序列（TR-E）和一些ORF（ORF19、ORF27、ORF29）缺失被认为与毒力相关（Zhao等，2015；Liu等，2016；Vera-Hernández等，2016；Pan等，2017c）。感染性克隆的遗传操作将明确鉴定出毒力标记。通过对纤突基因进行RFLP分析，将区分在日本引起肌胃糜烂的FAdV-1分离株与非致病性毒株（Okuda等，2006），但该方法无法区分欧洲分离株（Marek等，2010b；Grafl等，2013）。

目前还不知道EDSV的毒力标志。不过已经发现有几个氨基酸可作为候选标志，这些氨基酸可以改变鸭源病毒的嗜性使其感染产蛋鸡，引起不同的致病机制（Kang等，2017）。

某些基因，如HEV分离株的ORF1、E3和纤突基因，这些基因的序列差异表明其可能在决定病毒毒力中发挥作用（Beach等，2009a）。

## 10.10 临床症状

禽腺病毒无处不在，可以很容易地从少有或几乎没有临床症状的禽类中分离出来。关于FAdV诱发疾病的临床病理学，有许多很好的综述文章和图书可供参考（McFerran和Smyth，2000；Hess，2013；

Schachner等，2018）。临床症状与致病性病毒感染相关，取决于这些病毒引起的疾病（Hess，2013）。包涵体性肝炎主要见于3～7周龄的肉鸡中，也报道有不到7日龄的肉鸡发病（Pilkington等，1997）。通常情况下，会表现为突然的发病和死亡率急剧上升，死亡率最高达30%，在感染后4～5d达到死亡峰值。该病潜伏期通常为1～2d。临床表现为羽毛粗乱、虚弱、沮丧和蜷曲的姿势（Howell等，1970；McFerran等，1976；Philippe等，2005）。最近研究显示，宿主的遗传背景对实验感染IBH的临床结果有重要的影响（Matos等，2016a）。此外，也证实有其他临床症状，例如低血糖，这是由于肝炎和胰腺炎引起的代谢紊乱造成的（Goodwin等，1993；Venne和Chorfi，2012；Matos等，2016b）。HPS（或HHPS）的临床症状与IBH相似，但死亡率更高，症状更明显（Asthana等，2013；Vera-Hernández等，2016）。超强毒力的中国FAdV-4分离株感染可导致30%～80%的死亡率，在实验感染的鸡死亡率可达100%（Zhao等，2015；Li等，2016；Liu等，2016；Niu等，2016）。鸭源FAdV-4分离株实验接种35日龄SPF鸡可造成10%的死亡率，但对同龄鸭不引起死亡也无临床症状。因此，作者得出的结论是，鸭子可能是禽腺病毒（尤其是FAdV-4）的天然宿主（Pan等，2017b，c）。腺病毒肌胃糜烂（AGE）尚无明显的临床症状。虽然蛋鸡也会受到影响，但主要是肉鸡受到感染后造成生长缓慢、高死亡率等导致经济损失。（Ono等，2003，2007；Grafl等，2012；Lim等，2012；Totsuka等，2015；Matczuk等，2017）。有趣的是，有关AGE的报道通常来自欧洲和亚洲。

EDS特征性临床症状是产薄壳、软壳或无壳蛋（McFerran等，1978；Yamaguchi等，1981；Smyth，2013）。在典型的4～10周暴发期间，产蛋量下降约40%，但随后恢复正常。研究发现，蛋白的质量变化与感染时家禽的年龄有关（van Eck等，1976；Cook和Darbyshire，1981）。用鸭源EDSV对鸡进行实验感染可以得到不同的结果（Villegas等，1979；Brugh等，1984；Bartha和Mészáros，1985）。最近的一项研究结果表明，鸭源EDSV具有不同的致病性，这可能归因于关键氨基酸（Kang等，2017）。

在短暂的潜伏期后，通常在6～11周龄的火鸡中发现HEV感染的临床症状，并且发展迅速（Pierson和Fitzgerald，2013）。临床症状表现为精神沉郁，血便和泄殖腔周围带血，自然感染病例的死亡率为10%～15%，而在实验感染禽的死亡率高达80%（Domermuth和Gross，1984）。疾病的急性期过后会出现免疫抑制，可导致继发感染（Giovanardi等，2014）。

## 10.11 病理变化

剖检时，肝脏特征性外观表现为肿胀、易碎、淡黄白色伴有出血，提示为IBH（图10.8）（Winterfield等，1973；Philippe等，2005；Hess，2013；Schachner等，2018）。腹壁和肌肉以及肿胀的肾脏也可见到出血变化（Howell等，1970）。肌胃和脾可见充血（Saifuddin和Wilks，1991）。组织学检查可见坏死性肝炎，肝细胞有包涵体是该疾病的标志（Grimes等，1977；Itakura等，1977；Shivaprasad等，2001）（图10.9）。这些包涵体可以是嗜酸性或嗜碱性的，通常大而圆。病毒颗粒只能从嗜碱性包涵体中获得（Itakura等，1974，1977；Ojkic等，2008a）。据报道，还有其他病变如法氏囊和胸腺萎缩，骨髓再生障碍和脾脏淋巴细胞缺失（Macpherson等，1974；Steer等，2015；Matos等，2016a）。Steer等的研究（2015）表明，临床症状的严重程度和器官病变程度存在相关性。HPS的大体病变和组织病理学病变与IBH相似，具有心包积液的病理学特征，如心包内积液（Khawaja等，1988；Toro等，1999；Dahiya等，2002；Kim等，2008；Zhao等，2015）。肉眼可见的肌胃糜烂是角质层的糜烂，且伴有黏膜下层的炎症和糜烂（Abe等，2001；Ono等，2004；Gjevre等，2013；Schade等，2013；Matczuk等，2017）。

自然暴发的EDS大体病变是输卵管萎缩和卵巢失去活性，还可出现轻度脾肿大，腹腔中出现各个发育阶段的卵子。在实验感染的鸡中，可观察到子宫褶皱水肿和囊壳腺体的渗出液（Smyth，2013）。Smyth在

图 10.8　鸡患有包涵体肝炎（IBH）的肝脏
（由圭尔夫大学动物健康实验室 Marina Brash 博士提供）

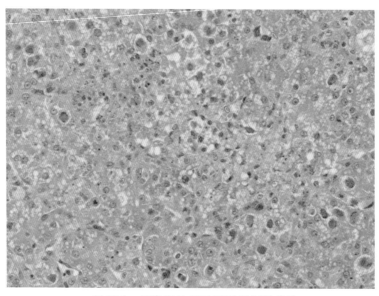

图 10.9　显微照片显示病理组织学变化

急性肝坏死病灶，伴有大量异嗜性细胞炎性浸润和经典的大细胞核内的嗜碱性病毒包涵体，这是包涵体肝炎（IBH）的特征性病变。H & E，400×0（由圭尔夫大学动物健康实验室 Marina Brash 博士提供）。

《家禽疾病》（2013）的相关章节中细致地描述了显微镜下观察到的病变。

在感染 HEV 死亡的禽类中，肉眼可见小肠肿胀，并且肠道内容物与血液混合。肠黏膜充血。脾脏肿大易碎且呈斑驳样。据报道，不同组织出现瘀血点。肝脏肿大，肺部偶尔充血（Carlson 等，1974；Saif，1998；Pierson 和 Fitzgerald，2013；Dhama 等，2017）。微观病变以肠道和免疫系统中病变最明显。在脾脏中可见白髓增生和淋巴组织坏死。还可以观察到淋巴网状细胞中的 Cowdry-B 型核内包涵体（Saunders 等，1993；Suresh 和 Sharma，1996）。据研究报道，法氏囊和胸腺的淋巴组织坏死（Hussain 等，1993；Suresh 和 Sharma，1995）。肠道的典型病变包括黏膜充血、绒毛尖端出血和坏死。此外，在多种器官中可以观察到包涵体的存在（Itakura 和 Carlson，1975；Meteyer 等，1992；Trampel 等，1992）。

## 10.12 免疫应答

### 10.12.1 先天性免疫

对禽腺病毒感染诱发先天免疫应答的研究很有限。通常Ⅰ型干扰素和促炎性细胞因子在感染时会迅速表达，从而限制病毒复制并刺激获得性免疫。

感染FAdV-4、FAdV-8和FAdV-9（也可能是所有禽腺病毒）均可上调组织中Ⅰ型和Ⅱ型IFN（分别上调IFN-α和IFN-γ）的表达，这些组织包括肝脏、盲肠扁桃体、脾脏和法氏囊，而其他细胞因子（IL-10，IL-8和IL-18）的表达似乎是组织依赖性的（Deng等，2013；Grgić等，2013a，b）。IFN-γ是机体对包括病毒在内的病原产生的先天性和适应性免疫的重要细胞因子。这种细胞因子是由NK细胞和自然杀伤T细胞（NKT）以及活化的CD4 Th1和CD8 T细胞产生的（Schoenborn和Wilson，2007）。IL-10对适应性免疫系统的细胞既具有免疫抑制又具有免疫促进作用（de Waal Malefyt，1991）。活化的巨噬细胞表达IL-8并招募中性粒细胞到感染部位（Modi等，1990）。IL-18也是由巨噬细胞产生的，该细胞因子刺激NK细胞和某些T细胞释放IFN-γ（Biet等，2002）。

感染FAdV-4（ON1分离株）后，肝脏中IFN-γ和IL-10的转录水平在感染后第3天明显升高，而IL-8和IL-18的水平保持不变。感染FAdV-4的家禽脾脏中IFN-γ和IL-18 mRNA水平在感染后第10天显著降低，而在盲肠扁桃体中的水平几乎保持不变（Grgić等，2013a）。

FAdV-8感染后第3天，脾脏中IFN-γ和IL-10的转录分别上调和下调。脾脏中的IL-18表达在感染后第1天上调，在第7天下调。IL-8表达似乎保持不变直到第7天，此后该细胞因子的表达显著下调直到第10天。在盲肠扁桃体中，IFN-γ、IL-18和IL-10 mRNA的水平在感染后第1天升高，但它们的水平与未感染禽类的水平差异不显著。IL-8表达似乎被下调，但其水平似乎与对照水平没有显著差异。在肝脏中，IFN-γ在感染后第3、5和7天显著上调。还发现，感染鸡的IL-10在感染后的第1、3和5天均上调表达。IL-8和IL-18的表达水平在感染后的第3天显著增加，而IL-8在感染后第5、7和10天似乎下降（Grgić等，2013b）。

感染FAdV-9鸡的肝脏中IFN-α、IFN-γ和IL-12 mRNA上调表达。在感染后第3、5和7天能检测到IFN-α，到感染后第14天下降，而在感染后第3和5天能检测到IFN-γ mRNA，并且在感染后第14天仍保持很高的表达水平。据发现，IL-12在感染后第3、5、7和14天表达上调。IL-10 mRNA水平在感染后第5天降低，但在该时间点后可与对照组达到几乎相同的水平。在脾脏中，IFN-α mRNA在感染后第7天上调，而IFN-γ mRNA水平在感染后第5和7天显著增加。IL-12 mRNA在感染后第3、5和7天增加，而在第14天表达下降。在感染后第5、7和14天，除IL-10外，这些细胞因子的表达水平在感染鸡的法氏囊中显著升高。另一方面，IL-10 mRNA水平在感染后一直到第14天保持不变，但超过此期间其表达水平显著下降（Deng等，2013）。

FAdV或其他禽腺病毒激活细胞因子表达的机制尚不清楚。最近研究表明FAdV-9脱氧尿苷磷酸激酶（dUTPase）在诱导Ⅰ型和Ⅱ型干扰素（IFN）、细胞因子（IL-8和IL-10）和抗体反应中发挥作用（Deng等，2016，2017）。由病毒dUTPase酶决定的细胞因子表达似乎也依赖于组织和细胞类型。例如，在感染野生型FAdV-9鸡的脾脏中，IFN-α和IFN-γ明显上调，而在感染dUTPase阴性突变毒株鸡的脾脏中，这些细胞因子的表达水平明显降低。感染了野生型和dUTPase阴性突变病毒的禽类肝脏中，Ⅰ型IFN（IFN-α和IFN-β）和IL-10分别显著上调和下调。除了IFN-β在感染野生型病毒后上调表达外，盲肠扁桃体中细胞因子表达似乎没有显著变化（Deng等，2017）。

像HEV一样，病毒感染引起的细胞因子表达可能与病毒诱导的发病机制有关。HEV可诱导Ⅰ型和Ⅱ型IFN以及促炎性细胞因子，如IL-6和TNF-α。IFN在对抗HE中起保护作用，而诱导高水平的TNF-α则与严重的肠道损伤有关。由HEV感染诱发的"细胞因子风暴"可能导致全身性休克、多器官功能衰竭和死亡（Rautenschlein和Sharma，2000）。

## 10.12.2　体液免疫应答

通常情况下，禽在感染禽腺病毒后会产生特异性中和抗体，这种抗体在感染后1周即可检测到，抗体水平在感染后3周后达到峰值。排毒通常与中和抗体的缺乏有关，但在有抗体的情况下感染鸡仍然可以排毒（Smyth，2013）。母源抗体通常在孵出2～4周的雏鸡中检测到。

研究表明，不同品种鸡排毒和抗体产生也有所不同。白来航鸡对FAdV-9产生的抗体反应似乎比芦花鸡更强（Ojkic和Nagy，2003；Corredor和Nagy，2010a，2011；Deng等，2013）。用ESDV感染SPF罗德岛红小母鸡和非SPF ISA棕色小母鸡也得到类似的研究结果（Smyth等，1988）。这些观察似乎与最近的研究相关，该研究表明宿主的遗传背景与病毒诱导的发病机制存在关联。用欧洲分离的野毒株属于FAdV-E（FAdV-7、FAdV-8a和FAdV-8b）和FAdV-D（FAdV-2和FAdV-11），这些毒株是在之前暴发IBH疫情中发现的，感染SPF肉鸡（Schachner等，2016），分别引起100%和96%的死亡率（Matos等，2016a）。相比之下，以相同的FAdV-E和FAdV-D分离株感染SPF产蛋鸡，死亡率分别为20%和8%（Matos等，2016a）。

尽管禽腺病毒（如HEV和FAdV-1、FAdV-4和FAdV-8）具有诱导产生中和抗体的能力，但它们已进化出免疫规避机制，在抗体免疫应答中产生负面作用（请参阅"免疫规避的机制：潜伏感染和持续性感染和免疫抑制"部分）。

## 10.12.3　细胞免疫应答

细胞介导的抗禽腺病毒免疫似乎在病毒清除中起重要作用（Umesh Kumar等，1989；Rautenschlein和Sharma，2000；Schonewille等，2010）。事实上，使用减毒FAdV-4活疫苗接种，可以在没有中和抗体的情况下保护SPF鸡抵抗FAdV-4引起的HPS（Schonewille等，2010）。

无论是感染FAdV-1还是感染EDSV的鸡最早在感染后第1周，T淋巴细胞总数显著增加，并持续到感染后第5周（Umesh Kumar等，1989；Lal等，1991）。详细的研究表明，T细胞群数量的波动取决于病毒的血清型和组织类型。例如FAdV-8感染的SPF鸡，在感染后第25天胸腺中CD3$^+$、CD4$^+$和CD8$^+$T淋巴细胞增多。在脾脏，CD3$^+$和CD4$^+$T细胞亚群数量增加，而在感染后第30天CD8$^+$和γδ$^+$T淋巴细胞亚群减少。外周血γδ$^+$T细胞数量减少，而CD3$^+$、CD4$^+$和CD8$^+$细胞数量增加（Wang等，2012）。

感染FAdV-4分离毒株（AG234）可导致脾脏CD3$^+$、CD4$^+$和CD8$^+$T细胞减少。同时也伴随着胸腺中CD4$^+$和CD8$^+$T淋巴细胞以及脾脏中CD3$^+$细胞数量减少（Schonewille等，2008）。

HEV感染使脾脏IgM$^+$B细胞减少，CD4$^+$T细胞增多，从而导致CD4$^+$T细胞：CD8$^+$T细胞的比率发生改变。在感染后16d观察到CD8$^+$T细胞增加，这似乎与病毒的清除有关。研究表明，用环孢素A（CsA）治疗火鸡可选择性地破坏T细胞有丝分裂，并保护火鸡不受HEV引起的肠道出血影响，提示T细胞在HE发挥作用（Suresh和Sharma，1995）。

## 10.12.4　免疫规避的机制：潜伏感染、持续性感染和免疫抑制

某些禽腺病毒不具有致病性，另一些则与家禽养殖有重要经济意义的疾病有关。病毒为了成功复制必须克服宿主防御屏障，包括抗菌肽（防御素）、呼吸道和胃肠道的先天免疫等。如上一节所述，（请参阅"对宿主细胞的影响，信号通路和细胞凋亡"）腺病毒通过多种机制调节和规避宿主的免疫应答，这些机制主要由早期病毒基因介导。免疫规避可能导致潜伏感染或持续性感染，这在家禽甚至SPF鸡中较常见（Girshick等，1980；McFerran和Smyth，2000）。在卵内感染期间可能检测不到抗体，可能是潜伏感染的原因（Smyth，2013）。

研究病毒建立潜伏感染和持续性感染的机制主要是在哺乳动物腺病毒中进行的。哺乳动物腺病毒E3蛋白调控宿主的免疫应答，这种调控作用与病毒潜伏感染和持续性感染有关。此类感染是由于病毒和细胞基因差异表达造成的，与细胞类型有关，即呈细胞依赖性（Murali等，2014；Ornelles等，2016）。

如上所述，IFN信号传导促使建立抗病毒状态。然而，最近对HAdV-5的研究表明，Ⅰ型和Ⅱ型IFN在抑制裂解周期和促进建立潜伏感染的方面发挥作用。以IFN建立的潜伏期似乎是在特异的细胞类型抑制E1A基因转录的结果。已经发现，IFN通过肿瘤抑制因子pRb和p107增加对E1A基因的抑制，可能是通过在感染早期与GABP α/β竞争性结合E1A增强子。去除IFN会导致E1A基因的表达和裂解周期的重新激活（Zheng等，2016）。IFN在禽腺病毒建立持续性感染和潜伏感染中的作用尚不清楚。

人们认为，从潜伏期重新激活禽腺病毒是在母源抗体减弱或在应激条件下发生的，例如在开始产蛋时发生（Girshick等，1980；Philippe等，2007）。感染几周后或在禽类整个生命周期中，即便存在中和抗体的情况下，都可能在粪便中持续排毒（McFerran和Smyth，2000）。据观察，接种无毒力毒株产生的持续感染可用于免疫，例如HEV的弗吉尼亚无毒力毒株（VAS）。结果表明，VAS持续感染可以调节对HEV的免疫应答，并可在接种后提供20周以上的保护（Beach等，2009b）。

病毒感染造成法氏囊、胸腺和脾脏淋巴细胞减少引起免疫抑制，该现象与强毒FAdV（血清型FAdV-1、FAdV-4和FAdV-8）和HEV对淋巴组织感染偏好引起T、B淋巴细胞数量下降有关（Saifuddin和Wilks，1992；Naeem等，1995；Singh等，2006；Asthana等，2013）。

HEV感染会导致严重的脾脏病变，并伴有淋巴组织坏死和白髓大量分解。这些T细胞和B细胞失衡导致IgM抗体产生显著减少（Saifuddin和Wilks，1992；Suresh和Sharma，1995；Singh等，2006；Schonewille等，2008），并导致继发感染和引起疾病。如上所述，由于HEV感染，相对于CD4$^+$T细胞而言，CD8$^+$T细胞增加被认为在HE中起重要作用（Suresh和Sharma，1995）。已经发现，无论是自然还是实验感染，HEV感染使禽类更容易发生肠致病性大肠杆菌感染以及梭菌性皮炎。HEV感染还会导致新城疫疫苗等其他疫苗免疫后抗体水平低，（Dhama等，2017）。还有报道称，通过检测绵羊红细胞抗体和流产布鲁氏菌抗体水平，发现FAdV感染对体液免疫应答有抑制作用（Saifuddin和Wilks，1992；Singh等，2006）。

## 10.13 流行病学

禽腺病毒存在于商品禽（如鸡、火鸡、鸭、鹅、鹌鹑、鸵鸟等）和野生鸟类中，呈世界分布。一些病毒毒株引起轻度疾病或不引起疾病，而致病毒株则与造成重要经济损失的疾病有关。这些疾病包括由FAdV引起的IBH、GE和HPS，由HEV引起的HE以及由EDSV引起的EDS。根据病毒种类不同，其中一些病毒可在家禽中引起不同的疾病。例如，FAdV-1在鹌鹑中引起支气管炎，在鸡中引起IBH/GE。EDSV可以感染鸡、鹅和鸭；HEV分别感染火鸡和鸡，引起出血性肠炎（HE）和大理石脾病（MSD）；FAdV-4可引起鸡、鸵鸟和鸭的HPS（McFerran和Smyth，2000；Changjing等，2016）。不同的病毒可引起类似的临床症状，如GoAdV和TAdV-D可引起雏鹅和火鸡HPS的临床症状，该病分别增加了雏鹅和火鸡的死亡率（Ivanics等，2010；Kleine等，2017）。

在许多国家，包括中国、日本、巴基斯坦、印度、伊朗、韩国、波兰、德国、西班牙、澳大利亚和美洲，已经报道了由这些病毒引起的疾病的流行病学特点及其对家禽业的负面影响。（Hess等，1999；Ono等，2003；Gomis等，2006；Ojkic等，2008a；Choi等，2012；Dar等，2012；Athana等，2013；Changjing等，2012；Gaweł等，2016；Li等，2016；Singh等，2016；Zhang等，2016；Kleine等，2017；Morshed等，2017；Oliver-Ferrando等，2017）。例如，在2007—2009年，在加拿大安大略省的肉鸡孵化场进行的动物流行病学研究表明，由于IBH暴发，每年损失了10.5万只肉鸡（30万加元）（Dar等，2012）。

大多数流行病学研究证实，FAdV-4是HPS的病原（Naeem等，1995；Asthana等，2013；Schachner等，2018），在印度和中国进行的研究表明，HPS还与其他血清型（例如FAdV-12）有关，FAdV-12可单独感染引起发病或与FAdV-4共同感染引起发病（Rahul等，2005）。IBH与几乎所有FAdV血清型有关，主要是FAdV-2、FAdV-8a、FAdV-8b和FAdV-11（Schachner等，2018）。IBH和HPS被认为是继发疾病，需要同时感染免疫抑制性疾病，例如鸡贫血病毒（CAV）或传染性法氏囊病病毒（IBDV）（Hess，2013）。在韩国、中国和智利等不同国家进行的一些流行病学研究表明，CAV与IBH/HPS之间存在关联（Toro等，1999；Choi等，2012；Changjing等，2016）。在过去的15年中，许多国家进行的大量流行病学研究，提高了人们对FAdV引起IBH暴发的认识，在没有免疫抑制剂的情况下FAdV是引起IBH的主要病原（Reece等，1986；Saifuddin和Wilks，1990a；Reece等，1986；Gomis等，2006；Steer等，2011；Schachner等，2018）。

在过去20年中，不同地区暴发IBH数量不断增加，这表明该病已在全球传播。IBH主要影响3～5周龄的肉鸡，偶尔也会影响蛋鸡和种鸡。死亡率在感染后3～4d达到峰值，可以达到10%，有时甚至高达30%（Hess，2013）。临床症状包括生长不良、精神沉郁、虚脱侧卧、羽毛粗乱和蜷缩等表现。并发感染通常发生在感染IBH的鸡群中，这可能解释了在实验条件下复制该疾病困难的原因（Schachner等，2018）。

GE主要由FAdV-1和FAdV-8引起（Ono等，2003；Okuda等，2004），常见于屠宰的肉鸡中（Okuda等，2004）。

HPS是由FAdV-4引起的，发生于3～5周龄的肉鸡中，偶见于10～20周龄的蛋鸡和种鸡。在年长的禽类和其他禽类中很少暴发HPS。在鹌鹑、鸽子、黑鸢、鸭子以及最近在鸵鸟中都报道了暴发HPS（Asthana等，2013；Changjing等，2016；Pan等，2017b）。研究表明，在自然条件下无论什么品种的肉鸡均易感。研究还表明，在自然条件下或口服接种后，病程为7～15d（Asthana等，2013）。死亡率因地区而异，为20%～80%。例如，巴基斯坦肉鸡场暴发HPS的死亡率为20%～75%，在印度为30%～80%（Asthana等，2013）。

中国最近报道了新发的严重IBH/HPS病例，西班牙（2011—2013年）和韩国（2007—2010年）也报道了IBH病例（Zhao等，2015；Oliver-Ferrando等，2017）。特别是在中国，大量报道FAdV-4强毒株与IBH/HPS疫情相关。自2015年以来，由于高死亡率造成的经济损失增加也有报道（Li等，2016；Zhang等，2016；Ruan等，2017）。尽管FAdV-4似乎是中国的主要血清型，但其他血清型如FAdV-1、FAdV-2、FAdV-8、FAdV-10和FAdV-11也已从IBH临床病例中分离到（Zhao等，2015；Changjing等，2016）。

20世纪60年代，美国某些州首次报道了暴发HE。这种疾病影响到圈养和自由放养的火鸡群。目前，HE已分布在全世界养殖火鸡的地区（Pierson和Fitzgerald，2013）。HEV的致病性不同，从无临床症状到严重的临床症状甚至死亡，死亡率从低于1%至高于60%不等（Dhama等，2017）。HEV病毒可感染鸡、孔雀、北美鹌鹑和欧洲石鸡并引起疾病（McFerran和Smyth，2000）。鸡和雉鸡感染致病性毒株可导致大理石脾病MSD，因此也有MSD病毒（MSDV）的别名。在所有圈养雉鸡行业的地区都有发现MSD病毒的报道。根据血清学检测，鸡的感染很普遍（Dhama等，2017）。

在其他家禽中，如鹌鹑、火鸡、鸽子、鹅和鸵鸟都有禽腺病毒引起疾病的报道（McFerran和Smyth，2000；Changjing等，2016）。迄今为止，禽腺病毒在火鸡中的致病性尚不清楚。这些病毒已在呼吸道和肠道疾病的临床病例中分离出来。禽腺病毒引起的IBH似乎是火鸡孵化率较低的原因（Guy等，1988；Shivaprasad等，2001；Hess，2013；Moura-Alvarez等，2013）。关于火鸡禽腺病毒和疾病的流行病学特征的研究比较有限。最近在巴西（Moura-Alvarez等，2013）、英国和匈牙利（Kajan等，2010；Marek等，2014a）报道了火鸡群中禽腺病毒的流行与禽肠炎综合征相关的研究。但是，影响这些火鸡群的腺病毒血清型并没有描述清楚（Kleine等，2017）。2012年在德国进行的研究表明，在临床上表现为肠炎和生长不良的火鸡群中普遍存在TAdV-2和TAdV-4。在患有肝炎、脾炎、肠炎和多发性浆膜炎临床症状的鸡群中鉴定出TAdV-5以及FAdV-B和FAdV-E的成员。此外，从出现HPS临床症状和死亡率增加的禽群中分离到TAdV-D（Kleine等，2017）。

自1976年以来，人们就认识到了EDS对鸡蛋生产的负面影响。EDSV的天然寄主是鸭和鹅，尽管它的寄主范围扩大到了其他鸟类，例如黑鸭、鹧鸪、鲱鸥、猫头鹰、鹳、天鹅和鹌鹑。人们认为鸡的EDSV源自鸭（Smyth，2013），可能是使用了用污染的鸭胚或鸭源细胞制备的疫苗，也有可能是在采集血液过程中外源污染所导致（McFerran，1979）。研究表明，从鸭中分离出的EDSV不会降低蛋鸡的产蛋量，但鸡蛋重量会下降（Brugh等，1984）。EDSV感染会损害蛋壳质量并导致产蛋量下降。所有年龄和品种的鸡都易感，肉鸡和产红皮蛋母鸡感染后的临床表现往往最严重。鲜有报道描述，EDSV引起其他禽类（如火鸡、鸭、鹅和鹌鹑）的产蛋量下降或导致呼吸道疾病，（McFerran，1979；Ivanics等，2001）。EDSV可以通过蛋垂直传播，此后病毒保持潜伏状态，直到子代达到性成熟。然后病毒通过蛋和粪便接触传播。产蛋期间病毒也可以水平传播。鸡群之间的水平传播可通过污染的鸡蛋托盘在更换时交叉传播。事实上，疫情经常发生在鸡蛋公用包装站。当家禽与野生鸟类直接接触或饮用受野禽粪便污染的供水时，也可诱发感染，导致暴发疾病（Smyth，2013）。

通过持续监测（经HI试验），移除受污染围栏和相邻的围栏，直到所有鸡（40周龄）均为HI阴性，北爱尔兰成功根除了EDS 76。祖代和父母代鸡群的鸡蛋都是无EDSV（McFerran，1979）。

EDSV分布在全球的鸭和鹅中，但是EDS的临床病例主要报道于欧洲、亚洲、非洲和拉丁美洲（Bishop和Cardozo，1996；Ivanics等，2001；Biđin等，2007；Ezema等，2010；Cha等，2013；Kang等，2017）。此外，在加拿大的鸭群和美国的家禽（鸡和鸭）群中也有暴发EDS的报道（Schloer等，1978；Villegas等，1979；Brash等，2009）。

## 10.14  诊断

禽腺病毒及其引起的疾病诊断的变化反映了20世纪80年代以来仪器和方法学的革命性发展。

### 10.14.1  禽腺病毒感染诊断

FAdV感染诊断可以通过多种方法进行。主要方法有分离病毒、采用电子显微镜（EM）观察病毒颗粒、检测病毒蛋白和核酸，以及检测血清样品中病毒特异性抗体。虽然IBH感染的临床症状不明显，但大体和组织病理学病变，特别是肝细胞的核内包涵体是感染的主要特征（Grimes等，1977）。从粪便样本和组织，如肝脏、肾脏、盲肠扁桃体和咽等悬液中分离病毒，可以接种原代鸡胚肝细胞、肾细胞或肝癌细胞系，如"增殖"一节所述。在确定诊断的分子技术出现之前，通常以电子显微镜观察组织中的病毒或病毒样颗粒。在免疫荧光试验中，感染细胞中的病毒颗粒或FAdV抗原可通过血清型特异性抗体识别（Hess，2000）。酶联免疫吸附试验（ELISA）也用于检测FAdV。Saifuddin和Wilks（1990b）以群特异性ELISA可检测每克肝组织中病毒含量低于100 TCID$_{50}$的腺病毒。在过去的几十年中，新出现的分子生物学技术，如限制性片段长度多态性（RFPL）和不同种类的聚合酶链式反应（PCR）已用于检测病毒核酸以及分离株的分群和鉴别（Erny等，1991；Raue 和Hess，1998；Hess等，1999；Jiang等，1999；Hess，2000；Raue等，2002；Lüschow等，2007；Steer等，2009）。RFLP对FAdV的早期分群是建立禽腺病毒属不同种的基础，并多次被证明是正确的（Zsák和Kisary，1984）。直接以RFLP分析病毒DNA或以限制性内切酶对PCR产物分析是区分野外分离株的有力工具，有助于流行病学研究（Meulemans等，2001；Ojkic等，2008b；Kaján等，2013）。检测禽腺病毒的大多数PCR是利用病毒六邻体基因序列进行引物设计，以病毒六邻体基座和环状结构设计寡核苷酸，可以从禽腺病毒12种血清型扩增到PCR产物。出于研究和诊断的目的，有许多提高了敏感性的实时PCR检测方法，这使实验室诊断周期更短（Romanova等，2009），血清型鉴定更准确（Marek等，2010a）。高分辨率熔解曲线分析技术也可用于IBH诊断和病毒分型（Steer等，2009，2011）。许多诊断室都提供PCR产物的测序和系统遗传进化树。要确切鉴定FAdV分离株类型，还需要发现更准确的方法以及与毒力相关的特殊序列。据报道，利用原位杂交技术可检测感染组织中的病毒DNA（Latimer等，1997）。血清学方法也可用于诊断FAdV感染，如ELISA、琼脂凝集试验（AGPT）、间接血凝试验以及病毒中和试验。由于AGPT检测快速且经济，因此被广泛用于抗体（Ab）检测。诊断实验室提供的使用FAdV-1作为抗原的AGTP与一组特异性ELISA的检测结果比较表明，在感染早期，ELISA比AGPT敏感得多（Philippe等，2007）。有许多市售的ELISA试剂盒可供选择，这些测试均基于整个病毒作为抗原。据报道，以FAdV-1两种非结构蛋白100K和33K研制的ELISA，可以区分急性FAdV感染和病毒灭活疫苗接种后的免疫反应（Xie等，2013）。针对FAdV的单克隆抗体也有报道，并显示可以提高诊断方法（Ahmad和Burgess，2001）。检测型特异性抗体，可以采用ELISA方法（Hess，2000；Philippe等，2005），但建议使用更准确的病毒中和（VN）试验（空斑减少试验和微中和试验）。

### 10.14.2　产蛋下降综合征和出血性肠炎的诊断

对于EDS和EDSV的诊断，可以采用与FAdV类似的方法。分离EDSV病毒最敏感的培养物是SPF或无EDS病毒感染的鸭胚或鹅胚。另外，鸡胚肝细胞也可用于病毒复制，而CEF则不易感（Smyth，2013）。可以通过使用0.8%的鸡红细胞悬液进行血凝试验来证实病毒的存在（Zsák和Kisary，1981）。基于病毒六邻体PCR技术结合限制性内切酶分析不仅可鉴定EDSV的DNA，而且可将其与禽腺病毒区分开（Raue和Hess，1998；Dhinakar Raj等，2003）。最近，开发了实时聚合酶链式反应（Schybli等，2014）。可以采用不同的方法检测EDSV抗体，最常用的检测方法是ELISA、血凝抑制试验（HI）和病毒中和试验（VN）（Adair等，1986；Raj等，2004，2007；Smyth，2013）。

Pierson和Fitzgerald（2013）简要描述了出血性肠炎（HE）、大理石脾病（MSD）和禽腺病毒脾肿大病（AAS）的诊断。这三种病毒都可以在火鸡中增殖。然而更方便的选择是使用MDTC-RP19细胞来进行病毒增殖（Nazerian和Fadly，1982，1987）。火鸡白细胞也可用于HEV病毒的增殖（van den Hurk，1990）。可以通过AGID以及感染细胞的免疫荧光染色法或免疫过氧化物酶染色法来检测病毒抗原（Fasina和Fabricant，1982；Fitzgerald等，1992）。传统的、巢式和实时PCR检测方法也都有介绍（Hess等，1999；Beach等，2009b；Mahsoub等，2017）。在抗体检测方面，AGID试验被更灵敏的ELISA所取代，并已商品化（van den Hurk，1986；Nazerian等，1990）。

## 10.15　防控

禽腺病毒与家禽的轻度和重度疾病有关；IBH、HPS和GE在经济上有重要影响（McFerran和Smyth，2000）。EDSV广泛分布于家养和野生鸭及鹅中。EDSV感染鸡会直接影响鸡蛋的生产和蛋壳质量，从而造成重大的经济损失（Kang等，2017）。HEV与6～11周龄的火鸡急性出血性胃肠道疾病有关，与体液和细胞免疫应答的丧失有关（Dhama等，2017）。

通常禽腺病毒对灭活具有很强的抵抗力，并且可以在环境中存活很长一段时间。管理措施和良好的生物安全措施尤为重要，然而由于病毒垂直传播以及与其他病毒（如IBDV和CAV）的共感染可能会增强致病性（Hess，2013），因此控制疾病往往很困难。因此一般建议接种疫苗，并且从实践看更有望成功。

禽腺病毒感染1周后即可检测到保护性抗体应答（Hess，2013）。据报道，40年前首次通过接种疫苗成功地保护了鸡免受包涵体肝炎的侵害（Fadly和Winterfield，1975）。对不同血清型的活疫苗和灭活疫苗已经进行了评估。在澳大利亚，将商用FAdV-8b毒株的活疫苗提供给肉鸡饲养者。然而据报道，IBH仍然在肉鸡中暴发，说明该病是由不同种的其他FAdV毒株引起的（Steer等，2011）。祖代鸡接种野生型FAdV-8和FAdV-11毒株灭活疫苗，通过母源抗体可成功地为肉鸡种鸡提供保护（Alvarado等，2007）。在一些国家，例如加拿大，给肉鸡种鸡接种自家疫苗来预防IBH，大大降低了死亡率（Brash，2012）。在许多国家，通常以肝匀浆制备疫苗用于预防HPS/IBH（Asthana等，2013）。用FAdV-4和CAV灭活苗对种鸡进行双重疫苗接种，可以有效保护鸡的后代免受HPS/IBH侵害（Toro等，2002）。强毒FAdV-4分离株经在鹌鹑成纤维细胞系（QT-35）或SPF鸡胚中适应生长而毒力减弱，并作为疫苗使用（Schonewille等，2008；Mansoor等，2011）。接种FAdV-4疫苗可降低雏鸡死亡率，但不能阻止病毒传播。同样，对SPF肉鸡使用FAdV-1不能防止病毒传播，但是可以预防GE的临床症状（Grafl等，2014）。除全病毒疫苗外，还报道了以FAdV主要抗原制备的亚单位疫苗，如六邻体蛋白、五邻体蛋白和纤突亚单位疫苗。当将杆状病毒表达纯化的FAdV-4纤突-2蛋白肌肉注射1日龄鸡时，再用强毒株攻毒，死亡率降低到3.5%（Schachner等，2014）。类似地，在大肠杆菌中表达纯化的FAdV-4五邻体基底蛋白肌肉注射鸡，免疫2周后皮下接种强毒株攻毒，免疫保护可达90%（Shah等，2012）。

使用油佐剂灭活疫苗进行免疫对产蛋下降综合征的预防效果良好。接种14～16周龄鸡，免疫力可持续长达1年（Baxendale等，1980；Kaleta等，1980；Solyom等，1982；Cook，1983）。以大肠杆菌表达的EDSV纤突蛋白给鸡进行两次免疫，可诱导高滴度的中和抗体，高滴度的中和抗体可持续50周以上。（Gutter等，2008）。以基因工程技术进一步提高纤突蛋白在大肠杆菌的表达，将纤突蛋白接种鸡后，再以致病性EDSV进行攻毒，免疫鸡受到完全保护不出现临床症状（Harakuni等，2016）。

现有的减毒活疫苗对火鸡HE具有良好的保护作用（Pierson和Fitzgerald，2013；Dhama等，2017）。口服使用的细胞培养疫苗已经可以在市场上买到，并在许多国家被推荐使用（Fadly等，1985；Barbour等，1993）。基因工程技术也已用于生产抗HEV亚单位疫苗。较早时期的亚单位疫苗通过细菌表达系统或禽痘病毒载体表达主要免疫原性六邻体蛋白研制的（van den Hurk和van Drunen Littel-van den Hurk，1993；Cardona等，1999，2001）。已经研制出五邻体-纤突重组蛋白亚单位疫苗，并在某些国家销售（Pitcovski等，2005）。

商品化灭活疫苗或减毒活疫苗都已用于控制禽腺病毒引起的疾病。包括美国在内的许多国家均可获得EDSV灭活疫苗，包括单价或多价疫苗（如Agrovet，Volvac®AC，勃林格殷格翰Vetmedica Inc等）。其他EDS疫苗在其他国家可以买到，作为多价疫苗用于预防传染性支气管炎和HPS / IBH（FAdV-4 / 8）（例如Volvac®）但不在美国销售。通过皮下或肌肉注射接种的EDS亚单位疫苗（柄状纤突蛋白）已在许多国家批准使用。此类疫苗也作为多价疫苗与其他疫苗做出联苗（新-支-减联苗）预防其他禽病（新城疫和传染性支气管炎）。

HE疫苗可以用无毒力的HEV毒株接种6周龄火鸡的脾研成匀浆制备。以细胞培养获得的减毒活疫苗或源自其他禽类的减毒活疫苗已商品化，可购买到（Dhama等，2017）。例如，某些HE疫苗来自雉鸡（如Ceva Adenomune™）或在火鸡马立克病诱导的B淋巴母细胞系（MDTC-RP19）中增殖（例如Arko Laboratories Ltd公司）。两种疫苗都是通过饮水接种30日龄火鸡。用柄状纤突蛋白研制的亚单位疫苗可用于防控HE（例如，Abic Biological Laboratories Teva Ltd公司）。

自家疫苗是将病鸡肝研磨成匀浆经福尔马林灭活后制备的，主要用于控制HPS（Mansoor等，2011）。许多国家都有用于控制HPS/IBH的商品化灭活疫苗，但美国没有。这些疫苗主要针对防控FAdV-4和FAdV-8a，有单价或二价两种疫苗。这些疫苗也可以多价疫苗形式与其他疾病疫苗制成联苗控制其他家禽疾病（例如Avimex动物健康和勃林格英格翰姆兽药公司）。还有针对其他禽腺病毒（譬如FAdV-11）商品化疫苗（例如Farvet公司）。

在过去的十年中，应用重组DNA技术研发出新的候选疫苗。已经研发出五邻体基底（Shah等，2012）和FAdV-4纤突-2蛋白亚单位疫苗（专利出版物US 20160193323 A1）来控制HPS。用于防控HPS/IBH或GE的其他候选疫苗包括FAdV-A的纤突2、FAdV-B、FAdV-D和FAdV-E纤突蛋白亚单位疫苗（专利公布

WO 2015024929 A3）。通过鸡胚增殖 FAdV-4 适应毒，研制出了 FAdV-4 弱毒活疫苗（Mansoor 等，2011）。

## 10.16 禽腺病毒作为疫苗和基因递呈载体

哺乳动物腺病毒的特征最明显，可以用作各种目的基因载体，例如基因递呈、疫苗接种和溶瘤治疗（Wold 和 Toth，2013）。禽腺病毒的特征较少，但已经证明禽腺病毒有潜力作为疫苗载体。由于禽腺病毒基因组较大以及排列的复杂性，FAdV 具有相当大的容量供外源基因插入。利用不同的插入位点替换 FAdV-1、FAdV-8、FAdV-9 和 FAdV-10 基因组右端的非必需区域，制备了多种重组病毒（Sheppard 等，1998b；Michou 等，1999；François 等，2001；Ojkic 和 Nagy，2001；Johnson 等，2003）。以 FAdV-1 为载体表达 IBDV VP2 蛋白的疫苗在攻毒实验中可提供保护（Francois 等，2004）已经证实。传染性支气管炎病毒（IBV）的 S1 基因整合到 FAdV-8 基因组具有保护作用（Johnson 等，2003）。此外，在 FAdV-8 CFA40 毒株中成功表达了鸡干扰素 γ（Johnson 等，2000）。已经制备了一种 FAdV-9 感染性克隆，对基因研究和疫苗开发具有重要价值（Ojkic 和 Nagy，2001）。将左端一个 2.4 kb 区域缺失并由外源基因替换，可制备重组病毒引起鸡免疫应答，保护鸡抵抗 H5 亚型高致病性禽流感病毒感染（Corredor 和 Nagy，2010a、b；2011；Gay 等，2015）。最近，以基因工程技术将外源基因替换 FAdV-9 病毒基因组左右两端的非必需区，构建了 FAdV-9 重组病毒双位点表达载体（Pei 等，2018）。

FAdV-1 和 FAdV-9 以及可能所有的禽腺病毒，在哺乳动物细胞中均会导致顿挫感染（顿挫感染是指病毒感染细胞后不产生有感染性的后代病毒。——译者注）。但是，这些腺病毒以不同方式感染哺乳动物细胞（Michou 等，1999；Ojkic 和 Nagy，2001；Corredor 和 Nagy，2010b）。已经证实，FAdV 可作为潜在的癌症治疗手段。例如，将携带 B16 黑素瘤的 C57BL/6 小鼠在肿瘤内注射表达人白介素 2 的 FAdV-1 后，小鼠的存活率升高、肿瘤萎缩（Cherenova 等，2004）。此外，据报道表达单纯疱疹病毒胸苷激酶（TK）的 FAdV-1 与更昔洛韦联用，具有同样的抗肿瘤作用（Shashkova 等，2005）。

总之，重组病毒的研制证明禽腺病毒可用于家禽疫苗生产载体和基因递呈载体，具有可行性和实用性。

## 10.17 展望

禽腺病毒的分类是不断变化的，因此会有新种需要命名以及还会有某些种属中尚未分类的病毒。越来越多的流行病学研究和新型分子诊断方法的报道为深入认识病毒致病机制、毒力因子和流行性提供了参考。这些研究将继续进行，进而为确定潜在的毒力因子和研制有效的疾病防控疫苗奠定基础。分子克隆技术的进一步发展将快速有效地研发基于病毒的新载体，以便用于基因递呈研究和疫苗研制。由于禽腺病毒的基因组较大，并且具有体外复制的非必需区域，因此禽腺病毒有望成为开发家禽单价和多价疫苗的最有用的平台。最后，对病毒基因功能的进一步研究将揭示病毒调控宿主细胞以促进其自身复制的新机制，为进一步理解该病毒致病的分子机制提供参考。

（李晓齐 译，郑世军 校）

## 参考文献

# 11 传染性喉气管炎病毒

Mauricio J.C. Coppo[1], Amir H. Noormohammadi[2] and Joanne M. Devlin1[*]
[1]澳大利亚帕克维尔市，墨尔本大学，墨尔本兽医学院
[1]Melbourne Veterinary School, University of Melbourne, Parkville, Australia
[2]澳大利亚，韦里比市，墨尔本大学，墨尔本兽医学院
[2]Melbourne Veterinary School, University of Melbourne, Werribee, Australia.
[*]通讯：devlinj@unimelb.edu.au
https://doi.org/10.21775/9781912530106.11

## 11.1　摘要

传染性喉气管炎（infectious laryngotracheitis，ILT）是由α疱疹病毒引起的禽的一种呼吸系统疾病，在全世界范围内给家禽业带来了巨大的经济损失。该病最早报道于20世纪20年代中期，随着该病防控措施的不断完善，包括疫苗的研发和诊断技术的改进等，目前虽有很多家禽养殖区仍存在传染性喉气管炎病毒（infectious laryngotracheitis virus，ILTV），但总体上讲，该病已得到有效的控制。近年来，随着全基因组测序技术和基因组序列生物信息学分析技术的不断发展及该病流行病学特点的逐步明确，人们对ILTV有了更深的认识。与此同时，疫苗研发的不断突破，包括载体疫苗的应用，也为ILTV的防控提供了新的策略。但值得注意的是，人们对ILTV仍然有许多不了解之处，可能会影响其有效防控。

## 11.2　简介与历史

### 11.2.1　历史

早在20世纪20年代中期，北美地区就有传染性喉气管炎（ILT）的报道（May和Titsler，1925），但直到1931年，美国兽医协会家禽疾病委员会才正式采用ILT这一专用术语。1935年，澳大利亚和英国报道了该病的发生，随后，在20世纪40年代，其他欧洲国家也相继报道了该病发生（Cover，1996）。该病早期主要表现为咳嗽、咳血、咳痰等（Cover，1996），现在大多数国家都发现了这种疾病，其病原体为传染性喉气管炎病毒（ILTV）。1963年，传染性喉气管炎病毒（ILTV）被正式确认为疱疹病毒（Cruickshank等，1963）。

### 11.2.2　分类

传染性喉气管炎病毒（ILTV），在分类上归为禽α疱疹病毒1型，属于疱疹病毒科α疱疹病毒亚科，是疱疹病毒目三个科之一。该病毒属于传染性喉气管炎病毒属典型种，该属只包含两种病毒，一种为ILTV，另外一种为鹦鹉α疱疹病毒1型（PsHV-1）。这两种病毒在α疱疹病毒亚科内形成了不同的遗传进化枝（King等，2012）。

## 11.3　病原学

ILTV病毒粒子呈典型的疱疹病毒粒子形态，由DNA、衣壳、被膜和囊膜等构成。病毒DNA为线性双链DNA，摩尔质量约为$10^8$ g/mol（Kotiw等，1982），浮力密度为1.704 g/mL（Plummer等，1969），基因组长度约为153 kb，其中，鸟嘌呤和胞嘧啶（G + C）含量为48%（Lee等，2011a）。在疱疹病毒中，包裹DNA的衣壳结构高度保守，由二十面体排列的162个壳状体（150个六聚体和12个五聚体）组成，直径约为100 nm（Roizman和Pellet，2001）。被膜位于囊膜和衣壳之间。ILTV病毒粒子的直径为200 ～ 250 nm，取决于膜的厚度。病毒衣壳通常不位于病毒粒子中心，而偏于一侧（Granzow等，2001）。此外，由于囊膜的存在，病毒粒子对环境敏感，很容易被有机溶剂灭活（Meulemans和Halen，1978）。但在避光条件下，该病毒可以在气管组织和渗出液中保持较长时间（数周或数月）的感染性（Jordan等，1967）。

对于多数疱疹病毒来说，病毒粒子的吸附、入侵、复制、组装和释放的整个过程都已明确，但对于ILTV却知之甚少。已有研究表明，ILTV的感染过程与其他疱疹病毒不同，其病毒粒子对于细胞膜的吸附似乎不依赖于肝素和软骨素（Kingsley和Keeler，1999）。电子显微镜研究证实，病毒感染细胞后，在胞核中首先出现空的病毒衣壳和前衣壳，然后经病毒DNA填充后通过核膜迁移到细胞质中（Guo等，1993）。在迁移过程中，病毒衣壳在细胞核的内膜处先形成一个包膜结构，而后通过与核膜的外叶融合而去除这个包膜。出核后的病毒衣壳在胞质中获得异常大且数量不等的囊膜结构，随后，在反式高尔基体网络的细胞膜上形成最终的囊膜结构。最后，成熟的子代病毒粒子以病毒囊泡的形式通过胞吐作用排出胞外（Granzow等，2001）。

## 11.4　病毒增殖

在实验室中，ILTV可在多种禽类细胞中培养增殖。一方面，ILTV可以在多种不同的原代细胞中培养增殖。比如，鸡胚肝细胞（CEL）、鸡胚肺细胞和鸡胚肾细胞（CEK）以及鸡肾细胞（CK）等（Hughes和Jones，1988）。另一方面，该病毒也可以在连续传代的鸡肝癌细胞系（LMH）中培养增殖（该细胞系来源于化学诱导的鸡肝脏肿瘤）（Kawaguchi等，1987）。在细胞中培养时，ILTV能够诱使多核巨细胞胞质发生融合，形成具有特征性的斑块，产生明显的细胞病变效应（Schnitzlein等，1994；Garcia等，2013a）。然而，ILTV在LMH细胞中增殖需要一段时间的适应期，因此该病毒不适合通过初级分离而进行诊断（Schnitzlein等，1994）。此外，ILTV也可以在鸡胚绒毛尿囊膜（CAM）和尿囊腔中复制增殖。

## 11.5　分子生物学和病毒遗传学

### 11.5.1　基因组组成

ILTV基因组呈典型的D型疱疹病毒的基因组顺序排列，由独特的长基因组（UL）和短基因组（US）

区域组成，同时，在US区域两侧还存在有反向重复（IR）序列（Leib等，1987；Johnson等，1991）。随着测序技术的进一步发展，ILTV基因组组成逐步被揭示。直到2011年，Lee等发表了第一个完整的ILTV基因组序列（Lee等，2011b）。其病毒基因组的示意图见图11.1。

ILTV基因组编码了80个预测的开放阅读框（ORFs）（Lee等，2011a）。这些ORFs在基因组中的位置及其翻译产物的预测序列与单纯疱疹病毒1型（HSV-1，α疱疹病毒亚科的典型病毒）具有显著的同源性（Thureen和Keeler，2006；Lee等，2011a）。值得注意的是，ILTV基因组还具有其独特的特征结构，包括UL区域内从UL22（糖蛋白H）延伸到UL44（糖蛋白C）的一个大的内部倒置结构（Ziemann等，1998a），以及UL47在US4基因上游US区域的一个易位结构（Kongsuwan等，1995；Wild等，1996；Ziemann等，1998a）。ILTV基因组还编码另一个位于UL2和UL3之间的ORF（UL3.5），该基因在HSV基因组中并不存在，但在许多其他的α疱疹病毒中存在（Fuchs和Mettenleiter，1996）。同时，ILTV基因组缺乏UL16同源基因，而此基因在α疱疹病毒中高度保守（Fuchs和Mettenleiter，1999）。

此外，ILTV基因组还编码了8个传染性喉气管炎病毒属特有的ORF（ILTV和PsHV-1）（Johnson等，1997；Ziemann等，1998b；Veits等，2003c；Thureen和Keeler，2006）。这些独特的基因中，有5个位于

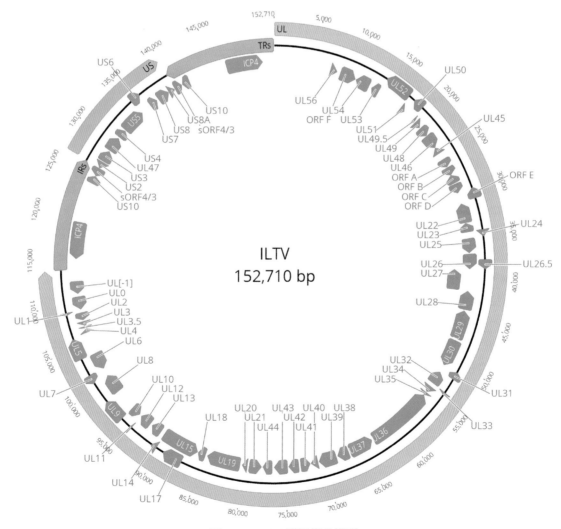

图11.1 ILTV基因组的排列

独特的短（US）区域两侧是反向的内部重复区域和末端重复区域（分别为IRs和TRs）。（引自澳大利亚10型ILTV分离株的完整基因组序列（NCBI登录号KR822401.1），由墨尔本大学Paola Vaz提供。）

保守的UL22到UL45之间UL区域的一个簇（ORF A ~ E）中（Ziemann等，1998a；Veits等，2003c）。其余两个ILTV特异性基因UL0和UL［−1］由基因组中的UL区域编码，它们彼此相邻，位于ILTV基因组UL区域最右端保守的UL1基因（糖蛋白L，g L）上游（Fuchs和Mettenleiter，1996；Ziemann等，1998b）（图11.1）。这些基因似乎是由于古老的复制事件而产生的，因为它们在预测的氨基酸序列上具有显著的同一性（Ziemann等，1998b）。此外，经全基因组序列分析证实（Lee等，2011a），ORF F位于UL区域左端UL56基因下游（Johnson等，1997）。

## 11.5.2　ILTV的遗传进化与基因重组

为了区分ILTV的致病性毒株和非致病性毒株，早期研究主要聚焦于ILTV不同毒株的分离及分离株的遗传进化分析。最早时候，多采用全基因组DNA的限制性内切酶消化和Southern Blot技术来区分不同的ILTV分离株（Kotiw等，1982；Kotiw等，1986；Andreasen等，1990）。随后，使用聚合酶链式反应（PCR）对选择的基因进行扩增，再进行限制性内切酶酶切和片段分析（PCR限制性片段长度多态性，PCR-RFLP），以及类似的利用DNA序列分析基因组区域中的靶向基因（Menendez等，2014）。但通常情况下，PCR-RFLP系统中使用的目的基因存在国家或地区差异性。因此，这些系统有助于分析同一国家或地区内不同毒株之间的遗传进化关系，但同时也使不同区域毒株之间的遗传进化分析变得更加困难（详见毒株鉴定部分）。直到最近，ILTV疫苗株和分离株的全基因组序列的发表使人们能够在世界范围内对ILTV遗传进化进行更全面的分析研究（Lee等，2011a、b；Chandra等，2012；Spatz等，2012；García等，2013b；Kong等，2013；Piccirillo等，2016）。

随着全基因组测序技术的发展和对ILTV分离株序列分析的不断深入，在2012年，Lee等首次报道了ILTV不同毒株之间的重组现象（S.W. Lee等，2012）。研究发现，在澳大利亚家禽群中，两种ILTV疫苗株之间的自然重组可产生新的高致病性毒株（S.W. Lee等，2012）。进一步研究表明，重组是促使ILTV进化和基因组多样化的重要原因，并且在自然条件或实验条件下都表现出频繁的基因重组（Lee等，2013；Agnew-Crumpton等，2016；Loncoman等，2017a）。在实验条件下，单核苷酸多态性（SNP）基因分型法已用于研究ILTV的重组，随之发现，鸡在高剂量共感染后分离出的后代病毒中重组病毒多达75%（Loncoman等，2017a）。此外，与未接种疫苗鸡相比，疫苗接种鸡在共接种后检测到的重组病毒较少（Loncoman等，2018a、b），即使病毒复制没有改变（Loncoman等，2018b）。在田间条件下，全基因组测序以及基因组序列生物信息学分析是检测和鉴定ILTV分离株重组的主要方法（Lee等，2013；Agnew-Crumpton等，2016）。与其他一些疱疹病毒相比，包括最近发现的重组马立克病病毒（Marek's disease virus，MDV），ILTV的重组频率似乎更高（Loncoman等，2017b）。这种高频率的重组现象对疫苗安全性有重要影响，因为疫苗毒株有可能与野毒株或其他疫苗毒株发生重组，产生致病性更高的ILTV重组毒株（S.W. Lee等，2012；Loncoman等，2017b）。最后，当分析ILTV分离株之间的遗传进化关系时，也应该考虑重组，因为忽略任何序列中的重组都可能导致对毒株之间的遗传进化关系描述不准确。相反，可以在分析时先识别并去除重组序列，或者利用未发生重组的基因组序列。另外，还可以进行"重组感知"遗传进化分析（Martin等，2015）。

## 11.5.3　病毒基因转录和小RNA

与其他疱疹病毒一样，ILTV的基因转录也是一个有序的级联反应。根据不同病毒基因的转录先后顺序和对先前的病毒蛋白合成或病毒DNA复制依赖性的强弱，将其基因分为即刻早基因α、早基因β和晚期基因γ1和晚期基因γ2（Prideaux等，1992；Mahmoudian等，2012）。每组不同的基因通常在病毒复制过程中发挥着不同的功能。α基因大多编码转录因子，其基因的表达不依赖于新的蛋白合成；β基因通常参与病毒DNA代谢和复制；γ基因主要参与病毒衣壳组装和衣壳形成，其通常完全或部分依赖于病毒DNA复制（Prideaux等，1992；Mahmoudian等，2012）。在早期研究中，利用放射性标记物标记病毒基因，发现ILTV基因组可以在细胞培养物中表达且基因组表达产物为16个多肽，这些多肽以级联的方式表达。但遗憾的是，由于缺乏针对ILTV的特异性试剂，阻碍了多肽的鉴定（Prideaux等，1992）。随后，利用RT-PCR技术明确了ILTV基因组编码74个开放阅读框（ORFs），并且将其基因划分为更细致的转录类别：即刻早期，早期Ⅰ、Ⅱ和Ⅲ，早期/晚期Ⅰ和Ⅱ，晚期Ⅰ、Ⅱ和Ⅲ（Mahmoudian等，2012）。除了未被研究的ORF F和UL56外，所有的ILTV ORF均在ILTV感染的培养细胞中转录和表达（Ziemann等，1998a、b；Veits等，2003b、c；Mahmoudian等，2012；Nadimpalli等，2017）。1992年，Prideaux等研究发现在蛋白合成抑制剂环己酰亚胺的影响下ILTV基因组仅表达一种200 kDa多肽。2012年，Mahmoudian等也发现只有一个ORF属于即刻早期基因（α基因），即ICP4，这与Prideaux等的研究结果高度一致。其他关于ICP4基因的研究也确定了该基因早期即刻表达于被ILTV感染的细胞培养物中（Johnson等，1995b）。此外，最早的研究中，将UL54（ICP27）也归类为即刻早期基因（α基因）（Johnson等，1995a），但这并没有得到大家的认同。直到2012年，Mahmoudian等发现在环己酰亚胺（99%）和膦乙酸（90%）存在的情况下，其转录几乎被完全抑制，由此，将其归类于早期基因的一个子类别。迄今为止所有的ILTV ORFs的转录信息学分析见表11.1。

表11.1　开放阅读框及ILTV基因组编码的蛋白质

| 开放阅读框（ORF） | 蛋白 | 预测氨基酸长度[a] | 预测分子质量（kDa）[b] | 表观分子质量（kDa） | 预测功能 | 转录 | 参考文献 |
|---|---|---|---|---|---|---|---|
| UL56 | 膜蛋白 UL56 | 275 | 30.5 | ND | | | |
| ORF F | IF 蛋白 | 747 | 81.9 | ND | | | |
| UL54 | 基因表达的翻译后调节子 ICP27 | 545 | 62.2 | ND | 基因调控，RNA代谢和转运 | α E Ⅱ | Johnson 等（1995a）；Mahmoudian 等（2012） |
| UL53 | 糖蛋白 K | 340 | 38.9 | ND | 病毒粒子形成-膜融合 | γ E/L Ⅱ | Johnson 等（1995a）；Mahmoudian 等（2012） |
| UL52 | 解螺旋酶-引物酶亚基 | 1111 | 123.7 | ND | DNA 复制 | γ L Ⅰ | Johnson 等（1995a）；Mahmoudian 等（2012） |
| UL51 | 衣壳蛋白 | 230 | 25.2 | ND | 病毒粒子形成，检测到但未定性 | E/L Ⅰ | Mahmoudian 等（2012） |
| UL50c | 脱氧尿苷三磷酸酶 | 413 | 44.7 | ND | 核苷酸代谢用作高致病性禽流感疫苗的载体 | E/L Ⅰ | Fuchs 等（2000）；Mahmoudian 等（2012） |
| UL49.5c | 糖蛋白 Nd | 118 | 12.7 | 17 | 病毒粒子形成-膜融合与UL10发生免疫沉淀反应 | L Ⅲ | Ziemann 等（1998a）；Fuchs 和 Mettenleiter（2005）；Mahmoudian 等（2012） |
| UL49 | 衣壳蛋白 VP22 | 267 | 30.4 | 34 | 病毒粒子形成-可能将RNA运输到未感染细胞 | γ（β）E Ⅲ | Ziemann 等（1998a）；Helferich 等（2007a）；Mahmoudian 等（2012） |
| UL48 | 病毒蛋白 α-TIF VP16 | 397 | 44.6 | 45 | 病毒粒子形成-基因调控 | γ（β）E Ⅲ | Ziemann 等（1998a）；Helferich 等（2007a）；Mahmoudian 等（2012） |

（续）

| 开放阅读框 (ORF) | 蛋白 | 预测氨基酸长度[a] | 预测分子质量 (kDa)[b] | 表观分子质量 (kDa) | 预测功能 | 转录 | 参考文献 |
|---|---|---|---|---|---|---|---|
| UL46 | 蛋白质磷蛋白 VP11/12 | 558 | 62.7 | 64 | 基因调控 | γ (α, β) E/L I | Ziemann 等 (1998a)；Helferich 等 (2007a)；Mahmoudian 等 (2012) |
| UL45 | 衣壳/囊膜蛋白 | 282 | 30.6 | ND | 膜融合 | L III | Ziemann 等 (1998a)；Mahmoudian 等 (2012) |
| ORF A[c] | ILTV 特有蛋白 IA[d] | 377 | 41.3 | 40 | 未知 | α > β < γ1 < γ2 L II | Ziemann 等 (1998a)；Veits 等 (2003c)；Mahmoudian 等 (2012) |
| ORF B[c] | ILTV 特有蛋白 IB[d] | 341 | 38.1 | 34 | 未知 | β = γ1 < γ2 L II | Ziemann 等 (1998a)；Veits 等 (2003c)；Mahmoudian 等 (2012) |
| ORF C[c] | ILTV 特有蛋白 IC[d] | 336 | 37.4 | 38, 30 | 细胞间传播 | α = β < γ1 > γ2 L II | Ziemann 等 (1998a)；Veits 等 (2003c)；Mahmoudian 等 (2012) |
| ORF D[c] | ILTV 特有蛋白 ID[d] | 375 | 41.5 | 41 | 未知 | β < γ1 > γ2 EL II | Ziemann 等 (1998a)；Veits 等 (2003c)；Mahmoudian 等 (2012) |
| ORF E[c] | ILTV 特有蛋白 IE[d] | 411 | 45.1 | 44 | 未知 | α = β < γ1 > γ2 L II | Ziemann 等 (1998a)；Veits 等 (2003c)；Mahmoudian 等 (2012) |
| UL22 | 糖蛋白 H | 805 | 89.4 | 92 | 细胞进入（与 gL 结合的融合物）-细胞间传播 | L I | Ziemann 等 (1998a)；Mahmoudian 等 (2012) |
| UL23[c] | 胸苷激酶 | 364 | 40.3 | ND | 核苷酸代谢 | E I | Schnitzlein 等 (1995)；Ziemann 等 (1998a)；Han 等 (2002)；Mahmoudian 等 (2012) |
| UL24 | 核蛋白 UL24 | 288 | 32.2 | ND | 未知 | L II | Mahmoudian 等 (2012) |
| UL25 | DNA 包装蛋白 UL25 | 593 | 66.4 | ND | DNA 衣壳化 | E II | Mahmoudian 等 (2012) |
| UL26 | 衣壳成熟蛋白酶 | 587 | 65.4 | ND | 衣壳形成 | L II | Mahmoudian 等 (2012) |
| UL26.5 | 衣壳支架蛋白 VP22a | 299 | 33.5 | ND | 衣壳形成 | | Mahmoudian 等 (2012) |
| UL27 | 糖蛋白 Bd | 884 | 100.1 | 58, 100, 110 (P) | 细胞进入（融合原）-细胞间传播 | E/L I | York 等 (1987)；York 等 (1990)；Kongsuwan 等 (1991)；Poulsen 和 Keeler (1997)；Mahmoudian 等 (2012) |
| UL28 | DNA 包装末端酶亚基 2 | 765 | 87.5 | ND | DNA 衣壳化 | E I | Mahmoudian 等 (2012) |
| UL29 | 单链DNA 结合蛋白（感染细胞蛋白 8，ICP8） | 1 177 | 128.6 | ND | DNA 复制-可能参与基因调控 | E I | Mahmoudian 等 (2012) |

（续）

| 开放阅读框（ORF） | 蛋白 | 预测氨基酸长度[a] | 预测分子质量（kDa）[b] | 表观分子质量（kDa） | 预测功能 | 转录 | 参考文献 |
|---|---|---|---|---|---|---|---|
| UL30 | DNA聚合酶催化亚基 | 1 093 | 121.7 | ND | DNA复制 | L Ⅲ | Mahmoudian 等（2012） |
| UL31 | 出核薄层蛋白 | 315 | 35.4 | 33 | 出核 | γ（β）E Ⅱ | Helferich 等（2007a）；Mahmoudian 等（2012） |
| UL32 | DNA包装蛋白UL32 | 583 | 65.2 | ND | DNA衣壳化 | L Ⅲ | Mahmoudian 等（2012） |
| UL33 | DNA包装蛋白UL33 | 120 | 13.6 | ND | DNA衣壳化 | E Ⅲ | Mahmoudian 等（2012） |
| UL34 | 出核膜蛋白 | 291 | 32.5 | ND | 出核 | E Ⅲ | Mahmoudian 等（2012） |
| UL35 | 小衣壳蛋白 | 125 | 14.3 | ND | 衣壳形成-可能与衣壳运输有关 | E/L Ⅰ | Mahmoudian 等（2012） |
| UL36 | 大衣壳蛋白 | 2785 | 312.2 | ND | 衣壳运输 | L Ⅲ | Mahmoudian 等（2012） |
| UL37 | 衣壳蛋白UL37 | 1023 | 113 | 110，100，58 | 病毒粒子形成 | γ（β）E/L Ⅰ | Helferich 等（2007a）；Mahmoudian 等（2012） |
| UL38 | 衣壳三聚体亚基1 | 483 | 52.7 | ND | 衣壳形成 | E Ⅱ | Mahmoudian 等（2012） |
| UL39 | 核糖核酸还原酶亚基1 | 787 | 87.7 | ND | 核苷酸代谢 | E Ⅲ | Mahmoudian 等（2012） |
| UL40 | 核糖核酸还原酶亚基2 | 311 | 36.1 | ND | 核苷酸代谢 | E Ⅰ | Mahmoudian 等（2012） |
| UL41 | 宿主关闭蛋白 | 401 | 45.8 | ND | 细胞信使RNA降解 | E/L Ⅰ | Mahmoudian 等（2012） |
| UL42 | DNA聚合酶合成亚基 | 437 | 48.7 | ND | DNA复制 | E Ⅰ | Mahmoudian 等（2012） |
| UL43 | 囊膜蛋白UL43 | 395 | 43.9 | ND | 可能参与膜融合 | E Ⅱ | Mahmoudian 等（2012） |
| UL44 | 糖蛋白C[d, e] | 415 | 46.4 | 60 | 细胞黏附 | E Ⅱ | Kingsley 等（1994）；Kingsley 和 Keeler（1999）；Veits 等（2003a）；Pavlova 等（2010）；Mahmoudian 等（2012） |
| UL21 | 衣壳蛋白UL21[d] | 533 | 60.5 | ND | 病毒粒子形成-与微管相互作用 | E/L Ⅰ | Ziemann 等（1998a）；Mahmoudian 等（2012） |
| UL20 | 囊膜蛋白UL20 | 233 | 26.4 | ND | 病毒粒子形成-膜融合，病毒扩散。 | E Ⅲ | Fuchs 和 Mettenleiter（1999）；Mahmoudian 等（2012） |
| UL19 | 主要衣壳蛋白 | 1404 | 155.4 | ND | 衣壳形成（6× 己烷；5× 戊酮） | E Ⅰ | Fuchs 和 Mettenleiter（1999）；Mahmoudian 等（2012） |
| UL18 | 衣壳三聚体亚基2 | 320 | 35.3 | ND | 衣壳形成 | L Ⅰ | Fuchs 和 Mettenleiter（1999）；Mahmoudian 等（2012） |

（续）

| 开放阅读框（ORF） | 蛋白 | 预测氨基酸长度[a] | 预测分子质量（kDa）[b] | 表观分子质量（kDa） | 预测功能 | 转录 | 参考文献 |
|---|---|---|---|---|---|---|---|
| UL15 | DNA包装末端酶亚基1（已拼接） | 765（369 + 396） | 85.3 | ND | DNA衣壳化 | L II | Fuchs 和 Mettenleiter（1999）；Mahmoudian 等（2012） |
| UL17 | DNA包装衣壳蛋白 UL17 | 718 | 80.4 | ND | DNA衣壳化-衣壳运输 | E/L I | Fuchs 和 Mettenleiter（1999）；Mahmoudian 等（2012） |
| UL14 | 衣壳蛋白 UL14 | 254 | 28.6 | ND | 病毒粒子形成 | E II | Fuchs 和 Mettenleiter（1999）；Mahmoudian 等（2012） |
| UL13 | 丝氨酸/苏氨酸蛋白激酶 | 466 | 52.7 | ND | 蛋白质磷酸化 | E II | Fuchs 和 Mettenleiter（1999）；Mahmoudian 等（2012） |
| UL12 | 碱性脱氧核糖核酸酶 | 527 | 60.0 | ND | DNA加工合成 | E/L I | Fuchs 和 Mettenleiter（1999）；Mahmoudian 等（2012） |
| UL11[c] | 肉豆蔻酰化膜相关蛋白[e] | 81 | 8.8 | 15 | 病毒粒子形成 二次包膜 病毒扩散 | L I | Fuchs 和 Mettenleiter（1999）；Mahmoudian 等（2012）Fuchs 等（2012）；Mahmoudian 等（2012） |
| UL10[c] | 糖蛋白 M[d] | 394 | 43.1 | 36，31 | 病毒粒子发生-膜融合未糖基化 | L I | Fuchs 和 Mettenleiter（1999，2005）；Mahmoudian 等（2012） |
| UL9 | DNA复制起始结合螺旋酶 | 893 | 100.7 | ND | DNA复制 | L I | Fuchs 和 Mettenleiter（1999）；Mahmoudian 等（2012） |
| UL8 | 解螺旋酶亚基 | 796 | 88.0 | ND | DNA复制 | E III | Fuchs 和 Mettenleiter（1999）；Mahmoudian 等（2012） |
| UL7 | 衣壳蛋白 UL7 | 359 | 40.9 | ND | 病毒粒子形成 | E II | Fuchs 和 Mettenleiter（1999）；Mahmoudian 等（2012） |
| UL6 | 衣壳门蛋白 | 714 | 80.8 | ND | DNA衣壳化-一个衣壳顶点的十二聚物 DNA切割和包装 | E II | Fuchs 和 Mettenleiter（1999）；Mahmoudian 等（2012） |
| UL5 | 解螺旋酶-引物酶亚基 | 841 | 95.3 | ND | DNA复制 | E III | Fuchs 和 Mettenleiter（1996）；Mahmoudian 等（2012） |
| UL4 | 核蛋白 UL4 | 179 | 19.6 | ND | 未知（与UL3和ICP22共定位） | E I | Fuchs 和 Mettenleiter（1996）；Mahmoudian 等（2012） |
| UL3.5 | 蛋白 V57 | 89 | 10 | ND | 可能参与病毒粒子形成 | L II | Fuchs 和 Mettenleiter（1996）；Mahmoudian 等（2012） |
| UL3 | 核蛋白 UL3 | 197 | 21.9 | ND | 未知（与UL4和ICP22共同定位） | E I | Fuchs 和 Mettenleiter（1996）；Mahmoudian 等（2012） |
| UL2 | 尿嘧啶-DNA糖化酶 | 298 | 34 | ND | DNA修复 | E I | Fuchs 和 Mettenleiter（1996）；Mahmoudian 等（2012） |
| UL1 | 糖蛋白 L | 149 | 16.6 | ND | 细胞进入-细胞间传播 | E I | Fuchs 和 Mettenleiter（1996）；Mahmoudian 等（2012） |

（续）

| 开放阅读框（ORF） | 蛋白 | 预测氨基酸长度[a] | 预测分子质量（kDa）[b] | 表观分子质量（kDa） | 预测功能 | 转录 | 参考文献 |
|---|---|---|---|---|---|---|---|
| UL0[c] | 蛋白UL0(已拼接)[d] | 399 (28＋371) | 57 | 63 | 未知，核定位 | γ L Ⅱ | Fuchs 和 Mettenleiter（1996）；Ziemann 等（1998b）；Veits 等（2003b）；Mahmoudian 等（2012） |
| UL[−1][c] | LORF2蛋白（拼接）[d] | 501 | 57.6 | 73 | 未知，核定位 | γ | Ziemann 等（1998b） |
| ICP4 | 转录调节因子感染细胞蛋白4（ICP4） | 1 491 | 161.8 | 200 | 基因调控 | IE | Johnson 等（1995b）；Mahmoudian 等（2012） |
| US10 | 病毒粒子蛋白US10 | 279 | 30.8 | ND | 未知 | E Ⅰ | Wild 等（1996） |
| sORF 4/3 | sORF3蛋白 | 295 | 32.1 | ND | 未知 | L Ⅱ | Wild 等（1996）；Mahmoudian 等（2012） |
| US2 | 病毒粒子蛋白US2 | 230 | 22.3 | ND | 未知-可能与被膜相关 | L Ⅰ | Mahmoudian 等（2012） |
| US3 | 丝氨酸/苏氨酸蛋白激酶US3 | 477 | 53.8 | ND | 蛋白质磷酸化-凋亡-出核 | γ1 E Ⅱ | Kongsuwan 等（1995）；Mahmoudian 等（2012） |
| UL47[c] | 衣壳蛋白VP13/14[d] | 625 | 67 | 67.5 | 可能参与基因调节 | γ2 E Ⅱ | Kongsuwan 等（1995）；Helferich 等（2007a、b）；Mahmoudian 等（2012） |
| US4[c] | 糖蛋白G[d] | 293 | 32 | 52 | 免疫调节 | γ (α, β) L Ⅲ | Kongsuwan 等（1993a）；Sun 和 Zhang（2005）；Devlin 等（2006b、2010）；Helferich 等（2007a）；Mahmoudian 等（2012） |
| US5[c] | 糖蛋白J[d, e] | 996, 611 | 107, 67 | 85, 115, 160, 200 | 决定病毒毒力, 出胞 | L Ⅲ γ2 | Veits 等（2003a）；Fuchs 等（2005）；Mahmoudian 等（2012） |
| US6[c] | 糖蛋白D[d] | 435 | 38.7 | 65, 70 | 细胞吸附-与细胞表面受体结合 | E/L Ⅱ | Mahmoudian 等（2012）；Pavlova 等（2013） |
| US7[c] | 糖蛋白I[d] | 363 | 38.2 | 62 | 细胞间扩散-与gE复合形成Fc受体 | E/L Ⅱ | Devlin 等（2006a）；Mahmoudian 等（2012）；Pavlova 等（2013） |
| US8[c] | 糖蛋白E[d] | 500 | 55.4 | 75 | 细胞间扩散-与gI复合形成Fc受体r | E/L Ⅰ | Devlin 等（2006a）；Mahmoudian 等（2012）；Pavlova 等（2013） |
| US9[c] | 膜蛋白US8A[d] | 261 | 27.9 | 37, 25 | | L Ⅲ | Mahmoudian 等（2012）；Pavlova 等（2013） |

a. 根据ILTV菌株CSW1的序列（JX646899.1）。

b. 如果尚未公布预测的分子质量，则使用ILTV菌株CSW1的预测氨基酸序列和蛋白质分子量计算器工具估算这些分子（http://www.sciencegateway.org/tools/index.html）。

c. 已为该ORF生成了基因特异性缺失突变体。

d. 已针对该蛋白生产了多克隆体。

e. 已针对该蛋白生产了单克隆体。

E：早；E/L：早/晚；IE：立早；L：晚；ND：不确定；P：前体。

通过深度测序技术已经至少鉴定出10种ILTV编码的小RNA（microRNA）分子，且这些分子都可以在细胞培养物中进行转录（Rachamadugu等，2009；Waidner等，2009）。其中，两个miRNA（I5和I6）与内部和末端重复序列中的ICP4编码区互补。其他miRNA（I1～I4）则存在于基因组末端UL区域的非编码序列中（Waidner等，2009）。此外，还有一个额外的miRNA（I7）存在于UL区域（OriL）的复制起点（Rachamadugu等，2009）。在ILTV复制周期的不同阶段，不同miRNA的相对丰度似乎也存在差异（Rachamadugu等，2009；Waidner等，2009），但其具体调控机制仍不明确，有待进一步研究。已有专家推测，miRNAs与主要转录激活因子ICP4互补定位的可能来源于Johnson等（1995b）早期报道的潜伏相关转录本（LATs）的加工。随后，Johnson等（1995）基于ICP4的核苷酸序列分析，发现了许多具有剪接供体和受体位点的潜在转录体，而这正是带状疱疹病毒（varicella zoster virus，VZV）和伪狂犬病病毒（pseudorabies virus，PRV）中与ICP4互补的LATs的典型特征。进一步研究表明，因为miRNA与ICP4存在序列互补，所以miRNA可以直接切割ICP4转录体来干扰ICP4的表达（Waidner等，2011）。考虑到ICP4是ILTV感染后唯一表达的α基因，所以miRNA对ICP4的调控可能会影响其裂解和潜伏状态之间的平衡。已有研究表明，在其他疱疹病毒中，LATs在潜伏期的建立、维持和激活中发挥重要作用，但ILTV的LAT作用尚不明确（Morgan等，2001；Kent等，2003）。此外，对ILTV潜伏感染后的三叉神经节进行转录组学分析可以帮助人们更深入地了解ILTV的潜伏感染，进而更好地认识和完善ILT的流行病学特征。

## 11.6 病毒蛋白及其功能

截至目前，已有许多研究报道了ILTV特异性基因编码的多肽特性，然而，对其功能仍然知之甚少。利用同源重组技术分别构建ORF A至ORF E（Veits等，2003c；García等，2016）、UL0（Veits等，2003b）和UL [–1]（Nadimpalli等，2017）的缺失突变体，并利用兔产生的针对融合蛋白的特异性抗血清来确定其中一些蛋白在细胞内定位，以揭示不同病毒蛋白的潜在功能（Ziemann等，1998b；Veits等，2003c）。

ILTV ORF A至ORF E编码的多肽氨基酸序列（在传染性喉气管炎病毒属中是保守的）彼此之间或与其他已知病毒或动物之间不存在序列相似性（Ziemann等，1998a）。类似地，ORF F编码的多肽氨基酸序列也同样如此。利用间接免疫荧光和共聚焦显微镜观察ORF A至ORF E表达产物在ILTV感染细胞中的定位，发现ORF C主要存在于细胞质中，只有少量存在于细胞核中。遗憾的是，其他ORFs表达产物（ORF A、ORF B、ORF D和ORF E）的特异性抗血清不能用于免疫荧光实验（Veits等，2003c），因此无法确定这些蛋白在细胞内的定位。随后，表达绿色荧光蛋白的ORF A至ORF E缺失突变体的成功构建，表明这些基因在体外感染细胞时是非必需的。分别利用ORF A至ORF E基因的缺失突变体进行体外感染实验，发现在不同的ORF表达产物之间存在一些功能上的相互依赖。例如，在ORF E缺失突变体体外感染时，ORF D的表达产物表达量降低。在ORF B缺失突变体体外感染时，ORF A的表达产物表达量升高（Veits等，2003c）。进一步对这些基因进行转录分析，发现它们主要表现γ基因的转录动力学特征，但由于它们都可以不同程度地逃脱环己酰亚胺或膦酰乙酸的抑制作用，因此推测它们的转录可能受到更复杂的调控，但具体调控机制尚不明确（Veits等，2003c；Mahmoudian等，2012）。也有研究表明，ORF A至ORF C和ORF D至ORF E还可能受不同类型启动子的调控（Mahmoudian等，2012）。此外，对不同细胞中不同缺失突变体的复制动力学和细胞间扩散特性的研究表明，尽管某些基因对于感染是非必需的，但每个特定基因的缺失都会导致子代病毒和病毒噬斑的减少。其中，ORF A、ORF D和ORF E的缺失突变体在体外感染细胞时，产生的病毒噬斑较小，病毒滴度较低；ORF B缺失突变体在体外感染细胞时，产生的病毒噬斑大小无明显变化，却显著降低了病毒滴度；ORF C缺失突变体在体外感染细胞时，却显示出病毒噬斑明显减小，但病毒滴度却无明显变化。随后，尽管进行了多次尝试，但仍无法成功构建出5个基因的共缺失突变体，只能成功构建出3个基因的共缺失突变体（ORF A、ORF B和ORF C发生突变），这些基因的缺失会显著影响病毒的生长特性（Veits等，2003c）。使用来自美国农业部ILTV毒株（USDAch）的不同ORF C缺失突变体进行体外感染研究发现，缺失ORF C会导致病毒噬斑明显减小，但细胞内外病毒滴度无明显变化。进一步进行体内实验，通过点眼或气管接种无特定病原体鸡（SPF鸡）后，ORF C缺失突变体感染表现出症状减轻的现象。与野生型毒株感染相比，感染6d后，气管拭子中的病毒滴度无显著差异，但其临床症状却更轻微，仅引起气管的轻微损伤（García等，2016）。尽管尚无定论，但迄今为止收集到的数据表明，ORF A至ORF E在病毒复制和病毒释放中具有重要且复杂的作用。就ORF C而言，它在细胞间传播中发挥着重要作用，而这似乎与病毒在体内引起组织破坏和病理变化的能力密切相关。研究这些ILTV独特肽表达（或缺失）相关的病毒组装、成熟和释放更有助于进一步阐明其在这些过程中的作用。此外，由于其中一些蛋白的定位与表达情况尚不清楚，所以未来的研究会聚焦于这些蛋白是仅在感染期间表达，还是病毒粒子（被膜或膜相关）的组成成分。

其余两个ILTV特异性的ORF，UL0和UL[−1]，位于UL1基因的上游，其表达产物由剪接的mRNA翻译而来（Ziemann等，1998b），定位于感染细胞的细胞核（Ziemann等，1998b）并且将其基因归类于γ基因（Ziemann等，1998；Mahmoudian等，2012）。UL0缺失突变体的成功构建证明了该基因并非不可或缺，因为缺失UL0仅仅导致病毒复制的轻微延迟，但病毒噬斑的大小与野生型亲本毒株相似（Veits等，2003b）。这与该基因的后期转录一同表明，UL0可能参与病毒粒子的形成，病毒DNA切割和衣壳化，或参与宿主细胞基因的调控（Ziemann等，1998b；Veits等，2003b）。在任何情况下，在ILTV体外感染时，UL0的作用似乎是次要的，并且研究认为这可能是由于缺少UL0基因时，UL[−1]基因的代偿能力所致，因为这两种蛋白之间的氨基酸序列同源性很高，且它们共定位于宿主细胞核中（Veits等，2003b）。UL0基因似乎是体内感染时的一种毒力因子，因为UL0缺失突变体感染的鸡与野生型毒株或拯救毒株感染的鸡相比，并没有表现出更严重的临床症状，并且产生的子代病毒明显减少，但是仍然可以抵御随后的ILTV强毒株感染（Veits等，2003b）。近年来，科学家致力于UL[−1]缺失突变体的构建。最新研究表明，与UL0相比，该基因对于病毒复制至关重要，并且UL[−1]缺失突变体病毒只能通过野生型毒株的基因互补作用来完成病毒的增殖（Nadimpalli等，2017）。体外感染时，UL0的这种非必需性与UL[−1]的本质截然不同，也表明了UL0基因编码的蛋白不能像先前假设的那样补充UL[−1]基因的功能。此外，两种基因编码的多肽具有大约30%的氨基酸同一性，这可能有助于解释它们的进化关系，但并不能说明它们具有相似的功能。

ILTV还在基因组的每个重复区域中编码sORF 4/3。这个sORF 4/3基因与禽α疱疹病毒2型（马立克病病毒，MDV）和禽α疱疹病毒3型（火鸡疱疹病毒，HVT）中的sORF3基因为同源基因。与此同时，该基因的同源基因也在其他禽疱疹病毒中被发现，如鹦鹉疱疹病毒1型（传染性喉气管炎病毒属）、鸭疱疹病毒1型（马立克氏病病毒属）、企鹅疱疹病毒2型和猎鹰疱疹病毒1型（国际病毒分类委员会未指定，但基于核苷酸序列同源性被非正式地归类于马立克氏病病毒属）（Spatz等，2014）。但值得注意的是，在ILTV和其他禽疱疹病毒中，该基因编码蛋白的功能仍然尚不明确。

其他与HSV同源的ILTV蛋白也是主要在转录、加工等过程中发挥作用，而特异性的基因缺失也是研究这些病毒蛋白在ILTV感染中作用的常用手段。除了上述提到的缺失突变体外，至少还构建出了ILTV另外10个基因的缺失突变体（表11.1），但在尝试构建其他疱疹病毒复制所必需基因的重组体时失败了（Pavlova等，2013），因此也证实了它们在ILTV感染和复制中的重要作用。

除了UL10（Fuchs和Mettenleiter，1999）和UL11（Fuchs等，2012）ORFs外，科学家已对UL1至

UL21 ORFs之间的所有基因进行了转录研究（Fuchs和Mettenleiter，1996，1999；Ziemann等，1998a；Fuchs等，2012；Mahmoudian等，2012），但其转录产物还没有被详细报道。UL10基因编码了糖蛋白M（gM），但在ILTV中却并没有被糖基化（Fuchs和Mettenleiter，1999）。目前，已知的两种形式的UL10基因产物（分别为36 kDa和31 kDa），均不受神经氨酸酶和N-糖苷酶联合处理作用的影响，这表明翻译后的多肽并没有被糖基化修饰。一种UL10缺失突变体在体外感染时表现为生长和复制特性受损（Fuchs和Mettenleiter，1999），但是，在天然宿主感染时是否表现出相同特性还需要进一步进行体内接种实验来证明。糖蛋M还可以与UL49.5编码的糖蛋白N（gN）形成异二聚体。其中，gM似乎催化gN的翻译后修饰以产生成熟的gN蛋白，表明gM的糖基化缺失并不影响gN的复杂形成和加工（Fuchs和Mettenleiter，2005）。值得注意的是，这些基因均不是病毒体外复制所必需的（Fuchs和Mettenleiter，1999，2005）。

UL11编码的保守肽在裂解感染过程中参与子代病毒的二次包膜。序列分析表明，与其他α疱疹病毒一样，在其N端包含了肉豆蔻酰化和棕榈酰化的位点，以及假定的酪蛋白激酶Ⅱ和蛋白激酶C的磷酸化位点。转录分析表明，UL11属于γ基因（Fuchs等，2012；Mahmoudian等，2012），其表达的多肽被整合入病毒粒子的被膜（Fuchs等，2012）。与野生型ILTV相比，UL11缺失突变体在细胞培养物中生长速度较慢并且产生的病毒噬斑更小，这表明尽管UL11对于复制是非必需的，但它对具有复制能力的病毒体产生和有效的细胞间传播很重要。利用免疫染色进行超微结构研究发现，缺少UL11不会影响病毒粒子核衣壳组装和初级包膜的形成，但会导致胞浆内未被囊膜包裹的衣壳异常积累，几乎没有成熟病毒粒子释放到细胞外，这表明次级包膜过程发生了改变。此外，在UL11缺失突变体感染的细胞中，也观察到细胞质中异常被膜蛋白的积累和反式高尔基体网格中发生次级包膜的膜结构改变（Fuchset等，2012）。UL11编码蛋白通常与其他人α疱疹病毒中UL16编码蛋白发生相互作用，但UL16基因在ILTV基因组中并不保守。尽管存在这些差异，ILTV UL11在二次包膜过程中似乎仍具有保守的功能，这可能与其他尚未鉴定的病毒蛋白相关（Fuchs等，2012）。

UL21的上游是UL区域内从UL22到UL44的一个倒置结构（图11.1）。在鹦鹉疱疹病毒1型的基因组中也发现了类似的倒置结构（Thureen和Keeler，2006），而在伪狂犬病毒的基因组中其倒置结构位于UL27至UL44之间（Klupp等，2004）。除少数基因（表11.1）外，包括UL23（胸苷激酶，TK）、UL27（糖蛋白B，gB）、UL31、UL37、UL44（糖蛋白C，gC），UL46和UL48～50，大多数位于该倒置区域及其上游的基因仍未被鉴定。

胸苷激酶（TK）是ILTV中不可或缺的毒力因子，在体外不参与病毒复制或细胞间传播。目前，科学家们已构建出两个TK缺失突变体，并检测了其体外生长特性和体内毒力衰减特性（Schnitzlein等，1995；Han等，2002）。同时，也已经研究了ORF UL27（gB）、UL31、UL37、UL46和UL48编码的蛋白的表达、加工及细胞内定位，发现其功能与其他疱疹病毒中的同系物一致（Poulsen和Keeler，1997；Helferich等，2007a）（表11.1）。使用多克隆抗体研究发现，gB在内质网（ER）中先表达为110 kDa的单体，这些单体迅速组装由100 kDa亚基组成的同型二聚体。随后，未成熟的同型二聚体被转运至反式高尔基体网格，在其中通过添加糖（岩藻糖）并将寡糖侧链转化为复杂的碳水化合物进行进一步修饰。最后，将经过修饰的gB二聚体蛋白水解切割形成两个以二硫键连接的多肽，每个多肽的分子质量为58 kDa（Poulsen和Keeler，1997）。

UL44基因编码gC，这是一种保守的α疱疹病毒蛋白，参与病毒对细胞的吸附和入侵，以60 kDa的N-糖基化产物形式表达，被纳入病毒粒子并在感染细胞的细胞表面表达（York等，1990；Kingsley等，1994；Veits等，2003；Mundt等，2011）。不同实验室生产的单克隆抗体（mAb）检测到的60 kDa多肽产物（York等，1987，1990；Veits等，2003a；Mundt等，2011）最初被认为是糖蛋白J（Kongsuwan等，1993b），但现在已证实此种产物为糖蛋白C（Veits等，2003a）。科学家们已经成功构建出UL44缺失突变体（Pavlova等，2010），并且已经对该糖蛋白进行了一些功能上的分析（Kingsley等，1994；Kingsley和

Keeler，1999；Pavlova等，2010）。研究发现，在ILTV中含有大量的糖蛋白C，但该蛋白在N端的胞外域中缺少带正电荷的区域，而在其他疱疹病毒中，该区域负责与细胞表面蛋白聚糖发生相互作用，因此ILTV不会与表面含有乙酰肝素或硫酸软骨素的蛋白聚糖发生相互作用（Kingsley和Keeler，1999），初步证明ILTV gC在病毒吸附过程中可能并不重要。进一步，使用ILTV gC缺失突变体进行体外研究发现，野生型毒株或gC缺陷型毒株与可溶性肝素或硫酸软骨素预吸附后对病毒感染CEK细胞的能力没有任何影响，这也进一步证实了上述发现。然而，与野生型毒株相比，gC缺失突变体在体外确实也表现出略微延迟的入侵动力学特征，并且产生的病毒噬斑明显小于野生型毒株。以上这些结果表明，gC在病毒入侵中仍发挥一定的作用，但具体机制尚不明确（Pavlova等，2010）。此外，体内研究表明，gC在体内感染期间也是必不可少的，它是ILTV的一种毒力因子，并且可能参与机体的免疫调节（请参阅"发病机制和免疫"），而这可能也是gC缺失突变体毒力衰减的原因（Pavlova等，2010）。鉴于gC的高免疫原性（York等，1987，1990；Veits等，2003；Pavlova等，2010；Mundt等，2011），其缺失突变体接种动物后可以很好区分自然感染动物和接种动物之间的差异（DIVA），故在防控策略中是一种很好的候选疫苗（Pavlova等，2010）。

UL49.5编码的gN与gM的相互作用已经在上文进行了描述。UL50编码了脱氧尿苷三磷酸酶（dUTPase），但其在病毒体内外复制过程中是非必需的，并且其缺失对病毒复制、病毒在细胞间传播及病毒毒力没有影响（Fuchs等，2000）。

在ILTV基因组的US区域内，有5个保守的α疱疹病毒基因（US4 ~ 8），其表达产物包括疱疹病毒gD蛋白家族的成员糖蛋白G［gG（US4）］，糖蛋白D［gD（US6）］和糖蛋白I［gI（US7）］（McGeoch，1990；Kongsuwan等，1993a；Thureen和Keeler，2006），并且在其翻译多肽的N-末端含有保守的半胱氨酸残基（McGeoch，1990）。在US区域内还包含有从UL区域移位至US4基因上游的UL47基因（Kongsuwan等，1995；Wild等，1996；Ziemann等，1998a）（图11.1）。除US2、US3（蛋白激酶）和US6（gD）外，针对US区域内的每个基因都构建了其特定的基因缺失突变体（Fuchs等，2005；Devlin等，2006a、b；Helferich等，2007a、b；Pavlova等，2013）。目前，尚未明确ILTV US2的功能，但对US3的序列和转录分析发现，US3蛋白中存在丝氨酸/苏氨酸激酶的保守结构域，这表明其功能可能与它在其他疱疹病毒中的功能是一致的（Kongsuwan等，1995）。此外，US3基因被Kongsuwan等归类于晚期基因（γ1基因）（Kongsuwan等，1995），但被Mahmoudian等归类于早期基因Ⅲ（Mahmoudian等，2012）。

糖蛋白G是ILTV中一种高特征性蛋白，由US4基因编码，起到病毒趋化因子结合蛋白（vCKBP）的作用（Devlin等，2010），并且该功能在α疱疹病毒中是高度保守的（详见"发病机制和免疫性"）（Van De Walle等，2008）。gG是一种分泌的糖基化蛋白（Kongsuwan等，1993a；Helferichet等，2007a、b；Devlin等，2010；Pavlova等，2013），可能与病毒在细胞间的传播有关（Sun和Zhang，2005）。然而，在体外实验中，通过对两株不同的gG缺失突变体的生长和复制特性的研究，明确了gG与病毒复制及病毒在细胞间传播无关（Devlin等，2006b；Helferich等，2007b）。通过转录分析，将US4基因归类为主要的晚期基因（γ基因）。但是，在环己酰亚胺和膦酸乙酸的影响下，US4也可以进行转录，因此US4也属于即刻早期基因（α基因）和早期基因（β基因）（Helferich等，2007a；Mahmoudian等，2012）。对缺失gG和表达gG的ILTV毒株进行基因转录动力学分析发现，gG的缺失与许多其他病毒基因在体内外的转录变化有关，表明gG具有潜在的基因调控作用（Mahmoudian等，2013），而这也与转录级联的早期（α和β）阶段的US4转录一致（Helferich等，2007a；Mahmoudianet等，2012）。进一步使用gG特异性多克隆抗体进行间接免疫荧光研究发现，该蛋白主要定位在感染细胞的细胞质中（Helferich等，2007a）。

UL47基因编码一种主要的被膜蛋白，该蛋白对于病毒在体内外的复制是非必需的（Helferich等，2007b）。UL47基因最初被Kongsuwan和Helferich等归类于晚期基因（γ2基因）（Kongsuwan等，1995；

Helferich等，2007a），但后来被Mahmoudian等归类于早期基因（EII基因）（Mahmoudian等，2012）。进一步研究发现，pUL47存在于感染细胞的细胞质和细胞核中（Helferich等，2007a），但与野生型毒株相比，其缺失仅导致病毒复制稍有延迟，病毒滴度降低为野生型毒株的1/10，但其产生的病毒噬斑大小并没有明显变化。超微结构研究发现，其缺失也会导致感染细胞内部和外部的病毒粒子数量大大减少，但没有任何数据表明病毒粒子在成熟过程中发生了改变。考虑到pUL47的核定位，推测其可能也参与了细胞核中的基因调控或粒子组装（Helferich等，2007b）。此外，与野生型毒株相比，缺失了UL47的毒株在体内毒力不断衰减，引起的临床症状与病理变化也较为轻微，同时气管内病毒滴度降低为野生型毒株的1/100（Helferich等，2007b）。

US5基因属于晚期基因（γ2或LⅢ基因）（Fuchs等，2005；Mahmoudian等，2012），其编码的糖蛋白J（gJ）是一种N和O糖基化的多肽，随后整合入ILTV病毒粒子的囊膜中（Veits等，2003a）。目前，对HSV的研究发现，gJ可以抑制感染细胞的凋亡（Zhouet等，2000；Jerome等，2001；Aubert等，2008），但在ILTV中尚未证实该功能。考虑到ILTV和HSV之间gJ的氨基酸同源性非常低（Kongsuwan等，1993b；Veits等，2003a；Fuchs等，2005），该蛋白的功能可能不同。关于gJ的分子质量存在一些争论，最初使用特异性单克隆抗体研究发现，它的表达产物为60 kDa大小的多肽，因此命名为gp60（Kongsuwan等，1993b）；然而，进一步的研究最终确定，gJ来源于剪切和非剪切RNA，并被翻译成4个不同分子质量（85、115、160和200 kDa）的多肽。此外，不同实验室生产的单克隆抗体一致识别出大小相似的糖蛋白复合物（York等，1987，1990；Abbas等，1996；Veits等，2003a；Mundt等，2011）。先前认为，这种由4种多肽组成的复合物代表gB复合物（Kongsuwan等，1991），然而，使用特异性多克隆抗体进行免疫沉淀试验发现，gB复合体是由分子质量分别为58、100和110 kDa的多肽组成（Poulsen和Keeler，1997）（见上文）。160 kDa的多肽产物代表gJ的未成熟形式，主要的85 kDa多肽产物由剪切mRNA翻译所得，而115 kDa和200 kDa多肽产物则是由未剪切mRNA翻译所得，而后所有这些多肽产物（除了不成熟的形式）都被整合入病毒粒子中（Fuchs等，2005）。翻译完成后，其翻译产物首先在内质网中进行N-糖基化修饰，之后进一步转运至反式高尔基体网络，在该网络中完成O-糖基化和蛋白水解裂解。在多步生长试验中，gJ的缺失导致病毒滴度的下降，但对病毒噬斑大小没有明显的影响，表明gJ可能在病毒复制中发挥作用，但在细胞间传播中无明显作用（Fuchs等，2005）。同样，由USDAch ILTV毒株构建产生的另一个gJ缺失突变体接种鸡胚尿囊膜后，病毒体更倾向于在组织细胞内积累，而并没有释放到尿囊液中，表明病毒入侵和病毒复制未受到任何损伤，但病毒的释放受到了明显的抑制（Mundt等，2011）。此外，已经证明gJ缺失突变体可以在体内传代致弱并且接种后能够赋予鸡保护性免疫力（Fuchs等，2005；Mashchenko等，2013）。由于gJ具有高水平的免疫原性，所以在DIVA控制策略中，gJ缺失苗也是一种很好的候选疫苗（York等，1987；Fuchs等，2005；Mundt等，2011；Mashchenko等，2013）。

糖蛋白D（US6）是一种保守的α疱疹病毒蛋白，是细胞表面受体的主要病毒配体。两者结合后，通过gD和gB之间的相互作用及病毒囊膜上的gH/gL介导作用引起gD构象变化触发了后续一系列事件，诱使病毒囊膜与细胞膜发生融合，使病毒核衣壳进入细胞质中（Spear等，2000；Spear和Longnecker，2003；Rey，2006；Campadelli-Fiume等，2007）。ILTV gD主要翻译为两种多肽，分子质量分别为65 kDa和70 kDa，尽管其氨基酸序列中存在多个N-糖基化的推定位点，但其并未发生N-糖基化修饰。其中，70 kDa的多肽被整合到病毒粒子中，而65 kDa的多肽通常见于细胞裂解物中，可能代表gD的未成熟、降解等不同形式（Pavlova等，2013）。与MDV相反（Parcells等，1994），目前仍无法构建出ILTV gD缺失突变体，进而也证实了gD在ILTV复制中起着重要作用（Pavlova等，2013）。目前，已经报道了多种与哺乳动物α疱疹病毒gD结合的细胞表面受体，如疱疹病毒入侵介体（HVEM或CD155），nectin-1（以前称为HveC）和

nectin-2（以前称为HveB）等（Spear等，2000；Spear和Longnecker，2003；Campadelli-Fiume等，2007），但ILTV是否使用相同的配体（gD）与受体发生相互作用尚不清楚。一方面，尚未在鸡基因组中发现与哺乳动物疱疹病毒入侵相关的TNF家族受体（HVEM）的同源物，也没有发现它们的同源配体（LIGHT和淋巴毒素-α）（Kaiseret等，2005）。另一方面，在鸡基因组中（国际鸡基因组测序联合会，2004）已经预测存在有nectinS1和nectinS2（也称为脊髓灰质炎病毒相关受体1和2）。总之，ILTV利用哪些受体入侵细胞仍然是一个值得探究的问题。

　　US7编码的糖蛋白I和US8编码的糖蛋白E是两种N-糖基化多肽，感染细胞（CEK细胞）后位于细胞质中（Pavlova等，2013），主要与病毒在细胞间的传播有关（Devlin等，2006a；Pavlova等，2013）。先前有报道称，在缺少野生型毒株的情况下，双缺失突变体无法完成病毒复制过程，因此科学家认为gI和gE是病毒复制必不可少的（Devlin等，2006a）。然而，利用双缺失突变体和单缺失突变体进行研究却并没有得出相同的结论。gI和gE的单缺失突变体能够在细胞培养物中复制，其病毒滴度与野生亲本毒株或拯救毒株相差无几，但产生的噬斑明显更小，进而也证实了其在细胞间传播中的作用。进一步研究发现，gI缺失并不会影响gE表达，反之亦然，但gI和gE缺失对病毒复制和病毒噬斑的大小有显著影响。目前认为，Devlin等（2006a）构建的第一株双缺失突变体的复制缺陷可能是由于相邻基因核苷酸序列的无意改变，尤其是US6（gD）基因序列的改变（Pavlova等，2013）所引起的。但是，对gI/gE缺失上游核苷酸序列的分析显示，缺失突变体中US6序列并没有改变（Devlin等，2006a），这表明该突变体中的复制缺陷可能是由于US6以外的改变引起的。此外，gE或gI缺失突变体均未进行过体内感染研究。

　　与编码gD的基因一样，US9基因也已被归类为晚期基因（Mahmoudian等，2012；Pavlova等，2013），其表达产物为分子质量37 kDa和25 kDa的两种多肽形式，且均未经过N-糖基化修饰（Pavlova等，2013）。仅有极其微量的表达产物被掺入病毒粒子中，并且通过间接免疫荧光技术确定该蛋白定位于被感染细胞的细胞质中。此外，随着ILTV US9缺失突变体的成功构建，研究发现，该基因的缺失似乎不影响病毒复制及病毒在细胞间的传播（Pavlova等，2013）。

## 11.7　致病机制与免疫

　　ILTV可以感染呼吸道上皮细胞，并在感染后诱导细胞发生裂解，释放病毒进而感染周围的上皮细胞，形成往复的一种循环（Calnek等，1986）。在实验接种后，在呼吸道外的组织中也检测到了病毒，因此，ILTV感染也被称为全身性感染（Bagust等，1986；Oldoni等，2009；Wang等，2013）。在急性感染期间，ILTV可以感染外周神经系统中的感觉神经元（Bagust等，1986），并在其中保持潜伏感染状态。到目前为止，只有气管和三叉神经节被确定为病毒的潜伏组织位点（Bagust，1986；Williams等，1992）。但也有研究报道称，病毒的潜伏感染状态在某种条件下可以被再激活（Hughes等，1989，1991b；Coppo等，2012）。此外，家禽对于ILTV的感染性呈现一个明显的年龄差异，随着家禽的年龄增长，其对于ILTV感染的抵抗力增强，所以在年龄较大时可承受较高剂量的ILTV感染（Fahey等，1983）。

### 11.7.1　急性感染

　　目前，已经建立了几种ILTV感染鸡的实验动物模型用于急性裂解性感染的研究，但尚未用于潜伏感染的研究。因此，与潜伏感染特征相比，ILTV急性感染的特征要容易理解研究。通常情况下，急性感染实验模型会经眼或气管接种不同剂量的病毒液，其接种剂量范围通常为每只鸡$10^2 \sim 10^5$噬斑形成单位（PFU）、$10^2 \sim 10^5$半数组织感染量（$TCID_{50}$）或$10^2 \sim 10^5$半数胚胎感染量（$EID_{50}$）。禽类通常在接种后

3～6d内出现临床症状，并开始向外排毒，可通过PCR检测或上呼吸道（气管、结膜、腭裂）采集的标本（活体动物）及在尸体黏膜表面刮下的黏液等进行培养检测（Fahey等，1983；Bagust等，1986；Guy等，1990；Fuchs等，2000；Kirkpatrick等，2006a；Oldoni等，2009）。最近的一项研究表明，该病毒的接种途径决定了接种后的感染部位。有趣的是，与其他感染组织中观察到的相反，尽管在哈氏腺中检测到了病毒抗原和基因组，但并未发现明显的微观病变，这表明哈氏腺可能是病毒的一个重要吸收位点（Beltrán等，2017）。在急性感染实验中，ILTV不仅感染上呼吸道，而且会全身分布。在感染后5～7d，在肝脏和肺中分离检测到病毒（Bagust等，1986）。在感染后5～9d，在胸腺中也分离检测到病毒（Oldoni等，2009）。通过定量PCR（qPCR），还可以从实验接种鸡的三叉神经节（感染4～5d）、胸腺（感染5～9d）、盲肠扁桃体（感染4～5d）和泄殖腔中检测到病毒粒子的存在（Oldoni等，2009）。后来进一步研究发现，在感染鸡体内几乎所有器官都可以检测到ILTV的存在，包括脑、肺、心脏、腺胃、脾脏、十二指肠、胰腺、小肠和大肠、盲肠、肾脏和法氏囊等，其最早出现在感染后1d，最晚在感染后28d（Wang等，2013；Zhao等，2013），有时还伴有明显的病变（Wang等，2013）。此外，通过PCR和巢式qPCR也可以在羽轴检测到ILTV的存在（Davidson等，2009；Davidson等，2016）。尽管在细胞培养物中分离的病毒无法检测到病毒血症（Bagust等，1986），但在呼吸外组织中对ILTV的研究表明ILTV是呈全身系统分布的。尚未有文献报道更为灵敏的分子检测方法，例如利用qPCR检测血液样本中的病毒血症。此外，单核细胞/巨噬细胞（而非淋巴细胞）在体外容易被ILTV感染（Chang等，1977；Calnek等，1986；Loudovaris等，1991a，b），所以推测其可以作为病毒传播的重要媒介（Oldoni等，2009）。但是，Joanne M.的研究团队未能在急性感染鸡的外周血单核细胞（PBMCs）中检测到ILTV基因组（未发表），这表明ILTV的传播可能需要另一种媒介。

ILTV引起的气管感染通常伴有气管管腔直径的减小，多数病例是由于气管上部和中部的白喉病变，通常在喉部和气管上部有酪蛋白塞。这种阻塞加上已经很硬的结构（鸡有完整的软骨气管环）导致病鸡出现呼吸困难（Linares等，1994；Bagust等，2000）（请参见"临床特征，诊断和流行病学"）。据报道，ILTV感染引起的黏膜厚度增加也可能导致管腔直径减小（Guy等，1990；Devlin等，2006b）。此外，有研究认为，在呼吸道预防/控制感染中起重要作用的呼吸道黏蛋白（Vareille等，2011）也会造成气管腔狭窄（Linares等，1994）。然而进一步实验表明，在ILTV感染急性期，主要的呼吸道黏蛋白（Muc5AC和Muc5B）似乎也并不那么重要，因为它们很少出现在感染ILTV的鸡气管中。相反，脱落的上皮细胞和DNA胞外诱捕网是ILTV感染时气管中观察到的黏液样栓的主要成分。其中，DNA胞外诱捕网多是由感染ILTV的异嗜性细胞所产生，因此推测异嗜性细胞是体内DNA胞外诱捕网的重要来源（Reddy等，2017）。

虽然不同ILTV毒株在上呼吸道内表现出不同的组织嗜性（Kirkpatrick等，2006a），但它们也可以在这些组织中以不同的效率进行复制（Oldoni等，2009；Lee等，2015），进而导致不同程度的毒力变化和疾病。有趣的是，在Kirkpatrick等的研究报告中（2006a），导致最高死亡率的毒株对上呼吸道组织没有特殊的偏好，仅引起气管的轻度损伤和有限的病毒脱落，这进一步证实了ILTV感染是一种全身性疾病。使用气管和结膜黏膜外植体研究发现，ILTV侵袭黏膜的能力有限（与其他α疱疹病毒相比），且相较于气管，其更容易侵袭结膜黏膜外植体，这表明该研究中使用的病毒毒株可能有特定组织趋向性（Reddyet等，2014）。此外，与气管上皮相比，ILTV还可能更容易渗透结膜的基底膜。总之，ILTV穿透任何受感染黏膜基底膜的能力（尽管有限）与该病毒的血液学分布一致，也与感染后期在呼吸外组织中检测到ILTV的病毒载量一致（感染后5～9d）（Bagust等，1986；Oldoni等，2009）。

### 11.7.2 潜伏感染

尽管ILTV潜伏感染特征在该病的流行病学中非常重要，但目前对其了解甚少。1987年，Hughe等第一次报道了ILTV携带者的存在，这表明ILTV与其他疱疹病毒一样能够建立潜伏感染（Hughes等，1987）。从那以后，又有多次研究报道了潜伏感染的重新激活（Hughes等，1989，1991b；Coppoet等，2012），并且其多与应激源相关，例如禽类开始产蛋和鸟类重新栖居（Hughes等，1989）。但有趣的是，免疫抑制药物如地塞米松（Bagust，1986；Hughes等，1989）或环磷酰胺（Bagust，1986；Williams等，1992）却未能引起病毒潜伏感染再激活。ILTV的潜伏位点是气管（已从携带鸡的气管培养物中分离出病毒）（Bagust，1986）和三叉神经节（唯一在携带禽类中DNA检测阳性的组织）（Williams等，1992）。对三叉神经节检测研究发现，早在感染后5d就已在该组织中检测到ILTV的存在（Bagust等，1986；Oldoni等，2009），但通过分离或分子方法，未从潜伏感染的个体中分离出该病毒（Bagust，1986；Williams等，1992）。目前，ILTV尚无与潜伏期有关的转录本，但通过ICP4基因的核苷酸序列分析已鉴定出推定的LAT（Johnson等，1995b）。进一步研究ILTV miRNA的转录和功能发现，它们可能在ILTV感染的建立和维持中发挥作用，因为这些miRNA（I5和I6）能够直接裂解ICP4转录产物，从而打破潜伏感染和裂解感染之间的平衡（Waidner等，2011），但这一推论尚未得到证实。因此，通过分子方法或病毒培养技术开发可靠的ILTV潜伏感染模型和工具，以检测和区分潜伏感染与裂解感染，将有助于增进我们对ILTV潜伏感染的了解。此外，高通量测序技术的日益普及可能有助于在潜伏感染部位识别鉴定LATs。

### 11.7.3 病毒调控宿主反应的策略

Reddy等（2014）的一项研究发现，与其他疱疹病毒感染类似，ILTV感染后也可抑制细胞发生凋亡（Wang等，2011；Chang等，2013；Wang等，2011；Guo等，2015；Li等，2015）。进一步研究表明，ILTV感染可诱导原癌基因酪氨酸蛋白激酶（Src）和黏着斑激酶（Fak）的活化及磷酸化，它们通过正反馈通路协同工作，以延长感染细胞的存活时间，因此可以保持ILTV较高水平的复制。在体外，通过siRNA或化合物抑制Src表达会导致细胞死亡数增加、细胞病变效应增强和细胞坏死与凋亡的增加，这表明其可导致ILTV毒力增强。同时，由于这种抑制作用引起细胞存活时间变短，还会导致病毒复制水平降低。随后，科学家们在体内（卵）也发现了类似的结果，即化学处理抑制Src或Fak表达后会使ILTV感染引起的鸡胚死亡数和肝损伤数增加，并以剂量依赖性方式减少病毒的复制（Liet等，2016）。疱疹病毒以调节宿主的免疫应答反应而闻名，但是，尚不明确哪种病毒因子与该调节能力密切相关，因为这也是首次Src和Fak参与疱疹病毒对宿主反应调节的报道。最近的研究表明，ILTV通过旁分泌抑制p53（一种参与抗癌和抗病毒反应的分子）来激活感染细胞附近的未感染细胞的凋亡。而附近未感染细胞的凋亡对ILTV的致病性具有重要影响，在受感染的鸡胚中能引起更严重的病变和死亡，并在全身性病毒传播中发挥重要作用（Li等，2016）。ILTV调节宿主免疫应答的另一种重要方式是宿主关闭蛋白的合成（由UL41编码；表11.1），该蛋白在感染的早期阶段就可以裂解宿主mRNA，从而影响免疫介质（例如I型干扰素）的表达（Taddeo和Roizman，2006；Lin等，2010；Saffran等，2010；Su等，2015；Liu等，2016）。但是，由于在ILTV感染早期，只有少数宿主起源肽会受到感染的影响，所以与其他疱疹病毒相比，这种方式在ILTV感染中发挥的作用是有限的（Prideaux等，1992）。

gG是调节宿主免疫应答的一种方式，其是ILTV的一种毒力因子（Devlin等，2006b），仅作为分泌产物表达（Kongsuwan等，1993a；Pavlova等，2010，2013），并具有结合多种人和鼠趋化因子的能力，故被认为是一种病毒趋化因子结合蛋白（vCKBP）（Devlin等，2010）。同样，在其他α疱疹病毒和痘病毒中也存在类似的vCKBP（Alcami，2007；Van De Walle等，2008）。趋化性分析发现，ILTV gG的表达可在体外抑制异嗜性细胞的趋化性，而在体内，进一步研究比较了gG缺失和表达gG的ILTV感染后引起的免疫反应差异。研究发现，B淋巴细胞、CD4$^+$淋巴细胞和CD8α$^+$T淋巴细胞亚群的数量以及浸入气管黏膜异嗜性细胞的数量发生了变化，其中gG的表达使适应性免疫应答从细胞介导的应答转变为抗体介导的免疫应答（Devlin等，2010），而抗体产生被认为在保护中不那么重要（见下文）。最近的研究还表明，gG对与ILTV感染后有关的细胞因子和趋化因子配体的转录有直接影响，由于存在gG，鸡IL-8直系同源物chCXCLi1和chCXCLi2（以及其他）的转录在体外和体内感染过程中均发生了改变（Coppo等，2018）。总之，细胞因子转录的这些变化有助于解释募集到感染部位的白细胞群体的某些变化。

ILTV gC（UL44）是ILTV调节宿主免疫应答的另一种方式。gC在ILTV入侵细胞中的作用尚未明确（参见分子生物学和病毒遗传学部分），但已证实其具有免疫调节功能。进一步体内感染研究发现，与表达gC的ILTV相比，gC缺失的ILTV在感染后的前7d，其抗原递呈细胞（MHCII$^+$/Bu1$^-$）数量增加，而在此期间B淋巴细胞（Bu1$^+$/MHC II$^+$）和CD4$^+$T淋巴细胞、CD8$^+$T淋巴细胞数量保持不变，但在感染21d后有所增加。有趣的是，gC缺失的ILTV免疫的鸡与野生型ILTV免疫的鸡相比，其体内所有淋巴细胞亚群的数量一直稳定地增加到更高的水平（Pavlova等，2010）。此外，α疱疹病毒中的HSV表达的gC还可以与补体的C3/C3b成分发生相互作用，从而抑制补体的结合（Fries等，1986；Eisenberg等，1987；Harris等，1990；Tal-Singer等，1991；Huemer等，1992，1993；Hung等，1994；Kostavasili等，1997；Rux等，2002；Hook等，2006；Awasthi等，2009）。因此，有科学家提出这种相互作用也可能发生在ILTV gC与C3/C3b之间，这将有助于解释其对宿主的免疫调节机制（Pavlova等，2010），但具体的相互作用仍有待进一步研究。

## 11.8 免疫应答

体内外研究表明，ILTV糖蛋白是ILTV的主要免疫原，所以科学家们研发出许多表达ILTV糖蛋白的病毒载体疫苗，并不断推向商业化（请参阅"疫苗"部分内容）。使用针对ILTV全病毒裂解物的单克隆抗体研究表明，ILTV主要存在两种糖蛋白复合物，gC和gJ（York等，1987，1990；Abbas等，1996；Veits等，2003a）（参见"分子生物学和病毒遗传学"部分内容）。在蛋白免疫印记试验中，gJ和gC均与大多数测试的鸡抗血清反应强烈（York等，1987；York和Fahey，1991；Veits等，2003a），同时，当鸡接种gC和gJ时，还观察到在接种4周后，鸡体产生明显的细胞免疫（迟发型超敏反应）（York和Fahey，1990）。当相同亲和力纯化的糖蛋白一起作为疫苗给药时（连同其他尚未鉴定的74 kDa和50 kDa蛋白一起使用），接种4周后，在大多数接种鸡体中均可检测到抗体的存在，并延迟超敏反应的发生。此外，用ILTV强毒株感染疫苗接种鸡时，在感染后3～5d，大多数接种了糖蛋白的鸡气管内检测不到ILTV抗原的存在（York和Fahey，1991）。据此来看，至少在低感染率地区，携带ILTV糖蛋白的病毒载体疫苗有望成为传统弱毒ILTV疫苗的有效替代品。但值得注意的是，可能是由于缺乏有效的与给药途径（皮下、卵内或通过翼网）相关的局部免疫应答，这些疫苗不能像鸡胚疫苗（CEO）一样高效地抑制气管中ILTV病毒的复制（Coppoet等，2013）。

早期研究表明，相较于抗体介导的免疫应答，细胞介导的免疫应答在ILTV感染后显得更为重要（Fahey等，1983；Fahey和York，1990）。与正常接种鸡相比，通过剖腹（通过手术或化学疗法联合使用环磷酰胺）进行接种的鸡，其临床症状和死亡率更低，并且两组鸡都用了相同的时间从气管中清除疫苗病毒（Fahey和York，1990）。有趣的是，这一结果反而突显了抗体可能在ILTV的致病机制中产生有害作用，同时，在没有事先暴露于 ILTV 的情况下，抗体介导的免疫应答在弱毒疫苗引起的鸡体免疫反应中并不那么重要。当用 ILTV 强毒株感染疫苗接种的鸡时，经剖腹手术接种的鸡能够承受与正常接种鸡相似的病毒感染剂量（Fahey 等，1983；Fahey 和 York，1990）。免疫荧光检测发现两组鸡气管中 ILTV 感染水平没有差异，尽管两组之间的局部 IgA 和 IgY 水平存在明显差异（Fahey 和 York，1990）。此外，尽管高免疫力的抗 ILTV 血清的被动转移在鸡体中产生了高水平的体液抗体，但 ILTV 强毒株感染的抗 ILTV 血清接种鸡与 SPF 鸡血清接种鸡相比，在临床疾病方面并没有显著差异（Fahey 等，1983）。综上所述，所有这些研究的结果表明，体液或黏膜抗体对初次接触或接种后的 ILTV 的保护并不重要。

早期研究表明，在组织相容性鸡之间进行不同类型的免疫细胞过继移植时，只有免疫鸡的脾细胞能够对 ILTV 强毒株感染起到保护作用。进一步通过移植免疫鸡的 PBMC，也获得了类似的结果，但移植免疫鸡的法氏囊细胞或胸腺细胞却不能产生有效的保护作用（Fahey 等，1984）。这些结果表明，细胞介导的免疫应答在抑制 ILTV 感染中起到了重要作用，并且也表明免疫鸡脾脏中存在的非特异性免疫细胞，如 NK 细胞或单核细胞在抑制 ILTV 感染中可能不是那么重要。然而，应用 toll 样受体激动剂在体外作用于原代单核细胞、单核/巨噬细胞系（MQ-NCSU 或 HD11）或卵内后发现，非特异性刺激免疫系统可诱导单核细胞介导的抗病毒机制，即可以抑制细胞、鸡胚以及雏鸡的 ILTV 感染（Haddadi 等，2013，2015；Thapa 等，2015；Abdul-Cader 等，2018；Ahmed-Hassan 等，2018）。但单核/巨噬细胞在 ILTV 体内感染中的作用尚不明确。

Fahey 等（1984）的研究还指出，胸腺切除的鸡感染 ILTV 会导致突发的临床疾病甚至引起死亡，但是当时这种观点缺乏有力的实验数据支持。随后，Honda 等（1994）使用法氏囊切除和胸腺切除的鸡做了进一步研究，得出了与 Fahey 等（1983、1984、1990）类似的结论，他们认为这可能是由于法氏囊切除的鸡能够针对 ILTV 疫苗或 ILTV 强毒株感染产生保护性免疫应答，而胸腺切除的鸡产生的保护性免疫应答较弱（Honda 等，1994）。同样，过继移植免疫鸡的胸腺细胞或法氏囊细胞并不能保护鸡体免受 ILTV 侵害，但移植了免疫鸡脾脏或 PBMC 后却能帮助鸡体对抗疾病。有趣的是，一只（1/10）移植了未接种鸡脾细胞的鸡也产生了明显的保护作用。进一步研究发现，不同品种的鸡对 ILTV 易感性也大不相同（Loudovaris 等，1991a、b；Poulsen 等，1998），并且从抗 ILTV 的鸡中分离出的单核/巨噬细胞有大部分也感染了 ILTV，反之亦然。

在 ILTV 体外（Lee，J. 等，2010，2012）和体内感染后（Luo 等，2014；Vagnozzi 等，2016；Coppo 等，2018；Vagnozzi 等，2018），对宿主基因转录研究表明，在病毒复制的主要部位（在体外）会产生强烈的先天性免疫应答，包括诱发细胞防御机制、调控细胞周期和基质金属蛋白酶反应等（Lee 等，2010；Coppo 等，2018）。在体内发生急性感染时，在感染晚期（感染后 6d）测得的免疫应答主要以适应性免疫应答为主，包括参与抗原加工和递呈，免疫过程的正向调节，白细胞、淋巴细胞和 T 细胞的激活，以及 T 细胞受体信号转导等（Luoet 等，2014）。此外，对感染鸡上呼吸道进行组织病理学研究发现，在感染后第 4 天观察到明显的 $CD4^+$ T 淋巴细胞、$CD8\alpha^+$ T 淋巴细胞及 B 淋巴细胞浸润（Devlin 等，2010）。

最近研究发现，ILTV 感染免疫鸡（CEO 接种）后在气管产生了明显局部免疫应答（Vagnozzi 等，2016），表现为快速的干扰素 γ 应答（感染后 6h）及病毒基因转录水平的降低。目前，尚未明确何种效应细胞参与了此免疫应答，但由于在未免疫鸡中未发现类似的应答，所以推测该效应可能与驻留体内的效应记忆 T 细胞有关。最近研究 ILTV 感染后上呼吸道组织中一系列细胞因子转录水平的变化发现，促炎（chCXCLi2，IL-1β，IFN-γ）和抗炎（IL-10，IL-13）细胞因子表达出现峰值时，白细胞浸润同样也处于峰值并伴有黏膜组织损伤（Vagnozziet 等，2018），而这与 Coppo 等（2018）的发现一致，他们认为炎症和细胞因子转录峰值是体内组织损伤的主要驱动因素（Coppo 等，2018）。除此之外，Vagnozzi 等（2018）还发现在哈氏腺中出现了快速且短暂的 IFN-γ 上调，这也与 Beltrán 等（2017）的发现一致（发现哈氏腺可能是急性感染过程中摄取 ILTV 的关键因素），表明该腺在 ILTV 感染中发挥了重要的免疫学作用。

## 11.9 临床症状、诊断、流行病学

本节介绍了ILTV领域的最新进展和ILT某些方面的最新进展，而这些方面在当前文献中存在空白。ILT的基本概念可以在其他参考文献中找到（Tripathy和García，2008；García等，2013a；Menendez等，2014；Nair等，2017）。

### 11.9.1 临床症状

地方性动物病和家畜流行病这两种不同形式的疾病，都能导致不同程度的临床症状和病理变化。但是，ILT临床症状和病理变化的严重程度、发病率以及死亡率，主要取决于宿主的免疫状态、感染毒株种类，以及一些其他影响因素，如应激。最近研究表明，感染MDV后会影响鸡体对ILTV的保护性免疫（Faiz等，2016）。

急性型常见于易感（未接种疫苗）禽类感染强毒株，伴随有高发病率（高达100%）和死亡率（约20%）（Noormohammadi和Devlin，2014）。临床表现为严重呼吸困难、气喘、伸颈呼吸、闭眼、咳血或带血黏液（图11.2）。

亚急性型则是由强毒株感染免疫鸡或弱毒株感染幼禽体后引起（Noormohammadi和Devlin，2014）。该型通常死亡率较低，临床症状通常是轻度到中度的结膜炎、鼻炎、咳嗽、气管啰音和产蛋量减少。

#### 11.9.1.1 眼观病变

该病病理变化主要发生在结膜和上呼吸道（图11.2），一般病变在喉、气管黏膜，也可能无严重病变，偶尔出现由浆液性至黏膜性结膜渗出，同时伴有部分或完全闭眼及眼睑增厚的症状。气管病变可从轻度黏

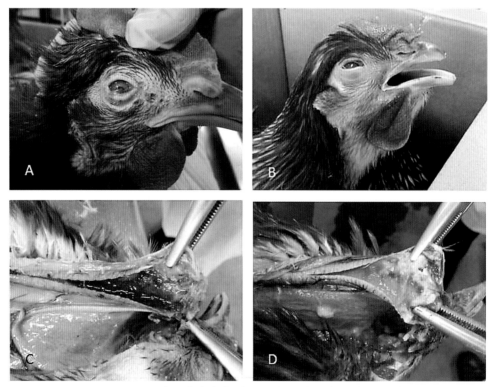

图11.2　ILT常见临床症状（A和B）和病理变化（C和D）

A.浆液性黏液性结膜炎和眼周干性渗出物；B.张嘴呼吸；C.出血性喉气管炎；D.白喉气管炎。

膜渗出、黏膜增厚到严重出血或白喉发生病变。特别是在轻微的病例中，病变多发生于喉部和气管上部。也有报道称类似的病变也可以从口腔延伸到上食道（Seifried，1931；Sary等，2017）。最近研究表明，病毒致病力和病毒进入途径可能会影响成年免疫鸡大体剖检部位及镜检病变（Beltrán等，2017）。

### 11.9.1.2 镜检病变

根据疾病的严重程度和发病阶段，显微镜下的病理变化也会有所不同。呼吸道病变通常发生在鼻腔、喉部、气管和肺支气管，但为了操作方便，通常只检查喉部和气管。本病早期呼吸系统组织病变主要表现为杯状细胞和黏液腺增生，随后上皮细胞增生、变性、脱落，毛细血管充血、破裂（图11.3）。呼吸道腔内有脱落的上皮细胞、血液和炎性细胞组成的渗出物。偶尔也在上皮细胞或渗出液中发现合胞体细胞。一些上皮细胞或合胞体细胞中也可能会出现嗜酸性包涵体（Guy等，1990；Timurkaan等，2003）。在疾病的急性期，炎症细胞通常为混合浸润且较为轻微。

慢性病变是非特异性的，可能与其他一些病毒性或细菌性呼吸道疾病类似，包括呼吸系统固有层上皮增生和淋巴浆细胞性炎症细胞浸润。

结膜病变主要包括由于上皮增生引起的结膜黏膜增厚，炎症细胞向固有层浸润，合胞体细胞的形成和罕见的核内包涵体。

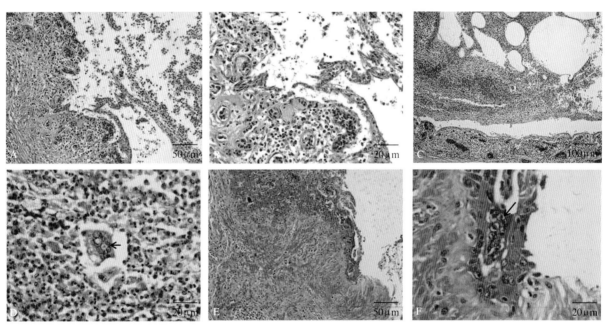

图11.3　ILT在气管（A～D）和结膜（E和F）的常见病变

A.气管上皮层糜烂，毛细血管外露，固有层有中度以单核细胞为主的炎性细胞浸润；B.图像A的高倍放大；C.气管腔内出现坏死的上皮细胞碎片和异嗜性细胞渗出物，内层上皮脱落；D.高倍放大图像C显示合胞体细胞核内有一个嗜酸性包涵体（箭头）；E.黏膜上皮增生（顶部）和脱落（底部）；F.高倍放大显示上皮细胞核内有嗜酸性包涵体（箭头）。

## 11.10　诊断

感染传染性支气管炎（IB，一种冠状病毒）、呼吸道真菌病（通常由曲霉菌引起）甚至是腹水综合征的鸟类也可能出现呼吸困难和气喘的临床症状。出血性气管炎和喉气管炎的病理变化也与IB和新城疫类似。鉴别诊断需要对病变组织进行组织病理学检查，观察典型的核内包涵体，分离、鉴定病毒和使用血清学或分子生物学技术检测病毒。检测病变组织的组织病理学相对便捷，但典型包涵体的生长需要时间，且可能会在临床疾病全面发展之前就消失。病变组织的血清学敏感性检测也有局限性（见下文），特别是为了更深入的基础研究仍在进行的病原体分离和鉴定，这个过程很耗时，因此不适合常规诊断。分子生物学技术，尤其是PCR，是目前许多实验室诊断的首选方法。然而，传统PCR并不能区分野毒和弱毒疫苗株，且弱毒疫苗株可能已用于禽类疫苗接种。文将介绍ILT实验室诊断程序的研究进展。

## 11.10.1　抗体检测

酶联免疫吸附试验（ELISA）是最常见的血清学方法，还有几种血清学方法可用于ILT的检测。病毒中和试验也可以用于一些实验室诊断，特别是用于科学研究，但是还没有商业化的试剂盒。

尽管目前系统抗体反应和对ILTV的保护之间存在较小的相关性，但商业化的ELISA可用于ILT的血清学监测。大多数商业化的ELISA试剂盒使用的抗原是由ILTV感染细胞所产生的（Noormohammadi和Devlin，2014）。然而，最近的研究使用了基于特定重组病毒糖蛋白的ELISAs，包括gB、gC、gD、gG和gI（ShiLet al，2012；Godoy等，2013；Kanabagatte Basavarajappa等，2014，2015）。至少在ILTV载体疫苗中，高水平的针对病毒gD中和抗体与针对ILTV的保护性免疫有关（Kanabagatte Basavarajappa等，2014，2015）。

## 11.10.2　病毒检测

病毒的分离鉴定可在鸡胚或细胞中进行，或直接用电子显微镜、免疫荧光、ELISA或PCR检测气管渗出液（García等，2013a）。

### 11.10.2.1　分离与鉴定

在大多数诊断实验室，通过鸡胚或细胞培养分离ILTV已不再是常规诊断方法。现在这种技术被更快速的技术如免疫荧光和PCR所取代。然而，ILTV的分离仍是ILTV研究中的一项重要技术。

ILTV最容易在10～12d的鸡胚绒毛尿囊膜上复制增殖，诱导斑块的形成。许多原代细胞培养物也可用于病毒的分离和增殖，其中，鸡肝细胞是最敏感的细胞（见"病毒增殖"）。引起的细胞病变多表现为细胞肿胀、液化和融合（Tripathy和García，2008）。

病毒分离物的鉴定可通过常规技术进行，如在鸡蛋或细胞培养中的中和试验、电子显微镜观察、免疫荧光或PCR检测。

### 11.10.2.2　免疫检测

免疫荧光和ELISA均可用于临床样品中病毒抗原的免疫学检测（García等，2013a）。免疫荧光可以检测气管黏膜刮片或冷冻切片，ELISA通常可以检测气管渗出液。

### 11.10.2.3　PCR分子生物学检测

已有研究报道，传统PCR和RT-PCR检测比病毒分离检测灵敏度更高（WilliamS等，1994；Alexander和Nagy，1997；Creelan等，2006；Mahmoudian等，2011；Vagnozzi等，2012a；Zhao等，2013）。环介导等温扩增（LAMP）技术被认为是检测ILTV的一种简单而快速的工具，但它的灵敏度低于传统的实时PCR（Xie等，2010；Ou等，2012）。此外，基于PCR的Luminex悬浮液微阵列、液滴和纳米流体测定等技术已被开发用于包括ILTV在内的多种呼吸道病毒的高通量检测（Laamiri等，2016；Periyannan Rajeswari等，2017；Croville等，2018）。

福尔马林固定和石蜡组织包埋至少在某一种试验中是适用的，但临床样品包括呼吸渗出液和气管拭子均可作为大多数PCR的样品（Humberd等，2002）。此外，羽轴也是比较方便的PCR检测样品，用于检测ILTV并监测疫苗的使用情况（Davidson等，2009，2016）。粪便、隔离器灰尘和垫层材料也可用于PCR检测，但这些样品多用于检测鸡群的病毒载量，而不是用于诊断（Roy等，2015）。

有些PCR系统还有一个附加的特点，即当与扩增后技术相结合时，可以对毒株进行鉴定（见下文）。Joanne M.研究团队使用一个针对ILTV TK（UL23）基因的PCR系统（Kirkpatrick等，2006b）作为常规诊断工具，而其他诊断实验室则选择了另一个ICP4基因（Chacon和Ferreira，2009）。

## 11.10.3 毒株鉴定

ILTV的毒株鉴定是流行病学研究的重要内容。在面对疫情采取适当方法之前，区分野毒株和疫苗株尤为重要。例如，如果ILT的暴发是由野毒株引起（而不是疫苗株的反应或返毒），在暴发时建议接种弱毒疫苗。

虽然感染鸡胚的绒毛尿囊膜形成的斑块在毒力、遗传性、大小和形态上存在差异，但通过病毒中和试验、免疫荧光试验和交叉保护试验等却很难区分不同的ILTV毒株（García等，2013a）。因此，利用一系列技术检测病毒DNA已普遍用于ILTV毒株的区分。历史上，整个病毒基因组DNA或特定基因的RFLP都已用于ILTV的毒株识别，但这些都是耗时的。此外，由于只检查基因组的一小部分特定位点，所以其区分能力非常低。

### 11.10.3.1 基于PCR的毒株鉴定技术

多位研究人员发现，可以将针对ILTV多个基因或基因组区域的远程PCR和RFLP结合进行分析。目前，许多国家已将这项技术用于确定新出现ILTV的起源（Kirkpatrick等，2006b；Oldoni和García，2007；Oldoni等，2008；Moreno等，2010；Blacker等，2011；Chacón等，2010；Kim等，2013；Yan等，2016）。尽管ICP4和TK在分析中最常见，但被检测的特定基因或基因组区域因实验室而异。值得注意的是，多基因组区域的PCR-RFLP检测非常耗时（大约需要2d完成），工作量大且相对昂贵。此外，这项技术依赖于影响特定限制性内切酶识别位点的核苷酸差异，因此这些位点之外的变异将不会被检测到。最近，Joanne M.研究团队对澳大利亚一些主要暴发ILTV的地区调查发现，使用这种技术并不能很好地区分这些野毒株与疫苗株（未发表）。因此，目前用于诊断实验室的PCR-RFLP技术对ILTVs的毒株鉴定可能并不完全可靠（见"疫苗"部分内容）。

还有研究报道了一种新的检测方法，即TaqMan Real-time PCR检测方法，并对该方法进行验证，发现该方法可用于检测和鉴别一株澳大利亚gG缺陷疫苗株（Shil等，2015）。

### 10.10.3.2 多位点测序和全基因组测序（WGS）

多位研究人员发现，可以对单个ILTV基因产生的PCR扩增子进行核苷酸序列分析来进行毒株鉴别（García等，2013a）。但是在ILTV基因组中SNPs相对较少，最常见的是通过基因组的大面积重组来实现遗传多样性（Lee等，2013；Menendez等，2014）。最近的一项研究表明，对UL54、UL52、gB、ICP18.5、ICP4、gJ等多个基因进行序列分析，比上述多基因组区域的PCR-RFLP具有更好的毒株鉴别能力（Choi等，2016）。

2011年，Lee等发表了ILTV的第一个完整基因组序列（Lee等，2011a），从此以后，大量ILTVs的全基因组序列被在线发表，并与之前GenBank中已发表的序列进行比较（Lee等，2011b，2013；Chandra等，2012；Lee，S.W.等，2012；Spatz等，2012；García等，2013b；Kong等，2013；AgnewCrumpton等，2016；Piccirillo等，2016）。这些研究结果有助于在全球范围内探索ILTV分离株之间的关系，确定一些国家出现毒力和遗传力增强的新ILTV毒株的机制。这还有助于确定遗传标记，以便准确鉴别ILTV毒株，特别是疫苗株和田间野毒株。

## 11.10.4 诊断学的未来

基因组多位点鉴别技术和全基因组测序技术（WGS）是非常有用的毒株鉴别技术，尽管许多研究人员认为其非常耗时，同时需要对结果进行大量的解释，并容易产生误解，但随着全基因组测序技术的进一步发展，包括成本和周转时间的显著降低、专业系统的出现，以及新的DNA提取工具的问世等，预计在不久的将来，WGS将成为ILTV分离株鉴定的常规技术。

## 11.11　疫苗

接种疫苗和适当的生物安全程序是预防ILTV感染的最有效方法。从1934年以来，一直使用疫苗来控制ILTV（Brandly和Bushnell，1934），这是首次将疫苗接种用于控制家禽病毒性疾病。最初，疫苗接种是将强毒株接种于鸡的泄殖腔（Brandly和Bushnell，1934）。1934年起，ILTV疫苗的研发取得了巨大进展，包括通过鸡胚或细胞培养对ILTV的田间分离株进行连续传代产生弱毒活疫苗，以及利用其他病毒载体表达ILTV免疫原性蛋白制备载体疫苗。其他研发ILTV疫苗的方法，包括ILTV缺失突变体的构建正在进一步探索中。关于ILTV疫苗研发和使用的历史、面临的挑战和取得的进展（Coppo等，2013；García，2017），将在下面进一步阐述。

### 11.11.1　弱毒疫苗

自20世纪60年代以来，已生产出弱毒或改良的ILTV活疫苗，并在全世界主要的家禽养殖地区广泛使用。这些疫苗是利用鸡胚或细胞将ILTV分离物进行连续传代致弱而制备的。虽然ILTV疫苗可以在组织中培养生产（组织培养源疫苗、TCO疫苗），但大多数的ILTV弱毒疫苗是在鸡胚中培养（CEO疫苗）生产的。不同国家通常生产和使用不同的ILTV弱毒疫苗株。最近，研究者也发表了在不同国家生产和使用ILTV弱毒疫苗的相关综述（Menendez等，2014）。这些弱毒疫苗对家禽养殖起到了很好的保护作用，但也有很多的局限性：包括体内传代后导致疫苗株的毒力返强（Guy等，1991），疫苗毒不完全致弱导致临床症状的发生（Guy等，1990；Kirkpatrick等，2006a；Oldoni等，2009；Coppo等，2011），通过重新激活建立潜伏感染（Hughes等，1991a），以及通过与其他疫苗毒株重组导致的毒力恢复（Lee，S.W.等，2012）。此外，研究人员还观察到TCO ILTV疫苗与新城疫病毒（NDV）和传染性支气管炎（IB）疫苗同时接种时，疫苗之间会存在干扰导致疫苗效力降低，而CEO ILTV疫苗则没有（Vagnozzi等，2010）。

值得注意的是，鸡群的弱毒疫苗接种也是一个巨大挑战。由于成本和劳动力的限制，人们更喜欢用大规模的接种方式，包括饮水、喷雾或点眼等。通过饮水进行接种时，具有一系列的局限性，容易造成个别鸡不喝含有疫苗的水而导致未接种或饮水不足导致疫苗接种量剂量过低（Fulton等，2000）；活疫苗通过家禽棚内饮水线的分布也可能导致接种不均匀（Fulton等，2000）。此外，当通过饮用水向鸡注射疫苗时，疫苗毒不容易到达易于复制的鸡体组织（喉、气管、黏膜表面），从而影响疫苗的功效（Robertson和Egerton，1981）或导致疫苗毒传播且重新获得毒力（Samberg等，1971）。通过点眼的方式虽然能够更均匀地接种（Fulton等，2000），并且能够帮助病毒更直接地到达易于病毒复制的组织（Robertson和Egerton，1981），但是这种接种方式的人工成本比较高，所以点眼接种通常只是用于生长周期较长的鸟类，如产蛋鸡和种鸡。

ILTV的弱毒疫苗是通过病毒在鸡胚或细胞中连续传代致弱生产的，而不是定向地删除病毒的毒力因子，所导致这些疫苗衰减的分子基础仍不明确。尽管疫苗株和野毒株之间经常存在高度相似性，但通过PCR-RFLP技术或基于序列的方法分析ILTV基因组区域以区分不同毒株的基因分型系统，首次揭示了疫苗株和强野毒株之间的遗传差异（Kotiw等，1982，1986；Kirkpatrick等，2006b；Oldoni和García，2007；Neff等，2008；Oldoni等，2008；Chacón等，2010；Blacker等，2011）。

最近，ILTV疫苗毒株及田间分离强毒株的全基因组测序使人们能够更全面地分析疫苗毒株与其他ILTV毒株之间的差异。主要研究包括来自澳大利亚（Agnew-Crumpton等，2016；Lee，S.W.等，2011a、b，2012）、意大利（Piccirillo等，2016）、美国（Chandra等，2012；Spatz等，2012；García等，2013a）以及中国（Kong等，2013；Zhao等，2015）的疫苗毒株和分离毒株的全基因组测序和分析。这些研究能单独鉴定某些潜在的遗传特性，这些特性与疫苗毒株和一些地区野毒株的毒力（或毒力衰减）相关，但是这些尚未通过诱变或基因缺失等试验得到证实，并且将序列分析扩展到所有可用的基因组序列时，经常可以在疫苗和强毒分离株中鉴定出相同的特定遗传特征（García等，2013a；Piccirillo等，2016）。此外，当通过类似途径和相同剂量接种时，一些疫苗毒株可以和田间毒株一样具有毒性，这就使两者的关联进一步复杂（Kirkpatrick等，2006a；Lee等，2015）。

在一项比较两株来自澳大利亚ILTV疫苗株A20与SA-2全基因组序列的研究中，对疫苗毒力衰减的遗传基础有了更清晰的认识（Lee等，2011b）。经试验证实，A20毒株来源于SA-2毒株，可通过在组织中连续传代，以降低残余毒力水平（Kirkpatrick等，2006a）。比较A20和SA-2 ILTV的基因组，仅鉴定出两个非同义SNPs。这两个在ORF B和UL15基因中的SNP可能与A20相对于SA-2的毒力高度衰减有关（Lee等，2011b）。在另一项研究中，比较了美国的TCO和CEO ILTV疫苗毒株以及SPF鸡连续传代20次后的相同疫苗毒株的全基因组序列，发现UL41基因的突变可能是导致CEO疫苗传代后毒力增加的原因。TCO疫苗在传代后毒力的增加并不明显，可能与ICP4启动子区域的重复序列拷贝数的缺失有关（García等，2013b）。

## 11.11.2　载体疫苗

新研发的ILTV载体疫苗已经投入商业使用，且在一些家禽养殖地区使用量逐步增加，特别是在北美，但并非在所有国家都可以使用（Coppo等，2013）。这些疫苗使用其他病毒作为载体（鸡痘病毒，FPV；火鸡疱疹病毒，HVT）来表达ILTV的免疫原性蛋白。目前市场上可获得的ILTV载体疫苗见表11.2。

这些载体疫苗可提供二价保护，并可避免ILTV弱毒疫苗的一些局限性，包括禽类之间的传播、返毒、潜伏期建立以及与重组相关的潜在问题等（Davison等，2006；Johnson等，2010；Gimeno等，2011；Vagnozzi等，2012b）。但值得注意的是，与许多常用的病毒载体一样，HVT和FPV载体均来自已证实发生重组的病毒科（Devlin等，2016），而涉及这些载体疫苗的重组带来的不良后果尚不明确（Devlin等，2016）。此外，这些载体疫苗的另一个优点是，它们能够通过弱毒疫苗所没有的方式接种。具体来说，就是这些疫苗可以在孵化18d的鸡胚中完成接种，这也是家禽业，特别是商业肉鸡群的首选给药方式，以使疫苗接种更为均匀统一（Williams和Zedek，2010）。总之，需要考虑到这些疫苗的局限性并平衡其优点及不足。

目前，已有关于ILTV FPV载体疫苗和表达ILTV gI和gD蛋白的HVT载体疫苗的研究，但是目前还没有类似表达ILTV gB的HVT载体疫苗的研究（表11.2）。

表11.2　商品化的ILTV载体疫苗

| 病毒载体 | 表达的ILTV抗原 | 给药途径 | 参考文献 |
| --- | --- | --- | --- |
| FPV[a] | 糖蛋白B，UL-32 | 鸡胚内翅下刺种 | Davison等（2006）；Johnson等（2010）；Vagnozzi等（2012b）；Godoy等（2013） |
| HVT[b] | 糖蛋白I和D | 鸡胚内皮下注射 | Johnson等（2010）；Gimeno等（2011）；Vagnozzi等（2012b） |
| HVT[c] | 糖蛋白B | 鸡胚内皮下注射 | Godoy等（2013） |

a.Vectormune® FP-LT；b. Innovax®-ILT；c. Vectormune® HVT-LT。

一般来说，载体疫苗诱导产生的保护水平似乎低于弱毒疫苗诱导产生的保护水平。载体疫苗可以很好地预防发病，但似乎不像弱毒疫苗那样能预防野毒感染，这可能与它们不在呼吸道靶器官中进行复制有关（Johnson等，2010；Gimeno等，2011；Vagnozzi等，2012b）。使用预防发病但不预防感染的疫苗，可使野毒株在已接种疫苗的鸡群中感染并传播，且对鸡群或相邻鸡群中任何未接种疫苗或未完全接种疫苗的鸡群带来威胁。预防发病而非预防感染的疫苗被称为"不完善"或"有漏洞"的疫苗（Gandon等，2001）。这类疫苗有可能使更多的田间强毒株继续存在，并在接种鸡群中传播。其实，早在十多年前就有研究者提出这种不完善疫苗假说（Gandon等，2001），但直到最近才在MDV疫苗上得以证实（Read等，2015）。目前，还没有针对ILTV疫苗的类似研究，但随着"漏洞"ILTV疫苗的使用越来越多，未来势必会有更多的研究来验证。

### 11.11.3　疫苗研制和使用的新方法

其他ILTV载体疫苗目前正在研发和测试中，包括利用NDV作为载体表达ILTV gB、gD和gC的载体疫苗，可以单独表达，也可以组合表达。其中，表达ILTV gD的载体疫苗在感染后可诱导最高水平的保护（Kanabagatte Basavarajappa等，2014；Zhao等，2014；Yu等，2017）。通过敲除MEQ致癌基因来减弱其毒性后，MDV强毒株也能用作表达ILTV糖蛋白的载体。已经生产并测试了两种MDV载体疫苗，一个表达ILTV gB，另一个表达ILTV gJ，发现表达gB的疫苗与商业ILT HVT载体疫苗诱导的保护水平相当（Gimeno等，2015）。在中国，研究人员已经使用FPV来表达ILTV gB，或单独表达、与NDV蛋白联合表达及将ILTV gB与鸡IL-18联合使用。而与鸡IL-18联合使用的疫苗在感染后表现出更好的保护作用，表明鸡IL-18是一种很好的ILTV疫苗佐剂（Tong等，2001；Sun等，2008；Chen等，2011a、b）。

几种候选的ILTV缺失突变体疫苗已经生产出来，并且进行了疫苗测试接种和研究（表11.3）。第一个突变体是TK缺失突变体，早在20多年前就被报道过（Schnitzlein等，1995）。最近生产的三种缺失突变体接种后（缺失ORF C、gG或gJ）在体内表现出明显的毒力衰减，并表现高水平的免疫原性，因此有可能被DIVA纳入ILTV的控制策略，还有一些可能被用于鸡胚接种（Fuchs等，2005；Devlin等，2007；Pavlova等，2010；Legione等，2012；Mashchenko等，2013；García等，2016）。这些特征的结合使这些缺失突变体有望成为候选疫苗。ILTV的UL0缺失突变体已经用于表达禽流感病毒抗原的疫苗载体。这种方法成功地实现了二价保护，证明了ILTV作为禽类疫苗载体的可能性（Veits等，2003b；Pavlova等，2009）。这些缺失突变体疫苗的另一个优势是，它们可以在鸡胚中进行接种，这一点已在gG（Legione等，2012）和ORF C（Schneiders等，2018）缺失突变的实验中得到证实。然而，有研究人员担心在接种的鸡胚中存在的母源抗体可能会影响疫苗接种的有效性（Schneiders等，2018）。

所有ILTV疫苗面临的最大挑战是疫苗的保护性难于测定评价。因此，很难确定实际接种的任何一种ILTV疫苗是否接种成功，也很难测定疫苗所提供的保护水平。检测ILTV血清抗体的血清学方法（ELISA）常用于检测疫苗产生抗体的水平，但血清抗体水平与疾病预防无关（Fahey等，1983）。最近，提出一种检测羽轴中ILTV来评估疫苗注射量的新方法，但是这种方法也不能体现群体预防状态。相反，细胞介导的免疫反应与保护性有关（Honda等，1994）。未来，接种疫苗后细胞免疫检测方法的发展将有助于优化ILTV疫苗的使用（见"发病机制和免疫"部分内容）。

表11.3  ILTV基因突变/缺失候选疫苗

| 缺失基因 | 参考文献 |
| --- | --- |
| 胸苷激酶 | Schnitzlein等（1995）；Han等（2002） |
| UL0 | Veits等（2003b） |
| UL47 | Helferich等（2007b） |
| ORF C | Garcia等（2016） |
| 糖蛋白C | Pavlova等（2010） |
| 糖蛋白C | Fuchs等（2005）；Mashchenko等（2013） |
| 糖蛋白C | Devlin等（2007）；Devlin等（2008）；Coppo等（2011）；Legione等（2012） |

## 11.12  展望

　　尽管ILTV给家禽养殖带来了巨大的经济损失，但是目前对于ILTV研究的深度和广度仍逊于许多其他禽病毒。对ILTV认识的主要缺陷包括对ILTV潜伏期的了解有限，宿主感染后特征性免疫反应的表征不完全，以及无法有效测量疫苗接种后鸡体内诱导的免疫保护水平等。这些认识欠缺限制了人们完全预防或控制该病暴发的能力。为了更好地控制ILTV所引起的相关疾病，今后的研究将主要集中在ILTV感染的基础研究上，同时继续致力于研发更有效的疫苗。

（李炜 译，郑世军 校）

参 考 文 献

# 12 马立克病病毒

Blanca M. Lupiani[1], Yifei Liao[1], Di jin[2], Yoshihiro Izumiya[2] and Sanjay M. Reddy[1*]

美国，得克萨斯州大学城，得克萨斯A&M大学兽医学院

[1]College of Veterinary Medicine, Texas A&M University, College Station, TX; USA.

美国，加利福尼亚州，萨克拉曼多市，加州大学戴维斯分校医学院

[2]School of Medicine, University of California Davis, Sacramento, CA. USA.

*通讯：sreddy@cvm.tamu.edu

https://doi.org/10.21775/9781912530106.12

## 12.1 摘要

鸡马立克病病毒（MDV）是一种能感染鸡的高度致瘤的 α- 疱疹病毒，给养禽业造成巨大的经济损失。MDV 属于马立克病毒属，包括三种血清型。只有属于血清1型的病毒才会在鸡中引起疾病。在易感鸡中，T 淋巴细胞会发生肿瘤转化。该疾病的临床表现取决于肿瘤病变的分布。通常，该疾病表现为多个内脏器官可见的淋巴瘤和肢（翅）麻痹。高致病性 MDV 还会引起神经系统疾病和免疫抑制。使用减毒活疫苗进行疫苗接种可以控制 MDV，但是接种疫苗的鸡不能产生消除性免疫，也不能阻断野毒株的传播。目前普遍认为疫苗接种会使野毒株的毒力增加，从而导致免疫失败。在 MDV 编码的几个病毒基因中，编码 bZIP 蛋白的 meq 基因在淋巴细胞转化中发挥关键作用。随着基因组操纵工具和天然宿主系统的使用，MDV 为探索病毒致癌的分子机制提供了一种相关模型。本章总结了 MDV 分子生物学、发病机制、防控和病毒基因在复制和转化中的作用的最新知识。

## 12.2 简介与历史

马立克病（MD）是由疱疹病毒引起的鸡淋巴增生性疾病。1907 年，布达佩斯皇家匈牙利兽医学院的临床病理学家约瑟夫·马立克博士首次报道了 MD。在他题为"多发性神经炎（鸡多发性神经炎）"的影响深远的报告中（Marek，1907），他在 4 个出现翅膀和腿麻痹的成年公鸡中描述了这种疾病。由于单核细胞的浸润，被感染的鸡表现出神经丛增厚。他将这种疾病描述为鸡群感染后诱发神经性炎症引起的鸡神经系

统疾病。19世纪20年代，美国和荷兰也报道了类似的情况。该疾病主要影响周围神经导致麻痹，因此早期报道的这一类型疾病被命名为"家禽麻痹"或"牧场麻痹症"。

后来的研究表明，除了神经损伤外，还在各种淋巴器官中观察到肿瘤（Pappenheimer，1926，1929）。"牧场麻痹症"引起的内脏淋巴瘤与鸡的造血系统肿瘤性疾病很难区分。人们最初将这些不同的疾病称为禽白血病综合征，但后来所得出结论为，它们是由不同的病毒性病原引起的不同疾病。

## 12.3　病原学

### 12.3.1　分类

MD是鸡的一种常见的、高度传染性的淋巴增生性疾病，其特征是T细胞肿瘤、免疫抑制、腿和翅膀部分或完全麻痹、皮肤白血病、精神沉郁和死亡（Marek，1907；Pappenheimer等，1929；Calnek，2001）。MD的病原是马立克病病毒（MDV血清1型）或禽疱疹病毒2型（GaHV-2），以及其他两种非致癌家禽病毒，禽疱疹病毒3型（GaHV-3或MDV血清2型）和火鸡疱疹病毒1 [MeHV-1，MDV血清3型或火鸡疱疹病毒（HVT）]，这些都属于α-疱疹病毒亚科的马立克病毒属（Davison等，2009）。MDV-1包括不同毒力的致癌病毒，MDV-2包括来自鸡的非致癌病毒，MDV-3包括来自火鸡的非致癌病毒（表12.1）。MDV-1毒株的致病性和致癌性的差异很大，最初被分为MD的经典型或急性型（Biggs等，1965）。经典型是指临床症状表现为麻痹的低致病性毒株，而急性型是指导致内脏器官淋巴瘤的毒株。随着分离出比急性型毒力更高的病毒，这种分类变得不恰当。因此提出了另一种命名法，认为经典型毒株是温和型MDV（mMDV），根据其在接种HVT疫苗的鸡中引起疾病的严重程度，将急性型毒株分为强毒（v）、超强毒（vv）和特超强毒（vv＋）MDV（Witter，1983，1985）（表12.1）。

表12.1　MDV的分类和代表毒株

| 种类 | 毒力 | 致瘤性 | 代表毒株 |
| --- | --- | --- | --- |
| MDV-1（GaHV-2） | 温和型 | 不致瘤（＋/－） | CVI988*，CU-2 |
| | 强毒 | 致瘤（＋） | GA，HPRS-16，JM |
| | 超强毒 | 致瘤（＋＋） | RB-1B，Md5 |
| | 特超强毒 | 致瘤（＋＋＋） | 584A，648A，686 |
| MDV-2（GaHV-3） | 无致病性 | 不致瘤 | SB-1，HPRS-24 |
| HVT（MeHV-1） | 无致病性 | 不致瘤 | FC-126，HPRS-26 |

\* CVI988通过在细胞培养中反复传代致弱以产生疫苗。

### 12.3.2　病毒粒子结构

MDV的病毒粒子结构与其他α-疱疹病毒相似，它是由包含162个衣壳粒的一个100nm的二十面体核衣壳组成。核衣壳中的病毒DNA被无定形蛋白质层被膜包围，而被膜则被脂质双层囊膜和病毒糖蛋白包裹（表12.2）（Honess，1984）。在细胞培养物中，囊膜化的MDV病毒粒子大小为150～160 nm；而在羽毛囊上皮中，病毒颗粒则明显更大，为273～400 nm（Calnek等，1970a）。

表12.2  MDV的囊膜、被膜和衣壳蛋白

| 囊膜 | | 被膜 | 衣壳 |
|---|---|---|---|
| 糖蛋白 | 其他膜蛋白 | | |
| gL（UL1） | UL20 | UL11 | UL6 |
| gM（UL10） | UL43 | UL13 | UL18（VP23） |
| gH（UL22） | | UL14 | UL19（VP5） |
| gB（UL27） | | UL16 | UL26（VP21） |
| gC（UL44） | | UL17 | UL26.5（VP24） |
| gN（UL49.5） | | UL21 | UL35（VP26） |
| gK（UL53） | | UL36（VP1/2） | UL38（VP19C） |
| gD（US6） | | UL37 | |
| gI（US7） | | UL41（VHS） | |
| gE（US8） | | UL46（VP11/12） | |
| | | UL47（VP13/14） | |
| | | UL48（VP16） | |
| | | UL49（VP22） | |
| | | UL49.5 | |
| | | UL51 | |
| | | US2 | |
| | | US3 | |

注：糖蛋白复合物，gH-gL、gE-gI、gM-gN。

## 12.3.3  形态发生

衣壳是DNA复制后首先组装的病毒粒子结构。在病毒复制过程中观察到，不同的细胞隔室中存在不同的病毒颗粒类型。在细胞核以及有时在细胞质中发现了三种类型的衣壳：A型，缺少DNA和支架蛋白的空衣壳；B型，缺乏DNA但含有支架蛋白的衣壳；C型或核衣壳，含有DNA的衣壳，与成熟的感染性病毒颗粒中的衣壳相似（Denesvre，2013；Tandon等，2015）。A型和B型衣壳装配不全，无感染性。每种衣壳类型的比率在感染过程中会有所不同，但是如果病毒未能表达一种或多种衣壳蛋白，则特定的衣壳形式会积累（Heming等，2017）。在人类疱疹病毒1（HSV-1）中，衣壳由七个保守蛋白组成，分别是UL6、UL18、UL19、UL26、UL26.5、UL35和UL38基因编码的pUL6、VP23、VP5、VP21、VP24、VP26和VP19C蛋白。已在MDV基因组中鉴定出同源衣壳蛋白的编码基因，并利用重组杆状病毒表达的MDV衣壳蛋白成功组装了MDV衣壳（Kut和Rasschaert，2004）。主要衣壳蛋白VP5（UL19）和衣壳蛋白VP26（UL35）组成衣壳粒；VP23（UL18）和VP19c（UL38）形成三聚体，有助于稳定相邻的衣壳粒；VP21（UL26）、VP24（UL26）和VP22a（UL26.5）参与支架蛋白的形成；pUL6形成病毒基因组进入衣壳的入口。

被膜层是一个通过蛋白质-蛋白质相互作用将衣壳和囊膜连接起来蛋白质网络。在HSV-1中，被膜层由UL11、UL13、UL14、UL16、UL17、UL21、UL23、VP1/2（UL36）、UL37、UL41（病毒宿主阻断蛋白，

VHS）、VP11 / 12（UL46）、VP13 / 14（UL47）、VP16（UL48）、VP22（UL49）、UL49.5、UL51、US2、US3和ICP4组成、而pUL7、pUL11、pUL13、pUL14、pUL16、pUL21、pUL36、pUL37和pUL51在所有疱疹病毒亚科中均保守（Kelly等，2009）。被膜蛋白不仅在病毒入侵过程中发挥重要作用，在病毒组装和病毒（从细胞核）进入宿主细胞质中也发挥重要作用（Mettenleiter，2002）。在感染的初期，病毒吸附在宿主细胞上，外侧的被膜解离，然后核衣壳在pUL36的帮助下转运并靶向核膜。VP16（pUL48）激活病毒的立即早期（IE）基因表达，并与结合在其他IE基因［例如，感染细胞蛋白（ICP）4、22和27］的IE启动子上的细胞蛋白形成复合物起始病毒转录。仅在α-疱疹病毒亚科中发现的由UL46 ～ UL49基因簇编码的被膜蛋白是病毒粒子的主要成分，并可能在MDV病毒粒子形成中发挥结构性作用（Jarosinski和Vautherot，2015）。pUL41可以降解mRNA，从而抑制宿主基因表达和促进病毒蛋白的合成（Smiley，2004）。胸苷激酶和脱氧尿苷焦磷酸酶pUL23和pUL50参与病毒DNA复制。pUS3和pUL13都是丝氨酸/苏氨酸蛋白激酶，并且pUS3（Benetti和Roizman，2007）和pUL14（Yamauchi等，2003）都具有抗凋亡作用。pUL31和pUL34介导HSV-1的初次囊膜化（Fuchs等，2002），然后pUS3在外核膜处发挥去囊膜化的作用，仅依靠自身形成原始病毒粒子和成熟的细胞外病毒颗粒（Reynolds等，2002）。pUL36和pUL37对于对核衣壳成熟为囊膜化病毒粒子是必需的，这组成二次囊膜化的内侧被膜，而pUL48对外侧被膜的形成至关重要（Mossman等，2000）。

MDV的囊膜是镶嵌有病毒糖蛋白的脂质双层，这些糖蛋白包括gL、gM、gH、gB、gC、gK、gD、gI、gE和gN。对基因组UL区域进行测序证实了这些糖蛋白是由MDV编码的（Lee等，2000）。这些糖蛋白与特定的细胞表面分子结合并帮助病毒进入宿主细胞。在整个α-疱疹病毒家族，保守的gB和gH-gL异源二聚体对于病毒进入细胞至关重要（Connolly等，2011）。gB是研究最广泛的MDV蛋白之一，在重组鸡痘病毒中表达gB曾作为预防MDV的重组疫苗用以保护鸡免受肿瘤侵袭（Nazerian等，1992）。gB和gH-gL在病毒粒子囊膜和外核膜间的初次融合中起至关重要的作用。在融合过程中，gB通过触发构象变化与gH-gL协同作用（Chi等，2013）。gL-gH异源二聚体在病毒入侵和细胞间病毒感染中起关键作用（Wu，P等，2001），gM-gN复合体通过调节其他糖蛋白转运来控制病毒的入侵和释放，而gN则可调节gM的膜融合活性（El Kasmi 和Lippé，2015）。gC介导病毒粒子和细胞表面初次接触。此外，gC可以结合补体成分C3b，阻断补体级联反应（Friedman等，1984）。gD对疱疹病毒吸附和进入是必需的，对它的转录分析显示培养的鸡胚细胞中不存在gD，这表明感染性颗粒具有组织特异性表达和成熟的特性（Tan等，2001）。与HSV-1不同，MDV的gE-gI异源二聚体对病毒在培养细胞中的生长至关重要（Schumacher等，2001）。

MDV的细胞结合性导致复制过程中的非同步感染和低感染力滴度，这使得MDV形态发生的研究变得复杂。最近，使用鸡胚皮肤细胞检查了MDV的形态发生，结果表明除了细胞外囊膜化的成熟病毒粒子，所有类型的衣壳颗粒都存在。推测在疱疹病毒形态发生的三个关键步骤中，MDV缺乏从核中释放、二次囊膜化和胞吐过程（Denesvre，2013）。

### 12.3.4 基因组结构与组成

MDV基因组由单个线性双链DNA分子组成，长159 000 ～ 180 000个碱基对（bp），可以分为一个长独特区（UL）和一个短独特区（US），每个区域的两侧为倒置重复区域，称为末端重复区和内部重复区（TRL、IRL、IRS和TRS）。MDV基因组结构与HSV-1相似，UL和US区域的基因均呈共线性排列。MDV基因组的大小因毒株而异，HVT的基因组较小（159 160 bp）（Afonso等，2001），其次是MDV-2（HPRS24：164 270 bp；SB1：165 994 bp）（Izumiya等，2001；Spatz 和Schat，2011） 和MDV-1（GA：

174 000bp；Md5：177 874bp）（Lee等，2000；Tulman等，2000）（表12.3）。致瘤的MDV-1病毒比无致病性的MDV-2和HVT血清型具有更多的基因组编码能力。MDV基因组中的独特基因主要存在于长重复区（TRL和IRL）以及UL和长重复区的连接处。MDV基因组的GC含量也因毒株而异（Md5：44%；HPRS24：53.6%；SB-1：54%；HVT：47.5%），并且与其他疱疹病毒一样，重复区的GC含量高于独特区（Lee等，2000；Tulman等，2000；Afonso等，2001；Izumiya等，2001；Spatz和Schat，2011）。和其他α-疱疹病毒一样，MDV在基因组末端和IRL/IRS处以正向和反向方式存在a-序列（Volkening和Spatz，2013）。

表12.3　MDV的三种血清型毒株的基因组区域比较

| 血清型 | 毒株 | GenBank登录号 | 总长度（bp） | TRL（bp） | UL（bp） | IRL/IRS（bp） | US（bp） | TRS（bp） |
|---|---|---|---|---|---|---|---|---|
| MDV-1（GaHV-2） | Md5 | AF243438.1 | 177 874 | 14 028 | 113 563 | 26 207 | 10 847 | 13 229 |
| | RB-1B | EF523390.1 | 178 246 | 14 695 | 113 610 | 26 043 | 11 668 | 12 230 |
| | GA | AF147806.2 | 174 077 | 12 548 | 113 508 | 24 704 | 11 160 | 12 121 |
| | GX0101* | JX844666.1 | 178 101 | 12 758 | 113 572 | 25 441 | 11 695 | 13 134 |
| | CVI988/Rispens | DQ530348.1 | 178 311 | 14 476 | 113 490 | 26 639 | 11 651 | 12 055 |
| MDV-2（GOHV-3） | SB-1 | HQ840738.1 | 165 994 | 11 943 | 109 744 | 21 290 | 12 910 | 9306 |
| | HRPS-24 | AB049735.1 | 164 270 | 11 818 | 109 932 | 20 446 | 12 109 | 8619 |
| HVT（MeHV-1） | FC126 | AF291866.1 | 159 160 | 5658 | 111 868 | 18 961 | 8617 | 13 303 |

*MDV GX0101毒株在SORF2基因上游第267位核苷酸处含有网状内皮组织增生症病毒（REV）长末端重复序列（LTR）插入片段。

## 12.3.5　MDV基因组复制

MDV基因组包含两个DNA复制起点和大约103个开放阅读框（Tulman等，2000）。在这些基因中，有7个保守的蛋白质直接参与DNA合成，对于特异性起点DNA复制是必要的，其中6个蛋白质不是必需的，但仍与核苷酸代谢有关。前一组包括具有3′→5′DNA解旋酶活性的起点结合蛋白（UL9）、单链DNA结合蛋白（UL29）、具有5′→3′DNA解旋酶和引物酶活性的异源三聚脂质体（UL5/UL8/UL52）和持续性异二聚体DNA聚合酶（UL30/UL42）。后一组包括脱氧尿苷三磷酸酶（UL50）、由两个不同亚基组成的核糖核苷酸还原酶（UL39/UL40）、具有非特异性核苷激酶活性的胸苷激酶（UL23）、碱性核酸内切酶（UL12）和尿嘧啶DNA糖基化酶（UL2）（表12.4和图12.1）。复制期间还需要宿主酶，例如DNA聚合酶、α-引物酶、DNA连接酶Ⅰ和拓扑异构酶Ⅱ（Boehmer和Lehman，1997）。

表12.4　参与复制的MDV蛋白

| MDV基因 | HSV同系物 | 蛋白 | 缩写 | 是否为DNA复制所必需 | 主要功能 |
|---|---|---|---|---|---|
| MDV021 | UL9 | 起点结合蛋白 | OBP | 是 | 起点结合蛋白<br>3′→5′DNA解旋酶 |
| MDV042 | UL29 | 主要的单链DNA结合蛋白 | ICP8、SSB、MDBP | 是 | 单链DNA结合蛋白；单链退火蛋白；促进DNA聚合酶，解旋酶-引物酶和起点结合蛋白 |
| MDV017 | UL5 | DNA解旋酶-引物酶 | | 是 | 解旋酶-引物酶的亚基；包含解旋酶基序 |
| MDV020 | UL8 | DNA解旋酶-引物酶 | | 是 | 解旋酶-引物酶的亚基；促进引物合成，与ICP8和OBP蛋白相互作用 |
| MDV066 | UL52 | DNA解旋酶-引物酶 | | 是 | 解旋酶-引物酶的亚基；包含引物酶基序 |
| MDV043 | UL30 | DNA聚合酶 | Pol | 是 | DNA聚合酶的催化亚基；3′→5′核酸外切酶，RNase H |
| MDV055 | UL42 | DNA聚合酶 | | 是 | DNA聚合酶的合成亚基；双链DNA结合蛋白 |

（续）

| MDV基因 | HSV同系物 | 蛋白 | 缩写 | 是否为DNA复制所必需 | 主要功能 |
|---|---|---|---|---|---|
| MDV024 | UL12 | 碱性核酸酶 | 5′→3′ Exo | 否 | 核酸内切酶和核酸外切酶；与ICP8相互作用；病毒重组酶 |
| MDV014 | UL2 | 尿嘧啶DNA糖基化酶 | UDG | 否 | 尿嘧啶DNA糖基化酶 |
| MDV063 | UL50 | 脱氧尿苷三磷酸酶 | dUTPase | 否 | 脱氧尿苷三磷酸酶 |
| MDV036 | UL23 | 胸苷激酶 | TK | 否 | 非特异性核苷激酶 |
| MDV052 | UL39 | 核糖核酸还原酶 | RR1，ICP6 | 否 | 核糖核苷酸还原酶的大亚基 |
| MDV053 | UL40 | 核糖核苷酸还原酶 | RR2 | 否 | 核糖核苷酸还原酶的小亚基 |

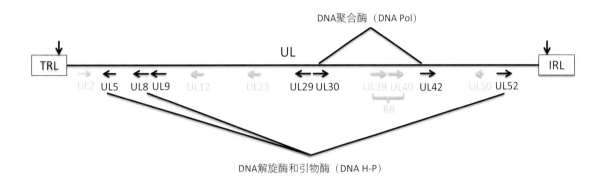

图12.1　MDV的DNA复制相关基因

　　长独特区（UL）区位于末端重复序列（TRL）和长内部重复序列（IRL）中间。垂直箭头指示的是复制起点的位置。图中列出了DNA复制相关的必需基因（黑色）和非必需的基因（灰色）。DNA聚合酶（DNA Pol）、DNA解旋酶和引物酶（DNA H-P）和核糖核苷酸还原酶（RR）的亚基如图中所示。

　　病毒进入细胞并将病毒基因组注射入细胞核后，线性病毒基因组环化，然后基因组复制分两个阶段进行：θ复制和σ或滚环复制模式，从而形成对于DNA衣壳化必不可少的多连体。

　　MDV-1基因组包含两个顺式作用元件作为DNA复制起点。它们位于末端重复序列（TRL和IRL）的pp14内含子中。90 bp长的MDV复制起点与HSV-1的裂解起点（oriS）具有72%的同源性，并且它是一个以富含A／T区域为中心的回文序列（Camp等，1991），序列两侧是起点结合蛋白的三个识别位点（Weller和Coen，2012）。在此序列中，一个9 bp的基序（5′ CGTTCGCAC3′）在α-疱疹病毒中高度保守，这证实了MDV与α-疱疹病毒的关系比γ-疱疹病毒更紧密（Camp等，1991）。

## 12.4　病毒DNA复制关键蛋白质

### 12.4.1　起点结合蛋白（MDV021／UL9，OBP）

　　MDV021或UL9基因编码一个841个氨基酸长度的蛋白，与HSV-1 UL9和水痘带状疱疹病毒（VZV）基因51产物（VZV UL9）的序列分别具有49%和46%同源性。MDV的OBP与HSV-1和VZV的UL9蛋白共有许多结构基序，包括6个保守的N端解旋酶基序、1个N端亮氨酸拉链基序、1个C端伪亮氨酸拉链序列和1个推定的螺旋-转角-螺旋结构（Wu等，1996）。MDV的OBP识别TTCGCACC序列，与HSV-1的OBP相似。MDV OBP的DNA结合结构域位于第528～841位氨基酸（Wu，T.F.等，2001）。OBP可以在溶液中形成二聚体，发挥核苷三磷酸酶、部分双链DNA底物上的DNA解旋酶和非特异性单链DNA结合蛋白以及在复制起点与其他蛋白协同结合的作用（Ward和Weller，2011）。据报道，在HSV中，OBP通过与ICP8、UL8和UL42在复制起点处相互作用来结合和解开双链DNA（Ward和Weller，2011）。

### 12.4.2　主要单链DNA结合蛋白（MDV042 / UL29，ICP8）

由MDV042或UL29基因编码的ICP8最初被认为是HSV的主要单链DNA结合蛋白（SSB或MDBP），是一个1 191个氨基酸长度的蛋白，预计分子质量为130 kDa（Kato等，1999）。ICP8参与病毒DNA的合成、病毒基因表达的调控以及复制前位点和复制区室的形成（Ward和Weller，2011）。据报道，ICP8与许多病毒基因相互作用，如UL9、聚合酶、解旋酶/引物酶、UL12、ICP4和ICP27（Ward和Weller，2011）。

### 12.4.3　解旋酶和引物酶（MDV017 / UL5，MDV020 / UL8和MDV066 / UL52，H / P）

解旋酶/引物酶复合物是由MDV017（UL5）、MDV020（UL8）及MDV066（UL52）基因产物组成的异三聚体。UL5蛋白包含保守的ATP结合基序和DNA解旋酶基序，这对于DNA复制至关重要（Zhu和Weller，1992a，b）。由UL5和UL52组成的亚复合物表现出DNA依赖的ATP酶、引物酶和解旋酶活性，而UL8与复制复合体的其他成分相互作用可能协调复制叉的移动（Weller和Coen，2012）。最近发现，UL5解旋酶-引物酶蛋白中的单个非同义点突变（I682R）导致MDV毒力降低了90％以上（Hildebrandt等，2015），表明UL5在MDV DNA复制中起关键作用。

### 12.4.4　DNA聚合酶的两个亚基（MDV043 / UL30和MDV055 / UL42，Pol）

MDV DNA聚合酶以异二聚体形式存在，包括MDV043（UL30）和MDV055（UL42）基因的蛋白质产物。UL30是一个1 180个氨基酸长的蛋白质，具有3′→5′核酸外切酶和RNase H活性。另一方面，UL42是一个488个氨基酸长度的磷蛋白，具有双链DNA结合活性，并作为DNA聚合酶的合成因子发挥作用（Sui等，1995）。

## 12.5　病毒DNA复制相关蛋白质

尽管这些蛋白质对于细胞培养物中DNA复制不是必需的，但它们参与核苷酸代谢，并且对细胞生长和病毒传播具有一定作用。

### 12.5.1　碱性核酸酶（MDV024/UL12）

MDV碱性核酸酶由MDV024编码，是HSV-1中UL12的同系物（Osterrieder，1999）。它具有核酸内切酶和核酸外切酶活性，并且没有序列特异性（Banks等，1983）。在HSV-1中，UL12基因的无效突变不会影响DNA复制和晚期蛋白质表达。但是，病毒粒子的产生会受到影响，特别是含DNA的衣壳的形成，这表明碱性核酸酶参与了病毒DNA的加工或包装成感染性病毒粒子的过程（Shao等，1993）。

### 12.5.2　尿嘧啶DNA糖基化酶（UDG，MDV014 / UL2）

MDV的尿嘧啶DNA糖基化酶由HSV-1 UL2的同系物MDV014编码。UDG是一种酶，能催化尿嘧啶与脱氧核糖相连的N-糖苷键断裂，然后由AP内切核酸酶、DNA聚合酶和DNA连接酶修复DNA

(Friedberg等，2005)。HSV-1的UDG在病毒急性复制和潜伏期重新激活过程中发挥作用（Pyles和Thompson，1994）。UDG与Pol的相互作用可能对DNA复制过程中碱基切除修复起关键作用（Bogani等，2010）。

### 12.5.3　脱氧尿苷三磷酸酶（dUTPase，MDV063 / UL50）

MDV的脱氧尿苷三磷酸酶由HSV-1 UL50的同系物MDV063编码。dUTPase催化dUTP特异性水解为dUMP和无机焦磷酸盐。在HSV-1中，dUTPase不是病毒在细胞中生长所必需的，但确实在感染周期中发挥作用，并且它会影响神经毒性、神经侵袭性和再激活（Pyles等，1992）。

### 12.5.4　胸苷激酶（TK，MDV036 / UL23）

MDV胸苷激酶由HSV-1 UL23的同系物MDV036编码，在α-疱疹病毒和γ-疱疹病毒中高度保守。TK的主要功能是磷酸化胸苷和其他核苷。已有研究表明，在HSV-1中敲除UL23不会影响病毒潜伏，但会影响病毒重新激活（Coen等，1989）。

### 12.5.5　核糖核苷酸还原酶（RR，MDV052 / UL39和MDV053 / UL40）

MDV的核糖核苷酸还原酶由HSV-1 UL39和UL40的同源基因MDV052和MDV053编码。RR在核糖核苷酸产生脱氧核糖核苷酸中起作用（Reichard，1988）。RR由两个亚基RR1和RR2组成，大小分别为90 kDa和40 kDa。在特超强毒MDV-1中敲除RR1试验中表明，RR活性对病毒在鸡胚成纤维细胞（CEF）复制很重要，但不是必需的。另一方面，体内研究表明RR1缺失的突变病毒在鸡体内的复制能力受损（Goldstein和Weller，1988；Lee等，2013）。

### 12.5.6　MDV特有的调节蛋白和RNA

除了与结构和复制相关的蛋白，MDV基因组还编码多种蛋白和RNA，例如Meq、vTR和MDV编码的miRNA（图12.2），它们通过调节细胞通路，进而有利于病毒的生存。

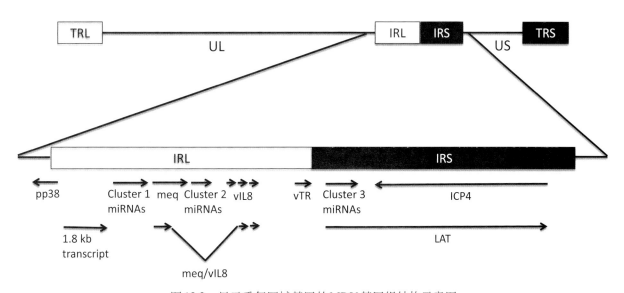

图12.2　显示重复区域基因的MDV基因组结构示意图

### 12.5.6.1 Meq

*meq*基因（MDV005/MDV076）位于TRL和IRL区，编码Meq（MDV Eco Q片段）。Meq是一个339个氨基酸长的b-ZIP蛋白，由N端DNA结合结构域（亮氨酸拉链结构域）和C端反式激活结构域组成（图12.3）（Lupiani等，2004）。Meq与Jun-Fos亮氨酸拉链家族成员同源，在病毒感染裂解阶段和淋巴瘤细胞中表达（Jones等，1992）。Meq是一种多功能蛋白质，参与反式激活/反式抑制、DNA结合、染色质结构重塑和转录调控（Osterrieder等，2006）。敲除*meq*基因两个拷贝后发现Meq对于体内淋巴细胞转化是必不可少的，但对于羽毛囊上皮（FFE）和淋巴器官中的溶细胞感染不是必需的（Lupiani等，2004）。已证明Meq能与自身形成同源二聚体，或与c-Jun、JunB和Fos形成异源二聚体，并与特定的DNA序列结合，称为Meq响应元件 I 和 II （MERE I 和MERE II ）（Brown等，2009）。Meq-c-Jun异二聚体与活化蛋白1（AP-1）样MERE I 位点的结合具有高亲和力，从而上调包括*meq*在内的各种基因启动子的转录，而Meq同二聚体则与MERE II 位点结合并抑制pp38和pp14之间的双向启动子的转录（Levy等，2003；Brown等，2009）。Meq还能与MDV裂解复制起点、Meq启动子和ICP4启动子结合（Levy等，2003）。除了Fos和Jun，Meq还与参与细胞周期调控中的其他几种蛋白相互作用，例如Rb（视网膜母细胞瘤蛋白质）、p53和细胞周期蛋白依赖性激酶2（CDK2）。Meq还带有一个Pro-Leu-Asp-Leu-Ser（PLDLS）基序，该基序与C端结合蛋白（CtBP）结合，这种相互作用对于Meq的致癌性至关重要（Brown等，2006）。

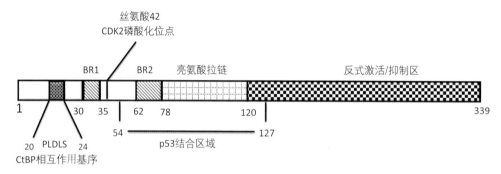

图12.3 MDV Meq蛋白的示意图
图中的数字表示氨基酸残基的位置。

Meq是一种多功能蛋白质，在病毒潜伏和转化中发挥重要作用。最近的研究阐明了Meq在调节宿主信号通路中的作用。2012年，Kumar等使用MDV诱导的淋巴母细胞样细胞系进行染色质免疫沉淀和二维LC-MS / MS分析，确定了31种与Meq相互作用的蛋白，进一步揭示了Meq在调节细胞凋亡、转录和细胞生长中的作用。2013年，Kung和Cheng利用微阵列和染色质免疫沉淀测序（ChIP-seq）探索了鸡基因组中Meq的全部DNA结合位点及其在总体转录调控中的作用。研究结果显示，Meq通过调节细胞外信号来调节激酶/促分裂原活化蛋白激酶（ERK/MAPK）、Jak-STAT和ErbB通路中各种基因的表达，这些通路对于肿瘤的发生和凋亡均至关重要（Subramaniam等，2013）。

Meq还是一种多态样蛋白，具有多种变异体，包括L-Meq、S-Meq和VS-Meq，这些变异体包含插入或缺失，但它们在MDV致病机制中的作用仍不清楚（Deng等，2010）。此外，选择性剪接使meq基因与vIL8基因形成另一个转录本，称为Meq/vIL8（图12.2），其中包含Meq的C端DNA结合区和vIL8的外显子 II /外显子III。这个Meq / vIL8变异体将在下面各节中详细讨论。

### 12.5.6.2 vIL8

MDV003和MDV078编码的MDV vIL8是鸡白细胞介素 -8 的同源物。迄今为止，已在鸡中鉴定出8种CXC趋化因子直系同源物。除CXCLi1和CXCLi2外，大多数鸡的CXC趋化因子的功能了解甚少，且大多是从哺乳动物同源物中推导而来（Kaiser等，2005）。vIL8是MDV-1特有的基因，由2个内含子和3个外显子组成，其中外显子Ⅰ编码分泌性信号肽，外显子Ⅱ和Ⅲ包含4个CXC趋化因子典型的保守半胱氨酸残基。在功能上，尽管vIL8被认定为IL8直系同源物，但在体外vIL8对于PBMCs具有趋化作用，这表明vIL8可以募集靶细胞进行感染（Parcells等，2001）。用纯化的重组vIL8蛋白进行的体外试验表明，它可以招募B细胞和CD4$^+$CD25$^+$T细胞（Engel等，2012）。vIL8在裂解感染期和潜伏感染期均表达（Engel等，2012），整个vIL8基因的缺失会导致病毒在淋巴器官中的复制减少，说明vIL8在病毒早期裂解复制中发挥作用（Lupiani等，2004）。此外，vIL8的缺失严重影响了MDV的致病性，在感染鸡中的肿瘤发生率降低了约90%，这可能是由于病毒在淋巴器官中复制受到限制所致（Parcells等，2001；Lupiani等，2004）。

已经鉴定出vIL8外显子Ⅱ和Ⅲ与Meq或其他上游基因（RLORF4和RLORF5a）融合形成的剪接变异体。Meq/vIL8剪接的转录本保留了Meq的DNA结合结构域和修饰的亮氨酸拉链结构域，以及vIL8的成熟受体结合部分，但缺少负责转录调节的Meq的反式激活/反式抑制结构域（图12.2）。据报道，Meq和Meq/vIL8定位于转染细胞的核质、核仁和卡哈尔体（Cajal bodies）中（Anobile等，2006）。此外，Meq/vIL8能够形成同型二聚体，并显示出与Meq明显不同的迁移模式，表明剪接变异体可能是具有生物学功能（Anobile等，2006）。目前，对于Meq/vIL8在MDV致病机制中的作用了解甚少。但由于Meq和Meq/vIL8共享氨基末端区域，因此假设它们可以通过竞争机制调节MDV裂解、潜伏或转化途径。

### 12.5.6.3 pp38/pp24

MDV特有的磷蛋白pp38（由MDV073编码）和pp24（由MDV008编码）分别位于UL/IRL和UL/TRL的交界处，并且在氨基末端共同拥有65个氨基酸。pp38位于细胞质中，是一种早期病毒蛋白，在病毒再激活期间很容易在肿瘤细胞中检测到。pp38和pp24共享与转化相关的1.8 kb基因家族的共同启动子-增强子（Bradley等，1989），这说明pp38可能参与了MDV致瘤（Cui等，1991）。利用pp38 mRNA序列的反义寡脱氧核苷酸（沉默pp38）显示，pp38参与MSB1（MDV肿瘤细胞系）转化状态的维持（Xie等，1996）。用缺失pp38的突变病毒感染鸡发现，pp38参与淋巴细胞的早期溶细胞感染，但不参与肿瘤的诱导（Reddy等，2002）。进一步的动物研究表明，pp38对于B细胞的溶细胞感染至关重要，但对于FFE的溶细胞感染和水平传播则可有可无（Gimeno等，2005b）。pp38也已被证明是MDV编码的蛋白激酶US3的底物，但pp38中确切的磷酸化位点仍然不清楚（Schumacher等，2008）。

与pp38相似，pp24在裂解期细胞以及MDV肿瘤细胞中表达。研究表明，在MDV感染的细胞中，pp24与pp38相互作用，并且pp24/pp38的二聚物可以增强pp38和1.8 kb RNA家族之间的双向启动子活性（Ding等，2008）。这种相互作用的生物学意义尚不完全清楚。

### 12.5.6.4 vTR

MDV编码的病毒端粒酶RNA（vTR）位于TRL和IRL区末端的α样序列内。MDV的vTR与鸡的TR（chTR）序列同源性为88%（Trapp等，2006）。缺失2个vTR拷贝的MDV突变毒株诱导T细胞淋巴瘤的能力显著减弱，但不会影响体内的裂解复制，表明vTR在MDV肿瘤形成中发挥重要作用（Trapp等，2006）。令人惊讶的是，一项体外功能分析表明，鸡端粒酶逆转录酶（TERT）与vTR的相互作用比与chTR相互作用更有效（Fragnet等，2005）。但是随后的研究表明，vTR与TERT的相互作用不是MDV肿瘤发生所必需的，因为破坏这种相互作用仍然会导致诱导T细胞淋巴瘤的发生（Kaufer等，2010）。MDV基因组在线性基因组序列的边缘编码端粒序列（Kheimar等，2017）。vTR的缺失削弱了MDV基因组整合入宿主端粒基因组区域的能力，从而导致以下假设：vTR可能进化为在病毒基因组末端添加端粒重复序列以促进整合（Osterrieder等，2006）。

### 12.5.6.5 ICP4和与潜伏相关转录本（LATs）

MDV ICP4由位于MDV基因组的IRS和TRS区域内的MDV084和MDV100基因编码，是HSV-1 ICP4和VZV ORF62的同系物。在所有的α-疱疹病毒中，ICP4是一种立即早期转录调节因子，在裂解复制过程中大量表达。最初认为MDV ICP4蛋白是1 415个氨基酸长的蛋白，其大小与其他α-疱疹病毒的ICP4相似（Anderson等，1992）。然而，后来的序列信息显示该区域中存在一个更大的ORF，其编码2 323个氨基酸长的蛋白质，并且在HVT中发现了类似的模式，表明MDV ICP4比其他α-疱疹病毒的ICP4大得多（Tulman等，2000）。后来的研究报道MDV ICP4参与转化的维持，因为在MSB1细胞中转染的ICP4反义寡脱氧核苷酸后，软琼脂中的集落形成减少（Xie等，1996）。其他研究表明，将ICP4转染到MSB1细胞中会增加pp38、pp24和内源性ICP4的转录，表明MDV ICP4与其他α-疱疹病毒的ICP4蛋白相似，起着转录反式激活因子的作用（Endoh，1996；Pratt等，1994）。最近的一项研究报道，MDV ICP4基因长9 438个核苷酸，利用4个可替代的poly（A）信号，并受2个可替代的启动子控制，即远端和近端启动子（Rasschaert等，2018）。在这项研究中，应用RACE-PCR和转录本分析显示，MDV ICP4基因由2个内含子和3个分隔的外显子组成，并且由于其他可变剪接机制，该区域中有5个ICP4的ORF。此外，研究还表明在病毒感染的裂解、潜伏和再激活阶段，ICP4的表达受到不同方式的转录和转录后调控（Rasschaert等，2018）。

除ICP4基因外，MDV基因组的这一区域还编码一组潜伏期相关转录本（LATs），其中包含几个小RNA和一个10 kb RNA，它们反义映射到ICP4基因并在MDV诱导的T淋巴瘤和裂解感染的细胞中表达（Cantello等，1997；Osterrieder等，2006）。最近的一项研究发现，由于15个外显子的选择性剪接，共产生22个LAT变异体（Strassheim等，2012）。此外，MDV的miRNA簇3（MDV-miR-6至MDV-miR-8）位于LAT区域内，并可能通过miRNA途径调节宿主基因表达，从而在MDV肿瘤发生中发挥作用（Burnside等，2006）。

### 12.5.6.6 1.8 kb基因家族（pp14和RLORF9）

IRL和TRL（与UL连接处）中有2个相同的双向启动子拷贝，负责pp38和1.8kb转录本家族的表达（Tahiri-Alaoui等，2009a）。在这个1.8 kb的转录本家族中，pp14和RLORF9是代表性的转录本。pp14有不同的5′端外显子和共享3′端外显子，因此产生两个剪接变体（Tahiri-Alaoui等，2009a）。在编码pp14和RLORF9的双顺反子mRNA的5′端前导序列以及顺反子区域（ICR）中存在内部核糖体进入位点（IRES）（Tahiri-Alaoui等，2009a、b）。当抑制了帽依赖性翻译时，ICR中的IRES可以控制RLORF9的翻译，而5′端前导IRES控制pp14的翻译会产生具有不同5′端外显子的两个不同的同工型pp14（Tahiri-Alaoui等，2009a、b）。缺失RLORF9不会显著影响病毒的致病性（Tahiri-Alaoui等，2009b）。同样，pp14对于MDV的肿瘤发生和病毒复制不是必需的，但被认为与神经毒性有关（Tahiri-Alaoui等，2013）。

### 12.5.6.7 miRNAs

在过去的几年中，已发现并鉴定了禽疱疹病毒编码的miRNA。据报道，MDV的3种血清型均编码各种miRNA，其中MDV-1 编码26个miRNA，MDV-2 编码36个miRNA和HVT 编码28个miRNA（Hicks和Liu，2013）。MDV-1中的miRNA分为三个主要簇，前两簇位于 meq 基因的两侧，第三簇位于LAT的3′末端（图12.2和图12.4）（Zhao等，2011）。

miRNA是一类非编码基因组区域产生的短RNA（约22个核苷酸），涉及各种调控过程（Hicks和Liu，2013）。这些调节序列可通过与靶标mRNA的3′非翻译区（3′UTR）中的互补序列结合来抑制mRNA的翻译或增加其降解（Croce，2009）。miRNs通过调节致癌和抑癌通路在肿瘤发生中起重要作用（Ventura和Jacks，2009）。在疱疹病毒不同亚科病毒中已鉴定出多种miRNAs，例如HSV、MDV、人巨细胞病毒（HCMV）、EB病毒（EBV）和卡波氏肉瘤相关疱疹病毒（KSHV），这些miRNA在调节细胞信号通路和病

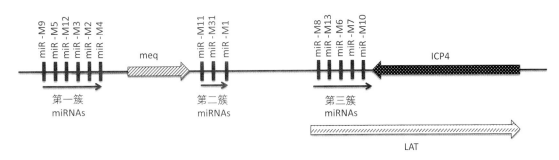

图 12.4    MDV-1 编码的三种 miRNA 簇的示意图

毒的裂解及潜伏感染中起重要作用（Piedade 和 Azevedo-Pereira，2016）。

自2006年发现第一个MDV编码的miRNA以来，已经在MDV-1基因组中鉴定出14个前体miRNA和26个成熟miRNA（Hicks 和Liu，2013）。在2008年，利用qPCR试验来检测MDV编码的miR-4、miR-8和miR-12在体外和体内的表达模式（Xu等，2008）。这项研究表明，这些miRNA在MDV诱导的肿瘤中表达水平高于非肿瘤组织，从而得出这样的假说：这些miRNA的表达水平可以作为MDV-1诱导转化的生物标志物。最近的两项研究利用先进的技术为细胞和病毒miRNA的表达模式提供了全面的理解（Tian等，2012；Hicks等，2018）。2012年，Tian等应用微阵列筛选和qPCR验证研究了细胞和病毒miRNA在MD抗性和易感鸡中的表达。结果表明，在感染了MDV的MD抗性和易感性鸡中检测到不同的miRNA表达水平，这表明miRNA的表达可能与鸡对MD的抗性或易感性相关。后来，深度测序和微阵列分析研究揭示了病毒和细胞miRNA以及细胞基因的差异表达，其中许多miRNA和基因与细胞凋亡、细胞周期调控和DNA损伤修复通路有关（Hicks等，2018）。

除表达模式外，还进行了一些研究来探索MDV-1编码的miRNA的生物学功能。在所有MDV miRNA中，对miR-M4的研究最为广泛。miR-M4位于第一簇的6个miRNA中，是细胞miR-155的直系同源物。敲除miR-M4的MDV-1突变病毒无法转化被感染的T淋巴细胞，表明miR-M4在MD淋巴瘤形成中起关键作用（Zhao等，2011）。预测和随后的实验验证MDV-1的miR-M4既能调节病毒基因又能调节细胞基因（Muylkens等，2010）。此外，第三簇miRNA的成员miR-M7-5p在MSB1细胞中高表达，而在感染的CEF中表达极低。miR-M7-5p被认为靶向ICP4和ICP27，并在维持潜伏期方面发挥作用，从而产生负反馈回路以控制裂解复制（Strassheim等，2012）。

尽管表达谱和生物功能学研究表明MDV和其他疱疹病毒编码的miRNA在调节病毒转化和细胞通路中发挥重要作用，但MDV miRNA的多种功能仍有待确定。

## 12.6  其他独特的基因

除上述蛋白质和基因外，还有其他几种MDV独特基因，包括SORF2（MDV087）和vLIP（MDV010）。MDV087位于MDV的短独特区，并编码SORF2蛋白。SORF2首先在MDV GA毒株中被提及，但缺失实验表明它对细胞培养物中的病毒复制不是必需的（Brunovskis 和 Velicer，1995；Tulman等，2000）。与GA毒株不同，MDV Md5毒株编码的SORF2和类SORF2（MDV097）蛋白位于IRS/TRS连接区，在氨基末端共有119个相同的氨基酸。

MDV 病毒脂肪酶（vLIP）由MDV010编码，它在MDV的三种血清型中都保守。研究发现在MDV010中插入了逆转录病毒长末端重复序列（LTR）的MDV突变毒株，表明vLIP对于病毒体外复制不是必需的（Isfort等，1992）。后来的研究显示，vLIP是一种分泌的糖蛋白，在体外缺乏可检测的脂肪酶活性。诱变实验得出结论，vLIP不是病毒复制所必需的，而是一种在MDV致病机制中起作用的MDV毒力因子（Kamil等，2005）。

此外，位于UL区末端的一些基因，包括MDV009、MDV011、MDV012、MDV069和MDV072基因，与非禽疱疹病毒没有同源性，这表明它们对于禽宿主范围可能很重要（Tulman等，2000）。

## 12.7 肿瘤发生的分子机制

MDV是最具致癌性的疱疹病毒，在感染的2～3周，接近100%的感染鸡出现了T细胞淋巴瘤。因此，从经济角度而言，它是全世界影响家禽生产的最重要的传染病之一。已经鉴定出单一病毒致癌基因Meq，它是肿瘤发生所必需的。重要的是，Meq的致癌特性与其在病毒复制中的作用是分离的，从而使得MDV感染成为研究肿瘤病毒学的独特模型。此外，已经建立了操纵病毒基因的遗传系统以及评估病毒致癌性的感染模型。这些特色为系统地探索天然宿主中病毒致癌分子机制提供了独特的机会。本部分内容描述了MDV致癌可能的分子机制。

## 12.8 肿瘤抑制因子和病毒致癌性

像在其他DNA肿瘤病毒中一样，已经鉴定了几种有助于肿瘤发生的MDV基因，其中Meq是最关键的基因。尽管DNA肿瘤病毒癌基因几乎没有序列同源性，但一个共同的特性是它们能够使细胞抑癌基因失活，从而使细胞周期失调并促进病毒复制。病毒致癌基因通常使肿瘤抑制因子p53失活，p53在DNA肿瘤病毒感染期间经常被激活，这是由于在病毒复制过程中产生了DNA损伤样的自由末端。这样的结果是，DNA肿瘤病毒致癌基因已经进化出使p53失活的方法。对于小型DNA肿瘤病毒，病毒致癌基因直接与p53相互作用。例如，腺病毒E1B、SV40大T抗原与p53相互作用并隔离p53。p53的降解可防止宿主细胞凋亡和/或细胞周期停滞，从而使病毒复制得以完成。MDV编码的Meq蛋白也与p53相互作用使p53的转录功能失控（Deng等，2010），导致p53降解。

## 12.9 人疱疹病毒潜伏期蛋白和MDV Meq之间的共同特征

其他致癌性疱疹病毒（EBV，KSHV）的潜伏蛋白和MDV的潜伏蛋白之间也有相似之处。EBV和KSHV是人类致癌性疱疹病毒，它们表达转录因子，有时是多种因子。这些因子在潜伏感染期间病毒附加体的维持、潜伏期DNA复制、转录调控和细胞转化中发挥着不同的作用。在EBV中，EBNA（EBV核抗原）1、EBNA 2和EBNA 3C都是DNA结合蛋白和转录因子。EBNA1主要参与病毒附加体的维持和复制。EBNA2和EBNA 3C对于B淋巴细胞的转化和潜伏基因表达的调节很重要（Young和Murray，2003）。EBNA2是普遍的转录激活因子，而EBNA3C是转录抑制因子。Meq和EBNA3C之间有很多相似之处。两者均与细胞Ras致癌基因协同作用来转化啮齿动物成纤维细胞（Parker等，1996）和加速细胞周期进程（Parker等，2000）。两者都能结合CtBP这种强大的细胞转录阻遏物（Touitou等，2001）。此外，EBNA3C通过募集S期激酶相关蛋白1（SKP1）/ Cullin/F-box（SCF）复合体泛素连接酶来靶向降解Rb蛋白（Knight等，2005）。KSHV是卡波氏肉瘤和胸腔积液淋巴瘤的病原体，它编码几种潜伏蛋白，其中潜伏相关核抗原（LANA）与本文的讨论最相关。LANA参与病毒附加体的维持和细胞转化。尽管LANA和Meq的结构截然不同，但在功能上有一些惊人的相似之处。第一，Meq和LANA均与c-Jun转录因子结合，作为共激活因子激活AP-1启动子（An等，2004）。第二，Meq和LANA均与p53和Rb肿瘤抑制蛋白相互作用使细胞周期失调（Friborg等，1999；Radkov等，2000；An等，2005）。第三，Meq和LANA均与Ras致癌蛋白协同作用转化大鼠成纤维细胞（Radkov等，2000）并阻止细胞凋亡（Friborg等，1999；Sato等，2001）。LANA通过与RING3和c-Jun相互作用在局部打开染色质，以转录潜伏的病毒基因和某些细胞基因，例如端粒酶基因（An等，2004；Verma等，2004；ViejoBorbolla等，2005）。MDV Meq也与c-Jun形成异源二聚体以产生开放的染色质结构（Levy-Barda等，2011；Ramadan 和 Meerang，2011；Mallette等，2012）。具有转录因子和肿瘤抑制因子调节剂的双重功能是这些疱疹病毒潜伏蛋白（例如Meq和LANA）在细胞转化和病毒潜伏期发挥作用的分子基础。

### 12.9.1　转录激活：Jun致癌途径

Jun/Fos异二聚体及其相关家族成员（JunB、JunD、Fra1等）统称为AP-1，通常是Ras致癌途径的强反式激活剂和效应剂。大量证据表明，AP-1在包括白血病和淋巴瘤在内的多种恶性肿瘤的致癌途径中起着重要作用。Jun和Fos最初都被发现是逆转录病毒致癌基因，并且在包括由HTLV-1（Iwai等，2001；Arnulf等，2002）造成的白血病在内的所有白血病（Mao等，2003）中检测到AP-1的表达和活性增加。Jun/Fos的靶基因包括细胞因子、趋化因子和金属蛋白酶等分子，这些分子可解除细胞周期调节并促进侵袭性。特别是对于T细胞转化，c-Jun激活诱导了转化生长因子β（TGF-β）的释放，从而抑制了其他T细胞的免疫监视功能，并且同时与SMAD3相互作用以干扰转化细胞中的TGF-β信号转导。这是肿瘤病毒常用来阻止受感染细胞生长停滞和凋亡的策略。Meq与c-Jun结合形成异二聚体激活v-Jun致癌途径（Levy等，2005）。c-Jun的结合和反式激活功能对Meq转化鸡胚成纤维细胞的能力至关重要。Meq-Jun二聚体参与T细胞转化的过程尚未经过试验，这主要是由于缺乏适当的研究工具。随着下一代测序工具的普及，研究Meq如何诱导不受控制的细胞生长是可能的。

### 12.9.2　转录抑制：CtBP致癌途径

尽管参与细胞周期、细胞存活和细胞迁移的基因激活在肿瘤发生中很重要，但越来越多的证据表明，特定基因队列的反式抑制对肿瘤发生途径也至关重要。涉及终末分化、生长停滞和细胞周期限制的基因是反式阻遏物基因的靶标。一个典型的例子是v-ErbA致癌基因，它抑制视黄酸受体（RAR）和甲状腺激素受体（THR）诱导的分化相关基因表达，导致早幼粒细胞白血病的发展。CtBP最初被发现是作为与E1A（腺病毒的癌蛋白）的C末端相互作用的蛋白质（Boyd等，1993）。随后，发现CtBP与EBV癌蛋白EBNA3C和Evi-1（在髓样白血病中发现的易位癌基因）相关。在后两种情况下，发现CtBP对于各个致癌基因的转化潜力至关重要（Touitou等，2001；Skalska等，2010）。CtBP与在其目标蛋白（包括Meq）中发现的共有基序PXDLS相互作用。CtBP本身不结合DNA，因此它依靠靶蛋白将其定位于启动子，在启动子上CtBP通过募集组蛋白脱乙酰基酶和甲基转移酶G9a来使周围的染色质紧密结合从而发挥抑制功能（Shi等，2003）。对于MDV的致癌性，发现Meq蛋白在体内外均与CtBP结合在一起，并且对诱导鸡的肿瘤至关重要（Brown等，2006）。

## 12.10　基因组操作

大型疱疹病毒基因组包含的基因在病毒生命周期的不同时期中起作用，包括吸附、穿入、复制、组装、释放、潜伏期和相关疾病的发病机制（Pellet和Roizman，2013）。由于缺乏有效的工具来操纵MDV基因组，因此关于MDV基因功能的研究落后于其他疱疹病毒。由于病毒与细胞的高度结合性，使用标记拯救法产生MDV突变体非常困难。通过将重叠黏粒克隆和细菌人工染色体（BAC）技术应用于MDV，克服了此问题，因为这些技术不依赖于重组病毒的噬菌斑纯化。最近，CRISPR-Cas9系统已被用于操纵大型DNA病毒（包括MDV）的基因组（Yao，2016；Tang等，2018）。

### 12.10.1　标记拯救法

在早期的MDV研究中，突变病毒的产生是通过在病毒基因组中引入选择性标记进行标记拯救，然后进行几轮噬菌斑纯化来实现的（Parcells等，1995，2001；Bublot等，1999）。由于MDV是高度的细胞结合病毒，因此此过程很费力，而且，在重复的纯化过程中引入了不需要的二级突变（Reddy等，2002）。由于这些缺点，标记拯救法被不需要纯化重组病毒的更快、更可靠的操作方法所取代。

### 12.10.2　重叠黏粒技术

重叠黏粒技术是取代标记拯救法研究MDV基因功能的最早方法之一。由于黏粒克隆可容纳多达45 000 bp的外源DNA，因此需要一系列包含疱疹病毒基因组重叠片段的载体来促进重组病毒的产生。该方法于1988年首次通过共转染多达5个重叠克隆的亚基因组片段进行测试，这些片段共同覆盖伪狂犬病病毒的整个基因组，导致病毒的有效重组（van Zijl等，1988）。之后，该技术用于为HSV-1、EBV和VZV生成大量疱疹病毒突变体（Cohen和Seidel，1993；Cunningham和Davison，1993；Tomkinson等，1993）。来自vv株（Md5）的MDV基因组在2002年被克隆为5个重叠片段（Reddy等，2002）。使用该技术发现，pp38在淋巴器官的早期溶细胞感染而不是淋巴细胞转化中起重要作用。同样，使用这些克隆也证明了Meq对于淋巴细胞转化是必不可少的，但对于淋巴细胞的早期溶细胞感染却不是必需的（Lupiani等，2004）。尽管有用，但是重叠黏粒法仍有一些限制。首先，很难找到合适的限制位点来引入突变；其次，必须进行几次重组才能重新组装全长基因组。

### 12.10.3　细菌人工染色体（BACs）

通过克隆、突变和在细菌中保留病毒基因组，解决了操作疱疹病毒基因组早期技术的局限性或劣势，其中细菌聚合酶的准确性使得在大肠杆菌中能够克隆保留病毒序列。在2000年，Schumacher等首先将MDV-1毒株584Ap80C（细胞培养减毒菌株）作为BAC克隆到大肠杆菌中，并构建了具有糖蛋白B缺失的MDV-1突变体。此后，各种MDV毒株被克隆为BAC，包括CVI998、RB-1B、Md5和686（Petherbridge等，2003，2004；Reddy等，2013）。2006年，Tischer等介绍了Red介导的两步同源重组法，该方法将Red重组和切割与核酸内切酶Ⅰ-SceⅠ结合起来修饰BAC构建体，包括插入、缺失或位点突变。传染性MDV BAC克隆体的建立使研究人员能够阐明单个MDV基因和蛋白质在病毒复制和致病机制中的功能，它也已成为广泛用于产生新型重组疫苗候选物的方法。尽管BAC克隆技术具有许多优势，例如与以前建立的克隆系统相比，插入片段在多个世代中的传播稳定性以及镜像内源基因表达的准确性要高得多。但它也有一些局限性，例如重组BAC构建体的产生筛选耗时耗力，过大的BAC DNA构建体（在转染前的操作过程中更容易剪切和降解）以及某些在诱变过程中可能发生的随机重组事件。

### 12.10.4　CRISPR-Cas9系统

近年来，CRISPR-Cas9系统已经成为一种快速、可靠的基因组编辑方法。CRISPR-Cas9系统是一种细菌适应性免疫应答机制，用于保护细菌免受病毒感染。已经鉴定了三种类型的CRISPR系统，Ⅱ型CRISPR-Cas9是应用最广泛的基因组修饰系统。Ⅱ型CRISPR-Cas9系统包括RNA引导的Cas9核酸内切酶，单个引导RNA（sgRNA）和反式激活crRNA（tracrRNA）（Tang等，2018）。CRISPR-Cas9系统在真核细胞基因组中的成功编辑为分子质量大的DNA病毒基因组修饰提供了一种新的方法。在最近的一项研究中，通过表达传染性法氏囊病病毒（IBDV）的VP2基因，CRISPR-Cas9技术用于产生HVT重组体，这为HVT基因组插入基因提供了一种更可行、更有效的方法以快速研制重组疫苗（Tang等，2018）。最近的一份报告显示，通过从MDV疫苗株CVI988中敲除Meq和pp38，CRISPR-Cas9可用于研究MDV基因的功能（Zhang等，2018）。此后，CRISPR-Cas9技术将加快研究MDV所有基因功能的过程，从而使人们更好地了解MDV致病分子机制和后续更有效疫苗的研发。

## 12.11 生命周期

被MD感染的鸡通过皮屑传播病毒，皮屑具有传染性，可持续数月之久。在商业饲养条件下，鸡在孵化后不久就因吸入受感染鸡的皮屑而感染（图12.5）（Calnek，1986，2001）。肺可能是MDV进入鸡的第一个（感染）位点。肺在MD致病机制中的确切作用尚待探索，但人们普遍认为肺吞噬细胞在将病毒传播给淋巴细胞中起一定作用（Gimeno，2008）。然后从感染后2～7d开始，MDV在淋巴组织中建立原发性溶细胞感染，在第4天达到高峰。原发性感染发生在B淋巴细胞中，从而导致T细胞活化。静止的T细胞对感染具有相当的抵抗力，而活化的T细胞容易感染（Schat等，1991）。在淋巴细胞中，病毒仍然与细胞紧密结合。感染6～7d后，淋巴器官中的抗原表达被下调，从而导致溶细胞阶段转变为潜伏阶段。一些潜伏感染的T细胞最终会在感染后2周内转化，从而导致鸡发生淋巴增生性疾病。在第10～14天，潜伏感染或转化的淋巴细胞携带病毒到达皮肤，感染那里的羽毛囊上皮细胞，然后带有完全感染性的MDV的非常稳定的角化上皮细胞脱落（Calnek，2001）。

最近有报道利用新出现的缺乏成熟和外周B细胞的基因敲除鸡进行试验，表明B细胞对于MDV复制、扩散和肿瘤形成不是必不可少的（Bertzbach等，2018）。这项研究表明，MDV可以在CD4$^+$和CD8$^+$T细

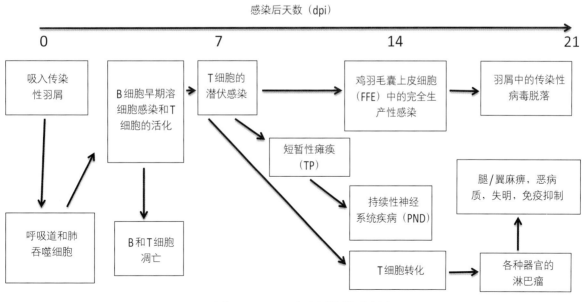

图12.5　MDV生命周期的示意图

胞中快速感染和复制，并进一步诱导T淋巴细胞的转化，这为更好地了解MDV致病机制提供了新的见解。

## 12.12 致病机制

在MDV感染的鸡中，仅在感染后2周，包括脾脏、肾脏、肝脏、皮肤、眼睛、神经和心脏在内的各种器官就会出现淋巴增生性病变（Payne，2004）。有时，淋巴瘤病变可能会消退（Sharma等，1973），但通常体积会变得巨大并损害器官的功能。该疾病的临床表现取决于受影响的器官。当MDV感染外周神经时会导致瘫痪；如果浸润眼睫状体，则可导致失明；或由于内脏器官被感染而导致死亡（图12.6）。淋巴瘤的发展通常伴随着永久性的免疫抑制，从而影响体液免疫和细胞免疫，并可能导致鸡死于其他病原体的致死性感染。也有报道称，鸡早期感染特超强毒MDV毒株会导致对其他疫苗的免疫应答不足，从而导致疫苗失败（Faiz等，2016）。

特超强MDV毒株感染的鸡会在感染后9～10d出现中枢神经系统（CNS）病变，称为暂时性麻痹（TP），其特征是脖子和翅膀突然发作的松弛性麻痹（Gimeno等，2001）。被感染的鸡通常在严重和急性TP发作后1～3d死亡。但是，一些被感染的鸡可以完全恢复或可能转变为持续性神经系统疾病（PND），其特征是持续存在非麻痹性但与神经系统有关的体征，包括共济失调、斜颈和紧张不安（Gimeno等，2001）。在感染后12～15d的鸡中观察到PND，出现PND症状的鸡通常在1周内死亡（图12.6A）。并非所有感染了MDV的鸡都会出现神经中枢神经系统病变（如TP和PND），但是大多数鸡会在各种组织中出现淋巴增生性病变。

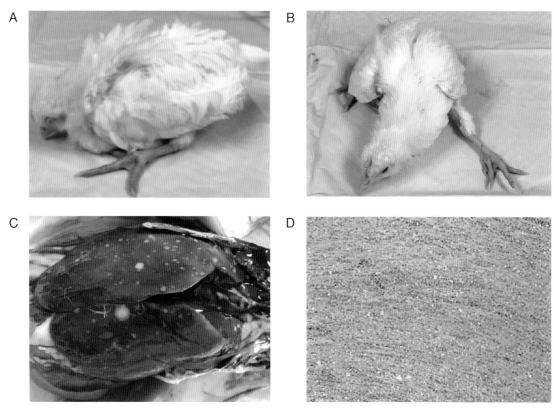

图12.6 马立克病的致病机制

A.感染了MDV的vv＋株的鸡显示神经系统症状；B.麻痹；C.肝脏中严重的MD淋巴瘤；D.周围神经的淋巴增生性病变。

## 12.13 诊断

MD的暴发通常是由疫苗失败引起的，原因是疫苗接种不当或感染高毒力野毒。内脏器官和皮肤中普遍存在肉眼可见的淋巴瘤是MD的典型临床表现（Zelnik，2004）。周围神经的淋巴增生性病变导致麻痹，有时由于眼睑状体中肿瘤细胞的积累而导致失明。除临床症状外，还应考虑其他因素，例如疫苗接种程序、疾病史和患病鸡的年龄，以进行准确诊断（Zelnik，2004）。MDV的毒力以及与其他免疫抑制性病毒病原体的共感染也有助于诊断。禽白血病病毒（ALV）或网状内皮组织增生症病毒（REV）的感染也将引起家禽淋巴瘤，这使得区分家禽淋巴瘤的诊断具有挑战性。通过淋巴瘤的组织学检查，然后确认T细胞的免疫组织学标记物和Meq表达有助于鉴别诊断（Gimeno等，2005a）。但是，这些试验非常耗时，现在认为通过实时PCR进行MDV定量是一种有效的方式。之前的报告表明，来自实体瘤、羽毛浆（FP）和外周血的样本都可以有效地检测和定量MDV病毒载量，以此作为诊断MDV的标准（Cortes等，2009）。而Flinders Technology Associates（FTA®）卡可以作为收集和运输DNA样品的简单方法，用于实时PCR诊断MD和MD疫苗接种监测（Cortes等，2009）。研究表明，FP和血液中的病毒DNA都可用于MD诊断，而FP样品在监测MD疫苗接种方面优于血液样品（Cortes等，2011）。

### 12.13.1 MDV疫苗

对MD的防控主要是通过使用来自三种MDV血清型的活疫苗进行疫苗接种。疫苗已成功地保护鸡免于MD引起的肿瘤和死亡。但是接种疫苗的鸡支持强毒力野毒的复制和传播。MD疫苗的广泛使用被认为促进了MDV野毒向更高毒力的进化（Witter等，1997；Gandon等，2001；Davison和Nair，2005；Gimeno，2008）。

### 12.13.2 MDV-1疫苗

第一种MD疫苗HPRS-16/att是通过强毒MDV在鸡肾细胞中连续传代产生的，并显示出对MD强毒株具有保护性免疫力（Churchill等，1969）。该疫苗仅使用了几年，很快被安全性更高的HVT替代。CVI988或Rispens是目前最有效的疫苗。它是在荷兰分离的，显示低致癌性（Bülow，1977），但是由连续细胞培养传代而致弱的毒株。在出现vv和vv＋MDV野毒株之后，由于出色的保护作用，CVI988成为全球范围内的首选疫苗（Witter等，1995），并且现在被视为MD疫苗的"金标准"。

### 12.13.3 MDV-2疫苗

欧洲（Biggs，1972）和美国（Schat和Calnek，1978）的几个研究团队已经从健康鸡中分离出其他天然无致病性病毒。这些病毒在血清学上与致病性MDV-1不同，在鸡中无致病性，被归类为新的血清2型病毒（Bulow和Biggs，1975a、b）。血清2型疫苗对vv MDV病毒的保护作用有限，但与其他血清型组合使用时，其保护作用会增强（Witter和Lee，1984）。这种保护性协同作用对MDV-2和HVT组合已经显示出特异性，但对MDV-1和MDV-2不是特异性的，因此MDV-2病毒通常用于二价或三价疫苗制剂。

### 12.13.4 HVT疫苗

HVT最初是由Anderson和Kawamura（Kawamura等，1969）和Witter（Witter等，1970）从火鸡中分离出来的。由于HVT是与致病性MDV-1具有同源性的天然非致癌病毒，因此它们被用作疫苗（Okazaki

等，1970）。HVT是控制MD使用最广泛的疫苗，通常在肉鸡中作为单价疫苗或作为种鸡和蛋鸡多价疫苗的一部分使用（Dunn和Gimeno，2013）。像其他所有MDV血清型一样，HVT是高度细胞结合型病毒，因此疫苗制剂需要特殊的处理和储存。但是，与MDV-2和MDV-1病毒不同，可以通过超声处理感染HVT的细胞培养物来制备无细胞疫苗（Calnek等，1970b）。尽管这些无细胞制剂易于运输和处理，但它们容易受到母源抗体的中和作用，因此不如细胞结合的HVT疫苗有效（Prasad，1978；Witter和Burmester，1979），这导致它们的使用仅限于家养鸡群或液氮运输不可行的国家。

### 12.13.5　重组疫苗

已经从所有MDV血清型中研制了一些重组疫苗，但是只有少量的被商品化。由于MD疫苗需要特殊的存储和处理，为了克服这一障碍，早期尝试集中在研制鸡痘病毒（FPV）作为传递MDV免疫原性抗原的载体。尽管FPV载体疫苗在实验室条件下显示出突出的保护作用，但由于在商业鸡群中存在针对FPV的中和抗体，因此它们在商业上不可行。另外，还开发了DNA疫苗来克服与运输相关的问题，但提供的保护有限（Tischer等，2002）。研究人员还进行了通过缺失参与致病机制的基因来开发减毒株的一些尝试。删除Meq导致致癌性完全减弱同时保持正常的早期溶细胞复制的病毒，被证明在实验室和现场条件下都是有效的候选疫苗（Lee等，2008，2010）。然而，Meq缺失病毒会导致高度易感MDV母源抗体阴性鸡的淋巴器官萎缩和体重降低（Dunn和Silva，2012；Lee等，2012），因此目前尚无商业化销售。最近，通过将REV的LTR序列插入CVI988（目前使用的疫苗），开发了一种新型疫苗CVRM。与CVI988相比，这种新型疫苗具有更高的体外复制能力，不引起淋巴器官萎缩，并且显示出的保护指数等于或优于CVI988（Lupiani等，2013）。

### 12.13.6　MDV作为疫苗载体

MD疫苗具备的长期保护和克服母源抗体的能力，使MDV成为不仅可以预防MD感染，还可以作为预防其他重要的病毒性禽病的出色候选载体。HVT和MDV-1都已被用作载体疫苗来递呈新城疫病毒（NDV）（Morgan等，1993；Sondermeijer等，1993；Heckert等，1996；Reddy等，1996；Sakaguchi等，1998；Sonoda等，2000；Zhang等，2014）、传染性法氏囊病病毒（IBDV）（Darteil等，1995；Tsukamoto等，1999，2002；Liu等，2006）、禽流感病毒（AIV）（Cui等，2013）的免疫原性基因，并且表达一个保护性抗原的HVT载体疫苗被广泛用于家禽。作为疫苗载体的HVT能够表达多种保护性抗原。已经研发了表达NDV的F基因和IBDV的VP2基因的HVT，并且正在评估它们对三种疾病的防护效果（Reddy和Lupiani，未出版数据）。

## 12.14　展望

随着高效疫苗的面市和鸡的遗传改良，MD得到了很好的控制。但是由于高毒力野毒株的出现导致疫苗失效和免疫抑制，MDV会继续对家禽业构成威胁。研究人员已尝试开发能够提供消除性免疫力的疫苗，以减少强毒株的出现，但这一直充满挑战。控制MD的另一个挑战是病毒的细胞结合特性，这（导致）需要特殊的疫苗储存和处理。几位研究人员已经研究了MDV的形态发生，并尝试开发不需要液氮就可以储存的疫苗，但是迄今为止，还没有用于商业化家禽的无细胞MDV疫苗。成功的领域之一是使用MDV作为疫苗载体。几种HVT载体疫苗目前正用于控制多种家禽疾病，因此有必要利用MDV-1和MDV-2病毒作为商业用途的潜在疫苗载体。随着BAC克隆和CRISPR-Cas9突变等基因操作技术的进步，未来研究将有助于阐明MDV生物学和致病机制中的分子机制，这可能会为其他的疾病提供干预策略。

作为研究病毒致癌性的模型病毒，MDV一直提供和建立完善的系统来研究肿瘤转化的分子机制，尤其是在病毒诱导的T淋巴细胞转化中。在过去的几十年中，已经阐明了Meq、vTR和miRNA在肿瘤发生中的作用。这些知识有望进一步加深人们对疱疹病毒致癌作用的理解。微阵列技术和下一代测序技术的进步将增进人们关于宿主对MDV感染全面反应的了解，提供病毒-宿主相互作用的全面知识，这对于更好地了解病毒致癌机制和将MD用作疱疹病毒诱导肿瘤的生物医学模型至关重要。

（周林宜 译，郑世军 校）

参考文献

# 13　禽痘病毒

Deoki N. Tripathy[*]

美国，伊利诺大学，兽医学院病理生物学系

Department of Pathobiology, College of Veterinary Medicine, University of Illinois, IL, USA

[*]通讯：sreddy@cvm.tamu.edu

https://doi.org/10.21775/9781912530106.13

## 13.1　摘要

禽痘病毒（avian pox viruses）可感染家禽和野生鸟类。禽痘病毒中以鸡痘病毒和金丝雀痘病毒最具代表性。其中，鸡痘病毒给养禽业带来重要的经济影响，对其研究最为深入，而金丝雀痘病毒感染金丝雀后死亡率较高。禽痘病毒的诊断主要以皮肤型和/或白喉型的病理变化以及病变组织出现胞浆包涵体为依据。该病毒在感染细胞的细胞质中复制并产生特征性胞浆包涵体。通常采用鸡胚接种的方式进行病毒的分离。此外，目前已经有鸡痘病毒、金丝雀痘病毒以及其他几种禽痘病毒的全基因组序列。因此，可通过聚合酶链式反应（PCR）扩增其特定的病毒基因来进行诊断和毒株的系统发育分析，如4b基因。禽痘的防控主要以接种鸡痘病毒源和鸽痘病毒源的疫苗为主，这些疫苗已在养禽场使用多年。然而，也存在免疫失败的情况，接种过疫苗的鸡仍然会暴发鸡痘。进一步分析发现，这些鸡痘毒株的基因组中插入了网状内皮组织增生症病毒（REV）的全长基因组序列，而REV与免疫抑制和肿瘤形成有关（Tripathy和Reed，2013）。新出现的毒株与当前疫苗株在抗原性和遗传性上存在一定差异，导致现有疫苗对这些毒株无法提供足够的保护。

## 13.2　简介与历史

禽痘是家禽、观赏鸟和野生鸟类中一种常见的病毒病。现已发现，在鸟类的23目中有232种鸟类可以自然感染禽痘病毒（Bolte等，1999）。虽然人们已对禽痘感染有了广泛认识，但对于该病的宿主范围、抗原性以及遗传和生物多样性等方面还知之甚少。由于这类知识的缺乏，禽痘病毒的分类主要是依据常受感染的物种或病毒被分离出来的物种来命名的。国际病毒分类委员会（https：//talk.ictvonline.org/ictv-reports）

将禽痘病毒归为痘病毒科禽痘病毒属。该属成员包括鸡痘病毒、金丝雀痘病毒、灯心草雀痘病毒、燕八哥痘病毒、鸽痘病毒、鹦鹉痘病毒、鹌鹑痘病毒、椋鸟痘病毒、麻雀痘病毒和火鸡痘病毒。其中，鸡痘病毒（fowlpox virus，FWPV）是该属中的代表。禽痘病毒感染的同义名有接触传染性上皮瘤、禽白喉、variole aviaire（法语）、Geflugelpocken（德语）、bouba aviaria（葡萄牙语）、virula aviar 和 difteria aviar（西班牙语）。由此可见，该病呈全球性分布。

在禽痘感染中，鸡痘和火鸡痘对养禽业的经济影响较大。金丝雀感染痘病毒后可在短时间内引起急性全身症状，死亡率很高，因此对饲养金丝雀的人来说具有特殊意义。该病通常表现为皮肤型、白喉型或全身型。三种病型可在一只禽上同时发生。在已报道的一起金丝雀痘病毒感染中，受感染的金丝雀死亡率很高，分别出现了皮肤型、白喉型和全身型单一症状或混合并发感染的情况（Donnelly 等，1984；Shivaprasad 等，2009）。皮肤型的特征表现是出现增生性皮肤损伤，而白喉型的特征表现为上消化道和上呼吸道病变。

## 13.3　病原学

禽痘病毒体积较大，在光镜下就可以观察到（图 13.1）。包涵体中的病毒颗粒为原生小体，又称 Borrel 小体，为该病的病原体（Woodruff 和 Goodpasture，1929）。

所有的禽痘病毒形态相似。病毒粒子呈椭圆形或砖形，直径为 250 ~ 400nm（图 13.2）。中央为一个电子致密的双凹核或拟核，内含病毒的基因组 DNA，在两侧凹陷处各有一个侧小体（图 13.3）。

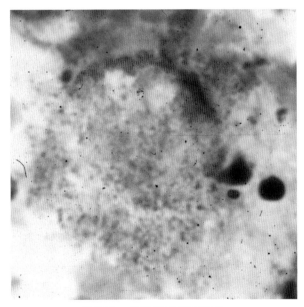

图 13.1　皮肤型痘病变涂片

　　姬姆萨（Gimenez）染色，红色为包涵体，内含原生小体，一些原生小体自由分散在包涵体外。

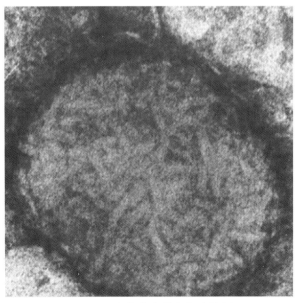

图 13.2　鸡痘病毒的负染电镜图

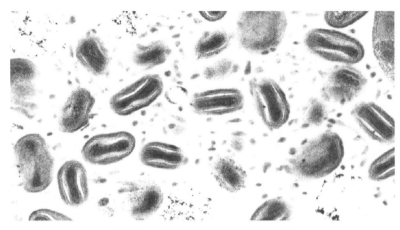

图13.3　鸡痘病毒粒子的三种形态

取自鸡痘病变部位的超薄切片。

## 13.4 传播

禽痘病毒无法突破皮肤的机械屏障，只能通过受伤或破损的皮肤和黏膜入侵。同类相食、打斗或整理羽毛时造成的撕裂伤会增加病毒入侵的机会；接种疫苗时，通过人的手和衣服间接传播到易感鸟类的眼中；据报道，在人工授精时无意间将火鸡痘病毒从感染的公鸡传播到未感染的母鸡中；同时，昆虫也可作为病毒的机械传播媒介，造成眼部感染；此外，在污染环境中，特别是在密集的房舍，空气中含有病毒的鸟类羽毛、皮肤或痂皮所形成的气溶胶，可引起鸟类皮肤和呼吸道感染，其中吸入传播是病毒感染易感鸟类的重要途径。病毒可通过泪腺到达喉部，引起上呼吸道感染（Eleazer等，1983）。由于在没有明显外伤的情况下也可能会发生感染，所以认为上呼吸道和口腔黏膜上皮细胞也对病毒高度易感。

蚊子一旦叮咬过感染痘病毒的鸟类，即可将病毒传播给其他鸟类。现已报道有11种双翅目昆虫可以作为禽痘病毒的传播媒介。家禽红螨（鸡皮翅螨）也可作为FWPV的传播媒介。蚊虫病媒和禽痘病毒的传入是夏威夷群岛本地森林鸟减少和灭绝的一个主要因素。

近年来，由于大型养禽场饲养密度不断增加，蛋鸡群产蛋周期延长，以及不同日龄家禽的混养，使得许多地区的禽痘流行病学发生了变化。原本该病通常只在夏季蚊子较多的月份常见，然而在大型养禽场，特别是多个年龄混合饲养的家禽群中，禽痘在一年四季中均可发生。

禽痘病毒在极端条件下仍能存活，可在干痂中长期存在，一旦接触易感禽类，该病就会继续发生。在大规模养禽场中，密闭的空间能促进该病的传播。由于该病传播缓慢，病毒可以在易感鸟类中传播相当长的时间，这在混合饲养的鸡群中是一种常见现象。

## 13.5 临床症状

该病临床症状的严重程度取决于宿主的易感性、病毒的毒力、病变部位以及其他复杂因素。比如，FWPV疫苗毒株感染时只产生局部病灶，病程持续时间较短；而FWPV强毒株可引起原发性和继发性损伤，病禽的各项性能显著下降，病程可持续数周（图13.4）。鸡群和火鸡群感染FWPV的发病率也因情况而异，轻者仅零星发病，若感染强毒株且防控措施欠缺，则会导致全群发病。该病有两种表现形式：皮肤型和/或白喉型。临床上常在一只或一群鸡上观察到皮肤型和白喉型并发的病例。皮肤型痘病的特征性表现为鸡冠、肉髯、眼睑和其他无毛部位出现结节（图13.4和图13.5）。皮肤型痘病的眼部病变会影响鸟类的采食和饮水。白喉型痘（湿痘）表现为口腔、食道或气管黏膜出现溃疡或白喉样淡黄色病变（图13.6A和图13.6B），并伴有鼻炎样轻度或重度的呼吸道症状，与传染性喉气管炎病毒（ILTV）感染鸡后出现的症状相似。口角、舌头、喉咙和气管上部的病变会影响采食、饮水和呼吸。当鸟类感染低等毒力的痘病毒毒株时，局部皮肤型病变会比口腔黏膜和呼吸道的白喉型病变更容易恢复。对于即将开产的小鸡和大日龄母鸡，该病进程常常缓慢，并伴有生长发育不良和产蛋下降。轻度皮肤型的病程3～4周，如果出现并发症，持续时间可能要延长。FWPV强毒株可引起原发性和继发性皮肤病变，病程可持续4周以上（Tripathy等，1975）。对于火鸡来说，FWPV引起的生长发育迟缓所造成的经济损失往往比死亡更严重。眼部皮肤病变引起的失明（造成采食困难），使得病鸡常常挨饿，这是造成经济损失的主要原因（图13.5）。种禽感染痘病毒会导致产蛋减少和受精率下降。严重的鸡痘暴发可持续6～7周，甚至8周。鸡和火鸡的群体死亡率通常很低，但在严重情况下死亡率会升高。鸽子和鹦鹉的发病率和死亡率与鸡大体相同。

金丝雀感染痘病毒时常引起全身感染，死亡率高。临床表现为呼吸困难，头部、颈部和背部的羽毛和/或鳞状皮肤脱落，体重减轻，高死亡率（Donnelly和Crane，1984）。金丝雀感染痘病毒的死亡率高达80%～100%。在一次自然暴发的金丝雀痘病毒疫情中，450只金丝雀中有超过65%发生死亡（Shivaprasad等，2009）。同样地，感染了鹌鹑痘病毒的鹌鹑死亡率也很高。痘病毒感染是濒危夏威夷森林鸟类种群逐渐减少的重要因素之一。

图13.4　皮肤型痘病
取自实验室感染鸡痘病毒后的头部病变组织。

图13.6　白喉型痘病变特征
A.白喉型鸡痘气管内出现栓塞（由加利福尼亚州伍德兰市Hygieia生物学实验室研究与发展副校长G. Sarma博士提供）；B.白喉型鸡痘气管的显微病变。以气管上皮细胞显著增生为特征。

图13.5　皮肤型痘病
取自野生火鸡自然感染鸡痘病毒后的头部病变组织。

## 13.6 诊断

### 13.6.1 大体病变

皮肤型痘病的特征性病变是上皮组织增生（包括表皮和羽毛囊）造成的结节状皮肤病变，初期形成小的白色病灶，然后迅速增大、变黄，感染后第4天出现少量原发病灶，到第5天或第6天形成丘疹，接着到水疱期，并形成广泛的厚痂（Minbay和Kreier，1973）。相邻病变有的相互融合，变得粗糙，呈灰色或深褐色。大约2周或稍短的时间，病灶基部发炎、出血，之后形成痂块，这一过程可能持续1～2周。最后，随着变性上皮层的退化，痂皮慢慢脱落。在此期间若过早地除去痂皮，则会在出血的肉芽组织表面形成湿润的浆液脓性渗出物；若痂皮自然脱落，则形成一个光滑的疤痕，轻微病例甚至不产生明显的疤痕。与致病株相比，弱毒疫苗株只产生轻微的局部病灶，而致病株则引起继发性损伤，病情可持续数周。

白喉型痘病可在口腔、食管、舌头或上呼吸道黏膜上形成轻微隆起、白色不透明结节或淡黄色斑块。之后迅速增大，融合成黄色、干酪样、坏死性的伪白喉或白喉样膜。若撕去这层膜，可见其下有出血性糜烂。炎症还可扩散至鼻窦、眶下窦（引起肿胀）、咽喉（引起呼吸障碍）和食管。皮肤型痘病和白喉型痘病的并发并不罕见。当感染金丝雀痘病毒时，病变表现为眼睑增厚，头颈部皮肤出现小结节，胸腺肿大，肺轻度或重度实变，并在鼻窦和气管内出现渗出物（Shivaprasad等，2009）。

不论是鸡、火鸡还是其他鸟类，感染痘病毒后病情均可从轻微发展到严重甚至导致死亡。火鸡感染皮肤型痘病毒的死亡率通常很低。Hess等（2011）报道了一起火鸡感染皮肤型痘病毒的病例，11 680只火鸡中只有20只发病。发病火鸡首先在肉髯、肉冠和头部其他部位出现细小的淡黄色疹块。然后到脓疱期，这些疹块非常柔软，极易去除，去除后在发炎表面留有黏稠的浆液渗出物。口角、眼睑和口腔黏膜也常常受到影响。病灶进一步扩大并在表面覆盖着一层干痂或红黄色至褐色的疣状物。幼龄火鸡的头部、腿部和爪部有时完全被病灶覆盖，甚至扩散到有羽毛的部位。在一起罕见的种火鸡痘病毒的疫情中，病鸡的输卵管、泄殖腔和周围皮肤上出现增生性病灶。

禽痘病毒长期存在于恢复期鸟类的干痂中，成为易感鸟类的传染源。该病毒抵抗力顽强，在其他病毒无法生存的环境条件下仍能存活。例如，在一项研究中，新引进的鸵鸟因受污染的生活场所（早先饲养在那里的火鸡发生过痘病毒感染）而感染（Shivaprasad等，2002）。通过免疫印迹法、基因组DNA的限制性片段长度多态性分析、发病机制和交叉保护试验，对鸵鸟皮肤病变中分离出病毒的抗原性、遗传性和生物学特性进行鉴定，发现其与FWPV相似。此外，易感鸡免疫该病毒后能抵抗FWPV强毒株的感染。

某些情况下，禽痘病毒感染以皮肤型、白喉型、全身型和致瘤型病变为特征（Tsai等，1997）。感染可能仅局限于局部，以一些内脏器官中形成小的、坚实的、白色结节为特征。例如，加岛鸽（Nesopelia g. galapagoensis）自然感染痘病毒后，以分叶和不分叶状结节灶为特征，主要分布在呼吸道初级和次级支气管中，在肺部形成小的（1～6 mm）白色硬结（Mete等，2001）。同样，一只3月龄的安第斯秃鹫感染痘病毒后全身皮肤无可见病变，但在口腔、食道和嗉囊中有多灶性隆起的黄色蚀斑，大部分内脏器官包括心、肺、肝、肾、小肠、胰腺和脾中都出现一个到多个柔软的白色结节，大小为0.2～0.8 cm（Kim等，2003）。

### 13.6.2 组织学病变

感染禽痘病毒后，不论是皮肤型还是白喉型，组织病理学特征均表现为受感染组织细胞增生（图13.6B和图13.7）。鸡痘病毒基因组中存在一个编码类似表皮生长因子（EGF）的基因。虽然该基因对病毒复制不是必需的，但它可能与病毒毒力、细胞增殖和组织增生有关。组织病理学检查可见上皮增生、感染细胞肿大以及相关炎症变化。光镜下可观察到感染细胞中含有特征性嗜酸性A型胞浆包涵体（Bollinger小体）（图13.7）。病灶涂片经姬姆萨（Gimenez）染色后可观察到原生小体（图13.1）（Tripathy和Hanson，1976）。

FWPV基因组中还存在一个T10基因，该基因编码的蛋白在脊椎动物的气管、食道和肺的上皮细胞中表达水平很高。而白喉型痘病毒的靶器官正好涉及口腔、咽喉和气管黏膜，因此FWPV中T10同源体很可能是病毒将靶器官延伸到呼吸道上皮细胞所需的。气管黏膜的组织病理学变化包括早期黏液分泌细胞增生、肥大；随后黏膜上皮细胞肿大，内含嗜酸性胞浆包涵体（图13.6B和图13.7）。在感染

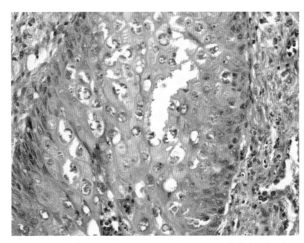

图13.7 皮肤型痘病变中出现嗜酸性胞浆包涵体（又称Bollinger小体）
（由Oscar Fletcher提供。）

后的不同时间，包涵体可能处于不同的阶段，可几乎占据整个细胞质，从而导致细胞变性。在大多数实验室中，苏木精-伊红染色是诊断痘病毒感染的常用方法，皮肤型或白喉型病变组织染色切片中出现特征性嗜酸性胞质包涵体。此外，白喉型痘的呼吸症状与ILTV（一种疱疹病毒）十分相似，临床上必须加以区分。

禽痘病变组织中的病毒抗原可通过细胞质免疫荧光或免疫过氧化物酶试验进行检测。一般先基于临床症状和病变特征进行初步诊断，再结合组织病理变化和病原体的分离鉴定进行确诊。

### 13.6.3 SPF鸡接种

将含有痘病毒（如鸡痘）的病料研磨后，取悬液通过皮肤划痕接种到易感SPF鸡身上，7～10d后可在接种部位出现典型的痘病毒感染病灶。

### 13.6.4 病毒分离：鸡胚接种和细胞培养

禽痘病毒常用SPF鸡胚来分离。将含有禽痘病毒的悬液接种到9～12日龄SPF鸡胚的绒毛尿囊膜（CAMS）上。接种5～6d后，可在绒毛尿囊膜上产生典型的痘斑（图13.8）。绒毛尿囊膜是病毒初

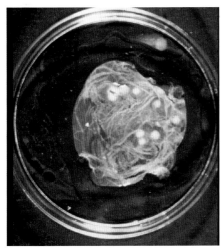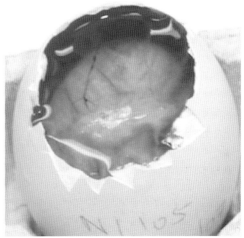

图13.8 鸡痘病毒感染后在鸡胚绒毛尿囊膜（CAM）上产生痘斑

次分离和病毒扩增最简便、最易感的宿主（Tripathy 和 Reed，2016）。组织病理学检查时可在绒毛尿囊膜痘斑上观察到胞浆包涵体。

FWPV 可在多种禽类细胞系中繁殖，如 LMH、IQ-1A、QT-35、鸡胚成纤维细胞和鸡肾细胞。接种后 3 ~ 4 天在这些细胞上产生病毒蚀斑，但前提条件是必须使病毒适应该宿主细胞（图 13.9）。

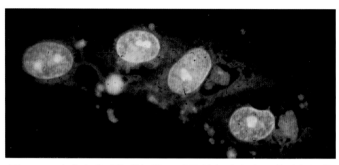

图 13.9　鸡痘病毒感染的细胞，感染的细胞内出现胞质包涵体

## 13.6.5　限制性片段长度多态性（RFLP）分析

限制性片段长度多态性分析是指将病毒 DNA 用限制性内切酶消化后，通过比较产生的 DNA 片段的相对迁移来鉴定基因组。该方法可用于禽痘病毒毒株遗传特性的分析。尽管 FWPV 毒株间的基因图谱极为相似，消化后大部分 DNA 片段为共迁移片段，但是大多数毒株仍然可以通过出现或缺失一个或两个 DNA 片段来加以区分。鸡痘病毒、鹌鹑痘病毒、金丝雀痘病毒和燕八哥痘病毒的基因图谱不同。同样地，夏威夷森林鸟痘病毒、alalapox 和白臀蜜雀痘病毒之间的 RFLP 存在差异，与 FWPV 之间也存在差异（Kim 和 Tripathy，2006a）。Tadese 和 Reed（2003）运用 RFLP、免疫印迹和 PCR 扩增 4b 基因等方法鉴定和区分了 FWPV 的疫苗毒和野毒。

## 13.6.6　聚合酶链式反应（PCR）

根据鸡痘病毒和金丝雀痘病毒基因序列设计特异性引物，通过 PCR 可扩增出不同的病毒基因片段。由于所有的禽痘病毒都会产生 A 型包涵体，所以通常选择扩增该基因。同时，FWPV 的 4b 基因在毒株间高度保守，大小为 578 bp，最初被用作 FWPV 感染的诊断标记，因此也常用于禽痘病毒的鉴定。根据 4b 基因绘制禽痘病毒的系统发育关系，可将禽痘病毒分成 3 个主要分支，即 A（鸡痘病毒类病毒）、B（金丝雀痘病毒类病毒）和 C（鹦鹉痘病毒类病毒）（Jarmin 等，2006）。在不断演化过程中，分支内又演化出了若干亚分支。这种方法目前广泛用于禽痘病毒系统发育特征的描述。如 Offerman 等（2013）发现，从南非分离的禽痘病毒的系统发育和组织学病变均发生了改变。为此，专门分析了该基因组的几个保守区域以及在 CAMs 上的大体病变和组织学病变。Rampin 等（2007）通过分析 4b 基因的序列，证实了秃鹰感染的痘病毒是由 A2 亚支禽痘病毒引起。除 4b 基因外，Gyuranecz 等（2013）对 111 株禽痘病毒的 DNA 聚合酶基因进行系统发育分析，其中也包含了所有 GenBank 下载的序列。Niemeyer 等（2013）对巴西麦哲伦企鹅中同时引起白喉型和皮肤损伤型的禽痘病毒进行 4b 基因分析，从中鉴定出两种不同毒力的病毒株，分属于 A 和 B 分支（Niemeyer 等，2013）。

Jarvi 等（2008）通过扩增 4b 基因的 538 bp 片段，从感染了禽痘病毒的夏威夷森林鸟中分离出两种截然不同的禽痘病毒变异株。其中一株与金丝雀痘病毒和其他雀形目痘病毒遗传距离较近，另一株与夏威夷森林鸟痘病毒的关系较近。

## 13.6.7　免疫应答

禽痘病毒感染可诱导体液免疫应答和细胞免疫应答。自然感染或接种疫苗诱导的抗体可通过血清学试验检测，包括被动血凝试验、免疫扩散试验、病毒中和试验、免疫荧光试验和酶联免疫吸附试验（ELISA）。其中，ELISA 是评价抗体应答最简便的方法。Buscaglia（2016）对一株鸡痘病毒商业疫苗的免疫应答和接种部位的病变进行评估，发现鸡痘苗接种阳性的ELISA值与接种部位病变程度之间存在一定关系。除这些外，还有琼脂-凝胶沉淀法，该法操作简单、使用方便，但灵敏度比ELISA低，目前没有ELISA设备的地方仍在使用。

### 13.6.8　免疫印迹

免疫印迹法可运用多克隆抗体检测痘病毒的共同抗原和特异抗原来区分鸡痘病毒的疫苗株和野毒株（Schnitzlein等，1988）。同样地，也可用抗鸡痘病毒或抗鹌鹑痘病毒的多克隆抗体来区分鸡痘病毒和其他禽痘病毒感染（Ghildyal等1989；Kim和Tripathy，2006a）。

采用免疫印迹法用两株FWPV特异性单克隆抗体（mAb）（P1D9和P2D4）对11株FWPV野毒株、6株FWPV疫苗毒株和3株鸽痘苗病毒株进行抗原分析。结果显示，这些毒株间的抗原性存在一定差异。其中，P2D4可识别所有疫苗毒株和野毒株中一个分子质量为60 kDa的蛋白，而P1D9可与一个分子质量为39 ~ 46 kDa的蛋白发生免疫反应。其中，1株FWPV疫苗毒株检出39kDa的条带，1株检出42 kDa和46 kDa的双条带，其余6株检出46 kDa的条带。而在野毒株中，有8株检出39 kDa的条带，其余3株检出42 kDa的条带（Singh等，2003）。然而，这些单克隆抗体都不与从夏威夷濒危森林鸟中分离出的禽痘病毒株发生任何反应（Kim和Tripathy，2006a）。

虽然体液免疫应答和细胞免疫（CMI）应答对抵抗禽痘病毒感染同样重要，但很少检测细胞免疫应答水平。有研究评估了鸡痘病毒感染后机体的体液免疫应答和细胞免疫应答。应用ELISA检测出高水平的抗FWPV抗体。免疫印迹法检测到FWPV抗原的血清反应性多肽（B细胞抗原），分子质量分别为44.5、66.5、75、90.5和99 kDa。此外，淋巴细胞增殖试验、杀伤性T细胞试验和T细胞免疫印迹试验也显示免疫鸡的细胞免疫应答水平显著增强，同时检测到66.5 kDa的FWPV T细胞抗原（Roy等，2015）。

对禽痘病毒的遗传学研究（RFLP分析、PCR和序列分析）、抗原性研究（多克隆和单克隆抗体免疫印迹）和生物学特性研究（鸡的致病性和攻毒保护试验），明确阐述了禽痘病毒不同毒株感染家禽、观赏鸟和野生鸟类在遗传学、抗原性和生物学特性上的差异。

## 13.7　基因组

截至目前，鸡痘病毒疫苗株US（Afonso等，2000）、经连续传代的鸡痘病毒欧洲株FP9（Laidlaw和Skinner，2004）、金丝雀痘病毒毒株（Tulman等，2004）以及从南非企鹅和鸽子分离到的两株痘病毒毒株（Offerman等，2014）的完整基因组核苷酸序列已测定。此外，也测定了秃鹫痘病毒（CDPV）、黄胸管舌雀痘病毒（PAPV）、白臀蜜雀痘病毒（APPV）和夏威夷鹅痘病毒（HGPV）的基因组核苷酸序列（Tripathy等，2015年未发表数据）。

### 禽痘病毒间的基因组差异

FWPV的基因组与痘病毒科中其他成员相似，但存在基因组重排。FWPV基因组是一条线性的双链DNA分子，上下游末端各有一个发夹环。包含一个中央编码区，以及两端各有一个大小为9 520bp的完全相同的反向末端重复区（ITR）（Afonso等，2000）。全长为288 539bp，共编码长度为60 ~ 1 949个氨基酸的260个假定基因。基于痘病毒与其他病毒基因或细胞基因的同源性，推测FWPV中101个ORFs具有类似或假定功能。FWPV的核苷酸组成中，A + T含量为69%，均匀分布于整个基因组。在基因组末端有6个小的高G + C（50%）区域。由于含有多种基因，某些情况下甚至包含大的基因家族，FWPV的基因组比其他已测序的痘病毒大，而金丝雀痘病毒比FWPV的基因组还要大。FWPV基因组中32%是由31个锚蛋白重复序列家族基因、10个N1R/p28家族基因和6个B22R家族基因组成。仅B22R就占病毒基因组的12%。FWPV在组织培养中连续传代后，基因组中锚蛋白基因减少。在其他禽痘病毒中锚蛋白重复基因的数量也不等。由于禽痘病毒锚蛋白重复基因与宿主范围相关，这些基因的缺失可能与宿主范围变窄有关。经组织培养传代后的FWPV FP9株的基因组大小减少到约260 kbp（Laidlaw和Skinner，2004）。

金丝雀痘病毒的基因组全长为365kbp，中央区编码328个假定基因，反向末端重复区的长度为6.5kbp（Tulman等，2004）。与FWPV基因组相比，CNPV的基因组中多出超过75kbp的附加序列以及39个FWPV缺乏基因，同源基因间氨基酸差异平均为47%。禽痘病毒间基因组的差异可能与病毒毒力和宿主范围相关。CNPV与FWPV间的差异主要在末端区域，尤其在局部内部基因区域，显示出病毒基因组间的显著差异。差异的区域包含基因家族，这些基因家族占CNPV基因组的49%以上，编码51个锚蛋白重复蛋白、26个N1R/ p28样蛋白和类似于转化生长因子和神经生长因子潜在免疫调节蛋白。CNPV中缺乏FWPV中编码泛素、白介素10、肿瘤坏死因子受体、PIR1 RNA磷酸酶、硫氧还蛋白结合蛋白、MyD116域蛋白、环状病毒Rep蛋白、核苷酸代谢蛋白胸苷激酶和核糖核酸还原酶小亚基等的基因（Tulman等2004）。

Offerman等（2014）测定了野鸽痘病毒（FeP2）和企鹅痘病毒（PEPV）的核苷酸序列。其中，FeP2的基因组全长282kbp，包含271个ORFs。PEPV的基因组全长306kbp，编码284个ORFs。FeP2与PEPV两者之间的同源性为94.4%；与FWPV基因组的同源性分别为85.3%和84.0%；与CNPV的同源性分别为62.0%和63.4%。FeP2与FWPV分支病毒之间最显著的差异是FeP2基因组的中心区域缺失了约16kbp。

秃鹫痘病毒DNA经Hind III酶消化后会产生一个4.5kbp的片段，这一片段与FWPV基因组中相应区域的核苷酸序列存在显著差异。FWPV中这一区域有11个ORFs，其中包括网状内皮组织增生症病毒（REV）整合的相关序列。而秃鹫痘病毒这一区域只包含8个ORFs，无REV序列的插入。此外，从夏威夷鹅中分离到一种禽痘病毒，其基因组经Pst I -Hind III消化后可产生大小约为5.3kbp的片段，这与CNPVs基因组中相应区域具有很高的同源性，但与三株含有REV序列的FWPV ORFs没有同源性（Kim等2003；Kim和Tripathy，2006a）。

## 13.8 病毒复制

痘病毒在细胞质中复制，编码的蛋白质供痘病毒基因组复制和基因表达利用。FWPV基因组编码DNA连接酶、ATP-GTP结合蛋白、尿嘧啶DNA糖苷酶、DNA聚合酶、DNA拓扑异构酶、持续因子和复制必需蛋白激酶，参与DNA的复制和修复。关于禽痘病毒复制的研究主要集中在痘苗病毒，图13.10简单描述了病毒复制的过程（Hruby和Byrd，2006），详细过程可参考其他文献（Boulanger等，2000；Hatano等，2001；Moss，2006，2013）。

FWPV编码31个已知的与痘苗病毒同源的结构蛋白，大部分与细胞内成熟病毒颗粒（IMV）相关。其中11个为痘苗病毒核心蛋白同源体，7个为痘苗病毒IMV膜相关蛋白同源体，6个为含有保守AG蛋白水解位点的痘苗病毒同源体，提示FWPV的结构蛋白较为保守。FPV197是痘苗病毒ATP-GTP结合蛋白A32L的同源体，其功能与病毒粒子组装和DNA包装有关。3个蛋白可能与细胞外包膜病毒粒子（EEVs）有关。5个代表两种保守的禽痘病毒基因家族，具有假定的结构功能，其中一些被认为是必需的（Afonso等，2000）。

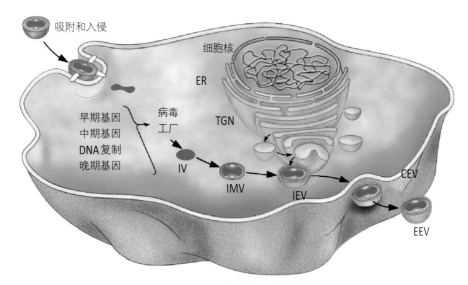

图 13.10　痘病毒的复制的周期

ER，内质网；TGN，反式高尔基体网状结构；IV，不成熟病毒粒子；IMV，细胞内成熟病毒粒子；IEV，细胞内包膜病毒粒子；CEV，细胞结合包膜病毒粒子；EEV，细胞外包膜病毒粒子。（引自 Hruby and Byrd，2006.Microbe，1（2）：7075.由美国微生物学会提供。）

## 13.9　病毒的生存策略

### 13.9.1　A型包涵体（ATI）

如前所述，胞浆包涵体是禽痘病毒感染诊断的依据。在 FWPV 中存在两种不溶性 A 型包涵体（ATI）蛋白的同源基因，构成 ATIs 蛋白基质。这些 ATIs 可以保护成熟的病毒粒子不受环境的侵害，对 FWPV 在自然界的传播具有重要意义（Afonso 等，2000）。所有的禽痘病毒都产生胞浆包涵体，但该基因并非病毒复制所必需。

### 13.9.2　光解酶

Ⅱ 类环丁烷嘧啶二聚物（CPD）光解酶是一种光反应酶，它可以利用可见光作为能源，有效地修复紫外线诱导的 DNA 损伤。该酶有助于病毒在禽类外部损伤和含有病毒痂皮的环境中存活（Srinivasan 等，2001；Srinivasan 和 Tripathy，2005 年）。光解酶基因对病毒复制不是必需的，缺失后的病毒与母本病毒一样具有免疫原性。FWPV 中的 CPD 光解酶在 CNPV 和其他禽痘病毒中同样存在。

### 13.9.3　泛素-蛋白酶体

泛素-蛋白酶体系统可调节多种细胞进程。FWPV 和 CNPV 各自含有两个不同的 p28 样泛素连接酶：FWPV150 和 FWPV157。这两个酶在感染过程中均发生泛素化。FWPV150 在早期被转录，而 FWPV157 较晚转录，提示 FWPV150 和 FWPV157 可能在感染的不同阶段发挥作用（Bareiss 和 Barry，2014）。由于在夏威夷森林鸟中分离出的禽痘病毒基因组中也存在这样的泛素基因，推测该基因可能在所有禽痘病毒中都是保守的。

### 13.9.4　宿主相关功能

FWPV中包含大量假定的与宿主谱有关的基因，这些基因与细胞基因和其他已知痘病毒基因相似。宿主谱基因的多样性（其中一些宿主谱基因是新出现的），提示了其对鸟类宿主的显著适应性。这些基因可能在病毒免疫逃避、免疫调节、细胞和组织嗜性等方面发挥作用，也有可能执行其他细胞功能。这些基因大部分位于FWPV基因组的末端区域，也有几组位于中心区域（Afonso等，2000）。

### 13.9.5　混合感染

禽痘病毒常常发生混合感染，从而使病毒不断进化，病毒的毒力增强或减弱。病毒与宿主之间的相互作用结果由病毒的活性和宿主的抗病毒能力共同决定。因此，即使是不致病的病原体也会对混合感染中宿主与病毒的相互作用结果产生重要影响（Thomas等，2003）。在一病例中，家养鸡的法氏囊出现不典型的痘，而其他脏器未见痘疹。通过PCR扩增出4b基因和TK基因，从而确诊是鸡痘病毒和念球菌感染（Ogasawara等，2016）。

### 13.9.6　网状内皮组织增生症病毒在鸡痘病毒基因组中的作用

在FWPV基因组中，有一个ORF所编码的蛋白的同源体分别存在于禽类的三种不同DNA病毒中，包括FWPV、马立克病毒和禽腺病毒，推测该基因可能与病毒感染的禽类宿主谱有关。曾有报道发现，FWPV和疱疹病毒在自然情况下发生双重感染（Tripathy等，1975）。气管的组织病理学检查和电镜观察显示，在同一细胞中，细胞核中观察到疱疹病毒，细胞质中观察到痘病毒。由于在马立克病病毒的基因组中检测到FWPV的同源基因（Brunovskis和Velicer，1995），由此证明病毒间遗传物质的交换以及出现基因和抗原性不同病毒的可能性。大部分FWPV野毒株的基因组中都整合了全长的REV，展现了病毒"天然的基因工程"。实验室和实地勘察发现鸡痘是一种新兴的、重现的疾病（Tripathy等，1998；Singh等，2000）。因为Kim和Tripathy（2001）发现1949年冻干的鸡痘病毒基因组中就已经插入了全长REV基因组，这说明REV的插入可能发生在很久以前。虽然没有关于这株鸡痘病毒株来源和日期的记录，推测该事件可能发生在1930—1940年或更早。系统发育和历史证据（Niewiadomska和Gifford，2013）表明，REVs是起源于哺乳动物的逆转录病毒，在20世纪30年代后期，偶然地从实验研究中引入到禽源宿主，随后整合到FWPV基因组中，产生了重组DNA病毒，在野生鸟类和家禽中传播，已经发现REV与免疫抑制和肿瘤形成有关。

所有FWPV疫苗株DNA中都只有一个长度不等的REV长末端重复（LTR）残基（Moore等，2000）。在REV原病毒丢失后，这些残基被每个野毒株群中的小部分病毒株所保留。若从接种过鸡痘苗和鸽痘苗的鸡群中分离出具有完整REV基因组的FWPV毒株，则表明该毒株在抗原性和生物学特性上都发生了改变，目前的疫苗对其不能提供足够的保护。

研究表明，含有REV基因组的FWPV仍能形成免疫抑制和肿瘤。Koo等（2013）用含有REV的鸡痘病毒感染鸡后，出现内脏淋巴瘤。由于受感染禽类的血清呈REV抗体阳性，而禽白血病病毒抗体阴性，因此作者认为，淋巴瘤是由FWPV里的REV引起的。此外，Zhao等（2014）报道了一例高致病性鸡痘病毒的暴发，死亡率高，鸡群没有接种任何疫苗。由于FWPV的野毒株整合了完整的网状内皮组织增生症病毒的基因组，而疫苗株只携带REV LTR序列。因此作者认为FWPV的毒力与基因组中是否整合REV序列有关。比较鸡痘苗毒株和野毒株的免疫应答反应时发现，感染野毒株的鸡在感染3周后细胞免疫应答显著下降（Wang等，2006）。该结果进一步表明，含有REV全基因组的FWPV强毒株会导致免疫抑制。

## 13.10 预防

　　禽痘的预防主要是在该病流行的地区对家禽进行疫苗接种。免疫原为鸡痘病毒和鸽痘病毒来源的活病毒，通常用鸡胚或禽源细胞系来增殖。

　　禽痘疫苗接种采用刺翼接种的方式。在鸡4周龄时进行初免，并在开产前1个月加强免疫，具体免疫程序因不同地区或养禽场的流行情况而有所不同。对于延长产蛋周期的鸡群，可再次接种疫苗。鸡痘弱毒细胞苗可用于1日龄雏鸡接种。接种后7～10d后，通过观察接种部位是否出现肿胀来确定免疫效果。有研究表明，鸡胚接种FWPV疫苗可对FWPV提供保护。此外，一株细胞适应的FWPV疫苗株可对1日龄火鸡在FWPV攻毒实验中提供保护（Sarma等，2015）。

### 13.10.1　重组FWPV疫苗和重组CNPV疫苗

　　由于禽痘病毒基因组庞大，且包含多个非必需区，因此可以将其他病原的抗原基因插入到FWPV或CNPV的基因组中构成多价疫苗，从而可同时对若干病原提供保护（Boyle和Heine，1993；Boyle等，2004）。

　　在FWPV基因组中存在几个非必需区，其中有些位于反向末端重复区。这些非必需区现已用于重组病毒的构建。TK基因是外源基因插入的常用位点之一。由于TK基因与病毒毒力相关，且对病毒复制是非必需的，因此破坏了TK基因的重组FWPV的毒力低于亲本FWPV（Beard等，1991）。痘病毒的启动子相对保守，因而可被异源痘病毒所识别。因此，最初用痘苗病毒启动子代替FWPV转录调控元件来构建重组FWPV。虽然同源的FWPV启动子早已被鉴定（Srinivasan等，2006），并且已使用合成的早-晚期转录调控元件。用于构建重组禽痘病毒痘苗病毒的启动子有2个，分别是早-晚期启动子P7.5和晚期启动子P11（Beard等，1991）。分别对几个FWPV同源启动子进行评估，其中包括一个双向同源启动子。这些启动子中，有一些与痘苗病毒的启动子一样为强启动子，可用于新一代多价FWPV载体疫苗的开发。有研究者构建了一株共表达新城疫病毒（NDV）F蛋白、HN蛋白和ILTV糖蛋白B的重组FWPV，该疫苗可通过一次免疫来同时预防NDV和ILTV，具有潜在价值（Sun等，2008）。

　　目前有几种FWPV载体疫苗已实现商品化，如新城疫鸡痘载体疫苗，可用于1日龄鸡皮下接种或刺翼接种；同样地，ILTV重组FWPV疫苗也已上市；两株表达H5亚型禽流感病毒血凝素蛋白的重组FWPV疫苗也已在墨西哥的养禽场使用多年，并取得令人满意的效果。Weli和Tryland（2011）对禽痘病毒载体疫苗进行了详细的综述。尽管FWPV和CNPV已被用作重组疫苗的载体，但其他禽痘病毒，如鹌鹑痘病毒、鹦鹉痘病毒、麻雀痘病毒和秃鹫痘病毒以及从夏威夷濒危鸟类中分离出来的痘病毒，也可能作为疫苗开发的潜在载体。对夏威夷濒危森林鸟禽痘病毒的研究表明，这些病毒在遗传学、抗原性和生物学特性方面均与其他禽痘病毒有所不同，感染鸡只产生轻微的局部损伤（Tripathy等，2000年；Kim和Tripathy，2006a、b）。

### 13.10.2　表达哺乳动物病毒基因的禽痘病毒载体疫苗

　　禽痘病毒可在体外引起非禽源细胞系的顿挫性感染。虽然无法产生感染性的子代病毒，但这些外来抗原也会被有效地合成、加工并递呈到细胞表面。表达狂犬病病毒糖蛋白的重组FWPV和重组CNPV载体疫苗的构建（Taylor等，1988）为开发人和动物禽痘病毒载体疫苗提供了巨大的推动力。目前，表达狂犬病毒糖蛋白G的CNPV载体疫苗（用于猫）和犬瘟热CNPV载体疫苗（用于犬）均已实现商品化。同样地，表达西尼罗河病毒抗原的重组金丝雀痘病毒疫苗（用于马）也已获批上市。Weli和Tryland（2011）等若干文献详细综述了禽痘载体疫苗开发和应用的研究进展。

# 13.11 展望

在对痘病毒的研究过程中，人们对病毒学、免疫学和疫苗学的认识不断提高。目前已经测定了鸡痘病毒、金丝雀痘病毒和其他几种禽痘病毒的基因组序列，并鉴定出一些假设基因。然而，目前对这些基因功能的研究尚十分有限。例如TK基因是非必需基因，却与病毒毒力有关。A型包涵体基因和光解酶基因与病毒的长期生存有关。自然条件下，REV基因插入到鸡痘病毒基因组中增强了病毒的致病性。新一代的家禽疫苗可以通过缺失如A型包涵体或光解酶等基因来进行设计，这种基因改良病毒疫苗的使用可能对缩短病毒在自然界的存活时间有一定帮助。

由于禽痘病毒的基因组较大，且含有许多非必需基因，因此可以在鸡痘和金丝雀痘病毒中插入外源基因来构建基因工程疫苗，这些疫苗能为相应病原体提供保护。禽痘病毒能在禽类宿主中产生有感染性的子代病毒，但在哺乳动物宿主中只产生顿挫感染。这一特性已被用于开发哺乳动物载体疫苗。如已开发出的表达狂犬病毒糖蛋白基因或西尼罗河病毒前膜（prM）和包膜（E）基因的金丝雀痘病毒载体疫苗。禽痘病毒在改进现有的鸡痘疫苗以及设计新一代禽类或哺乳动物单价/多价载体疫苗等方面的潜力还有待开发。

（李佳昕 译，郑世军 校）

参考文献

# 14 禽对病毒感染的免疫应答

¹Lonneke Vervelde¹ and Jim Kaufman²
¹英国爱丁堡大学，罗斯林研究所和皇家（迪克）兽医科学学院
¹The Roslin Institute and The Royal (Dick) School of Veterinary Science, University of Edinburgh, Easter Bush, Midlothian, UK.
²英国剑桥大学，病理学系和兽医学系
²University of Cambridge, Department of Pathology, and Department of Veterinary Medicine, Cambridge, UK.
*通讯：lonneke.vervelde@roslin.ed.ac.uk和jfk31@cam.ac.uk
http://doi.org/10.21775/9781912530106.14

## 14.1 摘要

生物进化出大量复杂而紧密联系的免疫应答来防御各类病原感染。目前已知的绝大多数免疫知识来自对人类和生物医学模型动物的研究。近几十年来，病毒性传染病给家禽业带来的挑战推动了对禽病毒感染与免疫的研究。免疫应答分为先天性免疫应答和适应性免疫应答。先天性免疫由宿主基因编码的不同系统组成，在病原感染免疫应答的初期发挥重要作用，为机体提供保护，是启动和引导适应性免疫应答的关键阶段。适应性免疫则是疫苗接种的前提，其中疫苗佐剂可激发先天性免疫。然而，适应性免疫遗传也很重要，它依赖于由主要组织相容性复合体（MHC）编码分子的特定等位基因，从而抵抗许多重要病毒。深入研究家禽先天性和适应性免疫应答的分子基础，可更好地对家禽遗传育种、疫苗研制以及家禽产业外的鸟类研究。

## 14.2 引言

尽管在家禽病毒性疾病的诊断和疫苗接种方面已经取得了一定的进展，但病毒病仍然是对家禽业造成负面影响的主要原因，如高致病性禽流感、低致病性禽流感、新城疫和传染性支气管炎仍是造成家禽单位损失数量最高的四种疾病（Anonymous，2011）。病毒感染的治疗和预防对该行业至关重要，因为它们不仅对家禽具有毁灭性的影响，而且能够造成家禽免疫抑制，使受到机会性病原感染的可能性大大增加。制订新的控制策略（如抗病毒药物、疫苗和育种方法）至关重要，因此更深入地了解禽类对病毒的免疫应答也将有助于制定新的策略。

免疫应答的主要功能是识别和消灭入侵的微生物，脊椎动物的免疫系统由先天性免疫和适应性免疫两大要素组成，它们在病原识别机制和应答时间上存在差异。传统认为先天性免疫是对病原入侵的快速反应，主要发挥吞噬和裂解功能。如今，先天性免疫系统被认为是第一道防线，存在着由种源基因编码的用于识别微生物特殊分子结构的受体，在免疫调节和诱导适应性免疫反应中发挥主要作用。适应性免疫应答包括细胞和体液免疫，利用高度特异性T淋巴细胞和B淋巴细胞参与应答过程，这些淋巴细胞的抗原受体是由基因重排产生的。

与禽类相比，对哺乳动物病毒感染的免疫应答研究更为深入。本章描述了鸡对病毒入侵产生的先天性和适应性免疫应答的总体认识，重点讨论家禽的免疫应答与哺乳动物的免疫应答两者之间的差异。如果读者不了解哺乳动物的免疫特性或只了解类似于鸡免疫特性，可以参考先前发表的哺乳动物对病毒感染免疫应答一般特征的综述。本书其他章节将更深入地描述特定病毒的免疫应答，而本章节将描述一般概念。

## 14.3　宿主的先天性免疫应答

黏膜表面（特别是呼吸道黏膜表面）是禽病毒入侵宿主的主要场所，如禽流感病毒（AIV）、传染性支气管炎病毒（IBV）、新城疫病毒（NDV）、马立克病病毒（MDV）、传染性喉气管炎病毒（ILTV）和禽偏肺病毒（aMPV）。气道防御机制在清除病毒和预防病毒感染方面都非常有效，同时病毒的细胞内寄生特性导致病毒和宿主之间具有严格的选择性和适应性。病毒自身在逃避免疫系统的能力上得到选择，使之能复制并传播到其他宿主。消灭宿主会降低可利用的易感宿主，不利于病毒的生存传播。高度适应的病毒可能不断逃避免疫系统而导致持续性感染。宿主在抗病中已经适应了病毒，特别是鸡在进化的过程中产生了对病毒的抵抗力。

黏膜表面的第一道防线是由黏液层上皮细胞组成的复杂的物理化学屏障，不同的组织具有不同的作用机制，如气道的纤毛运动、肠道蠕动和胃酸pH。黏液提供了一种半透性屏障，使之能够交换营养物质和气体，同时阻止病原黏附在上皮细胞上。此外，黏液中的许多成分具有抗微生物的特性，如溶菌酶和防御素，并且多种病毒（包括ILTV、AIV和IBV）能诱导黏膜产生更多的黏液，提高机体对病毒颗粒的捕获和清除能力。除了作为屏障作用外，黏膜上皮细胞通过宿主预警蛋白识别病毒、快速启动信号转导和转录因子激活，进而产生抗病毒分子和募集免疫细胞，调节先天和适应性免疫应答（Vareille等综述，2011）。

### 14.3.1　诱导抗菌成分

黏膜表面含有具有抗菌特性的先天性抑制分子，它们的成分在急性反应期间会发生变化，这些分子在进化上属于高度保守的蛋白质家族，一些成员在无脊椎动物、植物和真菌中也有发现。

多种蛋白参与早期反应，包括急性期蛋白、C反应蛋白、血清淀粉样蛋白A、胶原蛋白凝集素（如胶原凝集素、表面活性剂和纤维胶凝蛋白）、戊聚糖蛋白、α巨球蛋白家族和宿主防御肽（防御素和导管素）。宿主防御肽（HDPs）最初因具有杀菌作用而被称为抗菌肽，进一步的研究表明，它们也对包括病毒在内的多种病原体起作用，并在免疫调节中发挥作用。

先天性抑制分子的抗病毒活性可分为直接和间接活性。直接抗病毒活性包括抑制病毒附着和凝集，间接抗病毒活性包括补体激活、诱导细胞裂解、吞噬和免疫调节。虽然在鸡中该领域没有进行深入研究，但对一些实例进行了分析，期望开发新型抗病毒策略，推动该领域研究。胶原凝集素如甘露糖结合凝集素（MBL）的碳水化合物识别结构域（CRDs）可与富含甘露糖的糖苷结合，如IBV的刺突蛋白，介导病毒聚集，从而中和病毒颗粒（Zhang等，2017）。鸡表面活性蛋白A（SP-A）缺乏大部分胶原结构域，表明它可能不像哺乳动物SP-A那样建立寡聚簇。鸡体内注射IFNα可导致SP-A表达显著下降（Röll等，2017），而在AIV感染过程中其SP-A表达上调（Reemers等，2010）。虽然SP-A的同源物"鸡肺凝集素（cLL）"严格意义上不是胶原凝集素而是C型凝集素，但是由于其缺乏胶原结构域，在体外对IAV具有较弱的活性（Hogenkamp等，2008）。在IBV感染过程中，胶原凝集素的表达也在体内受到调节（Kjaerup等，2014，Hamzic等，2016）。与胶原凝集素不同，戊聚糖家族的成员——长五聚蛋白（PTX3）、短五聚蛋白和血清淀粉样P组分起着提供唾液酸配体模拟IAVs感染时的细胞受体结构，从而阻断流感血凝素的受体结合位点的作用（Bottazi等，2010）。PTX3储存在中性粒细胞中，但是树突状细胞和巨噬细胞在炎症刺激下也可产生PTX3。在鸡体内注射Ⅰ型干扰素（Röll等，2017）和感染禽流感病毒后，同样能够诱导PTX3显著上调。

## 14.3.2　病毒识别

与细菌相比，病毒并不含有许多易于辨认的微生物特征结构，因为它们的组成结构源自宿主。然而，宿主已经进化出识别病毒特定结构或标记保守分子的能力，称其为病原或微生物相关分子模式（PAMPs或MAMPs）。PAMPs是由细胞表面或细胞内表达的病原识别受体（PRRs）识别的。病毒PAMPs与这些识别受体结合后招募下游信号分子，并直接或间接激活转录因子，产生细胞因子，如干扰素（IFNs）、促炎细胞因子和趋化因子，从而发挥抗病毒作用。细胞具有惊人的区分自我成分和病毒成分的能力，它们可通过细胞受体识别与病毒感染相关的处于异常位置的病毒核酸。目前禽类已鉴定出几种识别病毒PAMPs（reviewed by Chen等，2013）的PRRs，包括Toll样受体（TLRs）、核苷酸结合寡聚化结构域（NOD）样受体（NLRs）、RIG-Ⅰ样受体（RLRs）[如视磺酸酸诱导基因1（RIG-Ⅰ）]、黑色素瘤分化相关蛋白5（MDA5）、LGP2型（Laboratory of Genetics and Physiology 2）和C型凝集素（CLRs）等。与人类的TLRs相似，已经发现了10种禽类TLRs，但存在显著的多态性，差异较大，包括TLR1La、TLR1Lb、TLR15（禽特异性）、TLR21（相当于哺乳动物TLR9）、缺失TLR9和假基因TLR8。最近发现新城疫病毒样颗粒可通过TLR4/NF-κB途径激活小鼠树突状细胞（DC），但TLR1和TLR5在抗病毒应答中的作用还不清楚，TLR2和TLR4识别病毒的机制仍有待阐明（Qian等，2017）。

宿主的抗病毒作用主要是通过TLRs来发挥的，TLRs（如TLR15和内体受体TLR3、TLR7和TLR21）可以识别非甲基化CpG基序的寡脱氧核苷酸（CpG-ODNs）（Chen等综述，2013）。在鸡中，TLR3在多种组织中广泛表达，与哺乳动物的功能相似，它能识别dsRNA和poly-I：C，迅速诱导Ⅰ型干扰素，进而上调TLR3（Karpala等，2008a）。在病毒感染过程中发现TLR3的表达既有上调也有下调。不同毒株的传染性法氏囊病病毒（IBDV）诱导TLR3表达发生相反的变化（Rauf等，2011a），而高致病性和低致病性禽流感病毒（HPAI和LPAI）均上调TLR3表达，与鸡相比鸭的免疫应答过程不同（Karpala等，2008a；Cornelissen等，2012，2013）。MDV感染的肺中TLR3 mRNA水平升高（Abdul-Careem等，2009）。

鸡TLR7主要在淋巴组织中表达，可结合单链RNA（ssRNA）和瑞喹莫德（R848）、洛索立宾[resiquimod（R848）and loxoribine]等激活剂。细胞对TLR刺激物的反应不尽相同，从上调Ⅰ型与Ⅱ型干扰素表达至下调干扰素表达，以及上调促炎细胞因子（IL-1β和IL-6）和趋化因子（CXCLi1和CXCLi 2）表达（Stewart等，2012；Philbin等，2005；Kogut等，2005）。有趣的是，从不同商品肉鸡中分离的异嗜性细胞对TLR7激活剂反应也不同（Kogut等，2005），TLR7在感染IBDV（Rauf等，2011a）、AIV（Cornelissen等，2012，2013）和MDV（Abdul-Careem等，2009）的机体中表达上调。鸡TLR21具有与哺乳动物TLR9相似的功能，可结合CpG-ODN，在淋巴组织和非淋巴组织中均有表达（Browlie等，2009）。体内应用干扰素α可迅速诱导TLR3和TLR15表达，但未检测到其对TLR21表达的影响。TLR基因在包括MDV、AIV、IBDV、IBV、NDV在内的所有主要禽病毒性感染后均有差异表达，并将在各自章节中进行描述。

在禽中已经发现了其他核酸受体包括RIG-Ⅰ、MDA5和LGP2的RNA解旋酶家族。在哺乳动物中，RIG-Ⅰ主要识别RNA病毒复制过程中产生的带有5'-三磷酸或短的双股RNA（dsRNA），而MDA5则识别长的dsRNA。LGP2具有调节功能，可抑制RIG-Ⅰ信号并正调控MDA5（Schlee和Hartmann，2016；Uchikawa等，2016）。有趣的是，在鸭、鹅和斑马雀中也发现有RIG-Ⅰ，而在鸡和其他鸡形目（如火鸡）中未发现。RIG-Ⅰ的缺失并非禽类独有，有报道称中国树鼩也缺失RIG-Ⅰ（Xu等，2016）。研究表明，RIG-Ⅰ的缺失使鸡对RNA病毒高度敏感，但MDA5至少在一定程度上取代识别短dsRNA的作用，提示RLR家族成员的核酸识别具有一定的可塑性（Uchikawa等，2016；Hayashi等，2014）。除了TLR15和TLR21以外，鉴于目前鸡基因组还未完全得到解析，细胞内DNA受体在鸡中尚未进行详细研究，遗传分析表明鸡缺失黑色素瘤2（AIM2），而Z-DNA结合蛋白1（ZBP1）和γ-干扰素诱导蛋白IFI-16尚未得到鉴定（Cridland等，2012）。对于哺乳动物PRRs及其调控和信号通路、病毒逃避PRRs的识别，可参考Satoh和Akira（2016）、Luecke和Paludan（2016）、Beachboard和Horner（2016）、Broz等（2013）、Aoshi等（2011）等发表的综述；而关于禽类PRRs的综述，可参考Keestra等（2013）和Chen等（2013）的著述。

通常认为，宿主先天性免疫系统通过先天遗传编码受体识别不同的PAMPs，从而产生有效免疫应答。但是这个概念过于简单化，该定义忽略了包括宿主能够区分致病性和非致病性病毒、致弱病毒、活病毒和灭活病毒的差异，并能够协调免疫监视等信息在内的上下游信息调控。研究表明（Vance等，2009），宿主先天性免疫系统除了识别PAMPs外，还能够对病原复制和死亡、细胞损伤或肌动蛋白细胞骨架破坏等发病模式做出反应。一个简单的例子是，接种灭活疫苗与接种活疫苗相比，前者保护力相对较弱。由于宿主病原体相互作用的复杂性，如何准确分析宿主对活的病原体而非单个PAMPs的免疫反应是一个复杂的过程。TLRs和RLRs识别病毒感染，对控制病毒感染至关重要。另一方面，病毒进化是为了逃避宿主先天免疫反应。这些病毒逃避宿主先天免疫反应的能力也在大多数禽病毒中被观察到，这些内容已在其他章节阐述，并由Coppo等（2013）、Haq等（2013）、Kapczynski等（2013）综述。

## 14.3.3 干扰素和抗病毒效应分子

在宿主免疫应答级联反应诱导的途径中，最有效的抗病毒途径之一是干扰素途径，通过干扰素刺激或调控基因的转录激活（ISGs/IRGs）来发挥宿主抗病毒作用。因为绝大多数IRGs是上调的（在文献中多指ISGs）。在哺乳动物和禽类中均已发现了3个干扰素家族，尽管两类动物的干扰素系统看起来非常相似，但仍发现了细微的差异，例如禽类基因组中存在的基因数量较低。Ⅰ型干扰素在人和鸡中都形成了与IFNα基因密切相关的多基因家族和单一IFNβ基因。此外，IFNε、IFNκ、IFNω、IFNδ、IFNτ、IFNζ（又称limitin，Hardy等，2004）的研究相对较少。Ⅱ型干扰素只有单基因编码的IFNγ。最近发现了第三个家族Ⅲ型IFN，包括IFNλ和IL28/29（Sheppardetal，2003）。一般而言，IFNα和IFNβ是最早被鉴定具有抗病毒活性的干扰素，而IFNγ影响免疫系统的许多细胞，被认为是巨噬细胞的激活剂。与Ⅰ型干扰素相似，IFNλ的活性更多地局限于上皮组织。（Galani等综述，2015）

### 14.3.3.1 Ⅰ型干扰素

所有Ⅰ型干扰素都具有抗病毒活性，可抑制细胞增殖、分化和迁移（Hertzog和Williams，2013）。IFNα和IFNβ与细胞表达的受体结合而发挥作用，通过诱导ISGs介导它们的抗病毒特性。IFNα和IFNβ的共同受体是由IFNAR1和IFNAR2两条链组成的异二聚体，连接后激活JAK/STAT信号通路，使STAT1和STAT2磷酸化，与IRF9一起形成ISGF3复合物（Takaoka和Yanai，2006）。鸡IFNα/β与相同受体IFNAR1/IFNAR2结合，但对鸡的ISGs调节存在差异（Qu等，2013）。鸡IFNα诱导的抗病毒作用强于IFNβ，这可能是IFNα和IFNβ与IFNAR1和IFNAR2的结合力有差异（Peietal，2001）以及与IFNAR1和IFNAR2在胚胎发育过程中的调控有关（Karpala等，2012）。

研究表明，给鸡静脉注射IFNα，鸡表现出了IRGs激活的反应，具有组织特异性和时间特异性，脾脏反应迅速，肺部反应慢但持久（Röll等，2017）。IRGs在鸡胚成纤维细胞（CEF）等原代培养细胞中的反应也存在组织特异性和时间特异性（Giotis等2016）。受体结合后在几分钟内迅速诱导一种抗病毒状态，在5～8h后达到顶峰。人IFNα和IFNβ的半衰期分别为4～6h和1～2h，远远长于鸡I型干扰素的半衰期（约为36min），这可能与禽类代谢速率较高有关（Radwanski等，1987；Röll等，2017），但是否影响下游反应尚不清楚。

此外，文献中描述的差异反应还需要更多证据验证，因为实验中常使用永生化细胞系，这些发现可能与细胞系的内在功能成分、特定组织或反应时间有关（Röll等，2017；Giotis等，2016）。例如，I型干扰素并未诱导巨噬细胞系HD11中TLR3的上调，但刺激成纤维细胞系DF-1观察到TLR3的上调（Karpala等，2008a）。

### 14.3.3.2　II型干扰素

IFNγ是在哺乳动物和禽类中发现的唯一已知的II型干扰素成员，虽然它与抗病毒有关，但被认为是先天性免疫应答和适应性免疫应答之间的桥梁，是1型辅助性T细胞（Th1）免疫应答的标志。IFNγ的抗病毒作用已在多项研究中得到证实，包括通过小分子RNA沉默研究抗MDV和AIV感染（Haq等，2013b；Yuk等，2016）。在IBV感染早期缺乏I型干扰素的情况下，IFNγ表达迅速上调（Ariaans等，2009；Vervelde等，2013a）。与人类不同，鸡IFNγ与I型和III型IFN相似，上调Mx表达（Holzinger等，2007；Masuda等，2011）。IFNγ除了有抗病毒作用外，还有许多不同的功能，如免疫刺激和免疫调节作用，比如它是一种重要的巨噬细胞活化因子，影响一氧化氮产生，上调MHC I类和II类分子的表达，协调多种细胞的成熟和分化，并参与1型辅助性T细胞（Th1）应答。IFNγ在先天免疫应答期间主要产生于自然杀伤（NK）细胞、巨噬细胞和上皮细胞，在适应性免疫应答期间，主要产生于辅助性T细胞（Th1CD4）和细胞毒T细胞（CD8T）。

### 14.3.3.3　III型干扰素

目前已在人类鉴定出4种III型干扰素，分别为IFNλ1、IFNλ2、IFNλ3（又被称为IL-29、IL28A和IL28B）和IFNλ4。IFNλ4仅在不能清除丙型肝炎病毒的个体中发现（O'Brien等，2014）。III型干扰素与I型和II型干扰素有同源性，也与IL-10家族有同源性。III型干扰素通过与分布在上皮细胞、肝细胞、角质形成细胞和髓系细胞的IL-10Rβ/IL-28Rα受体结合，将活化信号通过JAK/STAT通路传递（类似于I型干扰素），但与I型干扰素诱导的ISGs模式存在显著差异。在感染早期阶段III型干扰素在I型干扰素产生之前就被RNA或DNA病毒激活发挥抗病毒防御作用，表明与I型干扰素抗病毒机制不同还存在第二种抗病毒机制。上皮细胞、巨噬细胞和树突状细胞等各种细胞可通过TLR3活化产生III型干扰素（Galani等综述，2015）。IFNλ作用于局部上皮细胞，阻止病毒扩散，不会激活炎症反应，这与I型干扰素引起强烈的炎症反应不同。病毒载量是警示免疫系统和评估危险程度的关键因素，并引起适当程度的免疫应答。I型和III型干扰素相对的抗病毒作用由病毒载量决定。如果在亚致死性IAV感染期间，III型干扰素能够抑制病毒传播，中性粒细胞的抗病毒防御时间延长就不会激活炎症反应。较高病毒载量会激活I型干扰素，导致免疫病理变化（Galani等，2017）。

在鸡和鸭中，只鉴定出一个类型的IFNλ，与人IFNλ3高度同源，也是通过IL-28Rα进行信号转导（Karpala等，2008b；Yao等，2014；Reuter等，2014）。与哺乳动物相似，鸡IL-28Rα在上皮细胞或富含上皮的组织中表达量较高。此外，据研究发现，III型干扰素在功能上是保守的，在上皮表面抗病毒反应中可能起主导作用，并且在体内、卵内和体外的实验中证明了其抗NDV、IBV和AIV作用（Reuter等，2014；Santhakumar等，2017a）。此外，鸡和鸭IFNλ在体外均能诱导ISGs（Mx和OAS）（Masuda等2012，Yao等2014）。

人们对哺乳动物抗病毒感染 IFN 反应了解得相对较清楚，但仍然能在该途径中不断发现新的蛋白（Garcia-Sastre 综述，2011；Raftery 和 Stevenson，2017）。PAMPs 具有重要意义，它能活化包括 IFN 通路在内的一系列先天性免疫应答。

### 14.3.3.4 IRGs

在哺乳动物中的研究已经证明存在上百种 IRG。近十几年来，随着转录组学技术的出现，已发表了多篇 IRGs 综述（Schoggins 等，2011；Rusinova 等，2013；Schneider 等，2014；www.interferome.org，the database of IFN regulated genes）。IRGs 一般靶向作用于病毒感染所有阶段的保守成分，包括影响核酸完整性的 ISGs（OAS/RNAse L）、病毒进入 ISGs（IFITM3）、蛋白质翻译 ISGs（PKR、IFIT 家族成员）、病毒释放 ISGs（BST2/tetherin），以及影响具有广泛抗病毒作用的 ISGs（Mx）（Verhelst 等，2013）。人们对禽类干扰素系统的认识相对滞后，但最近已经发表了对鸡 IRGs 的全面研究（Giotis 等，2016；Röll 等，2017）。除了哺乳动物与鸡共有的 IRGs 外，鸡具有独特的 IRGs。比较基因组学分析表明，鸡体内不存在 IRF3，但存在其他转录因子如 AP-1、IRF7 和 NF-κB，它们在识别到病毒核酸后被激活。因此，信号通路很可能是功能性的，诱导 I 型 IFN、促炎细胞因子和激活 IRGs 使其处于抗病毒状态。

尽管基因组学分析已经鉴定出许多鸡 IRGs，但它们的功能仍不明确，而且往往和体外功能检测结果矛盾。抗黏液病毒蛋白（Mx）是干扰素诱导的 GTP 酶，具有多种活性，包括通过阻断病毒复制周期的早期阶段、诱导细胞内吞和凋亡对抗 RNA 病毒。鸡 Mx 主要定位于细胞质，是禽类研究最多的 ISG。在人和鸡中已发现 2 个 Mx GTP 酶，即 MxA 和 MxB。鸡 Mx 具有高度多态性（Ko 等，2004a），但其抗病毒活性在鸡体内外均存在一定争议（reviewed in Goossens 等，2013；Santhakumar 等，2017b）。尽管干扰素对 Mx 有很强的诱导作用，但鸡和鸭的 Mx 并不抑制流感病毒的复制（Bazzigher 等，1993；Benfield 等，2010；Schusser 等，2011），其他 IRG 可能有助于抗病毒。

蛋白激酶受体（PKR）是一种丝氨酸/苏氨酸蛋白激酶，与双链 RNA 结合。PKR 抑制细胞和病毒 mRNA 的翻译，从而对 DNA 和 RNA 病毒具有广谱抗病毒活性（Balachandran 等，2000）。与 Mx 类似，PKR 具有多态性，对 VSV 感染具有抗病毒作用（Ko 等，2004b），但不能保护鸡免受高致病性流感病毒的攻击（Daviet 等，2009）。

$2'$-$5'$-寡腺苷酸合成酶（OAS）是一种干扰素诱导酶，被双链 RNA 激活，通过剪切病毒 mRNA 和宿主 RNA 发挥抗病毒活性（Silverman，2007）。鸡只有一个 OAS 基因，但出现了两个等位基因：OAS-A 和 OAS-B（Yamamoto 等，1998）。已证实 OAS 对尼罗河病毒和痘病毒具有抗病毒活性（Tag-El-Din-Hassan 等，2012）。

抗病毒蛋白 viperin 是一种天然存在于人类及其他哺乳动物体内的酶。在哺乳动物中，已经证明 viperin 能够抑制病毒蛋白和多种不同病毒的 RNA 生物合成。此外，viperin 可定位于内质网，破坏脂筏，从而通过抑制可溶性病毒编码蛋白的转运，影响病毒复制，限制病毒出芽（Wang 等，2007；Hinson 和 Cresswell，2009；Jiang 等，2010）。最近研究证明，鸡也有 viperin 蛋白，根据对其结构的研究，鸡 viperin 可能与哺乳动物 viperin 有相似功能（Goosens 等，2015）。具有抗流感病毒和传染性法氏囊病病毒活性的功能，此外其合成的各种配体也具有抗病毒活性。

干扰素诱导的跨膜蛋白（IFITM）在免疫细胞信号转导、生殖细胞归巢和成熟、骨矿化等多种生物学过程中发挥重要作用。IFITM 家族的一些成员是免疫系统的效应分子，广泛参与限制各种病毒进入细胞。这些基因是 Dispanins 家族的一部分，都有一个共同的双跨膜结构域。在人和鸡中，已经鉴定出 5 个 IFITM 基因，分别为 IFITM1、IFITM2、IFITM3、IFITM5 和 IFITM10，但禽类的命名并不一定反映与人类基因的同源关系，chIFITM1 在组织中几乎检测不到，而且在感染或细胞应激时很难诱导 chIFITM1 表达。chIFITM1 在人类细胞系表达时定位于早期内吞体，这与人的 IFITM1 与质膜结合不同。根据膜定位、

N端延伸区域缺失等特点，推测该位点内可能发生翻转，并推断chIFITM2与人类IFITM1相似（Smith等，2015）。根据chIFITM2在质膜中的细胞定位，这一翻转结论得到了证实（Bassano等，2017）。随后发现，鸭IFITM1与人IFITM1一样定位于质膜上，这凸显了禽类IFITMs进一步分类的困难（Blyth等，2016）。IFITM1在细胞表面表达量与限制病毒进入细胞的能力成正比。IFITM2和IFITM3定位于晚期内吞体和溶酶体，它们优先影响利用内吞途径侵入宿主细胞的病毒。IFITM蛋白还改变细胞膜的脂质组成，降低膜的流动性。已经证明IFITM1、IFITM2和IFITM3可以阻断病毒膜半融合（当两个脂质双分子层的外膜融合但内膜仍完好时），从而阻止病毒复制（Li等，2013）。体外研究表明，鸡和鸭IFITMs也是强效的病毒抑制分子（Smith等，2013），但在体内感染HPAI后表达和调控有明显差异（Smith等，2015）。在感染HPAI后，鸭显著上调表达IFITM1、IFITM2和IFITM3，而在鸡中IFITM的表达几乎没有变化，这种差异反应可能与抗流感病毒的物种特性有关（Smith等，2015）。一般而言，chIFITM2和chIFITM3在病毒（IBDV、ALV、H5N2、H5N1、H5N3）刺激后可观察到较高的表达水平，而chIFITM1的表达有限，提示这两种蛋白与chIFITM1相比作为抗病毒IFITMs起关键作用（Bassano等，2017）。IFITM5虽然在人干扰素刺激下表达，但仅在破骨细胞中表达。与之相反，IFITM5在鸭肺组织中检测到，并在感染HPAI时与IFITM1、2和3一起上调（Smith等，2015；Blyth等，2016）。chIFITM10的功能有待阐明（Okuzaki等，2017）。

一旦启动干扰素反应，必须同时进行严格的反应调节，防止过度的炎症反应。研究报道哺乳动物有多种负反馈机制，类似的早期脱敏机制似乎也适用于鸡（Röll等，2017）。细胞因子信号蛋白抑制因子（SOCS1和SOCS3）在数小时内上调，抑制JAK/STAT信号。USP18通过去除ISG15结合蛋白或与IFNAR2细胞内结合维持长期脱敏。

### 14.3.3.5 自然杀伤细胞

自然杀伤（NK）细胞是天然免疫系统中的效应淋巴细胞，以能够杀死病毒感染细胞而被大家熟知。它们在病毒感染早期的关键作用包括两部分。首先，它们提供了抵御病原体入侵的第一道防线。最初人们认为NK细胞可以杀死任何缺乏MHC Ⅰ类分子的细胞（所谓的"迷失自我假说"），但现在人们认识到NK细胞表达广泛的抑制性和激活性受体，这些信号之间的调控决定了NK细胞的激活（Lanier综述，2008）。一般情况下，激活受体具有短的胞质尾，没有信号基序。相反，信号转导是通过与带电跨膜残基相关的免疫受体酪氨酸激活基序（ITAMs）的CD3ζ和FcεRIγ等适应蛋白介导的。相比之下，抑制性受体缺乏带电的跨膜残基，但包含免疫受体酪氨酸抑制基序（ITIMs）的长胞质尾部。

在哺乳动物中已经报道了2个主要的受体家族：位于白细胞受体复合体（LRC）的一个含有跨膜受体Ig结构域家族的杀伤细胞免疫球蛋白样受体（KIR，CD158）和位于自然杀伤基因复合体（NKC）中的Ⅱ型跨膜C型凝集素受体的Ly49家族。在哺乳动物中，根据物种不同，其中一个家族已经扩大（Parham综述，2008；Natarajan等，2002），但在整个基因组中发现了许多其他受体。鸡LRC定位于一个小的微染色体上，并含有单个多基因受体家族，命名为鸡Ig样受体（CHIRs）。由于许多高度同源的CHIR基因和假基因难以注释，因此无法得出关于鸡LRC数量和多态性的结论（Laun等，2006；Lochner等，2010）。鸡LRC多态性似乎高于KIR和Ly49（Viertlboeck等，2010），但基于氨基酸的同源性、基本跨膜残基的位置和性质、相关接头分子和基因组结构，鸡LRC有望成为LRC编码的受体家族同系物的代表。虽然鸡中表达大多数C型凝集素受体（Straub等综述，2013b），但Ly49的同源物目前仅在鸡痘病毒（FPV）基因组中发现。有趣的是，一种FPV编码的C型凝集素在病毒感染细胞表面表达，可能使病毒阻止NK介导的裂解作用（Wilcock等，1999；Afonso等，2000）。鸡基因组中还发现了其他潜在的NK细胞受体，包括SLAM家族成员（Straub等，2013a）、CD56、CD57（又称HNK1）、CD5和CD6（Straub等综述，2013b），但它们的功能尚不清楚。哺乳动物的NK细胞可以表达与免疫球蛋白Fc片段结合的Fc受体，使抗体覆盖的靶细胞在抗体依赖性细胞介导的细胞毒性（ADCC）作用下裂解，在鸡中也报道了这种活性作用（Mándi等，1984）。

在病毒感染的细胞中，NK细胞诱导细胞死亡的第一条途径是通过释放穿孔素和颗粒酶等细胞溶解颗粒直接攻击感染细胞。NK细胞诱导细胞死亡的第二条途径是通过连接死亡结构域受体如Fas和FasL来发挥作用。虽然鸡的NK细胞本身因可供检测的单克隆抗体数量有限而难以定义（Göbel等，2001；Jansen等，2010），但多种鸡病毒感染可引起NK细胞激活已经被证实。比如：NK细胞在控制疱疹病毒中起关键作用，在MDV感染的早期细胞裂解阶段发挥作用，接种MDV疫苗的禽类比未免疫的禽类NK细胞活性更强（Sharma 1981；Heller和Schat，1987；Garcia-Camacho等，2003；Sarson等，2008）。据报道，感染LPAI病毒后，肺NK细胞活化增强，但感染HPAI病毒后，肺NK细胞活化减弱，表明NK细胞活性降低可能是H5N1流感病毒的致病机制之一（Jansen等，2013）。NK细胞在IBDV感染过程中的作用目前研究不够深入，其中两项报道表明IBDV感染可造成NK-Lysin下调和NK细胞功能损伤（Kumar等，1998；Rauf等，2011b），另一项研究报道IBDV感染对NK细胞活性没有不利影响（Sharma和Lee，1983）。

NK细胞功能远远超出了杀伤病毒感染细胞的范畴。静息状态的NK细胞可以表达大量的细胞因子受体，以结合活化巨噬细胞分泌的细胞因子，并能在细胞因子的刺激下迅速活化。另一方面，NK细胞产生包括IFNγ和肿瘤坏死因子α（TNFα）在内的免疫调节性细胞因子，均能增强NK细胞的细胞毒作用，如IL-10和IL-13（Cooper等，2004）。此外，NK细胞与树突状细胞（DCs）相互作用，导致DC成熟或凋亡（Moretta，2002；Cooper等，2004；Thomas和Yang，2016；reviewed by Waggoner等，2016）。反过来，DC来源的IL-12可以诱导NK细胞产生IFNγ，DC产生的IL-18可以进一步诱导NK细胞表达IL-12受体（Walzer等，2005）。浆细胞样树突状细胞（pDCs）产生大量IFNα/β，可诱导NK细胞的细胞毒性（Biron等，1999）。在HIV（Altfeld等综述，2011）和丙型肝炎病毒（Jinushi等，2004）等人类病毒感染中，DC细胞和NK细胞发生明显的相互作用，但在禽病毒感染中尚未发现。

### 14.3.3.6 多形核白细胞

多形核白细胞或粒细胞是天然免疫的重要宿主防御细胞。活化的粒细胞利用一系列的效应机制，譬如吞噬、产生毒性氧自由基、蛋白水解酶、髓过氧化物酶、防御素等杀菌肽。它们还可以排除含有组蛋白、防御素以及各种蛋白酶与基因组DNA组成的网状结构复合体，捕获细胞外病原（即中性粒细胞胞外陷阱，简称NETs）。多形核白细胞活化程度、颗粒蛋白的释放和活性氧（ROS）的产生均在病原清除中起关键作用。

虽然目前对哺乳动物中性粒细胞在病毒防御中的作用还不清楚，但病毒可以通过PRRs直接结合或通过介导ADCC的抗病毒抗体结合激活中性粒细胞。中性粒细胞在流感感染过程中的作用研究较多，清除中性粒细胞会导致病毒复制失控和小鼠死亡（Tumpey等，2005）。尽管中性粒细胞对许多感染有益，但不适当和（或）长时间激活可能有害，导致严重的组织损伤和器官功能障碍（Galani和Andreakos综述，2015）。在鸡中，异嗜性细胞相当于哺乳动物中性粒细胞。虽然它们在抗病毒反应中的作用几乎没有研究，但异嗜性细胞表达PRR，包括TLR3、7和21、清道夫受体、dectin-1和甘露糖受体，表明这些细胞可以识别病毒。在禽类异嗜性细胞中，脱颗粒与吞噬作用密切相关，但颗粒的含量并不明确（Genovese等综述，2013）。

NK细胞、单核细胞和粒细胞都具有独特的抗病毒感染和抑制病毒复制的机制。先天性免疫应答的精细调控对于控制免疫保护与免疫病理的平衡至关重要。此外，病毒同时逃逸多种免疫通路使宿主与病毒之间在体内的相互作用非常复杂，难以揭示和控制。

### 14.3.3.7 巨噬细胞和树突状细胞

巨噬细胞和树突状细胞是重要的先天性免疫细胞，发挥哨兵作用，具有战略性的定位和监测、识别和清除外来病原的作用。这些细胞的表面形态能够最大限度地与环境和潜在的病原相互作用（Stow和

Condon综述，2016）。一旦遇到病原或死细胞，吞噬过程就会启动。细胞吞噬作用是一种主动的受体驱动过程，基于对病原的识别和细胞表面受体的结合而进行。多种吞噬细胞受体在识别病原体时被激活，包括PPRs、调理受体（免疫球蛋白或补体受体）和凋亡受体（磷脂酰丝氨酸受体）。一旦细胞通过接触病原而激活，炎症刺激就可以重编程内吞途径。它们通过上调非受体依赖的巨胞饮替代受体介导的低效细胞吞噬作用，增强清除病原体的能力（Bosedasgupta和Pieters，2014）。巨胞饮不是由受体 - 配体相互作用驱动的，而是一种吞噬液体过程，也吞噬任何流体相物质和大部分质膜及其附着在质膜外表面的跨膜分子、粒子或病原。巨噬细胞和树突状细胞活化的一个重要结果是产生多种在局部和远程发挥作用的趋化因子和细胞因子。IL-1β、IL-6、TNF-α和CXCLi2（又称IL-8或CXCL8）的作用包括活化血管内皮细胞和增加血管通透性，以召集效应细胞进入、免疫球蛋白进入和急性期反应激活，而IL-12则活化NK细胞并诱导CD4T细胞分化为Th1细胞。如上所述，病毒感染主要可诱导干扰素的产生。

研究报道IBV（Reddy等，2016）、MDV（Yang等，2011；Chakraborty等，2017）、AIV（Vervelde等，2013b）、ILTV（Loudovaris等，1991a,b）等禽病毒可感染巨噬细胞和树突状细胞。然而，病毒是否可以直接感染巨噬细胞、树突状细胞，或巨噬细胞、树突状细胞能否吞噬病毒感染细胞，还有待阐明。值得一提的是，许多研究使用了HD11和MQ-NCSU等巨噬细胞样细胞系，这些细胞系是体外研究宿主病原体相互作用的极好工具，但所得结论不能推广到体内组织细胞。

NK细胞、巨噬细胞、树突状细胞和粒细胞均具有独特的抗病毒感染和限制病毒复制的机制。精细调控先天性免疫应答对于控制免疫保护与免疫病理的平衡至关重要。此外，病毒逃避多种免疫途径的能力导致宿主与病毒之间的相互作用非常复杂，在体内难以揭示其相互作用，也难以控制。除了起第一道防线的作用外，先天性免疫细胞与B淋巴细胞、T淋巴细胞相互作用在启动和引导适应性免疫应答中起着至关重要的作用。

## 14.4 适应性免疫系统

关于人类及哺乳动物适应性免疫应答的信息可以在以下文献中查阅（Abbas等，2016；Murphy和Weaver，2017；Owen等，2018）。禽类免疫应答的许多细节也进行了系统综述（Schat等，2013）。

### 14.4.1 多样化的抗原特异性受体

与先天免疫不同，适应性免疫系统依赖于体细胞不同克隆变异决定分子的特异性，每个克隆都携带着一个明显不同的抗原特异性受体。对于颌骨脊椎动物来说，T细胞和B细胞是提供适应性免疫的两种主要淋巴细胞。T细胞依赖胸腺发育和适当的选择，执行多种细胞免疫应答。鸡的B细胞最初被定义为依赖法氏囊发育并产生抗体的淋巴细胞（通常称为体液免疫）。法氏囊是鸟类特有的组织结构，在大多数胎生哺乳动物中，骨髓是B细胞发育和初始选择的场所。

在特定的淋巴细胞发育过程中，重组等过程导致各种V、D和J基因片段连接，进而形成决定结合特异性的特定序列。V、D和J片段的多样性和不精确连接，以及由此产生的受体链重组，导致抗原特异性受体存在着多样性，每种单一受体只存在于一个细胞中。在这些或多或少的随机组装的受体中，有一些受体能够识别自身分子并可能导致自身免疫。控制自身免疫反应的方式有很多种，比如在哺乳动物胸腺中选择T细胞，骨髓中选择B细胞。人们认为在脊椎动物中，胸腺的耐受性是相似的，但鸟类法氏囊多样性的产生机制是特殊的，鸡的B细胞耐受性机制尚不明确。

有颌脊椎动物的抗原特异性受体通常由两条蛋白链共同形成抗原结合位点：B细胞受体（BCRs）和

抗体的重（H）和轻（L）链，αβ T 细胞受体（TCRs）的 α 和 β 链，γδ TCRs 的 γ 和 δ 链。BCRs 和抗体一般识别所有类型的分子形态，γδ TCRs 识别广泛的细胞表面蛋白，而 αβTCRs 只识别主要组织相容性复合体（MHC）中编码的某些细胞表面分子，特别是经典的 I 类和 II 类分子。

## 14.4.2　MHC 和 MHC 分子

经典的 MHC 分子结合细胞处理加工的短肽，并递呈在细胞表面供 αβT 细胞识别：MHC I 类分子结合主要来源于细胞质和细胞核的肽（有时称为"细胞内蛋白"），MHC II 类分子结合的肽主要源自细胞内囊泡从细胞外获得的分子（因此有时被称为"细胞外蛋白"）。这些 MHC 分子在许多适应性免疫应答中起关键作用，包括对病原的抵抗力以及对肿瘤的免疫应答。细胞内的肽由经典的 I 类分子递呈，并被有 CD8 共受体的 αβ T 细胞所识别，这些细胞通常是可以杀死病毒感染细胞的细胞毒 T 细胞（CTLs）。细胞外的肽由经典的 II 类分子递呈，并可被有 CD4 共受体的 αβT 细胞识别，可以传递一些抵抗病原的功能。

经典的 MHC 分子通常呈高度多态性，有许多等位基因，每个等位基因具有结合不同肽序列的特征。哺乳动物经典的 I 类分子主要结合带有一些叫做锚定残基的短肽（8～10 残基），短肽的位置有一个或几个密切相关的侧链能结合深部口袋的氨基酸。在锚定位置的特定氨基酸（有时因其他原因如其他位置的保守性）一起形成肽基序。短肽的第 2 位和最后位置是典型的人类经典 I 类分子的锚定残基。对于 HLA-B*057:01，发现丙氨酸、丝氨酸和苏氨酸在肽的第 2 位置和色氨酸在最后位置（用 ATS2-Wc 表示）。相比之下，哺乳动物经典 II 类分子通常结合更长的肽段，能够空出末端区域和有一个并不保守的四个锚定位点的 9 肽核心，使其有更多样的结合方式。对于两种 MHC 分子，主要是通过与病原的分子"军备竞赛"驱动高度多态性，病原通过改变其蛋白序列逃避肽段与 MHC 分子结合以规避免疫应答，宿主相应地通过 MHC 分子不断进化新的特异结合抗原机制进行对抗。

## 14.4.3　细胞应答和通过先天性免疫系统许可／极化

确保对威胁产生适当的免疫应答是十分复杂的。CD8[+] CTLs 包括 αβT 细胞能识别与经典 I 类分子结合的细胞内蛋白肽，也能识别与一些所谓的非经典 I 类分子结合的肽，非经典 I 类分子通常不具有多态性但在多种途径有特殊性。而且，许多 CD8[+] γδT 细胞识别广泛的配体，通常在特定的组织发挥功能。最后，特别是在早期先天性免疫反应中，经典的和一些非经典的 I 类分子都能被 NK 细胞识别。所有细胞都能被细胞内病原感染，这大概是经典 I 类分子广泛表达的原因。

CD4 细胞的复杂性产生更微妙的免疫应答，适应于感染威胁。这种所谓的极化使 Th1 细胞产生 IFNγ 和 TNFα 细胞因子发挥炎症和控制细胞内病原的作用，Th2 细胞产生 IL-4、IL-5、IL-13 和 GM-CSF 发挥伤口愈合和控制多细胞寄生虫的作用，Th17 细胞产生 IL-17 和 IL-23 发挥控制细胞外细菌和真菌的作用，调节性 T 细胞（Treg）产生 IL-10 和转化生长因子 β（TGFβ）调控免疫应答等。这些不同的 CD4 细胞分泌的细胞因子调控免疫应答，包括决定 B 细胞的抗体应答。

对于 B 细胞，细胞因子决定分泌的免疫球蛋白（Ig）亚型。抗体的一端决定与抗原结合的特异性，但另一端决定传递的功能，即结合可溶性效应蛋白如补体和 C 型反应蛋白（CRP），或者结合特定细胞上的受体蛋白（尤其是巨噬细胞和各种粒细胞上的 Fc 受体）。在有颌脊椎动物中，带有重链 μ 的免疫球蛋白（IgM）为体内的细胞外病原提供了多点结合，而其他 Ig 亚型提供了更特殊的功能。在包括鸟类在内的脊椎动物中，从黏膜分泌到体外的抗体亚型是 IgA，这是抵御病原体的第一道防线，并对实现无病原免疫具有重要意义。鸟类的第三种特殊亚型是 IgY（类似于哺乳动物的 IgG），在 B 细胞经过生发中心（GC）复杂的选择后，产生高亲和力抗体。

先天性免疫应答调控适应性免疫的启动，特别是通过专职的抗原递呈细胞（APCs），包括很多组织都具有的各种巨噬细胞和树突状细胞。这种APCs利用PRRs识别广泛的病原并分泌适当的细胞因子刺激特定类型的T细胞。APCs也为T细胞特异性反应递呈短肽，是高表达Ⅱ类分子以及表达供刺激分子唯一的细胞（连同B细胞和某些特殊的胸腺上皮细胞），活化初始T细胞需要共刺激分子参与以启动适应性免疫应答。在哺乳动物中，组织中的树突状细胞（DC）摄取抗原，然后进入脾脏和淋巴结递呈抗原启动T细胞免疫应答，因此DC有时被称为免疫应答的"门卫"。然而，鸟类组织结构缺少淋巴结，许多T细胞应答的起始部位仍然不清楚。在肠道中，似乎是在派尔氏小体（Peyer's patches）中发生免疫应答。

## 14.4.4　鸡MHC：在适应性免疫应答中起核心作用

与典型哺乳动物相比，鸡MHC决定了对多种传染病的抵抗力和易感性（Bacon，1987；Plachý等，1992；Bacon等，2000；Kaufman，2013；Miller和Taylor，2016）。该现象是在B血型与经济重要病毒病很强的遗传相关性中发现的（Hansen等，1967；Briles等，1977；Plachý，1984；Calneck，1985），后来才发现MHC位于这一大遗传区域内（后来称为BF-BL区域）（Plachý和Benda，1981；Briles等，1983；Taylor，2004）。这种强关联现象首先在MDV（一种致癌疱疹病毒）和Rous肉瘤病毒（RSV，一种逆转录病毒）中引起关注。其他病毒如禽白血病病毒（ALV，逆转录病毒）、IBV（冠状病毒）、ILTV（疱疹病毒）、AIV（正黏病毒）等也描述了类似的关联现象（Bacon等，1981，2004；Loudovaris等，1991a,b；Mays等，2005；Boonyanuwat等，2006；Banat等，2013）。但目前尚未见MHC与NDV（副黏病毒）、FPV（痘病毒）和IBDV（双股RNA病毒）感染性相关的报道。已报道MHC与IBV、IBDV、NDV和MDV的疫苗免疫应答有关（Butter等，1991；Bacon和Witter，1994；Lee等，2004；Esmailnejad等，2017）。通过对不同单倍型和重组鸡品种品系比较，发现IBDV灭活疫苗诱导的抗体水平与特定的Ⅱ类（BLB）等位基因分离，而且佐剂效应与附近的BG区有关（Juul Madsen等，2006）。

鸡MHC在BF-BL区，定义为具有多态性经典MHC基因的遗传位点，负责移植物排斥反应和抗原递呈给T淋巴细胞（Kaufman，2013）。该区域位于第16号染色体的微染色体上，小而简单，与哺乳动物相比，只有少数几个重要基因，因此被称为"最小必需MHC"（Kaufman等，1999）。此外，尽管基因表达两个经典的Ⅰ类分子和两个经典的Ⅱ类分子，但仅有一个基因在整个体内呈高水平表达（Jacob等，2000；Wallny等，2006；Shaw等，2007）。目前认为，CD8 CTL主要识别BF2基因编码的Ⅰ类分子（与非多态β2-微球蛋白分子相关），CD4细胞主要识别BLB2基因编码的Ⅱ类分子（与非多态BLA分子相关）（Fulton等，1995；Thacker等，1995；Parker和Kaufman，2017；Kim等，2018）。BF1分子可能是NK细胞的主要靶点（如人类HLA-C），而BLB1确定的Ⅱ类分子可能在肠上皮细胞（IECs）中具有特殊功能（Parker和Kaufman，2017；Kim等，2018）。存在于BF-BL区域的其他基因包括编码辅助分子的基因，如抗原递呈相关转运蛋白（由TAP1和TAP2组成），该蛋白将多肽从细胞质转运至内质网（ER）中，装载到Ⅰ类分子上，以及在肽库优化过程中稳定Ⅰ类分子的专用伴侣蛋白Tapasin（Kaufman等，1999）。

还有Rfp-Y区域（又称MHC-Y），包含非经典Ⅰ类和Ⅱ类基因（Afanassieff等，1991；Briles等，1993；Miller等，1994，1996），由一个重复区域将其与MHC（BF-BL区域）隔离，使两个区域没有遗传连锁。早期的一项研究认为该区域影响对MDV感染的免疫应答（Wakenell等，1996），但随后的遗传学研究却没有发现有任何影响的证据（Vallejo等，1997；Bumstead，1998；Lakshmanan和Lamont，1998）。值得关注的是，在红丛林鸡的基因组序列中含有比商品蛋鸡培育的实验鸡还多的非经典Ⅰ类（YF）基因，需要更多的研究来证明这个区域在抗病毒免疫应答中的作用。

### 14.4.5 单显性表达的I类分子决定免疫应答

B位点与病毒病的抗性和易感性有很强的遗传关联，至少部分可以通过单显性表达的I类分子解释，其结合肽的特异性决定了免疫应答（Kaufman等，1995；Wallny等，2006；Kaufman，2018）。如果一只鸡表达一个与合适的病原肽结合的I类分子并将其递呈给CTLs，则鸡会受到保护；而如果I类分子的肽结合特异性导致没有找到合适的保护肽递呈，则这只鸡会死亡。这种显著的生死对比被解读为强遗传关联。

类似的情况可能还包括对于其他病原体的免疫应答和由单显性表达的II类分子决定的抗体反应，但这方面的研究较少。相比之下，典型哺乳动物表达经典MHC分子的多基因家族。在个体哺乳动物中，每一个MHC分子会找到一种保护肽，从而整体上每种MHC单倍型都会对大多数病原体具有或多或少的抵抗力，这被解读为弱遗传关联。

基因组结构可以解释为什么鸡MHC高水平表达单一的I类分子，而典型的哺乳动物MHC表达一个多基因家族（Kaufman等，1999；Kaufman，2015ab）。I类系统在哺乳动物的MHC中普遍存在分隔，基因重组常使得I类区域的I类基因与TAP和TAP结合蛋白基因被II类区域分隔。因此，TAP和TAP结合蛋白基因是单态性的，为I类多基因家族以及通过重组出现的任何I类等位基因提供多肽和伴侣功能。相比之下，鸡I类系统存在于基因组中很小的区域内，且很少被重组打破，使得TAP和TAP结合蛋白基因可以与稳定单倍型中显性表达的BF2基因共同进化，因此鸡的TAP和TAP结合蛋白基因具有多态性（Walker等，2011；van Hateren等，2013；Tregaskes等，2016）。特定B单倍型编码的TAP分子具有与该单倍型BF2分子肽结合特异性相匹配的肽转运特异性（而TAP结合蛋白仅与该单倍型BF2分子发生相互作用）。结果是，递呈经TAP分子优化后匹配的多肽的BF2分子得到了很好的表达，而具有不同多肽结合特异性的BF1分子匹配的多肽很少，因此表达量很低，在免疫应答中作用不大。

越来越多的研究表明，对MDV产生抗性的B单倍型一般会对其他病毒产生抗性，这是因为一系列特性导致优势表达的I类分子能够广泛地递呈各种多肽表位，尽管其在细胞表面表达较低（Chappell等，2015；Kaufman，2015b，2018）。B2和B21单倍型编码多肽结合特性高度杂合的BF2等位基因，已被绝大多数报道证明可以对影响养殖业的重要病毒产生抗性。B6和B12单倍型所编码的等位基因具有中等杂合程度的多肽结合特性，相对于B4/B13、B15和B19单倍型挑剔多肽结合特性的等位基因更具有保护作用。这些结果表明，似乎低水平表达的多肽结合特性高度杂合的等位基因扮演着"通才"的角色，保护自己免受多种常见病毒的侵袭，而表达良好的具有挑剔肽结合特异性的等位基因可以对一些新出现的高毒力病原提供特定的精确保护，如HLA-B*57：01、58：01和27：05可减缓人类免疫缺陷病毒（HIV）感染导致的获得性免疫缺陷综合征（AIDS）（Kaufman，2018）。很显然，这需要更多的研究来证实和解释这种新的想法及其作用机制。

### 14.4.6 MHC分子递呈抗原

常见鸡单倍型MHC-I类分子已有报道，包括从鸡体内细胞上洗脱的鸡自身多肽结合的I类分子：BF1*02：01和BF2*02：01、04：01、12：01、14：01、15：01、19：01和21：01（Wallny等，2006；Chappell等，2015）。同一BF分子洗脱的多肽集合往往表现出相同的多肽结合基序，除了BF2*21：01，它的多肽结合位点具有多种不同构象，使其表现出不同的多肽结合基序，以至于现有的基序是不完整的（Kaufman等，1995；Wallny等，2006；Koch等，2007；Chappell等，2015）。BF2*04：01（本研究命名为BF2*13：01）和BF2*21：01在B2和B15单倍型杂合的细胞系RP9中表达，洗脱出的肽均被TAP转运蛋白和I类分子选择特异性结合（Sherman等，2008）。最后，与BF2*02：01、04：01、

12：01、14：01和21：01结合的多肽复合物晶体结构（Koch等，2007；Zhang等，2012；Chappell等，2015；Xiao等，2018）说明了这些分子多肽结合基序的结构基础。

鸡依赖Ⅰ类分子的抗病毒免疫应答可以通过几种功能分析试验进行评估，其中包括疫苗接种。最初的研究发现，体外杀死REV感染细胞的效应细胞为αβ T细胞而非γδ T细胞（Merkle等，1992）。同样，从MDV免疫B19和B21鸡脾脏中获得的效应细胞可以杀死转染MDV基因的REV转化细胞，这些效应细胞是TCR1家族的CD 8αβT细胞，而不是CD4T细胞、αβ TCR2家族的T细胞或γδ TCR T细胞（Omar和Schat，1997）。另一研究进展是将感染IBV鸡体内的CD8或αβT细胞而不是CD4或γδT细胞过继到雏鸡体内，可以提供攻毒抵抗力（Seo等，2000）。然而，对MDV感染早期细胞毒作用可能反映了NK而非T细胞免疫应答（Garcia-Camacho等，2003），要么是由于NK细胞识别Ⅰ类分子（或许BF1分子），要么是在BF-BL区域存在名为BNK的NKR-P1NK细胞受体（Kaufman等，1999；Rogers等，2008；Kim等，2018）。

目前，多种MHC分子靶标和涉及的多肽已经得到了确认。如从B21单倍型MDV和ALV感染的靶细胞裂解物，确认了抗病毒反应依赖于BF2的经典Ⅰ类分子（Fulton等，1995；Thacker等，1995）。给B12鸡接种肉瘤病毒短肽（根据多肽结合基序预测并证明结合了BF2*12：01）可保护鸡在攻毒后免于形成肿瘤（Hofmann等，2003）。同样，基于禽痘病毒（FPV）载体表达投送IBDV VP2融合蛋白的分子疫苗（Butter等，2013），可保护B12鸡免于甘布罗病（Gumboro disease）。来自禽流感病毒的多种肽（根据已发表的BF2*04：01、12：01、15：01和19：01的多肽结合基序预测）能刺激受感染的鸡肺淋巴细胞分泌IFNγ（酶联免疫试验或ELISpots检测）（Reemers等，2012）。利用相同的4个基序预测AIV和IBV的肽段，通过ELISpot和CD8细胞增殖实验评估发现，有的肽段能够刺激免疫鸡淋巴细胞的体外反应。对IBD疫苗的免疫，有的肽段序列能够激发出攻毒保护（Hou等，2012；Tan等，2016）。另一种方法是用AIV鉴定的重叠肽可以引起B19鸡CD4和CD8细胞增殖并分泌细胞因子（Haghighi等，2009）。检测哺乳动物特性T细胞反应的一个有效方法是用流式细胞术检测荧光标记的可溶性MHC分子四聚体，因为四聚体可以有效增强MHC分子与T细胞的结合力。而多聚体复合增加与特定T细胞的结合率（以链霉亲和素进行多聚组常被称为MHC-肽四聚体）（Xu和Screton，2002）。到目前为止，四聚体检测方法在鸡中仅报道一种IBV多肽（由I-E^d Ⅱ类分子反应性小鼠T细胞鉴定）BF2*15：01在鸡新城疫病毒也使用过该方法（Liu等，2013）。

相比之下，人们对肽段和鸡Ⅱ类分子向CD4细胞递呈了解更少，这种相互作用对于启动大多数CD8 T细胞应答以及帮助B细胞应答产生合适的抗体非常重要。从B19和B21细胞中洗脱的自身肽被证实为结合鸡的Ⅱ类分子（Haeri等，2005；Cumberbatch等，2006）。马蹄蟹血蓝蛋白（KLH）免疫鸡的抗原递呈细胞上Ⅱ类分子对T细胞的特异性抗原递呈功能的分析已经有了报道，（Vainio等，1988），但根据IFNγ分泌评估，CD4细胞对病毒的应答仅限于AIV感染的巨噬细胞递呈（对CD4和CD8细胞），其中B2单倍型的反应性大于B19（Collisson等，2017）。

## 14.5  病毒规避适应性免疫应答

病毒以几种方式规避MHC依赖的免疫应答。在感染的个体宿主中，病毒突变会产生一群密切相关的病毒（或准种）。CTL无法识别和杀死这些与经典Ⅰ类分子结合但改变了氨基酸残基的病毒感染的细胞，因此具有这种突变的病毒将会被选择得以生存。病毒难以规避与多肽结合的高度杂合的Ⅰ类分子，因为突变后的肽仍可能与之结合，这可能解释了为什么B2和B21单倍型会对许多不同的病毒产生抵抗力（Kaufman，2018）。然而，对匹配要求高的MHC分子也可能会对某些病毒产生抗性，如HLA-B*057：01、B*027：05和B*058：01，每一个编码的分子都结合人类免疫缺陷病毒（HIV）的特定肽，只有通过变化使肽结合匹配度丧失才会规避免疫应答（Schneidewind等，2007；Miura等，2009）。与此类似，可通过与Ⅱ类分子结合的突变肽来规避抗体免疫应答。到目前为止，还没有就这些可能性对鸡的MHC分子进行测试。

更常见的是病毒还通过干扰抗原加工过程和肽装载来规避免疫应答。许多感染哺乳动物细胞的病毒利用多种机制下调Ⅰ类分子向T细胞递呈肽（Früh等，1999；Griffin等，2010；Verweij等，2015）。例如，疱疹病毒表达蛋白阻断TAP迁移，降解Ⅰ类分子，使Ⅰ类分子滞留于高尔基体，增强细胞表面Ⅰ类分子的内吞作用。有文献称MDV转化的细胞中，病毒重新活化后Ⅰ类分子下调（Hunt等，2001），其中一项研究涉及UL49.5基因（Jarosinski等，2010），另一项研究涉及MDV012基因（Hearn等2015）。在鸡体内，TAP和TAP结合蛋白（Tapasin）均具有多态性（Walker等，2011；van Hateren等，2013），其原理上可能是机体对病毒免疫规避蛋白的对抗策略。

一种更微妙的免疫规避手段是不当刺激或调节性（抑制性）T细胞反应。在研究报道中提出了MDV误导这种免疫应答的假设，即在MDV感染的细胞溶解期（急性期），MDV没有刺激适当的炎症反应和病毒感染的Th1 CD4免疫应答，而是刺激更适合多细胞寄生虫和伤口愈合的Th2 CD4免疫应答（Heidari等，2008）。

## 14.6　疫苗

疫苗接种是人类和动物医学的伟大成就之一，是适应性免疫应答的结果。初始（或初次）接种的免疫应答相对较慢，但随后遇到抗原会产生更迅速和特异的免疫应答，抗体产量增加。首次接种反应较慢的部分原因是由于克隆受体种类繁多，既有TCR也有BCR，因此只有一种受体的初始淋巴细胞相对较少。抗原免疫后，这些极少的几个初始淋巴细胞几天内大量增殖，产生许多活化的淋巴细胞，经过选择的这些细胞产生效应反应。其中一些被激活的细胞变成了记忆细胞，其数量比初始淋巴细胞更多，更容易被激活，因此当再次遇到抗原时反应更迅速、更强烈。

疫苗接种与生物安全和遗传抗性一起被广泛用于保护家禽抗病毒感染。已有家禽疫苗接种的相关知识综述（Schijns等，2013）。减毒活病毒疫苗常用于家禽，因为病毒容易在鸡胚或培养细胞中反复传代减毒，这些细胞对病毒没有强烈选择维持免疫规避机制，且生产和传代活病毒的成本较低。这类病毒疫苗与原强毒相比毒力有所减弱，因此引起免疫应答而不会出现明显的疾病。它们还可以诱导Th1免疫应答引起细胞（T细胞）免疫和体液（B细胞和抗体）免疫。减毒活疫苗比较容易通过饮水或喷雾接种，被广泛用于生产中家禽免疫保护抵抗多种致病性禽病毒，包括AIV、IBDV、IBV、ILTV、MDV和NDV。

病毒活载体疫苗使用减毒活病毒表达另一种病毒的抗原（也就是所谓的亚单位疫苗），因此具有许多相同的优点。鸡痘病毒（FPV）已被用于多种实验疫苗以及一些商品疫苗，特别是针对AIV和NDV的疫苗。最近，能抵抗MDV早期毒株的火鸡疱疹病毒（HVT）已被改造成可以表达其他病毒的抗原，并用于IBDV的试验。此外，表达质粒也被用于DNA疫苗，但由于生产成本和注射DNA的必要性等问题，目前仍在试验阶段。

第三种常用方法是灭活（杀死或固定）病毒疫苗，这种疫苗不感染细胞，但会被抗原递呈细胞摄取递呈抗原，一般只引起体液免疫。如果没有直接刺激以及PRRs、PAMPs或损伤相关模式分子（DAMPs）作为一般的疫苗佐剂诱导先天性免疫应答的引导作用，机体不会启动适应性免疫应答。灭活疫苗不会穿过上皮屏障，所以它们通常需要注射，操作烦琐，成本高。然而，它们有利于在初次接种活病毒疫苗后进行加强抗体免疫应答，因此常被用于饲养周期较长的产蛋鸡。

卵内疫苗接种是一个重要抗原投送方法，即在雏鸡孵出前几天接种鸡胚。研发出的每小时注射数万枚鸡胚的商品化机器降低了接种成本，有利于推广，在一些国家（如北美）卵内疫苗接种广泛用于肉鸡。孵化后期鸡蛋的免疫系统似乎对减毒活疫苗和活载体疫苗的反应远优于灭活疫苗。而母源抗体（即来自接种疫苗母鸡的抗体）的产生会受到影响，因为抗体会阻止雏鸡对疫苗的免疫应答。

尽管疫苗是保护病毒性疾病感染的中流砥柱，但是一些病毒在疫苗免疫的情况下，可通过抗原漂变等手段，选择规避宿主免疫，因此疫苗只能预防疾病而不能控制病原体在宿主之间的传播。例如，疫苗接种导致选择AIV和IBDV抗原变异株，IBDV和MDV毒力更强，以及改变MDV细胞嗜性（Nagarajan和Kibenge，1997；Barrow等，2003；Davison和Nair，2005；Ingrao等，2013）。MDV毒力的变化已作为一种观点推广至人类医学和公共卫生的论证依据（Read等2015）。

## 14.7 鸡以外的禽类

关于哺乳动物以外的病毒免疫力知识大部分都是从鸡身上得到的，许多鸟类都患有重要的病毒性疾病。已知其他用于生产和养殖的禽类（火鸡、鸭和鹅）、用于运动的鸟类（鸽、隼、鹌鹑和松鸡）、用于伴侣的鸟类（鹦鹉/虎皮鹦鹉）和野生的鸟类（包括种类繁多的水鸟和雀形目），都受到多种病毒的感染，但对它们免疫应答的了解有限（Adams等，2009；Wei等，2013；Q. Xu等，2016）。近期进行的一些重要攻毒实验（在许多其他病毒中）包括使用禽流感病毒、西尼罗病毒和鹦鹉喙羽病病毒等，人们有兴趣研究的部分原因是存在人畜共患病的可能性（Reed等，2003；Pello和Olsen，2013；Pérez-Ramírez等，2014；Staley和Bonneaud 2015；Fogle等，2016；Mostafa等，2018）。

考虑到鸡MHC在病毒感染的适应性免疫应答（很可能是通过NK细胞的先天性免疫应答）中的核心作用，人们已经努力去了解其他鸟类中这一遗传区域的结构。在鸡科鸟类中，火鸡、松鸡和野鸡的MHC在各方面都与鸡极为相似，而草原鸡只有一个经典的Ⅰ类基因（Wang等，2012；Eimes等，2013）。鹌鹑有类似的结构，但有几轮基因重复。最初人们认为，许多Ⅰ类和Ⅱ类B基因是迁徙鹌鹑应对更强烈的病原体感染的进化反应（这仍然可能是通过特定的MHC分子来实现的），但后来报道，只有鸡存在Ⅰ类和Ⅱ类基因单显性表达（Shiina等，2004，2006）。

在鸭体内，有五个Ⅰ类基因成排存在，其中一个显性表达的Ⅰ类基因（UAA）紧挨着多态的TAP基因（Mesa等，2004；Moon等，2005）。另外一个经典Ⅰ类基因（UAC）表达受microRNA控制，在感染期内表达增加（Chan等，2016）。此外，有研究表明鸭缺少伴侣蛋白TAP结合蛋白（tapasin）（Magor等2013）。据报道，包括猎鹰在内的几种鸟类都有一个单显性表达的Ⅰ类分子（Alcaide等，2013），而鹦鹉的Ⅱ类分子区域与鸡相似，不同的是类似于哺乳动物Ⅱ类A基因与Ⅱ类B基因相邻（Hughes等2008）。对于朱鹭和东方鹳已经提出了一个不同的组成，但这些组装是基于较短的测序结果，并且是不完整的，因此这种描述只是推测（Chang等，2015；Chen等，2016；Tsuji等，2017）。

所有鸟类中约一半为雀形目（栖鸟和鸣禽），并且对这些情况更不明确。早期的工作强调大苇莺和柳莺表达的MHCⅠ类分子序列数量（Westerdahl等2000）。最近同一实验室报道，三种麻雀均有多个经典（和非经典）Ⅰ类基因表达，但只有一个处于较高水平（Drews等2017）。斑马雀作为神经生物学和行为学的模型生物被广泛研究，据报道有许多Ⅱ类B基因位于不同的染色体上，但仅有一个经典的Ⅰ类基因位于与TAP基因和Ⅱ类B基因不同的染色体上（Balakrishnan等，2010）。遗传分析表明，经典Ⅰ类基因紧邻Ⅱ类B基因（Ekblom等2011），因此需要更细致的研究。对于其他雀形目物种（O'Connor等，2016），已经报道多个Ⅰ类和（或）Ⅱ类B基因，但关于基因表达的研究较少，因此还需要做很多工作。

在抗病毒感染的免疫应答遗传控制方面，有许多研究表明，MHC特定基因与特定病原的反应相关，典型的是禽疟疾。迄今为止，还没有报道将雀形目禽的MHC反应与病毒感染联系起来。也没有关于雀形目禽对病毒感染的适应性免疫应答，如抗体和T细胞反应的研究报道。显然，这将是令人振奋的研究。

## 14.8 展望

目前已清楚鸟类中存在着与哺乳动物不同的先天性和适应性免疫应答。例如关键干扰素、细胞因子和趋化因子基因的差异，以及单显性MHC分子表达的差异，这些分子决定免疫应答的成功与否，表明MHC与感染性疾病呈现显著的遗传关联。

已有报道鸟类某些先天性免疫应答的遗传基础，但还有许多其他先天性免疫反应过程有待发现。此外，对于不同先天性免疫基因所决定的抗药性和易感性机制，包括多种PRRs（包括TLRs、NLRs、RLRs、清道夫受体和凝集素）、细胞因子（包括干扰素系统）和趋化因子，以及NK细胞、受体和配体等的作用机制，还有很多需要研究。

同样，现在已基本了解，鸡MHC I类系统的运行机制但对于MHC II类系统、各种抗原递呈细胞中的抗原加工和肽载装、适应性免疫应答起始的位置、TCR表达谱系和不同的T细胞亚群（αβ和γδ，以及不同的辅助性T细胞亚群）、抗体V区表达谱系、亲和力成熟和型别转换等方面还有待进一步研究。

这些研究成果应该能够被有效地用于抗病育种，并为研制高效精准的改良疫苗提供理论依据。此外，也可为研究其他禽类疾病和免疫提供思路。

（王永强 译，郑世军 校）

参考文献